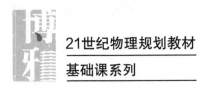

21世纪物理规划教材

基础课系列

U0300801

Volume 2

低温实验导论（下）

Fundamentals of
Low Temperature
Experiments

林 熙 著

北京大学出版社

PEKING UNIVERSITY PRESS

图书在版编目 (CIP) 数据

低温实验导论. 下 / 林熙著. -- 北京：北京大学
出版社，2025.3. -- ISBN 978-7-301-35875-7

Ⅰ. TB6-33

中国国家版本馆 CIP 数据核字第 20240N4T81 号

书　　　名	低温实验导论（下）
	DIWEN SHIYAN DAOLUN (XIA)
著作责任者	林熙 著
责任编辑	刘啸 徐书略
标准书号	ISBN 978-7-301-35875-7
出版发行	北京大学出版社
地　　　址	北京市海淀区成府路 205 号　100871
网　　　址	http://www.pup.cn
电子邮箱	zpup@pup.cn
新浪微博	@北京大学出版社
电　　　话	邮购部 010-62752015　发行部 010-62750672　编辑部 010-62752021
印 刷 者	北京市科星印刷有限责任公司
经 销 者	新华书店
	730 毫米 × 980 毫米　16 开本　29.5 印张　629 千字
	2025 年 3 月第 1 版　2025 年 3 月第 1 次印刷
定　　　价	108.00 元

未经许可，不得以任何方式复制或抄袭本书之部分或全部内容。
版权所有，侵权必究
举报电话：010-62752024　电子邮箱：fd@pup.cn
图书如有印装质量问题，请与出版部联系，电话：010-62756370

前　　言

1. 低温物理学

低温学 (cryogenics) 或低温物理学是研究如何获得低温环境和研究低温环境如何影响物质的性质的学科. 温度的 "高" 与 "低" 随技术发展而演变, 所谓的低温表面上并不是一个那么明确的称呼方式. 然而, 低温物理学关心的是 120 K 以内的物理, 这条分界线的存在具备一个很清晰的理由: 低于这个温度, 历史上人们所认为的永久气体被液化了.

大部分低温物理相关的书籍或者文献主要关注 4 K 以内的实验. 虽然 4 K 远低于 120 K, 但是这并不意味着大部分的实验参数空间被舍弃了. 由于绝对零度的存在, 低温物理学必须考虑对数坐标下的参数空间. $100 \sim 1000$ K 是我们实验工作者所在的参数空间, $10 \sim 100$ K 是百年前的主要探索前沿, $10 \sim 100$ mK 是当前低温实验的主要探索前沿. 不同的温度区间可能蕴含着不同的物理, 并且肯定使用了不同的实验技术. 习惯上, 人们把低于 1 K 或低于 300 mK 的环境称为极低温. 低温实验技术就是拓展温度这个重要物理参数边界的手段.

低温物理学过去百年的发展与量子力学息息相关. 量子态只有在足够低的温度下才能呈现, 低温实验环境是研究量子现象的一个重要工具, 通过低温测量发现新现象一直是人们创新的源泉之一. 温度引起的热扰动越小, 量子现象越明显. 在人们往极低温这个方向前进的道路上, 已经收获了许多惊喜: 超导、超流、量子霍尔效应 (本书后文将量子霍尔效应称为整数量子霍尔效应, 以与分数量子霍尔效应做区分)、分数量子霍尔效应, 这些量子现象都是在足够低的温度下被意外观测到的.

极低温条件下的实验探索, 不仅在过去给我们带来了惊喜, 还将继续给我们带来新的量子现象. 首先, 一些能隙小的量子态无法在常规的实验环境下被观测到. 其次, 大量有相互作用的粒子的行为无法简单依据少数粒子的性质进行理论研究, 多体问题中的许多未知还有待极低温条件下的实验探索. 极端条件下的低温实验虽然难度大、周期长, 但却是一个明确可行的、可探索未知物理现象的手段.

低温条件下的整数量子霍尔效应已成为新国际单位制中的基石, 影响了质量和温度这些核心单位的定义方式. 随着科学技术的发展, 以前被用于探索未知的制冷机和实验技术也渐渐投入应用或者成为其他前沿探索的辅助工具. 目前的制冷机除了服务于物理学领域外, 还服务于化学、材料学、宇宙学、地球与空间科学、信息科学、生命科学和能源等领域. 例如, 化学中分子的氢键成像和宇宙学中的暗物质探测在更低的温度下有更清晰的实验结果, 医学中的特殊药品保存和核磁共振成像都依赖于低温环境, 液体天然气的杂质分离、生产、存储和运输也都离不开低温环境. 近年来, 量子计算的技术发展更是增加了对尖端制冷机和低温实验技术的需求.

2. 低温实验的特殊之处

物理学是一门实验科学, 物理学中概念的确立、规律的发现有着坚实的实验基础. 低温物理学有明显的实验倾向性, 大量的突破主要体现了实验的价值. 然而, 如何将一个新的实验现象转化为合适的物理语言、提出问题并且给予解释是一件困难的事情.

新实验现象有很多种类型. 有的现象已被某个理论或者模型预言, 但我们一直在等待证据的出现. 有的现象与现有的理论吻合, 只是还没人依据理论给出预言, 但当意外发现被报道之后, 人们可以根据现有理论解释该现象. 有的现象由已有的理论预言, 但定量的实验结果出来之后, 人们发现需要发展原有的理论或者需要由另一个现有理论来解释. 而最特殊的情形是, 新现象无法由现有的理论解释, 前文提到的超导、超流、整数量子霍尔效应、分数量子霍尔效应都是这类低温下的意外发现. 基于寻找新实验现象, 低温学的核心主要包括五部分内容: 如何获得低温环境、如何测量温度、如何增加低温环境的维持时间、如何为其他物体提供制冷能力、如何在低温环境下测量物体的性质.

对于其他领域的科研工作者, 低温学可能因为存在独特的物理现象而知名. 但是, 对于在低温领域工作的实验工作者, 低温学更显著的特征可能是大量烦琐的实验细节. 老一辈低温领域的实验工作者给人的刻板印象恐怕是非常严肃和擅长熬夜, 并且对新手犯错非常不耐烦. 这种刻板印象可能跟低温实验的特殊之处有关.

首先, 一个简单的室温测量在低温环境下将变得非常复杂. 哪怕我们在室温条件下验证了测量系统的可靠性之后, 在低温环境下依然难免遇到各种意外. 漏气恐怕是低温实验中出现最频繁的意外. 低温环境必然伴随着真空, 漏气代表着额外漏热, 温度越低, 额外漏热对环境的破坏越明显. 最令人头疼的漏气只发生在低温环境, 而我们通常只能在室温条件下定位漏点. 对于只允许超流液体通过的漏点, 即使它们一直存在于室温, 我们也难以定位. 令人头疼的地方在于, 低温下漏气的现象不比室温下漏气的现象更罕见. 我可以开玩笑地说, 没遇到过真空腔漏气的老一辈低温实验工作者估计有过于不合理的好运气, 而常规幸运的低温实验工作者仅仅遇到了室温条件下就可以探测到的漏气现象. 寻找漏点和修补漏点不仅需要特定的仪器辅助, 还需要一定的技巧和经验. 此外, 低温条件下的物理性质缺乏系统的数据, 新实验的设计充满了风险.

其次, 温度越低, 具体操作设备的实验工作者的日子在世俗意义上可能就过得越艰难. 低温环境的平衡时间与热容和热导之比有关, 尽管理论上两者都随着温度的降低而减小, 但实际上各种不理想因素总是让热容变得更大而让热导变得更小, 于是温度越低, 实验工作者的各种等待时间就越长. 一套完整的实验测量有时以月为单位, 这不仅需要实验工作者有长时间的内心平稳, 还可能需要实验工作者频繁地调整自己的作息时间. 一来, 一系列操作所需要的等待时间不允许实验工作者每天卡点离开. 二来, 长时间的测量代表着较大的风险. 停电、液氦供应出问题和操作失误都可能使前期的测量投入打水漂, 于是实验工作者总难免想通过每天额外的工作来减少设备降温的总时长. 在时间这个人人平等的物理需求面前, "想睡就睡" 和 "想熬能熬" 似乎是一种实验工作者期望的生活技能.

　　最后, 由于前两个原因, 低温实验对错误的容忍度非常低, 看似不合理的 "不犯任何错误" 是正确获得一个低温环境和使用一个低温环境的期望. 越是极端的低温环境越 "不在乎" 设计者、搭建者和使用者在哪一个细节上做得多好, 而是受限于最不合理的细节所产生的最大漏热. 当与大同行交流时, 低温领域的实验工作者难免会被问究竟有什么突破才获得了这样一个极端的低温环境, 我内心对这个问题的真正回答是: 我们幸运地没做错太多事情. 也许这个回答既没有特色也没有足够的亮点, 不满足询问者通常的期待, 听起来更像是回避问题的推诿, 但遗憾的是, 想不犯任何错误地把当前的制冷手段充分利用好已经非常困难了.

3. 低温实验技术与商业化仪器设备

　　制冷机是产生低温环境的工具. 由于实验周期长、实验成功率低, 传统低温实验工作者的培养周期也很长, 在这种背景下, 商业化制冷机的出现很快受到了科研人员的欢迎. 依靠商业化仪器设备, 当代的科研人员可以将精力集中在实验装置的搭建上, 而不用再过度关注如何获得一个低温环境, 这个转变也加快了低温下新实验成果的出现. 与之对应, 新学生们的训练往往更集中在具体的测量技术本身, 他们将来组建自己的实验室时, 购买商业化仪器设备显然是一个比自行搭建仪器设备更理性的选择. 在科研经费充足的前提下, 主流低温仪器设备的商业化是一个合理的趋势. 就目前来说, 商业化制冷机已替代了自制设备, 成为科研人员的主流低温工具.

　　由于当前大部分的制冷机都已经商业化了, 低温领域的实验工作者的工作主要围绕着实验测量, 包括如何设计和搭建一套特定的实验装置、如何安置样品、如何测量数据, 以及如何分析数据. 由于低温环境的特殊性, 实验设计需要尽量简单化. 对于能满足同样功能的不同设计, 越少的部件、越简单的结构越好, 这几乎是低温实验设计的铁律. 部件少和结构简单便于部件组合、结果分析, 也便于验证结论. 可能每个人都有自己做事情的习惯和倾向性, 对我来说, 低温实验中的不确定性是一种强烈不信任感的来源. 在我的观察中, 许多一时的侥幸心理最终让低温实验工作者付出额外的时间和精力代价. 因此我强烈建议低温实验的新参与者们用最稳妥的方式处理潜在的风险, 毕竟商业化仪器设备已经让其他准备工作变得简单, 我们只需要安稳地完成最后一道工序即可.

　　商业化低温仪器设备的出现和普及, 既由于低温实验整体上的复杂性, 也由于部分低温实验技术的成熟, 前者让自行搭建者望而却步, 后者便于供应商批量生产. 换句话说, 当前主流的低温仪器设备都工作在低温技术的 "舒适区", 实验工作者还有大量机会自己创造更适合某个具体测量的低温环境或者低温技术. 可是, 主流实验室经历了从自行搭建仪器设备到购买商业化仪器设备的过程之后, 新学生们可以使用的低温仪器设备越来越多, 但常规的低温训练却越来越少.

低温物理中的麻烦如果被解决了, 那么实验工作者往往能获得更低的温度或者能在更低的温度下开展测量. 从这个意义上说, 麻烦也就是机遇. 一直让商业化仪器设备保护的新一代低温实验工作者, 在样品制备和测量技术上的积累远远超过了传统的低温实验工作者, 他们对低温知识的快速吸收除了可能使自己的科研经历更加顺利、轻松外, 还一定会带来新的想法. 对于一个历史超过百年的学科, 这些新想法就是新的希望和未来. 于是, 我带着信念或者偏执参与了实验技术的教学, 并开始了这本书的资料准备.

4. 关于本书

这本书的部分内容来自北京大学 "实用低温实验技术入门" 这门课的讲义. 2012 年, 我在北京大学建设自己的课题组和低温实验室, 考虑到组里的学生们缺乏低温实验的经验, 也发现周围拥有低温仪器设备的课题组预料之外地多, 我便起了讲低温实验的想法. 那年春季到夏季, 我在量子材料科学中心内部试讲, 通过十几个讲座介绍了自己的低温知识框架. 因为其他课题组的研究生也对这些内容感兴趣而旁听了一学期, 我便以这些讲座为基础, 在 2013 年正式开设了课程, 并一直坚持至今. 很荣幸, 历年来一直能遇到对这个方向感兴趣的本科生和研究生, 并且常有北京大学之外的学生们旁听.

这门课程从实用的角度介绍低温实验, 给学生们提供一些在低温实验室工作的常识, 也想培养学生们操作和设计低温系统的能力. 在这门课程十几年的授课过程中, 我也在逐渐增加自己的知识储备, 一些来自前沿进展, 一些来自更深入的学习和实践, 还有一些来自与学生们的交流互动. 慢慢地, 我积累出这本书的素材, 并于几年前正式动笔, 希望能给对低温物理感兴趣和正在开展低温实验的本科生、研究生提供一本入门读物.

正文前五章是值得刚接触低温实验的本科生和研究生了解的低温物理和制冷知识. 第一章介绍常见的低温液体. 低温液体不仅是低温物理长久以来的研究核心, 也是低温实验的制冷起点. 第二章讨论低温固体. 实验设计和仪器搭建背后的逻辑受到低温固体物性的影响. 第三章讨论温度. 温度的定标非常复杂, 在低温条件下, 温度计读数和测量对象的实际温度并不一致, 影响了实验结果与含温理论之间的比较. 第四章介绍低温制冷手段. 大部分手段依然活跃在当今的科学研究和应用中. 第五章介绍辅助实验技术, 也可以被称为广义的低温常识. 这是低温领域的实验工作者可能从实践中最终学到的知识, 也是适合刚从事低温实验的学生快速翻阅的内容. 总之, 正文前五章主要讨论如何获得一个低温环境, 以及获得该环境所需要了解的物理背景和相应的注意事项.

因为个人兴趣和工作经历, 我还准备了一些与正文前五章相关的补充内容. 第〇章是科普阅读材料, 介绍温度降低的历史和个别有趣的低温现象. 第六章讨论低温环境下的测量, 这部分内容涉及有代表性的实验方法和我在具体工作中遇到的部分低温仪器设备, 以提供实际的例子. 之所以写这两部分内容, 一是为了跳出所谓的低温常识, 和读者一起用更宽广的视野了解低温实验, 二是为了钻到某些特别具体的制冷方法和测量手段中去, 用真实的设计为读者提供尽量详细的说明, 以供读者在学习和工作中参考. 第〇章可以作为本科生和研究生了解低温物理历史的入门科普材料. 第六章也讨论了我自己对一些测量方法和仪器设备设计的看法, 适合读者根据兴趣分章节扩展阅读. 我也希望能借此机会抛砖引玉, 与其他低温领域的实验工作者交流讨论.

写书可能需要一些幻觉, 我得自己首先相信花费这么多的时间是有意义的, 例如, 我得相信这是一本值得低温领域新学生们翻看的书. 但实际上, 这本书最终只是我自己对低温实验领域一点模糊的认识. 写完了, 回头一看, 书名中的 "导论" 二字还是比较贴切的. 这本书不是针对一批具体实验的具体操作指南, 而是尽量去系统且浅显地讲述低温物理和实验技术中的常识. 这些常识有两个极端, 从广的一面而言, 我希望介绍低温实验的历史脉络和制冷技术变更背后的逻辑, 像科普读物一样为读者提供低温实验世界的地图; 从细的一面而言, 我又希望为低温领域的实验工作者提供部分重要具体工作所需要的设计思路和物性参数, 像工具书一样成为读者便于查阅的信息来源. 我只能坦率地承认, 我没有足够的经历、精力和能力去完成一套给低温实验工作者的完整教材, 我只能尽力去呈现自己在这个领域 "盲人摸象" 后心中的框架, 并留下自己爬上爬下的梯子.

最后, 我想和低温实验的新参与者说一点自己的感触. 通读此书也好, 看完了附录中的扩展阅读书单也罢, 纸面的知识吸收并不代表实验技能的学习. 低温实验因为实验周期长、低温物性参数缺乏, 所以它重实践、重经验. 低温实验技能应该在实验室中学习, 书本中的知识只能被用于帮助新参与者在具体工作中少走弯路.

5. 关于人名与专业名词的中文书写方式

本书涉及了一批国外科研人员的名字, 我保留了英文, 以便于读者跟引用文献对比. 我也提供了书中少数专业名词的英文对应, 以便于读者扩展阅读时查找文献. 不可否认, 当前的低温实验书籍和技术文献以英文资料为主, 我们在中文环境下采用的许多叫法源于翻译.

我在一个英文环境下系统地学习低温实验物理. 我的博士生导师陈鸿渭 (Moses Chan) 通晓中文, 但他为了让我更好地融入以美国人为主的课题组, 在我前几年的物理训练中一直只用英语跟我交流, 还不让我知道他精通普通话和掌握多种中国方言. 我临近毕业时, 他又频繁切换到用中文与我交流. 在这种难以复制的学习环境下, 我额外学习了一些英文专业名词的中文对应, 这些信息又在国内十几年的工作之中得到印证和确认.

每个领域都可能有自己习惯性的"黑话".一些专业术语在低温实验物理领域有较为约定俗成的叫法,并不一定和大同行的学术名词规范一致.因此我在书中尽量遵照《物理学名词》的命名,个别名词按照低温领域的习惯命名.例如,"refrigeration"的标准译法是"致冷",我考虑到如今的称呼习惯和书写习惯,统一采用了"制冷"这个称呼.基于同样的理由,我也不将"refrigerator"称为"致冷器",而是将之称为"制冷机".

6. 一些多余的话

上课是一个令人愉悦的过程.十几年了,每堂课上我都带着与新开课时一样的热情,也许我确实喜欢向人分享别人告诉我的经验,也许有点啰嗦.一些学生们在一学期的相处之后离开了北京大学,异地开会时愿意走过来打个招呼,总让我觉得课程可能真的对他们有点用,没有太辜负他们花在听课、做作业和考试上的时间.

于是,我想尽早把答应学生们会写的教材写完.每天都有许多理由没空写书:常规工作、预料之外的工作、常规的预料之外的工作,余下的时间学点新东西,或者把新现象写成文章,似乎都比写书更有吸引力.无论如何,我动笔了,也坚持下来了.幸运的是,作为一个大学老师,我每天都有加班的自由.

于是,这本书夹杂着两个写作动机.一方面,我想尽量提供最纯粹的"干货",用尽量简短的篇幅说清楚"怎么做".另一方面,低温实验不是试验,解决问题的能力是永恒不变的需求,我时不时想展开说说"为什么这么做".我有幸遇到那些教过我的长辈,有幸多了一点点实践经验,两者之间都给我留下了足够多的可以写的内容.

于是,我想拿这本书和过去的时光告别.我努力去设想如果再学一遍,我该最先掌握哪些内容,哪些坑我不要再去踩一遍.每一个选了这门课程的学生,都是曾经的我自己.青春终将逝去,低温实验物理与技术也终有一天不再是值得传授的知识,不过这点愿意传承的心思,算是勉强对得起那些真心实意教过我的长辈们吧.

我承认我没有足够的底气去写一本几百页的教科书.这样厚度的一叠纸在手中,过于沉甸甸.也许退休后积攒更多知识和经历后的自己会是更好的作者.可是我也担心,将来写教科书的我对刚进实验室的我更加陌生,时光将让人慢慢忘记彼时彼刻的迷茫.而且,如今拥有低温仪器设备的课题组持续增多,而适合新手的中文读物却长年缺乏.因此我决定厚着脸皮出版这本书.不论是科学错误,还是书写错误,我都没有信心可以完全避免,希望读者们帮我指出,给我今后更改的机会.

致　　谢

感谢中国科学技术大学教导过我的老师们, 特别感谢张裕恒老师让我在本科阶段就有机会接触低温实验. 感谢我的博士生导师陈鸿渭为我提供了系统的低温物理训练. 感谢我的博士后合作导师马克·卡斯特纳 (Marc Kastner), 以及量子材料科学中心的杜瑞瑞老师、谢心澄老师和王恩哥老师等长辈给我多年的实践机会. 我还非常庆幸能从研究生阶段就得到夏健生博士和乔治·弗罗萨蒂 (Giorgio Frossati) 教授的指导, 也感谢得到过田明亮老师、吕力老师、景秀年老师、赵祖宇博士、弗拉基米尔·施瓦茨 (Vladimir Shvarts) 博士和公俊·河野 (Kimitoshi Kono) 教授的经验分享.

在我攻读博士学位期间, 我的导师几乎每天都会与我交流两到三次. 他的知识杂而不散、博而不乱, 本书中那些常规低温书籍中未提的信息, 很可能最早就是从他那里得知的. 其间我遇到了夏健生博士、乔治·弗罗萨蒂教授和其他低温界的前辈, 他们使我逐渐了解到一个低温实验究竟可以做得多好, 并且学到了应对低温实验异常情况的方法和心态. 他们帮我打下了基础, 教会我如何将一件简单的事情做得更好, 如何修正错误. 他们不仅传授了我知识和技能, 更重要的是, 他们分享了各自处理实验事务的习惯和思维方式, 为我在这些年的学习和摸索过程留下了前方的灯火. 我也非常感谢学长们对我的培训, 童伟、乐松、吴欢、詹姆斯·库尔茨 (James Kurtz)、托尼·克拉克 (Tony Clark)、恩相·基姆 (Eunseong Kim) 和其他许多同龄人耐心地教会了我大量的实验技能, 他们的友善和真诚使我能更平稳地面对实验中的许多挫折.

在本书的撰写过程中, 我获得了自己课题组里研究生和本科生的帮助. 付海龙、王鹏捷、牛佳森、黄可、熊林、黄河清、胡京津、胡祺海和李亦璠在毕业之后, 帮助我查阅了一些我在北京大学无法获取的文献资料. 刘萧、范浩然、陈志谋、宋稚中和闫钰乔为我提供了软件相关的帮助, 特别是刘萧, 她帮我将部分古老文献中以图片形式出现的表格转化为可被用于绘图的数字化信息. 闫姣婕、武新宇、袁帅、胡京津和夏昊煜参与了本书准备过程中的讨论. 袁帅、范浩然、朱禹宣、贾林浩、宋稚中、崔喆、周晋飞、闫钰乔、葛东翰和凌玉融阅读了本书的初稿, 并提出了修改意见. 本书中未标注来源的低温液体和低温固体的实验数据来自我或我的学生们未发表的测量结果. 感谢同学们的贡献和支持, 使得本书得以顺利完成.

在本书的写作过程中, 我还向李新征、王垒、李源、贾爽、韩伟、刘雄军、刘阳、刘海文、檀时钠、吴飙、冯济和曹庆宏等同行请教过具体的物理和技术问题, 很荣幸能在量子材料科学中心工作, 使得许多我自己不确定的内容很快就能找到可以请教的专家.

最后, 感谢我的家人多年来对我将大量时间花在个人兴趣上的包容和支持.

目 录

第四章 低温制冷

本章将讨论获得 4.2 K 和 4.2 K 以下低温环境的主要制冷技术, 以供低温仪器设备的使用者和搭建者了解相关信息. 制冷指 "refrigeration", 它以前在中文环境中也被称为 "致冷", 考虑到我们如今的称呼和书写习惯, 本书统一采用 "制冷".

本书前三章分别介绍了低温液体、低温固体和温度的测量, 尽量系统地为读者提供一套低温实验的 "常识", 并应用于本章的讨论. 例如, 本章的原理介绍常常需要结合量子力学讨论, 这离不开对低温液体特性和低温固体物性的了解. 又例如, 制冷的主要效果体现于温度有多低, 之前介绍的多种温度测量手段来源于不同低温环境的需求.

常规制冷通常只涉及一种物理原理. 生活和生产中常见的制冷原理包括液体气化、气体膨胀、热电效应、涡流管制冷和电化学制冷, 它们均不是本章的重点. 此外, 4.2 K 以下的制冷方式有非常强的温区针对性. 因此, 获得一个极低温环境的制冷方法需要涉及多种不同的物理原理. 根据获得最低温度的制冷方式, 本章分节讨论 4.2 K 以下的低温制冷手段.

4.1 ^{4}He 制 冷

120 K 以上的制冷技术习惯上被称为普通制冷, 120 K 以下的制冷技术习惯上被称为深度制冷或者低温制冷. 低温物理学关心 120 K 以下的低温环境. 因为液氦的存在, 我们不再需要详细讨论如何获得 4.2 K 以上的低温环境. 本节介绍如何获得 4.2 K 的低温环境, 并介绍如何从 4.2 K 的低温环境进一步降温.

常规制冷中的工作物质被称为制冷剂, 制冷剂在系统中移动, 实现制冷系统中的某个位置与外界的能量交换, 以获得制冷的效果. 获得 4 K 低温环境最直接的办法是将待降温物体与液氦 (本节有时称为液体 ^{4}He, 以与液体 ^{3}He 区分) 接触, 利用液氦蒸发时的潜热对物体降温. 如果将实验室的外部或者实验室中的 ^{4}He 液化设备当作制冷系统的一部分, 液氦就是这个过程中的制冷剂. 液氦的潜热低、价格高, 把购买的液氦作为制冷剂需要考虑使用成本. 此外, 频繁地补充液氦也会增加对低温实验的干扰. 对维持温度梯度和减少液氦消耗的需求将反映在各种制冷方式的原理和具体设计中.

直接把待测量样品从室温环境放置到液氦中以获得从 300 K 到 4.2 K 的降温不是常见的做法. 样品通常被安置在一个真空环境内部, 真空环境不只被用于保护样品, 还被用于保护制冷机内部进一步降温时所需要建立的温度差.

4.1.1　液氦制冷

　　液氦的温度远低于室温, 无法被直接装在常规容器中. 专门用于存放液氦的容器被称为杜瓦. 低温实验中的杜瓦分为移动杜瓦和实验杜瓦 (相关内容见 5.7 节), 移动杜瓦指从实验室外获得液氦并将之运到实验室内的容器, 实验杜瓦指固定在实验室某处、为低温测量提供 4.2 K 低温环境的容器. 实验杜瓦需要定期通过移动杜瓦或者原位液化设备补充液氦. 虽然制冷中所有的机器和设备被统一称为制冷机, 不过, 有时候人们也用制冷机这个词称呼不包含杜瓦、只开展低温实验的设备. 本节为了行文方便, 用制冷机这个词描述不包含杜瓦的制冷设备.

　　实验杜瓦的结构将在 5.7.2 小节中讨论, 我们先在图 4.1 中保留杜瓦和制冷机的核心特征, 以用于本章一系列制冷机相关的介绍. 当液氦被放置在实验杜瓦中时, 一个介于液氦和室温环境之间的液氮层可以减少室温环境对液氦的漏热. 液氮层与液氦之间维持真空以减少液氮对液氦的漏热, 室温环境和液氮层之间维持真空以减少液氮的消耗. 这两个真空连通在一起, 习惯上被称为外真空腔 (outer vacuum chamber, OVC). 4.2 K 或低于 4.2 K 的局部低温环境存在于另一个独立的真空环境中, 这个腔体习惯上被称为内真空腔 (inner vacuum chamber, IVC). 获得更低温度的制冷结构和样品都被安置在内真空腔中.

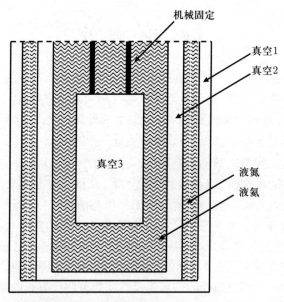

图 4.1　制冷机常见嵌套结构的示意图. 虚线以上逐渐过渡到室温的结构未被详细画出. 真空 1 与真空 2 连通, 即 OVC. 真空 3 即 IVC, 其中放置样品或者获得更低温度的制冷结构. 此图可与图 5.44 对照

所谓液氦制冷, 就是利用液氦的 4.2 K 环境冷却实验对象. 液氦气化时的潜热小 (见图 1.9), 仅为液氮的十分之一、水的百分之一. 在 4.2 K 时, ^{4}He 的潜热约为 83 J/mol, 密度约为 0.125 g/cm^3, 换算为液体升后潜热约为 2.6 kJ/L. 每小时 1 W 的热负载将引起大约 1.4 L 液氦的消耗, 或者 0.02 L 液氮的消耗. 对于比热为 c, 质量为 m 的待降温对象, 当接触液氦后, 其获得的制冷量包括了液气相变的潜热 L_{He} 和低温气体升温带来的制冷量:

$$mc(T)\,\mathrm{d}T = [L_{\text{He}} + c_{\text{He}}(T - T_{\text{He}})]\mathrm{d}m_{\text{He}}, \tag{4.1}$$

其中, c_{He} 为 ^{4}He 的气体比热, 近似为常量, T_{He} 指液氦的气化温度. 于是从初始温度 T 冷却单位质量待降温对象到液体气化温度 T_{He} 所需要的液氦量为

$$\frac{m_{\text{He}}}{m} = \int_{T_{\text{He}}}^{T} \frac{c(T)}{L_{\text{He}} + c_{\text{He}}(T - T_{\text{He}})}\mathrm{d}T. \tag{4.2}$$

具体的液氦消耗量依赖于具体材料的比热, 也依赖于冷氦气的制冷量如何被充分利用. 表 1.13 提供了铜、铝和不锈钢从给定温度降温到液氦沸点的液体体积需求量: 如果将铜从 77 K 冷却到 4 K, 充分利用气体的制冷量可以节省约 90% 的液氦. 简单地说, 当设计 ^{4}He 制冷机时, ^{4}He 气体 (本节简称为氦气) 离开杜瓦时的温度越接近室温越好.

对于液氦制冷机, 图 4.1 的内真空腔不需要一直维持低压强环境. 如果仅仅是为了获得 4.2 K 的环境, 那么内真空腔可以存在少量的 ^{4}He 作为交换气体, 以帮助维持腔内的固体与外部的液氦的热平衡, 和便于设备在室温和 4.2 K 之间升降温 (相关内容见 5.5.1 小节). 如果内真空腔中有其他制冷方式提供了低于 4.2 K 的环境, 那么腔内需要维持足够好的真空条件以维持温度差. 4.1.2 小节将介绍的液氦蒸发制冷就是一个内真空腔在制冷过程中需要维持真空的例子.

当计算液体的消耗速度时, 通过容器外的气体流量所测得的气体体积并不真实体现液体的蒸发量. 液体气化后, 所占据体积由气体填充, 这部分气体不逸出低温容器. 容器外的气体体积与蒸发所产生的气体体积的关系满足

$$V = V_{\text{evaporate}}\left(1 - \frac{\rho_{\text{g}}}{\rho_{\text{l}}}\right), \tag{4.3}$$

^{4}He 的 $\frac{\rho_{\text{g}}}{\rho_{\text{l}}}$ 为 0.135. 对于 N$_2$ 和 H$_2$O, 因为其气液密度比小, 所以这个修正不重要. 例如, N$_2$ 的气液密度比仅为 0.006.

不同设备正常运转时的液氦消耗量很不一样, 常见的制冷机每天的液氦用量在 0.1 L 到 10 L 数量级. 当前, 在不同地域购买液氦的价格差异可能高达 10 倍, 而且液氦的购买普遍还面临着价格持续上涨和供应不稳定的问题. 于是, 液氦的持续消耗的开支足以成为一个小型低温实验室的主要运转开支. 我们可以考虑以下可能的减少液

氦相关经费支出的做法. 一、制冷机在开始运转前, 从室温往低温的降温伴随着大量液氦消耗, 短时间内的连续测量优于反复的升温降温. 我们需要仔细规划低温实验, 而且能在室温完成的前期工作不要拖到降温之后再开始准备. 二、我们需要正视一个问题: 一旦低温设备开始运行, 液氦的消耗不分白天和晚上, 也不分工作日与休息日. 合理的多人分工和利用电脑自动化数据采集是减少液氦相关经费支出的可行做法. 三、一些实验室购买小型的氦气液化设备, 将消耗的氦气转为液氦, 以维持制冷机的长期运转. 四、一些科研机构建立了氦气回收液化装置, 大规模回收和液化之后的成本更低. 6.13 节将提供一个校级回收系统的搭建例子.

液氦来自天然气提纯后的液化, 一直到二十世纪五十年代, 液氦的供应还很紧张[4.1]. 二十世纪后期, 液氦的供应相当稳定. 二十一世纪以来, 液氦的供应频繁出现不稳定现象, 价格持续上涨, 并且曾多次出现阶段性的杂质比例过高. 液氦的价格昂贵、供应不稳定和传输液氦对实验工作者的技能要求 (相关内容见 5.8.1 小节) 影响着低温环境的应用和普及. 随着干式制冷技术的成熟 (相关内容见 4.2 节), 直接利用液氦获得 4.2 K 环境的做法已经越来越少了, 人们更倾向于用操作更简单、运行成本更低的干式制冷技术获得 4 K 附近的低温环境.

4.1.2   液氦蒸发制冷

获得 4.2 K 以内温度最简单的方法就是用泵对液氦抽气减压. 当气液相平衡时, 温度的大小对应着压强的大小, 降低压强使部分氦由液相变为气相, 该相变过程吸收热量. 例如, 2 K 的 ^{4}He 蒸气压为 3 kPa (见图 1.8), 不到一个大气压. 这样的液体气化制冷手段在生活中被广泛使用、广为人知, 在科研人员获得液氦之后就可以被尝试了. 1922 年昂内斯通过此方法获得了 0.82 K 的低温[4.2], 记载这个工作的文献提供了极为详细的细节. 最令人叹为观止的细节是大量的泵被用于抽气, 这很好地体现了百年前的科研人员在没有成熟辅助设备的条件下, 为解决具体实验问题需要付出艰辛的努力. 1932 年, 凯索姆通过对液氦抽气获得 0.71 K[4.3].

蒸发制冷的制冷量正比于潜热和流量. 氦的潜热在此温区近似为一个常量 (见图 1.9), 所以制冷量由流量决定, 在选择了合理的泵和抽气管道之后, 制冷量由蒸气压决定. 参考式 (1.8), 蒸发制冷的制冷量随着温度指数下降. 压强低于 1 mbar 时 (5.1 节介绍与压强有关的单位, 表 7.6 提供了常见压强单位的换算关系), ^{4}He 的温度随压强变化缓慢, 如图 4.2 所示. 考虑管道流阻等因素后, 获得 1 mbar 左右的压强并不困难, 此条件下的蒸发制冷可以提供约 1.3 K 的低温液氦. 有的蒸发制冷低温系统选择 10 mbar 数量级的蒸气压以获得更大的制冷量, 最终获得约 1.8 K 的低温液氦. 超流体的热导能力随温度下降而迅速减弱 (见图 1.23), 过低的温度也不利于用液氦为其他物体降温. 蒸发制冷自带稳定温度的负反馈机制, 因为热负载增大引起温度上升后, 制冷量也相应随着蒸气压增大而增加. 如果不考虑外界漏热, 蒸发制冷的制冷量主要被用于冷却液氦本身, 仅微小比例用于冷却制冷机中的金属: 在 4.2 K, 1 g 液氦的热容比 1 g 铜的热容大 10^4 数量级. 如果制冷机提供 4.2 K 时 0.1 W 的制冷量, 对应的抽气速度为 1.2×10^{-3} mol/s, 对应的室温泵抽速为 36 m³/h[4.4].

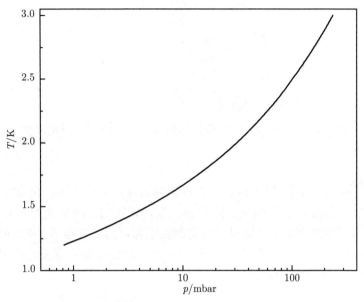

图 4.2   平衡条件下 ⁴He 的温度与蒸气压的关系. 数据来自图 1.8

1. 整体降温

原则上, 我们可以直接用一个泵对液氦容器抽气 (见图 4.3), 但这个简单的做法有几个不合理的地方. 首先, 一部分制冷量被用于冷却液氦本身, 而不是被用于冷却实验对象. 这个制冷方式显著增加了液氦的消耗, 大约 40% 的液氦会被用于将余下的液氦降温到约 2.2 K. 其次, 我们对液氦抽气后, 杜瓦主腔体 (液氦腔体) 的压强小于一个大气压, 这可能引起水汽和空气在杜瓦中的冷凝. 杜瓦主腔体中通常维持正压, 空气和水汽难以进入, 所以实验杜瓦主腔体的密封要求并不高, 于是低于一个大气压时容易漏气. 最后, 也是最重要的原因是, 当我们补充液氦时, 抽气中的杜瓦需要先恢复到常压, 抽气过程需要被终止, 所以不可避免的液氦补充影响了实验的连续性.

2. 蒸发腔结构

仅对部分的液氦抽气降温是更合理的蒸发制冷方案: 大部分液氦的温度为 4.2 K, 而为测量对象降温的小部分液氦的温度小于 2 K. 容纳这部分低温液体的结构被称为蒸发腔. 蒸发腔的习惯叫法为 "1 K 腔" (1 K pot), 因为它利用 ⁴He 的蒸发, 通常提供 1 K 到 2 K 之间的温度. 如图 4.4 所示, 液氦通过一个流阻进入蒸发腔, 在蒸发腔中蒸发降温后成为约 1.5 K 的低温液体. 具体温度数值取决于蒸发速度和漏热量. 如果抽

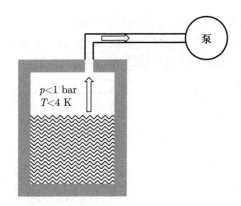

图 4.3　液氦整体蒸发制冷示意图. 从此图开始, 图 4.1 中用于减少漏热的真空夹层和液氮层将不再画出

气量按 10^{-4} mol/s 估计 (每天约 0.25 L 液氦的消耗), 考虑到其中约 40% 的液体潜热 (数值参考图 1.9) 被用于冷却液氦本身, 蒸发制冷提供的制冷量约为 5 mW. 具体的蒸发量取决于蒸发腔的液面面积、抽气管道的流阻和泵的抽气能力. 我用过的那些蒸发腔的实测消耗大约是总液氦消耗的十分之一到三分之一. 个别蒸发腔每天的液氦用量超过 1 L, 占据了显著的液氦消耗比例.

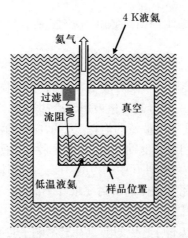

图 4.4　蒸发腔结构示意图. 从此图开始, 液氦空间的外壁 (杜瓦液氦腔体的内壁) 不再画出. 标记真空的白色空间指的是内真空腔. 为了示意图的简洁, 真空腔体的抽气管道没有在此图中画出

　　蒸发腔的主要固体漏热量来自支撑结构和抽气管道. 支撑结构的固体导热容易被计算, 在合理的设计中它通常不影响制冷效果. 抽气管道的漏热很可能大于预期值, 因为超流液氦薄膜将沿着管道内壁展开, 热短路了部分管道. 这种热短路还恰好提供了一个稳定温度的负反馈机制: 当蒸发腔温度上升引起抽气量增加时, 供液量小于抽气

量引起液面下降, 于是薄膜引起的漏热也就相应地减少, 有利于积攒液体.

蒸发腔获得的液体导热来自连接它与 4.2 K 液氦空间的液体通道. 这条通道有明显的流阻, 需要维持一个约 1000 倍的压强差. 这个流阻通常由长于 1 m 的长毛细管或者插入金属丝的短毛细管构成 (金属丝外径接近毛细管内径). 杂质进入毛细管结构后, 容易引起堵塞, 因此毛细管与 4.2 K 液氦空间之间有一个简单的过滤装置, 如由金属颗粒烧结而成的多孔材料, 它减少了进入毛细管的杂质. 空气和水汽在低温下会固化, 因此它们不应该在制冷机降温前进入蒸发腔, 我们需要在降温之前用氦气清洗蒸发腔 (具体操作为反复抽气与通入少量氦气), 然后在抽气之前一直用氦气为蒸发腔维持正气压. 这个正压约为 1.5 bar 就可以了, 即比大气压高半个大气压. 如果我们采用过高的压强, 则可能增加蒸发腔漏气的风险, 和引起 ^{4}He 从室温管道漏出 (相关内容见 5.4 节). 液氦中的氢杂质析出是流阻堵塞的另一个原因 (相关内容见 1.5.4 小节). 如果液氦中有比例过高的氢, 我们很难避免毛细管的堵塞 (见图 1.92), 因为图 4.4 中的滤孔尺寸再小也无法防止固体氢的形成.

有些制冷机中, 设计者不使用毛细管作为流阻, 而是使用了针尖阀. 如果针尖阀被堵塞, 我们可以简单地通过调整针尖阀的闭合程度重新打开液体通道. 针尖阀的优点除了可以解决堵塞问题, 还在于可以让我们通过针尖阀的闭合来临时降低蒸发腔所能获得的最低温度, 因为针尖阀闭合之后, 蒸发腔和 4.2 K 液氦空间之间的液体漏热也减少了. 针尖阀的设计不如毛细管常见, 因为它的缺点是所提供的流阻不如毛细管结构稳定. 此外, 我们需要在室温环境中调节阀门, 所以针尖阀结构还占用了一条从室温到 4.2 K 液氦空间的直通孔.

从闭合针尖阀以追求蒸发腔低温极限的操作可以看出, 一旦毛细管被堵塞, 蒸发腔干涸前的征兆是温度降低, 看似运行状态变得更好了. 2006 年开始频繁出现液氦质量问题之后, 我经历过很多次蒸发腔毛细管堵塞. 其预兆通常是在完全堵塞的几天之前就开始出现气路流量降低的现象 (我们可以在泵的进气口处放置真空规以监控气路), 但这几天中的蒸发腔温度稳定. 在完全堵塞的几个小时之前, 蒸发腔才出现温度下降的现象.

制冷机搭建者值得为蒸发腔单独准备一个温度计, 并持续通过它测量. 这个温度计除了可以监控蒸发腔是否发生流阻堵塞现象, 还可以监控蒸发腔是否会因为液氦进入超流态而引起温度不稳定. 当液氦被抽气降温时, 在 2.17 K 处经历超流 λ 相变 (相关内容见 1.1.4 小节和 1.1.5 小节). 液氦 λ 相变之后, 超流薄膜爬升后的蒸发引起温度振荡. 为了减少液氦薄膜的蒸发, 抽气管道的内部需要尽量光滑, 而且搭建者可以在蒸发腔顶部和抽气管道之间加装一个带小孔的圆片, 因为液氦薄膜的蒸发量正比于管道的最小周长 (相关内容见 1.1.7 小节). 蒸发腔的液氦进入超流态后引起温度不稳定的另一个原因是液体的热导率急剧变化, 它引起了液氦与周围容器和管道之间的间歇性高效热交换.

蒸发腔结构简单、使用方便、设计灵活多样. 除了可以将蒸发腔设计在实验杜瓦之中, 我们还可以将蒸发腔设计在一根便携插杆上直接插入移动杜瓦中, 6.8 节提供了一个实际设计的例子. 比起图 4.3 中的抽气方式, 蒸发腔的另一个优点是对泵的抽气量要求不高, 常规的容积压缩泵和涡旋泵 (相关内容见 5.3 节) 就可以提供制冷量合理的蒸发制冷. 在制冷技术的研发历史上, 蒸发腔产生的 2 K 以下预冷环境是发展极低温制冷技术必备的预冷条件. 随着干式制冷技术的推广, 有些设备的蒸发腔结构被焦汤制冷 (相关内容见 4.2.4 小节) 取代.

3. λ 点制冷机

大型磁体难以靠图 4.4 中的蒸发腔结构冷却. 如果希望将超导磁体运行在更低的温度, 我们可以采用图 4.5 所展示的一种大体量液体蒸发制冷思路. 这样的制冷机被称为 λ 点制冷机, 也被称为 λ 盘制冷机, 因为这种制冷方式工作时, 局部的液体温度接近超流相变温度, 又不会低于超流相变温度. 如图 4.5 所示, 如果在液氦中间安置一条通道, 一端为进液口, 另一端连接到室温的泵, 当泵运转时, 管道中温度减小, 从而冷却管道周围的液氦. 冷液氦的密度大, 沉积到底部, 形成液体对流, 位置低于管道高度的液体开始降温. 而位置高于管道高度的液氦的温度难以被改变, 因为液氦在进入超流相之前导热能力非常差, 仅为 10^{-4} W/(cm·K) 数量级, 比银的导热能力差了 3 个数量级 (见图 1.23).

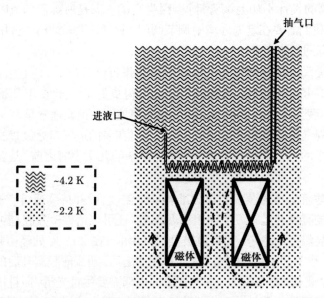

图 4.5　λ 点制冷机示意图. 该设计通常被用于冷却超导螺线管磁体, 以允许磁体提供更大的磁场. 运行后, 液氦将出现温区分层, 下层温度约 2.2 K, 上层温度约 4.2 K. 虚线箭头示意液体流动方向

λ 点制冷机在刚刚开始运转时, 整个实验杜瓦中的液体都是 4.2 K 的液氦, 蒸发制

冷开始冷却大量的液氦. 此时大量的液体蒸发, 以提供足够的潜热, 所以 λ 点制冷机对泵的抽速要求高, 通常大于 10 L/s. 大量的冷气体从杜瓦进入室温的抽气管道, 使用者需要留意室温抽气管道的温度过低引起的冷凝和结霜. 而当液体形成温度分层后, 管道下方的液体的温度已经稳定在约 2.2 K, 制冷机对制冷量的要求降低. 因此, 进液口需要有一个可以调节流量的阀门, 以减少稳定运转时的液氦消耗.

该制冷机不会获得低于超流相变温度的原因在于超流体超强的导热能力. 仅当所有液体都被降温到 2.2 K 以下时, 管道下方的液体才能获得低于超流相变的温度. 显然, 这是我们希望避免的浪费液氦的制冷方式. 比起从液面顶端对整个杜瓦抽气 (见图 4.3), 这样的降温方式不仅消耗液氦少, 而且允许使用者在制冷机运行时传输液氦, 不过使用者需要注意放置进实验杜瓦中的传输管不能破坏液氦中的温度梯度. 同样地, 制冷机在管道附近和管道上方不能有纵向高热导的结构, 否则温度分层也会被破坏. 例如, 磁体的悬挂只能依靠导热差的不锈钢, 而不能依靠导热好的铝或者铜.

在一个实际系统中, 杜瓦空间需要尽量匹配磁体的大小, 从而让约 2.2 K 的低温液氦尽量少, 以减少液氦的消耗. 一个合理设计的实验杜瓦, 安置完磁体后低于 λ 点制冷结构的液氦空间不到 5 L. 这个空间的大小非常关键, 它决定了降温过程中的液氦消耗量. λ 点附近的液氦比热约 10 J/(mol·K) 至 100 J/(mol·K)[4.5~4.7], 如图 1.18 所示; 而磁体主体的金属比热在此温区约为 1 mJ/(mol·K) (可根据图 2.14 中的数据换算), 考虑实际磁体的质量后, 我们可以判断降温过程中绝大部分的制冷量被用于冷却液氦而不是被用于冷却磁体.

4.1.3 常规低温热源

有实用价值的低温制冷原理多种多样, 但是一台新制冷机不能正常工作时, 常见的原因不一定是制冷过程不符合预期, 而可能是搭建者或使用者忽略了某个不该出现的漏热. 制冷机设计者和使用者需要考虑的常规漏热包括固体热传导、黑体辐射、气液导热、热声振荡、振动发热、实验测量引起的漏热. 漏热影响制冷机的最低温度, 是所有制冷机设计者需要关心的核心信息.

1. 固体热传导

因为重力的存在, 低温环境与室温环境之间由固体连接以获得机械固定, 这个机械固定结构是显然的漏热途径, 其漏热大小直接由热导 (见式 (2.28)) 决定. 该漏热量的计算看似没有难度, 但我们常常找不到所用材料的低温物性信息. 制冷机框架结构最常用的三种材料为铜、铝和不锈钢. 在 4.2 K 以上到室温, 定性的结论是铜的热导率非常好、铝的热导率好、不锈钢的热导率差 (详细内容见 2.2 节). 制冷机不同温度区间之间的机械连接适合使用热导率差的不锈钢. 跨温区时, 除了不锈钢, 我们还可选择有机材料或者晶格结构较为无序的无机材料. 如果制冷机中存在导通气体或者导通液体的薄壁管道, 我们除了可以采用不锈钢作为管道材料, 还可以考虑使用铜镍材质的管道. 铜镍管道更柔软、易操作, 也不容易发生管壁开裂的漏气现象. 通常来说, 固体热传导的漏热比起下文继续讨论的黑体辐射和气液导热更容易估计.

2. 黑体辐射

黑体辐射满足斯特藩 – 玻尔兹曼定律:

$$\dot{Q}_{\text{b}} = \sigma A T^4, \tag{4.4}$$

其中, σ 为斯特藩 – 玻尔兹曼常量, A 为物体表面积. 黑体是理想的热辐射吸收体和发射体, 实际物体吸收和辐射能量的能力不如同样温度的黑体, 其辐射符合

$$\dot{Q} = \varepsilon \sigma A T^4, \tag{4.5}$$

其中, ε 为实际物体的发射率, 数值上小于 1, 低温材料常用的发射率可参考表 4.1. 热平衡时, 任何物体的吸收率等于其发射率, 这被称为基尔霍夫定律. 有机物、颜料和氧化表面的发射率常常接近 0.9, 抛光过的闪亮表面的发射率可以小于 0.2. 与人眼直观感觉不一致, 玻璃的发射率约为 0.9. 发射率的具体数值受材料、表面粗糙程度、具体波长和温度影响, 不同来源的测量数据有显著差异. 表 4.1 提供了常用框架材料 (如不锈钢、铝和铜) 的部分数据, 因为发射率受材料来源影响极大, 而且抛光效果随时间变差, 所以我们在做漏热预测时, 可以忽略 80 K 以下的温度差异, 仅对漏热做数量级上的估

表 4.1 部分材料在低温下的发射率

材料	80 K	300 K
不锈钢 (常规)	约 0.07 ~ 0.2	约 0.07 ~ 0.5
不锈钢 (机械或化学抛光)	约 0.02 ~ 0.07	约 0.06 ~ 0.1
不锈钢 (车床打磨后放置两周)	约 0.045	无
铝 (常规)	约 0.07 ~ 0.2	约 0.1 ~ 0.5
铝 (机械或化学抛光)	约 0.02 ~ 0.1	约 0.03 ~ 0.2
铝 (化学抛光后放置半年)	约 0.006	无
铝 (氧化)	无	> 0.2
铜 (常规)	约 0.07 ~ 0.2	约 0.1 ~ 0.5
铜 (机械或化学抛光)	约 0.02 ~ 0.07	约 0.02 ~ 0.1
铜 (化学抛光后放置半年)	约 0.005	无
铜 (氧化)	无	> 0.6
金、银	无	约 0.01 ~ 0.2
蒸铝聚酯薄膜	约 0.01 ~ 0.02	约 0.05 ~ 0.06

注: 仅用于数量级上的参考. 表格中故意放入不同测试条件的同种金属数据, 以说明不同文献来源的发射率数据差异较大[4.3,4.4,4.8~4.11]. 商业化货源的室温发射率数据差异也很大.

算. 维恩位移律为

$$\lambda_{\max}T = 2.898 \times 10^{-3} \ (\mathrm{m \cdot K}). \tag{4.6}$$

在 300 K 和 4 K 时, 人们更关注大约 10 µm 波长和大约 700 µm 波长所对应的发射率. 发射率与波长的经验公式[4.4] 为

$$\varepsilon = 365 \left(\frac{\rho}{\lambda}\right)^{1/2}, \tag{4.7}$$

其中, 电阻率 ρ 的单位是 $\Omega \cdot \mathrm{m}, \lambda$ 的单位是 µm.

假如存在温差的两个界面由同一种材料构成, 则材料的发射率越小, 在同样温差的条件下低温界面受到的漏热就越小. 从式 (4.7) 可以判断, 我们希望选择电阻小的材料以减小漏热. 根据制冷机的实际温度梯度分布方向, 我们假设温度低的界面 1 (温度 T_1、表面积 A_1) 被温度高的界面 2 (温度 T_2、表面积 A_2) 完全包围在里面. 考虑了多次反射吸收后的级数求和, 界面 2 对界面 1 的漏热满足

$$\dot{Q} = E\sigma A_1(T_2^4 - T_1^4), \tag{4.8}$$

$$E = \frac{\varepsilon}{1 + (A_1/A_2)(1 - \varepsilon)}. \tag{4.9}$$

常见防辐射罩 (也被称为热屏蔽罩或屏蔽罩) 形状为直径接近的圆筒形, 且防辐射罩材料的发射率低, 我们可取 $A_1 = A_2, \varepsilon \ll 1$, 所以两套防辐射罩之间的漏热量近似为

$$\dot{Q} = \varepsilon\sigma A_1(T_2^4 - T_1^4)/2. \tag{4.10}$$

作为一个数量级上的估计, 实验工作者可以大致认为发射率为 1 时, 1 cm^2 的 77 K 防辐射罩对液氦产生 0.2 mW 的辐射漏热, 而 1 cm^2 的室温直接暴露对液氦产生 45 mW 的辐射漏热.

低温设备中最重要的防辐射罩总是固定在某处而非悬空, 其温度由特征温度点决定, 而不是由外界温度决定. 所谓的特征温度点, 指的是有稳定冷源而且方便建立热连接的位置. 各层防辐射罩必须是热的良好导体. 也就是说, 在设计合理的低温系统中, 我们最关心处的辐射漏热与罩子层数无关, 主要由最内层防辐射罩的温度决定. 这种情况下, 低温设备中防辐射罩的辐射模型不同于热力学教科书常用的尘埃屏蔽星体模型.

尘埃屏蔽星体模型应用于防辐射罩外侧的薄膜隔层. 如果防辐射罩悬空, N 层辐射罩将辐射漏热减少为原来的 $1/(N + 1)$, 这也是减少漏热的好办法. 对于设备搭建者, 在不同温区之间放置大量的薄膜隔层 (multilayer insulation, 简称 MLI, 也叫 superinsulation, 即超隔热) 是值得的, 搭建者可以利用这些悬空的结构减少固定罩子的冷源处的热负载. 薄膜隔层通常为金属化过的薄膜, 如几十层厚度在微米数量级的

蒸铝聚酯薄膜 (aluminized Mylar). 一些设备也可能在真空隔层中填充 10 μm 直径的低热导颗粒以减少热辐射, 因为颗粒引起的大量散射使得辐射衰减.

人们可能会为防辐射罩镀金, 这主要是用于防止金属表面氧化后发射率降低, 而不是因为金的发射率更低 (见表 4.1). 表面抛光能增加反射率, 但长时间后表面还是会被污染, 设备搭建者并不值得花大代价去抛光防辐射罩材料的表面. 如果防辐射罩经过抛光处理, 使用者不要裸手直接触摸金属表面, 因为油脂和指纹痕迹也会影响发射率. 值得一提的是, 在同一个温区区间和同一个腔体内, 我们也可以故意在不重要或者有冷源的位置采用高发射率材料, 而用发射率小的材料保护样品或者热导差的局部重要区域.

根据以上讨论, 如果我们能确定发射率数值上限, 似乎就可以对热辐射产生的漏热有非常清晰的估算方式. 然而, 真实制冷机中的防辐射罩不是一个完整的封闭面, 而是留有气路管道、引线通过的孔洞和中通的螺丝固定孔. 这些辐射通道的存在让漏热估算变得复杂. 近年来, 新搭建的极低温制冷机因为不需要使用液氦作为 4.2 K 预冷, 逐渐从结构狭长变为结构宽矮的构型, 所以图 4.6 中所示意的这部分中通管道和孔洞内的辐射漏热的影响更加值得受到关注. 例如, 制冷机中常有抽气用的管道, 在这些圆形管道中填充错位放置的半圆形挡板, 以减少辐射漏热 (见图 4.7) 是值得的.

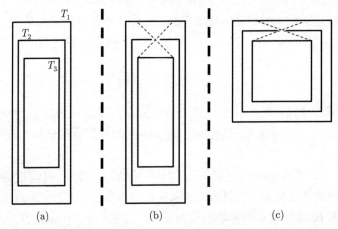

图 4.6 理想防辐射罩与有孔的防辐射罩对比示意图. (a) 示意完全封闭的三层不同温度的罩子. (b) 示意罩子开孔引起的热辐射增加. (c) 示意不同长宽比例下的热辐射增加. 虚线用于示意角度. 间距小, 且罩子本身的厚度薄时, 开孔引起的热辐射增加需要被额外关注

3. 气液常规导热

制冷机的内真空腔在 4.2 K 下仅可能有少量的氦气, 而不可能有其他气体, 而且我们可以在内真空腔安装体积很小的吸附泵, 因此我们不需要讨论对流导热. 内真空腔中残余氦气的压强小、温差小, 这些气体的导热也不需要被讨论. 我们接下来关注低

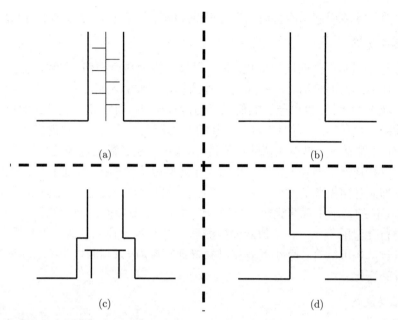

图 4.7　抽气直管的减少辐射漏热设计示意图. 四个图代表四种思路: (a) 管内插入一套错位放置的半圆形挡板; (b) 直管底端加装一个横向挡板; (c) 直管底端塞入一个遮挡部件; (d) 直管在中间某处变向. 实际操作中, (a) 的做法在大部分情况下更容易被实现

温环境和高温环境之间的气体导热.

在自由分子传导的条件下, 即气体分子的平均自由程大于两个温区之间的特征距离时 (相关内容见 5.1 节), 气体导热公式符合

$$\dot{Q} \approx 0.02\alpha Ap\Delta T. \tag{4.11}$$

这是一个经验公式[4.3], 不采用 SI 单位制; α 为一个与具体气体有关的吸附参数, 低温设备可以取 0.02; A 为低温材料面积, 单位为 cm^2; p 为气体压强, 单位为 mbar; ΔT 为温度差, 单位为 K; 最终获得的漏热 $\dot{Q}$ 单位为 W. 1 mPa 的 ^{4}He 气体从 290 K 往低温端引入的热量约为 0.1 W/m^2 的数量级[4.11], 这个热量就数值上而言非常可观, 可是防辐射屏和薄膜隔层可以阻止气体直接从室温往低温环境漏热. 例如, 虽然几层的薄膜隔层已经足以有效减少热辐射漏热, 但是设计者通常使用几十层的薄膜隔层, 这样的层数增加显著地减少了残余气体引起的导热量.

假如气体压强超过设备的设计预期, 则使用者面临着额外漏热的影响. 例如, 如果外真空腔有漏, 则液氦和液氮的消耗增加. 又例如, 如果降温时内真空腔的热交换气 (相关内容见 5.5.1 小节) 忘了被抽走或者内真空腔有漏, 则低于 4.2 K 的环境温度将偏高. 内真空腔中残留的气体往往是 ^{4}He, 一旦 ^{4}He 在足够低的温度下形成超流薄膜,其良好的热导率将引起制冷机内的温度振荡 (相关内容见 1.1.7 小节和 4.5.4 小节).

4. 热声振荡

温度差能引起压强的周期变化, 这个现象被称为热声振荡, 它常发生在有液体和气体的细管中. 热声振荡自发发生时, 额外的热量将被引入制冷机的低温环境. 这些热量增加了液氦的消耗, 也可能影响低温环境的稳定性. 通常商业化杜瓦的口径会避开热声振荡的参数区间, 不过对于自己加装的伸入杜瓦的管道或者连通实验装置的液体通道, 搭建者需要关注热声振荡的可能性. 例如, 搭建者需要避免使用直径小于 1 cm 的细长管直接连通室温和液氦. 当我们实在需要做这种连接时, 细长管的侧面留一串小孔可以抑制热声振荡的发生. 使用大直径管子也有热声振荡的风险: 伊金 (Ekin) 曾在直径 8 cm 的管子中观测到热声振荡[4.4]. 5.8.2 小节中的液面探测器是一个利用热声振荡进行测量的例子. 除了像液面探测器一样在管道顶部的薄膜处感受热声振荡, 制冷机搭建者还可以将一个小型麦克风放置到管道内, 以判断热声振荡随管道尺寸和液面位置的变化.

5. 振动发热

来自建筑物、泵、液氦沸腾和液氮沸腾的振动为制冷机引入可观的漏热, 这是一个低温环境和极低温环境都需要关注的热源. 除了衰减制冷机所获得的驱动能量 (相关讨论见 5.3.11 小节), 搭建者还可以加大制冷机的刚性程度, 这个刚性不仅指制冷机要被固定在一个大质量基座上, 还指制冷机内部结构要固定牢固. 我没有很好的定量计算振动发热的办法, 实际操作中主要凭借前人和自己的经验去做估算. 实践中, 一块狭长的金属如果松动悬挂, 例如装上了固定螺丝而不拧紧, 这样的松动结构在外界驱动下将产生晃动, 晃动产生的额外热量引起了制冷机可被观测到的明显升温. 有磁场的情况下, 振动还会引起导体的涡流发热.

6. 测量所产生的发热和测量装置引入的漏热

一台制冷机最基本的测量显然是温度测量, 这也是我们在第一章和第二章介绍低温液体和固体物性后, 立即讨论温度测量的原因. 温度测量和实验者自己感兴趣的测量将引入热量. 我们仅在这里简单讨论最常见的电学测量所引入的热量. 对于其他测量方式, 我们可以参照电学测量和气体液体导热分析热学测量的漏热, 参照辐射漏热分析光学测量的漏热. ^{60}Co 温度计的核反应发热是特殊情况, 这类特殊情况需要具体问题具体分析.

电学测量最基本的需求是有跨越室温环境和低温环境的引线. 引线从室温端引入的热量需要在合适的特征温度点进行热分流, 以减少引线对低温环境的漏热. 这些热分流的位置被称为热沉. 例如, 当制冷机中有液氮时, 液氮就是一个将来自 300 K 环境的热量分流的极好冷库; 当制冷机温度小于 4.2 K 时, 液氦就是下一个热分流的冷库; 当制冷机温度小于 1 K 时, 蒸发制冷的蒸发腔就是第三个热分流的冷库.

对于 4.2 K 的液氦环境, 用于导通大电流的引线不仅有明显高温漏热, 还有焦耳发热, 我们需要权衡引线的选材、直径和长度. 在接近室温的高温区, 更小的引线焦耳发热意味着更大的引线热导率, 不过对于给定的引线材料, 存在一个理论上的最低漏热. 以铜为例, 一进一出来回两根引线的最小漏热[4.12] 如下:

$$\frac{\dot{Q}_{\min}}{I} = 0.084, \quad 290\ \text{K} \rightarrow 4\ \text{K}, \tag{4.12}$$

$$\frac{\dot{Q}_{\min}}{I} = 0.018, \quad 77.4\ \text{K} \rightarrow 4\ \text{K}, \tag{4.13}$$

其中, 漏热单位为 W, 电流单位为 A. 从这里面我们可以获得两个定性的信息. 首先, 对于一个实验测量所需要的大电流, 实验工作者需要提前为此电流引线所产生的漏热预算好制冷量, 即使不通电流, 这个漏热也一直存在. 其次, 如果制冷机能为引线提供一个前级预冷, 低温环境的漏热能够显著减少. 引线的长度和横截面积的最佳比例由所需要的电流决定[4.12]:

$$\frac{Ih}{A} = 5.0 \times 10^4 \left(\frac{\text{cm} \cdot \text{A}}{\text{cm}^2} \right), \quad 290\ \text{K} \rightarrow 4\ \text{K}, \tag{4.14}$$

$$\frac{Ih}{A} = 1.1 \times 10^5 \left(\frac{\text{cm} \cdot \text{A}}{\text{cm}^2} \right), \quad 77.4\ \text{K} \rightarrow 4\ \text{K}, \tag{4.15}$$

因为绝大部分制冷机都是纵向布局的, 所以此处默认使用的铜引线长度是 $2h$, h 指引线需要跨越的两个温区之间的高度差; A 为引线横截面积. 为使用方便, 此处公式采用厘米作为长度单位, 而不是采用 SI 单位制.

商业化供应的超导材料已具有足够大的临界电流 (见图 5.67). 在干式制冷 (相关内容见 4.2.5 小节) 已经普及的现在, 我们可能更关心 300 K 到 50 K 的漏热量, 其估算方式为

$$\frac{\dot{Q}_{\min}}{I} = 0.082, \quad 290\ \text{K} \rightarrow 50\ \text{K}, \tag{4.16}$$

$$\frac{Ih}{A} = 4.0 \times 10^4 \left(\frac{\text{cm} \cdot \text{A}}{\text{cm}^2} \right), \quad 290\ \text{K} \rightarrow 50\ \text{K}. \tag{4.17}$$

50 K 以下的引线原则上可以采用导热差的超导线材 (相关内容见 2.2 节). 不过, 超导线不建议由金属包裹. 很多商业化供应的超导线材由超导体和常规金属导体一起构成, 例如铜包裹着超导体. 在铜被腐蚀掉之前, 超导线本身并不是足够好的绝热材料.

对于小电流实验, 实验工作者需要留意外界环境的高频信号对样品的加热和焦耳发热对低于 4.2 K 的实验环境的影响. 小电流的焦耳发热的影响可以通过改变激励检查, 高频信号沿着引线的漏热可以通过屏蔽和滤波进行衰减 (相关内容见 6.1 节). 当样品或者温度计热容小且固定方式不妥当时, 小热量在很低的温度下也能产生足以影响测量结果的温差.

控制制冷机的局部温度的方法有很多种, 原则上我们可以改变制冷量, 如改变蒸发制冷中的蒸气压或者抽速、改变磁制冷中的磁场 (相关内容见 4.6 节和 4.7 节), 也可以利用热开关 (相关内容见 5.6 节) 改变制冷机局部和其他位置的导热能力. 可是, 因为焦耳热的方便可控, 实验者在调控制冷机温度时较少通过改变制冷量调控温度, 而更多地用对局部环境加入焦耳热量的方式改变测量对象的温度. 常见的一个做法如图 4.8 所示: 实验工作者通过一个低温温度计和低温加热丝, 利用 PID (proportional integral derivative, 即比例积分微分) 负反馈将样品的温度稳定在目标值. 当我们需要严格地定量控制热量时, 除了计算来自样品附近电阻的发热, 还需要留意引线的发热对制冷机其他位置的影响.

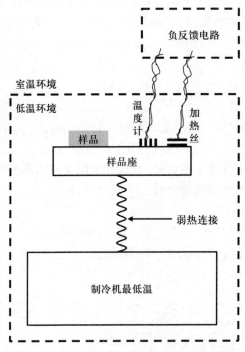

图 4.8　通过热量调控样品温度的原理示意图

一台制冷机的低温空间往往都会被尽量利用, 测量引线常贴近防辐射罩和真空罩. 如果内层测量引线没有被安置好或者固定好, 在低温下接触到了外层罩子的侧壁, 则这相当于把某个低温环境和更高温度的罩子热短路. 这样的误操作引起的意外漏热并不罕见. 实验工作者显然需要在室温条件下检查松散的引线有没有接触到侧壁, 但是这么做并不够保险, 因为引线可能在温度降低引起的收缩下形变. 同理, 对于特别狭长的多个防辐射罩和内真空腔结构, 我们也要小心它们之间意外的相互机械接触. 6.10.1 小节将提供一个防接触结构的实物例子.

7. 总结

本小节讨论的漏热主要针对常规低温环境, 更小数量级的漏热讨论见 4.7.5 小节. 这两个小节的内容仅仅介绍了比较典型的漏热可能性, 真实设备中的漏热来源多种多样, 有些不常见的漏热来源可以用匪夷所思来描述, 有些来自操作的意外漏热让人觉得哭笑不得. 漏热来源分析是制冷机搭建者需要掌握的基本技能: 我们只能在远高于运转温度的室温搭建制冷机, 所以提前考虑好包括漏热在内的细节是设计和搭建低温设备的必要步骤. 已正常运转的低温设备遇到预料外的漏热时, 我们不一定需要将设备送回原厂, 部分问题可以由设备使用者在自己的实验室内简单处理解决. 低温实验测量的时间成本高, 考虑到很多设备的操作者是需要在意毕业时间的研究生, 仪器设备的可靠性和稳定性影响着他们对实验的热情, 因此我也建议低温领域的新成员们粗略了解各种漏热的可能来源, 以便于自己快捷地处理部分仪器异常.

最后, 我想讨论如何看待基于本小节和文献中的公式和表格所提供的漏热估算数值. 极低温的热导率是少数严重依赖材料质量和尺寸的参量之一, 我们难以准确地判断所使用的材料与物性测量文献中所使用材料的差异究竟多大. 以铜的热导率为例, 不同品质的铜的热导率差异可达 2 个数量级, 余下的几种常见漏热也都严重依赖材料和设备设计的细节. 因此, 我的建议是, 以最悲观的态度去预设一台想搭建的新设备, 尽量在合理范围内先考虑可能的最大漏热、最不理想的设备极限温度, 以及预设尽量长的低温平衡时间. 幸运或者不幸的是, 现实时不时会跳出我们预想的 "合理范围", 这让我们为这些保守估计所付出的代价变得值得.

4.1.4 持续流制冷机

图 4.1 的制冷机结构中, 液氦与待降温对象被安置在同一腔体中, 但是使用这样的降温方式对于总热容小的降温对象而言不划算. 如果要使小热容样品获得 4.2 K 或者 4.2 K 以上的温度, 我们可以采用持续流的制冷方式. 在这种制冷方式中, 液氦和待降温对象有各自独立的空间, 液氦通过管道持续地从储存空间供应到实验空间. 持续流制冷机没有储液结构, 真空罩和防辐射罩上容易加装光学窗口, 而且制冷机的低温部件热容小, 便于快速升降温. 图 4.9 提供了一种持续流制冷机的原理示意图.

这样的持续流制冷机可以提供从约 5 K 到高于室温的测量环境, 高温条件下的测量比其他制冷机友好. 有些特殊设计的制冷机甚至可以从 4.2 K 一直加热测量对象到 700 K. 当然, 这样的制冷机不能随意使用常规的焊接材料. 如果对低温环境要求不高, 持续流制冷机还可以将液氮作为工作流体. 除了在样品处装加热丝调控温度, 人们还可以在输液管或者制冷机的进液口装上针尖阀, 以控制液体的流量, 从而控制测量对象处的温度. 持续流制冷机有成熟的商业化供应, 一些型号从室温冷却到 4.2 K 仅需要 15 min 和约 0.5 L 液氦, 稳定运行 1 h 消耗的液氦约为 0.5 L.

我们还可以基于实验杜瓦搭建持续流制冷机, 这么设计的一个好处是可以通过测

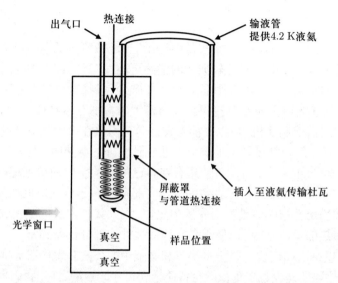

图 4.9 一种持续流制冷机的原理示意图. 图中两个真空相连通, 制冷机外壁的真空抽气孔未画出. 出气管道和进液管道间有良好的热连接, 以在降温过程中充分利用逸出氦气的制冷能力

量插杆将样品送到低温环境, 如图 4.10 所示. 我们可以在不同的插杆上提前准备不同的测量装置或者装配好不同的样品, 当一个插杆的测量结束、被拔出实验杜瓦之后, 另

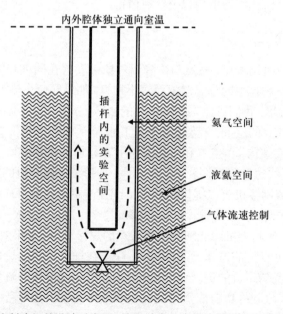

图 4.10 另一种持续流制冷机的设计示意图. 该设计中的直接液氦供应来自实验杜瓦, 而不是移动杜瓦. 插杆内有放置样品的实验空间

一个插杆可以迅速装入杜瓦中, 于是我们不需要等待原有插杆升温、更换测量装置和更换样品. 对比常规的持续流制冷机, 这种设计的另一个好处是实验杜瓦中有积液, 可以放置超导螺线圈磁体, 提供测量磁场.

持续流制冷机提供了一个简单易用的通用型低温环境, 它的升降温速度快、测量温区广, 方便于大量样品的快速简单测量. 随着干式制冷技术的推广, 持续流制冷机逐渐被加装测量插杆或快速换样装置的干式制冷机取代.

4.2 干 式 制 冷

干式制冷技术可以提供 4 K 附近的低温环境, 也可以取代液氦为更低温度下的实验提供预冷环境. 1908 年 ^{4}He 的液化开启了全新的低温物理时代, 二十世纪六十年代, 稀释制冷机的出现让前沿科研拥有了可以长期维持的极低温环境, 它们是低温实验历史上的两个里程碑. 到了二十一世纪, 干式制冷技术的普及让低温环境下的探索不再依赖于液氦的供应, 这是低温实验发展过程中第三个重要的技术节点.

干式制冷除了广泛应用于低温下的科学探索, 还用于低温泵、红外探测技术、核磁共振成像技术、氧气和天然气的液化等场合. 在这些应用中, 用来获得 120 K 以下温度的小型制冷机有时候被称为 “cryocooler”. 使用干式技术制冷或者预冷的设备常被称为无液氦消耗制冷机. 采用干式制冷技术时, 使用者除了考虑最低温度和制冷功率, 还得根据工艺考虑制冷机的可靠性、尺寸、重量、成本和能量使用效率, 以及干式制冷技术额外引入的振动对低温设备的影响.

4.2.1 斯特林制冷和 GM 制冷

压强的周期性振荡可以引起气体温度的变化, 但是无法产生制冷能力. 在气体压强周期性振荡时, 如果气体的空间分布也存在同样周期的变化而使得压缩和膨胀位于不同的位置, 则可以产生温度差. 著名的斯特林制冷就是利用了这样的原理[4.13,4.14]. 如果膨胀后的气体温度能被换热器 “记忆”, 使下一次压缩后的气体温度比上一次循环的温度低一点, 那么多次重复这样的不同位置的压缩和膨胀之后, 我们可以获得温度远低于室温的低温环境 (见图 4.11).

斯特林循环最初只是被用于热机工作机制的理论讨论. 1815 年前后, 斯特林提出了斯特林热机的工作模式, 即等温膨胀、等容降温、等温压缩、等容升温. 与我们熟悉的卡诺循环不同, 斯特林循环不再有绝热过程 (见图 4.12). 1861 年, 该循环方式被实现[4.15]. 二十世纪中叶, 斯特林循环被发现可以液化空气[4.16], 随后斯特林循环得到了较多的制冷研究关注和商业化推广. 通常斯特林制冷的工作频率范围[4.17] 为 25 Hz 至 100 Hz.

直接将图 4.11 中的制冷机连接到一个可以周期性改变压强的压缩机 (相关内容

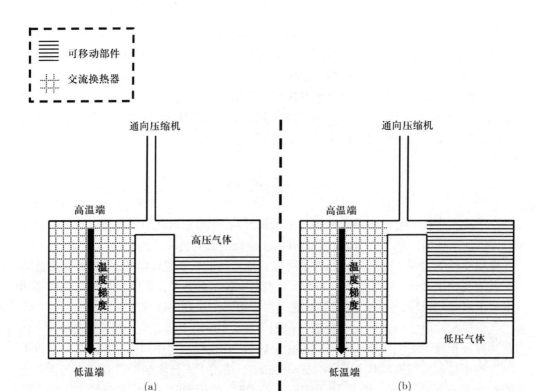

图 4.11 通过周期性改变气体压强和气体空间分布制冷的例子. (a) 当压缩机提供高压气体时, 可移动部件将气体集中在高温端升温. (b) 当气体膨胀时, 可移动部件改变位置, 气体在低温端降温. 气体可以在交流换热器中移动. 交流换热器是为气体来回移动时提供热量交换的介质, 其比热大, 并且与气体热交换能力好. 本图仅为示意用的简图, 结构和过程与实际制冷机不一致. 例如, 商业化制冷机中的交流换热器和可移动部件可能结合为同一个活动部件, 仅需占用一个腔体的空间

见 5.3.10 小节) 并不是一个理想的制冷设计. 首先, 虽然斯特林循环本身的制冷效率很高, 但压缩机中气体的压强振荡产生了额外的能量消耗, 降低了整体的能量利用效率. 其次, 该系统中的电学平衡时间小于热学平衡时间, 当换热器的流阻和改变压强的频率不匹配时, 制冷效果将受到影响. 再次, 低温下反复运动的移动部件不能使用常规的润滑油, 这影响了制冷机的无维护使用时间. 最后, 低温下的移动部件运动引起实验装置的额外振动. 二十世纪六十年代左右, 改善整体压强振荡缺点的吉福德 – 麦克马洪制冷机 (GM 制冷机) 被发明了, 并获得了 80 K 的温度[4.13,4.18,4.19]; 吉福德和麦克马洪为提出该方法文献的两位作者的名字. 而下文将介绍的脉冲管制冷将改进第三个缺点 (相关内容见 4.2.2 小节): 脉冲管制冷不再有低温端移动部件. 需要说明的是, 尽管 GM 制冷更加实用, 但是斯特林制冷的能量利用率更高, 即相同温度且同样大小的能量输入条件下, 斯特林制冷的制冷量更大[4.15].

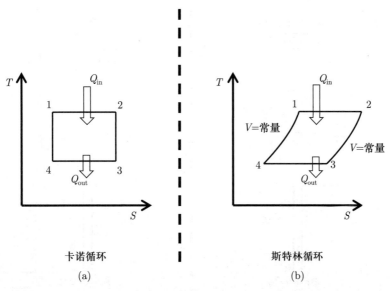

图 4.12 卡诺循环与斯特林循环. (a) 卡诺循环由 1 至 4 至 1 分别为等温膨胀、绝热膨胀、等温压缩和绝热压缩. (b) 斯特林循环由 1 至 4 至 1 分别为等温膨胀、等容降温、等温压缩、等容升温. 图中的 $Q_{\text{in}} = RT_{12} \ln \dfrac{V_2}{V_1}$, $Q_{\text{out}} = RT_{34} \ln \dfrac{V_3}{V_4}$, 公式的计算中假设了理想气体的等温膨胀和等温压缩

在斯特林制冷中, 图 4.11 所通向的压缩机需要周期性地改变压强, 而在 GM 制冷中, 压缩机只需要提供一个恒定的高气压和恒定的低气压 (见图 4.13), 由一个旋转阀或者一组交替开闭的阀门调节制冷机内的压强 (见图 4.14). 此时, 压缩机的运转不再需要与低温可移动部件在频率上匹配, 而是可以根据交流电频率设计, 这使成本和可靠性增加. 通常低温可移动部件的运转周期受低温下的热平衡时间常数影响, 约为 1 Hz 数量级, 远小于交流电的频率. 没有维护的情况下, GM 制冷机可以运行约 20000 h, 而斯特林制冷机寿命通常在 4000 h 以内[4.20,4.21]. 此外, 斯特林制冷的压缩机如果不贴近制冷结构, 连接制冷结构和压缩机的管道中的无效空间将削弱压强的振幅和制冷效率; 而 GM 制冷的压缩机只提供两个固定压强, 可以远离制冷结构数十米.

GM 制冷直至今日依然是人们获得低温环境的一个重要手段, 二十一世纪初仅为低温泵生产的 GM 制冷机就高达每年两万台[4.15]. 这类制冷技术本质上是提供一个温度差, 而不是获得一个绝对数值的温度, 温度差的低温端被称为冷头. 因此, GM 制冷机和其他干式制冷技术可以通过两套制冷结构的同时运转获得更低的温度. 第一个制冷建立了从室温到第一个特征温度的温度差, 对应的低温端被称为一级冷头. 第二个制冷建立了从第一个特征温度到第二个特征温度的温度差. 额外的冷头辅助预冷从而获得更低温度的方式, 被称为二级制冷, 对应的制冷单元被称为二级制冷机, 其中, 获得更低温度的冷头被称为二级冷头. 两个冷头可以通过合适的方式热连接但以独立气

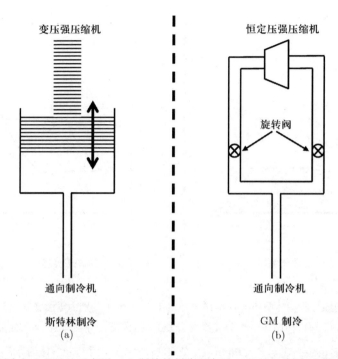

图 4.13　干式制冷方法差异的示意图. (a) 斯特林制冷示意图. (b) GM 制冷示意图. 本图下方管道连接图 4.11 上方管道. GM 制冷中的恒定压强压缩机提供两个大小不变的气压, 通过旋转阀轮流连通制冷机. 本图的两个 "通向制冷机" 代表两种制冷方式, 图 4.11 的 "通向压缩机" 代表一种制冷方式的两个时间节点

路运转, 也可以两套制冷系统共用一套压缩机.

　　二级冷头在 4.2 K 下有 1 W 制冷功率的 GM 制冷机出现于二十世纪九十年代初[4.22], 如今的 GM 制冷机能获得低达 2.1 K 的低温环境[4.23]. 对于常见的 GM 制冷机, 单级制冷机的温度约 80 K、二级制冷机中的二级冷头温度约 15 K. 对于低温实验中的 GM 制冷机, 一级冷头常见的温度在 40 K 至 60 K 附近, 二级冷头可获得 3 K 以下的温度. 这样的低温实验用 GM 制冷机 (仅算制冷核心部件, 不计入真空罩和压缩机) 的重量可能还不到 10 kg. GM 制冷机原则上可以沿任意方向摆放, 实测中不同方向的摆放可能引起约 10% 的制冷量差异[4.23].

　　斯特林制冷和 GM 制冷除了被用于描述以上介绍的两个制冷方式, 还被用于描述提供压强变化的方式: 压缩机提供周期变化压强的制冷方式被称为斯特林型制冷, 压缩机提供固定压强、由阀门周期变化提供压强振荡的制冷方式被称为 GM 型制冷. 4.2.2 小节将介绍的脉冲管制冷可根据压强来源被分为斯特林型脉冲管制冷和 GM 型脉冲管制冷.

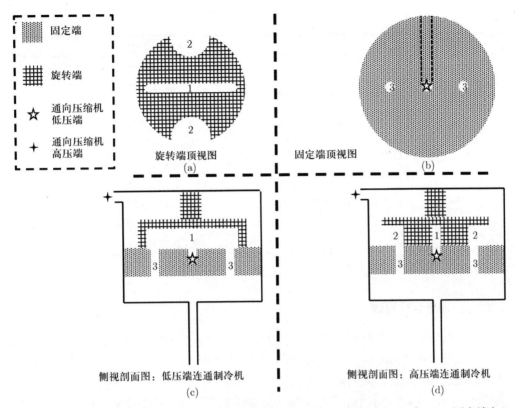

图 4.14 一个旋转阀设计思路举例. 旋转端顶视图与固定端顶视图分别见 (a) 与 (b). 固定端中心开口处下方的管道连接着压缩机的低压端, 因此旋转端的 1 也一直连通着压缩机低压端. 随着旋转端角度变化, 1 和 2 分别通过 3 连通制冷机. (c) 当 1 连通 3 时, 压缩机低压端连通制冷机. (d) 当 2 连通 3 时, 压缩机高压端连通制冷机

　　4 K 下的低温制冷机根据制冷功率分为小型或微小型 (小于 10 W)、中型 (小于 100 W) 和大型 (大于 100 W). 低温实验基本依靠小型和微小型制冷机, 中型和大型制冷机主要应用于工业生产和大批量的气体液化. 低温制冷机有时候也根据温区被分为六个级别 (见表 4.2), 本书主要针对 4 K 以下的制冷相关问题展开介绍.

表 4.2　制冷机分类方式以及本书制冷相关内容的主要对应章节

级别	温区/K	本书主要对应章节
1	$60 \sim 120$	无
2	$20 \sim 60$	无
3	$10 \sim 20$	无

级别	温区/K	本书主要对应章节
4	$4 \sim 10$	4.1 ^{4}He 制冷 4.2 干式制冷
5	$1 \sim 4$	4.1 ^{4}He 制冷 4.2 干式制冷 4.6 电绝热去磁制冷
6	< 1	4.3 ^{3}He 制冷 4.4 压缩制冷 4.5 稀释制冷 4.6 电绝热去磁制冷 4.7 核绝热去磁制冷

注: 分类依据来自文献 [4.13].

4.2.2   脉冲管制冷原理

干式制冷根据气路特征可以分为两大类, 一类压强分布和气体流动方向固定, 另一类压强分布和气体流动方向变化. 如果以电流比喻气流, 前者可以类比直流电路, 后者可以类比交流电路. 人们熟知的焦汤制冷 (简称 JT 制冷, 相关内容见 4.2.4 小节) 属于前者; GM 制冷和本小节介绍的脉冲管制冷是斯特林制冷的变形, 则属于后者. 图 4.15 提供了制冷机的一种分类方式, 其中, 直流换热器与交流换热器的区别见图 4.16.

在发展 GM 制冷技术的过程中, 吉福德等人于 1964 年意外发现了脉冲管制冷[4.24,4.25], 中文也称脉管制冷. 比起斯特林制冷和 GM 制冷, 脉冲管制冷最大的优势在于其低温端没有移动部件, 因而冷头工作时产生的振动较小, 并且低温部件更加可靠. 商业化的脉冲管制冷可以在无维护的情况下运转超过 35000 h.

脉冲管制冷利用了气体压强变化引起容器表面温度不均匀[4.26]的现象, 其工作原理示意见图 4.17. 早期的脉冲管制冷[4.27]可以在一级制冷的情况下获得 124 K, 在二级制冷的情况下获得 79 K. 在这样的管道中, 气流需要尽量均匀且平滑, 以便建立稳定的温度分布, 而且气体在最大压强和最低压强时的热交换能力要显著强于气体在压缩和膨胀过程中的热交换能力.

二十世纪六十年代出现的脉冲管技术一开始并没有得到太多的关注, 其迅速发展和普及的原因是 1984 年米库林 (Mikulin) 提出了阻尼孔脉冲管的技术方案[4.28]. 该方案一开始获得了 105 K 的低温环境[4.15], 两年之后, 该方案可以提供 60 K 的温度[4.29]. 使用阻尼孔的脉冲管制冷原理见图 4.18, 当工作气体被压缩时, 气体通过阻尼孔进入储气的缓冲空间, 而当工作气体膨胀时, 气体通过阻尼孔从缓冲空间中释放. 脉冲管的长度与压强变化的频率、流阻大小以及缓冲空间体积匹配时, 脉冲管低温端的气体在

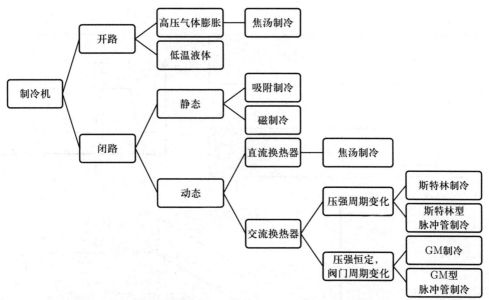

图 4.15 "高温" 制冷机的一种分类方式. 称之为 "高温" 是因为本图主要罗列本书涉及的 4.2 K 以上制冷类型. 4.2 K 以下的制冷方式复杂多样, 在本章后续节中将被逐一讨论. 脉冲管制冷的压强变化来源可以采用图 4.13 中的其中一种形式, 分别被称为斯特林型脉冲管制冷和 GM 型脉冲管制冷. 请注意斯特林型脉冲管制冷不是斯特林制冷, GM 型脉冲管制冷不是 GM 制冷

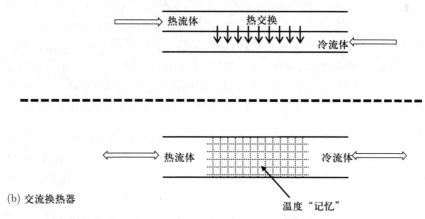

图 4.16 (a) 直流换热器与 (b) 交流换热器的区别. 交流换热器中, 冷流体和热流体周期性进出, 各自在不同时间段进入换热器中间用于温度 "记忆" 的高比热材料通道. 高比热材料通道为网状结构, 以增加表面积. 人们通常针对性地根据 50 K、10 K 和 4 K 三个特征温度选择换热器的材料[4.17]. 50 K 以上, 我们可以采用不锈钢或者磷锡铜合金; 10 K 以上, 可以采用铅珠; 4 K 附近, 换热器通常含有稀土材料[4.17]

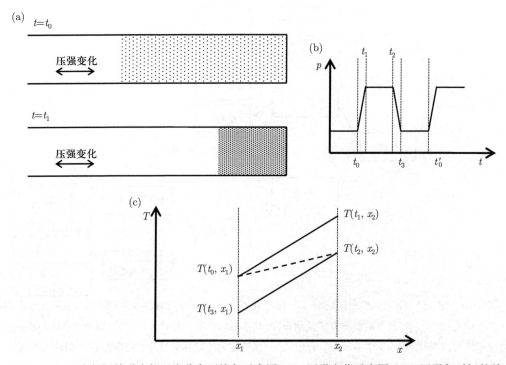

图 4.17 一根半封闭管道内部温度分布不均匀示意图. (a) 压强变化示意图. (b) 压强与时间的关系示意图. (c) 温度的空间分布示意图. T 代表温度, x 代表位置, t 代表时间, p 代表压强. 在一端封闭的管子中间, 有一部分气体因为外界压强增大而缩小体积、升高温度 ((a) 和 (b)). 如图 (c) 所示, 当压强变化足够快时, 这个过程近似为等熵, 温度由 $T(t_0, x_1)$ 上升为 $T(t_1, x_2)$. 气体如果在高压强条件下维持一段时间, 则热量由气体流向管壁, 降温至 $T(t_2, x_2)$. 当外界压强减小时, 这部分气体的温度变为比初始状态更低的 $T(t_3, x_1)$. 图中连接 $T(t_0, x_1)$ 和 $T(t_2, x_2)$ 的虚线代表管壁温度, 以说明该半封闭管道的管壁沿着 x 方向有温度分布. 极限条件下, 气体压缩和膨胀过程中产生的温度梯度等同于管壁的温度梯度. 这样只使用一根半封闭直管的脉冲管方案也被称为基础脉冲管

一个周期中来不及移动到高温端, 而脉冲管中间的气体起到了移动的热阻的作用, 一直不和高温端或者低温端产生充分的热接触. 这部分位于管道中间的气团, 就类似图 4.11 中的可移动部件, 这个气体 "活塞" 的位置移动需要和压强变化成合适的相位关系, 使高温侧的气体压缩时与高温端热接触良好、低温侧的气体膨胀时与低温端热接触良好. 阻尼孔可以是一个简单的针尖阀, 也可以是一段长细管形成的流阻. 实际的气体流动与外界压强变化并不同步, 因而阻尼孔起气流相位调节的作用. 缓冲空间的体积需要大到当脉冲管中气流方向变化时, 其中的压强变化不显著. 交流换热器 "记忆" 降温后的气体温度, 预冷了下一次即将被压缩的气体. 在反复的气体变向移动中, 脉冲管低温端逐渐降温, 直到制冷能力与漏热大小平衡. 而脉冲管高温端温度逐渐升高, 热量通过室温环境或者其他冷却方式排放.

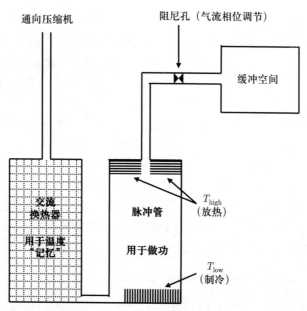

图 4.18 脉冲管制冷的原理示意图. 其核心结构从机械加工角度来看只是一根再简单不过的直管, 但这样简单却高效的降温方式似乎未曾在之前的制冷设备中出现过. 其他的部件, 如变压强的外部环境、交流换热器、气阻, 以及帮助气体和管壁热平衡的热交换器都是常见的制冷机部件. 在基础脉冲管的基础上添加了阻尼孔和缓冲空间的脉冲管被称为阻尼孔脉冲管. 交流换热器也可以环绕脉冲管设计成横截面为环形结构, 这种换热器包裹着脉冲管的同轴型设计节省空间, 但影响制冷效率. 本图为 U 形设计

图 4.18 展示的原理并不是脉冲管制冷唯一的工作方式[4.29], 取消阻尼孔的基础脉冲管 (图 4.17) 或者在脉冲管中产生特殊共振频率的气流振荡脉冲管也能使管壁产生温度梯度[4.30]. 这两种工作方式目前不能获得令人满意的降温效果, 使用阻尼孔和缓冲空间的脉冲管制冷是如今的主流方案. 因此, 本小节关于脉冲管制冷的讨论主要围绕有阻尼孔的脉冲管工作机制展开.

图 4.18 的 "通向压缩机" 处也同样连接图 4.13 的 "通向制冷机" (相关内容见 4.2.1 小节). 根据改变压强方式的不同, 脉冲管制冷也被分为斯特林型脉冲管和 GM 型脉冲管. 斯特林型脉冲管利用活塞移动产生压强振荡, 而 GM 型脉冲管利用持续提供两种压强的压缩机和旋转阀产生压强振荡 (见图 4.14). 尽管 GM 型脉冲管在极低温设备中更常被使用、更加实用, 但是斯特林型脉冲管的能量利用率更高, 即同等能量输入和相同温度条件下, 斯特林型脉冲管的制冷量更高[4.15]. 在实际工作中, GM 型脉冲管制冷机有可能被简称或者误写为 GM 制冷机, 跟拥有低温活动部件的 GM 制冷机重名 (见图 4.11), 因此读者需要注意两者的差异. 对于极低温设备, GM 型脉冲管制冷机比

GM 制冷机更为常见.

1990 年, 西安交通大学的陈钟颀等人提出双进气的脉冲管制冷方案. 如该文章[4.31] 的标题 "Double inlet pulse tube refrigerators: an important improvement (双进气脉冲 管制冷机: 一项重要改进)" 所言, 这个改进是脉冲管技术发展中的一个重要进展. 这个 方案中, 换热器和脉冲管的高温端被一条有流阻的通道连接, 这个流阻被一些人称为 双进气阀、第二阻尼孔或者旁通阻尼孔. 与之对应, 原有的常规流阻被称为第一阻尼孔 或者主要阻尼孔. 在这个方案中, 少量气体 (约 10%) 不经过换热器直接进出脉冲管的 高温端, 专门用于脉冲管高温端气体的压缩和膨胀, 从而减少了经过换热器的气流量、 减少了换热器中的能量损失、增加了制冷功率. 这样的设计可能引起流经换热器、脉 冲管和第二阻尼孔的直流气流, 该直流气流在实践中引起低温端的温度不稳定. 1998 年, 一个抑制这个恒定气流副作用的方案被提出[4.32], 其解决方法是增加一个新的阻 尼孔, 有的人称其为次要阻尼孔或直流阀. 双进气和直流控制方案的示意图见图 4.19.

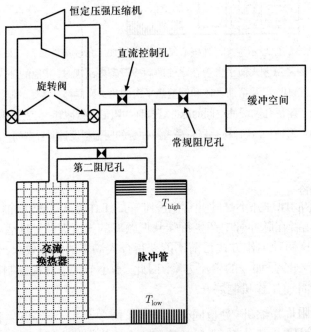

图 4.19 双进气和直流控制方案的示意图. 为与图 4.18 对比, 图 4.18 中的阻尼孔被标记为常规阻 尼孔, 双进气阀被标记为第二阻尼孔, 直流阀被标记为直流控制孔. 该示意图参考自文献 [4.31, 4.32]

脉冲管制冷与 GM 制冷一样, 制冷的结果只是获得温度差, 而不是获得温度. 与 之对比, 用液氦冷却到约 4 K 则是获得固定温度的例子, 不管从哪里开始降温, 最终 的温度总是液氦的沸点. 因此, 脉冲管制冷可以用第一套制冷获得约几十 K 的第一个 特征温度, 所在的位置被称为一级冷头; 然后利用一级冷头帮助第二套制冷建立新的温度梯度, 从而获得约 4 K 的第二个特征温度, 所在的位置被称为二级冷头. 如图 4.20 所示, 这两套制冷可以共用一个压强来源. 三级冷头和四级冷头的设计均存在过, 不过因为温区和实用性的原因, 低温实验通常使用拥有二级冷头的脉冲管.

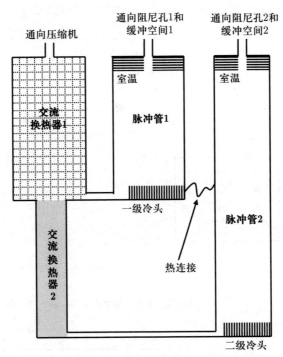

图 4.20　二级冷头的可能实现方式示意图. 该设计属于平行设计, 即两个脉冲管高温端均为室温[4.21]. 对于二级冷头所在的脉冲管, 其高温端可以热连接到一级冷头处, 这被称为串型设计. 存在过的脉冲管设计变化多样, 并不是仅有串型和平行设计. 两套脉冲管的气路通道也可以独立存在, 利用旋转阀共用一个压缩机[4.33]

4.2.3　脉冲管制冷机的最低温度与制冷功率

在 1984 年阻尼孔、缓冲空间方案和 1990 年双进气方案被提出后, 多种其他设计方案被提出和验证[4.34,4.35], 换热器的材料[4.17] 和热学参数也被细致研究[4.36], 脉冲管的制冷效果得到了迅速的提升. 例如, 稀土材料在换热器中的使用显著改善了 10 K 以下的制冷效果[4.17,4.23]. 本小节不再讨论脉冲管制冷机的研发细节, 仅讨论使用者可能最关心的制冷机最低温度与制冷功率.

脉冲管的温度参数进展见图 4.21. 1994 年, 脉冲管制冷机已经可以提供小于 4 K 的温度[4.37], 尽管该装置使用了三级制冷, 但是干式制冷替代液氦制冷具备最基本的可能性了. 几年之后, 仅靠二级制冷就可以获得 4 K 以下温度的脉冲管制冷机也出现了[4.38,4.39]. 对于制冷量这个参数, 二十世纪时在 120 K 下制冷功率 2 kW 的脉冲管制冷机已经出现了, 它们被用于天然气的液化[4.15], 一天可以液化约 400 L 的天然气[4.40]. 1994 年, 商业化的脉冲管制冷机已经出现了[4.35]. 如今的商业化脉冲管制冷机可以在单级制冷时稳定地提供小于 30 K 的温度、二级制冷时提供小于 3 K 的温度.

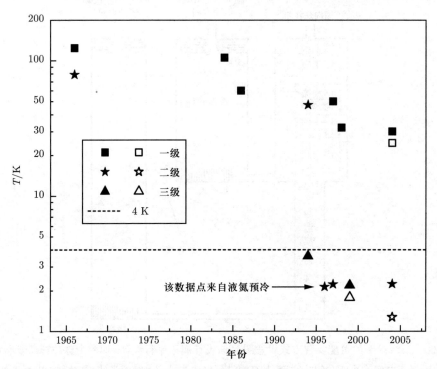

图 4.21 脉冲管制冷技术的温度参数进展. 本图信息整理自文献 [4.15, 4.27, 4.29, 4.37∼4.39, 4.41∼4.43]. 图中的实心图标代表该制冷机的工作物质是 ^{4}He, 空心图标代表该制冷机的工作物质是 ^{3}He. 二十世纪九十年代脉冲管制冷技术发展迅速, 二级冷头的温度值 (五角星图标) 大幅度下降, 人们很快获得了 4.2 K 以下的低温环境

　　对于低温实验, 跟最低温度同等重要的参数还包括给定温度下的制冷量. 商业化脉冲管制冷机在没有额外热载的情况下, 约一个小时可以降温到液氦温度, 在 3 K 处的制冷功率可达 1 W, 4.2 K 处制冷功率可以接近 3 W, 80 K 下的一级冷头制冷功率可以高于 100 W. 液氦的潜热数据可以参考图 1.9, 换算之后 4.2 K 下 1 W 的热量引起每天约 30 L 的液氦蒸发.

　　不同制冷机的制冷功率与温度依赖关系差异很大, 并且二级冷头的制冷功率受一级冷头的工作状态影响. 因此, 图 4.22 在本书中的出现仅仅是为了定性说明制冷功率随温度上升而增加. 关于一级冷头受二级冷头工作状态影响的例子可以参考文献 [4.45], 该文献提供了 Cryomech 公司的 PT415 型号一级冷头和二级冷头在不同负载条件下的运行温度. 对于一个单级冷头, 制冷功率定性地与工作气体的定压比热、工作气体的气体流量、压缩机的高压强和低压强的比值, 以及相位角的余弦成正比. 相位角指的是气体流动与压强变化之间的相位差. 结构最简单的基础脉冲管方案相位角不合理, 所以制冷效果差; 之后脉冲管设计得到了阻尼孔、缓冲空间和双进气的优化, 这些方案都提供了对相位角的调整.

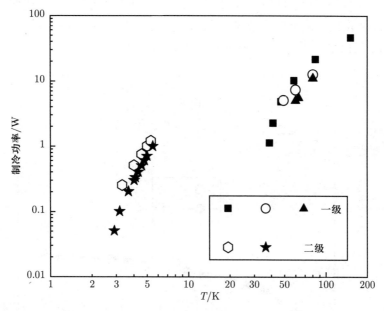

图 4.22 制冷功率与温度的关系举例. 本图数据整理自文献 [4.39, 4.41, 4.43, 4.44]. 不同的图标代表不同的数据来源

常规的制冷循环有多种可选择的工作物质, 但是对于由两级冷头获得 20 K 以内环境的干式制冷, 4.2.2 小节讨论的 GM 制冷机和本小节讨论的脉冲管制冷机均使用 ^{4}He 气体作为工作物质. 有人提出了使用 ^{3}He 作为工作物质的脉冲管制冷会有更好的效果. 在一个拥有三级冷头的实际测试中 (见表 4.3), ^{3}He 替代 ^{4}He 作为工作物质时, 最

表 4.3 一个平行设计的三级脉冲管制冷机实例的部分特征参数

冷头	脉冲管	脉冲管	换热器	换热器	^{4}He	^{3}He
	直径/mm	长度/mm	直径/mm	长度/mm	温度/K	温度/K
一级	25	183	50	141	79.5	80.9
二级	18	203.5	29.7	130	26.1	29.2
三级	9	430	19	155	2.19	1.78

注: 数据来自文献 [4.42]. 在该制冷机中, ^{3}He 作为工作物质可以获得更低的温度.

低温度从 2.19 K 改善为 1.78 K, 并且在 4 K 附近的制冷功率[4.42] 提升了约 60% . 由于 ³He 的匮乏 (相关内容见 4.3.5 小节), ³He 作为工作气体并不具备在实用中推广的可行性.

制冷效果也受压缩机压强的影响. GM 型脉冲管制冷机的使用者需要定期关注压缩机的压强变化, 因为制冷机和压缩机中的气体会因为小漏气而压强随时间缓慢下降. 压强变化的频率[4.46] 也影响制冷效果 (见图 4.23). 有趣的是, 在一个周期内压强变化如何随时间变化也会影响制冷效果[4.47], 不过在实际应用中, 使用者并不容易改变脉冲管制冷机一个运转周期内的压强变化细节.

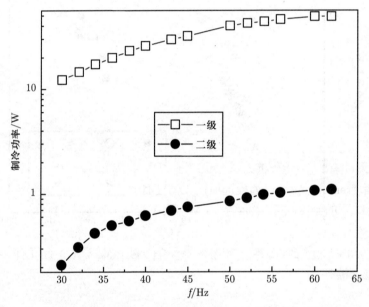

图 4.23 制冷功率与压缩机工作频率的关系示例. 数据来自文献 [4.46], 该文献测量了 Cryomech 公司的 PT410 型号设备的频率特性

制冷所用的压缩机 (相关内容见 5.3.10 小节) 原本被用于大型空调, 技术相对成熟, 成本也相对较低, 不过当被压缩气体变更为氦气之后, 压缩机发热更加严重. 因此, 专门服务于脉冲管制冷的压缩机可能会减少一部分压缩比例, 以减少发热量. 通常来说, 使用者需要为脉冲管制冷机匹配的压缩机提供水冷, 以帮助压缩机维持合适的工作温度. 有的水冷设备会设定一个启动水制冷的高温度和一个停止水制冷的合适温度, 对于部分精密测量, 水冷工作模式切换时会引入额外的噪声. 有精密测量的需求时, 水冷设备不应该频繁切换工作模式, 使用者可以考虑将水冷设备设置为连续制冷的工作模式.

压缩机也可以被热声装置代替, 从而实现完全无振动的脉冲管制冷方式[4.15,

4.20,4.48,4.49], 我们甚至可以用喇叭产生压强振荡[4.35]. 当一根半封闭的管子存在巨大温差时, 声学振荡可以出现, 气体压强变化被用于测量液氦液面位置 (相关内容见 5.8.2 小节). 反之, 压强变化也可以被用于驱动脉冲管制冷. 例如, 一根合适的管子被局部加热到 965 K 后, 其中的压强振荡可以取代图 4.13 中提供压强变化的压缩机和旋转阀, 曾获得 90 K 的制冷效果[4.50]. 尽管这个技术当前并不实用也并不普及, 但是原则上干式制冷技术不一定必须伴随着机械振动.

GM 型制冷的压强变化方式分离了压缩机和冷头, 其振动比起斯特林型制冷的振动更轻微. GM 型制冷可以通过增大旋转阀和冷头的距离进一步减少振动, 此时控制阀门的马达引起的振动不易传递到冷头处. 人们还发现当把冷头和阀门独立固定之后, 脉冲管制冷机振动显著减少. 通常旋转阀和冷头的距离可以增加到约 1 m. 一台商业化脉冲管制冷机曾被实测过[4.51], 其二级冷头沿 z 方向的振动幅度为 2.9 μm, 平面上的位移最大为 7.4 μm. 这些振动来自被压缩气体的膨胀. 我们可以大致认为常见的商业化制冷机有约 10 μm 的振动位移.

对于常见的商业化 GM 型脉冲管制冷机, 阀门和冷头距离增加将引起制冷量的下降[4.52], 制冷量下降比例根据具体型号而不同, 在 10% 至 35% 之间. 对于极低温设备, 使用者可以考虑牺牲部分制冷量减少振动, 并采用带远程工作模式的 GM 型脉冲管制冷机, 这类配件有时被称为 "remote valve option (远程阀选项)" "remote motor (远程电机)" 或者 "remote option (远程选项)". 以 PT410 型号为例, 阀门与冷头硬连接的制冷机在 4.2 K 下的制冷功率为标称值 1 W, 阀门远离冷头时制冷功率下降到 0.9 W 以内. 冷头和阀门语境下涉及的 "远程" 指的是旋转阀与冷头距离远, 而 GM 型压强振荡语境下如果涉及 "远程" 一词, 则指的是压缩机和冷头距离远.

因为重力的存在, 如果使用者不竖直放置 GM 型脉冲管, 气流不再均匀平滑, 制冷效果受到影响. 也是因为重力的存在, 冷热气体的密度差引起气流, 因此 GM 型脉冲管的冷头必须位于室温端的下方. 斯特林型脉冲管由于工作频率高、气体移动速度快, 因而不受重力方向的影响. 极低温制冷设备使用的脉冲管通常是 GM 型脉冲管, 当摆放角度偏离竖直方向 30° 时, 一级冷头的制冷功率开始显著变差; 当摆放角度偏离竖直方向 60° 时, 二级冷头的制冷效果开始显著变差[4.23]. 二级冷头受角度影响较小的一个原因在于其脉冲管更加狭长; 另一个原因是二级冷头底部可能设计有用于稳定温度的液氦小体积空间. 因此, 尽管 GM 型脉冲管制冷机不能横向放置, 但是小角度倾斜的做法依然是可以采用的. 例如, Cryomech 公司的 PT410 型号在偏离垂直方向 50° 时依然可以在 4.2 K 下获得 1 W 的制冷功率, 与垂直摆放没有显著区别, 不过此时的一级冷头制冷功率[4.23]下降了约 50%. 综上, 由于一级冷头受倾斜角度影响较大, GM 型脉冲管制冷机的安置角度建议在偏离竖直方向 30° 之内.

除了脉冲管制冷机的冷头可以提供稳定的特征温度, 脉冲管本身沿着轴向的温度梯度也可以被我们使用. 例如, 对于需要预冷的实验气体, 其输送管道可以沿着脉冲管外壁缠绕以获得连续预冷效果. 在实践中, 使用者可以在二级冷头和一级冷头之间额外安置一个特征温度盘, 以获得一个稳定的二级冷头和一级冷头之间的温度. 具体的温度与所选择的高度有关, 这个额外的特征温度盘可以为实验气体和实验引线增加一个非常便利的热分流途径.

　　GM 制冷和 GM 型脉冲管制冷是极低温设备中最常见的提供约 4 K 预冷环境的制冷方式. 同等制冷量下, GM 制冷机更便宜. GM 型脉冲管制冷机在安装合理的前提下振动更小, 但是需要尽量竖直摆放.

4.2.4　焦汤制冷

　　焦汤制冷中, 气体在特定温度下膨胀后降温. 这个现象被称为焦汤膨胀, 由焦耳和开尔文于十九世纪五十年代发现. 在低温实验中, 焦汤制冷可以被用于降低回流 $^4\mathrm{He}$ 和 $^3\mathrm{He}$ 的温度, 以便于液化后的蒸发降温.

　　焦汤膨胀的过程由图 4.24 所示意, 一部分高压气体在经过流阻后压强降低 (p_1 变为 p_2). 绝热条件下这样一个降低压强的过程被称为绝热节流膨胀. 图中仅示意一"段"气体通过流阻, 但实际情况是高压气体具有稳定和持续的供应, 而流阻两侧有压强差和密度差. 图中的流阻可以是多孔材料, 也可以是小孔、毛细管或者针尖阀.

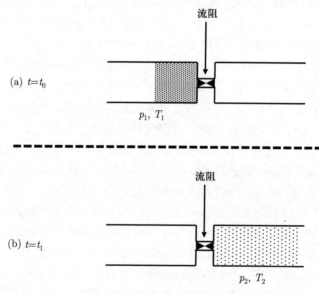

图 4.24　焦汤制冷原理示意图

　　之前介绍的斯特林制冷、GM 制冷和脉冲管制冷的工作机制都可以在理想气体的框架下理解, 但焦汤制冷的原理需要基于非理想气体理解. 假设流阻两侧的流速都很小, 气体在通过流阻前后的动能改变不大, 而重力势能没有改变, 并且节流膨胀的过程中气体没有做功, 那么, 当再加上绝热条件时, 气体的绝热节流膨胀前后的焓值似乎没有改变, 这样的过程不引起温度改变. 然而, 绝热节流膨胀中温度随压强的实际变化率 (焦汤系数) 并不为零:

$$\alpha = \left(\frac{\partial T}{\partial p}\right)_H.$$ (4.18)

焦汤系数是 $T - p$ 相图上等焓线的斜率. 如果对式 (4.18) 做简单的推导 (见式 (4.19) 至式 (4.23)), 可知理想气体 $\alpha = 0$. 因为

$$dH = \left(\frac{\partial H}{\partial T}\right)_p dT + \left(\frac{\partial H}{\partial p}\right)_T dp,$$ (4.19)

有

$$\alpha = -\frac{\left(\frac{\partial H}{\partial p}\right)_T}{\left(\frac{\partial H}{\partial T}\right)_p},$$ (4.20)

将 $H = U + pV$ 代入分子, 分母为定压热容, 得到

$$\alpha = -\frac{1}{C_p}\left[\left(\frac{\partial U}{\partial p}\right)_T + \left(\frac{\partial (pV)}{\partial p}\right)_T\right],$$ (4.21)

其中, 式 (4.21) 第一项因为焦耳定律

$$U = U(T)$$ (4.22)

为零. 而式 (4.21) 第二项因为状态方程

$$pV = nRT$$ (4.23)

为零. 理想气体的宏观定义是严格遵守状态方程 (见式 (4.23)) 和焦耳定律 (见式 (4.22)) 的气体, 它们恰好在推导式 (4.20) 结果为零的过程中都被用到了.

对于非理想气体, 式 (4.21) 中的第一项和第二项均不需要是零, 所以非理想气体的焦汤系数可以有任意的取值: 其数值可以大于零, 可以小于零, 也可以等于零. $\alpha > 0$ 时所对应的现象被称为正焦汤效应, 节流膨胀后制冷; $\alpha < 0$ 时所对应的现象被称为负焦汤效应, 节流膨胀后升温. $\alpha = 0$ 的温度被称为反转温度, 这个特定温度对于不同气体有不同的数值 (见表 4.4). 高温和低压条件下, 实际气体的性质接近于理想气体, 等焓线斜率近乎为零, 节流膨胀几乎不引起温度变化. 如果考虑制冷效率, 实际焦汤膨胀的温度常被选择在小于三分之一的反转温度的温区[4.53].

低于表 4.4 的温度时, 焦汤效应也不一定能被用于制冷, 因为具体的焦汤系数还是压强的函数. 实际气体的内能来自分子动能和势能, 动能是温度的函数, 势能与分子间

的距离有关, 所以内能不只是温度的函数, 还是压强和体积的函数. 低压时, 分子平均
距离大于最低势能的平衡位置, 因此膨胀后势能增加. 反之, 在足够大的压强条件下,
焦汤膨胀一定会引起升温, 因此焦汤制冷只能在小于某个特征压强下进行.

表 4.4   部分气体的最高反转温度

气体	最高反转温度/K
Ar	763
O_2	757
N_2	608
Ne	220
D_2	203
H_2	201
^{4}He	43
^{3}He	34

注: 数据来自文献 [4.54], 高于此表温度时, 焦汤效应无法被用于制冷.

温度小于气体的临界点时, 焦汤效应也无法提供制冷能力. 以 ^{4}He 为例, 其反转
温度曲线见图 4.25. 对于 5 K 这样一个干式制冷可以提供的合理预冷温度, 根据反转
温度曲线, 初态压强不能超过 3.7 bar, 但这个压强下的 ^{4}He 已经液化, 所以焦汤制冷

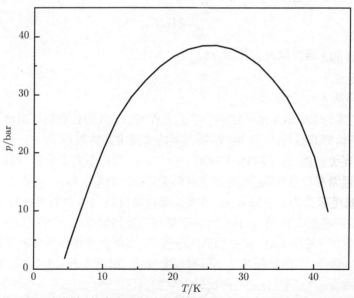

图 4.25 ^{4}He 的反转温度曲线. 给定焦汤制冷的初始温度时, 初态压强不能超过曲线上的数值. 数
据来自文献 [4.23]

过程中还需要考虑给定压强条件时的最低可能制冷温度. ^{4}He 的最低制冷温度与压强的关系见图 4.26.

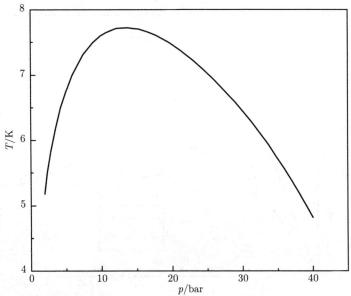

图 4.26　^{4}He 的最低制冷温度与压强的关系. 图 4.25 提供了给定温度时可以使用的压强上限, 而本图提供了给定压强时可以获得的温度下限. 数据来自文献 [4.54]

对于本书所讨论的低温实验, 我们通常只需要考虑 ^{4}He 和 ^{3}He 的这两种工作气体的焦汤效应. ^{4}He 的焦汤制冷被用于辅助其他制冷方式获得更低的温度, 或者为蒸发腔 (见图 4.4) 的蒸发制冷提供液化上的帮助. ^{3}He 的焦汤制冷被用于降低回流 ^{3}He 的温度, 以便于在干式制冷机没有蒸发腔的情况下液化 ^{3}He, 服务于后续的 ^{3}He 蒸发降温 (相关内容见 4.3 节) 或者稀释制冷 (相关内容见 4.5 节). 10 K 条件下 (见图 4.27), 初态压强不应该大于 20 bar; 20 K 条件下[4.54], 初态压强不应该大于 39 bar. 过高的初态压强不仅增加管道承压的要求, 而且不能提供更好的制冷能力.

本书主要关注低温条件下的实验, 制冷技术主要被用于提供一个测量环境, 因而低温制冷中通常会被优先关注的做功效率反而会被刻意忽略. 也就是说, 在通常的低温实验中, 能耗不是我们优先关注的参数. 例如, 过高的初态压强增加了管道漏气的风险, 对于小型实验室的工作人员而言, 更经济的做功效率远远不如更低的漏气风险重要. 此外, 极低温制冷机的实际焦汤制冷过程中, 更高压强下的气体更易液化. 如图 4.26 所示, 每个压强有对应的焦汤制冷极限. 对于价格昂贵的 ^{3}He, 考虑到初态压强越大 ^{3}He 需求量越大, 且泄漏风险越大, 有些商业化设备中的焦汤制冷 ^{3}He 初态压强略小于 1 bar. 如果 ^{3}He 被用于蒸发制冷, 则焦汤膨胀后的末态压强远小于 1 bar (相关内容见 4.3 节和 4.5.1 小节), 于是初态压强略小于 1 bar 的焦汤效应依然有可观的制冷效果. 我没有 ^{3}He 实测数据的文献信息, 但我们仍可以用 ^{4}He 的数据作为例子, 图 4.27 和图 4.28 中, 同样关注温度 10 K、压强 15 bar 的焓变化值, 图 4.28 数据的末态

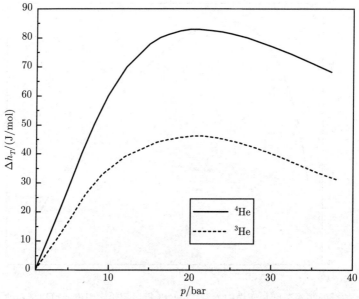

图 4.27　10 K 条件下的 ^{4}He 和 ^{3}He 的焦汤制冷效果与压强的关系. 纵轴为等温条件下的焓变化值, 末态压强为一个大气压. 数据来自文献 [4.54]

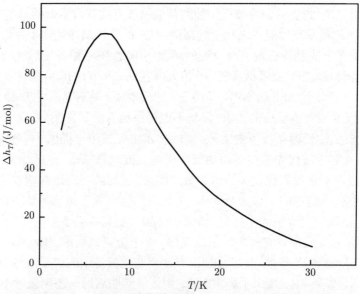

图 4.28　约 15 bar 条件下 ^{4}He 的焦汤制冷效果与温度的关系. 纵轴为等温条件下的焓变化值, 末态压强为十分之一个大气压. 数据来自文献 [4.54]

压强更低, 焓变化值更大.

焦汤制冷在低温技术发展历史上的地位极为重要. 1895 年, 林德和汉普森独立地用焦汤制冷液化了空气[4.53]. 仅利用气体的节流膨胀制冷的循环被命名为林德循环 (见图 4.29). 利用同样的方法, 1898 年杜瓦在液氮预冷的辅助下获得了液氢, 1908 年昂内斯在液氢预冷的辅助下获得了液氦. 焦汤制冷的压强差来源除了林德循环所使用的压缩机, 还可以采用其他能够提供高压气体的工作方式, 如图 4.30 所示.

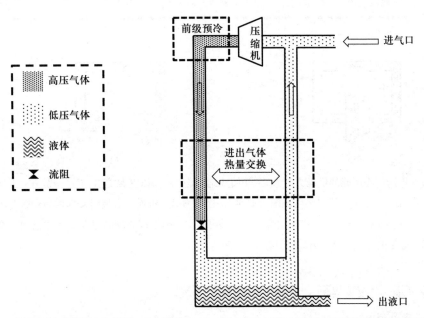

图 4.29 林德循环的原理示意图. 对于液化空气, 前级预冷可以是水冷; 对于液化氦气, 前级预冷可以是液氢. 图中的 "进出气体热量交换" 为林德的一个重要贡献, 这个结构被称为逆流换热器, 用已经节流后的低压冷气来冷却尚未节流的高压气体. 高压气体的逐渐降温使低压气体的温度也逐渐降低, 反复循环后, 节流后的温度逐渐达到液化温度

焦汤制冷还被应用于人体组织切除, 例如患了前列腺癌和肝癌的病人可能采用基于焦汤制冷的低温手术. 此时的制冷机在结构上体现为一个焦汤制冷单元和一根可以伸入体内的探针, 探针尖端[4.17] 的温度可以低至 150 K. 这样设计的焦汤制冷机非常轻巧、便于操作.

4.2.5 干式预冷、振动的影响与 ^{3}He 液化

实现 1 K 以内温度的极低温制冷机的核心部件包括被用于预冷的前级低温环境、实现最低温度的制冷部件、被用于隔热的真空罩和防辐射罩、温度读取与控制部件, 以及具体实验所需要的空间和连接方式. 传统的极低温制冷机用液氮提供一个约 77 K

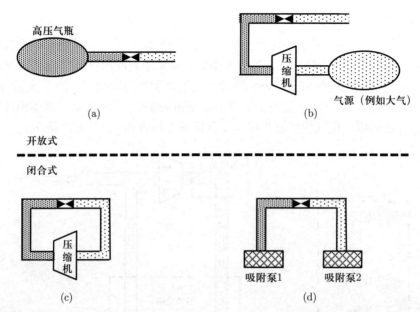

图 4.30   焦汤制冷可能的供压方式. (a) 开放式: 压强差由高压气源提供. (b) 开放式: 压强差由压缩机提供. (c) 闭合式: 压强差由压缩机提供. (d) 闭合式: 压强差由吸附泵提供. 根据气体是否循环, 供压方式可以被分为开放式和闭合式. 要说明的是, (d) 图中的两个吸附泵交替工作, 因此气流方向随时间变化, 高压气体和低压气体也随时间互换位置

的预冷环境, 用液氦提供一个约 4 K 的预冷环境.

1. 干式预冷

干式制冷技术可取代液氮和液氦提供一套恒温环境, 为极低温制冷机提供前级预冷. 当前的主流脉冲管制冷机的一级冷头提供一个约 50 K 的预冷环境, 替代液氮; 二级冷头提供一个小于 4 K 的预冷环境, 替代液氦. 干式预冷取代液氦预冷, 也被称为制冷无液氦消耗化, 是最近二十年低温仪器设备最明显的变化趋势. 采用干式制冷、不消耗液氦的制冷机常被称为干式制冷机; 与之对应的, 使用液氦预冷的传统制冷机被称为湿式制冷机. 湿式制冷机中的液氦提供了约 4 K 的制冷能力, 液氦是消耗品, 类似传统汽车中的汽油. 干式制冷机中通常还是存在液体 ^{4}He 和液体 ^{3}He 的, 只是这部分液氦仅作为不消耗的制冷剂存在, 类似于电动汽车中的润滑油. 干式制冷机获得 4 K 环境的制冷能力来自电能, 电能持续被消耗但是液氦在无误操作时不被消耗. 因此, 干式制冷机在口语中常被简称为无液氦制冷机, 但这个简称很不严谨. 图 4.31 是构建温度梯度的示意图.

干式预冷替代液氦预冷需要解决如下两个主要问题: 如何减少来自干式制冷的振动干扰, 如何在干式制冷的条件下实现 ^{3}He 的液化. 当前最常用的两个极低温制冷方

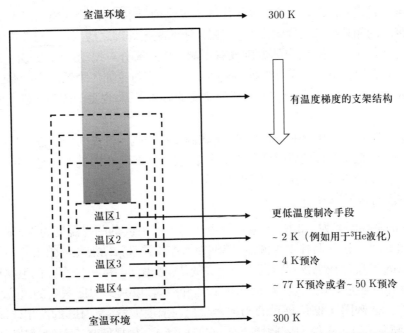

图 4.31 温度梯度示意图. 极低温设备依赖不同的制冷方式构建从室温到极低温的温度梯度, 不同的制冷方式提供了不同特征温度附近的制冷能力. 极低温制冷机的温度梯度方案多种多样, 本图仅被用于示意. 例如, 磁制冷不需要考虑为 ^{3}He 液化服务的特征温度区间

式均需要使用液体 ^{3}He.

2. 振动的影响

干式制冷机的周期性机械扰动包括了干式制冷方式的专属振动, 也包括了常规低温实验装置中的振动来源. 对于最常见的脉冲管制冷机, 其主要专属振动来源为压缩机和旋转阀的运转. 对于 GM 制冷机, 主要振动来源除了压缩机和旋转阀, 还来自低温下的部件移动. 制冷机中的常规振动来源将在 5.3.11 小节一并讨论.

根据脉冲管和 GM 制冷的不同工作机制, 我们可以判断前者对于低温环境的机械干扰更少, 因为脉冲管制冷机不存在低温下的移动部件. 如果我们对比 GM 型脉冲管和斯特林型脉冲管, 前者来自压缩机的振动干扰更少. 如果我们考虑 GM 型制冷带来的阀门切换振动干扰, 远程工作模式可以减少高低压强切换产生的低频振动. 综上, 对于极低温干式制冷机和被用于精密测量的干式制冷机, 采用远程工作模式的 GM 型脉冲管制冷机虽然成本较高, 但是较受欢迎.

当实现制冷技术的干式改装或者在干式制冷机中开展易受振动干扰的实验时, 我们除了关心振动峰值的频率, 还需要关注振动的频率分布, 因为振动并不是只集中在压缩机和旋转阀的特征工作频率上. 随着干式制冷技术的普及, 针对干式制冷机的减振方案越来越成熟, 利用干式制冷取代液氦提供约 4 K 的预冷环境已经不太受干式制冷机带来的额外振动的制约. 例如, 在合适的减振处理之后, 干式制冷机带来的振动至少对获得 0.1 mK 以内的温度没有影响[4.55]. 部分对振动非常敏感的实验也逐渐积累了成熟的设备减振经验[4.56]. 我们将在 5.3 节讨论如何为低温实验提供减振措施, 因为机械泵的运转既是湿式制冷机最主要的振动来源, 也是干式制冷机重要的振动来源.

对于极低温制冷和精密低温测量, 干式制冷工作机制带来的振动曾经是一个重要的干扰. 如今, 低温领域的研究者积累了多年的技术和经验, 因此对于绝大部分的低温实验, 干式预冷带来的振动已没有明显的影响.

3. ^{3}He 液化

^{3}He 的临界温度为 3.3 K, 对应压强为 1.15 bar; ^{4}He 的临界温度为 5.2 K, 对应压强为 2.28 bar. 对于这两种永久液体, 单纯靠增加压强来帮助液化的效果并不好. 特别是对于 ^{3}He, 其临界压强仅仅略高于一个大气压, 考虑到 ^{3}He 可能存在的泄漏风险, 我们值得设计一套完全低于大气压的 ^{3}He 管道和空间, 以减少 ^{3}He 丢失的风险. 我们可以参考图 1.34 和图 4.32 所展示的 ^{3}He 蒸气压与温度关系, 为 ^{3}He 的液化选择合适的压强. 隔膜泵可以被用作 ^{3}He 的增压泵, 它结构简单、价格便宜, 不过我们必须在使用前, 先对涉及 ^{3}He 的泵进行检漏.

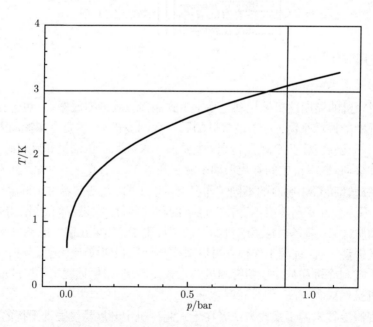

图 4.32　回流 ^{3}He 的液化温度与压强的关系. 图中的水平示意线数值为 3 K, 竖直示意线数值为 0.9 bar. 数据来自图 1.34

在增加压强对液化的帮助效果不明显的情况下, 另一个选择显然是降低预冷温度. 早期的脉冲管制冷机最低温度大于 3.3 K, 因此人们不可能只依赖脉冲管的二级冷头液化 ^{3}He. 参考湿式制冷机蒸发腔的设计方案, 干式制冷机也可以搭建 ^{4}He 蒸发腔, 利用二级冷头液化 ^{4}He 之后再蒸发制冷, 以实现 2 K 以内的温度 (见图 4.33). 在这样的设计中, 干式 ^{3}He 制冷机或干式稀释制冷机的核心结构设计可以与传统的湿式制冷机一样. 湿式制冷机中蒸发腔的 ^{4}He 来自预冷用的 4 K 液氦 (见图 4.4), 可是干式制冷机没有液氦供应, 所以干式制冷机的蒸发制冷需要循环使用 ^{4}He, 其蒸发腔需要额外重视回流 ^{4}He 的预冷. 例如, 干式制冷机可以用脉冲管的冷头充分冷却来自室温的 ^{4}He, 然后为 ^{4}He 的回气气路搭建焦汤制冷结构. 这种利用焦汤制冷的思路并不罕见, 早在 1970 年, 就已经存在仅靠水冷和电能获得 3.5 K 环境的成熟方案了[4.57].

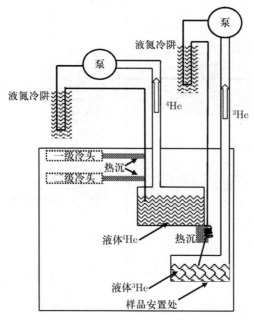

图 4.33 干式制冷机中用 ^{4}He 蒸发腔液化 ^{3}He 的示意图. 为示意方便, 图中未展示焦汤制冷结构. 焦汤制冷结构可以参考图 4.34, 但是结构中的工作物质换成 ^{4}He. 跟 ^{3}He 制冷相关的内容见图 4.38 的说明. 此图可以忽略 ^{3}He 循环气路

除了利用 ^{4}He 帮助 ^{3}He 液化, 我们还可以通过操控 ^{3}He 气体的压强变化来获得液化. 例如, 通过焦汤制冷在约 4 K 的预冷条件下实现 ^{3}He 的液化. 焦汤制冷的流阻原则上可以有多孔材料、针尖阀和毛细管等多种选择, 不同流阻方案影响制冷效果. 用于 ^{3}He 液化的流阻中, 毛细管和毛细管中插入金属丝的设计比较常见, 这可能是因为这两种方案比较容易在实验室中实现. 毛细管的材料常选择铜镍或不锈钢, 插入毛细管中的金属丝可以选择锰铜线[4.58]. 我在制作此类结构时曾采用过铜镍毛细管加不锈

钢细丝, 以及不锈钢毛细管加不锈钢细丝.

1977 年克劳斯 (Kraus)[4.59] 和 1987 年乌利希 (Uhlig)[4.60] 分别依靠焦汤制冷完成了对 ^{3}He 的液化, 他们的设备没有 ^{4}He 蒸发腔的结构, 只利用了液氦提供的 4.2 K 预冷环境. 在乌利希的尝试中[4.60], 焦汤制冷的流阻是铜镍毛细管, 并且与回流的冷 ^{3}He 气体有良好的热接触. 例如, 毛细管被缠绕在一根不锈钢管的外壁, 然后该不锈钢管被放置到回流 ^{3}He 气体的管道中, 类似于图 4.34 中的结构. 随后类似的焦汤制冷手段被应用于 GM 制冷机和脉冲管制冷机提供的预冷环境[4.61,4.62], 实现了从约 10 K 到 3 K 的降温. 这样的制冷效果已足以取代 ^{4}He 蒸发腔.

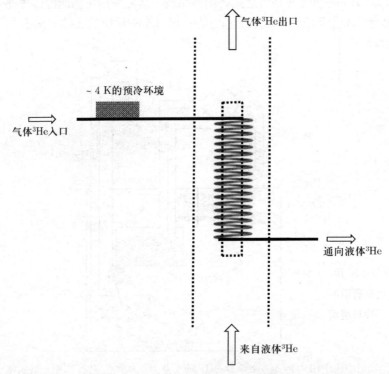

图 4.34 一个焦汤制冷的 ^{3}He 液化结构示意图. 虚线代表不锈钢管, 实线代表铜镍毛细管. 图中大直径的不锈钢管连接液体 ^{3}He 和气体 ^{3}He, 并为回流的 ^{3}He 提供预冷. 小直径的不锈钢管机械固定铜镍毛细管, 并增加铜镍毛细管与冷 ^{3}He 气体的热连接

最后, 干式制冷机还可以通过等温压缩后绝热膨胀的方式直接从 4 K 预冷条件实现 ^{3}He 的液化. 以图 4.35 中的结构为例[4.63], 它可以在液氦 4.2 K 预冷的情况下直接液化 ^{3}He. 上方的铜腔体被用于等温压缩, 下方的铜腔体被用于绝热膨胀. 两者用不锈钢管连接, 不锈钢在此温度下近似为热绝缘材料. 双不锈钢管的通道设计是为了通过气体循环加快下方腔体从高温到 4.2 K 的预冷. 当 ^{3}He 气体持续进入图 4.35 的结

构时, ^{3}He 被预冷到 4.2 K 附近然后膨胀, 膨胀后的温度足以让 ^{3}He 液化. 虽然文献 [4.63] 中用液氦提供 4.2 K 环境以预冷等温压缩的腔体, 但是用商业化脉冲管制冷机 的二级冷头也能获得不高于 4.2 K 的预冷环境.

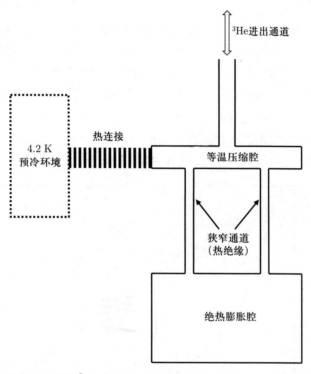

图 4.35   靠 4.2 K 预冷环境液化 ^{3}He 的设计. 该设计来自文献 [4.63]. 等温压缩腔和绝热膨胀腔的 材料是铜, 狭窄通道的材料是导热能力差的不锈钢. 等温压缩腔与 4.2 K 预冷环境热连接, 在文献 [4.63] 中该预冷环境由液氦提供

因为吸附式的 ^{3}He 制冷机结构简单, 4.3.4 小节还提供了一个干式 ^{3}He 制冷机的 简化设计思路. 因为干式稀释制冷机是当前最重要的商业化极低温设备, 所以我们在 4.5.9 小节对干式制冷机和湿式制冷机做了比较详细的对比, 讨论了两种预冷方案各自 的特点和优点.

4.3 ^{3}He 制 冷

1 K 以下的极低温环境无法直接依靠液体 ^{4}He 和干式制冷技术获得, 也很难通过 液体 ^{4}He 的蒸发制冷获得. 如果我们将 ^{4}He 换为其同位素 ^{3}He, 则液体 ^{3}He 的蒸发制 冷可以提供低于 300 mK 的低温环境. 习惯上, 极低温就是指依赖 ^{4}He 难以直接获得的温区, 于是人们把 1 K 或者 300 mK 以下的低温环境称为极低温[4.3,4.64]. ³He 制冷是最简单的获得极低温环境的制冷手段.

4.3.1 ³He 蒸发制冷

如果我们用泵不断抽走液体 ³He 气化后产生的蒸气, 则可以实现 ³He 制冷. 这个方法与 4.1.2 小节所介绍的物理一样, 只是工作液体由 ⁴He 换为了 ³He.

与液体 ⁴He 一样, 液体 ³He 的蒸气压随着温度指数下降 (见式 (1.8)); 与液体 ⁴He 不同的是, 同样温度下 ³He 的蒸气压更高 (见图 4.36). ³He 的蒸气压更高可以从零点能的角度理解 (见图 1.90): ³He 的原子质量比 ⁴He 小, 因此量子效应更加明显. 2 K 时, 两者的蒸气压大约相差 1 个数量级; 1 K 时, 大约相差 2 个数量级; 0.5 K 时, 大约相差 4 个数量级. 对 ³He 抽气可以获得比对 ⁴He 抽气更低的温度.

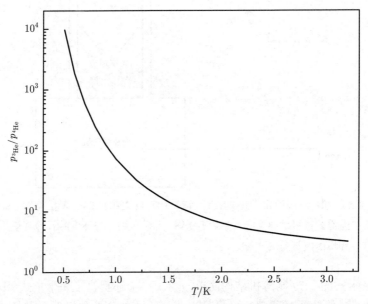

图 4.36 ³He 与 ⁴He 的蒸气压之比与温度的关系. 曲线仅供定性参考, 部分数据来自图 1.34

³He 制冷机的制冷能力取决于从液态变为气态的原子数目和潜热. ³He 的蒸气压随着温度下降而迅速降低 (见图 1.34), 而潜热随温度变化缓慢, 在 3.2 K 下潜热约为 23.9 J/mol. 因此, ³He 制冷机的制冷能力也随着温度迅速下降, 最终 ³He 制冷机的最低温度平衡在漏热量等于制冷量的条件下. ³He 制冷机主要被用于获得 0.3 K 到 2 K 之间的温区: 更高的温度可以轻松地通过液体 ⁴He 的蒸发制冷实现, 更低的温度可以轻松地通过稀释制冷 (相关内容见 4.5 节) 实现.

液体 ³He 与液体 ⁴He 的比热随温度变化的曲线有一个交点, 饱和蒸气压时交点在

1.6 K 附近 (见图 1.37). 温度高于此交点时, ⁴He 的比热更大, 因此 ⁴He 本身的降温在 1.6 K 之上时需要吸收更多的热量, 特别是在经历 λ 相变时. 而在低温端, ³He 的比热更大, 约 1 K 时两者比热的比值为 10. 因而在 1 K 以下, 液体 ³He 是一个比液体 ⁴He 更好的冷库, 具体数值可以参考表 4.5.

表 4.5   饱和蒸气压下的液体 ³He 与液体 ⁴He 的比热之比

T/K	0.2	0.4	0.6	0.8	1.0	1.2	1.4	1.6	1.8	2.0
c_3/c_4	3.4×10^3	6.0×10^2	2.0×10^2	43	10	3.7	1.7	0.99	0.63	0.38

注: 数据来自图 1.37. 1.6 K 处比值约为 1, 1 K 处比值约为 10.

除了最低温度低和储热量大, ³He 制冷的第三个优点在于 ³He 制冷机的工作区间内不存在超流态. 因此, 在 ⁴He 蒸发制冷中的超流薄膜不存在于 ³He 制冷机中, 于是抽气管道的设计不需要考虑对超流薄膜的切断, 制冷机也不用承担超流薄膜所带来的额外漏热.

比起 ⁴He 蒸发制冷, ³He 有潜热小和价格昂贵而必须循环使用 (相关内容见 4.3.5 小节) 等缺点. 如图 4.37 所示, 在 2 K 附近, ⁴He 潜热是 ³He 潜热的约 4 倍. 在 1 K 附近时, ⁴He 潜热是 ³He 潜热的约 3 倍, 图 4.37 未提供此温区的数据.

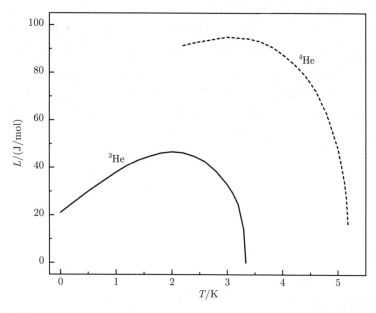

图 4.37   氦的潜热对比. 实线为饱和蒸气压下的液体 ³He 潜热, 数据来自文献 [4.65]. 虚线来自图 1.9 的 ⁴He 数据

实际使用中, 如果我们需要一个广温区的测量, 用不同的设备去测量同一个对象并不是一个便捷的做法. 因此 ³He 制冷机也常常被升温到远高于 4 K, 温度区间并不会被局限在 0.3 K 到 2 K 之间. 高于 4 K 时, 制冷机的冷源并不是 ³He 的循环, 而是其预冷环境. 这样一个大约 4 K 的前级预冷环境可能是液体 ⁴He, 也可能是无液氦消耗的干式制冷方式.

4.3.2 液体 ⁴He 预冷的连续降温制冷机与单次降温制冷机

传统的 ³He 制冷机由液体 ⁴He 提供 4.2 K 预冷环境[4.66], 这个液体 ⁴He 的 4.2 K 预冷环境可以由液氮提供 77 K 前级预冷, 以逐层保护极低温环境 (见图 4.1, 此时 "真空 3" 中放置 ³He 制冷机的核心部件). 由液体 ⁴He 预冷的制冷机常被称为湿式制冷机.

让液体 ³He 减压蒸发的前提是气体 ³He 能够液化, ³He 的临界温度是 3.3 K, 因而 4 K 并不足以让气体 ³He 液化. 虽然对预冷的所有液体 ⁴He 抽气可以获得足够低的温度供 ³He 液化, 但是见之前的讨论 (4.1 节), 这样的做法并不经济合理, 合适的做法是通过蒸发腔结构 (见图 4.4) 中的 ⁴He 蒸发制冷, 来实现一个足够低的温度以让回流的 ³He 气体重新液化. 为了维持常见的 ³He 制冷机运转, 这部分回流气体量是大约 10 L 的室温气体 ³He, 具体的用量可以小于 2 L[4.9,4.67], 也可以大于 50 L[4.68]. ³He 用量主要根据制冷机的实用性设计. 考虑到辅助空间和漏热的存在, 用量过少时制冷机设计难度可能迅速增加, 用量过多时设计者则需要考虑预冷环境的制冷能力.

对液体 ³He 减压蒸发最简单的办法是用机械泵对其抽气. 根据是否将抽取的气体 ³He 持续地送回液体 ³He 中, ³He 制冷分为连续制冷和单次降温. 图 4.38 为连续制冷的原理示意图. 部分液体 ³He 气化后, 通过抽气管道到达室温处的真空泵, 经液氮冷阱去除可能的杂质后, 重新在 ⁴He 蒸发腔处冷凝为液体, 进入大部分液体 ³He 所在的腔体, 完成一个完整的 ³He 循环. 泵的选择种类和组合很多, 但是通常的 ³He 制冷机不值得使用特别复杂的高端抽气配置. 液氮冷阱除了可以应对系统中的少量漏气, 还可以减少油泵的泵油或者干泵的固体粉末进入制冷机低温端 (相关内容见 5.3.9 小节), 以降低管路堵塞的可能性. 这样设计的制冷机理论上可以不停歇地维持一个极低温环境.

理想情况下, 回流的 ³He 引入的热量为这个系统的最小热载, 如果将抽取的 ³He 存放于室温不再回流, 制冷机可以获得更低的温度, 但代价是随着腔体中的 ³He 被消耗完, 制冷机将失去相应的制冷能力. ³He 制冷机循环时最低温度大约接近 400 mK, 不回流时的单次降温极限温度大约接近 300 mK, 部分商业化 ³He 制冷机在单次降温模式下可以维持三天的运转. 1966 年, 这样的 ³He 蒸发制冷就实现过 0.21 K 的极低温环境[4.69], 当时被采用的抽气工具是油扩散泵 (相关内容见 5.3.6 小节).

由于 ³He 的价格昂贵且购买困难, ³He 必须被循环利用, 制冷机的气路需要保证

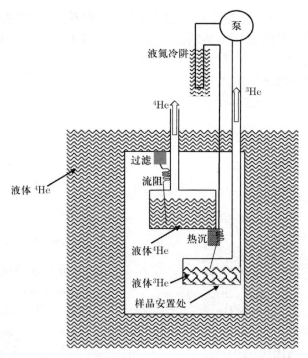

图 4.38　连续降温 ³He 制冷机核心部件示意图. 装有液体 ³He 的腔体位于图 4.1 的 "真空 3" 区域. ³He 的回流管路和抽气管路连接低温环境和室温环境. 图中与 ⁴He 有关的结构为图 4.4 中的蒸发腔. 液体 ³He 所在的腔体为制冷机的最低温度处. 为了示意图简洁, 真空腔体的抽气管道没有在此图中画出, 制冷机不使用时存放 ³He 的室温储气罐也没有画出

气密性. 除了常见的气密检查之外 (相关内容见 5.4 节), 使用者还需要额外注意泵的气密性. 部分常见的泵有气镇的结构, 以用于避免可凝结性气体成分在泵内的沉积. ³He 制冷机不需要使用气镇功能. 气镇处是泵常有的一个漏气点; 有气镇的泵, 漏气率可以高达 $10^{-6} \sim 10^{-5}$ mbar·L/s. 因此, 被用于 ³He 循环的泵必须用环氧树脂密封气镇.

　　除了通过放置于室温的机械泵抽气, 制冷机还可以通过低温吸附泵对液体 ³He 抽气, 如图 4.39 所示. 当制冷机被维持在正常的最低温度环境时, ³He 腔体的最低端有液体积累, 多孔材料作为吸附泵对液体抽气, 从而获得约 300 mK 的低温环境. 这样的抽气方式是一次性的, 无法维持制冷机的长期连续运转, 一旦吸附泵饱和或者液体干涸, 则制冷停止 (见表 4.6). 这样的单次降温在无热载时通常可以维持几十小时, 在有 100 μW 数量级热载的情况下也能维持几个小时, 足以完成一些简单的测量. 液体 ³He 干涸后, 如果我们需要继续获得极低温环境, 则加热 ³He 吸附泵至大约 40 K, 此时气体 ³He 离开多孔材料, 被 ⁴He 蒸发腔提供的制冷量再次液化, 于是 ³He 腔体的最低端再次积累液体. 这个再次液化的过程时长大约在小时数量级. 当停止对 ³He 吸附泵的加热时, 已经清空 ^{3}He 的吸附泵将又被降温至 4 K 附近, 可以继续对液体 ^{3}He 抽气, 开始维持新一轮的极低温环境. 由吸附泵实现抽气功能的 ^{3}He 制冷机结构更简单、维护需求小、使用便利, 在实际使用中比连续制冷机更常见[4.70]. 图 4.40 提供了一台 ^{3}He 制冷机从室温降温到 4 K 附近所需时间的信息, 图 4.41 提供了同一台 ^{3}He 制冷机从冷凝结束到最低温所需时间的信息.

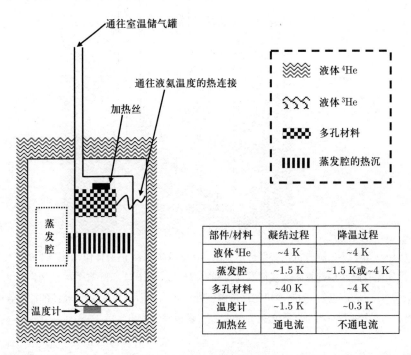

部件/材料	凝结过程	降温过程
液体 ^{4}He	~4 K	~4 K
蒸发腔	~1.5 K	~1.5 K 或 ~4 K
多孔材料	~40 K	~4 K
温度计	~1.5 K	~0.3 K
加热丝	通电流	不通电流

图 4.39   单次降温 ^{3}He 制冷机核心部件示意图. 装有液体 ^{3}He 的腔体位于图 4.1 的 "真空 3" 区域. 多孔材料由液体 ^{4}He 提供冷源. 为了使示意图简洁, 该图中的蒸发腔结构不再具体画出. 液体 ^{3}He 所在腔体的底部为制冷机的最低温度处, 由图中的温度计测量. 真空腔体的抽气管道没有在此图中画出

表 4.6   一个单次降温 ^{3}He 制冷机的参数例子

系统最低温度	250 mK
最低温度维持时间	70 h
吸附泵加热时的温度	35 K
气体 ^{3}He 重新液化时间	< 1 h

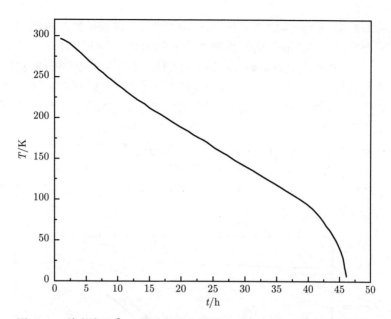

图 4.40 单次降温 ³He 制冷机从室温降温到 4 K 附近所需时间的例子

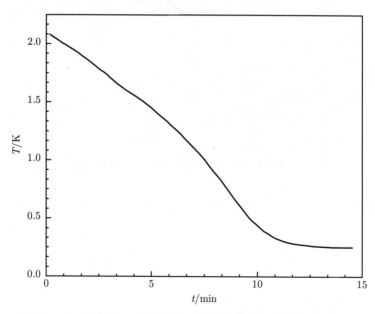

图 4.41 单次降温 ³He 制冷机从冷凝结束到最低温所需时间的例子

常用的 ³He 吸附泵材料是活性炭. 活性炭内部有孔状结构、表面积大, 可提供提纯、去味、脱氯、褪色等多种功能, 在生活和生产中有广泛的应用, 低温下吸附气体只是其不常见的用途. 活性炭的原材料不仅仅来自煤炭, 还可以来自椰子壳和木头. 这些原材料在空气和水蒸气环境中被加热到约 1000 °C, 该过程被称为活化. 1 g 活性炭的内部表面积通常大于 400 m², 内部体积大于 0.2 cm³ [4.71]. 根据制冷机中具体使用量的经验[4.70], 40 g 活性炭可以吸附 10 cm³ 的液体 ³He. 在实际系统的设计中, 人们通常用气体升为单位计量 ³He, 真实系统中大约每 1 L 的 ³He 对应 6 g 到 7 g 的活性炭使用量. 不过, 因为 ³He 的价格远高于活性炭, 真实系统的活性炭用量都考虑了余量, 如果不考虑余量, 实际极限大约是每气体升的 ³He 需要 3.3 g 的活性炭[4.23]. 更具体的数值可以参考图 4.42, 因为实际吸附值还依赖于活性炭的温度. 我们可能在使用前需要对购买的活性炭除尘和除水汽: 商业化的简单滤网可以被用于除尘, 封闭腔体中抽气和加热可以去除水汽. 吸附材料也可以使用多孔材料 Zeolite (一种沸石), 曾经报道过的一台制冷机使用了 58 L 的 ³He, 放置了 2.1 kg 的 Zeolite[4.72].

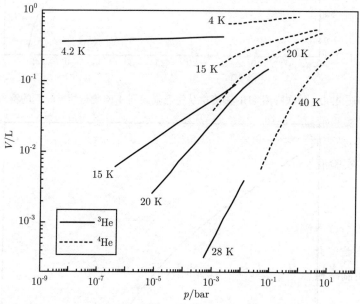

图 4.42   1 g 活性炭对 ³He 和 ⁴He 的吸附能力. 纵轴代表相应被吸附气体的室温体积, 数据来自文献 [4.73, 4.74]

　　³He 制冷机不仅被用于常规小型实验室中的低温物性测量, 还被用于高空和外太空中的实验测量, 比如它可被安置在平流层上的气球上[4.67] 或者火箭上[4.75]. 这种特殊情况下, 制冷机的体积和质量需要尽量减小, 例如, 对于一台使用 4 L 体积 ³He 和 13 g 吸附剂的制冷机[4.75], 其 2 K 以下的极低温部件重量仅 680 g, 体积仅 96 × 60 × 115 mm³.

4.3.3   ³He 制冷机操作中的注意事项参考

　　对于 ³He 制冷机的错误操作, 通常最值得顾虑的后果是引起 ³He 的泄漏和破坏制冷机的机械结构. 本小节介绍一个仅具备基本结构的 ^{3}He 制冷机的操作注意事项, 此部分内容仅供有实际使用经验者参考; 商业化设备的操作以仪器说明书为准. 具体制冷机的操作不仅需要根据实验需求调整, 还需要根据制冷机最近经历过的降温升温过程变更操作流程.

以下注意事项的提醒针对液体 ^{4}He 预冷的单次降温制冷机. 这样一个 ^{3}He 制冷机的操作可以简单被分为降温准备、真空腔密封、制冷机安置、液氮预冷、液氦预冷、降温与制冷机运行、制冷机升温等几个步骤. 降温步骤中液氮被简写为 LN_2, 以易于与液氦 (LHe) 区分.

1. 降温准备

◇ 安装测量装置或者安置测量样品后, 确认实验对象的工作状态正常.

◇ 检查制冷机的温度计和加热丝.

◇ 检查制冷机中的流阻结构是否保持通畅 (例如蒸发腔的流阻), 建议对蒸发腔和相应气路充正压的 ^{4}He 作为保护气体.

◇ 检查放置液体 ^{3}He 的低温腔体是否压强合理, 部分制冷机可能需要抽走残余杂气.

◇ 如果实验液氦杜瓦的 OVC 处于室温或者曾经历过室温, 用分子泵将其抽至足够低的压强, 必要时抽气两至三天 (相关内容见 5.7.2 小节和 5.3.4 小节).

◇ 确认实验液氦杜瓦底部和液氮夹层干燥 (相关内容见 5.7.2 小节).

◇ 检查实验液氦杜瓦中的磁体, 包括线圈电阻和恒流开关电阻 (相关内容见 5.9 节).

◇ 确认 ^{3}He 气路的管道和腔体与大气之间没有明显漏气.

2. 真空腔密封

◇ 封闭制冷机核心结构所在的 IVC 前, 检查密封面的洁净程度 (相关内容见 5.4 节).

◇ 检漏, 包括检查大气到 IVC 的漏、蒸发腔到 IVC 的漏, 也包括检查 ^{3}He 低温气路到 IVC 的漏 (相关内容见 5.4 节).

◇ 在真空环境中再次确认实验对象的工作状态正常.

◇ 在真空环境中再次检查制冷机的温度计和加热丝.

3. 制冷机安置

◇ 将安装好 IVC 罩子的制冷机放置到杜瓦中时注意避免撞击和意外坠落, 注意制冷机的引线和管道连接状况, 避免引线和管道被挂住或者被刮蹭.

◇ 安置过程中, 注意 IVC 底部刚进入磁体的位置, 避免 IVC 底部受力.

◇ 固定制冷机, 例如通过螺丝将制冷机与实验液氦杜瓦机械硬连接.

◇ 在真空环境中再次确认实验对象的工作状态正常.

◇ 再次检查制冷机的温度计和加热丝引线, 如果部分引线在制冷机安置过程中涉及插拔, 需要重点检查这部分引线是否正常连通和意外接地.

4. 液氮预冷

◇ 如果担心液氮杜瓦中有残余水汽, 反复抽气与通入少量干燥氮气 (此过程被称为 flush), 最后一次抽气后, 通入略大于大气压的干燥氮气.

◇ 预冷过程中留意磁体降温情况, 这可以通过测量磁体线圈的电阻值判断.

◇ 通常 IVC 中需要加入适量的热交换气 (相关内容见 5.5.1 小节).

◇ 当最终测量对象所在位置的温度即将缓慢下降到 77 K 附近时, 抽走 IVC 中的热交换气.

◇ 在 77 K 附近检查 IVC 与实验液氮杜瓦、蒸发腔和 ^{3}He 气路之间是否漏气.

◇ 在 77 K 附近再次确认实验对象的工作状态正常.

◇ 在 77 K 附近再次检查制冷机的温度计和加热丝.

5. 液氦预冷

◇ 确认实验液氮杜瓦中的 LN_2 已完全排空, 如果操作者对设备不够熟悉, 宁可使制冷机和磁体升温到接近 100 K, 也要确保实验液氮杜瓦中没有 LN_2 残留.

◇ 缓慢传输 LHe 时充分利用冷氦气的制冷能力 (理由见表 1.13).

◇ 检查热交换气的压强, 考虑是否抽气、在多高温度抽气, 这部分内容取决于热交换气类型和 IVC 吸附泵 (IVC 吸附泵相关内容见 5.5.1 小节, 它并不是指图 4.39 中的多孔材料).

◇ 再次检查 IVC 是否漏气.

◇ 再次确认实验对象的工作状态正常.

◇ 再次检查制冷机的温度计和加热丝引线.

◇ 确认实验杜瓦磁体底端温度接近 4 K 后, 再加快 LHe 传输速度, 磁体温度可以通过磁体线圈的电阻读数判断.

◇ 传输过程中, 通过商业化液面计或者热声振荡液面计测量液面位置 (相关内容见 5.8.2 小节).

◇ 根据实验的时间规划、LHe 下一次的供应时间和万一实验失败停止实验引起 LHe 浪费的可能性, 决定最终液面高度.

◇ 如果有氦气回收系统 (相关内容见 6.13 节), 注意回收氦气不要引入杂质, 注意导入回收气路的气体过冷可能引起管道和流量计处的冷凝或者冻结.

6. 降温与制冷机运行

◇ 启动蒸发腔的抽气后, 如果制冷机连接氦气回收系统, 建议稳定收集此部分气体.

◇ 关注蒸发腔气路流量和蒸发腔温度是否合理.

◇ 缓慢将 ^{3}He 从室温存储空间引入低温腔体之前, 检查蒸发腔温度和 ^{3}He 吸附泵温度.

◇ 加热 ^{3}He 吸附泵以凝结液体 ^{3}He 时, 或者撤掉吸附泵加热电流以抽取 ^{3}He 降温时, 关注蒸发腔和 ^{3}He 吸附泵的温度.

7. 制冷机升温

◇ 先确认没有误关闭的阀门, 并确认室温 ^{3}He 存储空间与低温 ^{3}He 腔体之间连通, 再结束实验回收气体.

◇ 避免低温 ^{3}He 腔体的快速升温和液体的快速气化, 以降低低温腔体压强过大的可能性.

◇ 检查回收 ^{3}He 的总量是否合理、是否有气体丢失.

◇ 将制冷机拔离实验杜瓦后, 注意维持实验杜瓦的轻微正压, 确保实验杜瓦腔体内不出现冷凝.

◇ 实验结束后通常还有残余 LHe, 维持回收管道连接, 并且确保气体可以在轻微正压条件下排出实验液氦杜瓦.

在以上操作建议中, 检漏、检查制冷机的温度计和加热丝, 以及确认实验对象的工作状态正常这些描述重复出现. 对设备熟悉之后, 这部分检查不会占用我们过多时间和精力, 但是能有效减少不必要的升温、降温和液氦的浪费. 在条件允许的情况下, 我建议温度计、加热丝和实验对象使用的电学引线都留好方便快速检查的室温接口, 检漏仪和泵在降温过程中通过可开关的阀门与相应的腔体保持连接, 以便于检漏、放置热交换气或抽取热交换气.

对于连续降温制冷机, 使用者需要额外考虑 ^{3}He 循环气路的气密性并且使用冷阱. 对于无液氦消耗的干式 ^{3}He 制冷机, 液氮预冷步骤可能不存在, 也可能由机械热开关取代, 液氦预冷步骤将由脉冲管取代, ^{4}He 蒸发腔等结构可能不再存在. 设备使用者可能需要额外留意干式制冷机中的 ^{3}He 气路压缩机和脉冲管压缩机的运转情况. 更多关于干式制冷机结构的讨论可以参考 4.2.5 小节、4.5.9 小节, 以及下文的 4.3.4 小节.

4.3.4   干式 ^{3}He 制冷机

随着干式制冷机的普及, 约 4 K 的低温预冷环境不一定再需要由液体 ^{4}He 提供. 如果干式制冷替代了液氦, 则液氮和 ^{4}He 蒸发腔为气体 ^{3}He 提供的冷凝功能不再直接存在, 因此我们需要为干式制冷机重新设计 ^{3}He 的液化方案. 对于压强低于一个大气压的 ^{3}He, 用于液化的前级温度至少要低于 3.2 K. 如果我们用脉冲管制冷机提供预冷环境, 其第二级冷头的稳定运行温度可以低达 2.8 K, 理论上可以直接液化 ^{3}He. 然而, 二级冷头的制冷功率随着温度下降而降低 (见图 4.22), 在过低的温度下, 我们无法只依靠二级冷头获得足够快的 ^{3}He 液化速度.

我们先忽略技术困难, 仅从原理上讨论如何直接用干式制冷机的二级冷头液化气

体 ^{3}He. 我们需要重点考虑 ^{3}He 液化和吸附泵这两个功能的冷源分离. 在湿式制冷机中, 这个问题并不存在, 例如, 在单次降温 ^{3}He 制冷机核心部件示意图中 (见图 4.39), ^{3}He 液化由 ^{4}He 蒸发腔提供制冷量, 吸附泵则由液体 ^{4}He 提供制冷量, 因此吸附泵被加热时不影响 ^{3}He 的液化. 干式制冷机中的吸附泵, 其冷源也是制冷机的二级冷头, 因此吸附泵在抽气时需要和二级冷头热连接. 然而, 吸附泵被加热到约 40 K 时 (见图 4.43 中的凝结过程), 吸附泵和二级冷头之间需要热隔离, 否则吸附泵的加热引起二级冷头的温度升高, 将干扰 ^{3}He 的液化. 因此, 吸附泵和二级冷头之间可以采用热开关作为连接 (相关内容见 5.6 节), 以增加二级冷头的温度稳定度. 其基本设计思路见图 4.43.

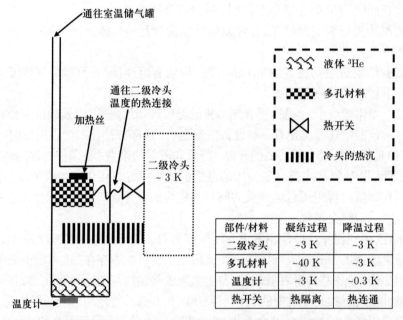

部件/材料	凝结过程	降温过程
二级冷头	~3 K	~3 K
多孔材料	~40 K	~3 K
温度计	~3 K	~0.3 K
热开关	热隔离	热连通

图 4.43 用热开关隔离吸附泵和二级冷头的原理示意图. 此图的文字说明可参考图 4.39. 本小节关于 ^{3}He 制冷机的讨论仅以吸附式的单次降温制冷机为例. 在连续降温制冷机中, 机械泵的运转取代多孔材料的吸附, 抽走的 ^{3}He 气体持续回流, 液化后返回液体腔中, 如图 4.38 所示

以上的设计在原理上看似可行, 但是并不常见. 参考图 4.22, 脉冲管制冷机在 3 K条件下和在 4 K 条件下的制冷功率差了 1 个数量级, 单纯靠脉冲管的二级冷头液化 ^{3}He 对制冷机的最终制冷功率有非常大的限制. 脉冲管制冷机的发展经历了最低温度逐渐下降的过程 (见图 4.21), 早期的脉冲管制冷机最低温度高于 3.3 K, 所以干式 ^{3}He制冷机已经发展了其他液化 ^{3}He 的方法. 更多 ^{3}He 液化方案可以参考 4.2.5 小节. 例如, 图 4.33 提供了一个干式制冷机利用二级冷头和连续 ^{4}He 蒸发获得 2 K 以内温度, 为连续 ^{3}He 蒸发提供预冷的原理示意图. 对于干式 ^{3}He 制冷机而言, 不直接依靠脉冲

管二级冷头液化 ³He 的做法虽然增加了结构复杂性, 但是也显著增强了实用性.

以上关于 ³He 液化的讨论也适用于稀释制冷机. 另外, 如果读者想对比用脉冲管预冷的干式 ³He 制冷机和用液氦预冷的湿式 ³He 制冷机, 可以参考稀释制冷机中关于此话题的讨论 (相关内容见 4.5.9 小节). 干式稀释制冷机是当前最重要的商业化极低温设备, 本书主要结合稀释制冷机讨论和对比干式设备与湿式设备.

4.3.5　供应紧张的匮乏资源 —— ³He

在 1948 年 ³He 被液化之后, ³He 的蒸发制冷很快出现于二十世纪五十年代[4.3], 显然, 在拥有足够多的新液体后, 人们会去尝试这样的制冷方式. 我了解的 ³He 制冷文献至少可以追溯到 1955 年[4.66]. ³He 蒸发的制冷方法既比液体 ⁴He 蒸发获得的温度低 1 个数量级, 又没有超流漏 (相关内容见 1.1 节) 带来的麻烦. 多年来, 液体 ³He 蒸发制冷是实现 300 mK 附近温区最便利的实验方法, 它的原理清晰, 制冷机结构简单、造价经济、容错率高、操作简单. 然而, 从二十一世纪开始, ³He 蒸发制冷开始面临着匮乏资源 ³He 的供应紧张.

地球大气中的 ³He 仅是 ⁴He 的 ppm 数量级 (ppm 在本书中的定义见表 7.4), 因此, 通过大气提纯不具备经济合理性. 少数生产氦的大油田的 ³He/⁴He 比例信息可被查到, 其含量在 0.1 ppm 到 10 ppm 数量级, 因此, 通过油气提纯也不具备经济合理性. 目前我们使用的 ³He 来自氚的 β 衰变, 是核反应的副产品:

$$^{6}\mathrm{Li} + {}^{1}\mathrm{n} \rightarrow {}^{4}\mathrm{He} + {}^{3}\mathrm{H}, \tag{4.24}$$

$$^{3}\mathrm{H} \rightarrow {}^{3}\mathrm{He} + \beta^{-}. \tag{4.25}$$

这些气体 ³He 不一定都会被收集, 也不一定都会被去除放射性杂质, 更不一定都会被投放到市场, 因此人们很难估计可供使用的新增 ³He. 有人曾猜测地球上 ³He 的年产量大于 15 kg, 也就是大约每年新增超过十一万升气体 ³He. 也有人估计每年从氚衰变而来的 ³He 大约两万升. 我不知道如何准确地估计 ³He 的年产量, 不过我们可以通过一些公布的 ³He 储藏数据窥得一二. 历史上, 美国的 ³He 储备曾超过二十万升; 2009 年之前, 美国部分年度的 ³He 供应接近六万升, 而每年新收集的 ³He 约一万至两万升.

二十世纪六十年代, 使用者可以从美国的原子能机构以每气体升几十美元的价格获得 ³He; 在二十一世纪初, 每气体升的 ³He 也可以用不到一百美元的价格购得. 在 2001 年前后, ³He 的市场销售量超过了产量. 2009 年前后, ³He 的价格出现了一个明显的转折点, 其数值从大约一百美元每气体升迅速上升到两千美元每气体升. 2011 年, 曾有低温设备的用户以接近五千美元每气体升的价格购买 ³He. 最近几年, ³He 的供求关系逐渐稳定了, 不过国际市场上的价格依然高达数千美元每气体升, 而且不同用户、不同供应来源的价格差异很大. 美国境内的 ³He 价格比国际价格低, 而且美国政府资助的一些科研项目被允许以较低的价格获得 ^{3}He.

^{3}He 在二十一世纪的价格上涨与特殊安检需求有关. ^{3}He 可以与中子发生反应产生氚和质子, 因而被用在中子探测器中. ^{3}He 作为制冷剂的需求极不突出, 在 2009 年前后可能只占总使用量的 1%. 即使是医疗用的 ^{3}He, 其数量也比作为制冷剂的 ^{3}He 多: 2009 年, 医疗用途的 ^{3}He 需求约为五千升. 在基础科研的其他方向上 (比如中子散射实验和激光实验) 也有对 ^{3}He 的使用需求, 这些需求的总量在 2009 年前后也远多于对 ^{3}He 被用于制冷的需求. 可以说, 尽管制冷剂曾经是 ^{3}He 的主要用途, 如今的 ^{3}He 供应紧张却不是极低温技术造成的, 并且地球上现有的 ^{3}He 产量足以满足基础科研的 ^{3}He 需求.

获得更多的氚原则上有助于 ^{3}He 的增产, 可惜有人估计过, 通过商业化的反应堆获得氚的话, ^{3}He 的成本将在万美元每气体升的数量级. 此外, 氚的半衰期是 12.3 y, 如果我们通过增加氚来解决 ^{3}He 短缺, 那么需要几十年尺度的等待时间. 2009 年前后, 我曾听说瓦茨巴核电站 (Watts Bar Nuclear Generating Station) 有新的氚生产计划, 有可能增加 ^{3}He 的产量, 而且加拿大的重水反应器也有生产氚的可能, 不过预计需要一千万美元才能启动 ^{3}He 的生产. 据说类似的重水反应器曾被销售到韩国、印度、罗马尼亚等国家, 这些地方有可能存有未被处理的氚. 但是, 我不清楚这些增产计划有没有被实现. 我自己的判断是, 如果单纯出于经济原因, 商业机构是不会努力满足对 ^{3}He 的需求的.

因为地球上当前的 ^{3}He 储量和产量都非常低, 所以人们开始考虑在地球之外获得 ^{3}He 的机会. 月球受太阳风轰击, 且没有大气层保护, 其表面有较高的 ^{3}He 含量. 人们预计太阳风中的 ^{3}He/^{4}He 比例是地球上比例的 300 多倍, 月球上的 ^{3}He/^{4}He 是地球上比例的近 300 倍. 有人估计月球几米深的地表内共有 1.1×10^9 kg 的 ^{3}He, 这些 ^{3}He 也许能够通过对土壤的逐渐加热和局部加热获得. 早在二十世纪八十年代, 就有人提出过在月球地表开采 ^{3}He 作为核聚变原料的可能性, 并且人们也清楚如何提纯稀薄 ^{3}He (相关内容见 1.3.5 小节). 迄今为止, 至少有三个国家曾提出过在月球上开采 ^{3}He 的计划或者设想. 相比起靠核反应增产 ^{3}He, 地球之外开采 ^{3}He 从实践层面而言更加遥远, 人类还是需要在现有 ^{3}He 的产量和储备前提下规划对 ^{3}He 的使用.

对比起 ^{3}He 在中子探测安检和医疗场景中的使用, 服务于基础科研的制冷剂显然并没有获得优先供应的理由. 虽然当前 ^{3}He 主要被用于中子探测, 但未来该方向的 ^{3}He 需求也许有机会逐渐减少, 因为中子探测所需要的 ^{3}He 可能可以由 ^{10}B 作为替代品[4.76]. 肺部成像的 ^{3}He 可以由 ^{129}Xe 代替, ^{129}Xe 产生的信号更加微弱, 但是这一困难随着技术进步可以被克服. 也有人认为 ^{129}Xe 在医学上有不适合被使用的理由, 例如不能被用于婴儿的肺部成像. 尽管医疗人员可能认为他们现在需要的 ^{3}He 使用量不多, 但是一旦该肺部成像技术被广泛推广, 医疗用途的持续 ^{3}He 消耗将迅速超过现有的供应能力. 另外, 一个值得指出的事实是, 低温制冷用的 ^{3}He 在正常使用时完全不会损失, 给一个基础科研人员提供的 ³He 基本上可以被其使用一生, 并且可以在其科研寿命结束后被其他人继续使用.

需要 ³He 的商用制冷机包括本节讨论的 ³He 制冷机, 也包括了即将讨论的稀释制冷机. 这两个必须用到 ³He 的制冷方式都面临着 ³He 供应紧张带来的短期冲击. 假设中子探测用的 ³He 和医疗用的 ³He 可以有更合适的替代品, 原则上制冷剂用的 ³He 供应可以有超过 10 倍的增幅. 如果以每年两万升的 ³He 供应量考虑, 假设不再生产 ³He 制冷机, ³He 都被用于可以维持更低温度的稀释制冷机, 以每台稀释制冷机需要 20 L 的气体 ³He 估算的话, 地球上每年已经能增加一千台稀释制冷机了. 这样的极低温制冷机产量足以满足基础科研的需求. 然而, 如果量子科技的推广需要极低温环境的支撑, 例如当前超导量子计算需要依靠稀释制冷机的低温环境[4.77], 那么作为匮乏资源的 ³He 就难以支撑极低温环境的广泛应用.

4.4 压 缩 制 冷

1950 年, 理论学家波梅兰丘克提出了新的制冷手段, 该方法利用了 ³He 熔化压曲线存在极小值的现象 (见图 1.50), 被称为波梅兰丘克制冷[4.78], 我在本书将其简称为压缩制冷. 这个制冷手段促使了超流 ³He 的发现 (相关内容见 1.2 节). 1965 年, 该方法实现了 20 mK 的温度[4.79], 并随后被发现是一个获得 mK 温区的很好的制冷方式[4.80,4.81].

尽管 ³He 固体中存在原子的交换, 空间中的 ³He 原子近似为可分辨, 因此我们可以在理论上简单地理解固体 ³He, 而不考虑费米统计. 理论上, 固体 ³He 在约 10 mK 以上近似为无序的核自旋体系, 自旋两能级系统的熵值为常量 $R \ln 2$. 实际情况下, 由于固体 ³He 中的声子激发在 10 mK 以上对熵的贡献可以被忽略不计, 再计入交换能, 10 mK 以上的固体 ³He 熵在 1% 的误差范围内近似为 $R \ln 2$. 10 mK 以内, 核自旋间的相互作用不能被忽略, 实际熵值在 10 mK 以内下降, 逐渐偏离常量 $R \ln 2$, 最终 ³He 原子在 0.902 mK 发生反铁磁核自旋相变. 液体 ³He 在低温下的性质符合费米液体的行为, 随着温度下降, 熵值单调减少, 定性的行为可以参考图 1.39 和图 1.40 的数据分析 (见式 (1.30), 式 (1.31), 式 (1.32)), 或者在 10 mK 以内用熔化压曲线上的熵公式近似:

$$S_L = 4.56RT. \tag{4.26}$$

因此, 在 10 mK 以上, 固体 ³He 的熵随温度变化关系的曲线与液体 ³He 的熵随温度变化关系的曲线存在交点, 如图 4.44 所示, 此交点在 320 mK 附近. 也就是说, 在足够低的温度下, 固体 ³He 的熵大于液体 ³He 的熵.

固体比液体更加无序这个看似反常的结论也可以从克劳修斯 – 克拉珀龙方程获

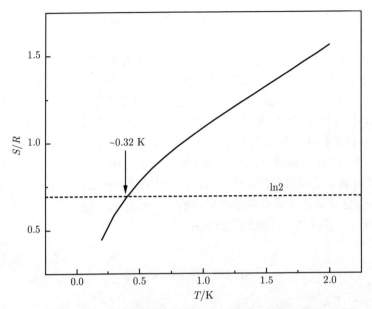

图 4.44   液体 ^{3}He 的熵和温度的关系. 数据来自文献 [4.82]. 虚线的数值为 ln2, 代表了固体 ^{3}He 的熵. 温度低于 10 mK 时, 固体 ^{3}He 的熵才因为自旋从无序到有序的变化而下降. 固体熵曲线和液体熵曲线在 0.32 K 附近相交, 交点处的就是熔化压曲线的极小值

得 (见式 (1.6)). 因为固体 ^{3}He 只在足够大的压强条件下出现, 而摩尔体积随压强单调变化 (见图 1.35 和图 4.45), 所以固体 ^{3}He 的摩尔体积小于液体 ^{3}He 的摩尔体积. 而式 (1.6) 在熔化压曲线小于 315 mK 的左侧出现负斜率, 所以固体 ^{3}He 的熵大于液体 ^{3}He 的熵. 需要指出的是, ^{3}He 并不是唯一拥有负斜率熔化压曲线的体系. ^{4}He 也拥有类似的负斜率 (见图 1.1), 因为 ^{4}He 能在足够低的温度下维持液态, 其液体的熵更小. 我们可以从液体的熵只来自纵波声子, 而固体的熵来自纵波和横波两种声子来理解 ^{4}He 熔化压曲线的负斜率. 水的熔化压曲线也拥有负斜率, 因此水变成冰时有反常膨胀的现象.

液体和固体的熵谁大谁小在物理上都是被允许的, 在熔化压曲线极小值的两侧, 只要对该体系引入热量, 不论固液怎么转化、压强怎么变化, 都只引起温度上升. 但因为固体的摩尔体积小于液体的摩尔体积, 压缩固液共存相使得液体向固体转化. 当固体的熵大于液体的熵时, 压缩 ^{3}He 的固液共存相吸收热量, 此热量大小为 $\Delta Q = T \Delta S$. 我们也可以从熔化压曲线的形状上理解此现象: 在熔化压曲线 315 mK 的左侧, 更高的压强对应更低的温度. 然而, 这样的降温过程是一次性的, 并不能通过维持合适的压强而一直保持实验所需的温度. 在图 4.46 中, 为简化讨论, 我们假设 ^{3}He 是完全无源的, 只存在于样品腔中. 在温度低于 315 mK 时, 我们对 ^{3}He 施加更大压强可以

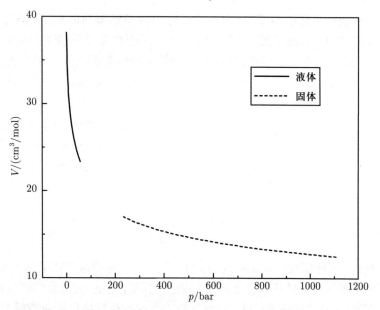

图 4.45 液体 ^{3}He 和固体 ^{3}He 在 2 K 时的摩尔体积与压强的关系. 数据来自文献 [4.82]

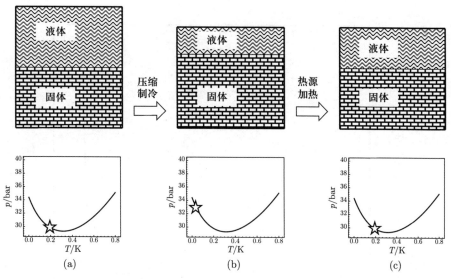

图 4.46 压缩制冷单次性示意图. (a) 初始状态. (b) 经历压缩制冷过程后, 压强上升, 温度下降, 部分液体转化为固体. (c) ^{3}He 被加热后, 温度上升, 压强下降, 部分固体转化为液体. 经历制冷和加热之后, 尽管压强和温度可能可以接近初始状态, 但是 ^{3}He 的平均密度上升了. 多次压缩和加热之后, 固液混合相最终完全变为固体, 脱离固液共存曲线. 图中五角星代表相应状态在曲线上的位置

让固液共存相获得更低的温度, 然而在外界对 ³He 持续漏热的真实情况下, ³He 在不停降温的尝试中密度逐渐增加, 最终变成 100% 的固体. 脱离固液共存曲线之后, 压缩制冷的工作机制不再存在. 因此, 压缩制冷的最低制冷温度依赖于制冷能力与漏热之间的平衡, 无法通过施加足够大的压强获得任意低温环境, 也无法通过维持恒定压强而不间断地维持低温环境.

即使我们假设一个外界环境对 ³He 固液共存相无漏热的理想条件, 该体系中也存在因压缩而产生的内部热量, 这个热量是 ³He 需要负担的理论最小热载. 压缩产生的热量的上限为做功量 $\Delta W \sim p(V_{\mathrm{m,l}} - V_{\mathrm{m,s}})$, 而该制冷方式的制冷能力 $\Delta Q \sim T(S_{\mathrm{s}} - S_{\mathrm{l}})$. 所以两者之比记为

$$\frac{\Delta W}{\Delta Q} = \frac{p}{T \left| \dfrac{\mathrm{d}p}{\mathrm{d}T} \right|}. \tag{4.27}$$

如图 4.47 所示, 该比值在 100 mK 内约为 10 至 1000. 尽管这个比值远大于 1, 然而实践中此温区大部分 ³He 的压缩并不因摩擦而产生额外热量, 大部分的固液转化是可逆的, 所以压缩制冷方式具备可行性. 在温度特别低或者接近熔化压曲线极小值时, 此比值迅速增大, 最终微小比例的摩擦损耗也足以抵消制冷产生的制冷量. 1965 年, 一个初始温度为 50 mK 的压缩制冷机获得了 18 mK 的末态温度, 验证了此制冷方式的可行性.

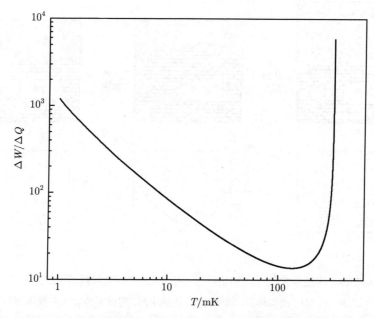

图 4.47 ΔW 和 ΔQ 的比值与温度关系. 此比值一直大于 1; 趋近于熔化压曲线极小值时, 此比值迅速增大. 本曲线基于 PLTS–2000 绘制

假设压缩固液共存相因摩擦产生的热量可以被忽略, 则制冷量为 $\Delta Q \sim T\,(S_{\mathrm{s}} - S_{\mathrm{l}})$. 压缩制冷的制冷功率与温度的关系近似为

$$\dot{Q} = \dot{n}_3 T (S_{\mathrm{s}} - S_{\mathrm{l}}), \tag{4.28}$$

其中, $\dot{n}_3$ 为 ³He 的相变速度. 如果我们考虑低温下的熵以常量形式的固体熵为主导的情况 (见图 4.44, $S_{\mathrm{s}} = R \ln 2$ 在大于 10 mK 时为主要项), 压缩制冷的制冷功率近似随温度一次方下降, 制冷温区约为 300 mK 到 1 mK. 对比稀释制冷机 (相关内容见 4.5.2 小节) 的制冷功率随温度变化的二次方关系 (见式 (4.38)), 在 50 mK 以内, 压缩固液共存相的制冷能力随温度下降而减弱的速度更慢. 由于熔化压曲线在低温端逐渐趋于平缓, 固体和液体的熵差在 1 mK 附近趋于零, 考虑到真实实验体系的漏热量, 压缩制冷机的低温极限通常在 1 mK 附近. 在二十世纪七十年代, 压缩制冷曾实现了 1 mK 以下的温度, 科研工作者们获得了一系列与 ³He 物态相关的实验突破[4.3]. 如今, 该制冷方式对于 ³He 研究之外的其他实验工作仅具有历史价值: 它采用了单次降温的工作机制, 而且在维持极低温环境的稳定性和便捷性上不如稀释制冷 (相关内容见 4.5 节), 它的极限温度在 1 mK 附近, 获得极限温度的能力不如核绝热去磁制冷 (相关内容见 4.7 节).

在实际的制冷机设计中, 对 ³He 样品施加压力以调节共存相压强的方式非常多, 一个比较便于控制的方法是通过另外一套独立的气液系统间接调节压强, 如图 4.48 所示. 如何搭建室温下的气体控制系统和制备 ³He 样品请参考 5.10.1 小节和 6.10.2 小

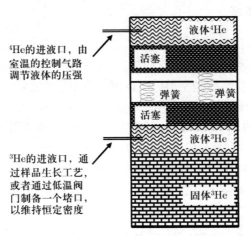

⁴He的进液口, 由室温的控制气路调节液体的压强

³He的进液口, 通过样品生长工艺, 或者通过低温阀门制备一个堵口, 以维持恒定密度

图 4.48 调节 ³He 固液共存相压强的一种原理示意图. 黑色实线起机械支撑和真空密封作用, 也用于限定活塞的活动范围. ³He 固液共存相腔受到的压力是弹簧压力与 ⁴He 液体传递的压力之和. ⁴He 腔中的压强有限定范围, 低于 ⁴He 固化压强. 实际设计中, 弹簧和活塞的两个功能可以由波纹管同时满足, 或者由弹性好的薄壁同时实现

节, 如何控制 ^{3}He 的固体和液体比例以将样品维持在熔化压曲线上请参考 3.2.3 小节和表 6.8, 如何测量固液共存相的压强请参考 6.5 节.

4.5　稀　释　制　冷

1951 年, 伦敦提出稀释制冷的概念, 并和合作者于 1962 年提出具体的实施方案[4.83], 该制冷方法利用了 ^{3}He 和 ^{4}He 相分离的特点 (相关内容见 1.3.1 小节). 1965 年, 荷兰莱顿大学实现了 220 mK 的稀释制冷机[4.84]. 1966 年, 英国曼彻斯特大学实现了 70 mK 的稀释制冷机[4.85]. 1987 年和 1999 年, 莱顿大学的弗罗萨蒂和兰卡斯特大学的皮克特 (Pickett) 分别报道了低于 2 mK 的稀释制冷机[4.86,4.87]. 2 mK 不是稀释制冷的低温极限, 1 mK 以内的稀释制冷机原则上是可以被实现的. 出于性价比的考虑, 1 mK 以下的温区更适合通过核绝热去磁制冷获得 (相关内容见 4.7 节).

基于 4 K 预冷技术, 稀释制冷机成为了最好的极低温制冷方案, 是当前凝聚态物理研究中最重要的低温工具. 稀释制冷机有成熟的商业化产品, 小型的设备可以提供约 50 mK 的极低温环境, 中大型设备可以提供 10 mK 以内的极低温环境. 对比同样需要 4 K 预冷环境以获得约 300 mK 的 ^{3}He 制冷机, 稀释制冷机在结构复杂度类似的条件下, 获得了更低的温度. 对比本书将继续介绍的顺磁盐电绝热去磁制冷, 稀释制冷机使用起来更加便利. 此外, 稀释制冷还是为获得更低温度的核绝热去磁制冷预冷的最佳方案.

4.5.1　稀释制冷的原理

稀释制冷方式的存在和应用有两个前提: 一、^{3}He–^{4}He 混合液在零温极限下存在相分离现象 (相关内容见 1.3.1 小节); 二、稀相中单个 ^{3}He 的比热比浓相中单个 ^{3}He 的比热大. 所谓稀释制冷, 就是在 ^{3}He–^{4}He 混合液相分离之后, 让 ^{3}He 原子从高浓度相移动到低浓度相, 在稀释的过程中吸收热量, 从而使 ^{3}He–^{4}He 混合液的温度降低. 关于稀相中单个 ^{3}He 的比热更大这一现象的实验证据请参考图 1.62 和式 (1.46). x 由式 (1.38) 定义, $x = 0$ 即纯液体 ^{4}He, $x = 1$ 即纯液体 ^{3}He.

零温极限下, ^{3}He–^{4}He 混合液相分离后产生 ^{3}He 浓度约 6% 的稀相和 ^{3}He 浓度约 100% 的浓相. 一个 ^{3}He 原子由浓相进入稀相所产生的热量变化与 ^{3}He 在两个体系中的焓差异有关:

$$Q = \Delta H = H_{\mathrm{D}} - H_{\mathrm{C}}, \tag{4.29}$$

其中, 下标 D 代表 ^{3}He 稀相 (dilute), 下标 C 代表 ^{3}He 浓相 (condensed). 在低温混合液体系中, 等压假设比等容假设更符合现实条件, 同时, 混合液是一个存在稳定流动的开放系统, 因此人们不用内能计算热量变化. 假设混合液中两个体系热平衡、温度相

等, 则记为如下公式:

$$\mathrm{d}H = T\mathrm{d}S + V\mathrm{d}p, \tag{4.30}$$

$$\Delta H = T(S_{\mathrm{D}} - S_{\mathrm{C}}), \tag{4.31}$$

其中的熵 S 来自热容除以温度 (C/T) 的积分. 为了便于讨论和计算, 从此处开始, 本小节的熵指 S 对摩尔数归一化的结果, 来自 c/T 的积分, 热量和焓等物理量也均基于一摩尔的量讨论. 对于稀相和浓相, ^{3}He 比热在零温极限下都近似符合 $c \sim T$ 的关系 (见图 1.39, 式 (1.31) 和式 (1.47)). 本小节讨论 ^{3}He 在稀相和浓相之间的移动, 而不是讨论稀相和浓相之间的转化, 因此在比较焓值大小时需要对 ^{3}He 的摩尔数进行归一化. 稀相中的单个 ^{3}He 比热更大, 这使得稀相中的 ^{3}He 焓值更大 (见图 4.49).

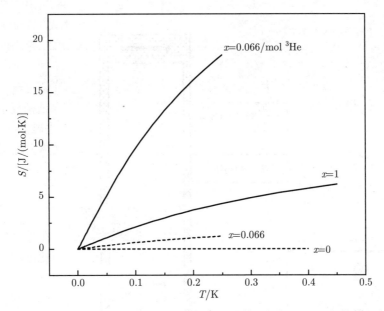

图 4.49　液氦的熵与温度在零压下的关系. 因为纯 ^{4}He 液体 (虚线 $x = 0$) 的熵值远小于稀相 (虚线 $x = 0.066$) 的熵值, 因而稀相每摩尔 ^{3}He 的熵可以通过虚线 $x = 0.066$ 的数据除以 0.066 归一化而近似得到. 对比稀相每摩尔 ^{3}He 的熵 (实线 $x = 0.066$) 与浓相每摩尔 ^{3}He 的熵 (实线 $x = 1$), 稀相中的 ^{3}He 焓值更大. 图中数据的计算基于文献 [4.88] 中的数据

初态和末态之间焓值的增量就是系统在等压过程中吸收的热量. 以常规单质铜做类比, 铜的温度越低则焓值越小, 铜的升温过程就是吸收热量的过程. 同理, ^{3}He 原子由浓相进入稀相这个过程吸热, 或者说, ^{3}He 和 ^{4}He 混合的这个过程吸热. 为了理解方便, 我们可以从另一个角度看待这个问题: 浓相中的 ^{3}He 为液态, 稀相中的 ^{3}He 近似为气态, 稀释过程相当于 ^{3}He 蒸发过程, 液态向气态变化的过程中吸热. 这种制冷

机制的制冷功率与温度相关, 也与参与制冷过程的 ^{3}He 数量相关. 于是我们可以有以下两个推论. 首先, 温度越低制冷能力越差. 在考虑一定存在外界对极低温环境漏热的现实情况下, 制冷机一定有一个最低温度, 漏热越大则制冷机的温度越高. 其次, 越多的 ^{3}He 穿越相分离的界面则制冷机的制冷功率越大.

　　稀释制冷的核心需求是让 ^{3}He 原子从浓相持续地进入稀相之中, 从而产生稳定的制冷能力. 目前的商业化稀释制冷机中, 干式预冷已经成为主流. 干式预冷还是湿式液氦预冷对于稀释制冷机的差异仅体现为如何将回流的气体 ^{3}He 转化为液体 ^{3}He, 并不影响稀释制冷本身的工作原理. 因为早期稀释制冷机的研发基于液氦预冷, 我们将在假设制冷机放置在一个由液氦提供 4.2 K 预冷环境的前提下, 围绕图 4.50 介绍有蒸发腔结构的稀释制冷原理.

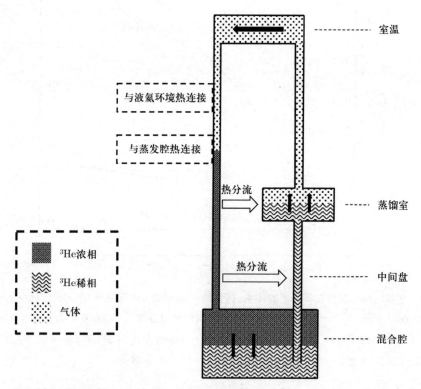

图 4.50　稀释制冷原理示意图. 混合腔在英文文献中被称为 "mixing chamber", 有时会被简称为 MC. 蒸馏室在英文文献中被称为 "still". 图中的中间盘是习惯叫法之一, 也被称为 "50 mK 盘" 或者 "100 mK 盘". 稀释制冷机 4.2 K 以内的部件被安置在一个真空环境中, 这个空间被称为内真空腔 (见图 4.1 的 "真空 3"), 未在此图中展示. 热交换器是稀释制冷机最重要的部件, 在此图中用中间盘处的 "热分流" 示意

图 4.50 中的氦有三种成分: ^{3}He 浓相液体, ^{3}He 稀相液体和混合气. ^{3}He 浓相近乎为纯 ^{3}He. ^{3}He 稀相为 $x < 0.1$ 的 ^{3}He–^{4}He 混合液, 其比例不是固定值, 存在空间分布. 气体中的主要成分主要为 ^{3}He, 含有少量 ^{4}He. 相分离发生在混合腔, 此处为 ^{3}He 浓相和 ^{3}He 稀相的交界面, 因而也是制冷机的最低温度所在. 当相分离发生之后, 液体 ^{4}He 的密度大、液体 ^{3}He 的密度小 (见图 1.33), 所以富 ^{3}He 相浮于富 ^{4}He 相之上, 也就是相分离界面的上方为 ^{3}He 浓相, 界面下方为 ^{3}He 稀相.

蒸馏室中存在 ^{3}He 稀相液体与气体的交界面. 蒸馏室下端与 ^{3}He 稀相通过一根管道连接, 上端与室温的泵通过另一套管道连接. 当蒸馏室被减压抽气时, 相同温度下 ^{3}He 的蒸气压大于 ^{4}He 的蒸气压 (见图 1.34 和图 4.36), ^{3}He 优先离开蒸馏室回到室温环境. 随着蒸馏室中稀相的 ^{3}He 被泵抽取, 蒸馏室中稀相的 x 值小于混合腔中的 x 值, ^{3}He 从混合腔往蒸馏室定向移动. 相分离发生后, 给定温度和压强条件下的稀相 x 值是个确定的数值 (见图 1.54 和图 1.58), 混合腔中的 ^{3}He 从浓相穿越界面, 以维持稀相的 ^{3}He 比例. ^{3}He 由高浓度相进入低浓度相提供了混合腔的制冷能力. 混合腔的温度低、蒸馏室的温度高, 这两个腔体之间的液体有温度梯度和浓度梯度.

混合腔中高浓度相的 ^{3}He 流失由蒸馏室被抽取到室温的气体 ^{3}He 回流补充. 这部分 ^{3}He 从室温重新进入稀释制冷机后, 由 4.2 K 环境预冷, 在蒸发腔提供的制冷能力下预冷和液化, 再次进入混合腔. ^{3}He 经蒸馏室离开稀释制冷机, 又从室温回到了稀释制冷机的混合腔, 这个过程形成了一个完整的循环, 维持了稀释制冷的连续运转. 不论是气体还是回流的 ^{3}He 液体, 均存在随空间分布的温度梯度.

在回流的过程中, ^{3}He 除了被 4.2 K 环境和蒸发腔预冷, 还被蒸馏室预冷. 蒸馏室与混合腔之间有 0.1 K 数量级的温度差, 高于混合腔温度的液体 ^{3}He 进入混合腔时, 引入额外热量, 降低了制冷功率, 因此混合腔与蒸馏室之间的稀相液体需要对回流的 ^{3}He 液体进行充分降温. 对于主流的稀释制冷机, 这两部分液体不能混合, 空间上必须分离 (不需要分离的特殊设计见 4.5.12 小节), 所以两种液体被密闭固体界面隔离. 然而, 氦与固体之间在低温下存在约 T^{-3} 关系的边界热阻 (相关内容见 2.3 节), 因此热交换器被针对性地使用 (见图 4.50 的中间盘附近位置), 以便让回流的 ^{3}He 尽量降温到制冷机最低温度, 从而获得最好的制冷效果. 出于习惯和对热交换器性能的了解, 制冷机设计者常在蒸馏室和混合腔之间增设一个可以用于固定温度计和引线热沉的金属盘 (中间盘), 或者说中间盘是因为热交换器的存在才存在. 它有时候被称为 "50 mK 盘" 或者 "100 mK 盘", 不同的设计者对该特征温度平台的叫法并不像蒸发腔、蒸馏室和混合腔那么统一.

热交换器的功能看似在稀释制冷机的原理中不如混合腔的相分离、蒸馏室的针对性抽气、蒸发腔的液化回流 ^{3}He 那么明确、不可或缺, 实际上却是搭建稀释制冷机最核心的技术, 热交换器设计决定了稀释制冷机性能. 其他基本结构满足基本功能后, 制冷机制冷效果的差异很小, 而热交换器的设计方案众多, 对性能影响差异极大.

稀释制冷机中 ^{3}He 和 ^{4}He 的比例取决于制冷机内部的具体设计, 数值上通常在 0.2 ~ 0.4 这个范围. ^{3}He 和 ^{4}He 的具体用量需要满足两个核心指标: 混合液相分离的界面在混合腔中, 而稀相的气液界面在蒸馏室中. 当前的稀释制冷机与 ^{3}He 制冷机一样面临着 ^{3}He 供应紧张的问题 (相关内容见 4.3.5 小节). 对于 300 mK 以下的极低温环境, 稀释制冷机是最佳的制冷手段. 如果基础科研持续需要稀释制冷机提供极低温环境, 在不考虑禁运等现实因素的前提下, 当前的 ^{3}He 产量已经足以满足科研人员的使用. 如果量子技术的应用对极低温环境有日益增长的广泛需求, 则极低温环境需要考虑不依赖 ^{3}He 的实现方法.

综上, 稀释制冷的原理源于 ^{3}He–^{4}He 混合液在极低温下的相分离和 ^{3}He 从浓相进入稀相后的吸热. 主流稀释制冷机的设计还基于如下两个现象: 一、同样温度下, ^{3}He 的蒸气压远大于 ^{4}He 的蒸气压; 二、液体 ^{4}He 的密度大于液体 ^{3}He 的密度. 稀释制冷的实用性优于 ^{3}He 制冷的深层原因在于稀相在零温极限下存在非零比例的 ^{3}He, 这一点将在 4.5.2 小节继续讨论. 非主流的稀释制冷工作原理将在 4.5.12 小节中继续讨论.

4.5.2 制冷功率与其他特征参数

基于 4.5.1 小节介绍的原理, 多种稀释制冷机的设计方案被提出和实现, 稀释制冷机的性能逐渐优化、实用性逐渐提高. 表 4.7 提供了部分稀释制冷机的最低温度信息, 它已被降低到 2 mK 以内. 这些制冷机设计上的差异主要体现在气体循环方式和换热方式. 从实用性的角度, 最低温度不是评价制冷机性能的唯一指标, 制冷机的评价标准至少还应该包括给定温度下的制冷功率. 制冷功率的 T^2 下降、边界热阻的 T^{-3} 变差和外界引入的热量共同决定了稀释制冷机可以提供的最低温度.

制冷功率的计算基于稀释制冷的降温原理. 我们从式 (4.29) 开始推导, 先分别计算浓相和稀相中 ^{3}He 的摩尔熵. 浓相的熵通过纯 ^{3}He 的熵近似计算. 基于式 (1.31), 可得如下结果:

$$H_{\mathrm{C}}(T) = \int c\,\mathrm{d}T = \int 22T\,\mathrm{d}T = 11T^2 \ \mathrm{J/(mol \cdot K^2)}, \tag{4.32}$$

式 (1.31) 中取 $\gamma = 2.7$, 所以 $c \approx 22T$, H_{C} 在零温下的取值为 0 J/(mol·K^2). 该线性比热假设的成立条件依赖于温度, 40 mK 之内的误差为 4%, 60 mK 之内的误差为 8%. 显然, 不论是 γ 的取值 (见图 1.39) 还是线性比热的假设均针对稀释制冷机的低温极限工作环境. 以上数值来源和原始实验数据来源可以参考文献 [4.3]. 具体数值可以参考图 4.51: 稀相中的 ^{3}He 比例越低, 则单个 ^{3}He 对比热的贡献越大, 线性比热区间越小.

表 4.7 部分稀释制冷机的最低温度回顾

时间	温度/mK	地点
1965	220	莱顿市
1966	70	曼彻斯特大学
1966	56	联合核研究所
1968	10	加利福尼亚大学圣迭戈分校
1968	5.5	/
1970	7.9	加利福尼亚大学圣迭戈分校
1978	2	/
1981	3	埃因霍芬理工大学
1987	1.9	莱顿昂内斯实验室
1992	1.75	兰卡斯特大学

注: 部分设备的地址信息不明确, 所以表格仅根据文献所采用的英文描述进行翻译. 制冷机的实际搭建完成时间可能远早于文献发表的时间[4.84~4.87,4.89~4.93]. 1968 年 5.5 mK 的制冷机由涅加诺夫 (Neganov) 完成, 1978 年 2 mK 制冷机由弗罗萨蒂完成, 我并没有这两台制冷机搭建地点的信息. 文献 [4.94] 提到了涅加诺夫在 1970 年完成最低温度 5.5 mK 的制冷机, 但未提供具体信息来源. 1978 年, 对稀释制冷机的研发和推广起了巨大贡献的弗罗萨蒂在位于法国格勒诺布尔 (Grenoble) 的极低温研究中心 (CRTBT) 发表了相关的论文. 表格中的联合核研究所指 "Joint Institute for Nuclear Research".

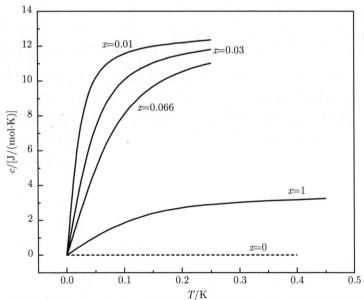

图 4.51 三种不同浓度混合液中的 ^{3}He 比热与温度在零压下的关系, 实线对应的比热对 ^{3}He 做了摩尔的归一化. 因为纯 ^{4}He 液体 (虚线为 $x = 0$) 的比热值远小于稀相混合液的原始比热值, 可近似认为稀相的比热全来自 ^{3}He, 所以本图中的实线计算自稀相的真实摩尔比热除以 x 的数值. 图中数据的计算基于文献 [4.88] 中的数据

当浓相和稀相共存时, 两相的化学势 $\mu = H - TS$ 相等:

$$H_{\mathrm{C}} - TS_{\mathrm{C}} = H_{\mathrm{D}} - TS_{\mathrm{D}}, \tag{4.33}$$

所以

$$H_{\mathrm{D}} = H_{\mathrm{C}} + T(S_{\mathrm{D}} - S_{\mathrm{C}}). \tag{4.34}$$

此处的熵 S 指每摩尔的熵, 来自 c/T 的积分, 数值上同样近似取浓相比热 $22T$, 稀相比热近似为 $106T$ (见式 (1.47)), 我们可得

$$S_{\mathrm{D}} - S_{\mathrm{C}} = \int \frac{\Delta c}{T} \mathrm{d}T = 84T \ \mathrm{J/(mol \cdot K)}, \tag{4.35}$$

结合式 (4.32), 我们可得

$$H_{\mathrm{D}} = 95T^2 \ \mathrm{J/(mol \cdot K^2)}. \tag{4.36}$$

因此我们可以通过稀相和浓相的焓值变化获得制冷率的表达式. 考虑到稀释制冷过程中的 ^{3}He 流动, 稀相和浓相的温度不一定相等, 我们把稀相的温度称为混合腔温度 T_{MC}, 因为这是实际上系统的最低温度所在, 把浓相的温度简称为 T_3, 因为浓相近乎为纯 ^{3}He 液体. 稀释制冷机中的制冷功率在考虑参与循环 ^{3}He 的单位时间摩尔数 $\dot{n}_3$ 的情况下, 表示为

$$\frac{\dot{Q}}{\dot{n}_3} = 95T_{\mathrm{MC}}^2 - 11T_3^2, \tag{4.37}$$

其中, $\dot{Q}$ 是制冷功率, $\dfrac{\dot{Q}}{\dot{n}_3}$ 的单位是 J/mol. 在制冷功率为零、系统处于最低温度的情况下, 如果再假设外界对稀释制冷机没有提供任何热量, 则混合腔总是能将回流 ^{3}He 降温到初始温度的约三分之一 ($T_{\mathrm{MC}}^2 = 11T_3^2/95$). 虽然这样的假设既不符合事实, 也不是我们希望的稀释制冷机工作状态, 不过它给出了热交换器性能的下限: 对于给定的最低温度目标, 热交换器至少得将回流的 ^{3}He 降温到目标温度的 3 倍之内.

越高的回流 ^{3}He 温度代表着越小的制冷功率. 出于优化稀释制冷机性能的追求, 回流 ^{3}He 的温度最好正好等于混合腔的温度. 可是, ^{3}He 与金属之间的边界热阻随与温度负三次方的关系在低温极限下变差, 这影响了回流 ^{3}He 的温度降低. 在实践中, 合适的热交换器帮助回流的 ^{3}He 逼近制冷机的最低温度, 即稀相的温度 (相关内容见 4.5.5 小节), 式 (4.37) 从而可以改写为最常用的稀释制冷机制冷功率表达式[4.3,4.64,4.95]:

$$\dot{Q} = 84\dot{n}_3 T^2. \tag{4.38}$$

从上述推导过程我们可以判断, 此公式在 60 mK 以上和制冷机极限低温附近不太适用: 高温区逐渐偏离了该公式的线性比热假设, 低温区的实际制冷功率需要减去肯定存在的外界漏热. 图 4.52 提供了稀释制冷机制冷功率与温度关系的一个实例. 在稀释

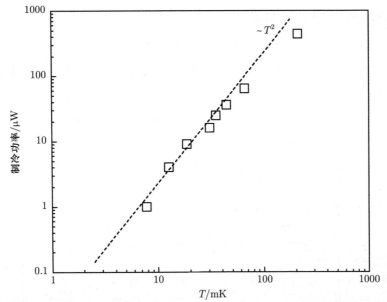

图 4.52　稀释制冷机制冷功率与温度关系实例. 虚线为 T^2 关系的示意线. 该制冷功率的测量方式是对混合腔加热后测量混合腔的温度. 混合腔未加热前, 该设备的最低温度为 6 mK, 蒸发腔的温度为 1.82 K, 蒸馏室的温度为 442 mK、未加热、压强为 0.084 mbar, 中间盘的温度为 31 mK

制冷机最低温度处, 尽管依照式 (4.37) 和式 (4.38) 存在理论上的非零制冷功率, 但此时的理论非零制冷功率正好等于外界的总漏热, 所以有效制冷功率为零.

外界的热量可能来自制冷机本身的漏热和测量带来的漏热. 制冷功能带来的漏热将在 4.5.6 小节处进一步讨论. 作为稀释制冷机的使用者, 我们更需要关注自己的测量需求对制冷功率的影响. 这也是约 2 mK 极限温度的稀释制冷机并不常见的原因: 温度越低, 制冷功率越低, 制冷机在极限温度下只能提供尽量简单的测量方式. 以最常见的电输运实验为例, 使用者不仅仅需要用最低温度衡量稀释制冷机的性能, 还需要结合引线等测量条件考虑用户实际获得的制冷功率. 在实践中, 更低的系统温度通常比不上更综合的测量可能性, 更多讨论可以参考 4.5.10 小节.

在稀释制冷中, 最重要的两种液体为 $x \approx 1$ 和 $x \approx 0.06$ 的混合液. 最低温度和制冷功率相关的计算结论大部分建立在对这两种液体物理性质的了解之上. 1.2 节和 1.3 节已有相关介绍. 这两种液体在各种估算中常被用到的性质主要包括第一章中已讨论的密度 (见图 1.33)、比热 (见图 1.41、式 (1.47)、式 (1.48))、热导率 (见图 1.46、图 1.66) 和黏滞系数 (见图 1.44、图 1.65). 以下我们仅简单讨论稀释制冷中可能涉及的少量补充信息.

图 1.54 的说明中介绍了 $x \approx 0.06$ 的饱和混合液符合 $x(T) = x_{0\,\mathrm{K}}\left(1 + \beta T^2\right)$ 的关系. 参考一个可以探测 ppm 数量级 ^{3}He 浓度的高精度电容测量[4.96], 混合液饱和比例

与温度的关系可以采用如下公式:

$$x = 0.0666\left(1 + 8.29T^2\right). \tag{4.39}$$

因为这个实验测量的困难程度, 不同课题组测量到的数值并不统一 (见图 4.53), 也有部分文章采用了 $x_{0\,\text{K}}\left(1 + \beta T^2 + \gamma T^3\right)$ 的拟合方式.

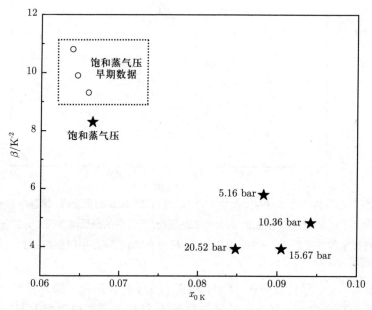

图 4.53　$x \approx 0.06$ 的饱和混合液与压强的关系. 数据来自文献 [4.96]. 此图数据为式 (4.39) 的参数出处. 相分离的参数与压强间并不是单调变化关系, 读者可参考 50 mK 下的极限比例与压强的关系 (见图 1.58)

式 (4.38) 可以改写为

$$\dot{Q} \sim xT^2, \tag{4.40}$$

其中, x 指稀相中的 ^{3}He 比例, 因为在给定蒸馏室设计、抽气方式和流阻的情况下, ^{3}He 的循环量取决于 x 的大小. 稀相零温极限下 x 的数值是一个非零的常数 (见图 1.54), 这个现象与经典条件下 x 在零温极限下趋近于零值不同, 因此制冷功率主要受温度的影响. 稀释制冷中, 制冷功率 $\dot{Q} \sim T^2$ 的下降速度慢于液体 ^{3}He 蒸发制冷的制冷功率随温度的指数下降, 所以同样是循环 ^{3}He 原子的过程, 稀释制冷可以获得比 ^{3}He 制冷更低的温度. 虽然经典的混合液体在零温极限下已经变成了固体, 无法讨论液体杂质, 但是非零的液体杂质比例本身也是量子现象的一个体现, 因为经典液体在绝对零度下有限的溶解度也意味着非零的熵[4.3,4.84]. 50 mK 以下, 压缩制冷机 (相关内容见 4.4 节) 的制冷功率通常比稀释制冷机大. 例如, 在 2 mK 附近, 压缩制冷的功率比稀释制冷机高约百倍[4.64].

混合液的密度可以依照纯 ^{4}He 和纯 ^{3}He 的密度计算, 数值参考图 1.6 和图 1.33. 更直接的做法是从 ^{4}He 的摩尔体积计算混合液的摩尔体积:

$$V_\mathrm{m} = V_\mathrm{4m}(1 + 0.284x).\tag{4.41}$$

我们在估算中可以取 ^{4}He 液体的密度等于 $0.145\ \mathrm{g/cm^3}$ (见图 1.6), 以此计算得 $V_\mathrm{4m} = 27.6\ \mathrm{cm^3/mol}$. 从混合腔到蒸馏室, 稀相的 x 数值在逐渐减少, 所以位于高处的蒸馏室混合液 ^{3}He 更少、密度更高.

稀相的渗透压是稀释制冷机另外一个重要的特征参数. ^{3}He 在 ^{4}He 中的行为类似于气体, 其压强为渗透压 π, 其饱和数值见经验公式[4.97,4.98]:

$$\pi = 22.4 + 1000T - 1200T^4\ (\mathrm{mbar}).\tag{4.42}$$

经典体系中渗透压与 ^{3}He 浓度和温度都有关:

$$\pi V_\mathrm{4m} \sim xRT.\tag{4.43}$$

在制冷机之中我们只考虑从混合腔到蒸馏室之间的稀相混合液. 如果不存在 ^{3}He 循环, 而混合腔有 0.066 的稀相, 取常见的混合腔温度 10 mK、蒸馏室温度 700 mK, 并默认 ^{4}He 的摩尔体积 V_{4m} 在极低温下基本不随温度变化 (见图 1.6), 则预期蒸馏室中的 ^{3}He 比例似乎为 0.001[4.3]:

$$x_\mathrm{still} = x_\mathrm{mc}T_\mathrm{mc}/T_\mathrm{still}.\tag{4.44}$$

实际上式 (4.44) 还需要考虑费米统计的修正[4.3]:

$$\pi V_\mathrm{4m} \sim xRT_\mathrm{F}.\tag{4.45}$$

于是, 蒸馏室和混合腔的 x 值比例并没有两者温度比例倒数那么大. 费米温度是 ^{3}He 浓度的函数, $x = 0.05$ 混合液的费米温度约是 $x = 0.01$ 混合液的费米温度的 2 倍[4.99]. 混合腔温度 10 mK、蒸馏室温度 700 mK 时, 蒸馏室中的混合液 x 值约 0.008, 制冷机使用者可以默认一个正常工作的蒸馏室中的混合液 $x < 0.01$.

在真实制冷机的运转中, 蒸馏室持续被泵抽气, 因而蒸馏室中的 ^{3}He 压强小于平衡值, 这驱使 ^{3}He 从混合腔往蒸馏室定向移动. 假设理想情况, 蒸馏室 ^{3}He 压强为零, 混合腔中的 ^{3}He 渗透压约为 22 mbar (见图 4.54). 类比于水泵抽水需要考虑高度差, 这个 22 mbar 压强差等效于 1.5 m 高的混合液的液压. 因此, 实验装置常安置在混合腔下方, 蒸馏室和混合腔之间的高度差通常不会超过 1.5 m. 如果特殊设计的制冷机需要将实验装置放置于混合腔上方, 混合腔和蒸馏室之间有更大的间隔, 则制冷机设计者需要考虑此渗透压数值的影响. 如果 $x = 0.066$ 的混合液温度升至 20 mK, 则渗透压

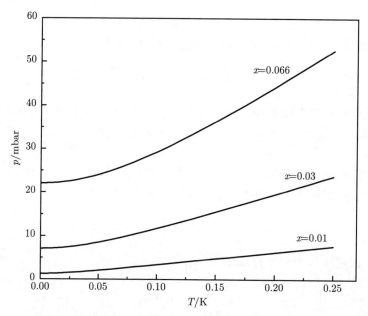

图 4.54　三种混合液渗透压与温度的关系. 本图数据来自文献 [4.88] 的计算结果

增加至 44 mbar, 因此, 特殊结构的稀释制冷机可以通过牺牲最低温度来满足空间上的额外需求. 实践中的蒸馏室压强远小于 1 mbar, 上述讨论所使用的蒸馏室 ^{3}He 压强为零的假设不影响结论.

对于蒸馏室中的稀相混合液, 定性而言, ^{3}He 的蒸气压远大于 ^{4}He 的蒸气压, 所以 ^{3}He 优先被抽取. 定量而言, 我们需要考虑混合液中 ^{3}He 的比例和具体的温度. 如图 4.55 所示, 在稀释制冷机的工作范围, 稀相混合液 ^{3}He 有效蒸气压大约是液体 ^{3}He 蒸气压的十分之一数量级, 依然远大于 ^{4}He 的蒸气压. 从蒸馏室抽出的气体中, ^{3}He 的比例超过 90%. 同样以 700 mK 的特征温度考虑[4.84], 蒸馏室中的有效 ^{3}He 气体压强为 9 Pa, 有效 ^{4}He 气体压强为 0.3 Pa. 假设 ^{4}He 气体占了总循环气体 10% 的比例, 对于一个最低温度约 10 mK 的稀释制冷机的理论最低温度的影响也仅有约 1 mK 大小. 不过, 循环的 ^{4}He 除了会引起额外的漏热, 其超流特性还会影响 ^{3}He 的回流, 因而蒸馏室温度的选择有一定的经验范围.

4.5.3　稀释制冷机核心结构讨论: 蒸发腔

稀释制冷机性能的优化途径主要是减少外界引入的热量和增加制冷功率. 出于理解、维修、改造和设计稀释制冷机的需求, 围绕着如何减少外界引入热量和提高制冷功率, 以下几个小节讨论常规设计的稀释制冷机中的核心结构: 蒸发腔、蒸馏室、热交换器、混合腔, 以及以上结构相应的机械连接方式. 这些内容的介绍基于我个人实际

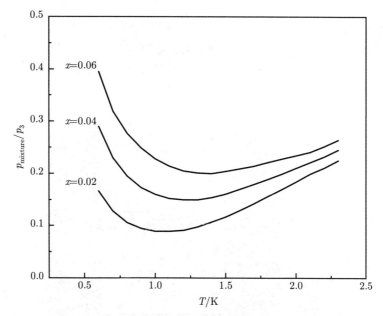

图 4.55 三种混合液蒸气压与液体 ^{3}He 蒸气压的比值. 数据来自文献 [4.100]

使用的经验, 主要针对稀释制冷机性能的提升. 在制冷机的搭建过程中, 有时候经验比纸面计算更加重要, 因此以下数个小节讨论的数据尽量基于实际制冷机中的参数.

我们从热量来源的分析着手 (对于低温环境通用的漏热来源讨论见 4.1.3 小节和 4.7.5 小节), 讨论如何减少引入稀释制冷机的热量. 除了必要的机械支撑结构会引入漏热, 稀释制冷的工作机制也伴随着热量的引入, 此外, 测量的需求也会引入额外热量. 本小节主要讨论如何减少稀释制冷功能本身引入的热量. 根据式 (4.37), 提高制冷功率的关键在于降低回流 ^{3}He 的温度和增加 ^{3}He 的循环量. 了解制冷功率的影响因素和热量的来源之后, 稀释制冷机搭建者和使用者可以相应地通过变更设计来优化制冷机的性能.

液氦预冷的常规稀释制冷机的第一个核心结构是蒸发腔, 其结构和功能在 4.1.2 小节中已经被介绍. 对于常规稀释制冷机, 蒸发腔的核心任务是将回流的 ^{3}He 气体液化, 因此 ^{3}He 的回流管需要与蒸发腔有充分的热接触. 一个可被采用的设计方案是将 ^{3}He 回流管浸泡在蒸发腔的液体 ^{4}He 之中 (如图 4.56 所示), 与之而来的代价是更复杂的结构增加了漏气的可能性. 稀释制冷机的检漏中如果出现蒸发腔气路和稀释制冷气路之间的漏气, 不是来自室温的控制气路, 就是来自这种 ^{3}He 回流管浸泡设计.

干式预冷的稀释制冷机也可以构建蒸发腔结构 (相关内容见 6.9 节), 但是设计者通常不需要这么做. 常规稀释制冷机中, 蒸发腔的正常运行是其他核心结构正常运转的前提. 蒸发腔进液的毛细管被堵塞从而影响蒸发腔的温度, 是稀释制冷机最常遇到

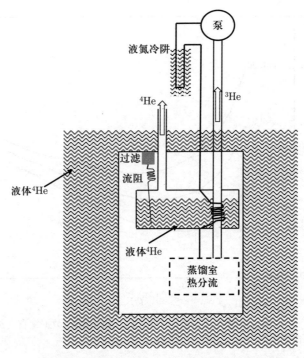

图 4.56 ^{3}He 回流、预冷和液化示意图. 回流的 ^{3}He 气体在通过液氮去除可能的杂质后, 在液体 ^{4}He 处初步预冷到 4.2 K, 然后在蒸发腔处液化. 为增加热交换能力, 回流的 ^{3}He 管道可以浸泡在蒸发腔的液体 ^{4}He 中. 如果为了节省空间, 稀释制冷的主抽气管道也可以从蒸发腔中间穿过. 回流的 ^{3}He 管道经过蒸发腔后再继续利用蒸馏室热分流

的问题之一 (相关讨论见 4.5.11 小节).

4.5.4 稀释制冷机核心结构讨论: 蒸馏室

稀释制冷机的第二个核心结构是蒸馏室, 其任务是提供稀相液体和气体的分界面, 通过抽气的方式将液体中的 ^{3}He 气化. 常用的抽气方式是分子泵与前级泵的组合.

蒸馏室的英文常用名字 "still" 来自 "distillation pot" 的简称. 常规设计的稀释制冷机中的 ^{4}He 循环增加了热负载, 但不提供制冷能力, 是一个无效循环, 因此蒸馏室的温度需要足够低, 确保抽取的气体中 ^{3}He 的比例足够高. 然而, 蒸馏室温度太低会导致 ^{3}He 蒸气压过低, 这将引起制冷机的制冷功率降低. 通常蒸馏室的温度会被维持在 0.6 K 到 0.7 K 之间, 此温度下的 ^{3}He 蒸气压足够高、^{4}He 蒸气压足够低, 制冷机维持了合理的制冷能力.

蒸馏室的热量来源包括回流的 ^{3}He 和来自蒸发腔的漏热. 在大部分制冷机中, 这些热量不足以让蒸馏室在正常运转时维持 0.7 K 的温度, 因此蒸馏室处常安装有温度计和加热丝, 以便对其加热控温. 对于约 1×10^{-4} mol/s 的循环量、0.7 K 的蒸馏室温度、来自蒸发腔的回流 ^{3}He 温度约 1.3 K 时, 一个可以参考的加热经验[4.3] 为

$$\dot{Q}_{\text{still}} = 40\dot{n}_3. \tag{4.46}$$

此公式中 $\dot{Q}_{\text{still}}$ 的意义是需要为蒸馏室提供的热量, 单位为 W, $\dot{n}_3$ 是 ^{3}He 的循环速度, 单位是 mol/s.

随着蒸馏室的温度上升, 循环 ^{3}He 的流量增加. 这增大了混合腔的制冷量, 也增加了回流 ^{3}He 对混合腔引入的热量. 根据式 (4.38), 制冷机的最低温度可以表示为

$$T_{\text{min}} = 0.11\sqrt{\dot{Q}/\dot{n}_3}. \tag{4.47}$$

此处 $\dot{Q}$ 的意义是指外界对混合腔的总漏热, 并非制冷功率, 单位是 W; $\dot{n}_3$ 是 ^{3}He 的循环速度, 单位是 mol/s. 式 (4.47) 是有效制冷功率为零的特例. 对蒸馏室加热通常能提升制冷功率 (见图 4.57), 但是不见得能降低制冷机最低温度 (见图 4.58). 甚至一些制冷机获得最低温度的运转状态是将蒸馏室维持在 0.4 K 以下. 因为稀释制冷系统的复杂性, 所以我建议使用者先按照商业化制冷机的说明书加热蒸馏室提高其温度, 在充分了解制冷机性能后再考虑是否变更流量, 以优化制冷功率和系统最低温度.

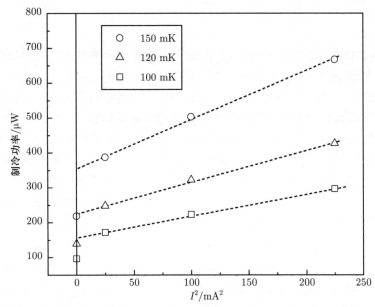

图 4.57 稀释制冷机混合腔制冷功率随着加热丝为蒸馏室施加的热量的增加而增加的例子. 虚线为示意线. 蒸馏室加热丝的电阻约 100 Ω, 本图与图 4.58 的数据来自同一台设备的同一次降温. 混合腔制冷功率与蒸馏室加热功率的关系取决于稀释制冷机的具体设计. 当蒸馏室被加热后, 蒸馏室抽取 ^{3}He 而获得的制冷量和从其他地方获得的热量也随之改变

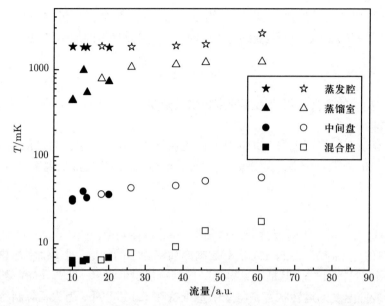

图 4.58   稀释制冷机的系统特征温度与流量关系的例子. 流量计未被校正, 此图仅展示变化趋势. 实心符号的流量变化来自实际流阻的改变, 空心符号的流量变化来自蒸馏室加热功率的改变. 本图与图 4.57 的数据来自同一台设备的同一次降温

　　蒸馏室的体积不能完全按极限设计, 需要考虑后期调整混合液比例和总物质的量的可能性. 蒸馏室的液面面积通常在 50 cm² 以上, 以为蒸发提供一个足够大的气液界面. ^{4}He 的蒸发对于稀释制冷是个负担, 此外 ^{4}He 超流薄膜的存在也将引起额外漏热和温度不稳定. 超流薄膜的质量输运与开口区域最窄处的周长有关 (每毫米的管道周长输运能力为 0.25 μmol/s[4.3]), 所以局部缩小蒸馏室抽气管道直径有助于减少超流薄膜引起的 ^{4}He 质量输运, 从而减少超流薄膜高温蒸发和低温凝聚引起的温度振荡. 例如, 蒸馏室的抽气管中可以开一个边缘锋利的小孔减小薄膜质量输运的能力. 实验上抑制超流薄膜的总面积还可以用局部加热的方法, 这可以阻断薄膜的扩展. 图 4.59 中, 加热丝电流被逐渐增加, 当温度高到切断装置起作用时, 实验工作者可以观测到循环气路的流量下降.

　　如果 ^{3}He 和 ^{4}He 的使用量与稀释制冷机的设计不匹配, 一个可能的后果是气液界面出现在蒸馏室之外. 这将影响 ^{3}He 的循环量, 并且影响蒸馏室本身的制冷能力和对回流 ^{3}He 液体的预冷能力. 制冷机使用者可以通过观测室温循环的气体流量判断蒸馏室液面位置, 有些制冷机也在蒸馏室内部安装一个电容液面计 (相关内容见 5.8.2 小节), 通过液体与气体的介电常量差异判断液面高度. 例如, 空气与水的介电常量大约差了 80 倍. 操作中, 使用者可以在填入合适量的 ^{3}He 之后, 缓慢增加 ^{4}He 的填入量,

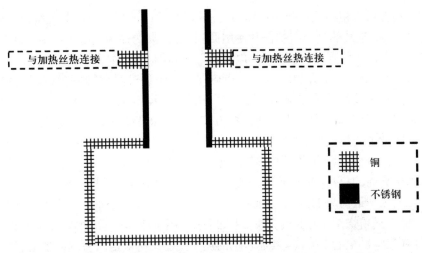

图 4.59　局部加热的方法阻断蒸馏室中超流薄膜的结构示意图

将电容开始增加时的读数作为蒸馏室底部数值, 将电容不再增加时的读数作为蒸馏室顶部数值, 通过两者之差与蒸馏室总高度来获得电容读数与液面高度的关系.

4.5.5　稀释制冷机核心结构讨论: 热交换器

　　常规稀释制冷机的第三个核心结构是热交换器, 它的功能是让回流的 ³He 以尽可能低的温度进入混合腔. 热交换器的设计和制作是搭建稀释制冷机最重要的技术. 所谓的热交换, 指的是混合腔至蒸馏室之间的稀相混合液冷却回流的 ³He 液体. 在理想热交换的极限下, 进入混合腔的 ³He 温度是系统的最低温度.

　　在当前的主流稀释制冷机设计方案中, 回流的 ³He 与稀相混合液在空间上是分离的, 两者不能混合 (允许混合的方案见 4.5.12 小节), 通常依靠金属隔开. 因此, 热交换器存在两个液体与金属的界面, 这两个界面在足够低的温度下存在温度差, 经验上记为

$$R_{\mathrm{K}} = \frac{0.05}{AT^3} \quad (x = 1), \tag{4.48}$$

$$R_{\mathrm{K}} = \frac{0.02}{AT^3} \quad (x = 0.066), \tag{4.49}$$

其中, R_{K} 为不再随面积归一化的边界热阻, 单位为 K/W, $x = 1$ 代表浓 ³He 相, $x = 0.066$ 代表稀 ³He 相. 假如不存在热交换器, ³He 直接通过管道连接混合腔, 我们估计管道内部表面积在 0.01 m² 数量级, 取一个中间温度 100 mK, 则 $R_{\mathrm{K}} = 5000$ K/W, 此时如果热交换的热量在 10 μW 这样一个比制冷功率小 1 个数量级的数值, 则 ³He 和管道之间的温差就已经高达 50 mK.

　　热交换器可以粗略地被分为连续热交换器和台阶式热交换器, 前者维持温度梯度, 后者局部等温. 连续热交换器制作和使用便利, 在简易的稀释制冷机中被广泛采用; 台阶式热交换器便于估算制冷机参数. 以参数估计为例, 假设混合腔最低温度 10 mK, 蒸馏室温度 600 mK, 三个理想的台阶式换热器可以满足对回流 ^{3}He 的降温需求. 在铜块上钻两个独立孔洞后填充金属多孔材料, 孔洞分别容纳稀相混合液和回流液体 ^{3}He, 这是一个最简单粗糙的台阶式热交换器方案. 在实际设计方案中, 人们常使用多个同种类或不同种类的热交换器的组合.

　　在稀释制冷机的研发进程中, 热交换器方案的发展逐渐改进了制冷机的性能. 除了温度和交界面的材料, 边界热阻还受交界面的面积影响. 增加交界面面积是提高热交换器换热效率最简单的方法. 1968 年, 铜粉烧结被用于增加热交换器表面积. 1976 年左右, 已有铜粉烧结 (用于热交换) 中加通孔 (用于液体输运) 的热交换器设计被报道. 同样在二十世纪七十年代, 其他思路的热交换器纷纷被提出来, 包括用薄膜分割稀相和浓相的空间, 如图 4.60(c) 中所使用的 Kapton 薄膜. 常用的管道为铜镍、不锈钢和黄铜等低热导材料.

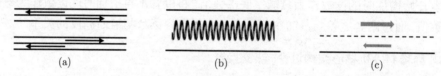

(a)　　　　　　　　　　(b)　　　　　　　　　　(c)

图 4.60　一些早期连续热交换的思路. (a) 三同心圆管结构, 轴心区域空置, 浓相回流通道在稀相管道的内侧. (b) 回流管螺旋绕制后安置在稀相中间. (c) 稀相和浓相中间用 7 μm 厚的 Kapton 薄膜隔开. 基于这类设计简单的热交换器的稀释制冷机曾获得 20 mK 以内的温度

　　用薄壁分离 ^{3}He 浓相和 ^{3}He 稀相的银粉换热器 (见图 4.61) 也被称为经典热交换器. 在这种结构的热交换器设计中, 一个极为成功的最低制冷温度预测被提出了:

$$T_{\text{MC}}^2 = \frac{6.4 R_{\text{K}} \dot{n}_3}{A} + \frac{0.0122 \dot{Q}}{\dot{n}_3}. \tag{4.50}$$

对于特定热交换器的设计, 根据实际测量数据和一些合理假设[4.97], 式 (4.50) 可以被简化为更加实用的公式:

$$T_{\text{MC}} = \frac{27 R_{\text{K}} \dot{n}_3}{A} + 0.11 \sqrt{\dot{Q}/\dot{n}_3}, \tag{4.51}$$

其中, R_{K} 是边界热阻, 单位为 m^2·K^4/W (相关内容见 2.3 节), $\dot{n}_3$ 是 ^{3}He 的循环速度, 单位是 mol/s, A 是薄壁面积, 单位为 m^2, $\dot{Q}$ 是外界对混合腔的总漏热, 单位是 W, 公式所获得的混合腔温度单位为 K. 式 (4.51) 的物理意义是: 在热交换器面积无限大或者边界热阻趋于零时, 稀释制冷机的最低温度才是理论最低温度 (见式 (4.47)). 代入稀释制冷机一个可行的 ^{3}He 流量 1×10^{-4} mol/s, 和一个对于裸机 (无测量装置) 略微

高估的漏热 5×10^{-8} W, 制冷机的极限温度为 2.5 mK. 现实的稀释制冷机中还存在测量引线, 其漏热取决于具体实验需求, 可能数值远大于裸机漏热. 稀释制冷机的流量可以高达 1×10^{-2} mol/s, 银粉换热器的总面积可以超过 2000 m^2.

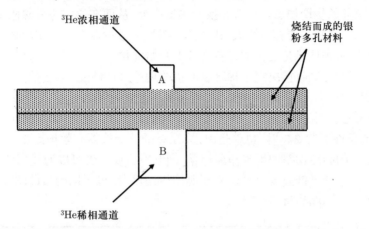

^{3}He浓相通道

烧结而成的银粉多孔材料

A

B

^{3}He稀相通道

图 4.61 一种银粉换热器的设计示意图. A 和 B 两个空间中的流体反方向流动: 一个入纸面, 一个出纸面

由于式 (4.48) 和式 (4.49) 的系数差异, 图 4.61 界面两边的银粉内部面积不应该相等. 在热交换器内部表面积恒定的前提下, 如果单纯考虑边界热阻而不考虑液体流动本身引入的热量差异, 那么总边界热阻来自稀相和浓相两部分空间的串联, 理论上浓相多孔材料的总面积应该是稀相多孔材料总面积的 1.6 倍[4.84]. A 和 B 这两个正方形的边长之比约为二分之一[4.97], 这个比例考虑了浓相和稀相两种液体的黏滞系数差异、比热差异和稀相的具体 ^{3}He 比例[4.64,4.95]. 例如, 在稀释制冷温区, 因为 ^{3}He 黏滞力建立的稀相温差是浓相温差的 8 倍, 而理想的情况下稀相和浓相沿着热交换器的通道方向一直拥有等同的温度差, 考虑流阻与孔径的关系为四次方关系, 因此 B 和 A 的理论边长比值约为 $\sqrt[4]{8} = 1.7$ 倍[4.84]. ^{3}He 的流动黏滞发热的热量与温度成 T^{-3} 关系 (见图 1.42, 温度越低 ^{3}He 的黏滞系数越大), 其发热机制在越低的温度下越重要. 以上的讨论可以简单地总结为: 这样的热交换器中, 与浓相接触的金属表面积约是与稀相接触的金属表面积的 2 倍, 稀相的液体空间约是浓相液体空间的 3 倍.

稀释制冷机的 ^{3}He 用量主要由热交换器的体积决定. 混合腔中的 ^{3}He 只需要维持一个相分离的界面, 因此混合腔中的 ^{3}He 浓相可以尽量地少; 蒸馏室以上温区的 ^{3}He 主要以气态存在, 因而用量最大的液态 ^{3}He 位于从蒸发腔附近回流管道的开始液化位置到热交换器温度最低端的空间. 考虑合适流阻和制作的便利性, 热交换器是液体 ^{3}He 的主要占据空间. 式 (4.51) 实际上决定了制冷机搭建者需要使用的 ^{3}He, 因为银粉热交换器中的孔洞与总体积的比例以及银粉表面积是可以被估计的: 对于想要到达的最低温度, 设计者需要采用给定表面积的银粉换热器, 从而可以从银粉换热器的孔

洞体积推断出 ^{3}He 的使用量. 热交换器的内部面积通常在平方米到百平方米数量级, 并且随着温度变化, 越靠近混合腔的热交换器的内部面积越大.

^{3}He 循环的量也影响了热交换器的大小, 因为在设计好稀释制冷机逐层热交换器的温差后, 循环的量增加意味着待交换的热量增加, 从而在给定边界热阻下, 热交换器的内部表面积、体积需要相应增大. 因为这些参数的数量众多且互相影响, 新稀释制冷机的设计可以考虑从稳定运转的设备参数上开始优化.

热交换器的性能直接决定了稀释制冷机的理论最佳性能. 给定热交换器最终出口处的 ^{3}He 温度之后, 稀释制冷机在不同温度处的制冷功率理论上限可参考图 4.62. 同样获得 12 mK 的混合腔温度, 所需的参与循环 ^{3}He 量在 30 mK 回流条件下是 18 mK 回流条件下的 2.7 倍, 也就是说, 高质量的热交换器有效地减少了 ^{3}He 的使用量. 图 4.62 中的制冷功率如果当作漏热量, 则制冷机设计者可以通过回流 ^{3}He 的温度和循环量估算系统最低温度. 反之, 对于制冷机使用者, 也可以通过此图中的关系估算稀释制冷机的实际漏热量.

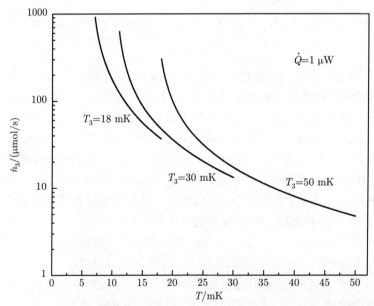

图 4.62　循环量与制冷温度的关系. 本图展示了制冷功率为 1 μW 时, 针对回流 ^{3}He 的温度为 50 mK、30 mK 和 18 mK 三种情况, 混合腔所获得的温度对 ^{3}He 循环量的近似需求. 由于制冷功率与循环量成线性关系, 其他制冷功率的参数也可以根据此图中曲线计算

4.5.6　稀释制冷机核心结构讨论: 混合腔

稀释制冷机的第四个核心结构是混合腔, 它也是稀释制冷机的最低温度所在位置. 有意思的是, 当稀释制冷机的其他核心结构均被正确实现之后, 混合腔的具体结构并

不太影响系统最低温度. 例如, 2 mK 的极低温环境曾依靠一个设计非常简洁的混合腔结构获得过 (见图 4.63). 该混合腔中的温度通过浸泡在其中的铂粉末的核磁共振信号测量, 温度计位于 ^{3}He 回流的进液口附近, 图中未展示. 当今的稀释制冷机不再是被研究对象, 而是作为低温环境提供者存在, 因此混合腔中的细节设计主要被用于保证测量对象的温度足够接近混合液的温度. 早期的稀释制冷机中, 样品可以安置在混合液中, 这个做法有效地降低了样品的温度. 然而, 这样的样品安置方式已经不再是主流, 因为使用者不便于更换样品, 更重要的是, 它还要求使用者掌握低温密封的技能, 并提高了混合液丢失的风险.

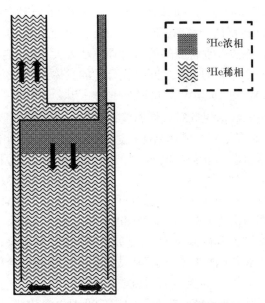

图 4.63 一个构思巧妙的混合腔示意图. 主腔体由两个环氧树脂圆筒拼接而成, 因此连接和密封也都可以简单地依靠环氧树脂. 该设计的特点在于制作非常简便. 实践中在拼接面加工精度足够的条件下, 人们可以使用低温脂或真空脂密封, 以便于拆卸. 夹层中的 ^{3}He 稀相还起了热屏蔽的作用. 而在 ^{3}He 匮乏的今天, 这类密封方式不再建议被使用

　　如果样品不浸泡在混合液中, 则样品的热量通过与混合腔直接热连接的金属释放到混合液中. 被用于连接混合腔和样品的金属通常是铜和银. 由于部分测量需要使用螺线管磁体 (相关内容见 5.9.1 小节), 样品所在位置远离混合腔, 这个被用于热连接和机械连接的金属形状狭长, 也被称为冷指. 特殊情况下, 为了能快速改变磁场, 有人采用塑料制作冷指, 以减少磁场快速变化引起的涡流发热. 混合腔外壁是冷指的实际热连接, 这是因为边界热阻的存在, 混合腔外壁温度高于混合液的温度. 因此, 混合腔中需要放置一定面积的金属多孔材料. 这种多孔材料可以由银粉烧结而成, 以增加液体和金属的接触面积. 根据式 (4.49) 估算, 假如制冷机在 20 mK 为样品提供 10 μW 的

制冷功率, 而混合腔中银粉烧结的表面积已经增加到 10 m^2, 则 $R_K = 250 \text{ K/W}$, 混合液与混合腔之间的温度差为 2.5 mK. 混合腔中银粉烧结物通常被固定于混合腔底部, 其表面积通常在 10 m^2 到 100 m^2 之间. 如果浓相浸泡到了银粉烧结物, 则相分离界面的面积减少.

对于一台被合理设计的稀释制冷机, ^{3}He 回流引入的热量在 mK 低温极限下并不重要, 主要的热量来源是液体中的 ^{3}He 黏滞发热[4.95,4.97] 或系统不随 ^{3}He 循环存在的漏热. 实验上, 人们也可以观测到采用单次降温模式时, 不再为混合腔注入 ^{3}He 并不能有效降低系统的最低温度[4.97]. 这里的黏滞发热还包括混合腔与蒸馏室之间的 ^{3}He 发热. 所以, 即使不考虑回流 ^{3}He 的热量, 对于 4 mK 的稀释制冷机, 稀相离开混合腔的管道至少需要 1 mm 直径[4.84]. 在重力下, ^{3}He 的密度梯度 (见式 (4.41)) 引起对流, 这个因素则决定了稀相离开混合腔的管道直径不能太大. 因此混合腔和蒸馏室之间的通道流阻需要在这两个冲突的要求之间寻找合适的具体参数. 经验上, 不随 ^{3}He 流量变化的漏热量在 1 nW 到 100 nW 数量级[4.64,4.95,4.97].

以上的热量讨论和数值仅针对最低温度 mK 数量级的稀释制冷机, 不适用于高温运转的稀释制冷机. 高温运转的稀释制冷机通常需要优先考虑如何优化热交换器的设计和考虑如何减少混合腔所获得的漏热. 对于小型稀释制冷机, 限制最低温度的因素还可能是 ^{3}He 循环量不足, 例如循环量仅在 1×10^{-5} mol/s 的数量级. 当怀疑稀释制冷机的降温限制来自 ^{3}He 循环量时, 我们可以进一步减少 ^{3}He 循环量以进行验证, 此时会看到混合腔温度的快速上升. 如果希望改变随 ^{3}He 流量变化的热量, 我们可以调整热交换器的有效长度 L 和内部尺度 d (比如管道直径), 因为来自 ^{3}He 传导的热量与 d^2/L 成正比, 而来自黏滞力的热量与 L/d^4 成正比[4.64,4.95]. 制冷机中通常不随 ^{3}He 流量变化的热量来源除了 ^{3}He 导热, 还包括振动 (特别是磁场下的振动)、热交换气、机械支撑结构漏热、辐射、如玻璃和塑料等材料的低温缓慢放热, 以及测量需求带来的热量 (相关内容见 4.1.3 和 4.7.5 小节). 对于这类不随 ^{3}He 循环存在的系统漏热, 降低系统温度的通用解决方法包括减振、增加防辐射罩的层数、增加低温吸附泵面积, 或者简单地增加 ^{3}He 的循环量.

如果 ^{3}He 和 ^{4}He 的量与稀释制冷机的设计不匹配, 相分离的界面将出现在混合腔之外, 则会严重地影响制冷机的性能. 首先, 相分离的位置是制冷机的最低温处所在, 温度计和样品测量的热连接均是按照此预设布局的. 其次, 混合液分界面在混合腔中的面积大于在热交换器和连接管道中的面积, 如果相分离的界面脱离混合腔, ^{3}He 循环量因为界面面积减小而减少, 则会影响制冷功率. 在实践中, 使用者可以通过观测混合腔温度和室温循环流量, 以判断 ^{3}He 和 ^{4}He 的使用量是否合理. 因为混合腔通常位于制冷机的最底端, 如果 ^{3}He 的量不足, 界面将位于 ^{3}He 回流管道或者热交换器中.

混合腔还可以设计成多级串联结构, 这样的结构设计不是为了降低最低温度, 而是为了增加制冷功率. 实验上发现多级串联的混合腔在维持同个气流量数值的条件下,

10 mK 时其制冷功率是单混合腔的 5 倍[4.94]. 图 4.64 中的 ^{3}He 相分离分界面随着温度降低而降低, 这源于三个腔体中渗透压的差异. 该结构中, 流阻的具体参数影响三个混合腔的具体温度. 三个混合腔不应该等体积设计, 图 4.64 仅用于原理上的示意, 其尺寸大小不具备参考价值. 这样的设计本质上也可以理解为对热交换器的改动: 每一个前级混合腔都是一个台阶式热交换器, 并且是为 ^{3}He 浓相和稀相提供了直接接触空间的优质热交换器.

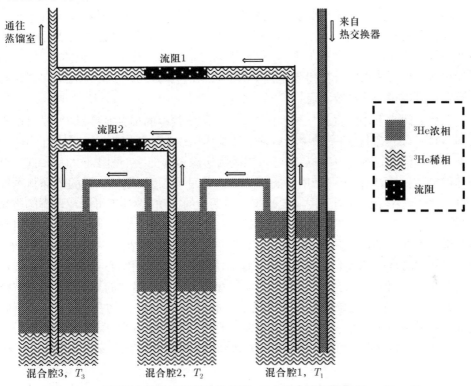

图 4.64 多级混合腔设计原理的示意图. 三个混合腔的温度 $T_3 < T_2 < T_1$

在通常的单混合腔设计中, 当 ^{3}He 被引入混合腔中时, 并不是一定需要被导入 ^{3}He 浓相. 不过, 如果我们将 ^{3}He 引入 ^{3}He 稀相, 则增加的管道将增加流阻, 并且占据相分离的界面面积, 因而通常我们只会把回流的 ^{3}He 管入口放置在混合腔上端. 图 4.64 中, 回流的 ^{3}He 进入的第一个混合腔的温度并不重要, 可是入口安置在上端可能为第二个混合腔引入更多热量, 所以我们可以直接将回流管引入 ^{3}He 稀相中. 多级混合腔的制冷机曾实现 2.8 mK 的极低温环境[4.97].

4.5.7 稀释制冷机核心结构讨论: 特征温度盘与机械固定

稀释制冷机的蒸发腔、蒸馏室、热交换器、混合腔这四个结构通常会装配上用铜加工而成的特征温度盘, 作为相应的特征温度固定点. 特征温度盘是设备搭建时的机械固定节点, 也被用于对测量装置引入的热量逐层分流. 热交换器存在温度梯度, 因而不同设计者在热交换器的不同温度处引入这个特征温度盘, 从而让它们有不同的名字, 如 "50 mK 盘" "100 mK 盘" 或者 "中间盘" 等.

出于运输方便、使用方便、长期稳定性和减少振动漏热等原因, 制冷机的这些铜盘之间被刚性结构机械固定. 特征温度盘之间至少需要由完成稀释制冷功能的管道连接, 例如抽蒸馏室的管道、回流 ^{3}He 的管道以及热交换器本身, 这些管道并不足以提供足够稳定的机械连接, 因此铜盘之间还需要额外的支撑柱. 对这些机械固定的理解, 以及引线和气路的导入方式的理解, 依赖于第二章和第五章中的知识体系, 例如如何选择机械结构所使用的材料和选择制冷机核心结构的焊接方式. 以下仅简单讨论与特征温度盘直接相关的机械固定.

铜盘之间常采用垂直悬挂的连接方式. 在液氦预冷的稀释制冷机中, 受可用空间限制, 可以增加空间利用率的中心单轴悬挂结构比较常见 (见图 4.65(a)). 在当前主流的干式预冷稀释制冷机中, 中心悬挂可以改为边缘多管支撑 (见图 4.65(b)), 这种设备更加稳定, 并且可以留出一个中心插杆的设计空间. 在需要刚性加强的稀释制冷机中 (例如制冷机整体高度过于高、需要减少在磁场中的振动) 设计者可以在垂直的边缘多管支撑结构基础上再增加双向的斜支撑结构, 以增加刚性, 或者设计者直接采用斜支撑结构 (见图 4.65(c)). 因为盘间需要有温度差, 这些支撑结构不能使用高热导材料, 而可以使用的材料包括不锈钢和塑料. 我不建议搭建者采用实心支撑结构, 而是建议采用空心管道, 但管道需要留好通气孔洞以免成为真空环境中的持续漏气空间 (相关内容见 5.4.9 小节). 在条件允许的情况下, 固定结构与导热结构在空间上分离: 固定结构采用漏热最小的方案, 然后设计者在需要增加导热能力时, 用铜柱、铜片、铜线、铜辫子等方式独立设计可控、易变更的热连接. 在制冷机可能涉及精密测量的情况下,

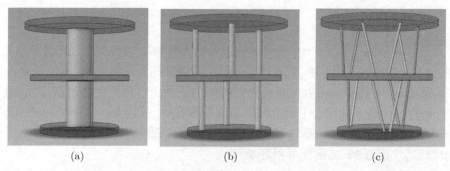

(a)　　　　　(b)　　　　　(c)

图 4.65　特征温度盘的悬挂方式示意图. 连接两盘间的悬挂尽量采用空心圆管而非实心圆柱, 以减少漏热. 采用圆管时, 需要为管内气体留出通气开口, 以避免悬挂圆管在真空腔体抽气时成为持续的气源

搭建者不要将机械结构作为实验信号或者温度监控的地线, 而应分开机械支撑功能和测量功能. 更多相关的讨论可以参考 3.2.1 小节和 6.1 节.

这些铜盘还为稀释制冷机提供热屏蔽的机械固定点和温度固定点. 因为热辐射随着温度四次方关系变化, 多级屏蔽有效地减少了外界通过黑体辐射引入的热量, 这些防辐射罩通常不需要安置在所有的特征温度盘上 (见图 4.66), 可以根据实际需要存在多种组合. 当前稀释制冷机的设计都使用了一个约 4 K 的主要冷源, 因此总有一个防辐射罩被设计在此处.

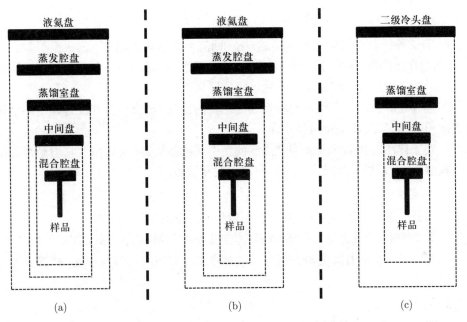

图 4.66 实践中不同组合的防辐射罩均能保持 10 mK 以内的样品温度. (a) 和 (b) 采用了不同的最低温度屏蔽层, 均能充分发挥稀释制冷机的制冷效果. (c) 对应的实际制冷机无蒸发腔, 通过其他手段液化 ^{3}He. 此图可与图 5.45 对照

特征温度盘上, 出于使用的灵活性考虑, 常留有大量不会同时被使用的螺纹孔或者螺丝通孔, 常见的规格为 M3 和 M4. 如果盘上的孔洞总面积过大, 使用者可以考虑用铜胶带将部分方便触及的孔洞位置单侧封闭 (考虑虚漏, 不能双侧封闭), 以减少辐射漏热. 制冷机使用者需要考虑螺丝是否可能有磁性相关的影响, 并且要考虑铜盘螺纹反复使用的寿命问题. 对于频繁使用的位置, 搭建者可以安装钢丝螺套, 但使用者同样需要考虑钢丝螺套的磁性是否对测量有影响. 在这些特征温度盘上固定温度计时, 使用者需要仔细考虑温度计的固定方式, 尽量不要只利用螺丝提供热连接, 而应依赖平面与平面之间的界面提供热连接, 以减少温度计与特征盘之间的温度差. 更多温度计安装相关的讨论见 2.3 节和 6.2 节.

4.5.8 稀释制冷机操作中的注意事项参考

本小节介绍稀释制冷机操作中可能需要注意的事项, 供有实际经验的制冷机使用者参考. 本小节与 4.3.3 小节相同的步骤不再详细列出.

以下注意事项的提醒针对液氮预冷的稀释制冷机, 分降温准备、真空腔密封、制冷机安置、液氮预冷、液氦预冷、降温与制冷机运行、制冷机升温等几个步骤讨论. 降温步骤中液氮被简写为 LN_2, 以便于与液氦 (LHe) 区分.

1. 降温准备

大部分步骤与 4.3.3 小节的降温准备相同. 其他额外注意事项:

◇ 确认稀释制冷结构循环气路的 ^3He 回流毛细管未被堵塞, 确认流阻数值正常 (可以通过在维持回流端压强恒定的情况下观测蒸馏室压强上升速度, 或者在回流端放置一定量的气体后观测回流端的压强下降速度来确认).

◇ 建议在降温前一直维持对稀释制冷结构的抽气 (热交换器和混合腔中的多孔材料表面积大, 杂质气体很难被抽干净).

◇ 安置样品时如果涉及未完全固定的新引线或新管道, 需要留意它们是否会接触到防辐射罩, 最好用牙线或者生料带固定引线和管道.

2. 真空腔密封

大部分步骤与 4.3.3 小节的真空腔密封相同. 其他额外注意事项:

◇ 如果怀疑混合气丢失, 额外检查蒸发腔到稀释制冷结构的漏气率, 原因见 4.5.3 小节.

◇ 如果制冷机的升降温涉及对连接蒸馏室抽气管道的拆卸与连接, 此部分气路必须检漏.

3. 制冷机安置

步骤与 4.3.3 小节的制冷机安置相同.

4. 液氮预冷

步骤与 4.3.3 小节的液氮预冷相同.

5. 液氦预冷

大部分步骤与 4.3.3 小节的液氦预冷相同. 其他额外注意事项:

◇ 检查 ^3He 回流管道的冷阱中是否有足够的 LN_2.

◇ 将少量 ^3He 放置在稀释制冷结构中预循环, 一来确保 ^3He 回流毛细管不会被堵塞, 二来帮助热交换器和混合腔降温; 先循环 ^3He 的原因是气体 ^3He 黏滞系数小、热导率大 (见图 1.68 和图 1.69).

6. 降温与制冷机运行

◇ 液面浸泡蒸发腔之后, 在 10 K 以内启动蒸发腔的抽气泵; 如果有气体 ^4He 回收系统, 此部分气体建议稳定收集; 如果制冷机用 H_2 作为热交换气, 可以在液面浸泡蒸发腔之后立即启动蒸发腔的抽气, 但是需要留意蒸发腔一直无法积累液体的可能性.

◇ 关注蒸发腔气路流量和蒸发腔温度是否合理.

◇ 预循环的 ^{3}He 在蒸馏室中的压强将迅速减少, 通过 ^{3}He 回流端持续往制冷机中补充 ^{3}He, 添加的 ^{3}He 必须经过 LN$_2$ 冷阱; 此步骤中运转分子泵可能让整个凝结过程延长.

◇ 适量气体体积的 ^{3}He 凝结结束后, 继续由 ^{3}He 回流端凝结适量的 ^{4}He, 添加的 ^{4}He 必须经过 LN$_2$ 冷阱; "先 ^{3}He 再 ^{4}He" 的原因是在 1 K 以内液体 ^{3}He 的蒸气压和比热更大 (见图 1.34 和图 1.37).

◇ 检查分子泵的冷却水状态, 启动分子泵, 等待制冷机降温; 部分制冷机可以在蒸馏室温度小于 600 mK 时对蒸馏室加热.

◇ 常规制冷机从 4 K 降温到 20 mK 以内大约需要几个小时; 如果制冷机从室温降到 4 K 再马上从 4 K 降温到极低温, 可能有需要缓慢释放的额外热量; 运转几日之后, 再次从 4 K 降温到极低温的速度可能会加快.

◇ 稳定运转后定期检查 ^{3}He 回流管道的冷阱中是否有足够的 LN$_2$.

7. 制冷机升温

大部分步骤与 4.3.3 小节的制冷机升温相同, 但所针对的气体不仅包括 ^{3}He, 还包括 ^{4}He. 条件允许时, ^{3}He 和 ^{4}He 分开收集, 默认足够低的温度下先出来的气体主要为 ^{3}He.

对于用干式手段预冷的稀释制冷机, 使用者在降温和运转过程中需要额外注意压缩机的压强状况以及压缩机的水冷机运转. 因为稀释制冷机比 ^{3}He 制冷机的部件多、质量大, 无液氦预冷的稀释制冷机从室温降温通常需要更长时间, 因而可能装有机械热开关或者气体热开关. 热开关被用于临时短接低温盘和高温盘, 以获得更短的初次降温时间. 这些热开关需要在降到相应温度后断开. 部分干式稀释制冷机有液氮预冷通道, 被用于加快 300 K 到约 80 K 区间的降温. 当制冷机降温到 80 K 附近时, 使用者需要及时停止传输液氮并且避免该低温通道冷凝水汽.

使用者在实际操作制冷机时, 值得在整个实验过程中保持对细节的专注. 以上的讨论仅为稀释制冷机使用者考虑自己的实验步骤时提供一点参考, 这些注意事项并不是都适合所有的设备. 稀释制冷机的运行原理虽然简单, 但是低温设备的调试和维护时间代价太大, 我建议使用者尽量依靠厂商或者之前成功使用者的经验, 用最谨慎的态度去看待任何操作细节上的改动.

4.5.9　商业化来源的稀释制冷机: 干式预冷与液氮预冷

稀释制冷机在二十世纪七十年代就已经被商业化了, 最早参与这个商业项目的公司有英国的牛津仪器、德国的 Leybold–Heraeus (莱宝－贺利氏) 和美国的 SHE. 牛津仪器公司在 1980 年之前已经可以提供最低温度 5 mK、100 mK 时制冷功率 1000 μW 的制冷机. 早期的稀释制冷机都是由液氦提供 4.2 K 预冷环境的, 采用这种传统预冷方式的制冷机被称为湿式制冷机.

如今的商业化稀释制冷机主要通过干式制冷技术获得预冷环境. 采用干式预冷方式的制冷机常被称为干式制冷机、无液氦消耗制冷机, 或者干脆被简称为无液氦制冷机. GM 冷头和脉冲管冷头之间的价格差异远小于稀释制冷机核心结构和 ³He 的成本, 因此干式稀释制冷机的预冷环境通常都由振动更小、维护要求更低的脉冲管冷头提供.

本小节之前所讨论的稀释制冷技术基于液氦预冷. 类似于 4.3.4 小节所介绍的内容, 除了变更回流 ³He 的液化方式, 干式预冷和液氦预冷的稀释制冷机在原理上没有区别, 无液氦预冷环境的 ³He 液化方法可参考 4.2.5 小节. 无蒸发腔的稀释制冷机可以至少追溯到 1987 年乌利希的工作[4.60], 尽管该系统依然采用了液氦预冷, 但已在原理上提供了干式预冷所需要的 ³He 液化方案. 随后, 乌利希仅利用了最低温度约 10 K 的 GM 冷头, 在 1993 年实现了最低温度 42 mK 的干式稀释制冷机[4.61]. 2002 年, 乌利希只依赖脉冲管冷头实现了最低温度 15 mK 的稀释制冷机[4.62]. 干式稀释制冷机现在的普及得益于乌利希的一系列突破.

当前的商业化稀释制冷机倾向于采用干式制冷的预冷环境. 比起液氦预冷的稀释制冷机, 干式预冷至少在价格、稳定性、空间和灵活度四个方面有优势.

1. 价格

当前干式制冷机的 4 K 制冷功率已经从 0.1 W 数量级上升到 1 W 以上. 对比湿式系统, 如果液氦在 4 K 条件下通过液体气化吸收 1 W 的热量, 每天的液氦消耗大约为 30 L. 实际的稀释制冷机使用中, 传统的湿式制冷机更换样品时需要升温, 而从室温降温将消耗额外的液氦, 因此传统稀释制冷机的液氦消耗还取决于测量周期. 此外, 10 T 以上高磁场如果不使用恒流模式 (persistent mode) (相关内容见 5.9 节) 或者使用者需要频繁地快速变化磁场, 液氦的消耗也会显著增加. 常见的液氦实验杜瓦通常日消耗在 10 L 以上 (相关内容见 5.7.2 小节). 而干式预冷的电消耗主要被用于压缩机和水冷机的运转. 参考当前电费和液氦价格, 干式稀释制冷机的运行成本更低.

2. 稳定性

首先, 液氦的供应稳定性可能受当地的天气和节假日影响, 也可能受全球的液氦供应影响. 当预计遭遇暴雪之类的恶劣天气和类似春节的长休假时, 制冷机使用者需要为不希望临时升温的实验提前准备液氦. 这类需求往往得在牺牲经济合理性和牺牲实验稳定性之间做令人纠结的选择.

其次, 在正常的供应链条下, 使用者很难在购买的第二天就获得液氦, 有些地方甚至平均一周或者两周时间才有一次液氦供应. 传输液氦的过程有损耗并且会干扰测量, 因而使用者灌输液氦时倾向于最大量传输. 因为供应的不稳定, 所以如果使用者难以预估实验的结束时间点, 使用者购买的液氦将多于实际需要.

最后, 供应稳定性还包括质量稳定性, 液氦中的杂质可能引起制冷机中的毛细管堵塞. 液氦在生产或运输过程中接触了氢杂质是最可能堵塞的原因之一 (相关内容见

1.5.4 小节). 这种堵塞发生时, 往往伴随着大批量、长时间的液氦供应质量问题, 过去二十年中此类事情曾多次发生. 因为液氦的价格昂贵和供应不够稳定, 部分稀释制冷机用户养成了降温过程中高强度工作的习惯, 例如多人合作的不间断测量和单人的短期通宵测量. 值得一提的是, 干式预冷的稳定性优势严重依赖于供电稳定性, 这取决于使用者的具体工作单位. 无法预期的电压不稳定或者可预期的频繁断闸维护都将增加制冷机的运行风险和运行成本. 对于无法获得稳定电供应的实验室, 使用者值得为稀释制冷机配备稳压电源和电池组, 以在停电时保障稀释制冷机的气路通畅, 避免 ^{3}He–^{4}He 混合液气化后的超压破坏了稀释核心结构的气密性.

3. 空间

低温腔体允许有更自由的空间参数选择是干式稀释制冷机更具竞争力的核心优势. 液氦预冷的制冷机因为考虑了液氦消耗的合理性, 制冷机的整体结构细长, 否则增大的孔径会增加漏热. 若高度不足则 4 K 液体与 300 K 室温盘 (顶板) 之间的温度梯度过大. 通常的湿式制冷机中, 4 K 盘到 300 K 室温盘的距离约 100 cm, 这两个盘之间的空间对于稀释制冷的核心制冷功能而言是无效空间. 图 4.67 提供了一个周围空间宽裕的商业化湿式稀释制冷机的安置参考.

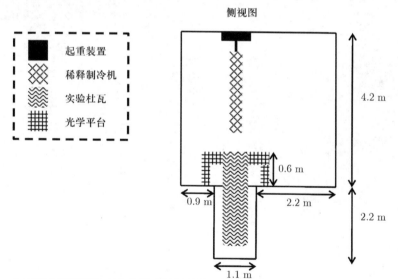

侧视图

图 4.67 一个周围空间宽裕的商业化湿式稀释制冷机的安置参考示意图. 因为稀释制冷机升温后需要从实验杜瓦中拔出以更换样品, 而实验室的高度不足, 所以实验杜瓦被安置于坑中. 制冷机安置于地下室可以获得更好的测量环境, 此图展示的制冷机实际安置空间为位于地下的实验室内额外搭建的屏蔽室. 该设计也可更改为制冷机固定于高处、实验杜瓦可升降. 更多的实验室高度利用方案见图 5.24. 光学平台被用于减振

干式预冷的制冷机的整体结构矮胖. 首先, 4 K 盘到 300 K 室温盘之间的距离可

以被尽量缩小, 通常该距离由脉冲管二级冷头的长度决定. 例如, 提供 1 W 制冷量的 4 K 二级冷头底端与冷头 300 K 盘的距离仅约 40 cm. 其次, 干式预冷的制冷机还可以为了增加低温腔体空间而增加直径和增加特征温度盘之间的距离, 以便于使用者安置更多配件, 并且两个温度盘之间允许人手的从容操作.

4. 灵活度

干式预冷允许稀释制冷机的设计灵活便利, 结构上有更大的自由度. 例如, 干式制冷机的超导螺线管磁体不仅可以由冷头维持超导态, 还可以用蒸馏室维持超导态, 以在更低温度下获得更高磁场. 对于需要频繁变温的稀释制冷机, 蒸馏室可能出现急剧升温, 当磁体在临界磁场附近使用时, 使用者需要注意磁体失超的可能性.

又例如, 干式制冷机和磁体之间可以采用独立冷源, 从而获得一个室温下的磁场区域 (见图 4.68). 这样的设计允许不同制冷机和不同磁体之间的组合, 同时也减少制冷机的运转状态对磁体的影响. 对于干式预冷的稀释制冷机而言, 冷头、压缩机和多一套真空结构是非常可观的成本, 独立制冷的稀释制冷机和磁体通常只在有特定需求的

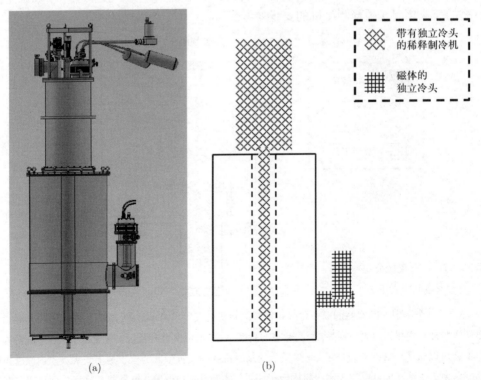

(a)   (b)

图 4.68　一个室温孔径磁体与稀释制冷机组合的实例. (a) 展示外观的立体设计图; (b) 是 (a) 的简化示意图, 实线为磁体外部边缘, 虚线展示磁体中心处的室温孔洞. 稀释制冷机和磁体都有独立的真空和独立的冷头. 该设计内部更详细的信息见文献 [4.55] 和 6.10 节, 设备中的稀释制冷机由 Janis 公司生产

情况下才会被考虑. 对于不浸泡在液氦中的大型磁体, 从室温降温的时间可能长达一周. 独立降温的室温孔径磁体不需要在制冷机更换样品时升温, 从而节省两次测量之间的等待时间.

再例如, 比起液氦预冷的湿式制冷机, 干式制冷机便于开光学窗口. 因为光学路径不需要通过低温液体, 而且真空罩和防辐射罩的结构简单, 所以开孔引起的漏气可能性和安全隐患相对较小. 石英是可用的窗口材料.

最后, 干式预冷方式的灵活度还体现在如今越来越常见的插杆设计上. 商业化的插杆已经可以实现电磁学、热学和光学等多种测量手段, 也能提供旋转样品台和静液压等调控条件. 对于最常见的电学测量, 插杆还可以简化为一个可插拔的独立小型样品腔. 莱顿公司使用了一个适用性非常广的插杆设计思路 (见图 4.69), 这样的插杆设计将低温环境和测量环境分离, 除了允许用户更换样品时不必将制冷机升至室温, 还允许使用者根据不同的测量需求在插杆上安装不同的部件、引线和气路.

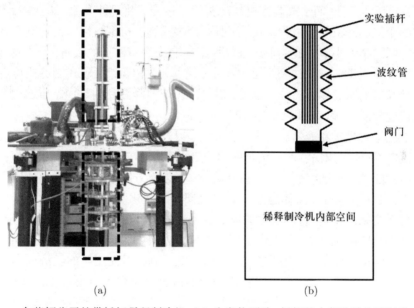

(a)　　　　　　　　　　　　　(b)

图 4.69　一台莱顿公司的带插杆稀释制冷机. (a) 为实物照片, 插杆的大部分结构可以位于上方虚线长方形空间或者下方虚线长方形空间. (b) 为示意图. 波纹管和稀释制冷机分别有独立的真空, 并且通过一个阀门连接. 该阀门的通道直径大于插杆最大外径. 这个设计的波纹管在不破坏真空的前提下, 改变了插杆的位置. 制冷机提供低温环境, 插杆提供测量功能

尽管干式预冷的稀释制冷机有如上列举的四个优点, 部分使用者依然选择使用液氦预冷的稀释制冷机, 一个主要的原因在于干式制冷技术引入了额外的振动. 干式制冷机已经有较为成熟的减振方案 (相关内容见 4.2.5 小节、5.3.11 小节和 6.10 节), 不过并不是所有的使用者都愿意为减振付出额外代价. 此外, 使用者如果采用液氦预冷

制冷机, 可以方便地复制已有的一些成功运行的设备的设计, 这对于减少新实验室建设的风险也有显而易见的帮助. 由于振动与制冷机整体结构密切相关, 不同型号、不同位置、不同方向的振动差异性很大, 商业化制冷机对于制冷机的振动参数并没有特别统一的标示方法. 有的商业化设备来源可能提供位移的幅度, 有的商业化设备来源可能提供振动的加速度. 除此以外, 在对于振动敏感的实验中, 制冷机振动的频率分布也值得关注. 液氦实验杜瓦因为密闭空间的液体蒸发, 所以也有特征频率, 具体数值依赖杜瓦设计; 这是一个容易被忽略的振动来源. 使用者可以定性地认为, 干式制冷机的振动影响更大, 而越精密的实验越值得参考已有的成熟设计方案.

一部分稀释制冷机使用者认为液氦预冷的稀释制冷机使用起来更稳定、更方便. 首先, 蒸发腔结构提供了一个极为便利的 ^{3}He 液化方式, 这个方式比目前干式制冷机所采用的 ^{3}He 液化方式更加稳定. 其次, 湿式预冷的稀释制冷核心结构在遇到仪器故障时更不容易损坏, 因为液氦的存在保障了 4.2 K 预冷环境; 从而让混合液不会快速气化、引起压强上升; 而干式制冷机在冷头停止运转后将迅速升温. 再次, 没有双层真空结构的干式制冷机降温过程缓慢, 而所有的湿式制冷机都可以方便地利用热交换气 (相关内容见 5.5.1 小节) 加速降温. 最后, 对于有大质量磁体的设备, 干式制冷机降温过程中冷头能提供的制冷功率不足, 降温过程以天为单位. 而湿式制冷机可以直接通过实验杜瓦的液氦腔体进行液氦预冷, 以将磁体快速降温到约 80 K, 再通过液氦和低温氦气快速降温, 实践中, 以小时为单位完成降温.

考虑到干式预冷和液氦预冷各自的优点, 以及一些现有使用液氦的低温设备面临的液氦供应不稳定的困难, 两者结合的制冷机也存在. 在这样的设备中, 液氦完成制冷机的预冷功能, 而冷头将气体 ^{4}He 重新液化. 如果将方案推广到一大批位于不同房间的设备上, 使用者也可以整体建立一套氦气回收和液化装置, 而不必为每个设备逐一提供一套干式制冷装置. 整体液化的仪器成本和电费都更低, 但如果设备过于分散, 回收的难度也相应增大. 6.13 节提供了同一个建筑内集中收集和不同建筑之间分散收集的实例. 在有液氦回收和液化设施的前提下, 湿式制冷机使用时的经济成本依然高于干式制冷机, 但是实验工作者可以获得稳定的液氦供应和更顺畅的实验过程. 在不考虑供应和运行成本的前提下, 干式预冷与液氦预冷各有其明显和独特的优点.

4.5.10   商业化来源的稀释制冷机: 参数和辅助功能讨论

在商业化稀释制冷机报价单中, 最低温度和某个温度下的制冷功率是核心信息. 商业化稀释制冷机常见的最低温度在 50 mK 到 5 mK 的区间. 评价制冷功率的特征温度通常为 100 mK 或 120 mK, 这两个温度之间的制冷功率可以根据式 (4.38) 换算. 100 mK 下的制冷功率通常为几百 μW, 不过 100 mK 时 mW 数量级制冷功率的制冷机也有现成的商业化产品. 部分厂家会提供 20 mK 或其他温度下制冷功率的信息. 因为温度越低、系统漏热越接近实际制冷功率, 也因为公式推导时的线性比热假设在高温端不再成立, 式 (4.38) 换算的制冷功率与实测制冷功率有偏差 (见图 4.52).

不同商业化来源的稀释制冷机关注的参数可能不完全一样, 尽管厂商可能都有相应的数据, 但是不一定都体现在报价单中. 使用者在购买稀释制冷机时, 可能需要关注的信息包括: 制冷机对实验室的需求 (设备外部参数与实验室空间的比较, 设备对承重、总功率、最大电流、水冷和高压气体的需求, 具体电源插座型号情况)、样品空间、温度计的数量和位置 (混合腔附近一定要有温度计, 其他每个特征温度盘也最好都有温度计)、混合腔温度计的定标方式 (可能需要额外询问)、^{3}He 的量 (通常以室温气体体积为单位)、防辐射罩的数量和位置 (通常需要额外询问)、制冷机预冷方式 (湿式制冷机关注实验杜瓦参数, 干式制冷机关注冷头和压缩机参数)、磁体和磁体电源的参数、降温时间 (室温降至约 4 K 的时间和 4 K 降至系统最低温度的时间)、系统所采用泵的种类和型号、制冷机相应的软件 (提供温度、压强、流量这类运行参数的读取, 不一定提供测量数据的读取)、系统的远程控制方式、可以使用的引线种类和数量 (也包括气路和光纤等需求)、插杆选项和相应的个性化实验定制、气路面板和冷阱等辅助功能的信息、供货日期和安装方式. 最后, 我建议使用者向厂家要一份测试报告, 报告包含制冷机正常运转需要关注的参数, 以便使用者在制冷机出现故障前发现异常. 制冷机厂家通常愿意跟使用者讨论制冷机的具体安置方案, 不过个别厂家可能因此额外收费. 屏蔽室和减振用的光学平台的设计需要结合制冷机的外部参数, 并且需要在制冷机送达之前准备好. 表 4.8 提供了一个稀释制冷机到货和安装之前的用户准备实例.

表 4.8 一个稀释制冷机到货和安装之前的用户准备实例

用户检查	用户准备	参数或注意事项
坑底到天花板的总高度	/	不小于 5 m
地面承重	/	不超过实验室设计参数
供电 1	/	三相, 380 V, 50 Hz
供电 2	/	220 V, 50 Hz
供电 3	/	实验室总功率不超额度
/	水冷	大于 1 kW
/	压缩空气	6 bar
/	高压氦气	一瓶
/	抽气设备	分子泵组或扩散泵组
/	检漏仪	分辨率好于 10^{-8} mbar·L/s
/	堆高车或起重设备	根据场地实际情况安排
/	辅助工具	除了准备实验室常用的工具, 提前了解附近五金店的位置, 提前了解如何便捷地完成简单的机械加工和真空焊接
/	根据实验需求值得提前设计、提前实现的条件	测量用的接地或者隔地、屏蔽室、减振、测量仪表、工作电脑和人员工作的空间

商业化来源的不同制冷机之间最大的差异来自使用者的具体需求, 例如不同使用者之间显然有引线和管道需求上的差异. 商业化制冷机常提供的基础测量引线为锰铜双绞线 (相关内容见 6.1 节), 但是厂家可以为使用者安装的引线种类众多. 以同轴线为例, 可以有双同轴和三同轴, 可以有 SMA (超小型 A 版本) 和 MMCX (超微型同轴) 等一系列接头, 导电材料包括不锈钢、铜和铍铜等组合, 绝缘材料和接地材料的选择更加复杂. 此外, 使用者还要考虑同轴线的电容、阻抗、电压限制和不同频率下的衰减等参数. 使用者或许比厂家更加熟悉这些测量带来的需求细节. 针对降低噪声和降低电子温度的需求, 部分厂家为测量引线提供需要付费的滤波器. 尽管这类滤波器可以由制冷机使用者自己制作 (相关内容见 6.1 节), 但直接购买可以节省大量的时间. 对于制冷机中引入的气路, 我建议在不使用时也封闭低温端的开口, 减少真空腔的抽气时间, 同时也避免室温端阀门被误操作而引起漏气. 如果使用者没有明确的参数需求, 可以参考开展同类型测量的设备的引线参数. 不论是对于引线还是气路, 在购买商业化的稀释制冷机时我都强烈建议提前安装多倍于当前需求的数量, 以考虑到未来开展更加复杂实验或者部分引线不再正常工作的可能性.

最后, 本小节以莱顿公司的气路面板为例 (见图 4.70), 简单介绍 4.5.8 小节中部分操作的气路通道. 正常循环时, 气体 ^{3}He 从蒸馏室出来后, 经过分子泵 (S1 和 S2, 常规稀释制冷机只需要一个)、阀门 2、阀门 3、^{3}He 泵 (S3)、冷阱, 再从阀门 6 和 7 返回混合腔. 该气路是稀释制冷机的核心功能. 气体 ^{4}He 从蒸发腔出来后, 经阀门 A1、阀门 A7 和 ^{4}He 泵 (S4) 排到大气或者气体 ^{4}He 回收系统. 该气路仅出现于液氮预冷的稀释制冷机.

在基本气路的基础上, 仅需要增加少数阀门和连通途径, 气路面板可以灵活地实现多种辅助功能. 例如, 利用 A7 附近一批阀门的切换, ^{4}He 泵还可以被用于 IVC 的抽气、实验杜瓦的清洗 (反复抽气与通入少量氦气) 以及蒸发腔的流阻检查和正压保护, 甚至该气路面板可为 IVC 提供 ^{4}He 热交换气. 利用阀门 17, 使用者可以在分子泵管道断开时直接对蒸馏室抽气, 也可以在特殊情况下通过蒸馏室的通道向混合腔导入混合气. 利用阀门 12, 使用者可以用 ^{3}He 泵清空气罐中的残气, 增加回流端的压强以加快初次降温的速度. 对于干式预冷的制冷机, 回流端的气路可能还会额外增加一个小型压缩机, 以期望 ^{3}He 在略高压强下更容易液化. 利用阀门 8, 使用者可以在清理冷阱前先用 ^{3}He 泵抽走混合气. 利用阀门 13, 可以在冷阱异常的特殊情况下为回流管道供气. 利用阀门 A10, 可以为 IVC 提供 ^{3}He 热交换气 (但我强烈不建议这样操作). 对于稀释制冷机不熟悉的使用者, 不要使用阀门 A10, 并且仅在必须清理冷阱中杂气时才短暂打开 A9. 总而言之, 尽管稀释制冷机正常运转时需要的气路非常简单, 但是实践中, 成熟的商业化型号也一定会出现各种小问题, 而一个功能全面的气路面板和阀门组合可以被用于异常运行状态的应急处理、故障的诊断以及故障的临时解决. 4.5.11 小节将展开讨论稀释制冷机的常见故障以及使用者遇到故障时的应对方法.

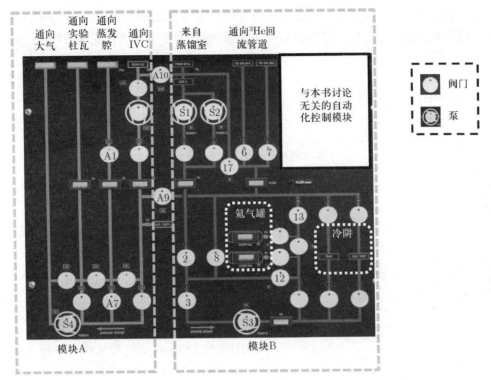

图 4.70 莱顿公司稀释制冷机的气体控制柜前面板. 模块 A 中的气路不出现 ^{3}He, 模块 B 中的气路出现 ^{3}He. 这两个模块在特殊情况下可以通过阀门 A9 和 A10 连通. IVC 指蒸馏室、热交换器和混合腔等核心结构所处的真空环境 (见图 4.1 的 "真空 3"). 该制冷机有两个独立的气罐, 其中一个主要存放 ^{3}He. 该制冷机有两套 ^{3}He 回流管道, 可以组合起来提供三个不同大小的回流流阻

4.5.11 常见故障的诊断和处理

本小节讨论稀释制冷机常见的一些故障迹象和相应的解决方法. 作为少数人使用的尖端设备, 稀释制冷机结构复杂, 又无法像电视、手机这种有广泛需求的产品一样经历大量的技术迭代, 因此难免时不时出现各种异常. 一些问题如果不及时解决会让设备的状态迅速恶化. 稀释制冷机可能在使用者无误操作的前提下出故障, 因此低年级的研究生需要有与之对应的思想准备和健康心态. 我在工作中近距离接触到的稀释制冷机有十几台, 包括三个不同来源的商业化设备, 也包括科研人员自行搭建的设备, 但是我想不起哪一台设备完全没有出过故障, 也未遇到过完全无法修复导致制冷机无法再运行的故障. 因为将设备运回原厂 (或拆解后部分运回原厂) 诊断的时间代价太大, 并且商业化设备的质保期有限, 简单的小故障由使用者在有经验人员的远程帮助下原地诊断和尝试修复是一种合理的处理方式. 本小节提到的部分维修细节在本书的其他

地方已有介绍, 具体操作较为依赖科研人员的动手能力和经验, 如果涉及商业化制冷机, 建议制冷机使用者在自行维修前先与厂家沟通. 本小节依次讨论的稀释制冷机问题总结于表 4.9.

表 4.9 本小节依次讨论的稀释制冷机问题

1	液氦消耗量异常增大
2	最低温度偏高
3	最低温度正常但有温度振荡或不规则的温度跳跃
4	制冷机获得最低温度后随时间缓慢升温
5	蒸发腔无法降温
6	蒸发腔正常运转后逐渐升温
7	蒸馏室压强异常
8	室温气路漏气
9	^{3}He 无法循环/^{3}He 循环流量不足/混合气液化速度过慢
10	干式制冷机的二级冷头盘温度偏高
11	电子气路面板运转不正常
12	室温控制气柜远程对话障碍
13	真空规与阀门故障
14	循环气路上泵的故障
15	超导磁体相关问题
16	实验结束后制冷机或插杆无法拔出
17	实验结束后混合气的室温储气罐压强变小

注: 这些讨论仅供制冷机使用者在设备出现故障时借鉴, 不足以作为一个指导诊断和修复的通用流程.

1. 液氦消耗量异常增大

如果在某次使用过程中, 提供预冷环境的液氦消耗量异常增大, 而使用者没有明显加快超导磁体的扫场速度或者明显增大磁场电流, 则液氦所获得的额外热量可能来自杜瓦.

有可能的原因包括: 杜瓦的真空变差、杜瓦内部压强异常、部分杜瓦内部加热用的电阻被误启用、输液后输液管忘记取出、液面计工作模式未切换. 第一, 杜瓦真空中的 ^{4}He 含量达到某个阈值是液氦消耗突然增大的最常见原因, 因为杜瓦的外真空腔的真空随使用时间增加而变差, 特别是在经历降温后又长期室温安置时 (相关内容见 5.7 节). 第二, 液氦的存放需要合适的正压, 如果输液之后忘记正确安置压强保护装置 (相关内容见 5.8.1 小节), 压强过低或过高都会引起液氦的额外消耗. 第三, 杜瓦内部可能有两个加热装置, 一个是超导磁体恒流模式的切换电阻 (相关内容见 5.9 节), 另一个比较罕见, 为液体空间底部去除湿气的加热电阻. 如果这两个电阻在不需要使用时意外通上电流, 则液氦会有额外消耗. 第四, 部分杜瓦传输时输液管由两截管子组装而成, 其中半截连接制冷机顶端和液氦液面. 如果传液过程结束之后忘记移除这半截输液管, 显然会造成液氦消耗的增多. 第五, 基于电测量的液面计在工作时引入热量. 一些液面计控制器可以选择连续测量或间隔测量, 连续测量将引起更多液氦消耗, 半个小时一次的间隔测量便足够了. 使用者遇到液氦消耗增大的情况, 优先怀疑杜瓦真空变差, 但是检查其他能快速排除的可能性也是值得的.

2. 最低温度偏高

首先, 如果制冷机其他参数正常, 但是混合腔的温度偏高, 则这可能与稀释制冷机使用者对设备的变动有关. 例如, 使用者在变更实验装置时增加了对系统的漏热, 包括新安装了测量用的引线, 但是未安排好合适的热分流, 或者未合适地固定位于低温端的引线, 使其接触到了更高温度的防辐射罩, 从而建立了额外的导热通道.

其次, 与制冷机有关的待检查内容包括蒸馏室的压强 (见第 7 项讨论)、^{3}He 循环的量 (见第 9 项讨论)、吸附泵工作状态、混合液的比例和混合液的总量. 部分制冷机中有活性炭吸附泵去除残留热交换气 (相关内容见 5.5.1 小节), 如果该吸附泵的加热忘记关闭, 则制冷机所在空间的压强偏大, 残余气体引入额外热量. 部分制冷机基于混合液调整的可能性, 室温端可能储藏过量的 ^{3}He 和 ^{4}He, 使用者如果采用了不合适的混合液比例或总量, 则可以参考 4.5.4 小节和 4.5.6 小节中的讨论, 重新调整 ^{3}He 和 ^{4}He 的量. 需要强调的是, 在极低温环境下的这种调节中, 温度对参数的响应不是线性的, 而且有小时级别的平衡时间, 因此使用者需要耐心操作.

最后, 温度计的连线方式或者温度计的温标出错, 可能是对于设备新操作者而言最容易发生的一类问题, 如错误地将另外一个电阻当作计划使用的温度计, 或者采用了错误的接地方式, 又或者温控仪参数设置错误, 再或者温度计读数正确但是采用了错误的标定曲线. 当稀释制冷机的温度偏高时, 使用者可以先检查温度计的连接和标定, 然后通过对比上一次正常运转时的压强和流量等参数检查制冷机状态, 再回想室温操作中可能引起的变动, 并于升温后打开内真空腔确认.

3. 最低温度正常但有温度振荡或不规则的温度跳跃

内真空腔中过多的 ^{4}He 可能在低温下形成超流薄膜, 引起温度振荡. 此时使用者可以检查吸附泵的加热是否已经关停, 此部分 ^{4}He 可能来自滞留在稀释制冷机的内真空腔中的热交换气. 如果吸附泵状态正常, 则使用者需要回顾热交换气放入的量是否正常、热交换气是否被及时抽走. 如果以上过程均无误操作, 则使用者需要考虑漏气的可能性. 如果制冷机从室温降至最低温度后持续出现不规则的温度跳跃, 单次的温度跳跃之后制冷机的最低温度又缓慢恢复正常, 则使用者需要考虑低热导材料的临时放热, 比如制冷机中有大量的印刷电路板、尼龙、未完全硬化的银胶和环氧树脂等材料. 这种无规则的放热量可能随低温下的时间增长而逐渐减小.

4. 制冷机获得最低温度后随时间缓慢升温

如果制冷机下降到正常的最低温度后, 混合腔的温度随着使用时间增长而缓慢上升, 则可能的原因包括真空腔逐渐漏气和 ^{3}He 流阻逐渐被堵塞. 混合腔外壁所在的真空腔一旦有预料之外的 ^{4}He 出现, 这些 ^{4}He 作为气体或者超流薄膜都会引入可观的热量, 从而引起混合腔温度上升, 同时也有较高概率引起第 3 项讨论中提到的温度振荡. 这个漏源可能来自预冷环境的液氦和蒸发腔循环系统, 偶尔也会来自稀释循环系统自身, 例如蒸馏室、热交换器和混合腔的气密出现问题. 需要指出的是, 一些超流液体可以通过的漏点无法在室温中被定位, 需要特殊的检漏和密封技巧. 检漏和密封相关的内容请参考 5.4 节. 如果室温有漏点或者混合气杂质过多, ^{3}He 回流的管道可能会被逐渐堵住, 从而让循环量逐渐减少 (见第 9 项讨论), 这也可能引起混合腔温度的缓慢上升. 对于传统的液氦预冷稀释制冷机, 内真空腔密封处漏气是发生缓慢升温现象最可能的原因.

5. 蒸发腔无法降温

如果制冷机从室温降温到大约 10 K 后, 泵对蒸发腔抽气无法使其降温, 则可能是由于蒸发腔的入口已被完全堵塞, 液体无法从杜瓦进入蒸发腔. 如果蒸发腔在降温之前没有被持续填充的正压 ^{4}He 保护, 则堵塞物质可能是 N_2 或者 H_2O. 我建议对降温前的蒸发腔一直维持正压的 ^{4}He, 直到液氦液面浸泡蒸发腔的进液口. 如果蒸发腔的进液口没有多孔材料做过滤保护, 毛细管可能被固体颗粒物堵塞. 干式泵中的密封塑胶或橡胶在磨损过程中会产生此类固体颗粒物. 我建议在泵的出口后端和毛细管入口的前端安置合适的滤网. 一旦毛细管被固体颗粒物堵塞, 使用者需要根据蒸发腔的具体设计考虑是否采用压强差或者有机溶液重新打通毛细管. 这些固体颗粒还可能由液氦中的 H_2 形成, 见第 6 项讨论.

6. 蒸发腔正常运转后逐渐升温

如果蒸发腔在正常运转后逐渐升温, 则可能是由于蒸发腔的入口被液氦中的杂质逐渐堵塞, 杂质可能是 H_2 (相关内容见 1.5.4 小节和 5.8.1 小节). 如果蒸发腔的流阻由针尖阀构成, 使用者可以增大针尖阀的开口; 如果流阻是毛细管, 它的构型无法在降温后被变更, 则设备需要升温. 长远的解决方法是获得 H_2 杂质更少的液氦供应.

7. 蒸馏室压强异常

如果蒸馏室压强异常偏低, 使用者可以检查蒸馏室的加热状态和蒸馏室液面位置. 部分稀释制冷机可以加热蒸馏室, 蒸馏室温度上升到约 0.7 K 后, 制冷机才能获得混合腔的最低温度. 气液分界面不在蒸馏室中也会引起压强过低, 长期使用的稀释制冷机中的常见原因是 ^{4}He 的量不足, 因为这部分气体有时候被当作热交换气使用 (我不建议这么做), 或者在清理冷阱时跟着残余杂质气体一起被舍弃. 条件允许时, 使用者可以通过蒸馏室的内置电容探测液面高度, 或者通过蒸气压读数和流量读数判断液面是否在蒸馏室内部. 如果蒸馏室没有连接到室温真空规, 使用者可以通过室温端的流量和 ^{3}He 回流端的室温压强判断蒸馏室的运行状况. 如果蒸馏室压强异常增高, 使用者可以检查泵的运行状态 (见第 14 项讨论)、回流 ^{3}He 的流阻 (见第 9 项讨论)、蒸发腔温度异常增高 (见第 6 项讨论) 和蒸馏室的加热状态. 蒸馏室加热丝如果通入错误的偏大的电流, 也可能引起蒸馏室压强异常增高.

8. 室温气路漏气

如果室温气路漏气, 使用者可以在制冷机降温前提前诊断和修复. 制冷机稀释制冷结构的室温气路最好一直处于低于一个大气压的压强值, 以确保 ^{3}He 和 ^{4}He 不会损失. 当室温气路漏气时, 部分位置的压强上升, 于是使用者可以通过持续监控的真空规读数判断是否存在该漏气现象. 室温气路的检漏和维修与其他真空系统一致, 但是商业化制冷机的室温气路结构可能因为成本问题和美观原因非常紧凑, 这增加了诊断和维修的难度.

9. ^{3}He 无法循环/^{3}He 循环流量不足/混合气液化速度过慢

在制冷机运转过程中, 如果室温气路持续漏气, ^{3}He 循环速度可能会逐渐减慢. 如果混合气中的杂质未能在室温端被冷阱去除, 杂质可能逐渐堵塞 ^{3}He 回流管道中控制流量用的流阻结构, 影响 ^{3}He 循环. 部分杂质会被液氮冷阱捕获, 这些杂质可以由使用者定期清除, 一个操作方式的例子见 4.5.10 小节. 拥有 4.2 K 冷阱的制冷机能更好地防止流阻结构的阻塞, 但 4.2 K 冷阱中的杂质只能在制冷机回温后被清除. 为了防止制冷机 ^{3}He 循环的气路被完全堵塞, 对于使用者来说, 在降温前先用分子泵对稀释制冷结构持续抽气是值得的, 或者在放置 ^{3}He 和 ^{4}He 前一直对稀释制冷结构抽气. 固体颗粒物堵塞见第 5 项讨论. 此外, 如果湿式制冷机的蒸发腔和干式制冷机的相应液化组件的工作温度偏高 (见第 6 和第 10 项讨论), 也将引起 ^{3}He 循环速度不足或者初次降温时的液化速度过慢. 如果制冷机使用过程中泵的抽气能力异常, 会影响循环速度, 见第 14 项讨论.

10. 干式制冷机二级冷头盘温度偏高

二级冷头盘指二级冷头所在的特征温度盘, 它被用于替代液氮的 4.2 K 预冷功能. 如果干式制冷机未做改动而且混合腔顺利降温到最低温度, 但二级冷头盘的温度偏高, 则使用者需要检查压缩机的压强, 并考虑压缩机是否有严重的漏气, 或者压缩机是否缓慢漏气而需要补气. 此外, 使用者需要注意压缩机和冷头的工作时长, 留意维修和保养的时间节点. 因为干式预冷的稀释制冷机常把二级冷头盘作为磁体的冷源, 如果二级冷头盘温度偏高, 则使用者需要更加保守地使用磁体.

11. 电子气路面板运转不正常

商业化的稀释制冷机可能配备可被程序控制的阀门和可以远程读数的真空规和

流量计. 如果电子气路面板运转不正常, 使用者需要判断问题来自真空规、控制器还是气路面板. 这类小型装置可能由一个直流的小电压供电, 如果面板整体不正常工作, 则交直流变换的配件可能出现了问题. 使用者可以用直流电压源应急, 以恢复对阀门控制, 以及对压强和流量的监控. 如果气路面板也为磁控阀门提供电流, 则电压源的输出电流需求可能超过 10 A, 并且阀门切换时的电流值显著大于正常运行值.

12. 室温控制气柜远程对话障碍

气路面板可能由厂家自带的内嵌电脑控制, 使用者通过网络手段远程控制内嵌电脑. 内嵌电脑无法与气路面板远程通讯时, 使用者可尝试重启设备; 虽然这个做法很常规、似乎不值一提, 但在实际使用中往往能解决一些问题. 因为体积和成本原因, 内嵌电脑性能通常都非常有限, 电脑重启后使用者可能需要删除内嵌电脑上占用存储空间大的参数记录文件. 气路面板也可能由内置芯片实现部分功能, 芯片由用户电脑远程控制. 芯片可以实现的流程包括自动降温、自动循环、自动回收, 以及制冷机异常时的应急处理. 然而, 自动操作中阀门的错误开关顺序曾被发现过, 有些错误来自程序, 有些错误来自一组阀门因为开关时间差异而没有按照预定的顺序打开. 使用者可以联系厂商更新气路面板的芯片, 在一些设备中, 更换芯片的操作难度只是与更换电脑内存条类似.

13. 真空规与阀门故障

制冷机控制柜上的压强数值的显示如果异常, 而制冷机运转正常, 使用者可以检查真空规控制器的真空规类型是否设置错误, 或者真空规长期使用后是否产生了零点漂移. 值得一提的是, 很多真空规是用氮气或空气校正的, 而制冷机中的压强来自氦气, 所以读数和实际值之间有系数差别 (相关内容见 5.2.2 小节). 电控阀门的操作需要通过观察温度、观察流量变化、倾听阀门切换的声音等方式确认, 以确保其正常开关. 如果电控阀门在施加正常驱动电压后依然没有真正打开, 使用者需要关注阀门两端的压强差是否过大, 或者是否长期未切换开关而引起了粘连. 对于需要气压辅助的电动阀门, 压缩空气的压强不足也会影响其正常使用.

14. 循环气路上泵的故障

循环气路上泵的工作异常影响 ^{3}He 的循环量. 分子泵在水冷或者风冷异常时可能低速运转. 容积压缩泵在油面高度不足时可能过热而影响抽速, 使用者需要定期检查油面. 涡旋泵需要被定期维护, 以清洁磨损产生的颗粒物. 常见的泵不是为 ^{3}He 这种昂贵气体设计的, 如果用新购买的泵替代了制冷机厂家提供的泵, 则使用者需要检查其气密性. 泵中的气镇结构可以采用环氧树脂密闭. 更多关于泵的讨论见 5.3 节.

15. 超导磁体相关问题

超导磁体中严重的磁通跳跃可能引起制冷机的不规律升温 (相关内容见 5.9 节). 该现象通常发生在小于 2 T 的磁场, 表现为混合腔温度迅速从 10 mK 以内上升到几十 mK, 然后缓慢降温. 该问题除了变更磁体线材之外没有特别好的处理办法. 如果磁体在高场情况下失超, 则杜瓦的出气口会有异常声音. 此时, 常规稀释制冷机的使用者需要提防液氦杜瓦在超压情况下损坏, 需要及时打开杜瓦的高压释放阀门或者提前设计好超压释放的气体路径. 干式稀释制冷机在磁体失超时, 循环气体的流量异常通常是最显著的信号, 使用者需要提防混合液迅速相变为气体所产生的压强变化, 这可能影响泵的运行状态, 或者引起稀释制冷核心部件的超压和漏气. 不论是湿式制冷机还是干式制冷机, 我都强烈建议当磁体在高场 (接近临界磁场或者平时不常使用的高磁场区间) 运行时, 操作人员不离开设备. 更多关于磁体的讨论见 5.9 节.

16. 实验结束后制冷机或插杆无法拔出

实验结束后, 如果湿式制冷机无法从实验杜瓦中拔出, 或者插杆无法从干式制冷机中拔出, 则使用者需要考虑缝隙已结冰的可能性. 此时使用者应将插杆、制冷机和实验杜瓦等固定在安全、稳定位置, 等待整体升温, 而不应该用蛮力拔出制冷机或插杆.

17. 实验结束后混合气的室温储气罐压强变小

实验结束后, 如果稀释制冷气路中的混合气全部被回收到室温储气罐, 而室温储气罐的压强略小于降温前的压强, 则一个可能原因是实验室环境的温度变化. 使用者可以关注压强值变化所对应的温度变化是否合理, 以及观测压强值随时间的变化是否有周期性的规律. 通常降温前气柜附近的泵提前运转、降温后泵关闭, 降温前大部分电驱动阀门通电导通、降温后电驱动阀门不再发热, 因而储气罐所在的环境温度可能在降温后下降. 如果压强变化与温度变化无关, 则使用者需要检查是否完整回收了混合气, 并注意稀释制冷核心结构是否有低温漏气. 通常而言, 如果室温端的气路压强一直小于一个大气压, 则漏气时不容易损失混合气 (见第 8 项讨论). 对于部分干式预冷的稀释制冷机, 其 ^{3}He 回流端的室温压强可能超过一个大气压, 此处漏气可能会引起 ^{3}He 损失.

18. 总结

在稀释制冷机运转过程中, 以上讨论的大部分故障在正常应对时通常都不会引起更糟糕的后果. 磁体突然失超、意外停电、干式制冷机的压缩机异常、制冷机真空或者实验杜瓦真空的突然被破坏等迅速引起液体相变为气体的意外都应该第一时间被处理: 我们应该担心稀释制冷核心结构因为内部压强过大而漏气. 对于稀释制冷机这种设备的运转应当尽量保持频繁关注, 特征参数 (包括但不限于: 各个特征温度盘的温度、内真空腔的压强、蒸馏室的压强、^{3}He 回流端的室温压强、混合气流量、分子泵的频率、分子泵的水冷温度、蒸馏室的加热量等等) 的定时记录和检查也是应当保持的良好工作习惯. 液氦无法传输或者严重真空漏气等影响初始降温的常规操作意外均未在本小节讨论; 当这类意外发生时, 最合理的选择是直接停止降温并解决问题.

4.5.12　非常规稀释制冷设计方案

绝大部分的稀释制冷机采用了如图 4.50 所示的纵向设计, 但是横向设计的稀释制冷机也是存在的, 曾获得 10 mK 的低温环境. 最早的横式稀释制冷机在二十世纪七十年代已经出现. 这种横式制冷机所使用的搭建技巧包括改变蒸发腔、蒸馏室和混合腔的抽气位置. 对比起液氦预冷, 干式预冷更容易实现横向的制冷机. 横向的稀释制冷机有现成的商业化产品.

图 4.50 中的室温抽气功能也可以由低温吸附泵取代 (见图 4.71). 低温吸附泵被放置在液氦之中, 与液氦有可控的弱连接, 吸附泵可被液氦降温也可以局部升温. 通过阀门控制和温度变动, 两套吸附泵独立运转, 完成连续的 ^{3}He 抽气循环. 实际制冷机中可以获得 1×10^{-4} mol/s 的气体流量[4.101], 以及 15 mK 的低温环境[4.102]. 这样设计的制冷机体积小巧、降温快速, 可以搭建在小型插杆上, 直接插入实验移动杜瓦使用. 文献 [4.102] 中所需要的杜瓦开口直径仅为 51 mm.

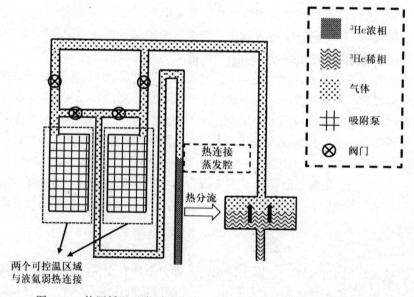

图 4.71　使用低温吸附泵的连续运转稀释制冷机的局部原理示意图

稀释制冷机可以放弃蒸馏室的结构, 然后采用 ^{3}He 和 ^{4}He 双注入的设计. 这个设计的优点是不需要重力, 因此可以被应用于太空环境中[4.103,4.104], 如用于欧洲 2009 年的普朗克项目. 这样的稀释制冷机结构还可以被进一步简化, 与放弃泵的思路结合, 通过一次性使用 ^{3}He 和 ^{4}He 实现有限时间的稀释制冷[4.105], 如图 4.72 所示. 在这样的设计中, 一个隐藏的困难是如何将 ^{3}He 从混合腔中导出, 因为放弃了蒸馏室也等于失去了渗透压对 ^{3}He 的移动驱动. 因此, 此方案中的 ^{4}He 流动速度需要足够大, 从而让

³He 伴随着超流 ⁴He 移动. 此抽取 ³He 的方式也被称为涡旋泵[4.106] (更多扩展内容见 1.1.4 小节中与涡旋相关的文献). 可以想象, 这样的极简方案虽然制冷效率有限, 但非常适合被用于外太空. 在实践中, 这样的设计可以获得约 50 mK 的低温环境, 其最低温度与两种气体的流量大小有关, 且 ⁴He 的流量需要大于 ³He 的流量. 在一个试测过的原型机中, 5 kg 的气体可以维持制冷机一年的运转.

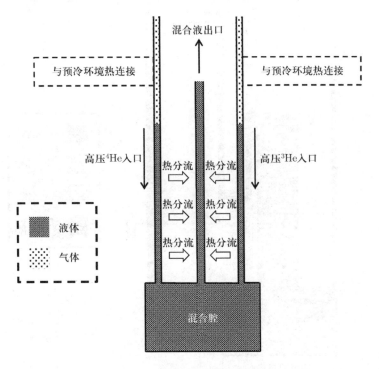

图 4.72　可应用于无重力环境的稀释制冷机单次降温设计方案. 混合液出口可通过泵降低压强, 以减少气体的注入压强. 如果利用 ³He 蒸气压更大和只有 ⁴He 能流过致密多孔材料的特点, 这个双注入的设计也可以改为可持续运转的稀释制冷机[4.107]

　　稀释制冷机还可以仅围绕 ⁴He 循环设计, 其原理如图 4.73 所示. 与现在常规的 ³He 循环方案不一样的地方在于, 其对氦同位素的选择性抽取不再利用 ³He 和 ⁴He 的蒸气压差异, 而是利用超流的无流阻特性单独带走 ⁴He. 图中有上下两个混合腔[4.108], 下混合腔的温度取决于提供预冷的 ³He 制冷机, 如 0.25 K; 上混合腔的温度为系统最低温度, 如 50 mK. ⁴He 在下混合腔通过多孔材料离开, 所释放的热量由 ³He 制冷机带走, 所以下混合腔也被称为 "demixing chamber (去混合腔)". ⁴He 通过多孔材料离开低温环境后进入上混合腔, 与 ³He 混合, 吸收热量实现制冷. 在这样一个循环的过程中, 上混合腔中的冷 ³He 稀相下降, 而下混合腔中的热 ³He 浓相上升. 如果对照常规稀释制冷机的设计方案, 此处的上混合腔类比于常规设计中的混合腔, 此处的下混合腔类比于常规设计中的蒸馏室. 常规设计中的热交换器不再需要出现在此处, 因为两种液体不用在空间中分离, 也不用间接通过金属导热, 所以也没有氦与金属之间边界热阻随温度下降而上升的问题 (相关内容见 2.3 节). 这种不需要热交换器单纯循环 ^{4}He 的制冷机也被称为 "Leiden dilution refrigerator (莱顿稀释制冷机)", 可以获得 7.9 mK 的温度[4.94].

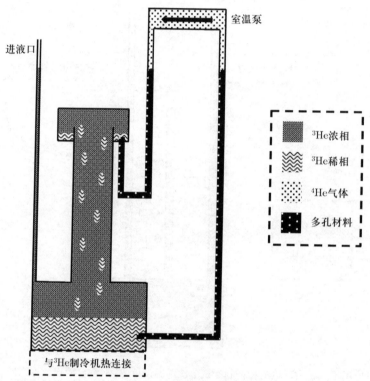

图 4.73 ^{4}He 循环的稀释制冷原理示意图. 此方案不出现于主流的稀释制冷机. 为图示简洁, ^{4}He 液化方案没有具体画出. 图中的多孔材料只允许超流 ^{4}He 通过. 进液口仅被用于循环前的准备, 在循环过程中不起作用. 整个装置除了需要 4.2 K 的预冷环境, 还需要一个由蒸发腔 (此图中未画出) 和 ^{3}He 制冷机提供的预冷环境

混合液中两种液体均同时参与循环的设计也被尝试过, 其原理如图 4.74 所示. 本质上这个设计用一个常规稀释制冷取代了图 4.73 中的 ^{3}He 制冷机, 最低温度依然出现在上混合腔位置. 这样的双循环制冷机曾获得了 4 mK 的温度[4.97].

涉及 ^{4}He 循环的方案不再出现在如今的稀释制冷机设计中. ^{4}He 循环增加了结构的复杂度和对 ^{3}He 的需求, 但是并没有改善性能. 图 4.74 显然比常规的稀释制冷机构造复杂, 而图 4.73 相当于是稀释制冷机与 ^{3}He 制冷机的组合. 此外, ^{4}He 循环方案的最低温度出现在制冷机的中间, 不便于测量磁体的安置, 也难以为易受磁场影响的温

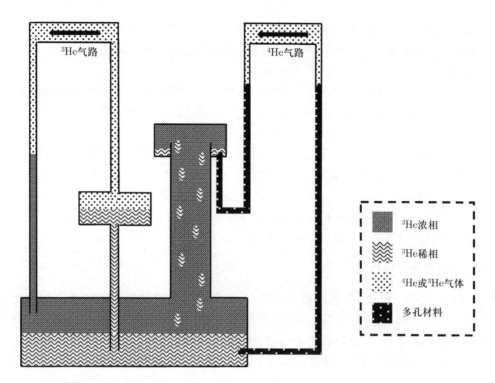

图 4.74 双循环的稀释制冷原理示意图. 此方案不出现于主流的稀释制冷机. 为图示简洁, 常规稀释制冷的 ^{3}He 循环热分流方案没有在此处具体画出, 读者可参考图 4.50

度测量 (相关内容见 3.2 节和 3.3 节) 和热连接 (相关内容见 2.3 节) 留出供磁体外磁场衰减的空间 (相关内容见 5.9 节和 6.10 节). ^{4}He 循环方案提出的动机在于解决极低温条件下边界热阻太大的问题, 该方案的上下混合腔之间既是热液体的上升通道, 也是冷液体的下降通道. 然而, 随着热交换器技术的成熟, 效果更好的热交换器和多级热交换器足以对回流的热 ^{3}He 进行充分预冷, 因此当今主流的稀释制冷机仅采用循环 ^{3}He 的方案 (见图 4.50).

本小节引用的特殊稀释制冷设计文献中都使用了液氦预冷环境. 参考干式稀释制冷机与传统稀释制冷机的差别, 我们仅需要改变回流 ^{3}He 气体的液化方式, 就可以将这些设计也用于干式制冷机中.

4.6 电绝热去磁制冷

绝热去磁制冷也被称为磁制冷, 它是人类第二个获得的小于 1 K 温度的制冷手段. 电绝热去磁和核绝热去磁使用的都是磁制冷的原理, 差异仅在于制冷剂和适用温区的不同, 但在实践层面上, 两者的差异已经足够让它们成为两种独立的制冷手段. 本节主要介绍电绝热去磁制冷. 核绝热去磁制冷是获得最低温度实验环境的制冷手段, 将在4.7 节单独介绍.

利用温度和另外一个外部参量同时调控熵或者焓的降温方法有着悠久的历史. 温度之外的参量也被称为可调控外部参量, 它可以是绝热膨胀中的体积, 可以是等焓膨胀中的压强, 也可以是本节所讨论的绝热去磁中的磁场.

稀释制冷技术在面世之后迅速取代了电绝热去磁制冷技术. 然而, 基础科研和量子物理的应用对极低温环境的需求正在增加, 而 ^{3}He 的匮乏影响了极低温环境在应用上的普及. 在不需要 ^{3}He 的前提下, 电绝热去磁制冷是替代稀释制冷的可行方法. 近十年来, 商业化电绝热去磁制冷机的数量逐渐增加, 并且连续降温的电绝热去磁制冷技术正在成为新的极低温制冷选择.

4.6.1   绝热去磁过程

1926 年和 1927 年德拜和吉奥克 (Giauque) 分别提出了绝热去磁的制冷方式[4.109,4.110]. 该方法利用了磁场和温度对自由度均有调控能力的特点, 通过先在等温条件下升磁场、再在绝热条件下降磁场的做法, 获得比初态温度更低的末态温度.

磁场存在时, 不同角动量的能级简并取消, 分裂后的能级间隔如下:

$$\Delta E = g\mu_{\mathrm{B}}B, \tag{4.52}$$

其中, g 是朗德 (Landé) 因子, μ_{B} 是玻尔磁子, B 为磁场. 当外场磁场为零时, 提供磁矩的制冷剂内部依然存在内部磁场 B_{int}. 该磁场产生的能量差异很小, 在绝热去磁制冷开始工作的初态温区可以被忽略, 磁矩的取向混乱无序 (见图 4.75 和图 4.76). 当外

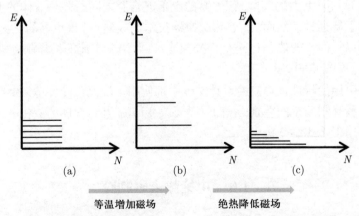

等温增加磁场   绝热降低磁场

图 4.75   能级占据与磁场变化过程关系的示意图. (a) 当只有内部磁场时, 磁矩的方向无分布规律. (b) 等温磁化后, 磁矩的方向有分布规律. (c) 绝热去磁后, 磁矩的方向有分布规律. 该过程如图 4.76 所示

界的磁场足够大时, 能级间隔最终显著大于热扰动的能量, 低能级被占据的可能性大, 磁矩取向有序, 熵取值随着磁场增加而趋近于零.

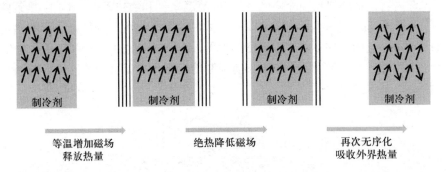

等温增加磁场   绝热降低磁场   再次无序化
释放热量   吸收外界热量

图 4.76 制冷剂中磁矩排列与绝热去磁过程的关系. 绝热去磁引起制冷剂的温度降低之后, 制冷剂在制冷过程中吸收的热量将使磁矩的分布再次无序化

在固定温度条件下增加制冷剂所处位置磁场的过程被称为等温磁化. 等温磁化过程中 (见图 4.77 中的 OP 过程), 制冷剂释放的热量正比于 $T_i(S_1 - S_2)$, 如果想维持等

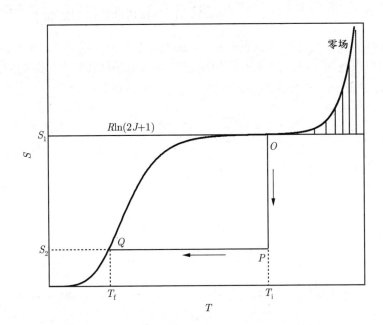

图 4.77 顺磁盐的熵与温度关系示意图. OP 过程为等温磁化, PQ 过程为绝热去磁. 阴影区域被用于示意来自晶格的熵, 这部分熵不参与绝热去磁制冷. OQS_2S_1 区域为单次绝热去磁制冷过程的总制冷量. 虽然图中坐标轴没有给出具体数值, 但请注意, 该图在实际作图时横轴采用了对数坐标, 以便于清晰地绘制示意图, 因而曲线形状跟常规线性 $S - T$ 曲线的形状有差异

温条件, 则绝热去磁系统外部需要具备吸收热量的能力, 因此需要一个提供预冷环境的前级制冷 (见图 4.78). 热开关 (相关内容见 5.6 节) 的作用为热连接制冷剂和预冷环境, 或者热隔离制冷剂和预冷环境, 以切换等温条件和绝热条件. 对于绝热条件下的制冷剂, 外界磁场的改变不影响熵 (见图 4.77 中的 PQ 过程), 磁场减小后的磁矩依然维持有序状态 (见图 4.76), 对应着温度的降低. 磁场减小的过程被称为退磁或者去磁. 在这个过程中, 制冷剂通常为顺磁盐. 前级制冷、热开关和可调控的外界磁场是绝热去磁制冷的三个最基本工作条件.

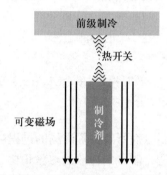

图 4.78   绝热去磁制冷机的基本结构示意图. 图中的制冷剂在本节中指顺磁盐

上述讨论中, 我们定性认为绝热条件下的磁场减少和温度降低对磁矩的熵都有影响. 我们将以没有相互作用的磁体系为例, 进一步讨论磁场和温度与熵的关系. 对于一个能级 E_m, 其能级占据概率与 $\mathrm{e}^{-E_m/(k_{\mathrm{B}}T)}$ 相关, 配分函数记为

$$Z = \sum_m \left[\mathrm{e}^{-E_m/(k_{\mathrm{B}}T)} \right]^N, \tag{4.53}$$

其中, E_m 与磁场 B 成线性关系, 记为

$$E_m = m\mu_{\mathrm{B}}gB, \tag{4.54}$$

其中,

$$g = 1 + \frac{J(J+1) + S(S+1) - L(L+1)}{2J(J+1)}, \tag{4.55}$$

即朗德因子 g 由总角动量 J、自旋角动量 S 和轨道角动量 L 决定, m 的取值范围为 $-J, -J+1, \cdots, J-1, J$. 这里的角动量耦合采用了 LS 耦合, 没有采用 jj 耦合, 后者被用于原子序数大于 82 的元素. 铁磁物质的角动量通常属于 LS 耦合[4.111]. 式 (4.55) 只在外磁场比原子内部磁场弱得多的情况下才有意义, 但 g 的具体取值不影响下文的讨论. 因为核磁矩比电子磁矩小 3 个数量级, 所以通常的原子磁矩的绝热过程只需要讨论电子的磁矩, 这样的常规绝热去磁制冷被称为电绝热去磁. 与之对应, 利用

核磁矩的绝热去磁制冷被称为核绝热去磁, 因为它在低温制冷技术中有独一无二的重要性, 所以我们将在 4.7 节对它进行单独讨论.

本节中, 除了式 (4.55), S 均指熵, 而非自旋角动量. 由式 (4.53) 和 (4.54) 可知, 配分函数 Z 可以仅写为 B/T 的函数. 当计算熵时, 我们使用

$$S = R\frac{\partial(T\ln Z)}{\partial T}. \tag{4.56}$$

同理可得熵也只是 B/T 的函数, 可以记为如下表达式:

$$S = f(x), \quad x = \frac{\mu_B g B}{k_B T}. \tag{4.57}$$

当系统处于绝热条件时, S 值不变, 因此 B/T 的值不变, 初态和末态的磁场温度之比为一个恒定值:

$$\frac{T_f}{B_f} = \frac{T_i}{B_i}. \tag{4.58}$$

公式中的下标 i 和 f 分别代表图 4.77 中的初态和末态. 也就是说, 在绝热条件下减少磁场时, 制冷剂的温度也成比例下降. 式 (4.58) 是绝热去磁制冷过程最重要的结论. 以上讨论也可以从考虑能级占据概率的角度简化理解: 分布只与 e^{-mx} 有关, 因此维持磁矩的分布状态不变时, B/T 为恒定值.

以上的讨论忽略了顺磁盐内部磁场 B_{int} 的存在, 该磁场对于末态磁场的实际大小有影响. 实际磁场应该同时考虑内部磁场 B_{int} 和外部磁场 B, 有效磁场记为

$$B_{eff} = \sqrt{B^2 + B_{int}^2}. \tag{4.59}$$

对于可以使用的制冷剂, 内部磁场在等温磁化的过程中一定远远小于退磁前的初态磁场, 否则内部磁场引起的能级劈裂过大, 导致磁矩无序分布的前提条件不再被满足. 因此, 初态磁场可以忽略内部磁场, 而末态磁场不可以忽略内部磁场. 如果从配分函数式 (4.53) 的表达式理解, 推导过程已经假设了磁矩之间无相互作用. 该假设在外部磁场趋近于零时不成立, 因此末态磁场不能忽视来自 B_{int} 的影响. 绝热去磁的最低温度依赖于内部磁场的大小, 记为

$$T_f = \frac{T_i B_{int}}{B_i}. \tag{4.60}$$

内部磁场还是温度的函数, 满足如下关系:

$$B_{int}(T) = B_0\left[1 - e^{-\left(\frac{T}{T_0}\right)^\alpha}\right]. \tag{4.61}$$

此公式中除了温度外, 其他参量均取决于具体的材料, 这个温度依赖关系在实际制冷过程的讨论中常被忽略, 以简化分析.

在实际设计中, 初态温度在条件允许时会被尽量降低, 而初态磁场会被尽量升高, 于是末态温度依赖于有效场的大小. 而外部磁场可以轻松地减少到 0 T 附近, 因此末态温度主要由制冷剂内部磁场决定. 内部磁场越小的制冷剂, 可以被用于越低温度下的制冷. 4.6.2 小节将讨论内部磁场和可用的制冷剂.

如果仅涉及磁相关的自由度, 制冷剂来自磁矩的最大熵值为 $R\ln(2J+1)$. 对于实际使用的制冷剂, 其熵不仅来自磁矩, 还来自晶格等自由度. 例如, 来自晶格的熵记为

$$S_{\text{lattice}} \sim T^3. \tag{4.62}$$

对于绝热去磁制冷, 等温磁化时的温度应该满足晶格熵显著小于磁场熵, 否则绝热去磁过程中的温度变化引起熵变化, 从而影响了磁矩熵值不变和 B/T 值不变的结论; 换言之, 影响了制冷效果. 在足够低的温度下, 晶格熵总可以远小于 $R\ln(2J+1)$. 以制冷剂 CMN (相关内容见 4.6.2 小节) 为例, 其晶格熵在 0.36 K 下小于零外界磁场下的磁熵. 除了 CMN, 通常被用于绝热去磁制冷的顺磁盐在 1 K 以内时, 晶格熵不再重要. 我们在本节的后续讨论中将忽略晶格熵对制冷的影响.

对于给定角动量 J, 式 (4.57) 的具体表达式如下[4.3,4.84]:

$$S = R\left(\frac{x}{2}\right)\left\{\coth\left(\frac{x}{2}\right) - (2J+1)\coth\left[\frac{(2J+1)x}{2}\right]\right\} + R\ln\left\{\frac{\sinh\left[\frac{(2J+1)x}{2}\right]}{\sinh\left(\frac{x}{2}\right)}\right\}. \tag{4.63}$$

该公式的前半项的形式为布里渊 (Brillouin) 函数. 在 x 趋近于零时, 即零磁场时, S 趋近于 $R\ln(2J+1)$; x 趋近于无穷大时, 即等温磁化的磁场无穷大时, 能级间隔远大于热扰动, S 值趋近于零. 以式 (4.57) 计算的磁比热[4.3,4.84] 记为

$$c = R\left(\frac{x}{2}\right)^2 \sinh^{-2}\left(\frac{x}{2}\right) - R\left[\frac{x(2J+1)}{2}\right]^2 \sinh^{-2}\left[\frac{x(2J+1)}{2}\right], \tag{4.64}$$

其趋势如图 4.79 所示, 与肖特基比热中的两能级系统类似 (相关内容见 2.1.3 小节). 理论上 J 的数值越大, 比热的峰值越大, $J = 7/2$ 所对应的比热最大值约为 $J = 1/2$ 所对应的比热最大值的 2 倍. 然而, 实际的制冷剂比热难以仅从 J 的数值判断. 绝热去磁过程的起点更适合在图 4.79 中比热峰的右侧, 不过这个条件是否能被满足还依赖于具体的制冷剂和降温条件. 而当退磁结束后, 顺磁盐的状态位于比热峰的左侧 (参考表 4.10 的数值). 低磁场极限下, 磁比热正比于 $(B_{\text{eff}}/T)^2$. 当退磁结束后, 给定温度下, 磁场越小, 制冷剂来自磁场的比热越小, 不利于制冷, 因而退磁时我们不将外磁场减小到零, 特别是当顺磁盐的 B/T 不再守恒时. 理想的制冷剂拥有小的内部磁场以获得更低的末态温度, 拥有大的末态磁比热以获得更大的制冷量.

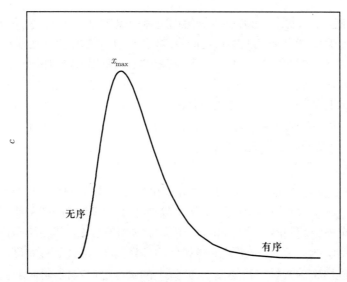

图 4.79 制冷剂的比热随式 (4.64) 中 x 值变化的示意图. 比热峰值对应的 x 值记为 x_{max}. 峰右侧对应系统趋近于有序, 峰左侧对应系统趋近于无序. 此图的物理意义为磁矩排布有序的低比热和磁矩排布均匀的低比热之间存在一个比热极大值

表 4.10　依照式 (4.64), 给定 J 值时最大比热所对应的 x 值

J	x_{max}	T/K	B/T
1/2	2.40	0.4	0.71
		1	1.8
		0.56	1
		5.0	9
3/2	1.56	0.4	0.46
		1	1.2
		0.86	1
		7.7	9
5/2	1.20	0.4	0.36
		1	0.89
		1.1	1
		10	9
7/2	0.97	0.4	0.29
		1	0.72
		1.4	1
		12	9

　　注: 取 $g = 2$ 和电子磁矩. 本表格还提供了该 x 值在 0.4 K 和 1 K 下对应的磁场大小, 和在 1 T 和 9 T 下对应的温度大小, 以供平时使用时快速参考. 除了 CMN, 常用的绝热去磁顺磁盐各向同性且 g 约等于 2.

1933 年前后, 该制冷方式被不同实验室的科研人员独立实现, 并获得了 1 K 以内的温度[4.112~4.115]. 这一系列间隔很短的突破使用了不同顺磁盐作为制冷剂, 充分展示了绝热去磁制冷原理的可靠性和实用性. 有趣的是, 德哈斯 (de Hass) 等人实现绝热去磁制冷的工作不仅刊登在老牌期刊 *Physica* 的第一卷、第一页, 他们还在文章里面抱怨了因为节假日的缘故需要等待几个月的时间才能继续工作[4.113]. 而另一个实验突破, 文章正文用了不到两百个英文单词, 仅仅报道了实验方法、材料、时间、初始温度和初始磁场, 以及最终获得的末态温度[4.112]. 这些早期的工作报道常常连一张图片都没有, 只是用文字简单介绍了实验结果[4.112,4.114,4.115].

考虑到电绝热去磁预冷环境的门槛和使用超导螺线管磁体的便利性, 前级预冷可以选择 0.3 K 到 4.2 K 之间的温区, 磁场可以选择 0.1 T 到 9 T 的区间. 前级预冷条件优先考虑稳定连续的制冷方式, 如液体 ^{4}He、干式制冷、^{4}He 蒸发和 ^{3}He 蒸发. 在 4.7 节将讨论的核绝热去磁中, 前级预冷建议使用稀释制冷. 从便利性角度出发, 1 T 以内的小磁体可以由实验人员自行绕制, 1 T 以上的磁体可以根据具体制冷剂、初态温度和超导线材的临界场 (相关内容见 5.9 节) 综合选择后购买.

比起其他制冷方式, 绝热去磁的温度控制可以通过操控超导螺线管磁体的磁场高低实现. 考虑到内部场的存在 (见式 (4.59)) 和比热随温度的关系 (见图 4.79), 一个真实的退磁更适合采用图 4.80 所示的流程, 而不是在绝热去磁原理介绍中图 4.77 的流

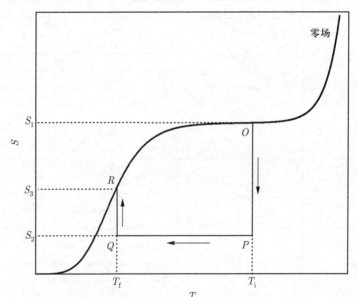

图 4.80　实用退磁过程示意图. 经历 OP 的等温磁化后, 绝热去磁 PQ 到合适的温度, 然后调整磁场以稳定吸收系统在 T_f 条件下的漏热, 维持一段合理的恒温时间. 该维持时间正比于 $T_f(S_3 - S_2)$, 反比于 T_f 下的漏热量

程. 图 4.80 采用的退磁操作可以获得一段恒温实验时间, 利用该控温技巧, 简单的绝热去磁装置可以在 200 mK 附近实现小于 1 mK 的温度稳定度[4.116]. 如果加入回路控制, 温度稳定度还可以继续改善, 如获得 100 mK 下 15 μK 的稳定度[4.117].

除了通过改变超导螺线管磁体的电流来改变制冷剂所处的磁场大小, 制冷机搭建者还可以改变制冷剂与永久磁体的相对位置以调节熵. 例如, 在对钬 (Ho) 的绝热去磁研究中, 人们曾提出通过永磁材料构建磁场梯度, 用制冷剂与磁体相对位移调节熵[4.118]. 据非正式科研文献的报道, 通过制冷剂与磁体的相对位移以实现制冷的手段已经被尝试用于氢的液化. 在制冷剂 HoB_2 的性质研究中, 机器学习的方法也被尝试用于帮助材料选择[4.119]. 尽管这些想法和尝试并不是针对极低温环境的, 但是依然值得我们参考.

随着稀释制冷 (相关内容见 4.5 节) 的实现和普及, 基于顺磁盐的电绝热去磁制冷几乎被完全替代了, 因为单次电绝热去磁过程仅提供有限时间的制冷. 通过多个电绝热去磁过程获得连续低温条件的制冷方式将在 4.6.3 小节中介绍.

4.6.2 电绝热去磁制冷的制冷剂

根据之前的讨论, 理想的绝热去磁制冷剂的特点包括: 初态温度的磁熵大于晶格熵、初态温度下熵随磁场的变化量大、内部磁场小以获得更低的末态温度、末态温度下的比热大. 综合而言, 符合以上条件的材料主要包括顺磁盐和具备合适核自旋的金属: 前者对应电绝热去磁, 后者对应核绝热去磁. 本小节仅讨论电绝热去磁制冷的制冷剂.

电绝热去磁的制冷剂通常为有磁性离子的含水盐的粉末, 这些离子具有部分填充的 3d 或 4f 电子壳层. 这样的稀土元素和过渡元素包括了 Ce、Gd (钆)、Nd、Mn、Ni、Co、Fe、Cr 等等. 内部磁场的大小对应了自发磁有序的温度, 这与磁矩相互作用的强度有关. 首先, 磁矩的相互作用依赖于具体的晶格结构, 与半填充壳层中的电子受周围离子的电场影响有关. 其次, 磁性离子间存在偶极相互作用, 这部分相互作用对应的有效温度[4.84] 约为 10 mK 至 30 mK, 随着偶极距离的增加而减少. 最后, 电子和核之间的超精细相互作用也有影响. 假如忽略具体材料性质, 仅假设 $g = 2$ 和不同的 J 值, 如图 4.81 所示, J 值的差异引起饱和熵的差异, 有效磁场 (见式 (4.59)) 的差异引起熵温曲线的平移, 所以初态温度下外磁场的增加引起熵的减少.

结晶水的存在增加了磁性离子间的距离, 减弱离子间的相互作用, 从而降低了内部磁场. 因此常见的绝热去磁制冷剂为含水顺磁盐, 部分可选择对象和对应的理论极限温度见表 4.11. 最常见的顺磁盐为 MAS、FAA、CPA 和 CMN. 前两者是 "高温" 盐的代表, 后两者是 "低温" 盐的代表[4.3].

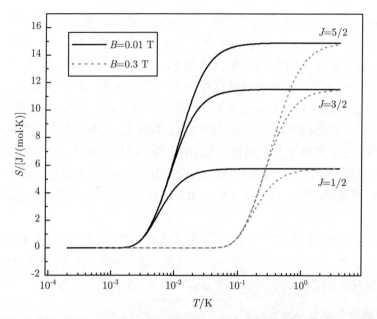

图 4.81   不同 J 值和有效磁场引起的 $S-T$ 曲线差异示意图. 实际顺磁盐的 $S-T$ 曲线与式 (4.63) 的计算值有明显差异[4.3,4.84], 本图仅供定性参考

表 4.11   绝热去磁制冷中常见的含水顺磁盐

常用名	分子式	T_c/K	J
GS	$Gd_2(SO_4)_3 \cdot 8H_2O$	0.182	7/2
MAS	$MnSO_4 \cdot (NH_4)_2SO_4 \cdot 6H_2O$	0.173	5/2
无	$CuSO_4 \cdot K_2SO_4 \cdot 6H_2O$	0.05	1/2
FAA	$Fe_2(SO_4)_3 \cdot (NH_4)_2SO_4 \cdot 24H_2O$	0.026	5/2
CMA	$Cr_2(SO_4)_3 \cdot (NH_3CH_3)_2SO_4 \cdot 24H_2O$	0.016	3/2
CCA	$Cr_2(SO_4)_3 \cdot Cs_2SO_4 \cdot 24H_2O$	0.01	3/2
CPA	$Cr_2(SO_4)_3 \cdot K_2SO_4 \cdot 24H_2O$	0.009	3/2
CMN	$2Ce(NO_3)_3 \cdot 3Mg(NO_3)_2 \cdot 24H_2O$	0.001	1/2

注: 近似的磁有序温度和总角动量来自文献[4.3, 4.84, 4.120, 4.121].

如果为了追求尽可能低温的实验环境, 最重要的顺磁盐是 CMN, 其中的 Ce 被其他原子尽量分离[4.3], 间隔可达约 1 mm, 因而 Ce 原子间的相互作用很弱, 其化合物在理论上可以作为 10 mK 以内的制冷剂. 早在二十世纪五六十年代, 科研人员就已经能依赖 CMN 获得 20 mK 以内的实验环境[4.122,4.123]. CMN 有很强的各向异性, 两个方向的 g 因子相差约 60 倍[4.124]. 考虑热导等原因, CMN 常被碾压为小粉末使用. 即使粉末尺寸小到 100 mm 的尺度, CMN 作为顺磁盐的性质并没有明显地因为失水而恶化. CMN 单晶不同方向的 g 因子分别为 1.84 和 0.025, 旋转 CMN 单晶也能获得类似于退磁的降温效果. 不考虑各向异性时[4.84], CMN 粉末的有效 g 因子约为 1.5.

对于 CMN, B/T 大约在 10 T/K 就足以改变绝大部分的熵 (见图 4.82), 在 50 mK 下, 我们仅需要使用 0.5 T 的磁场[4.124]. 如果用无磁性的 La (镧) 原子替代部分 Ce 原子 (该顺磁盐的简称为 LCMN), 则 Ce 的间距会被进一步增大[4.125], 从而获得更低的末态温度. 受限于实用性, 例如随着温度下降, 制冷量下降且边界热阻变大, 利用 LCMN 追求极低温的做法是罕见的. 在稀释制冷技术被研发之后, 不论是利用 CMN 还是利用 LCMN 获得 10 mK 以内环境的电绝热去磁制冷均失去了必要性, 但是基于核自旋的核绝热去磁制冷一直被使用. 在当今 ³He 匮乏的现状下 (相关内容见 4.3.5 小节), 基于 CMN 的电绝热去磁技术也许值得再次被储备.

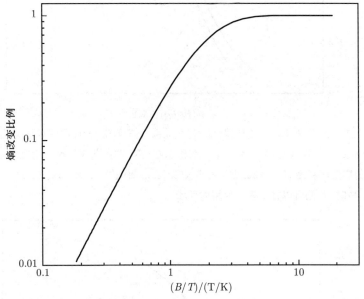

图 4.82　CMN 熵改变的比例与 B/T 关系的估算图. 纵轴数值对系统最大熵变值归一化. 初始磁场温度比仅需要 10 T/K 就可以改变近乎 100% 的熵, 而磁场温度比为 2 T/K, 也能改变约三分之二的熵. 估算假设了 CMN 的初始熵接近理论最大值 (零场高温极限), 对于实际使用中的 CMN 粉末, 磁场引起的熵改变小于本图中的估算. 初始温度越低, 则熵改变比例的上限越低, 一个供参考的例子见图 4.83

跨越温区较大、较为方便使用的顺磁盐是 CPA. CPA 是多级绝热去磁制冷中的常见制冷剂 (相关内容见 4.6.3 小节). CMN 被使用时, 通常初态温度下的熵已饱和, 为 $R \ln 2$; 但是 CPA 因为被使用的温区广泛, 不一定从 $R \ln 4$ 开始等温磁化, 其磁化效率根据初态温度不同而不同, 具体数值估算见图 4.83. CPA 是一个便利的制冷剂, 它的最低末态温度低 (见表 4.11), 在 1 K 附近使用时对初态磁场的要求不高 (见图 4.83),

因而常被用于多级制冷的装置中. 因为 CPA 使用的温区广泛, 其内部磁场与温度的依赖关系比其他顺磁盐更加重要, 总结于图 4.84.

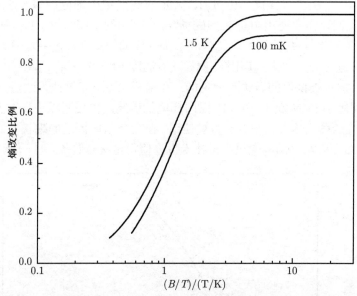

图 4.83　不同温度下 CPA 熵改变的比例与 B/T 关系的估算图. 纵轴数值对系统最大熵变值归一化. 估算假设了 CPA 的初始温度分别为 1.5 K 和 100 mK, 两条曲线的熵改变比例差异不大, 可见 CPA 是较好的广温区制冷剂. 零场数据可参考文献 [4.3]. 根据图 4.84 和式 (4.59), 当外部磁场 B 显著大于 0.1 T 时, 我们可以在估算中忽略内部场

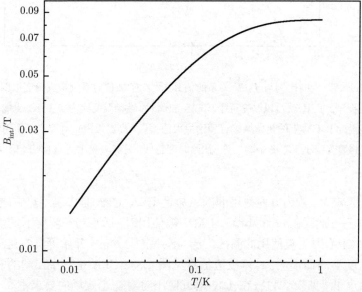

图 4.84　CPA 内部磁场与温度的关系. 数据来自文献 [4.126]

含水顺磁盐本身为热的不良导体, 如果我们通过顺磁盐实现 mK 级别的低温环境, 顺磁盐的边界热阻随着温度降低而迅速上升是一个妨碍制冷机为样品提供制冷能力的重要因素. 在早期的极低温实验中, 液体 ^{4}He 和 ^{3}He 是主要的研究对象, 顺磁盐可以浸泡于其中, 从而为液体提供较好的制冷效果. 随着低温实验的发展, 研究对象逐渐变为各种固体材料, 因此顺磁盐需要被研磨成粉末后与真空脂或环氧树脂混合, 同时安置顺磁盐的容器中需要放置细铜丝来构建的额外导热通道, 以改善顺磁盐与外界的热连接 (示意图见图 4.85). 我们也可以通过对容器施加压力以增强粉末的密堆积和减少边界热阻. 高达 100 bar 的压强曾被用于帮助顺磁盐与铜块获得足够好的热连接[4.3]. 如果对热导的需求不高, 直接使用顺磁盐单晶也是可以的. 不论采用哪一种放置含水顺磁盐的方式, 如果容器的密封效果不好, 顺磁盐会丢失水分从而影响绝热去磁的效果. 密封顺磁盐的腔体在文献中常被称为 "salt pill (盐胶囊)" 或者 "pill (胶囊)".

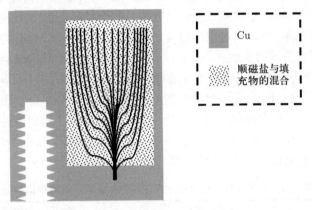

图 4.85　一个小型顺磁盐填充腔的示意图. 图中黑色细线代表细铜丝, 为了操作上方便, 这些细铜丝可以先一端缠绕后再一起焊接或固定到铜底座提前挖好的孔洞中, 铜中另一个孔洞被用于提供螺纹固定. 铜腔体可以用环氧树脂替代, 但是环氧树脂中最好预埋铜线或者铜网, 并将图中的螺纹孔改为通孔

除了含水顺磁盐, 其他可由磁场调控熵的材料也能作为制冷剂, 它们包括了 GGG ($Gd_3Ga_5O_{12}$)、DGG ($Dy_3Ga_5O_{12}$, 也称 DyGG) 、GLF ($GdLiF_4$)、$Yb_3Ga_5O_{12}$、Gd、$DyAl_{22}$、ErGdAl、$ErGdAl_{22}$ 等大量不同材料[4.127~4.133]. 有意思的是, 金属和阻挫材料也可以被用于降温, 例如 $YbPt_2Sn$ 制冷剂[4.134] 和 $KBaYb(BO_3)_2$ 制冷剂[4.135]. 这两个材料的 J 都为 1/2, 前者的临界温度约为 250 mK, g 高达 5.6; 后者的临界温度不低于 22 mK, g 为 2.54. 最近, 阻挫材料 $Na_2BaCo(PO_4)_2$ 也被发现可以作为制冷剂[4.136].

4.6.3　多级绝热去磁

绝热去磁制冷依赖单向的退磁过程, 无法持续地为实验测量提供低温环境, 它的工作机制属于单次制冷, 一次完整的绝热去磁过程提供了一份制冷量, 而不是提供稳定的制冷功率. 绝热去磁过程无法直接提供稳定持续的制冷能力, 这是绝热去磁制冷与稀释制冷最大的区别. 在低温技术的历史上, 稀释制冷在出现之后迅速取代了绝热去磁制冷.

二十世纪八十年代之后, 因为外太空探测器对低温环境的需求, 绝热去磁制冷机的研发逐渐在恢复[4.137]. 对于外太空环境, 绝热去磁制冷过程不需要因为重力差异而更改设计, 也不需要涉及泵和气路. 二十一世纪以来, 因为人们对低温环境需求的增大和 ^{3}He 供应的匮乏 (相关内容见 4.3.5 小节), 更复杂和更实用的绝热去磁制冷机被陆续尝试, 目前已有取代 ^{3}He 制冷机和部分稀释制冷机的潜力. 这类新型绝热去磁制冷机的特点在于同一个时间点涉及了多个绝热去磁过程, 因此也称为多级绝热去磁. 多级绝热去磁的尝试至少可以追溯到二十世纪五十年代[4.138,4.139].

在仪器设备的使用中, 实验环境从不同来源获得的漏热是持续不断的, 因而使用者更关心制冷功率, 而非单次绝热去磁过程的总制冷量. 可是, 常规的绝热去磁制冷机没有恒定的制冷功率, 仅能通过制冷量与其他制冷机对比. 就目前而言, 绝热去磁制冷机的参数能力描述方式尚未统一, 表 4.12 给出部分商业化绝热去磁制冷机提供的制冷能力描述方式, 包括了总制冷量、制冷功率、低温维持时间等多种不同参数. 如果仅在绝热去磁制冷机之间比较, 设备最低温度的维持时间是一个适合被用于描述性能的参数. 目前商业化的绝热去磁制冷机在无外界额外负载条件下可以维持以天为单位的极低温环境. 尽管几天的极低温环境可能足够一些常规实验研究的开展, 然而额外引线、光源、声源等实验负载将会大幅度减少制冷机的极低温维持时间.

表 4.12   部分商业化设备未实现用户测量需求前的裸机参数

最低温度/K	连续温度/K	制冷能力描述方式
0.025	无	0.1 K 总制冷量 0.27 J
0.03	无	0.1 K 总制冷量 0.15 J 0.1 K 维持时间 48 h
0.035	无	0.1 K 维持时间 175 h
0.05	无	0.1 K 总制冷量 0.12 J 0.1 K 维持时间 150 h
0.1	0.3	0.1 K 维持时间 3 h 0.5 K 时 50 μW
0.8	3.5	1 K 维持时间 30 h

注: 对绝热去磁制冷机制冷能力的描述有多种形式, 不像稀释制冷机有比较统一的标准.

稀释制冷机的设计、搭建和使用更加简便, 而且技术上更加成熟, 通常能实现比电绝热去磁更低的环境温度. 因此, 在以往 ^{3}He 供应不紧张、极低温环境只是服务于少量最前沿极端条件科研的情况下, 稀释制冷机才是实现极低温环境的最佳选择. 因为

³He 制冷机和稀释制冷机均使用了匮乏资源 ³He, 出于对 ³He 供应紧张的预期, 二十一世纪以来, 研发和推广不需要 ³He 的绝热去磁制冷机越来越被重视. 美国、德国、日本等国家对此不仅有科研力量的投入, 而且孵化了商业化的公司. 电绝热去磁制冷机最大的优势就在于可以长久和近乎无限量地服务于需要极低温环境的基础研究和应用. 此外, 常规的电绝热去磁制冷比利用核自旋作为制冷剂的核绝热去磁制冷简单.

常规绝热去磁最大的劣势在于其单次降温的机制和相对较低的制冷功率. 多级绝热去磁制冷是获得持续极低温环境和增大制冷功率的解决方案. 例如, 连续维持的极低温环境无法通过单个绝热去磁制冷过程获得, 但可以通过并联多个交替制冷的绝热去磁单元获得 (见图 4.86(a)); 以此方法搭建的制冷机, 可以取代 ³He 制冷机. 又例如, 串联多个交替制冷的绝热去磁单元, 可以用前级绝热去磁的末态温度作为二级绝热去磁制冷的初态温度以获得更低温的环境, 也可以通过巧妙的设计, 用二级制冷和一级制冷的协同来维持一个持续的极低温环境 (见图 4.86(b)). 串联和并联的结构可以结合使用, 通常并联结构被用于持续获得一个较高的温度, 而串联结构被用于持续获得一个相对较低的温度. 串联绝热去磁结构更加常见. 表 4.12 中的这些商业化设备通常

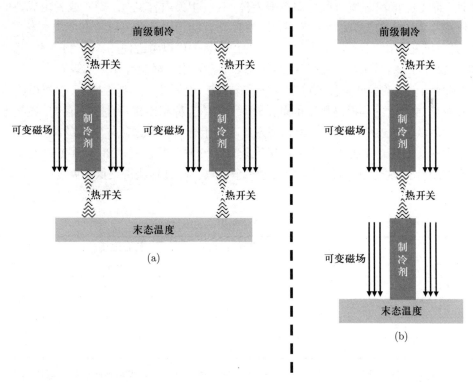

图 4.86 (a) 并联绝热去磁结构与 (b) 串联绝热去磁结构示意图. 串联结构的设计相对简单, 但需要考虑让第一份制冷剂的制冷能力足以覆盖第二份制冷剂等温磁化时所产生的热量. 并联结构看似容易增加制冷单元和制冷功率, 但是需要的热开关更多

为二级或多级的绝热去磁制冷机.

中型的稀释制冷机在 0.1 K 条件下有约 400 μW 的制冷量, 与之对比, 当前的绝热去磁制冷机的低制冷功率对于用户自行设计的复杂实验还不够友好. 原则上, 绝热去磁制冷机的制冷功率可以通过频繁进行绝热去磁过程而增加, 然而即使是提供连续低温条件的多级绝热去磁制冷, 其制冷过程的切换也受到低温实验条件的制约. 例如, 由于制冷剂中可能存在增大导热量的金属, 金属在磁场中产生的热量与磁场升降速度有关. 磁场中金属的发热定性由

$$P_{\text{eddy}} \sim \frac{A}{R} \left(\frac{\mathrm{d}B}{\mathrm{d}t}\right)^2 \tag{4.65}$$

决定, 其中, A 为垂直于磁场的面积, R 为电阻, $\frac{\mathrm{d}B}{\mathrm{d}t}$ 为磁场变化率. 另外, 低温材料的热平衡时间和热开关的切换速度也都影响一个完整绝热去磁过程的完成时间.

与常规单级绝热去磁制冷一样, 绝热去磁制冷单元的组合也应该根据可选择的便利制冷环境综合考虑初态温度. 例如, 多级绝热去磁可以在约 4 K 初始环境的基础上实现, 而 4 K 低温环境可以简单依赖液体 ^{4}He (相关内容见 4.1 节) 或者由成熟的干式制冷技术 (相关内容见 4.2 节) 提供. 2 K 附近的预冷条件可以考虑使用蒸发腔结构 (相关内容见 4.1.2 小节). 400 mK 附近的预冷条件可以考虑使用 ^{3}He 制冷机 (相关内容见 4.3 节). 4.7 节即将讨论的核绝热去磁适合采用稀释制冷作为前级制冷.

原则上, 目前的低温技术可以完全放弃液氦, 仅依靠干式制冷技术、多级电绝热去磁和核绝热去磁去获得最极限的低温环境, 但是这种制冷机目前还不存在, 该技术路线也暂时缺乏足够的实用性. 绝热去磁制冷的组合需要考虑磁体之间的相互干扰, 例如考虑磁体的相对位置以及合适的磁屏蔽方案[4.140,4.141]. 表 4.13 和图 4.87 给出一些制冷剂组合和参数, 人们利用它们通过多个绝热去磁过程获得更低的温度或者稳定的低温环境.

表 4.13　连续绝热去磁的设计例子

制冷剂	末态温度/K	初态温度/K	初态磁场/T	类型
CPA	0.05	0.3	0.5	串联
CPA	0.07	0.32	/	串联
CPA	0.1	0.375	/	串联
CPA	0.1	0.5	0.5	串联
GLF	2.7	4.8	3	并联

注: 以上参数仅说明方案可行性[4.126,4.141,4.142,4.146], 制冷机的实际制冷效果严重依赖其他设计细节. 制冷剂缩写所代表的分子式见 4.6.2 小节. 除了制冷剂的选择, 表中还提供了部分已知的温度和磁场信息.

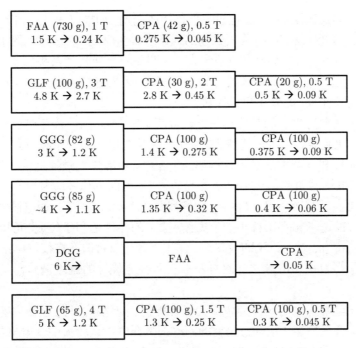

图 4.87 多级制冷以获得更低温度的制冷剂组合例子. 图中参数来自文献[4.126,4.141~4.146]. 制冷机的实际制冷效果严重依赖于其他设计细节. 制冷剂缩写所代表的分子式见 4.6.2 小节. 除了制冷剂的组合方式, 图中还提供了部分已知的制冷剂质量、起始温度和磁体信息

不同的前级预冷条件、绝热去磁单元的组合方式、具体绝热过程中初态磁场和末态磁场的选择、磁体的扫场速率, 以及多种可用的制冷剂使得提供极低温环境的绝热去磁制冷机的设计多种多样. 迄今为止, 服务于极低温环境的多级绝热去磁制冷还没有被广泛接受的成熟设计路线. 对比稀释制冷机, 尽管稀释制冷机的研发历史上也出现过多种创意令人拍案叫绝的技术路线 (相关内容见 4.5.12), 但如今流行的稀释制冷机都采用了相类似的结构. 此外, 制冷剂的候选材料也正在陆续被研究者提出和尝试. 不同来源的多级绝热去磁制冷机的整体框架暂时还无法像稀释制冷机那样统一.

低温制冷设备的发展在经历了 ^{4}He 液化、稀释制冷技术的提出和实现、无液体 ^{4}He 消耗制冷三个里程碑之后, 实现和普及无 ^{3}He 的极低温环境很可能是下一个革新目标, 而多级绝热去磁制冷技术是最现成的解决方案.

4.6.4 绝热去电制冷

电场可以跟磁场一样成为熵调节的可调控外部参量. 等温条件下将电场加到一些固体上能引起熵降低, 于是绝热条件下降低电场则引起固体的温度下降. 这个现象被称为电热效应. 这样的制冷方法被称为绝热去电, 或者被称为电制冷, 以与磁制冷对应.

　　磁场通过自旋改变熵, 电场通过电偶极矩改变熵. 如果将图 4.76 中代表自旋的箭头理解为电偶极矩的方向, 将代表磁场的线条理解为电场, 那么这个图也可以代表绝热去电制冷的原理. 这样的制冷方法早在二十世纪三十年代就被提出了[4.147]. 绝热去电的常见制冷过程与 4.6.1 小节的介绍有所区别, 因为绝热去电这个制冷手段对于目前的低温环境不重要, 此处不再具体讨论.

　　人们目前主要感兴趣的是绝热去电在生活温区中的降温, 而不是优先考虑将其用于低温制冷. 比起需要磁场的绝热去磁制冷, 绝热去电制冷一个吸引人的原因在于电场的产生、调控和屏蔽更加容易. 例如, 绝热去电和绝热去磁都是单次制冷, 而实际操作中, 改变电场的频率远快于改变磁场的频率, 因而电热效应制冷有可能通过高频率变场获得更高的制冷功率. 又例如, 磁场需要的线圈占用空间, 而电场的产生方式简单、不同器件的电场相互干扰小, 所以绝热去电的器件更利于集成, 可以为电池或者芯片提供原位冷却. 以上讨论的效率高、体积小等优点目前都在仅仅停留在理论层面, 缺乏像绝热去磁制冷中的顺磁盐这样易获得且性能优异的制冷剂妨碍了绝热去电制冷的应用.

　　可被用于绝热去电的制冷剂包括大量有机物、陶瓷和晶体, 已研究的大部分制冷剂的工作温区高于室温. 很多被研究的制冷剂是介电常量较大的铁电材料, 包括较易获得的 $BaTiO_3$ 和 $SrTiO_3$ 等. 室温环境的绝热去电, 因制冷效果太差, 例如产生的温差不到 1 K, 故长期以来被认为是从商业角度而言无价值的应用[4.147]. 二十一世纪以来, 绝热去电材料的研究有所发展, 在室温温区的制冷量可达 0.48 K/V, 这些进展引起人们新的研究兴趣[4.148,4.149].

　　二十世纪六十年代绝热去电曾被提议用于低温制冷[4.150]. $SrTiO_3$ 和 $KTaO_3$ 曾被证明可以提供 10 K 附近的制冷能力[4.151,4.152]. 但是, 对比已有的制冷技术, 如果将这两个材料作为制冷剂, 不论是工作温区还是制冷产生的温差都对低温环境的使用者没有吸引力. KCl:OH 单晶曾被用于 1 K 以下的绝热去电尝试. 在 0.7 K 的初始温度和大于 20 kV/cm 的初始电场条件下, 当电场在约 20 ms 内被降至零场时, 该制冷剂可以产生约 0.15 K 的温度差[4.153]. 考虑到这些制冷剂所能实际提供的制冷量和降温过程所存在的技术需求, 这样的温区和温差本身没有实用价值, 但是 20 ms 内的快速降温是其他制冷方式难以提供的, 也许可以满足特定的应用需求.

4.7　核绝热去磁制冷

　　4.6 节介绍的电绝热去磁提供了低于 1 K 环境的制冷手段, 但 ^{3}He 制冷和稀释制冷在出现之后迅速满足了原采用电绝热去磁的绝大部分低温需求. 电绝热去磁被取代的原因在于其工作原理只提供了一个有限的总制冷量, 并不能提供连续的制冷能力, 而且, 其常规制冷剂顺磁盐在低温下的导热能力差也使该制冷方式难以广受欢迎. 目前获得 10 mK 附近温区的首选制冷手段是稀释制冷, 如果实验工作者希望仅依靠氦而获得比稀释制冷更低的温度, 可以使用前文已经介绍过的压缩制冷, 不过该制冷方式能拓展的更低温区的参数空间有限, 也缺乏使用上的便利性. 获得低于稀释制冷温区的最佳手段是核绝热去磁制冷, 它也是当前人类获得极限制冷环境的唯一手段.

在绝热去磁制冷中, 如果参与制冷的对象由原子磁矩变为核自旋, 则制冷方式的名称由电绝热去磁更改为核绝热去磁. 核自旋间的相互作用小于原子磁矩间的相互作用, 因此核自旋体系的内部磁场小、退磁后最终可以获得的末态温度低. 用于制冷的核自旋来自金属, 这也克服了顺磁盐在低温下导热能力差的缺点.

如果不考虑冷原子体系中的绝热去磁, 那么宏观物体的核自旋至少可以被降温到 0.28 nK. 核绝热去磁的结果可以将核自旋体系冷却, 也可以作为制冷手段冷却其他物体. 前者被称为 "nuclear cooling (核降温)", 后者是本节讨论的对象, 被称为 "nuclear refrigeration (核制冷)". 与核自旋能降温到小于 1 nK 对比, 宏观物体本身只能被核绝热去磁降温到 10 μK 数量级, 仅个别非常特殊的宏观材料能被降温到 1 μK 数量级.

核绝热去磁制冷机是展示低温实验技术特点的一个典型例子: 设计上对细节的极高要求和搭建中对错误的极低容忍. 一台可以安置在常规实验室的 "小型" 设备建立了从 300 K 到 1 μK 约 8 个数量级的温度差异, 而最低温环境下的最大漏热量决定了制冷机的极限性能, 于是, 设计和操作上的一个小疏忽可以抵消绝大部分花在制冷和隔热上的努力.

4.7.1 核绝热去磁制冷介绍

绝热去磁制冷的低温极限由自发磁有序的温度决定. 如果我们不再考虑原子磁矩而是仅考虑核磁矩, 磁体系中的相互作用也随着磁矩减小而相应减小, 从而允许制冷过程发生在更低的温度. 以下我们做一个简单的估算, 如果只是考虑最基本的偶极相互作用, 绝热去磁制冷的温度下限与内部磁场 B_{int} 线性相关、与磁矩平方线性相关. 而内部磁场与磁矩有关、与偶极间距的负三次方有关, 于是低温极限与磁矩平方成正比, 与距离负三次方成正比.

核磁矩比原子磁矩小 3 个数量级, CMN 顺磁盐的电子磁矩间距约 1 nm, 铜的磁核间距[4.154] 约 0.3 nm, 当用铜的核自旋替代 CMN 顺磁盐作为制冷剂, 我们预计可以获得小 4 个数量级的温度. 基于以上估算, 如果铜的核自旋替代 CMN 的原子磁矩, 低温的理论极限有望从 1 mK 数量级减少到 1 μK 以内. 常见金属的核自旋有序的温度确实为 1 μK 数量级或更低温度[4.3,4.155,4.156], 远小于表 4.11 中含水顺磁盐的磁有序温度, 这为利用核自旋的绝热去磁获得远低于其他制冷手段的低温环境提供了可能. 戈特 (Gorter) 于 1934 年和库尔蒂 (Kurti) 于 1935 年独立地提出基于核自旋的绝热去磁制冷方法[4.120].

在核绝热去磁技术的应用中, 我们需要讨论许多新细节. 与 4.6 节类似, 我们依然从熵的角度展开对核绝热去磁制冷的讨论. 磁矩的最小单元定义如下:

$$\mu = \frac{e\hbar}{2m}. \tag{4.66}$$

而质子质量与电子质量的比值为 1836. 采用电子质量计算的式 (4.66) 获得玻尔磁子 μ_B, 采用质子质量计算的式 (4.66) 获得核磁子 μ_N. 核磁子的定义采用质子质量仅是出于便利考虑, 实际上质子的磁矩并不等于一个核磁子, 中子的磁矩也并不等于零. 核磁矩比原子磁矩小约 2000 倍, 所以人们常常在不需要讨论原子磁矩时才单独讨论核磁矩. 在 4.6.1 小节的公式计算中, $x = \frac{\mu_B g B}{k_B T}$ (见式 (4.57)) 被频繁使用. 如果用核磁子 μ_N 取代玻尔磁子 μ_B, 在同样的温度和磁场条件下, x 值将变小, 而 S 仅是 x 的函数 (同样见式 (4.57)), 换言之, 熵只是一个包含 B/T 的函数. 虽然自由度来源变化了、相互作用变弱了、制冷温度变低了, 但核绝热去磁的原理与电绝热去磁的原理没有区别, 最重要的结论依然是 $\frac{T_f}{B_f} = \frac{T_i}{B_i}$ (见式 (4.58)), 其中的末态磁场同样需要考虑内部磁场的存在 (见式 (4.59), $B_{\text{eff}} = \sqrt{B^2 + B_{\text{int}}^2}$), 制冷后的理论最低末态温度依然为式 (4.60). 以本节重点讨论的铜为例, 其核自旋体系的内部磁场[4.3] 为 0.36 mT, 低于含水顺磁盐常见的几十 mT 的内部磁场, 因而核绝热去磁不仅可以获得更低的温度, 还可以在退磁前后获得更大的降温比例.

式 (4.63) 在数学形式上依然成立, 但是此时的自由度来自无相互作用的核自旋. 核绝热去磁制冷在常使用的初态磁场条件和预冷温度条件下, 其 x 值是一个小量, 考虑到 x 的取值范围, 熵的表达式可以近似为如下公式[4.3,4.155]:

$$S_N = R \ln (2I + 1) - \frac{\lambda B^2}{2T_N^2}, \tag{4.67}$$

其中, R 为气体常量; I 为核总角动量; B 为总磁场, 与式 (4.59) 的定义相同; T_N 为温度, 准确地说是特指核自旋体系的温度 (相关内容见 4.7.2 小节). 式 (4.67) 中的 λ 并不是通常定义的核居里常量 λ_N, 而采用如下定义:

$$\lambda = \frac{N_A I (I + 1) \mu_N^2 g_N^2}{3k_B}, \tag{4.68}$$

其中, N_A 为阿伏伽德罗常数, μ_N 为核磁子, g_N 为核朗德因子, k_B 为玻尔兹曼常量. 而每摩尔核自旋的比热近似为

$$c_N = \frac{\lambda B^2}{T_N^2}, \tag{4.69}$$

为了后文讨论方便, 此处的熵和比热特意加上下标 N 代表核自旋, 以便于与电子和晶格的熵和比热区分.

对比图 4.79 和比热公式 (见式 (4.69)), 我们可以清晰地看出本节核自旋的各种计算均采用了 B/T 趋近于零那一侧的高温近似, 充分满足核磁矩无相互作用的假设. 这个热能远大于磁能级的间距的假设并不总是很符合事实, 但是对于最常用的制冷剂铜而言是个比较好的近似. 在 4.7.2 小节中我们将基于核自旋熵和比热展开一系列的简单推导, 式 (4.67) 和式 (4.69) 远比式 (4.63) 和式 (4.64) 易于计算和易于获得一目了然的定性结果. 参考图 4.88, 核磁子替代了玻尔磁子后, 同样的初态磁场和初态温度条件下, 核自旋体系等温磁化的熵改变量显著小于电绝热去磁制冷剂的熵改变量. 假如都在 3 mK 或 4 mK 附近等温磁化到 2 T, 核绝热去磁过程得到的熵改变不到 10%, 而电绝热去磁可以获得近乎完整的 $R\ln(2J+1)$ 熵改变.

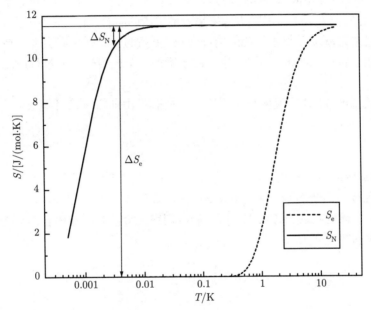

图 4.88 熵温曲线变化示意图. 本图示意核磁子替代了玻尔磁子后, x 值变小的影响. 图中曲线依照式 (4.63) 计算, 取 $B = 2$ T, $g = 2$, $J = 1.5$. 绝热去磁的制冷量与等温磁化后熵改变量有关, 因为核自旋的熵温曲线左移, 核绝热去磁的初始温度需要比电绝热去磁的初始条件更低

1949 年, 利用氟的化合物作为制冷剂的核绝热去磁被实现了, 该尝试[4.157] 的初态温度为 1.2 K, 末态温度为 0.17 K. 1956 年, 库尔蒂利用铜作为制冷剂[4.120,4.158] 从环境温度 12 mK 降温到核自旋温度 2 μK, 但该工作还不能提供测量用的低温环境. 1970 年前后, 具有制冷能力的核绝热去磁制冷机才逐渐出现[4.159,4.160]. 这个制冷手段提供的温度区间对于当时的科研人员而言过于陌生, 以至于早期的搭建者们可能也不太确定该制冷方法可行[4.161]. 二十世纪七十年代之后, 核自旋绝热去磁制冷机的数量陆续增加[4.3,4.84,4.156,4.162], 二十一世纪核自旋绝热去磁制冷机的技术进展主要体现在采用

了干式制冷技术作为预冷手段[4.55,4.163~4.165].

绝热去磁制冷的运行需要三个外界条件: 可连通可闭合的热开关、可调控的外磁场、前级预冷环境. 热开关的连通和闭合两种状态之间的热导比率越大越好, 初态磁场越高越好, 前级预冷温度越低越好. 这个温区下的等温条件和绝热条件切换需要采用超导热开关, 常见工作物质是铝和铟 (相关内容见 5.6 节). 常规实验室为绝热去磁制冷提供磁场的磁体不是永磁体或者电磁铁, 而是性价比高的超导螺线管线圈, 其磁场大小可以简单通过改变流经螺线管的电流值调整 (相关内容见 5.9 节). 核绝热去磁制冷的应用依赖于比电绝热去磁制冷更低的预冷环境, 最常见的前级预冷方式是稀释制冷 (相关内容见 4.5 节). 超导磁体和稀释制冷并不是核绝热去磁制冷仅有的磁体和预冷选择, 也不是最早出现的选择, 但是自从稀释制冷被实现且获得超导螺线圈磁体变得容易之后, 它们就成了核绝热去磁搭建者最常用的组合. 绝热去磁过程中, 因为 B/T 是个常量且末态温度受限于系统的内部磁场, 更高的初态磁场和更低的初态温度可以帮助制冷机获得更低的末态温度, 也有助于增加一个核绝热去磁过程所能获得的总制冷量.

在初始温度 T_i 处等温磁化过程所产生的热量由前级预冷环境吸收, 其热量表达式为

$$\Delta Q = nT_i \Delta S = \frac{n\lambda B_i^2}{2T_i}, \tag{4.70}$$

其中, n 为制冷剂的摩尔数, B_i 为初态磁场. 如果制冷剂由稀释制冷机提供预冷, 而稀释制冷具有持续不断的制冷量, 并且制冷量随着温度增加而增加 (见式 (4.38)), 那么制冷剂可以先被磁化后再被降温. 假设制冷剂在无穷高温时被磁化, 降温过程中由预冷环境吸收的热量变为

$$\Delta Q = \left| n \int_\infty^{T_i} C_N \mathrm{d}T_N \right| = \left| n \int_\infty^{T_i} \frac{\lambda B_i^2}{T_N^2} \mathrm{d}T_N \right| = n\lambda B_i^2 / T_i. \tag{4.71}$$

对比式 (4.70), 可见需要排放的总热量变为 2 倍. 该热负载的增加对于稀释制冷机而言可以被忽略. 如果制冷剂由其他核绝热去磁制冷提供预冷, 则需要权衡该热负载的增加是否值得. 在由液氦提供 4.2 K 预冷的设备中, 磁场的长期维持需要考虑 300 K 到 4.2 K 的高电流引线上的焦耳热, 制冷机使用者有时候需要切换到恒流模式以减少液氦消耗 (相关内容见 5.9 节). 如果基于干式制冷获得约 4 K 的预冷环境, 则使用者不一定需要使用有恒流模式的磁体.

核磁矩比原子磁矩小约 2000 倍, 假如考虑同个数量级的熵改变比例, 利用核自旋的制冷需要的等温磁化初态磁场和初态温度之比需要比常规的电绝热去磁高约 2000 倍. 常规实验室能获得的磁场多年来在数量级上没有显著增加, 性价比较高的磁体不超过 10 T, 因为最高磁场由超导螺线管的线材决定. 我们把稀释制冷的最低工作温度估计为 10 mK, 如果以这个比较理想的参数作为初态温度, 核绝热去磁等温磁化时的

B/T 比例仅能少量改变核自旋体系的熵. 例如, 10 mK 下等温磁化铜至 6 T, 其核自旋的熵改变比例[4.155] 仅为 5% . 因此, 比稀释制冷更低的预冷条件才能充分发挥核绝热去磁的制冷能力. 与之对比, 电绝热去磁可行的初态温度和初态磁场约为 1 K 和 1 T 的数量级.

增加制冷量的方法包括使用更高的初态磁场、更低的初态温度和增加制冷剂的量. 将磁体运行在更低的温度, 我们可以获得更大的临界磁场 (相关内容见 5.9 节). 例如, 磁体通常与约 4 K 环境热连接 (如液氦或干式二级冷头), 但是磁体也可以由 1 K 盘和蒸馏室盘提供制冷能力 (相关特征温度盘的介绍见图 4.66). 虽然核绝热去磁最易得的前级预冷环境来自稀释制冷, 由另外一个核绝热去磁制冷预冷能显著降低等温磁化的初态温度 (相关内容见 4.7.6 小节). 另外一个原理简单但同样难以做到的增加制冷量的办法是增加制冷剂的摩尔数 n. 以铜为例, 作为制冷剂时, 其摩尔数通常在 10 mol 至 100 mol 之间[4.3,4.166], 使用更大数量级的铜作为制冷剂将使设备搭建过程和制冷操作过程难度更高.

当前的核绝热去磁制冷技术至少可以提供 12 μK 的低温环境 (见图 4.89). 如果不依赖液氦提供 4.2 K 预冷, 目前温度最低的干式设备可以获得 90 μK 的低温环境. 核绝热去磁温区的温度测量非常困难, 3.2 节和 6.10.2 小节有简单的介绍. 除了温度区间特殊, 核绝热去磁制冷机还额外受到了退磁磁场变化的影响. 许多温度计的读数与磁场大小有关, 而使用者通常只有零场下的校正数据, 因此在设计中提前规划出一个到两个低磁场区域是值得的, 以便于在制冷剂附近安置温度计. 不同金属块之间的机械

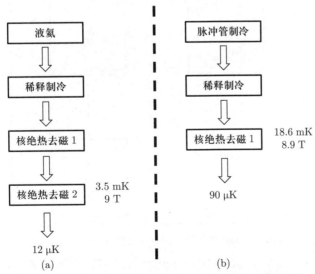

图 4.89　(a) 液氦预冷和 (b) 干式预冷的核绝热去磁制冷机的低温极限例子. 图中参数来自文献 [4.55, 4.167]. 本图仅展示约 4 K 及以下制冷方式的设计框架. 图中除了提供末态温度, 还提供了最后一次核绝热去磁的初态磁场和初态温度信息

连接也应该被放在这种低场区域, 以减少磁场对边界热导的影响. 核绝热去磁制冷机结构复杂、温度梯度大, 因此有大量的细节需要被关注, 在所有的特征温度盘上都安置温度计是值得的, 这有助于制冷机搭建者和使用者尽量全面地监控设备运行情况. 以图 4.89 中的干式设备为例[4.55], 其稳定运转时固定保留十二个温度计, 安置于十个不同位置.

4.7.2   核绝热去磁制冷中的温度

在本书之前绝大部分讨论中, 制冷机的环境温度统一用 T 表示. 对制冷剂, 如 ^{4}He、^{3}He、^{3}He–^{4}He 混合液、顺磁盐等, 我们并没有刻意区分其中声子、电子和核自旋在温度上的差异. 然而, 对于核绝热去磁制冷, 我们必须分开讨论极低温环境下数值不等的多个温度. 核绝热去磁之后的最低温度出现在核自旋体系, 它远低于制冷剂本身的电子和晶格温度; 这三个温度与测量样品的关系总结于图 4.90. 本小节简单的定性

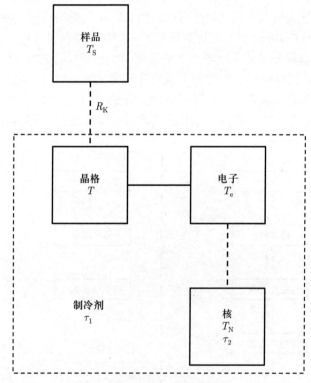

图 4.90   核绝热去磁制冷中涉及的四个温度的定义和关系示意图. 核自旋为冷源, 此处温度为核自旋温度 T_N, 自身平衡时间为 τ_2. 制冷剂晶格通过电子与核自旋热平衡, 三者的平衡时间为 τ_1. 制冷剂晶格温度为实际意义上的环境温度 T, 电子温度记为 T_e. 大部分情况下, 如果样品不是导体, 或者导体样品不直接短路制冷剂, 则样品通过声子导热, 样品温度为 T_S. 样品和制冷剂之间有显著的温度差. 此图可与图 6.29 对照

结论是: 核自旋温度 T_N <电子温度 T_e = 晶格温度 T < 样品温度 T_S. 请注意, 此结论仅针对核绝热去磁制冷, 对于常规的电输运测量, 该结论不成立 (相关内容见 6.2 节). 对于测量, 我们通常关心样品温度 T_S 或者样品的电子温度 (本小节未讨论); 对于一台制冷机, 我们通常关心晶格温度 T. 具体到核绝热去磁制冷机, 我们真正关心的是制冷剂的电子温度 T_e.

1. 核自旋温度

核自旋存在一个独立的温度, 此处称之为 T_N. 式 (4.67) 和式 (4.69) 计算的对象是核自旋, 退磁导致核自旋体系温度 T_N 降低. T_N 由初态温度、初态磁场和末态有效磁场决定, 受限于制冷剂的内部磁场. 核自旋体系的平衡时间被称为自旋 – 自旋弛豫时间 τ_2. 对于金属, 核自旋的热平衡时间非常短 (见表 4.14), 远远小于常规测量的时间, 我们可以认为核自旋的温度随着磁场同步改变.

表 4.14　部分金属的自旋 – 自旋弛豫时间 τ_2

	铌	铝	铟	铜	铂	银	PrNi$_5$
τ_2/ms	0.02	0.03	0.1	0.15	1.0	10	< 0.01

注: 数据来自文献 [4.3] 的整理.

2. 电子温度与晶格温度

核自旋与晶格通过电子进行热量传递. 虽然电子和晶格之间也存在温差, 核绝热去磁制冷中不需要区分电子和晶格之间的温差, 核自旋、电子和晶格的平衡统一由自旋 – 晶格弛豫时间 τ_1 表征. 晶格中声子与电子的热平衡来自电声子散射, 在声子波长远小于电子平均自由程的前提下, 电声子之间的热量传递功率如下:

$$\dot{Q} = \Sigma V(T^5 - T_e^5), \tag{4.72}$$

其中, 电声子耦合系数 Σ 的数值参考表 4.15, V 为体积[4.168]. 而在声子波长远大于电子平均自由程的前提下, 式 (4.72) 中的五次方根据缺陷性质不同更改为一个大于三次方的贡献, 通常为四次方或者六次方, 低温下更可能是六次方[4.169]. 声子的波长可以通过能量估计[4.168]:

$$\lambda_{ph} = \frac{h v_s}{k_B T}, \tag{4.73}$$

其中, v_s 为声速, 金属中的数值约为 3000 m/s 至 5000 m/s. 在核绝热去磁关心的 mK 温区, 声子波长约为 0.1 mm 数量级. 尽管很多实验在声子波长大于电子平均自由程的区间开展, 但是实验结果与式 (4.72) 吻合得较好 (见表 4.15).

金属在核绝热去磁温区的电子比热远大于晶格比热, 因为晶格比热与温度成三次方关系 (相关内容见 2.1.2 小节). 在图 4.90 的四个体系中, 环境温度决定了晶格比热, 它远远小于核自旋、电子和样品的比热贡献, 因此在此小节的分析中, 我们默认制冷剂晶格与电子的温差远远小于电子与核自旋的温差. 通常来说, 制冷剂晶格与电子的温差在核去磁制冷机中也远远小于晶格与样品的温差. 针对核绝热去磁的制冷剂, 我们接下来将认为晶格温度 T 与电子温度 T_e 一致, 以便于讨论电子温度与核自旋温度的差异. 6.2 节将讨论测量对象的晶格温度和电子温度的温度差.

表 4.15 部分材料电声子耦合系数的实验结果

材料	温区/mK	$\Sigma/[\mathrm{W}/(\mathrm{m}^3 \cdot \mathrm{K}^5)]$
铜	$25 \sim 320$	2×10^9
银	$50 \sim 400$	0.5×10^9
金	$80 \sim 1000$	2.4×10^9
铝	约 100	约 0.2×10^9
钛	$500 \sim 800$	1.3×10^9

注: 数据来自文献 [4.168] 的整理.

在有不同来源的实际漏热的情况下 (相关内容见 4.7.5 小节), 制冷剂电子温度和晶格温度远高于核自旋温度. 一个合理的核绝热去磁制冷不仅应该考虑核自旋的温度, 更应该考虑电子和晶格的温度. 例如, 核自旋本身的温度曾被降到 50 nK, 而此时的电子温度[4.156,4.170] 仅为 50 μK. 又例如, 银的核自旋温度[4.171] 被降到约 0.5 nK, 铑的核自旋温度[4.172,4.173] 被降到小于 0.1 nK, 实测至少低达 0.28 nK, 而银和铑仅方便降低核自旋温度, 并不容易降低自身和样品的电子温度. 如果不考虑对宏观对象的制冷, 而是单纯考虑获得一个极低的温度, 冷原子体系中的自旋还可以通过核绝热去磁的方法[4.174] 被降温到 50 pK. 本书主要关注能对宏观物体提供一个低温环境的制冷方式, 以下内容重点讨论电子、晶格和样品真正能获得的低温环境, 而非核自旋系统本身的温度.

制冷剂的电子和晶格需要先被核自旋降温, 再为其他宏观对象提供制冷能力. 极低温条件下的核自旋、电子和晶格三者的平衡时间 τ_1 远远大于 τ_2, T_e 和 T_N 之间存在显著的温度差. 金属的自旋 – 晶格弛豫时间 τ_1 满足如下规律:

$$\tau_1 T_e = \kappa, \tag{4.74}$$

其中, T_e 为电子温度, κ 为科林格 (Korringa) 常量[4.175]. 针对热能远大于磁能级间距的情况, 式 (4.74) 的规律可以通过如下物理图像定性理解: 晶格通过电子实现与核自旋的热平衡, 因为核自旋的磁能级间距小于热运动的能量, 热平衡的效率依赖于费米面附近的电子数量, 这部分电子的数量与电子的温度 T_e 成正比, 因此自旋 – 晶格弛豫时间 τ_1 与电子的温度成反比.

对于任意温度和磁场, 铜的 τ_1 通用表达式[4.3] 为

$$\tau_1 = \frac{2\kappa k_B}{\mu \mu_N B} \tanh\left(\frac{\mu \mu_N B}{2 k_B T_e}\right), \tag{4.75}$$

其中, μ 为核磁子 μ_N 的系数. 以铜为例, 其自旋 – 晶格弛豫时间随磁场和随温度的变化关系见图 4.91 和图 4.92. 铜的 τ_1 在 10 mK 时是 100 s 的数量级, 其电子和晶格可以在合理的实验时间内热平衡. 对于另一个重点讨论的核绝热去磁制冷剂 PrNi$_5$, 它温度高于 2 mK 时的热平衡时间[4.176] 小于 1 min. 与之对比, 绝缘体的 τ_1 以天或者周为单位, 超过了实验工作者可以容忍的正常范围[4.84]. 因此, 核绝热去磁的制冷剂只可能使用金属.

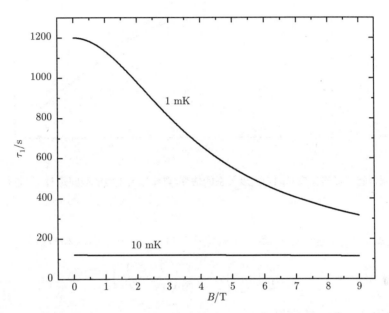

图 4.91　铜自旋 – 晶格弛豫时间与磁场关系的估算. 热能远大于磁能级间距时, τ_1 近似与磁场无关

在式 (4.74) 的定义中, κ 与温度无关, 但它还是磁场的函数, 它在外部磁场接近内部场时的经验公式记为

$$\kappa\left(B\right) = \kappa_0 \frac{B^2 + B_{\text{int}}^2}{B^2 + \alpha B_{\text{int}}^2}, \tag{4.76}$$

α 为依赖于具体相互作用的系数, 数值在 2 至 3 之间. 定性的结论就是磁场的存在使 κ 值增加, 例如铜在 56 mT 时的 κ 值为 1.2 K·s[4.166], 在 10 mT 时的 κ 指为 1.1 K·s, 而在 0 T 时的 κ 值[4.84] 为 0.4 K·s. 图 4.91 和图 4.92 的计算采用的是约为 10 mT 磁场下的 κ 值. 考虑到实际参数区间, 科林格常量 κ 随磁场的变化关系不需要在核绝热去磁制冷中被仔细讨论. 例如, 由于实际情况中肯定存在的外界漏热 (相关内容见 4.7.5 小节), 退磁后的末态磁场一定远大于内部磁场, 通常在 10 mT 附近.

以下我们在认为 κ 与温度和磁场无关的简化条件下讨论外界热源对电子温度 T_e

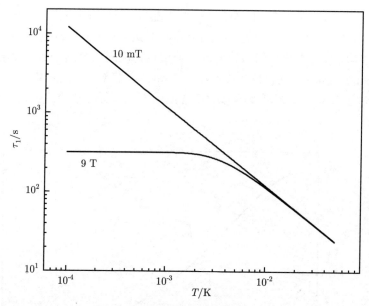

图 4.92　铜自旋 – 晶格弛豫时间与温度关系的估算. 热能远大于磁能级间距时, τ_1 近似与温度成反比

和核自旋温度 T_N 的影响. 自旋 – 晶格弛豫时间 τ_1 与电子温度和自旋温度的关系为

$$\frac{\mathrm{d}}{\mathrm{d}t}\left(\frac{1}{T_N}\right) = -\frac{1}{\tau_1}\left(\frac{1}{T_N} - \frac{1}{T_e}\right), \tag{4.77}$$

代入简化的式 (4.74), 我们得到

$$\frac{\mathrm{d}T_N}{\mathrm{d}t} = \frac{T_N}{\kappa}(T_e - T_N). \tag{4.78}$$

核自旋体系经历绝热去磁之后, 对外的制冷能力体现为

$$\frac{\mathrm{d}Q_N}{\mathrm{d}t} = \frac{\mathrm{d}Q_N}{\mathrm{d}T_N}\frac{\mathrm{d}T_N}{\mathrm{d}t}. \tag{4.79}$$

而 $\dfrac{\mathrm{d}Q_N}{\mathrm{d}T_N}$ 为热容的定义, 归一化之后的摩尔比热等于 c_N (见式 (4.69)), 这里把 $\dfrac{\mathrm{d}Q_N}{\mathrm{d}t}$ 记为 $\dot{Q}_N$, 结合式 (4.78), 我们得到如下公式:

$$\dot{Q}_N = \frac{n\lambda B^2}{T_N\kappa}(T_e - T_N), \tag{4.80}$$

$$\frac{T_e}{T_N} = \frac{\dot{Q}_N\kappa}{n\lambda B^2} + 1, \tag{4.81}$$

其中, n 为制冷剂摩尔数, 因为我们接着将开始讨论真实系统的漏热, 所以不再采用归一化的比热. 如果外界对电子和晶格的漏热量记为 $\dot{Q}$, 它可以被近似为电子对核自旋体系的漏热 $\dot{Q}_{\mathrm{N}}$. 核自旋的温度为常量并且由式 (4.58) 决定, 即 T_{N} 为公式中的末态温度 T_{f}, 而公式中的初态磁场 B_{i} 和初态温度 T_{i} 在此计算中为确定的值, 公式中的末态磁场 B_{f} 就是我们这里讨论的磁场 B, 于是我们可以得到

$$T_{\mathrm{e}} = \left(\frac{\dot{Q}\kappa}{n\lambda B^2} + 1 \right) \left(\frac{T_{\mathrm{i}}B}{B_{\mathrm{i}}} \right) = \left(\frac{T_{\mathrm{i}}}{B_{\mathrm{i}}} \right) \left(\frac{\dot{Q}\kappa}{n\lambda B} + B \right), \qquad (4.82)$$

此时在给定外界漏热量不变的假设下, 电子温度关于磁场 B 存在极小值[4.64], 它出现在如下磁场中:

$$B_{\mathrm{optimum}} = \sqrt{\frac{\dot{Q}\kappa}{n\lambda}}. \qquad (4.83)$$

将上式代入回式 (4.82), 对于任意外界漏热量, 最佳绝热去磁条件满足

$$T_{\mathrm{e,minimum}} = 2T_{\mathrm{N}}, \qquad (4.84)$$

电子温度和核自旋温度随磁场的变化关系见图 4.93. 我们继续从式 (4.80) 出发, 核自旋体系和电子体系之间的热阻 R_{Ne} 为

$$R_{\mathrm{Ne}} = \frac{\Delta T}{\dot{Q}_{\mathrm{N}}} \sim \frac{\kappa}{\lambda}. \qquad (4.85)$$

该热阻正比于科林格常量 κ. 从这里我们可以看出, 对于核绝热去磁的制冷剂, 为了获得更低的电子温度, κ 越小越好, λ 越大越好.

3. 样品温度

最后, 我们讨论本小节第四个温度: 样品温度. 人们习惯用制冷机的环境温度去描述测量对象的实验条件, 然而, 在极低温条件下, 样品与环境之间有温差是常见的现象. 除非实验对象是制冷剂本身, 否则其温度跟制冷剂的温度不会一致. 如图 4.90 的示意, 在核绝热去磁制冷中, 核自旋的温度需要通过电子和晶格传递到实验对象上. 绝缘体样品与金属制冷剂之间的温度平衡远比上文的讨论更加复杂 (见 2.3 节). 当样品是金属时, 其原则上可以与制冷剂直接电接触, 不再依赖声子导热, 但代价是样品与设备之间的电短路. 当对极低温下的实验测量数据绘图时, 测量者需要谨慎地以温度计的读数作为坐标轴.

在极低温下被测量的对象中, 液体和固体 ${}^3\mathrm{He}$ 非常特殊. ${}^3\mathrm{He}$ 有丰富的物理内涵, 本身就是一个极为重要的研究体系. ${}^3\mathrm{He}$ 可以在低温下才形成液体或者固体样品, 与多孔的金属烧结物接触时, 可通过增加接触面积以增加界面导热能力[4.177], 从而作为一个传热介质帮助其他测量对象降温. 以下我们以一些有关 ${}^3\mathrm{He}$ 的研究作为例子, 介绍样品温度与制冷机温度之间的差异.

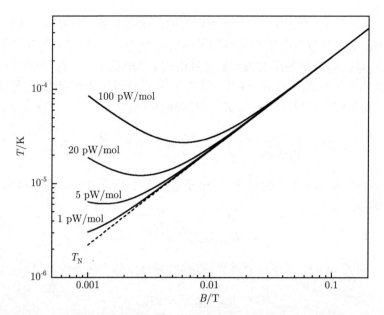

图 4.93　电子温度和核自旋温度随磁场的变化关系示意图. 等温磁化的初态温度 20 mK、初态磁场 9 T. 图中四条电子温度的曲线对应了四个不同漏热条件: 100 pW/mol、20 pW/mol、5 pW/mol 和 1 pW/mol, 这些参数乘以制冷剂摩尔数为总漏热. 退磁时的末态磁场不应该小于 $\sqrt{\dfrac{Q\kappa}{n\lambda}}$. 由于我们需要考虑退磁后的平衡时间, 实际退磁获得的温度总是高于此图提供的计算值. 本图还提供了核自旋的理论温度以供对比, 可以看到: 退磁过程中, 随着磁场降低, 电子温度将逐渐偏离核自旋温度

　　核绝热去磁制冷机搭建困难、没有方便的商业化方案, 利用核自旋制冷开展的极低温实验测量在科研方向上依照搭建者的兴趣而多种多样. 在核绝热去磁制冷机研发的历史上, 大量极低温设备的搭建者具备氦物理相关的工作经历, 于是氦成为了核绝热去磁制冷环境中的常见研究对象. 我们从 ^{3}He 的研究历史和核绝热去磁制冷出现的时间也可以猜测, ^{3}He 曾是核绝热去磁温区最重要的研究对象. 例如, 超流 ^{3}He 显然是这个温区值得关注的物理现象[4.178], 利用 ^{3}He 超流现象构建的新实验体系也允许人们探索许多有趣的问题[4.179]. 从另一个角度上看, 超流 ^{3}He 的发现让核绝热去磁制冷的技术研发变得重要和紧迫[4.162]. 1972 年, ^{3}He 超流现象的观测利用了压缩制冷, 而仅在十年时间之内, 至少有十一个课题组独立地利用核绝热去磁制冷将 ^{3}He 降温到 1 mK 以下 (见表 4.16). 考虑到核绝热去磁制冷机的搭建和 ^{3}He 实验装置的安置都需要可观的时间, 表 4.16 体现了当时一批极低温实验工作者对 ^{3}He 的研究热情. 二十一世纪, 氦也依然是核绝热去磁温区的研究对象[4.180~4.183].

　　从表 4.16 不同制冷机的降温结果上看, 即使是相对容易降温的 ^{3}He, 二十世纪七十年代的降温效果也仅停留在几百 μK. 1984 年, ^{3}He 曾在核绝热去磁制冷机中[4.184,4.185]

被降温到约 100 μK. 固体 ^{3}He 可能因为额外压力的存在增加了热接触的效果[4.186,4.187], 曾被降温到 34 μK.

表 4.16 部分对 ^{3}He 的降温尝试

时间	^{3}He 温度/mK
1976	0.31
1978	0.41
1978	0.4
1978	0.38
1978	0.35
1978	0.34
1979	0.48
1979	0.4
1980	0.39
1980	0.22
1981	0.7

注: 本表格信息来自文献 [4.162] 的整理. 参与搭建制冷机的单位包括了康奈尔大学、贝尔实验室、位于格勒诺布尔的极低温研究中心、加利福尼亚大学圣迭戈分校、加利福尼亚大学伯克利分校、西北大学和俄亥俄大学等学校和机构.

如今的极低温环境已经被常用于 ^{3}He 之外的多种实验体系, 不过宏观物体非常难被降温到 1 μK 以内. 曾有实验将宏观物体降温到 1.5 μK, 但是降温对象很特殊, 是导电性好、热平衡快的铂[4.188]. 其他样品的降温比 ^{3}He 更困难, 这些需要利用极低温环境的问题包括了分数量子霍尔效应[4.189,4.190]、0.5 mK 附近铋超导现象的寻找[4.191] 和 1 mK 附近 YbRh$_2$Si$_2$ 超导相关的研究[4.192]. 对于这类最常见的电输运实验, 测量温区跟 ^{3}He 实验温区相比还有明显的温差, 因为实验对象不该与作为制冷剂的金属短路, 所以决定电输运性质的电子的降温是困难的 (更多讨论见 6.1 节和 6.2 节). 在一台环境温度 0.5 mK 的核绝热去磁制冷机中, 分数量子霍尔效应的研究中实际测到的电子温度[4.193] 为 4 mK, 绝大部分实验室无法获得如此低的电子温度.

莱格特在 1978 年提出的低温实验动机 ("prospect of exotic new phases, of observing macroscopic vacuum quantum tunnelling and of amplifying the ultra–weak interactions postulated in particle physics", 意为: 对奇异的新物相、对宏观真空量子隧穿的观测, 以及对放大粒子物理中预言的、特别弱的相互作用的期待)[4.194], 今日看来依然还有道理. 更低温度下的新探索总时不时给人们带来惊喜, 新的核绝热去磁制冷机依然陆续出现, 人们还是愿意为极低温环境的研究付出精力和时间.

4.7.3 常规制冷剂

根据 4.7.1 小节对核绝热去磁制冷原理的讨论, 我们可以定性地认为好的制冷剂

的 λ 值和 I 值 (见式 (4.67)) 越大越好, 以获得尽量大的熵改变量和比热, 然而这两点只是对制冷剂的表面需求. 洛纳斯马 (Lounasmaa) 总结了核绝热去磁制冷剂应该具备的五个特点[4.84]: λ 值大、κ 值小、末态磁场下不是超导体、导热能力好、加工和冶炼方便. 本小节在综合考虑各种实际因素的前提下讨论适合核绝热去磁的制冷剂.

1. 制冷剂对比

低温下较常见的材料中, 贵金属的 λ 值都很小 (见表 4.17), 铜、铝、铟、铌等元素有比较可观的 λ 值. 考虑了合理的初态温度和初态磁场之后, λ 值和 I 值体现为熵改变量, 所以它们是影响制冷量的关键参数. 表 4.18 总结了部分材料在 15 mK 的初态温度和 3 T 初态磁场下的熵值改变, 该数值与制冷量密切相关. 实际低温设备对于空间的要求比对总质量的要求更加苛刻, 所以单位体积下的熵改变值是最有意义的对比参数. 每单位体积制冷剂中的核自旋熵变化值越大, 该材料越适合被作为制冷剂. 因为核绝热去磁制冷的工作原理和工作温区, 核自旋的制冷能力需要通过制冷剂的电子或者晶格向样品传递 (相关内容见 4.7.2 小节), 因而制冷剂必须具备极低温下的良好导热能力, 只有金属和 ^{3}He 等个别绝缘体符合这个条件. 铂、银和金虽然导热能力好, 但是在绝热去磁过程中能提供的制冷量过低.

表 4.17   部分低温常见材料的 λ 值和 I 值

材料	Nb	In	Al	Cu	Pt	Ag	Au	PrNi$_5$
$\lambda/[\mu J \cdot K/(mol \cdot T^2)]$	17.2	13.8	6.88	3.22	0.134	0.016	0.013	1418
I	9/2	9/2	5/2	3/2	1/2	1/2	3/2	5/2

注: 表格中的数值整理自文献 [4.3]. PrNi$_5$ 的 λ 值考虑了 4.7.4 小节即将讨论的超精细增强效应. 由此表可见, 虽然银的自发核有序温度非常低[4.195], 仅为约 500 pK, 但是不适合成为核绝热去磁的制冷剂.

金属经历超导相变后, 导热能力迅速下降 (2.2.2 小节), 表 4.18 中除了铜和铂之外的其他金属都是超导体, 零磁场下导热能力不适合核绝热去磁制冷. 原则上超导制冷剂可以在临界磁场之上工作以维持正常金属态, 但是临界磁场的存在影响了绝热去磁后末态磁场的大小, 限制了末态磁场和初态磁场的比例 B_f/B_i, 即影响了足够低的末态温度的获得. 例如, 铟曾被用于核绝热去磁, 仅获得约 1 mK 的温度[4.159]. 另外, 超导态的存在也不利于设备平时的使用: 超导制冷剂需要长期维持高于临界磁场的外场, 否则超导相变之后, 制冷剂的日常升降温极为缓慢, 这影响了设备的实用价值.

^{3}He 的热导率虽然在 100 mK 下随温度下降而增加 (见图 1.45), 是一个良好的低温传热介质, 但是 ^{3}He 并不适合作为核绝热去磁的制冷剂. 1 cm^3 的液体 ^{3}He 在低温下的热容接近于约 5 dm^3 的铜, 如果简单地按表 4.18 考虑体积归一后的熵改变值的话, 所使用的 ^{3}He 对前级预冷的制冷量需求远远超过了对铜的冷却需求. 此外, ^{3}He 价格昂贵 (相关内容见 4.3.5 小节), 而且生长 ^{3}He 样品需要搭建低温管道和室温气路 (相

关内容见 5.10.1 小节以及图 6.61 和图 6.62). 因为 ^{3}He 的费米特性, ^{3}He 的熵与温度还有一个线性关系 (参考式 (1.31)), 不过这部分熵随温度的改变远小于核自旋熵随温度的改变, 我们并不是因为这个原因不选择 ^{3}He 作为制冷剂.

表 4.18　以铜归一化的核自旋熵变化数值

材料	熵变化量	熵变化的体积归一	超导相变	
	以 1 mol 铜为基准单位	以 1 cm^3 铜为基准单位	温度/K	磁场/mT
Cu	1	1	无	无
Nb	5.37	3.52	9.26	195
In	4.33	1.96	3.42	29.3
V	3.95	3.31	5.3	102
Al	2.15	1.54	1.17	9.9
^{3}He	1.58	0.47	无	无
Tl	0.90	0.37	2.39	17.1
Pt	0.04	0.03	无	无

注: 等温磁化的条件为 3 T 初态磁场和 15 mK 初态温度, 数值计算自文献 [4.124]. 超导相关参数来自文献 [4.196], 与表 2.17 中的数值为不同来源 (本书刻意收录了不同来源的超导相变温度). 铜是核绝热去磁制冷中最主要的制冷剂, 因此本表以它的参数作为对照值. 表格中的 ^{3}He 指固体 ^{3}He.

由于核自旋的熵改变需要通过电子和晶格影响外界环境, 除了制冷剂的电子和晶格的导热能力需要尽量强之外, 制冷剂的自旋 – 晶格弛豫时间 τ_1 也需要尽量短, 以获得尽量快的热平衡. τ_1 可以通过式 (4.74) 估算, 表 4.19 比较了几种材料的科林格常量 κ. 更多关于科林格常量的讨论见 4.7.2 小节. 铜在 1 mK 的平衡时间为 1000 s, 属于实验工作者可以耐心等待的时间尺度. 跟热学有关的实验, 常对制冷机使用者的吃苦耐劳精神提出额外需求, 因为一个完整实验的周期长, 具体实验中, 使用者难以严格按照每天的生活周期规律地安排测量. 铟如果被用于核去磁制冷, 一个优点是其科林格常量 κ 是铜的约 10 倍[4.159]. 铂不是一个好的制冷剂, 但是其短暂的自旋 – 晶格弛豫时间 τ_1 让它成为一个极好的 1 mK 以内的温度计 (相关内容见 3.2.5 小节). 1 mK 时铂的热平衡时间[4.124] 仅为 30 s.

表 4.19　部分低温常见材料的科林格常量比较

材料	Pt	In	Cu	Al	Ag	PrNi$_5$
$\kappa/(\mathrm{K \cdot s})$	~ 0.01	~ 0.1	~ 1	~ 1	~ 10	< 0.001

注: 数据来自文献 [4.3, 4.124], 因为 κ 也是磁场的函数, 因此此处仅简单给出数量级.

2. 作为核绝热去磁制冷剂的铜

基于以上的讨论, 铜是核绝热去磁最合理的制冷剂. 铜的内部场为 0.36 mT, 这便于退磁后建立足够小的末态磁场和初态磁场的比例 B_f/B_i. 铜的自发核有序温度约为 60 nK, 可为核绝热去磁制冷提供足够低的末态温度[4.195]. 铜的有效 g 因子[4.84] 为 1.5. 铜在不同温度下的熵温曲线可参考图 4.94. 在实验室比较容易获得的等温磁化条件下, 铜的熵改变量常不到 10% (见图 4.95), 与其说铜作为制冷剂不够理想, 不如说稀释制冷技术和当前实验室常规磁体不足以完全发挥铜的制冷效果. 基于这个原因, 以铜作为最终制冷剂的多级核绝热去磁可以提供更好的极低温环境 (相关内容见 4.7.6 小节).

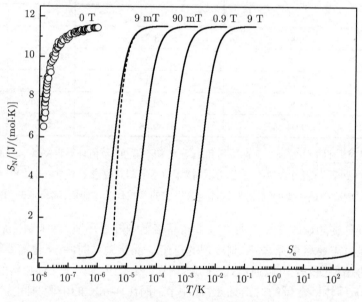

图 4.94   铜核自旋的熵随温度的变化关系. 0 T 的空心圆圈来自实验数据[4.197], 实线是基于式 (4.63) 的估算, 9 mT 的虚线是基于式 (4.67) 的估算. 式 (4.67) 只适用于熵值接近饱和值时, 但是它的形式简单, 便于进行公式推导, 并且通常实验中初态温度和初态磁场仅少量改变铜的熵, 见图 4.95. 图右下侧曲线为铜的电子熵, 在核绝热去磁温区可以完全不考虑

地球上的铜有两种同位素, 分别为丰度 69.15% 的 ^{63}Cu 和 30.85% 的 ^{65}Cu. 这两个比例并不是严格不变的, 例如, 海洋和矿物中的 ^{65}Cu 比平均数多, 而土壤中的 ^{65}Cu 比平均数少. ^{63}Cu 和 ^{65}Cu 的核自旋都是 3/2, 它们的自旋 – 晶格弛豫时间 τ_1 都非常接近, 因此在核绝热去磁制冷中没必要特意区分. 作为制冷剂的铜常采用高纯铜, 搭建者在有条件的情况下值得采用 6N (99.9999%) 的高纯铜. 5N 的高纯铜价格便宜, 也可以被用于被搭建核绝热去磁制冷机[4.55]. 更常见的无氧铜 (特指 OFHC) 不适合被用于搭建核绝热去磁制冷机. 关于铜的性质讨论请参考 2.8.1 小节.

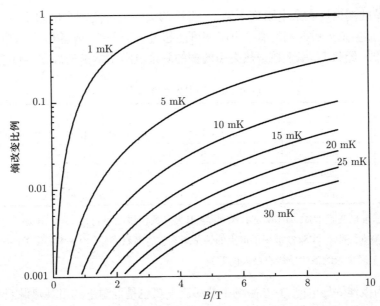

图 4.95 铜在指定温度下磁化后的熵改变比例示意图. 纵轴数值对给定温度下的系统最大熵变值归一化. 本图曲线依照式 (4.63) 计算, 仅能定性说明问题. 一些特征等温磁化参数和熵改变量供读者参考: 10 mK 等温磁化至 6 T, 铜熵改变比例仅为 5%[4.155], 15 mK 等温磁化至 8 T, 铜熵改变比例仅为 4%[4.176]

作为制冷剂的铜需要在低压强的氧气环境中退火, 退火减少了缺陷和铜中氢含量, 氧化了铜中的部分杂质. 首先, 随着温度增加到 400 °C 至 500 °C, 铜晶格中的缺陷减少, 从而电子的平均自由程增加, 导热能力增加. 需要指出的是, 缺陷减少后的铜更软, 但多次形变后的铜变硬且缺陷再次增加. 其次, 铜中的杂质氢在降温后的正氢 – 仲氢转化是内部放热的重要来源 (相关讨论见 4.7.5 小节和 1.5.1 小节). 最后, 铜中的杂质通常有锰、铬、铁、镍, 退火可能可以去除铜中的磁性杂质, 这个过程被称为钝化, 钝化过程并不减少杂质含量. 氧在约 900 °C 至 1000 °C 温度区间氧化了 Fe 等杂质, 从而减少了磁散射、增加了热导, 也减少了杂质产生的磁场. 不过, 有研究发现退火后的金属平衡时间增加了, 因为磁性杂质也帮助了自旋和晶格之间的热平衡[4.156]. 对于 7N (99.99999%) 的铜, 有研究发现退火反而影响了铜的低温导电能力[4.156].

退火条件依各个搭建者的经验和实际使用装置的尺寸、温度梯度和真空度的不同而有差异. 退火过程依赖氧气的存在, 因而好一些的真空加上少量氧气, 或者差一些的真空都是可用的退火条件. 制冷剂不适合采用无氧铜而更适合采用 5N 或 6N 高纯铜, 其中一部分原因是退火过程对氧气有需求. 部分曾报道过的退火条件可参考表 4.20, 需要强调的是, 退火效果也跟升温降温的过程有关、跟炉内杂质成分有关. 我们可以依据铜的剩余电阻率 (RRR) 评价退火的效果, 或者凭经验由铜表面观测到的晶界判断. 质量差的铜也许剩余电阻率不到十, 直接购买的铜可能剩余电阻率为几十或者偶尔上百, 高质量退火后的铜的剩余电阻率可能超过一千[4.167] 或者几千[4.197], 也可能只有几百[4.176]. 经验上, 用于核绝热去磁的铜的剩余电阻率常被选择在四百至一千之间.

表 4.20　铜退火条件举例

铜	温度/°C	其他条件
6N	950	37 h、1×10^{-3} mbar 的 O_2 和 50 h、5×10^{-4} mbar 的 O_2
5N	1000	12 h、2×10^{-6} mbar 的空气和 50 h、1×10^{-5} mbar 的 O_2
6N	960	20 h、1.3×10^{-4} mbar 的 O_2
5N	950	60 h、1×10^{-3} mbar 的空气

注: 数据来自文献 [4.55, 4.167, 4.176]. 以上退火参数仅说明可行性, 具体退火时需要搭建者根据实际条件摸索. 例如, 实验室被用于退火的炉子通常临时简易搭建, 炉子中的温差[4.167] 可以高达 60 K; 此外, 不同来源的铜的质量有极大的差异.

　　铜因为极佳的导电能力, 在磁场中的涡流发热也是低温下的可观热源 (见式 (4.65), 也见 4.7.5 小节). 磁场随时间的变化除了来自外界磁场变化, 还来自设备在磁场中的振动, 因此绝热去磁制冷机的设计需要考虑整体的刚性. 铜在磁场中需要成狭长形状平行于外部磁场, 以减少公式中与磁场垂直的面积 A, 这个布局要求对于超导螺线管磁体是天然成立的. 低涡流发热和高热导两个要求表面上看似是矛盾的: 发热反比于电阻, 电阻大则导热能力差. 实际上, 制冷机中铜的导热需求主要是纵向的, 我们可以在不牺牲纵向导热的前提下增加横向的电阻. 于是, 制冷机搭建者可以在垂直于磁场的截面上对铜切割和组装. 图 4.96 给出了三种思路的示意图, 实际设计的例子可参考 6.10 节.

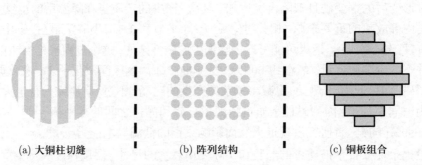

(a) 大铜柱切缝　　　　(b) 阵列结构　　　　(c) 铜板组合

图 4.96　铜结构的横截面示意图. (a) 示意大铜柱切缝. (b) 示意小铜柱、粗铜线或者铜块组成阵列. (c) 示意铜板的组合. 铜线、铜柱或者铜块之间可以用卷烟纸和 GE 清漆实现电隔离. 铜线组合的方案已基本不再被使用. 也有人发现直接将铜接触时, 界面存在的氧化物足以有效减少涡流发热, 不需要再额外做电绝缘. 这些组合的铜柱或者铜块的两端需要焊接在与它们垂直的铜板上, 以便于与制冷机其他部件构建良好的热连接

4.7.4 基于超精细增强效应的制冷剂

增加核绝热去磁制冷效果的方法包括增加制冷剂的摩尔数、减少漏热、减少初态温度和增加初态磁场. 在性价比合适的前提下, 设备搭建者总是已经将这些外部参量尽量优化了. 常规金属中, 基于我们已讨论的理由, 没有比铜更合适作为制冷剂的. 范弗莱克 (van Vleck) 顺磁材料可以在同样的外部参量下获得更大的熵改变, 因而也是可行的核绝热去磁制冷剂[4.156]. 在这类材料中, 外界磁场的效果被放大, 核自旋的塞曼劈裂被增强, 从而在同样的等温磁化实验条件下获得更大的实际 B/T 比值. 这个方案解决了铜在常规等温磁化条件下熵改变比例过低的缺点.

1966 年前后, 利用范弗莱克顺磁材料的核绝热去磁制冷方式被提出了[4.198]. 由于超精细相互作用, 一些稀土元素的核自旋感受到的磁场比实际外界磁场大几倍到几百倍[4.162], 从而在同一个外界磁场中产生介于顺磁盐和核自旋之间的能级间隔. 符合这种超精细增强效应的稀土化合物属于范弗莱克顺磁材料, 其核自旋所感受到的磁场记为

$$B_{\text{hf}} = B(1 + K), \tag{4.86}$$

其中, $(1 + K)$ 被称为超精细增强系数. 非磁性金属的 K 值很小, 部分稀土化合物的 K 值在 5 至 100 之间. 超精细增强效应制冷剂的有效磁矩小于顺磁盐的磁矩、大于铜核自旋的磁矩. 这个制冷方式还是属于核绝热去磁, 但是有一个专门的名称 "超精细增强核制冷".

基于超精细增强效应的制冷剂的工作温区介于绝缘的顺磁盐和导电的金属之间, 在 mK 数量级[4.155]. 除了可以获得比电绝热去磁更低的温度, 这类材料被用于制冷的另一个优点是其自旋 – 晶格弛豫时间 τ_1 非常短, 在 1 K 时仅为 10 μs 数量级, 几乎不用考虑核与电子之间的温度差. 而且, 这类稀土元素组成的化合物如果是金属, 还克服了电绝热去磁的常规制冷剂顺磁盐导热差的缺点. 范弗莱克顺磁材料的通用形式是 RX, R 为 Pr 或者 Tm (铥), X 包括 Cu、Sb、Bi、Se 和 Te 等元素[4.156]. 1967 年, 核磁共振实验发现 ^{141}Pr 和 ^{169}Tm 的核磁矩对应的频率改变与通常的顺磁盐有显著差异[4.199]. 1968 年, 将 PrBi 作为制冷剂的超精细增强核绝热去磁被实现, 并获得 10 mK 的极低温环境[4.200].

对于这样的制冷机制, 当前公认的最佳制冷剂是 PrNi$_5$, 它的 $(1 + K)$ 值[4.162] 在一个方向为 8.1, 另一个方向为 16.4; 多晶的 $(1 + K)$ 值[4.3] 为 12.2, 等同于外部磁场被放大约 12 倍. PrNi$_5$ 的磁有序温度[4.201] 极为理想地介于 CMN (1 mK) 和铜核自旋 (60 nK) 之间. PrNi$_5$ 零温极限下的内部磁场[4.201] 为 66 mT, 在 13 mT 外部磁场下的熵温曲线与铜在 0.8 T 下的熵温曲线接近[4.176]. 因为熵温曲线依赖于 x 值 (见式 (4.57)), 所以 PrNi$_5$ 对等温磁化时的初态磁场和初态温度之比 B/T 的要求比铜更低 (实践中铜核绝热去磁制冷的 B/T 约 500 T/K 至 1000 T/K), 又比电绝热去磁的 B/T

要求更高 (约为 1 T/K 至 10 T/K, 参考图 4.82), 恰好是介于两者之间的一个理想过渡 (见图 4.97). 如果采用一个不难获得的初态温度 25 mK 和初态磁场 6 T, $PrNi_5$ 的熵改变量已经接近 70%[4.3]. 从图 4.97 中可见, $PrNi_5$ 比起铜更适合由稀释制冷提供前级预冷, 它在几十 mK 的温度和几 T 的磁场这两个易获得的参数下可以完成大部分的熵改变. 就实用意义而言, 更准确地说, 超精细增强核制冷的工作温区介于稀释制冷机能稳定实现的温度 (约 10 mK) 和铜核绝热去磁制冷机能获得的温度之间.

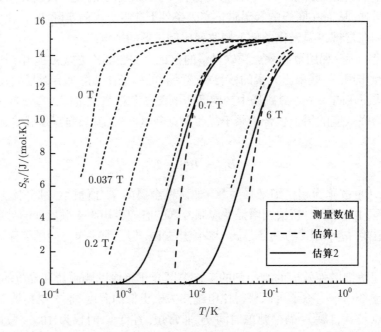

图 4.97　$PrNi_5$ 的熵与温度的关系. 虚点线为测量数值, 来自文献 [4.202]. 0.7 T 和 6 T 的两个估算 (实线和虚线) 分别来自式 (4.63) 和式 (4.67). 数值取核磁子数值, $g = 2$、$I = 5/2$、$\lambda = 1.418$ $(mJ·K)/(T^2·mol)$、$K = 11.2$. 当熵不再趋近最大值时, 式 (4.67) 的近似条件不成立, 式 (4.63) 才是一个更加合理的估计, 不过计算时使用的磁场不是外界磁场 B, 而是 $(1+K)B$

利用 $PrNi_5$ 作为制冷剂的核绝热去磁曾获得 0.19 mK 的温度[4.176] 和 0.3 mK 的温度[4.203]. $PrNi_5$ 中掺杂无磁性原子钇 (Y) 作为制冷剂也被尝试过, 以期获得更低的核自旋有序温度[4.204,4.205]. $PrBi$、$PrPt_5$、$PrTl_3$、$PrCu_6$、PrS 等其他材料都曾被尝试[4.156,4.162,4.200,4.206], 但是并不普及.

作为制冷剂, $PrNi_5$ 最大的缺点是导热能力在极低温下还不够强, 尽管它已经明显优于顺磁盐. 制冷剂需要将核自旋的制冷能力传递给外界, 自旋 – 晶格弛豫时间 τ_1 非常短, 热导率不足也将导致实验者难以忍受的平衡时间. 在一个实际测量中, 两个 $PrNi_5$ 样品的热导率与黄铜和铜镍相仿 (见图 4.98). 参考 2.2 节的内容, 我们可以判断

PrNi$_5$ 在其工作的 mK 温区导热能力显著弱于铜. 定性估算时, 可以认为 PrNi$_5$ 的导热能力比铜差 3 个数量级. 因此, PrNi$_5$ 需要在其他材料的帮助下减少自身的热平衡时间. 考虑到核绝热去磁的制冷过程和应用温区, 铜显然是辅助导热的合理选择[4.203]. PrNi$_5$ 和铜之间的机械连接可以通过镉焊接, 虽然镉在该温度下是导热能力差的超导体, 但是其临界磁场仅为约 3 mT, 所以镉在整个核绝热去磁过程中可以保持良好的导热能力. PrNi$_5$ 也可以表面镀铜后通过退火扩散实现与铜的热连接[4.207].

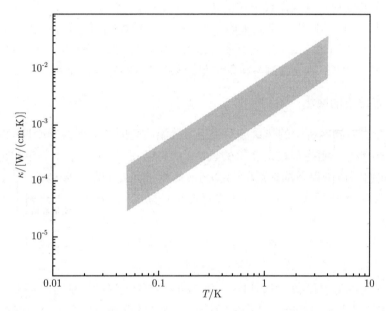

图 4.98 PrNi$_5$ 的热导率与温度关系参考. 阴影区间来自文献 [4.207] 中两个不同样品的测量. 热导率的测量结果受样品的杂质成分、杂质比例、晶格质量和几何尺寸影响很大 (相关内容见 2.2.2 小节), 文献数据仅具备参考意义

PrNi$_5$ 在升降温的过程容易裂开, 从而进一步影响导热能力. 在一个实际制冷机中, PrNi$_5$ 的室温电阻在第一次降温到 4 K 之后增加了 30%, 经历过 9 个月约 30 次降温后, 实验工作者依然能观察到 PrNi$_5$ 持续地在开裂[4.176]. PrNi$_5$ 易于吸附 H$_2$ 并且吸附后更脆[4.3], 所以不能暴露在 H$_2$ 氛围中. PrNi$_5$ 的制备困难, 对成分的比例要求高, 并且需要避免铁磁性杂质, 以减少极低温下的额外热容. 配比合理的 PrNi$_5$ 的剩余电阻率的数值通常大于 20. 将 PrNi$_5$ 与铜焊接在一起, 有助于改善其易裂的特性.

如果对比铜和 PrNi$_5$, PrNi$_5$ 的缺点在于材料难以获得、难以加工和热导率差, 而且最终获得的末态温度不如铜低. 铜的热导率好、易获得且价格合理, 其缺点是需要更低的初态温度和更高的初态磁场. 现实条件中, 如果依赖稀释制冷机预冷, 铜等温磁化后仅改变约 5% 的熵值, 制冷量还有很大的优化空间. 而 PrNi$_5$ 的超精细增强作用相当于增加了初态磁场与初态温度之比, 同等预冷条件和磁场条件下获得了更大的 B/T 初始值, 即有更大的制冷量. 在低温仪器设备中, 针对体积的归一化比针对摩尔数的归一化或者针对质量的归一化更有实用价值. 如果同样从 15 mK 的初态温度和 6 T 的初态磁场开始制冷, 同等体积 PrNi$_5$ 的总制冷量约是铜总制冷量的 8 倍[4.176]. 考虑了制冷机实际尺寸之后, 在 0.5 mK 以上, PrNi$_5$ 的制冷量大, 而在 0.5 mK 以下, 铜的制冷量大[4.162].

核绝热去磁制冷过程需要考虑的实用制冷剂只有铜和 PrNi$_5$. 定性的结论是: 在 10 mK 以上, 我们不使用核绝热去磁制冷; 在 mK 数量级, 值得考虑使用 PrNi$_5$ 的核绝热去磁制冷; 低于 1 mK 时, 铜更适合作为核绝热去磁的制冷剂. 6.10 节将提供一个基于干式预冷的核绝热去磁制冷机的实例, 该制冷机的制冷剂是铜.

4.7.5 极低温下的漏热

核绝热去磁制冷机中的热量流动包括了等温磁化时导向前级预冷环境的热量, 也包括了绝热条件下制冷剂被迫获得的热量. 前者已在 4.7.1 小节中简单讨论. 在 4.7.2 小节中, 我们已讨论存在漏热时的制冷剂最低电子温度 (见式 (4.82)). 漏热抬高了设备的最低温度, 缩短了设备在绝热去磁后能维持的时间. 核绝热去磁制冷机在工作温区的漏热受具体温度影响, 通常在 0.1 nW 到 10 nW 之间[4.55,4.166,4.167], 并且随着制冷机在低温下的时间增加而减少. 本小节将讨论几种希望被降低的漏热.

1. 常规漏热

对于常规的低温设备, 我们讨论的漏热都是在给定温度下随时间不变的外界热量输入, 这些热量来源包括支架结构的固体热传导、低温环境所在的真空腔的气体导热和超流薄膜导热、高温环境往低温环境的辐射漏热. 以下讨论默认核绝热去磁制冷机的搭建者具备常规制冷机的搭建经验 (相关介绍见 4.1.3 小节), 并且默认正常运转的设备中这部分常规漏热不会影响核绝热去磁的性能. 以固体热传导为例, 最靠近制冷剂的正常漏热通道为预冷环境与制冷剂之间的热开关. 该热开关从功能上需要保障足够大的开关比和足够好的低温绝热能力. 对于残余气体, 如果设备不存在漏气点, 作为热交换气的 ^{4}He 在正常情况下已经被室温泵抽走或者被吸附在低温泵中, 不足以影响核绝热去磁制冷[4.208]. 而热辐射可以通过多级的屏蔽减少, 其漏热量取决于最内层防辐射罩的具体温度. 这个防辐射罩可以热连接于稀释制冷机的蒸馏室, 也可以热连接于中间盘, 甚至可以热连接于混合腔 (见图 4.66), 但是绝对不能由 4 K 预冷环境提供最后一层的热辐射保护. 这些制冷机漏热需要考虑的常规事项, 包括实验设计失误或操作失误引起的额外热短路 (例如制冷剂上的引线意外接触了热连接于中间盘的防辐射罩), 都不在本小节具体讨论, 我默认这些细节是核绝热去磁设备设计和搭建过程中的常识.

2. 测量漏热

实验测量所使用的引线或气路从预冷环境引入热量, 这是独立于机械固定支架之外的额外漏热源. 通常在合理的热分流方案下, 这些额外的固态连接不会引入需要我们顾虑的漏热. 实验测量本身引入漏热, 最基本的测量要求至少包括温度测量. 如果我们使用了 ^{60}Co 温度计 (相关内容见 3.2.5 小节), 额外的热量可能高达 1 nW, 不过其他温度计不至于产生这么大的热量. 非温度测量的漏热大小和来源与具体实验密切相关. 例如, 光学实验中会引入光路的辐射漏热, 氦物理研究时管道中的液体和气体氦引入热量, 电测量引线还可能引入加热电子的高频辐射, 或者测量回路会因为磁场变化而引入热量. 具体实验引起的这部分热量的差异性很大, 有些实验可以针对性地牺牲不重要性能以减少漏热. 对于常见的电输运实验, 即使在引入几十根引线的情况下, 这部分漏热依然可以轻松地控制在 0.1 nW 以内. 来自测量的热量来源不是制冷机的本征漏热, 本小节不再具体展开讨论.

3. 特殊不含时漏热

核绝热去磁制冷机需要特殊关注的恒定漏热来源包括来自高能射线的热量、制冷机振动带来的热量和制冷机在变化磁场中的涡流发热.

宇宙射线穿过低温设备时产生热量, 对于实际设备预计在 0.02 nW 至 0.2 nW 数量级[4.167,4.209], 取决于设备具体的几何结构. 铅墙可以使 γ 射线衰减, 但是对中微子衰减效果差. 实践中, 为制冷机提供衰减高能射线的屏蔽性价比不高. 制冷机的几何结构也难以大幅度优化. 通常核绝热去磁制冷机有 10 mol 以上的制冷剂, 而 0.2 nW 的热量并不对常规性能的核绝热去磁制冷机产生明显影响.

制冷剂的振动可能是一台核绝热去磁制冷机最主要的漏热来源之一, 它的具体数值难以预估. 设备在精心设计和搭建后该漏热的实际测量值可能高达 10 nW[4.208]. 这里的振动包括了泵的振动、建筑振动、声波、湿式制冷机中液氮液氦沸腾和热声振荡引起的振动、干式制冷机中阀门切换和压缩机的机械振动. 部分减振的做法在 5.3.11 小节中讨论, 我们在这里仅讨论振动对漏热的影响.

如果存在外界磁场, 机械振动产生热量; 如果存在变化的外界磁场, 尽管没有振动也有热量产生; 这部分热量属于涡流发热, 其大小定性由式 (4.65) 描述. 对于涡流发热, 其发热量并不是随着磁场的稳定值的平方关系减少, 因为它还受磁场稳定性的影响[4.166].

长期以来, 核绝热去磁制冷机在磁场中振动引起的涡流发热一直是人们非常在意的漏热来源. 从公式上看, 减少涡流发热的第一个办法是减少垂直于磁场的面积、增加磁场中材料的电阻、减少磁场变化的速度. 在给定制冷量的前提下, 减少垂直于磁场的面积将增加制冷剂的纵向热导难度, 并且增加设备的整体高度. 在此处的讨论中, 我默认核绝热去磁制冷机为纵向布局, 这是因为搭建横向制冷机需要考虑制冷剂和防辐射罩等部件在重力下的形变, 而这种结构复杂的设备空间有限, 难以为各个形变留出足够的容错冗余空间. 第二个办法则是增加磁场下的横向材料电阻. 为此, 早期制冷机以铜线组合起来作为制冷剂, 随着对核绝热去磁制冷机涡流发热的了解, 将大块的铜作为制冷剂的做法逐渐普及了 (见图 4.96). 第三个做法则包括了上文提到的振动衰减和减少磁场变化速度. 经验上, 在绝热去磁过程中变化 1 T 的速度通常在小时数量级. 在 6.10 节介绍的实例中, 1 mK 以下的退磁速度不超过 0.1 mT/s. 在 100 mT 磁场下, 实际的核绝热去磁制冷机由于振动引起的涡流发热接近 10 nW[4.208]. 基于对涡流发热的担忧, 磁体要采用没有磁通跳跃的线材 (相关内容见 5.9 节), 尽管通常的磁体供应商难以保证磁体一定不发生磁通跳跃.

如果没有外界磁场, 机械振动也会引起漏热, 这部分漏热难以被估算. 目前的核绝热去磁制冷机在设计时都尽量增加刚性. 从经验上看, 无磁场条件下的振动发热不是设备的主要热量来源.

4. 含时漏热

除了合理的外界漏热, 内部的漏热同样也影响制冷机的性能. 在核绝热去磁制冷机的使用经验中, 漏热随着时间的增加而减小是普遍现象[4.197]. 可以说, 对于已经合理设计了的核绝热去磁制冷机, 内部漏热比外部漏热更需要被重视, 且最低温度越低的核绝热去磁制冷机, 内部漏热的影响就越重要. 内部漏热的来源包括正氢 – 仲氢转化、非晶或者不定型材料的持续放热、金属中缺陷引起的持续放热、应力引起的持续发热.

1.5.1 小节中已介绍, 低温下氢的持续放热可以高达 1 kJ/mol 的数量级 (见图 1.83). 长期以来人们对将氢作为热交换气非常慎重, 担心其低温下持续发热影响设备性能和温度探测 (相关内容见 5.5.1 小节). 通常核绝热去磁制冷机中不会用氢做降温过程中的热交换气, 但是氢可能来自室温金属中的杂质溶解. 铌可以容纳大量的氢, 而幸运的是, 铜等常规低温金属只含有 10 ppm 以上的氢杂质[4.166], 而且退火可能可以将氢含量减少到 0.1 ppm 数量级[4.208]. 如果低温下的金属未经处理, 0.1 ppm 的氢杂质就可能是 nW 级别的热源[4.210]. 铜中氢杂质的正氢 – 仲氢转化是一个随时间衰减的重要漏热来源[4.197], 该热源具体大小与所用的材料有关、与材料退火处理的工艺有关, 也与制冷机降温过程有关.

低温下除了金属, 我们难免会用到没有良好晶格结构的材料, 最典型的例子就是环氧树脂. 常用的环氧树脂包括 Stycast 1266 和 Stycast 2850, 它们在极低温下也会持续放热[4.166,4.211], 刚降温时的数量级为 0.1 nW/g, 该发热量随时间衰减的速度预期为 1/t, 大约一周后减少为 0.01 nW/g 的数量级. 大量使用的环氧树脂对核绝热去磁制冷机的性能产生明显的影响, 不过通常的极低温制冷机不需要采用由环氧树脂形成的块状主体结构. 少量作为黏合剂使用的环氧树脂所产生的漏热可以被制冷机搭建者忍受. 表面吸附的杂质也可能是内部热源的来源, 如来自手上的油脂, 因而我不建议使用者裸手接触绝热去磁的铜棒. 极低温环境下, 我不建议使用真空脂, 因为真空脂也产生这类含时漏热, 而且这个温区中金属与金属交界面通过电子导热好于在电绝缘条件下通过声子导热. 与之相对比的, 不容易有内部持续漏热、可以作为特殊需求填充物的材料包括聚四氟乙烯 (商品名为特氟龙)、石墨和氧化铝.

高比热和低热导的金属也会因为平衡时间长而持续漏热, 比如常规引线、铍铜和不锈钢. 基于这个原因, 核绝热去磁制冷机中的大体积金属最好使用铜和银. 就算我们回避了铜以外的其他所有材料, 铜也会因为缺陷和杂质的存在而持续放热. 铜中的杂质和晶格缺陷拥有两能级体系, 存在类似于玻璃的放热机制, 会缓慢放热[4.197,4.209], 其热量大小理论上跟时间成反比, 预计不低于 1 pW/mol 数量级[4.166].

应力的存在也会让铜产生内部持续漏热[4.209], 该漏热量随着时间指数衰减, 初始值可以在 0.1 nW/g 数量级[4.212]. 在具体制冷机中, 该来源的漏热量难以被估计. 不同材料的接触面因为热膨胀系数的存在而具有额外的应力, 因此核绝热去磁制冷机主体结构的用料必须尽量简单, 能用铜的地方只使用铜, 并且铜需要经过退火以减少氢含量和提高晶格质量.

低温下所使用材料随时间变化的缓慢放热虽难以完全避免, 但确实是必须重视的核绝热去磁制冷机热量来源. 不使用其他人未曾在 1 mK 以下使用过的材料, 是一个合理的保守做法.

5. 设备维持时间

对于设备中一定存在的漏热, 图 4.99 总结了上述讨论中的各种可能性. 接下来我们不再区分漏热的具体来源, 统一把总漏热记为 $\dot{Q}$, 以讨论现实漏热对极低温维持时间的影响. 在以下的讨论中, 漏热被当作一个不随温度和时间变化的常量, 这显然是一个不符合事实但是便于计算的假设. 该假设在刚刚完成绝热去磁制冷的温区近似成立.

核绝热去磁过程仅提供了一份总制冷量, 漏热越大, 则极低温维持时间越短. 整个核系统退磁后可以吸收的热量为

$$\Delta Q = n \int_{T_f}^{T} c_N \mathrm{d}T_N = n \int_{T_f}^{T} \frac{\lambda B_f^2}{T_N^2} \mathrm{d}T_N = n\lambda B_f^2 (T_f^{-1} - T^{-1}). \tag{4.87}$$

对比来说, 这个制冷量远小于从高温处开始磁化所放出的热量 (见式 (4.71)), 注意此时比热的计算利用式 (4.69) 取了近似. 式 (4.87) 并不适用于通常情况下的电绝热去磁, 仅适合于核绝热去磁. 对漏热控制合理的核绝热去磁制冷机, 可以在 100 μK 以下维持超过 2 个月的时间[4.208].

4.6 节中已介绍 (见图 4.80), 直接退磁到零场以获得最低温度并不是核绝热去磁的实际做法. 核制冷中, 退磁到合理的磁场以获得更大的核比热 (见式 (4.69)) 才能维持足够长的低温实验时间. 如果末态温度记为 T_f, 外界的热量记为 Q, 时间记为 t, 假设退磁到了合理的温度时核自旋体系的比热为制冷剂最主要的比热, 则核温度的改变

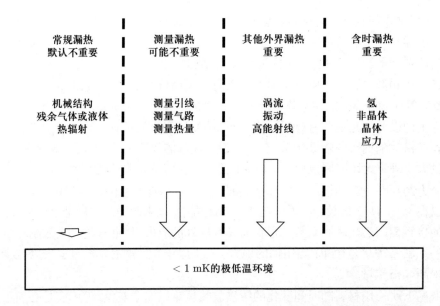

图 4.99　本小节讨论的极低温热量来源总结. 箭头的长度示意需要重视的程度. 常规漏热主要在 4.1.3 小节处讨论

速度表示为[4.64]

$$\frac{\mathrm{d}T}{\mathrm{d}t} = \frac{\mathrm{d}Q}{\mathrm{d}t}\frac{1}{c_{\mathrm{N}}} = \frac{\dot{Q}}{c_{\mathrm{N}}}. \tag{4.88}$$

再考虑式 (4.69), 于是在假设漏热值在小温区内不随温度改变的前提下, 制冷剂能维持的时间记为[4.64]

$$\Delta t = \frac{n\lambda B_{\mathrm{f}}^2}{\dot{Q}}\int_{T_{\mathrm{f}}}^{T_{\mathrm{N}}} T^{-2}\mathrm{d}T = \frac{n\lambda B_{\mathrm{f}}^2}{\dot{Q}}(T_{\mathrm{f}}^{-1} - T_{\mathrm{N}}^{-1}), \tag{4.89}$$

其中, n 为制冷剂的摩尔数; λ 由式 (4.68) 定义, 不是通常定义的核居里常量 λ_{N}; B_{f} 为末态磁场, 指的是由式 (4.59) 计算的末态 B_{eff}. 如果以 $1/T_{\mathrm{N}}$ 为纵坐标、以时间为纵坐标, 则曲线的斜率为 $-\dfrac{\dot{Q}}{n\lambda B_{\mathrm{f}}^2}$.

　　从式 (4.89), 我们得到了核自旋温度随时间的变化关系, 但是实际上我们能测量的是电子温度. 通过了解电子温度随时间的变化规律, 我们可以推测一台实际设备的漏热量. 由式 (4.81) (此处我们认定 $\dot{Q} = \dot{Q}_{\mathrm{N}}$, $B = B_{\mathrm{f}}$) 可以得到如下推导结果:

$$\frac{1}{T_{\mathrm{N}}} = \frac{1}{T_{\mathrm{e}}}\left(\frac{\dot{Q}\kappa}{n\lambda B_{\mathrm{f}}^{2}}+1\right) = \frac{1}{T_{\mathrm{e}}}\frac{\dot{Q}}{n\lambda B_{\mathrm{f}}^{2}}\left(\frac{n\lambda B_{\mathrm{f}}^{2}}{\dot{Q}}+\kappa\right),\tag{4.90}$$

$$\frac{1}{T_{\mathrm{e}}} = \frac{1}{T_{\mathrm{N}}}\bigg/\left[\frac{\dot{Q}}{n\lambda B_{\mathrm{f}}^{2}}\left(\frac{n\lambda B_{\mathrm{f}}^{2}}{\dot{Q}}+\kappa\right)\right].\tag{4.91}$$

再结合式 (4.89) 的结论, 如果以 $\dfrac{1}{T_{\mathrm{e}}}$ 为纵坐标、以时间为纵坐标, 则曲线的斜率为 $-\left(\dfrac{n\lambda B_{\mathrm{f}}^{2}}{\dot{Q}}+\kappa\right)$. 通过测量绝热去磁后的温度随时间上升而推测漏热量的例子可见文献 [4.55, 4.165], 6.10 节也提供了具体的测量数据. 绝热去磁制冷机降温后电子温度 T_{e} 和核自旋温度 T_{N} 随时间变化的示意图见图 4.100.

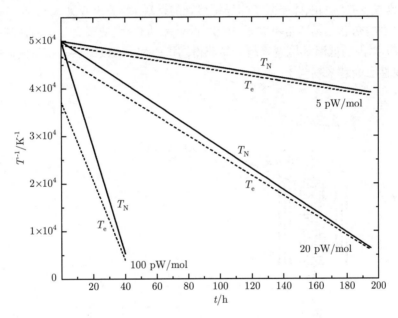

图 4.100　铜绝热去磁制冷机降温后电子温度 T_{e} 和核自旋温度 T_{N} 随时间变化的示意图. 图中曲线的参数条件为等温磁化的初态温度 18 mK、初态磁场 9 T、绝热去磁末态磁场 10 mT, $\lambda = 3.22\times10^{-6}$ J·K/(T²·mol). 图中标记的数值为制冷剂摩尔漏热 $\dot{Q}/n$, $\dot{Q}$ 为总漏热量, n 为制冷剂铜的摩尔数

4.7.6　特殊核绝热去磁设计

核绝热去磁这种极端条件低温设备在设计时需要将尽量多的细节整体考虑, 一处设计的疏漏就足以破坏 mK 以下的极低温环境, 设备搭建的效果还受具体材料和具体工艺的影响. 在性价比合理的前提下, 将不同漏热统一控制在小于某一个数量级是一

个比较合理的做法. 极低温下的物性常常缺乏实测的数据, 核绝热去磁制冷机的搭建最好参考已有的成功运行设备, 无基础的搭建意味着极大的风险. 本小节将介绍一些特殊的核绝热去磁制冷的例子.

因为铜在稀释制冷温区下约 10 T 的初态磁场仅改变小部分的熵, 将铜预冷到更低温度再进行核绝热去磁制冷可以获得更好的制冷效果. 这样的实验条件可以通过两级的核绝热去磁制冷过程实现, 用第一级核绝热去磁制冷的末态温度作为第二级制冷的初态温度. 第二级制冷的制冷剂选择铜, 第一级制冷的制冷剂可以选择铜, 也可以选择 PrNi₅. 图 4.101 给出一个 PrNi₅ 和铜组合而成的二级核绝热去磁制冷设计实例的核心信息, 该设备能降温到 48 μK[4.176]. 另一个类似设计的制冷机可以降温至 27 μK[4.213]. 除了用 PrNi₅ 提供更低的预冷温度, 更高的磁场也能在温度不变的前提下改变更多的熵, 然而常规实验室的磁体受限于超导螺线管的材料 (相关内容见 5.9.2 小节) 和成本, 核绝热去磁的初态磁场通常不大于 10 T. 近年来, 随着大功率商业化稀释制冷机的普及, 10 mK 以内的低温环境越来越容易获得, 用 PrNi₅ 的核绝热去磁为铜提供前级预冷的重要性已经越来越弱了.

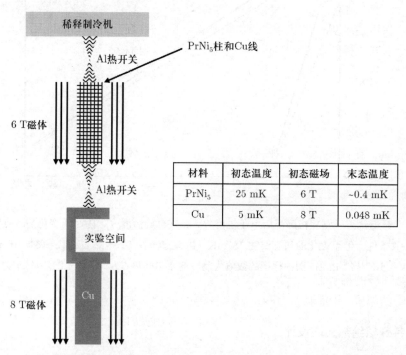

材料	初态温度	初态磁场	末态温度
PrNi₅	25 mK	6 T	~0.4 mK
Cu	5 mK	8 T	0.048 mK

图 4.101   一个多级核绝热去磁制冷的设计实例. 图中参数来自文献 [4.176]. 样品空间并不是在设备最底部, 而是位于两级核绝热去磁单元中间, 这增加了两个磁体之间的距离, 减少了磁体之间的相互影响

铜和铜组合而成二级核绝热去磁制冷的设计实例可以参考文献 [4.167], 该制冷机采用了一级制冷 8 T 磁场、104 mol 铜和二级制冷 9 T 磁场、2 mol 铜的方案, 最终获得了 12 μK 的温度. 由图 4.95 可以判断, 如果前级预冷提供的温度足够低, 第二级制冷对磁场的要求大幅度降低, 1 mK 条件下, 即使是 2 T 的磁场, 都足以改变大部分的核自旋熵.

除了增加等温磁化时的初态磁场和减少初态温度, 增加制冷剂的摩尔数和减少对制冷剂的漏热也是增加制冷机极低温下维持时间的办法. 这个办法看似直接合理, 实际上想做到却非常困难. 一台使用了超过 170 mol 铜的大型核绝热去磁制冷机可以在 100 μK 下维持超过 2 个月的时间[4.208]. 对于大部分的实验, 这样长的维持时间已经足够友好了.

通过多个核绝热去磁过程获得连续的极低温环境原则上也是可行的, 4.6.3 所讨论的连续制冷模式也适用于核绝热去磁. 基于极低温环境实现的困难, 以往的多级核绝热去磁是为了获得更低的温度或者更长的极低温实验时间, 而不是为了连续的极低温环境. 多级串联的 PrNi$_5$ 核绝热去磁方案曾被提出过[4.214], 其基本设计思路和多级连续运转的电绝热去磁制冷一致.

最后, 整个设备可以旋转的核绝热去磁制冷机需要被提及, 这个设计意味着对制冷机设计和搭建上更高的要求. 赫尔辛基大学的一台旋转核绝热去磁制冷机[4.215] 的前级预冷由湿式稀释制冷机提供. 在旋转过程中, 该稀释制冷机所需要的抽气功能不由外界的泵提供, 而是临时由 200 g 活性炭组成的低温吸附泵提供. 该吸附泵可以连续抽气十二小时. 制冷剂为一堆总量 30 mol 的 0.5 mm 直径高纯铜线, 它们曾在 500 °C 的氩气中退火一小时, 而铜线间用玻璃纤维绝缘. 等温磁化时的初态温度为 20 mK, 初态磁场为 5.4 T. 该设备曾在 mK 温区被用于 ^{3}He 超流的研究, 转速最大可达 1.5 rad/s. 在该设备最好的状态下, 漏热量为 2 nW, 并且旋转时没有可观测到的漏热量增加. 两年后, 该设备在旋转时漏热量迅速增加, 超过 100 nW, 使用者判断漏热量增加的原因是轴承处有灰尘积累. 此处举这个例子是为了说明这种设备的搭建困难. 这类可以整体旋转的大型制冷机是罕见的[4.215,4.216].

最早的核绝热去磁制冷机采用电绝热去磁作为前级冷源[4.158], 因为当时还没有稀释制冷技术 (相关内容见 4.5 节). 稀释制冷技术普及之后, 传统的核绝热去磁制冷机采用液氦预冷的稀释制冷机作为前级冷源. 由稀释制冷机预冷的铜核绝热去磁可以获得 15 μK 的温度, 并且能在 20 μK 的条件下维持一周时间[4.167]. 如今的稀释制冷机越来越多地采用了无须定期补充液氦的干式预冷 (相关内容见 4.2.5 小节和 4.5.9 小节). 干式预冷对于核绝热去磁制冷机的设计有有利的一面, 但也带来了额外的振动、增加了漏热和设计难度 (相关内容见 4.7.5 小节). 世界上已经有个别基于干式稀释制冷机的核绝热去磁制冷机. 干式条件下, 铜的单级绝热去磁已经可以获得小于 100 μK 的温度了 (见表 4.21). 关于此制冷机的设计细节见 6.10 节.

表 4.21　现有干式核绝热去磁制冷机的参数总结

时间	地点	温度极限	测量用磁场
2013	阿宾登, 英国	600 μK	0
2014	阿尔托, 芬兰	160 μK	0
2017	巴塞尔, 瑞士	150 μK	9 T
2020	北京, 中国	90 μK	12 T

注: 数据来自文献 [4.55, 4.163 ∼ 4.165].

4.8　隧 穿 制 冷

4.7 节的讨论假设了电子的温度与晶格的温度相等, 但这个假设在极低温下的实际材料中不成立. 我们将在 6.1 节和 6.2 节继续讨论电子与晶格之间的温度差. 本节, 我们讨论针对性冷却电子的制冷手段.

不论是电子温度高于晶格温度的常规输运, 还是此处电子温度低于晶格温度的隧穿制冷, 温差的存在都建立在电子和晶格之间的热平衡能力随温度下降而变差的现象上. 4.7.2 小节已经介绍电声子之间热量传递功率近似为 $\dot{Q} = \Sigma V (T^5 - T_e^5)$ (见式 (4.72)), 这个导热能力随温度下降而迅速下降. 例如, 铜电声子间的平衡时间与温度的依赖关系[4.217] 近似记为

$$\tau_{e-ph} \propto T^{-3}, \tag{4.92}$$

随着温度降低, 极低温下的电子和晶格逐渐建立可以测量到的温差. 正常情况下, 样品被固定在制冷机上, 冷源为制冷机, 电子的热源来自测量电路或者涡流发热, 制冷机通过晶格冷却电子. 因此, 晶格的温度低于电子. 反之, 如果能找到针对电子降温的制冷方式, 因为晶格和电子之间极低温下的弱导热能力, 晶格就可以隔离电子与外界环境, 以维持一个低于环境温度的电子温度. 隧穿制冷就是这样一种可以降低电子温度的制冷手段, 该技术从二十世纪九十年代开始发展.

隧穿制冷中的隧穿, 指的是常规金属通过绝缘体向超导体的隧穿[4.218]. 如图 4.102 所示的 NIS 隧穿结 (N 指常规金属 (normal metal), I 指绝缘体 (insulator), S 指超导体 (superconductor)), 常规金属和超导体之间被施加了偏压, 偏压的大小 U 小于 Δ/e, 其中, Δ 是如图所示的超导能隙. 常规金属的热电子有更多的机会隧穿过绝缘体, 从而通过超导体中的空态离开. 常规金属中, 高能量的电子更容易离开, 这意味着电子平均能量的减少, 于是常规金属中的电子温度降低. 这个过程等价于蒸发制冷.

如果想维持图 4.102 中的降温机制, 离开的电子需要获得持续的补充, 并且新进来电子的平均能量不能高于离开电子的平均能量. 补充的电子来自直接连接常规金属的另一个超导体. 如图 4.103 所示, 一个完整的制冷单元是 SNIS 结构, 而不是图 4.102 中的 NIS 结构. SN 界面上, 电子通过安德烈耶夫 (Andreev) 反射从超导体进入常规金

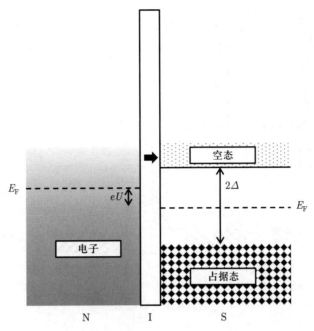

图 4.102 隧穿制冷工作原理示意图

属, 这部分电子的平均能量为常规金属的费米能, 进入常规金属后不增加常规金属中电子的平均能量. 器件稳定工作时, 假设热扰动小于图 4.102 中超导体中常规电子的平均能量和常规金属费米面之差 $(k_BT < (\Delta - eU))$, 则流过器件的电流大小为

$$I \approx I_0 e^{\left(-\frac{\Delta - eU}{k_B T}\right)},\tag{4.93}$$

其中, I_0 为与温度 T、能隙 Δ 和隧穿结电阻 R_N 有关的常量. 理论最大制冷量发生在 $\Delta = eU$ 条件, 此时的制冷功率与温度平方成正比, 与隧穿结电阻成反比, 这是制冷能力的上限:

$$P_{\max} \propto \frac{T^2}{R_N},\tag{4.94}$$

此处所使用的 T 指的是常规金属中的电子温度. 实际情况下, $\Delta > (eU + k_BT)$, 制冷功率与能级差成正比, 与电流成正比:

$$P \propto I(\Delta - eU).\tag{4.95}$$

　　隧穿制冷的工作原理决定了它的使用温区受超导能隙、晶格和电子间能否维持合适温差、热运动的能量这些条件影响. 此外, 隧穿制冷有来自制冷原理的本征发热量: 从式 (4.95) 上可知, 制冷功率与电流成正比, 可是电流通过隧穿结的焦耳发热也跟电流有关, 当制冷功率随着温度下降到跟该电流发热量和其他漏热之和相等时, 器件的

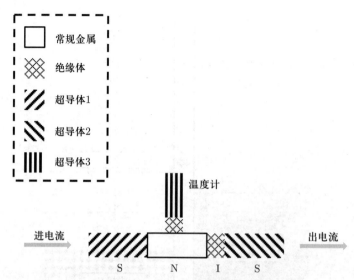

图 4.103   隧穿制冷器件工作原理示意图. 该方案来自文献 [4.218]. 电子温度通过绝缘体和第三个超导体测量, 该测量方法在 100 mK 温区被证明可以使用[4.219]

隧穿过程将获得最低的制冷温度. 换言之, 隧穿制冷只能在足够低的温度下工作, 但是它能降低的电子温度有限. 理论计算曾推测隧穿制冷可以提供从 1 K 到 100 mK 的电子温度差异[4.220]. 2011 年, 隧穿制冷曾提供了从 1 K 到 400 mK 的温度差, 器件大小 0.3 μm², 在 1 K 下制冷功率约 20 pW[4.221]. 对比本书提到的其他制冷方式, 这个制冷功率非常小. 2014 年, 隧穿制冷可以将电子温度从 150 mK 降温到约 30 mK[4.222]. 如果以更常见的 300 mK 预冷环境出发, 最近的实验表明电子温度可以被降至约 65 mK[4.223]. 需要强调的是, 隧穿制冷不仅仅能对电子降温, 因为其制冷量是持续的, 它还可以为宏观物体提供制冷能力[4.224]. 例如, 2013 年, 隧穿制冷将 1.9 cm³ 的铜块从 290 mK 降温到了 256 mK[4.225].

图 4.103 中的常规金属可以由高掺杂的半导体替代, 此时半导体和超导体之间的肖特基势垒可以直接成为隧穿所需要的势垒[4.226]. 半导体中的电声子相互作用比金属更弱[4.226,4.227,4.228], 更利于维持电子与晶格的温差. 2020 年, 半导体和超导体构建的隧穿结曾在 166 mK 处获得 22 mK 的温差[4.229], 该技术尚在发展之中. 同样地, 因为石墨烯比金属电声子耦合能力差, 用石墨烯替代常规金属的方案也曾被提出[4.230].

隧穿制冷属于原位的片上 (on–chip) 制冷, 它不仅能提供宏观制冷能力, 还具有对电子进行针对性地冷却的特殊价值. 这类技术的制冷结构常常与电路元器件的尺度相仿, 可以被安置在微米尺度或者纳米尺度的器件上. 这些技术的研发, 部分是为了减少降温的代价, 或者为了获得通过环境降温难以获得的极低电子温度. 原则上, 把能量偏高的电子引走的方式都可以实现类似隧穿制冷的降温. 例如, 图 4.103 中的绝缘体可以被替换为真空, 电子的能量选择手段也可以利用量子点[4.231]. 量子点制冷中, 同样因为高能量的电子更容易离开, 所以电子平均能量降低. 量子点制冷曾被预期可以在 1 μK 至 1 nK 温区使用[4.232], 不过其在实际测试中暂时还没体现出优势. 虽然该方法还没法提供 1 μK 以内的温区, 但是已证明了其在原则上可以被用于降温. 在一个 6 μm² 的二维电子气区域中[4.233], 这个方法将电子从 280 mK 降温到 190 mK.

　　对电子的局部制冷还可以采用片上绝热去磁的方法[4.234,4.235]. 片上绝热去磁的原理跟 4.6 节和 4.7 节所介绍的内容一致, 但是制冷目的是冷却局域化在小区间内的电子, 而不是整套制冷机. 用高掺杂的铝作为顺磁材料[4.234], 电子曾从约 300 mK 被降温到约 150 mK. 用核自旋作为制冷剂, 如将铟或者铜直接电镀在器件上, 可以利用绝热去磁过程降低电子温度[4.236,4.237]. 将制冷剂安置在器件的片上制冷容易受测量磁场干扰, 于是人们还尝试过将制冷剂放在远离样品的片外进行制冷, 如用相互电绝缘的一组铜或者铟作为引线单独连接样品的每个电极, 此时制冷剂不易受调控样品的磁场的影响[4.165,4.235]. 对于与核绝热去磁相关的局部制冷, 当前已有进展的核心出发点还是降低器件在实际测量中的电子温度, 它关心的是电子温度的降低而不是绝对数值; 电子的最低温度可能还是高于环境温度. 反之, 隧穿制冷、量子点制冷和原位电绝热去磁制冷等手段当前主要还是以制冷为目的, 关心晶格预冷温度和降温后电子温度之间的温差.

　　更多热电子蒸发的实验尝试可通过文献 [4.168, 4.238 ∼ 4.240] 和它们的引文扩展阅读, 近年来从事这个方向研究的课题组数目正在增加. 推动这个领域发展的一个动力可能是 ³He 匮乏, 人们有更多动力去寻找稀释制冷的替代方案[4.238].

第四章参考文献

[4.1] BRICKWEDDE F G. The helium situation[J]. Physics Today, 1959, 12: 14-17.

[4.2] ONNES H K. Further experiments with liquid helium. P. On the lowest temperature yet obtained[J]. Leiden Communications, 1922, 159: 3-32.

[4.3] POBELL F. Matter and methods at low temperatures[M]. 3rd ed. Berlin: Springer, 2007.

[4.4] EKIN J W. Experimental techniques for low-temperature measurements: Cryostat design, material properties and superconductor critical-current testing[M]. Oxford: Oxford University Press, 2006.

[4.5] BUCKINGHAM M J, FAIRBANK W M. The nature of the λ-transition in liquid helium[J]. Progress in Low Temperature Physics, 1961, 3: 80-112.

[4.6] LIPA J A, CHUI T C P. Very high-resolution heat-capacity measurements near the lambda point of helium[J]. Physical Review Letters, 1983, 51: 2291-2294.

[4.7] LIPA J A, NISSEN J A, STRICKER D A, et al. Specific heat of liquid helium in zero gravity very near the lambda point[J]. Physical Review B, 2003, 68: 174518.

[4.8] MUSILOVA V, HANZELKA P, KRALIK T, et al. Low temperature radiative properties of materials used in cryogenics[J]. Cryogenics, 2005, 45: 529-536.

[4.9] VENTURA G, RISEGARI L. The art of cryogenics: Low temperature experimental techniques[M]. Amsterdam: Elsevier, 2008.

[4.10] VAN SCIVER S W. Helium cryogenics[M]. 2nd ed. New York: Springer, 2012.

[4.11] ZOHURI B. Hybrid energy systems: Driving reliable renewable sources of enezgy storage[M]. Cham: Springer, 2018.

[4.12] MCFEE R. Optimum input leads for cryogenic apparatus[J]. Review of Scientific Instruments, 1959, 30: 98-102.

[4.13] WALKER G. Cryocoolers: part 1: Fundamentals[M]. New York: Plenum Press, 1983.

[4.14] WALKER G. Cryocoolers: part 2: Applications[M]. New York: Plenum Press, 1983.

[4.15] RADEBAUGH R. Development of the pulse tube refrigerator as an efficient and reliable cryocooler[J]. The Proceedings of the Institute of Refrigeration, 2000, 96: 11-29.

[4.16] KÖHLER J W L, JONKERS C O. Fundamentals of the gas refrigerating machine[J]. Philips Technical Review, 1954, 16: 69-104.

[4.17] ATREY M D. Cryocoolers: Theory and applications[M]. Cham: Springer, 2020.

[4.18] MCMAHON H O, GIFFORD W E. A new low-temperature gas expansion cycle part I[J]. Advances in Cryogenic Engineering, 1960, 5: 354-367.

[4.19] MCMAHON H O, GIFFORD W E. A new low-temperature gas expansion cycle part II[J]. Advances in Cryogenic Engineering, 1960, 5: 368-372.

[4.20] RADEBAUGH R. Progress in cryocoolers[J]. Applications of Cryogenic Technology, 1991, 10: 1-14.

[4.21] RADEBAUGH R. Advances in cryocoolers[C]//Haruyama T, Mitsui T, Yamafuji K. Proceedings of the Sixteenth International Cryogenic Engineering Conference/International Cryogenic Materials Conference. Kitakyushu: Elsevier Science, 1997: 33-4.

[4.22] KURIYAMA T, TAKAHASHI M, NAKAGOME H, et al. Development of 1 Watt class 4 K GM refrigerator with magnetic regenerator materials[J]. Advances in Cryogenic Engineering, 1994, 39: 1335-1342.

[4.23] ZHAO Z, WANG C. Cryogenic engineering and technologies[M]. Boca Raton:

CRC Press, 2020.

[4.24] GIFFORD W E, LONGSWORTH R C. Pulse-tube refrigeration[J]. Journal of Engineering for Industry, 1964, 86: 264-268.

[4.25] LONGSWORTH R C. Early pulse tube refrigerator developments[J]. Cryocoolers, 1997, 9: 261-268.

[4.26] GIFFORD W E, LONGSWORTH R C. Surface heat pumping[J]. Advances in Cryogenic Engineering, 1966, 11: 171-179.

[4.27] LONGSWORTH R C. An experimental investigation of pulse tube refrigeration heat pumping rates[J]. Advances in Cryogenic Engineering, 1967, 12: 608-618.

[4.28] MIKULIN E I, TARASOV A A, SHKREBYONOCK M P. Low-temperature expansion pulse tubes[J]. Advances in Cryogenic Engineering, 1984, 29: 629-637.

[4.29] RADEBAUGH R, ZIMMERMAN J, SMITH D R, et al. A comparison of three types of pulse tube refrigerators: New methods for reaching 60K[J]. Advances in Cryogenic Engineering, 1986, 31: 779-789.

[4.30] MERKLI P, THOMANN H. Thermoacoustic effects in a resonance tube[J]. Journal of Fluid Mechanics, 1975, 70: 161-177.

[4.31] ZHU S, WU P, CHEN Z. Double inlet pulse tube refrigerators: An important improvement[J]. Cryogenics, 1990, 30: 514-520.

[4.32] WANG C, THUMMES G, HEIDEN C. Effects of dc gas flow on performance of two-stage 4 K pulse tube coolers[J]. Cryogenics, 1998, 38: 689-695.

[4.33] GAO J L, MATSUBARA Y. An inter-phasing pulse tube refrigerator for high refrigeration efficiency[C]//Harugama T, Mitsui T, Yamafuji K. Proceedings of the Sixteenth International Cryogenic Engineering Conference/International Cryogenic Materials Conference. Kitakyushu: Elsevier Science, 1997: 295-298.

[4.34] KAKAÇ S, SMIRNOV H F, AVELINO M R. Low temperature and cryogenic refrigeration[M]. Dordrecht: Springer, 2003.

[4.35] PARIKH K, SAPARIYA D, MEHTA K. A review of pulse tube refrigerator[J]. International Journal of Engineering Research & Technology, 2016, 4: 1-5.

[4.36] WILL M E, DE WAELE A T A M. Heat exchanger versus regenerator: A fundamental comparison[J]. Cryogenics, 2005, 45: 473-480.

[4.37] MATSUBARA Y, GAO J L. Novel configuration of three-stage pulse tube refrigerator for temperatures below 4 K[J]. Cryogenics, 1994, 34: 259-262.

[4.38] THUMMES G, BENDER S, HEIDEN C. Approaching the [4]He lambda line with a liquid nitrogen precooled two-stage pulse tube refrigerator[J]. Cryogenics, 1996, 36: 709-711.

[4.39] WANG C, THUMMES G, HEIDEN C. A two-stage pulse tube cooler operating below 4 K[J]. Cryogenics, 1997, 37: 159-164.

[4.40] SWIFT G W. Thermoacoustic natural gas liquefier[C]. Los Alamos: Los Alamos National Lab, 1997.

[4.41] YUAN J, PFOTENHAUER J M. A single stage five valve pulse tube refrigerator reaching 32 K[J]. Advances in Cryogenic Engineering, 1998, 43: 1983-1989.

[4.42] XU M Y, DE WAELE A T A M, JU Y L. A pulse tube refrigerator below 2 K[J]. Cryogenics, 1999, 39: 865-869.

[4.43] JIANG N, LINDEMANN U, GIEBELER F, et al. A ^{3}He pulse tube cooler operating down to 1.3 K[J]. Cryogenics, 2004, 44: 809-816.

[4.44] SOLOSKI S C, MASTRUP F N. Experimental investigation of a linear, orifice pulse tube expander[J]. Cryocoolers, 1995, 8: 321-328.

[4.45] GREEN M A, CHOUHAN S S, WANG C, et al. Second stage cooling from a Cryomech PT415 cooler at second stage temperatures up to 300 K with cooling on the first-stage from 0 to 250 W[J]. IOP Conference Series: Materials Science and Engineering, 2015, 101: 012002.

[4.46] WANG C, BEYER A, COSCO J, et al. Energy efficient operation of 4 K pulse tube cryocoolers[J]. Cryocoolers, 2014, 18: 203-210.

[4.47] THUMMES G, GIEBELER F, HEIDEN C. Effect of pressure wave form on pulse tube refrigerator performance[J]. Cryocoolers, 1995, 8: 383-393.

[4.48] MATSUBARA Y, DAI W, SUGITA H, et al. Pressure wave generator for a pulse tube cooler[J]. Cryocoolers, 2003, 12: 343-348.

[4.49] DAI W, YU G, ZHU S, et al. 300 Hz thermoacoustically driven pulse tube cooler for temperature below 100 K[J]. Applied Physics Letters, 2007, 90: 024104.

[4.50] RADEBAUGH R, MCDERMOTT K M, SWIFT G W, et al. Proceedings of the Fourth Interagency Meeting on Cryocoolers[C]. Plymouth: David Taylor Research Center, 1990.

[4.51] XU M, NAKANO K, SAITO M, et al. Study of low vibration 4 K pulse tube cryocoolers[J]. AIP Conference Proceedings, 2012, 1434: 190-197.

[4.52] TSUCHIYA A, LIN X, TAKAYAMA H, et al. Development of 1.5W 4K two-stage pulse tube cryocoolers with a remote valve unit[J]. Cryocoolers, 2014, 18: 211-214.

[4.53] ENSS C, HUNKLINGER S. Low-temperature physics[M]. Berlin: Springer, 2005.

[4.54] MAYTAL B, PFOTENHAUER J M. Miniature Joule-Thomson cryocooling[M]. New York: Springer, 2013.

[4.55] YAN J, YAO J, SHVARTS V, et al. Cryogen-free one hundred microkelvin refrigerator[J]. Review of Scientific Instruments, 2021, 92: 025120.

[4.56] SONG Y J, OTTE A F, SHVARTS V, et al. A 10 mK scanning probe microscopy facility[J]. Review of Scientific Instruments, 2010, 81: 121101.

[4.57] DALY E F, DEAN T J. A new heat pump cycle and its application to a 3.5 K refrigerator[J]. Cryogenics, 1970, 10: 123-135.

[4.58] VAN DER MAAS J, PROBST P A, STUBI R, et al. Continuously cooled coldplates: Revisited[J]. Cryogenics, 1986, 26: 471-474.

[4.59] KRAUS J. New condensation stage for a He^3-He^4 dilution refrigerator[J]. Cryogenics, 1977, 17: 173-175.

[4.60] UHLIG K. ^{3}He/^{4}He dilution refrigerator without a pumped ^{4}He stage[J]. Cryogenics, 1987, 27: 454-457.

[4.61] UHLIG K, HEHN W. ^{3}He/^{4}He dilution refrigerator with Gifford-McMahon precooling[J]. Cryogenics, 1993, 33: 1028-1031.

[4.62] UHLIG K. ^{3}He/^{4}He dilution refrigerator with pulse-tube refrigerator precooling[J]. Cryogenics, 2002, 42: 73-77.

[4.63] GRAZIANI A, DALL'OGLIO G, MARTINIS L, et al. A new generation of ^{3}He refrigerators[J]. Cryogenics, 2003, 43: 659-662.

[4.64] FROSSATI G. Experimental techniques: Methods for cooling below 300 mK[J]. Journal of Low Temperature Physics, 1992, 87: 595-633.

[4.65] ATKINS K R. Liquid helium[M]. London: Cambridge University Press, 1959.

[4.66] ROBERTS T R, SYDORIAK S G. Thermodynamic properties of liquid helium three. I. The specific heat and entropy[J]. Physical Review, 1955, 98: 1672-1678.

[4.67] TORRE J P, CHANIN G. Test flight results of a balloon-borne He^3 cryostat[J]. Advances in Cryogenic Engineering, 1978, 23: 640-643.

[4.68] MASI S, AQUILINI E, CARDONI P, et al. A self-contained ^{3}He refrigerator suitable for long duration balloon experiments[J]. Cryogenics, 1998, 38: 319-324.

[4.69] WALTON D. ^{3}He cryostat for operation to 0.2°K[J]. Review of Scientific Instruments, 1966, 37: 734-736.

[4.70] MATE C F, HARRIS-LOWE R, DAVIS W L, et al. ^{3}He cryostat with adsorption pumping[J]. Review of Scientific Instruments, 1965, 36: 369-373.

[4.71] YALCIN M, AROL A I. Gold cyanide adsorption characteristics of activated carbon of non-coconut shell origin[J]. Hydrometallurgy, 2002, 63: 201-206.

[4.72] CHENG E S, MEYER S S, PAGE L A. A high capacity 0.23 K ^{3}He refrigerator for balloon-borne payloads[J]. Review of Scientific Instruments, 1996, 67: 4008-

4016.

[4.73] WIEDEMANN W, SMOLIC E. A hermetically sealed helium-3 cryostat with a charcoal adsorption pump[J]. Cryogenics, 1968, 8: 59-61.

[4.74] VÁZQUEZ I, RUSSELL M P, SMITH D R, et al. Helium adsorption on activated carbons at temperatures between 4 and 76 K[J]. Advances in Cryogenic Engineering, 1988, 33: 1013-1021.

[4.75] DUBAND L, ALSOP D, LANGE A, et al. A rocket-borne ^{3}He refrigerator[J]. Advances in Cryogenic Engineering, 1990, 35: 1447-1456.

[4.76] MAURI G, MESSI F, KANAKI K, et al. Fast neutron sensitivity for ^{3}He detectors and comparison with boron-10 based neutron detectors[J]. EPJ Techniques and Instrumentation, 2019, 6: 3.

[4.77] FU H, WANG P, HU Z, et al. Low-temperature environments for quantum computation and quantum simulation[J]. Chinese Physics B, 2021, 30: 020702.

[4.78] POMERANCHUK I. (in Russian)[J]. Journal of Experimental and Theoretical Physics (USSR), 1950, 20: 919.

[4.79] ANUFRIYEV Y D. Use of the Pomeranchuk effect to obtain infralow temperatures[J]. Journal of Experimental and Theoretical Physics Letters, 1965, 1: 155-157.

[4.80] JOHNSON R T, ROSENBAUM R, SYMKO O G, et al. Adiabatic compressional cooling of He^3[J]. Physical Review Letters, 1969, 22: 449-451.

[4.81] SITES J R, OSHEROFF D D, RICHARDSON R C, et al. Nuclear magnetic susceptibility of solid He^3 cooled by compression from the liquid phase[J]. Physical Review Letters, 1969, 23: 836-838.

[4.82] WILKS J. The properties of liquid and solid helium[M]. London: Oxford University Press, 1967.

[4.83] LONDON H, CLARKE G R, MENDOZA E. Osmotic pressure of He^3 in liquid He^4, with proposals for a refrigerator to work below 1°K[J]. Physical Review, 1962, 128: 1992-2005.

[4.84] LOUNASMAA O V. Experimental principles and methods below 1K[M]. London: Academic Press, 1974.

[4.85] HALL H E, FORD P J, THOMPSON K. A helium-3 dilution refrigerator[J]. Cryogenics, 1966, 6: 80-88.

[4.86] VERMEULEN G A, FROSSATI G. Powerful dilution refrigerator for use in the study of polarized liquid ^{3}He and nuclear cooling[J]. Cryogenics, 1987, 27: 139-147.

[4.87] COUSINS D J, FISHER S N, GUÉNAULT A M, et al. An advanced dilution refrigerator designed for the new Lancaster microkelvin facility[J]. Journal of Low Temperature Physics, 1999, 114: 547-570.

[4.88] KUERTEN J G M, CASTELIJNS C A M, DE WAELE A T A M, et al. Thermo-dynamic properties of liquid ^{3}He-^{4}He mixtures at zero pressure for temperatures below 250 mK and ^{3}He concentrations below 8% [J]. Cryogenics, 1985, 25: 419-443.

[4.89] NEGANOV B, BORISOV N, LIBURG M. A method of producing very low temperatures by dissolving He^3 in He^4[J]. Soviet Physics Journal of Experimental and Theoretical Physics, 1966, 23: 959-967.

[4.90] WHEATLEY J C, VILCHES O E, ABEL W R. Principles and methods of dilu-tion refrigeration[J]. Physics, 1968, 4: 1-64.

[4.91] WHEATLEY J C, RAPP R E, JOHNSON R T. Principles and methods of dilution refrigeration. II[J]. Journal of Low Temperature Physics, 1971, 4: 1-39.

[4.92] FROSSATI G. Achieving ultralow temperatures by classical He^3-He^4 dilution refrigeration[J]. Cryogenics, 1978, 18: 490-490.

[4.93] COOPS G M. Dilution refrigeration with multiple mixing chambers[D]. Eind-hoven: Eindhoven University of Technology, 1981.

[4.94] TACONIS K W. Dilution refrigerators[J]. Physica, 1982, 109&110B: 1753-1763.

[4.95] LOUNASMAA O V. Dilution refrigeration[J]. Journal of Physics E: Scientific Instruments, 1979, 12: 668-675.

[4.96] YOROZU S, HIROI M, FUKUYAMA H, et al. Phase-separation curve of ^{3}He-^{4}He mixtures under pressure[J]. Physical Review B, 1992, 45: 12942-12948.

[4.97] FROSSATI G. Obtaining ultralow temperatures by dilution of ^{3}He into ^{4}He[J]. Journal de Physique Colloques, 1978, 39: 1578-1589.

[4.98] ZU H, DAI W, DE WAELE A T A M. Development of dilution refrigerators-a review[J]. Cryogenics, 2022, 121: 103390.

[4.99] WHEATLEY J C. Dilute solutions of ^{3}He in ^{4}He at low temperatures[J]. Ameri-can Journal of Physics, 1968, 36: 181-210.

[4.100] SYDORIAK S G, ROBERTS T R. Vapor pressures of He^3-He^4 mixtures[J]. Physi-cal Review, 1960, 118: 901-912.

[4.101] MIKHEEV V A, MAIDANOV V A, MIKHIN N P. Compact dilution refrigerator with a cryogenic circulation cycle of He^3[J]. Cryogenics, 1984, 24: 190-190.

[4.102] BATEY G, MIKHEEV V. Adsorption pumping for obtaining ULT in ^{3}He cryostats and ^{3}He-^{4}He dilution refrigerators[J]. Journal of Low Temperature Physics, 1998,

113: 933-938.

[4.103] BENOÎT A, PUJOL S. Dilution refrigerator for space applications with a cryo-cooler[J]. Cryogenics, 1994, 34: 421-423.

[4.104] TRIQUENEAUX S, SENTIS L, CAMUS P, et al. Design and performance of the dilution cooler system for the Planck mission[J]. Cryogenics, 2006, 46: 288-297.

[4.105] BENOIT A, PUJOL S. A dilution refrigerator insensitive to gravity[J]. Physica B, 1991, 169: 457-458.

[4.106] KUERTEN J G M, CASTELIJNS C A M, DE WAELE A T A M, et al. Comprehensive theory of flow properties of ^{3}He moving through superfluid ^{4}He in capillaries[J]. Physical Review Letters, 1986, 56: 2288-2290.

[4.107] CHAUDHRY G, VOLPE A, CAMUS P, et al. A closed-cycle dilution refrigerator for space applications[J]. Cryogenics, 2012, 52: 471-477.

[4.108] TACONIS K W, PENNINGS N H, DAS P, et al. A ^{4}He-^{3}He refrigerator through which ^{4}He is circulated[J]. Physica, 1971, 56: 168-170.

[4.109] DEBYE P. Einige bemerkungen zur magnetisierung bei tiefer temperatur[J]. Annalen der Physik, 1926, 386: 1154-1160.

[4.110] GIAUQUE W F. A thermodynamic treatment of certain magnetic effects. A proposed method of producing temperatures considerably below 1° absolute[J]. Journal of the American Chemical Society, 1927, 49: 1864-1870.

[4.111] 宛德福, 马兴隆. 磁性物理学 [M]. 北京: 电子工业出版社, 1999.

[4.112] GIAUQUE W F, MACDOUGALL D P. Attainment of temperatures below 1° absolute by demagnetization of $Gd_2(SO_4)_3 \cdot 8H_2O$[J]. Physical Review, 1933, 43: 768-768.

[4.113] DE HAAS W J, WIERSMA E C, KRAMERS H A. Experiments on adiabatic cooling of paramagnetic salts in magnetic fields[J]. Physica, 1934, 1: 1-13.

[4.114] KÜRTI N, SIMON F. Production of very low temperatures by the magnetic method: Supraconductivity of cadmium[J]. Nature, 1934, 133: 907-908.

[4.115] KÜRTI N, SIMON F. Further experiments with the magnetic cooling method[J]. Nature, 1935, 135: 31.

[4.116] HASSENZAHL W V. A proposal to reduce training in superconducting coils[J]. Cryogenics, 1980, 20: 599-601.

[4.117] TIMBIE P T, BERNSTEIN G M, RICHARDS P L. An adiabatic demagnetization refrigerator for SIRTF[J]. IEEE Transactions on Nuclear Science, 1989, 36: 898-902.

[4.118] TERADA N, MAMIYA H. High-efficiency magnetic refrigeration using holmium[J].

Nature Communications, 2021, 12: 1212

[4.119] DE CASTRO P B, TERASHIMA K, YAMAMOTO T D, et al. Machine-learning-guided discovery of the gigantic magnetocaloric effect in HoB_2 near the hydrogen liquefaction temperature[J]. NPG Asia Materials, 2020, 12: 35.

[4.120] WHITE G K, MEESON P J. Experimental techniques in low-temperature physics[M]. 4th ed. Oxford: Oxford University Press, 2002.

[4.121] HAGMANN C, BENFORD D J, RICHARDS P L. Paramagnetic salt pill design for magnetic refrigerators used in space applications[J]. Cryogenics, 1994, 34: 213-219.

[4.122] VILCHES O E, WHEATLEY J C. Techniques for using liquid helium in very low temperature apparatus[J]. Review of Scientific Instruments, 1966, 37: 819-831.

[4.123] DANIELS J M, ROBINSON F N H. Cerium magnesium nitrate II: Determination of the entropy-absolute temperature relation below $1°K$[J]. The London, Edinburgh, and Dublin Philosophical Magazine and Journal of Science, 1953, 44: 630-635.

[4.124] ABEL W R, ANDERSON A C, BLACK W C, et al. Thermal and magnetic properties of liquid He^3 at low pressure and at very low temperatures[J]. Physics, 1965, 1: 337-387.

[4.125] PARPIA J M, KIRK W P, KOBIELA P S, et al. A comparison of the ^3He melting curve, $T_c(P)$ curve, and the susceptibility of lanthanum-diluted cerium magnesium nitrate below 50 mK[J]. Journal of Low Temperature Physics, 1985, 60: 57-72.

[4.126] SHIRRON P J. Applications of the magnetocaloric effect in single-stage, multi-stage and continuous adiabatic demagnetization refrigerators[J]. Cryogenics, 2014, 62: 130-139.

[4.127] TSUI Y K, KALECHOFSKY N, BURNS C A, et al. Study of the low temperature thermal properties of the geometrically frustrated magnet: Gadolinium gallium garnet[J]. Journal of Applied Physics, 1999, 85: 4512-4514.

[4.128] HORNUNG E W, FISHER R A, BRODALE G E, et al. Magnetothermodynamics of gadolinium gallium garnet. II. Heat capacity, entropy, magnetic moment from 0.5 to $4.2°K$, with fields to 90 kG, along the [111] axis[J]. The Journal of Chemical Physics, 1974, 61: 282-291.

[4.129] SCHIFFER P, RAMIREZ A P, HUSE D A, et al. Investigation of the field induced antiferromagnetic phase transition in the frustrated magnet: Gadolinium gallium garnet[J]. Physical Review Letters, 1994, 73: 2500-2503.

[4.130] TOMOKIYO A, YAYAMA H, HASHIMOTO T, et al. Specific heat and entropy of dysprosium gallium garnet in magnetic fields[J]. Cryogenics, 1985, 25: 271-274.

[4.131] HIRRON P, CANAVAN E, DIPIRRO M, et al. Development of a cryogen-free continuous ADR for the constellation-x mission[J]. Cryogenics, 2004, 44: 581-588.

[4.132] BRASILIANO D A P, DUVAL J-M, MARIN C, et al. YbGG material for adiabatic demagnetization in the 100 mK-3 K range[J]. Cryogenics, 2020, 105: 103002.

[4.133] KRAL S F, BARCLAY J A. Magnetic refrigeration: A large cooling power cryogenic refrigeration technology[J]. Applications of Cryogenic Technology, 1991, 10: 27-41.

[4.134] JANG D, GRUNER T, STEPPKE A, et al. Large magnetocaloric effect and adiabatic demagnetization refrigeration with YbPt$_2$Sn[J]. Nature Communications, 2015, 6: 8680.

[4.135] TOKIWA Y, BACHUS S, KAVITA K, et al. Frustrated magnet for adiabatic demagnetization cooling to milli-Kelvin temperatures[J]. Communications Materials, 2021, 2: 42.

[4.136] XIANG J, ZHANG C, GAO Y, et al. Giant magnetocaloric effect in spin supersolid candidate Na$_2$BaCo(PO$_4$)$_2$[J]. Nature, 2024, 625: 270-275.

[4.137] CASTLES S. Refrigeration for Cryogenic Sensors[C]. Greenbelt: National Aeronautics and Space Administration, 1983.

[4.138] DARBY J, HATTON J, ROLLIN B V, et al. Experiments on the production of very low temperatures by two-stage demagnetization[J]. Proceedings of the Physical Society, 1951, A64: 861-867.

[4.139] HEER C V, BARNES C B, DAUNT J G. The design and operation of a magnetic refrigerator for maintaining temperatures below 1°K[J]. Review of Scientific Instruments, 1954, 25: 1088-1098.

[4.140] DINGUS M L. Adiabatic demagnetization refrigerator for use in zero gravity[R]. Huntsville: Alabama Cryogenic Engineering, 1988.

[4.141] SWITZER E R, ADE P A R, BAILDON T, et al. Sub-Kelvin cooling for two kilopixel bolometer arrays in the PIPER receiver[J]. Review of Scientific Instruments, 2019, 90: 095104.

[4.142] SHIRRON P J, KIMBALL M O, FIXSEN D J, et al. Design of the PIXIE adiabatic demagnetization refrigerators[J]. Cryogenics, 2012, 52: 140-144.

[4.143] FUKUDA H, UEDA S, ARAI R, et al. Properties of a two stage adiabatic demagnetization refrigerator[J]. IOP Conference Series: Materials Science and

Engineering, 2015, 101: 012047.

[4.144] SHIRRON P J, CANAVAN E R, DIPIRRO M J, et al. A multi-stage continuous-duty adiabatic demagnetization refrigerator[J]. Advances in Cryogenic Engineering, 2000, 45: 1629-1638.

[4.145] SHIRRON P J, CANAVAN E R, DIPIRRO M J, et al. Progress in the development of a continuous adiabatic demagnetization refrigerator[J]. Cryocoolers, 2003, 12: 661-668.

[4.146] KIMBALL M O, SHIRRON P J, CANAVAN E R, et al. Space Cryogenics Workshop[C]. Oak Brook: Public, 2017.

[4.147] VALANT M. Electrocaloric materials for future solid-state refrigeration technologies[J]. Progress in Materials Science, 2012, 57: 980-1009.

[4.148] MISCHENKO A S, ZHANG Q, SCOTT J F, et al. Giant electrocaloric effect in thin-film $PbZr_{0.95}Ti_{0.05}O_3$[J]. Science, 2006, 311: 1270-1271.

[4.149] NEESE B, CHU B, LU S-G, et al. Large electrocaloric effect in ferroelectric polymers near room temperature[J]. Science, 2008, 321: 821-823.

[4.150] POHL R O, TAYLOR V L, GOUBAU W M. Electrocaloric effect in doped alkali halides[J]. Physical Review, 1969, 178: 1431-1436.

[4.151] LAWLESS W N, MORROW A J. Specific heat and electrocaloric properties of a SrTiO3 ceramic at low temperatures[J]. Ferroelectrics, 1977, 15: 159-165.

[4.152] LAWLESS W N. Specific heat and electrocaloric properties of $KTaO_3$ at low temperatures[J]. Physical Review B, 1977, 16: 433-439.

[4.153] KORROVITS V K, LIID'YA G G, MIKHKEL'SOO V T. Thermostating crystals at temperatures below 1 K by using the electrocaloric effect[J]. Cryogenics, 1974, 14: 44-45.

[4.154] HARRISON J P. Review paper: Heat transfer between liquid helium and solids below 100 mK[J]. Journal of Low Temperature Physics, 1979, 37: 467-565.

[4.155] RICHARDSON R C, SMITH E N. Experimental techniques in condensed matter physics at low temperatures[M]. Boca Raton: CRC Press, 1988.

[4.156] OJA A S, LOUNASMAA O V. Nuclear magnetic ordering in simple metals at positive and negative nanokelvin temperatures[J]. Reviews of Modern Physics, 1997, 69: 1-136.

[4.157] HATTON J, ROLLIN B V. Nuclear magnetic resonance at low temperatures[J]. Proceedings of the Royal Society of London, 1949, A199: 222-237.

[4.158] KURTI N, ROBINSON F N H, SIMON F, et al. Nuclear cooling[J]. Nature, 1956, 178: 450-453.

[4.159] SYMKO O G. Nuclear cooling using copper and indium[J]. Journal of Low Temperature Physics, 1969, 1: 451-467.

[4.160] BERGLUND P M, EHNHOLM G J, GYLLING R G, et al. Nuclear refrigeration of copper[J]. Cryogenics, 1972, 12: 297-299.

[4.161] PICKETT G R. Cooling metals to the microkelvin regime, then and now[J]. Physica B, 2000, 280: 467-473.

[4.162] ANDRES K, LOUNASMAA O V. Recent progress in nuclear cooling[J]. Progress in Low Temperature Physics, 1982, 8: 221-287.

[4.163] BATEY G, CASEY A, CUTHBERT M N, et al. A microkelvin cryogen-free experimental platform with integrated noise thermometry[J]. New Journal of Physics, 2013, 15: 113034.

[4.164] TODOSHCHENKO I, KAIKKONEN J-P, BLAAUWGEERS R, et al. Dry demagnetization cryostat for sub-millikelvin helium experiments: Refrigeration and thermometry[J]. Review of Scientific Instruments, 2014, 85: 085106.

[4.165] PALMA M, MARADAN D, CASPARIS L, et al. Magnetic cooling for microkelvin nanoelectronics on a cryofree platform[J]. Review of Scientific Instruments, 2017, 88: 043902.

[4.166] POBELL F. Nuclear refrigeration and thermometry at microkelvin temperatures[J]. Journal of Low Temperature Physics, 1992, 87: 635-649.

[4.167] GLOOS K, SMEIBIDL P, KENNEDY C, et al. The Bayreuth nuclear demagnetization refrigerator[J]. Journal of Low Temperature Physics, 1988, 73: 101-136.

[4.168] GIAZOTTO F, HEIKKILA T T, LUUKANEN A, et al. Opportunities for mesoscopics in thermometry and refrigeration: Physics and applications[J]. Reviews of Modern Physics, 2006, 78: 217-274.

[4.169] SERGEEV A, MITIN V. Electron-phonon interaction in disordered conductors: Static and vibrating scattering potentials[J]. Physical Review B, 2000, 61: 6041-6047.

[4.170] EHNHOLM G J, EKSTRÖM J P, JACQUINOT J F, et al. Evidence for nuclear antiferromagnetism in copper[J]. Physical Review Letters, 1979, 42: 1702-1705.

[4.171] HAKONEN P J, YIN S. Investigations of nuclear magnetism in silver down to picokelvin temperatures. II[J]. Journal of Low Temperature Physics, 1991, 85: 25-65.

[4.172] HAKONEN P J, VUORINEN R T, MARTIKAINEN J E. Nuclear antiferromagnetism in rhodium metal at positive and negative nanokelvin temperatures[J]. Physical Review Letters, 1993, 70: 2818-2821.

[4.173] KNUUTTILA T A, TUORINIEMI J T, LEFMANN K, et al. Polarized nuclei in normal and superconducting rhodium[J]. Journal of Low Temperature Physics, 2001, 123: 65-102.

[4.174] MEDLEY P, WELD D M, MIYAKE H, et al. Spin gradient demagnetization cooling of ultracold atoms[J]. Physical Review Letters, 2011, 106: 195301.

[4.175] KORRINGA J. Nuclear magnetic relaxation and resonnance line shift in metals[J]. Physica, 1950, 16: 601-610.

[4.176] MUELLER R M, BUCHAL C, FOLLE H R, et al. A double-stage nuclear demagnetization refrigerator[J]. Cryogenics, 1980, 20: 395-407.

[4.177] KRUSIUS M, PAULSON D N, WHEATLEY J C. Properties of sintered copper powders and their application in a nuclear refrigerator with precise temperature control[J]. Cryogenics, 1978, 18: 649-655.

[4.178] AHONEN A I, KRUSIUS M, PAALANEN M A. NMR experiments on the superfluid phases of ^{3}He in restricted geometries[J]. Journal of Low Temperature Physics, 1976, 25: 421-465.

[4.179] AHONEN A I, KOKKO J, LOUNASMAA O V, et al. Mobility of negative ions in superfluid ^{3}He[J]. Physical Review Letters, 1976, 37: 511-515.

[4.180] LEE Y, HAARD T M, HALPERIN W P, et al. Discovery of the acoustic Faraday effect in superfluid ^{3}He-B[J]. Nature, 1999, 400: 431-433.

[4.181] KIM E, XIA J S, WEST J T, et al. Effect of ^{3}He impurities on the nonclassical response to oscillation of solid ^{4}He[J]. Physical Review Letters, 2008, 100: 065301.

[4.182] LEVITIN L V, BENNETT R G, CASEY A, et al. Phase diagram of the topological superfluid ^{3}He confined in a nanoscale slab geometry[J]. Science, 2013, 340: 841-844.

[4.183] IKEGAMI H, TSUTSUMI Y, KONO K. Chiral symmetry breaking in superfluid ^{3}He-A[J]. Science, 2013, 341: 59-62.

[4.184] CARNEY J P, GUÉNAULT A M, PICKETT G R, et al. Extreme nonlinear damping by the quasiparticle gas in superfluid ^{3}He-B in the low-temperature limit[J]. Physical Review Letters, 1989, 62: 3042-3045.

[4.185] BRADLEY D I, GUÉNAULT A M, KEITH V, et al. New methods for nuclear cooling into the microkelvin regime[J]. Journal of Low Temperature Physics, 1984, 57: 359-390.

[4.186] YANO H, UCHIYAMA T, KATO T, et al. New methods for magnetic susceptibility measurements of solid ^{3}He at ultralow temperatures[J]. Journal of Low

Temperature Physics, 1990, 78: 165-178.

[4.187] MAMIYA T, YANO H, KONDO H, et al. Nuclear magnetism of hcp solid ^{3}He above the ordering temperature[J]. Physica B, 1990, 165&166: 837-838.

[4.188] WENDLER W, HERRMANNSDÖRFER T, REHMANN S, et al. The interplay of electronic and nuclear magnetism in PtFe$_x$ at milli-, micro-, and nanokelvin temperatures[J]. Journal of Low Temperature Physics, 1998, 111: 99-118.

[4.189] LIN X, DU R, XIE X. Recent experimental progress of fractional quantum Hall effect: 5/2 filling state and graphene[J]. National Science Review, 2014, 1: 564-579.

[4.190] PAN W, XIA J S, STORMER H L, et al. Experimental studies of the fractional quantum Hall effect in the first excited Landau level[J]. Physical Review B, 2008, 77: 075307.

[4.191] PRAKASH O, KUMAR A, THAMIZHAVEL A, et al. Evidence for bulk superconductivity in pure bismuth single crystals at ambient pressure[J]. Science, 2017, 355: 52-55.

[4.192] SCHUBERTH E, TIPPMANN M, STEINKE L, et al. Emergence of superconductivity in the canonical heavy-electron metal YbRh$_2$Si$_2$[J]. Science, 2016, 351: 485-488.

[4.193] PAN W, XIA J-S, SHVARTS V, et al. Exact quantization of the even-denominator fractional quantum Hall state at $\nu = 5/2$ Landau level filling factor[J]. Physical Review Letters, 1999, 83: 3530-3533.

[4.194] LEGGETT A J. Prospects in ultralow temperature physics[J]. Journal de Physique Colloques, 1978, 39: 1264-1269.

[4.195] HAKONEN P, LOUNASMAA O V, OJA A. Spontaneous nuclear magnetic ordering in copper and silver at nano- and picokelvin temperatures[J]. Journal of Magnetism and Magnetic Materials, 1991, 100: 394-412.

[4.196] 张裕恒. 超导物理 [M]. 合肥: 中国科学技术大学出版社, 1997.

[4.197] HUIKU M T, JYRKKIO T A, KYYNARAINEN J M, et al. Investigations of nuclear antiferromagnetic ordering in copper at nanokelvin temperatures[J]. Journal of Low Temperature Physics, 1986, 62: 433-487.

[4.198] AL'TSHULER S A. Use of substances containing rare-earth ions with even number of electrons to obtain infralow temperatures[J]. Journal of Experimental and Theoretical Physics Letters, 1966, 3: 112-114.

[4.199] JONES E D. Observation of the Pr^{141} and Tm^{169} nuclear magnetic resonances in the paramagnetic states of rare-earth intermetallic compounds[J]. Physical

Review Letters, 1967, 19: 432-435.

[4.200] ANDRES K, BUCHER E. Observation of hyperfine-enhanced nuclear magnetic cooling[J]. Physical Review Letters, 1968, 21: 1221-1223.

[4.201] KUBOTA M, FOLLE H R, BUCHAL C, et al. Nuclear magnetic ordering in PrNi$_5$ at 0.4 mK[J]. Physical Review Letters, 1980, 45: 1812-1815.

[4.202] FOLLE H R, KUBOTA M, BUCHAL C, et al. Nuclear refrigeration properties of PrNi$_5$[J]. Zeitschrift für Physik B, 1981, 41: 223-228.

[4.203] GREYWALL D S. ^{3}He melting-curve thermometry at millikelvin temperatures[J]. Physical Review B, 1985, 31: 2675-2683.

[4.204] HERRMANNSD RFER T, UNIEWSKI H, POBELL F. Nuclear ferromagnetic ordering of ^{141}Pr in the diluted van Vleck paramagnets Pr$_{1-x}$Y$_x$Ni$_5$[J]. Physical Review Letters, 1994, 72: 148-151.

[4.205] HERRMANNSDORFER T, UNIEWSKI H, POBELL F. Nuclear ferromagnetic ordering of ^{141}Pr in the diluted van Vleck paramagnets Pr$_{1-x}$Y$_x$Ni$_5$[J]. Journal of Low Temperature Physics, 1994, 97: 189-211.

[4.206] ÔNO K, KOBAYASI S, SHINOHARA M, et al. Two-stage nuclear demagnetization refrigerator[J]. Journal of Low Temperature Physics, 1980, 38: 737-745.

[4.207] MEIJER H C, BOTS G J C, POSTMA H. The thermal conductivity of PrNi$_5$; Electroplating of PrNi$_5$[J]. Physica, 1981, 107B: 607-608.

[4.208] YAO W, KNUUTTILA T A, NUMMILA K K, et al. A versatile nuclear demagnetization cryostat for ultralow temperature research[J]. Journal of Low Temperature Physics, 2000, 120: 121-150.

[4.209] POBELL F. The quest for ultralow temperatures: What are the limitations?[J]. Physica, 1982, 109&110B: 1485-1498.

[4.210] SCHWARK M, POBELL F, HALPERIN W P, et al. Ortho-Para conversion of hydrogen in copper as origin of time-dependent heat leaks[J]. Journal of Low Temperature Physics, 1983, 53: 685-694.

[4.211] SCHWARK M, POBELL F, KUBOTA M, et al. Tunneling with very long relaxation times in glasses, organic materials, and Nb-Yi-H(D)[J]. Journal of Low Temperature Physics, 1985, 58: 171-181.

[4.212] TROFIMOV V N. Athermic relaxation phenomena in polycrystalline copper after cooling to helium temperatures[J]. Journal of Low Temperature Physics, 1984, 54: 555-564.

[4.213] ISHIMOTO H, NISHIDA N, FURUBAYASHI T, et al. Two-stage nuclear demagnetization refrigerator reaching 27 μk[J]. Journal of Low Temperature Physics,

1984, 55: 17-31.

[4.214] TAKIMOTO S, TODA R, MURAKAWA S, et al. Construction of continuous magnetic cooling apparatus with zinc soldered PrNi$_5$ nuclear stages[J]. Journal of Low Temperature Physics, 2022, 208: 492-500

[4.215] HAKONEN P J, IKKALA O T, LSLANDER S T, et al. Rotating nuclear demagnetization refrigerator for experiments on superfluid He^3[J]. Cryogenics, 1983, 23: 243-250.

[4.216] CHOI H, TAKAHASHI D, KONO K, et al. Evidence of supersolidity in rotating solid helium[J]. Science, 2010, 330: 1512-1515.

[4.217] ROUKES M L, FREEMAN M R, GERMAIN R S, et al. Hot electrons and energy transport in metals at millikelvin temperatures[J]. Physical Review Letters, 1985, 55: 422-425.

[4.218] NAHUM M, EILES T M, MARTINIS J M. Electronic microrefrigerator based on a normal-insulator-superconductor tunnel junction[J]. Applied Physics Letters, 1994, 65: 3123-3125.

[4.219] NAHUM M, MARTINIS J M. Ultrasensitive-hot-electron microbolometer[J]. Applied Physics Letters, 1993, 63: 3075-3077.

[4.220] KEMPPINEN A, RONZANI A, MYKKÄNEN E, et al. Cascaded superconducting junction refrigerators: Optimization and performance limits[J]. Applied Physics Letters, 2021, 119: 052603.

[4.221] QUARANTA O, SPATHIS P, BELTRAM F, et al. Cooling electrons from 1 to 0.4 K with V-based nanorefrigerators[J]. Applied Physics Letters, 2011, 98: 032501.

[4.222] NGUYEN H Q, MESCHKE M, COURTOIS H, et al. Sub-50-mK electronic cooling with large-area superconducting tunnel junctions[J]. Physical Review Applied, 2014, 2: 054001.

[4.223] GORDEEVA A V, PANKRATOV A L, PUGACH N G, et al. Record electron self-cooling in cold-electron bolometers with a hybrid superconductor-ferromagnetic nanoabsorber and traps[J]. Scientific Reports, 2020, 10: 21961.

[4.224] LUUKANEN A, LEIVO M M, SUOKNUUTI J K, et al. On-chip refrigeration by evaporation of hot electrons at sub-Kelvin temperatures[J]. Journal of Low Temperature Physics, 2000, 120: 281-290.

[4.225] LOWELL P J, O'NEIL G C, UNDERWOOD J M, et al. Macroscale refrigeration by nanoscale electron transport[J]. Applied Physics Letters, 2013, 102: 082601.

[4.226] SAVIN A M, PRUNNILA M, KIVINEN P P, et al. Efficient electronic cooling in heavily doped silicon by quasiparticle tunneling[J]. Applied Physics Letters, 2001, 79: 1471-1473.

[4.227] PREST M J, MUHONEN J T, PRUNNILA M, et al. Strain enhanced electron cooling in a degenerately doped semiconductor[J]. Applied Physics Letters, 2011, 99: 251908.

[4.228] MUHONEN J T, PREST M J, PRUNNILA M, et al. Strain dependence of electron-phonon energy loss rate in many-valley semiconductors[J]. Applied Physics Letters, 2011, 98: 182103.

[4.229] MYKKÄNEN E, LEHTINEN J S, GRÖNBERG L, et al. Thermionic junction devices utilizing phonon blocking[J]. Science Advances, 2020, 6: eaax9191.

[4.230] VISCHI F, CARREGA M, BRAGGIO A, et al. Electron cooling with graphene-insulator-superconductor tunnel junctions for applications in fast bolometry[J]. Physical Review Applied, 2020, 13: 054006.

[4.231] EDWARDS H L, NIU Q, DE LOZANNE A L. A quantum-dot refrigerator[J]. Applied Physics Letters, 1993, 63: 1815-1817.

[4.232] EDWARDS H L, NIU Q, GEORGAKIS G A, et al. Cryogenic cooling using tunneling structures with sharp energy features[J]. Physical Review B, 1995, 52: 5714-5736.

[4.233] PRANCE J R, SMITH C G, GRIFFITHS J P, et al. Electronic refrigeration of a two-dimensional electron gas[J]. Physical Review Letters, 2009, 102: 146602.

[4.234] CICCARELLI C, CAMPION R P, GALLAGHER B L, et al. Intrinsic magnetic refrigeration of a single electron transistor[J]. Applied Physics Letters, 2016, 108: 053103.

[4.235] YAN J. Construction of ultra-low temperature environment and transport measurements[D]. Beijing: Peking University, 2022.

[4.236] BRADLEY D I, GUÉNAULT A M, GUNNARSSON D, et al. On-chip magnetic cooling of a nanoelectronic device[J]. Scientific Reports, 2017, 7: 45566.

[4.237] SARSBY M, YURTTAGÜL N, GERESDI A. 500 microkelvin nanoelectronics[J]. Nature Communications, 2020, 11: 1492.

[4.238] MUHONEN J T, MESCHKE M, PEKOLA J P. Micrometre-scale refrigerators[J]. Reports on Progress in Physics, 2012, 75: 046501.

[4.239] ZIABARI A, ZEBARJADI M, VASHAEE D, et al. Nanoscale solid-state cooling: A review[J]. Reports on Progress in Physics, 2016, 79: 095901.

[4.240] FESHCHENKO A V, KOSKI J V, PEKOLA J P. Experimental realization of a Coulomb blockade refrigerator[J]. Physical Review B, 2014, 90: 201407.

第五章　辅助技术

前四章已经介绍了低温实验的核心知识, 本章将讨论低温实验中常被使用或者较有共性的小部分辅助技术. 通常来说, 低温实验工作者实际学习和掌握的技能远远超出了本章所讨论的内容.

如果说低温物性与温标是低温实验工作者在物理上的主要知识储备, 那么本章的内容就是低温实验工作者在技术上的少量知识储备. 请允许我在这里用 "主要" 和 "少量" 这样对比强烈的词, 而根据我对新学生训练过程的观察, 学生掌握低温辅助技术所需要的时间远远超过了他们学习第二章和第三章相关物理知识的时间. 因此, 虽然本章所涉及的物理相对简单, 但它们值得被我们额外关注.

对真空隔热、气体导热、泵的使用、低温液体的存储和传输这类内容的熟悉和理解是操作制冷机前的必要准备. 低温真空系统的特殊之处在于, 它在室温下被搭建, 却主要在低温环境下被使用, 因此低温实验工作者还需要了解低温密封和热交换气. 本章最后讨论的低温实验安全, 更是新低温实验工作者必须优先了解的内容.

因为在我的预想中, 读者可能已经有了一定的低温实验经历, 所以我将本章内容放在低温制冷的讨论之后, 以供有需要的读者根据兴趣自行查阅.

5.1　真空常识

热的基本传播方式包括对流、传导与辐射. 低温实验所处的低温环境与实验工作者所处的室温环境一定存在温差, 真空是减少室温环境对低温环境漏热最重要的技术手段, 它显著地削弱了辐射之外的热传播能力. 除了低温环境必须采用真空隔热, 低温液体的蒸发制冷也利用了真空技术. 实际使用过低温设备的实验工作者更容易理解真空技术在低温实验中的重要性. 本节介绍与真空有关的基本知识, 以便于之后继续介绍压强和流量的测量手段、泵的工作原理, 以及检漏和密封相关的操作.

本书把压强低于一个标准大气压 (standard atmosphere) 的气态空间称为真空、负气压或者负压; 把压强高于一个标准大气压的气态空间称为正气压或者正压.

5.1.1　真空基础知识

本书使用 "真空 (vacuum)" 这个词时, 指的是一个气体分子密度小于大气压的空间. 这个空间既不是哲学概念上的完全空无一物, 也不涉及电磁学或者量子电动力学中的真空概念. 空间气体分子的密度衡量了 "真空" 程度: 给定空间中的分子数量越小、气体越稀薄, 我们则认为这个空间的真空度越好. 真空技术的任务就是减少实验腔体中的分子密度. 恒星际空间的真空度远好于地球上的实验室条件 (见表 5.1).

表 5.1 分子密度的例子

对象	分子密度/(#/m³)
固体铜	7.3×10^{28}
大气压	2.7×10^{25}
吸尘器	约 1×10^{25}
人造卫星所处的太空	约 1×10^{17}
人工抽气极限	约 1×10^{12}
月球表面	约 1×10^{11}
月球表面: Ne	约 4.5×10^{10}
月球表面: ^{4}He	约 4.0×10^{10}
月球表面: H$_2$	约 3.5×10^{10}
月球表面: Ar	约 3.2×10^{10}
行星际空间	约 $1 \times 10^{10} \sim$ 约 1×10^{13}
恒星际空间	约 $1 \times 10^4 \sim$ 约 1×10^9

注: 人造卫星所处的外太空、行星际空间和恒星际空间的分子密度, 计算自文献 [5.1] 的压强数据. 月球表面的大气压强是夜间数据, 月球的日间高温条件引起放气现象, 压强难以被准确测量. 月球大气压强数据和月球大气成分预测来自美国国家航空航天局.

习惯上, 我们不用分子密度表示真空度, 而是采用压强这个物理量. 压强是单位面积上的受力, 它是大量分子运动后碰撞作用的综合体现, 于是分子密度 n 的差异体现为气体压强 p 的差异:

$$p = nk_{\mathrm{B}}T, \tag{5.1}$$

其中, k_{B} 是玻尔兹曼常量, T 是温度. 真空度越好, 气体密度越小, 压强越小. 国际单位制 (SI unit, 相关内容见 3.4.5 小节) 中, 压强的单位为 Pa (pascal, 帕斯卡, 定义为 N/m²). 帕斯卡这个单位出现的时间并不长, 它于二十世纪七十年代才被命名, 在那之前压强的国际单位制名称只是描述性的 "牛顿每平方米". 在 0 °C 时, 高度 760 mm 水银产生的压强为一个标准大气压, 它近似等于地球海平面上的平均空气压强, 记为 1 atm.

在压强这个物理量的使用中, 最正规的单位 Pa 常被 torr 和 bar 取代. 单位 torr 来自科学家托里拆利 (Torricelli), 1 torr 的大小是一个标准大气压的 $\dfrac{1}{760}$, 指的是一毫米汞柱对应的压强, 也记为 1 mmHg. 单位 bar 指的是 1×10^5 Pa, 因为使用上的便利,它加了前缀的单位 mbar (约千分之一个大气压) 也经常出现于各种低温文献中. 英制体系中压强的单位还可能使用 psi (pounds per square inch, 即磅每平方英寸), 14.7 psi 约等于一个标准大气压. 在常见物理量中, 压强属于在单位使用上 "极为没有共识" 的例子, 这些单位换算关系之多让人觉得麻烦, 但是某个具体单位在具体场合中的使用便利又让人勉强容忍非国际单位制带来的混乱. 基于这个原因, 表 7.6 提供了不同单位之间的压强换算系数.

根据压强的差异, 真空被分为低真空、高真空和超高真空等区间. 真空区域的划分来自科研人员的习惯, 并没有严格一致的标准[5.2]. 依照压强大小的差异, 表 5.2 提供了三套压强分类习惯. 这些分类方案不仅单位不完全一样、命名方式不完全一样, 同一名称下的压强范围也有显著差异.

表 5.2　真空区域分类的定义差异示例

区间	压强/Pa	压强/Pa	压强/mbar
大气压	1.013×10^5	1.013×10^5	1000
粗真空	$1.013 \times 10^5 \sim 1000$	$1.013 \times 10^5 \sim 1000$	$1000 \sim 1$
低真空	$1000 \sim 0.1$	$1000 \sim 0.1$	无
中真空	无	无	$1 \sim 1 \times 10^{-3}$
高真空	$0.1 \sim 1 \times 10^{-6}$	$0.1 \sim 1 \times 10^{-7}$	$1 \times 10^{-3} \sim 1 \times 10^{-7}$
超高真空	$1 \times 10^{-6} \sim 1 \times 10^{-12}$	$1 \times 10^{-7} \sim 1 \times 10^{-10}$	$1 \times 10^{-7} \sim 1 \times 10^{-13}$
极高真空	$< 1 \times 10^{-12}$	$< 1 \times 10^{-10}$	无

注: 真空区域的命名和压强范围没有统一的标准[5.2].

真空环境在我们的生活中随处可见, 人的呼吸、吸尘器、吸管和针管都能产生低于一个大气压的气体环境. 自然界中, 章鱼的吸盘可以产生约 100 mbar 的真空. 利用大气压随高度的变化, 我们可以测量海拔高度, 因为高度在校正了温度影响之后跟压强的对数成正比. 2000 m 高空处的压强约为标准大气压的五分之四, 珠穆朗玛峰高度处的大气压强约为标准大气压的三分之一, 长距离客机飞行高度处的压强约为标准大气压的四分之一. 在工业生产中, 真空被用于工业自动化中的零部件提举、塑料成型、脱水、除气和避免氧化反应的化学保护等大量场合. 在基础研究中, 真空可以使我们关注的对象免受空气分子的碰撞, 被用于电子束蒸镀、质谱分析、离子源、粒子加速器和等离子体等多种研究场合. 真空也保护了研究对象的表面, 因而常出现于薄膜生长和表面物理等领域.

对于低温实验, 真空最重要的价值在于它是一种有效的隔热手段, 极低温条件下的实验无法完全回避真空环境. 因此, 我们关注稀薄气体的特性、稀薄气体的导热能力, 以及关注如何获得稀薄的气体.

5.1.2 稀薄气体理论

分子间的平均距离远大于分子本身线度的气体被称为稀薄气体, 对稀薄气体的理论理解可以一直追溯到麦克斯韦等人的工作. 大气压下氮气分子之间的平均距离约为 5 nm, 氮分子的直径约为 0.4 nm.

本小节讨论稀薄气体的性质时, 将做如下的一些假设以简化讨论: 气体由分子组成; 分子可以被视为一模一样的质点; 分子处于无规则的热运动中; 分子两次碰撞之间做匀速直线运动; 碰撞为弹性碰撞; 除碰撞之外, 分子间没有相互作用. 当一个真空系统不受外界影响时, 分子的热运动总是使气体趋向于最混乱无序的状态, 因此我们可以用统计和概率的手段了解和理解稀薄气体的宏观性质. 大量分子对某个平面撞击的结果体现为压强, 记为

$$p = \frac{1}{3}\rho\bar{v}^2, \tag{5.2}$$

$$\rho = mn, \tag{5.3}$$

其中, $\bar{v}$ 为分子平均速度, ρ 为密度, m 为分子质量, n 为分子密度. 平均速度 $\bar{v}$ 的大小与温度有关:

$$\bar{v}^2 = 3k_{\mathrm{B}}T/m. \tag{5.4}$$

分子与分子之间的碰撞存在概率, 碰撞频率 Z 描述碰撞发生的机会, 即单位时间内一个分子碰到其他分子的次数:

$$Z = \sqrt{2}\pi\sigma^2 n\bar{v}. \tag{5.5}$$

这个量的大小与碰撞面积 σ^2、分子密度 n 和分子平均速度 $\bar{v}$ 有关. 本节采用了大量的定性计算, 以便于读者在实际操作中理解物理图像和快速估算. 例如, 我们使碰撞距离 σ 的大小简单地等于分子的直径 (常见气体分子的直径见表 5.3), 而不考虑相互作用引起的修正. 对于大气压下的室温氮气, Z 约为 10^{10}, 即一个氮气分子平均每秒约和其他 10^{10} 个氮气分子碰撞.

表 5.3 部分真空系统常见气体分子的直径

气体	^{4}He	N_2	O_2	H_2	H_2O
分子直径/nm	0.218	0.375	0.364	0.275	0.468

注: 数据来自文献 [5.3].

基于碰撞频率, 我们可以计算平均自由程 λ, 也就是分子在两次碰撞之间可以移动的距离:

$$\lambda = \frac{\bar{v}t}{Zt} = \frac{\bar{v}}{Z} = \frac{1}{\sqrt{2}\pi\sigma^2 n}. \tag{5.6}$$

考虑 $p = nk_{\mathrm{B}}T$ (见式 (5.1)), 代入可得

$$\lambda = \frac{k_{\mathrm{B}}T}{\sqrt{2}\pi\sigma^2} \times \frac{1}{p}. \tag{5.7}$$

该公式指出平均自由程与压强成反比, 其物理意义非常直接清晰. 室温下空气的平均自由程可以根据以下经验公式计算:

$$\lambda\ (\mathrm{cm}) \approx \frac{0.007}{p\ (\mathrm{mbar})}. \tag{5.8}$$

对于不同温度下的 ^{4}He, 其平均自由程可采用以下经验公式计算[5.4]:

$$\lambda_{^4\mathrm{He}}\ (\mathrm{cm}) \approx 6.4 \times 10^{-5} \frac{T\ (\mathrm{K})}{p\ (\mathrm{mbar})}. \tag{5.9}$$

出于容易记忆和便于使用的原因, 本章的大部分公式未采用国际单位制. 这些平均自由程的计算公式对于容器中的气体可能不再成立, 因为当压强小到一定程度时, 大部分分子的碰撞对象是容器的边缘, 平均自由程也被固定为容器的平均线度. 平均自由程被容器线度限制的影响将在 5.1.3 小节讨论, 本小节先假设分子只与气体分子碰撞.

如果没有外界因素维持某一个物理量的分布梯度, 一个气体空间中的非均匀分布物理量将随着气体分子的热运动变得均匀. 以下我们以粒子数目的不均匀分布作为例子. 如图 5.1(a) 所示, 对于 $x - y$ 平面上一个位于 z_0 且面积为 ΔA 的面积元, 如果我们考虑分子在 z 方向上的运动, 只有平均自由程之内 (图中的 $z_0 + \lambda$ 和 $z_0 - \lambda$ 之间) 的分子才有机会穿越这个面积元. 两个方向穿过面积元的分子数差异体现为分子的定向移动, 记为

$$\Delta\dot{N} = \frac{1}{6}n\left(z_0 - \lambda\right)\overline{v}\Delta A - \frac{1}{6}n\left(z_0 + \lambda\right)\overline{v}\Delta A = -\frac{1}{3}\lambda\overline{v}\frac{\mathrm{d}n}{\mathrm{d}z}\Delta A, \tag{5.10}$$

其中, n 是分子密度, 它的大小随着 z 轴变化, $\overline{v}$ 是气体分子的平均速度, 粒子数 $\dot{N}$ 中有导数符号, 它代表了单位时间内的粒子数目改变量. 公式中的 $\frac{1}{6}$ 来自气体的三个自

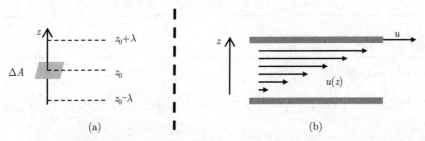

图 5.1 稀薄气体定性计算举例. (a) 分子定向移动讨论的计算用图. (b) 黏滞系数讨论用图

由度, 该系数未考虑麦克斯韦分布, 但是不妨碍帮助我们对规律的定性理解. 式 (5.10) 的计算中, 我们还采用了一个在平均自由程足够小时成立的近似公式:

$$n\left(z_0 - \lambda\right) - n\left(z_0 + \lambda\right) = -\frac{\mathrm{d}n}{\mathrm{d}z} \times 2\lambda. \tag{5.11}$$

公式中特意采用了带负号的结果, 表示输运的方向指向浓度低的方向. 这个气体分子定向移动结果可以被推广到三维.

粒子的移动结论可以被推广到其他的物理量. 当有外界原因维持密度差或者其他物理量的梯度时, 物理量梯度对应的定向移动被称为迁移或者输运. 从上面的定性推导过程中, 我们可以获得真空体系最基本的规律: 如果我们将一个高压强的空间连到一个可以制造低压强环境的设备, 那么该空间的压强会由于气体分子输运而趋近于低真空设备的压强. 这样一个符合直觉的结论是泵抽气的原理. 所谓泵, 指的是可以制造低压强环境的设备, 本书将在 5.3 节中介绍低温实验中常见泵的工作原理. 本书把涉及了真空的实验腔体、泵、阀门、流量计、真空规和连接它们的管道统称为真空系统. 真空系统是低温设备的一部分.

边界影响气体的输运过程. 我们通过气体的黏滞现象讨论导管的尺寸、管道的形状和平均自由程对气体定向移动的影响, 该影响导致泵制造真空环境的效果差异. 如图 5.1(b) 所示, 假如气体存在于两个有相对移动速度的平行平板之间, 则不同高度 z 处的气体层的流速不同. 这个流速差异不是来自热运动的影响, 而是来自宏观上附加于大量分子的共同运动速度. 参照输运, 动量将在层与层的气体之间交换, 宏观上形成了摩擦力 F, 实验证明摩擦力与速度梯度和作用面积成正比, 记为

$$\Delta F = \eta \frac{\mathrm{d}u}{\mathrm{d}z} \Delta A, \tag{5.12}$$

其中, u 为气体流动速度, A 代表面积, η 为内摩擦系数, 也被称为黏滞系数:

$$\eta = \frac{1}{3}\rho\lambda\overline{v} = \frac{1}{3}nm\lambda\overline{v}, \tag{5.13}$$

其中, n 是分子密度, m 是分子质量, λ 是平均自由程, $\overline{v}$ 是气体分子的平均速度. 气体的流动特性受阻碍的特征体现为黏滞系数的大小. 假如平均自由程远小于腔体线度, 气体频繁碰撞, 平均自由程与分子密度成反比. 根据式 (5.13), 这种情形下的黏滞系数与分子密度、压强无关. 在以上公式的推导中, 我们默认了分子平均运动速度 $\overline{v}$ 远远大于气流速度 u. 如果只是基于理想气体近似, ^{4}He 的黏滞系数与温度的关系[5.4] (公式中单位为 P) 记为

$$\eta_{^4\mathrm{He}} = 7.5 \times 10^{-6}\sqrt{T}. \tag{5.14}$$

然而这个公式与 ^{4}He 的实际测量不吻合, 而一个更方便人们使用的经验公式[5.4] 为

$$\eta_{^4\mathrm{He}} = 5.18 \times 10^{-6} \times T^{0.64}. \tag{5.15}$$

一些气体在标准状态下的黏滞系数见表 5.4.

表 5.4　部分常见气体的标准状态黏滞系数

气体	^{4}He	空气	O_2	H_2
黏滞系数/μP	186.5	171.9	191.9	84.5

注: 数据来自文献 [5.3].

根据自由程与容器空间的关系, 人们将气体的流动分为黏滞态、过渡态和分子态. 黏滞态的分子密度大, 分子间频繁碰撞, 其平均自由程远远小于容器的线度, 人们将黏滞态气体作为连续介质分析其流动性质. 生活中的气体处于黏滞态. 分子态的分子密度小, 分子与容器的器壁频繁碰撞, 其理论平均自由程远远大于容器的线度. 人们用无量纲的克努森 (Knudsen) 数 K_n 的大小区分黏滞态和过渡态:

$$K_n = \lambda/d, \tag{5.16}$$

其中, d 指容器的特征线度, 如密闭直管中的直径.

根据黏滞系数与其他物理量的关系, 人们定义了雷诺 (Reynolds) 数, 又将黏滞态分为湍流和层流:

$$Re = \rho u d/\eta, \tag{5.17}$$

其中, ρ 是气体密度, d 为管道直径, η 为黏滞系数, u 为流速, 即气体相对于管道壁的宏观速度, 而不是气体分子的平均速度. 层流时, 流速慢且速度在管道内的分布均匀. 湍流时, 气体的流线不规律也不固定, 常处于涡旋状态, 气体中的压强和流速不仅是空间的函数, 还是时间的函数. 因为湍流仅发生在真空腔体刚从大气压开始抽气时的短暂间隔内, 真空问题的估算一般不涉及湍流气体的性质. 不论是否是湍流, 气体的流速通常是在轴心处较大, 管壁附近较小. 气体流动状态的分类总结见表 5.5.

表 5.5　气体流动状态的分类

黏滞态, 湍流	$K_n < 0.01$	$Re > 2200$
黏滞态, 湍流或层流	$K_n < 0.01$	$1200 < Re < 2200$
黏滞态, 层流	$K_n < 0.01$	$Re < 1200$
过渡态	$0.01 < K_n < 1$	/
分子态	$K_n > 1$	/

注: 区分流体的特征数值仅供参考, 不同的流动状态之间没有明确的分界. 例如, 有的书籍将 $K_n > 0.3$ 称为分子态, 将 Re 的边界数值定在 2300 和 3000[5.5].

由于黏滞系数的存在, 自由程大小、气体的导管尺寸和形状都影响制造真空环境的效率. 为了获得一个真空环境, 我们需要了解实验腔体和泵之间的管道对抽气效率的影响, 此部分内容将在 5.1.5 小节中专门讨论.

5.1.3 气体导热

参照式 (5.10), 我们将能量作为气体中分布不均匀的物理量, 写出

$$\Delta \dot{Q} = -\frac{1}{3} n \lambda \overline{v} \frac{\mathrm{d}E(T)}{\mathrm{d}T} \frac{\mathrm{d}T(z)}{\mathrm{d}z} \Delta A, \tag{5.18}$$

其中的 $\dot{Q}$ 代表热流量. 该公式与式 (5.10) 在形式上的差别仅仅在于能量同时是温度和空间的函数, 并且能量的传递还跟参与输运的分子数目有关. 对于气体, 测量能量不如测量温度方便, 因此我们将式 (5.18) 改写为能量输运能力与温度的关系:

$$\Delta \dot{Q} = -\kappa \frac{\mathrm{d}T}{\mathrm{d}z} \Delta A, \tag{5.19}$$

$$\kappa = \frac{1}{3} n \lambda \overline{v} \frac{\mathrm{d}E}{\mathrm{d}T}. \tag{5.20}$$

如果对比傅里叶热传导公式, 式 (5.20) 中的 κ 就是气体的热导率, 它与 $n \lambda \overline{v} C_V$ 正相关.

$$\dot{Q} = -\kappa \frac{\mathrm{d}T}{\mathrm{d}z} A \tag{5.21}$$

与式 (2.25) 完全一致, 差异仅在于出于习惯采用了不同坐标轴和不同的乘法顺序. 将式 (5.6) 代入式 (5.20), 我们马上获得一个可能稍微有些令人意外的气体导热结论: 表征压强的分子密度 n 不出现于热导的表达式, 所以黏滞态下的气体导热能力跟压强无关. 我们可以用如下的物理图像理解: 黏滞态的分子数增加看似增加了总导热能力, 实际上还同时削减了热量的输运距离, 因而总导热效果不变. 根据式 (5.4) 和式 (5.7), 黏滞态的气体热导率跟温度有关, 图 5.2 提供了大气压下的空气在不同温度下的导热能力. 对比图 1.12 中一个大气压的 ^{4}He 气体, 我们可以发现一个大气压的空气在室温下的热导率更小, 这个结果来自两种气体的分子质量差异和分子直径差异.

针对低温实验中的真空隔热问题, 本书主要关注低压强的分子态导热能力. 在分子态中, 式 (5.6) 不再成立, 平均自由程是一个由容器空间布局决定的常量, 因而热导率 κ 与分子密度成正比, 在给定温度下与压强成正比. 我们可以得到另外关于两个气体导热的结论. 一、真空隔热的效果与压强有关, 在足够低的压强下, 热导率与压强成线性关系. 二、真空隔热起效果的阈值压强受容器线度影响, 两个不同温度的容器壁距离越近, 则抽气降低壁间气体热导率的阈值压强越高.

平均自由程大于夹层厚度被称为杜瓦真空条件, 满足该真空条件的低温容器才被称为杜瓦 (相关内容见 5.7 节). 在杜瓦的低温真空夹层间, 气体属于分子态, 对应的气体热传导是自由分子传导, 气体靠撞击夹层两侧不同温度的容器壁导热. 对于一个双层薄壁夹真空的容器 (例如图 4.1), 假设两个壁的间距是 1 cm, 则真空空间的压强至少需要低于 0.007 mbar (见式 (5.8)), 从此压强开始, 隔热效果随着压强的降低而持续

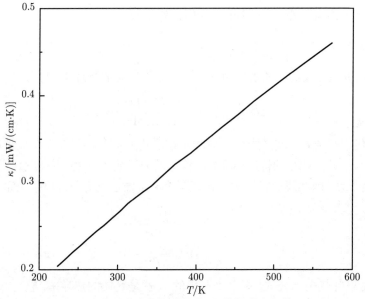

图 5.2　空气热导率与温度的关系. 数据来自文献 [5.6]

变好. 实际上, 在压强不满足杜瓦真空条件的情况下, 一个密封的气体空间依然比室温环境有更好的隔热效果, 因为气体的宏观对流导热被削弱了.

低温实验中的真空隔热压强需求通常在 10^{-5} mbar 数量级. 两个平行表面或者同心圆筒间的分子态气体的单位面积导热能力由下式计算:

$$\dot{Q}/A = -\alpha K p \Delta T, \tag{5.22}$$

其中, p 为压强、ΔT 为温度差, K 为与气体有关的常量 (见表 5.6). 适应系数 α 是分子实际传送能量与理论传送能量之比, 它与气体、表面材料和温度都有关, 数值上总是小于 1. 例如, 室温下空气与铝表面的 α 约为 0.9, 77 K 条件下氦气与玻璃的 α 约为 0.4, 12 K 条件下氦气与玻璃的 α 值约为 0.7. 因为我们在计算漏热时一定要往偏大的方向估算, 所以可以忽略细节, 统一按 $\alpha = 1$ 取值.

表 5.6　式 (5.22) 的参数

气体	$K/[\mathrm{W}/(\mathrm{m}^2 \cdot \mathrm{K} \cdot \mathrm{Pa})]$
$^4\mathrm{He}$	2.023
H_2	4.159
N_2	1.137
O_2	1.068
空气	1.121

注: 数据来自文献 [5.6].

综上, 低温实验中频繁出现两个不同温度的平面, 它们之间由气体空间分隔, 两个平面之间的漏热有如下三个规律. 第一, 漏热量与温度差成正比. 第二, 低真空时漏热量与压强无关, 高真空时漏热量与压强成正比. 第三, 低真空时漏热量与面间距离成反比, 高真空时漏热量与面间距离无关.

5.1.4 抽速

为了获得真空隔热所需的足够低的压强, 实验设备中的腔体由外界设备对其抽气, 利用密度差引起分子输运 (见式 (5.10)) 来降低腔体中的压强. 实验腔体中气体被输运走的能力被称为抽气速率. 假如我们考虑一团压强和温度都不变的气体, 分子数目的减少意味着体积的减少, 因此抽气速率 S (简称为抽速) 可以被定义为

$$S = -\frac{\mathrm{d}V}{\mathrm{d}t}. \tag{5.23}$$

尽管式 (5.23) 的抽速定义直观, 但它并不实用, 因为实际体系的温度和体积更可能是不变量, 所以人们把抽速的定义改写为分子密度随时间的变化速率, 根据理想气体方程 $pV = nRT$ 再改写为压强随时间的变化:

$$S = -\frac{RT}{p}\frac{\mathrm{d}n}{\mathrm{d}t} = -\frac{RT}{p}\frac{V\mathrm{d}p}{RT\mathrm{d}t} = -\frac{V}{p}\frac{\mathrm{d}p}{\mathrm{d}t}. \tag{5.24}$$

从抽速的定义上可知, 在零分子密度 (压强 $p = 0$) 的条件下, 抽速必须为零. 实际的真空系统达不到零分子密度, 抽速的定义在足够好的真空度下需要被改写. 常用的做法有两种, 第一种是假设抽速不变, 为真空系统设定一个极限压强 p_{u}:

$$\frac{\mathrm{d}p}{\mathrm{d}t} = -\frac{S}{V}(p - p_{\mathrm{u}}). \tag{5.25}$$

这个定义方法的合理性在于, 在大部分泵正常工作的压强范围内, 抽速基本与压强无关. 更严格的第二种做法是定义一个实际抽速, 将其作为压强的函数. 随着压强减小, 实际抽速最终趋近于零,

$$\frac{\mathrm{d}p}{\mathrm{d}t} = -\frac{pS_{\mathrm{p}}(p)}{V}, \tag{5.26}$$

此处 S_{p} 的下标指 "实际的 (practical)", 而不是压强. 抽速的数值可以通过对压强的实时测量获得 (相关内容见 5.2 节). 例如, 我们可以对一个固定体积的腔体测量压强, 通过压强的对数与温度的关系判断抽速 (见图 5.3), 这种做法被称为定容法. 当我们使用定容法测量抽速时, 压强不应该小于系统极限压强的 100 倍, 因为真空系统内存在放气现象 (相关内容见 5.4.9 小节), 放气现象和抽气过程同时影响压强, 从而影响了抽速的测量.

气体量 (也叫 pV 值) 是气体压强与体积的乘积, 记为 $p \times V$. 通过理想气体方程, 我们可以直接知道在温度不变的条件下, 气体量直接由摩尔数决定. 所谓流量, 指的是

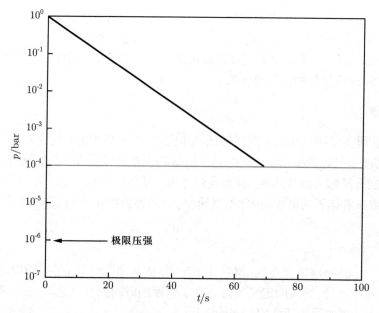

图 5.3 通过压强的对数判断抽速的示意图

单位时间内通过某个一个截面的气体量, 记为

$$Q = pV/t. \tag{5.27}$$

请注意此处的 Q 与式 (5.21) 中的 Q 代表了不同的物理量, 这个同名来自命名习惯. 结合式 (5.23), 于是流量和抽速的关系用下式描述:

$$Q = p \times S, \tag{5.28}$$

其物理意义很清晰, 流量的大小跟抽速有关, 并且随着腔内的分子数目减少而下降. 通过测量压强和流量, 我们也可以通过式 (5.28) 获得抽速的数值. 在实际的低温实验中, 例如当讨论稀释制冷机的循环量时, 我们更倾向于使用质量、摩尔数或者分子数目这种守恒量, 而不采用标准状态下的体积流量. 以分子数目为例, 其流量 Q_N 与 Q 的关系为式 (5.29), 而摩尔流 Q_{mol} 的换算仅需要将分子数目的流量对阿伏伽德罗常数做归一化 (见式 (5.30)). 质量流 Q_{mass} 的换算关系为式 (5.31):

$$Q_{\mathrm{N}} = Q_{\mathrm{STP}}/(k_{\mathrm{B}}T), \tag{5.29}$$

$$Q_{\mathrm{mol}} = Q_{\mathrm{STP}}/(RT), \tag{5.30}$$

$$Q_{\mathrm{mass}} = m Q_{\mathrm{STP}}/(k_{\mathrm{B}}T), \tag{5.31}$$

其中的 m 是分子质量.

对于气体的定向移动, 由于质量守恒, 气体满足流量连续方程. 即在一个有压强梯度分布的通道中, 抽速必然也有空间分布:

$$p_1 S_1 = p_2 S_2 = p_3 S_3 = \cdots p_i S_i. \tag{5.32}$$

压强梯度的存在本来就是抽气过程存在的前提条件, 为了理解不同位置处抽速与管道等真空系统部件的关系, 我们需要继续讨论流导的概念. 两个位置之间的抽速的差异受到连接这两个位置的管道的流导影响.

5.1.5 流导

泵和真空腔体之间由管道连接, 泵和真空腔体之间的压强差异引起了真空腔体中的分子逸出, 根据式 (5.32), 泵和真空腔体之间的抽速不一致. 假如一个泵的实际抽速是 S_p, 真空腔体所获得的抽速是有效抽速 S_e, 则 S_p 和 S_e 之间满足

$$\frac{1}{S_e} = \frac{1}{S_p} + \frac{1}{C}, \tag{5.33}$$

其中的 C 指连接真空腔体和泵之间的流导 (见图 5.4). 流导 C 的倒数被称为流阻, 它描述了管道对气体的阻碍.

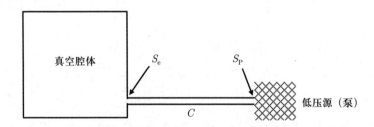

图 5.4　真空系统示意图. 泵的实际抽速和管道的流导决定了真空腔体的有效抽速

式 (5.33) 也被称为真空系统基本方程. 它指出了一个真空腔体的分子数减少速度除了受低压源的抽气速度影响, 还受抽气管道几何形状的影响. 如果真空系统的管道流导很大, 有效抽速由泵决定; 如果真空系统的管道流导很小, 有效抽速由管道决定. 正常情况下, 流导应该大于抽速. 参考式 (5.25) 和式 (5.26), 有效抽速可以被用于预估一个真空腔体所需要的抽气时间. 例如, 假设抽速与压强无关, 真空腔体从压强 p_0 抽气到压强 p 的时间由下式近似计算:

$$t = \frac{V}{S_e} \ln\left(\frac{p_0 - p_u}{p - p_u}\right). \tag{5.34}$$

大量的真空技术类书籍提供了不同几何结构管道的流导数据[5.1,5.3,5.6~5.8]. 出于加工便利且不易漏气的原因, 管道的截面主要为圆形, 通常我们只需要考虑圆对称结

构管道的流导. 需要指出的是, 同一根管道在黏滞态、过渡态和分子态时的流导是不相等的. 以管长 L 远远大于直径 d 的直圆管 (我们可以认为直圆管 $\frac{L}{d} > 27$, 不过这个标准不统一) 为例, 黏滞态时的圆管流导正比于 $\frac{\bar{p}d^4}{\eta L}$, 其中, η 为黏滞系数, $\bar{p}$ 为管道中平均压强. 对于黏滞态, 温度越低则抽气越快 (图 1.10 给出了氦气黏滞系数与温度关系, 温度越低, 气体黏滞系数越小, 流导越大), 流量约为温度的 $-3/2$ 次方关系. 例如, 如果室温条件下我们采用了 5 cm 直径的管道, 则 77 K 条件下只需要采用 3 cm 直径的管道、4 K 条件下只需要采用 1 cm 直径的管道[5.9].

分子态时的流导与压强、黏滞系数无关, 为一个由圆管尺寸 $\frac{d^3}{L}$、温度和分子量所决定的常量. 对于其他截面形状的长管道, 分子态下的流导也同样不依赖于压强和黏滞系数. 过渡态的流导介于管道的黏滞态流导和分子态流导之间. 不管是分子态还是黏滞态, 流导受直径的影响比受长度的影响更明显, 因此我们通常总是能够让泵远离低温设备以减少振动的干扰, 例如, 通过使用直径大一点的管道, 就可以把泵放在不安置设备的另一个房间中. 在有些精心设计过的实验楼, 整栋楼共用一个产生粗真空的泵房.

针对最常使用的圆形截面管道、室温条件和空气, 我们可以采用文献 [5.8] 中的简化公式:

$$C\ (\text{L/s}) = 135 \frac{[d\ (\text{cm})]^4}{L\ (\text{cm})} \bar{p}\ (\text{mbar}), \tag{5.35}$$

$$C\ (\text{L/s}) = 12.1 \frac{[d\ (\text{cm})]^3}{L\ (\text{cm})}. \tag{5.36}$$

式 (5.35) 针对黏滞态, 式 (5.36) 针对分子态, 流导单位为 L/s; $\bar{p}$ 为管道中的平均压强, 单位为 mbar; d 为直径, L 为管道长度, 单位都是 cm.

将式 (5.28) 代回式 (5.33), 我们还可得到通过流导计算气体流量的公式:

$$Q = C(p_e - p_p). \tag{5.37}$$

如果结合圆管的分子态流导和式 (5.31), 文献 [5.4] 提供了一个有温差时计算质量流的便利公式:

$$Q_{\text{mass}} = \frac{d^3}{6L}\sqrt{\frac{2\pi m}{k_B}}\left(\frac{p_1}{\sqrt{T_1}} - \frac{p_2}{\sqrt{T_2}}\right). \tag{5.38}$$

小孔的黏滞态流导取决于开孔面积 A 的数值, 并且与两端的压强数值比例有关. 小孔的分子态流导只与小孔面积成正比, 与两侧压强无关. 如图 5.5 所示, 当讨论小孔时, 我们假设了 A 的直径小于管道的直径 d, 而且两者在分子态时都小于压强相应的自由程. 对于弯管, 其流导可以采用直管的计算方法, 用 $L+d$ 或者 $L+\dfrac{4}{3}d$ 作为有效长度.

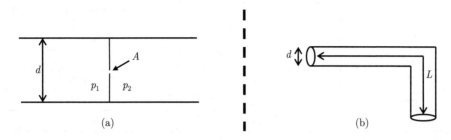

图 5.5 (a) 小孔流导与 (b) 弯管流导的示意图

我们可以通过简单形状流导的组合计算复杂形状管道的流导. 例如, 对于仅其中一端开了一个小孔的直筒管道, 其总流导为直管流导与小孔流导的串联组合. 如果我们用压强对应电压, 用流量对应电流, 以上讨论的流导公式与电路的方程在数学形式上一模一样. 封闭管道中的质量守恒对应串联电路中的电流守恒, 于是两个串联流导的合成效果为以下的式 (5.39). 同样基于质量守恒, 平行管道中的通气量等于两条管道的通气量之和, 所以平行管道的总流导对应并联电路中的电流叠加, 合成效果为以下的式 (5.40). 也就是说, 我们可以将流导对应为电导:

$$\frac{1}{C} = \frac{1}{C_1} + \frac{1}{C_2}, \quad \text{串联,} \tag{5.39}$$

$$C = C_1 + C_2, \quad \text{并联.} \tag{5.40}$$

低温实验中涉及的流导估算还可以基于实际数据, 我们可以通过实测数据推测其他条件下的流导. 大部分情况下, 我们更关心分子态下的管道流导, 因为通常压强越大的真空腔体则越容易抽气, 只有在压强足够低之后我们才需要仔细考虑抽速的大小. 分子态条件下, 同一套管道的流导会因为气体种类和温度的不同而不同, 假设状态 A 时的分子量为 μ_A、温度为 T_A, 状态 B 时的分子量为 μ_B、温度为 T_B, 则两种条件下的流导可以用下式换算:

$$C_B = C_A \sqrt{\frac{\mu_A T_B}{\mu_B T_A}}, \tag{5.41}$$

对于分子态, 温度越低、流导越小, 这个结论与上文黏滞态的结论正好相反.

由于真空相关的物理量在常见的物理教科书中不常出现, 本书总结了它们在国际单位制中的单位和其他一些常用单位 (见表 5.7). 附录三中提供了英制长度单位、压强、流量和黏滞系数单位的换算系数.

表 5.7　真空物理量的国际单位制单位和其他常见单位

物理量	SI 定义 (单位)	其他单位
压强	Pa, N/m^2	见表 7.6
气体量	$Pa \cdot m^3$	参考表 7.7 的流量单位
流量	$(Pa \cdot m^3)/s$	见表 7.7
流导	m^3/s	L/s
流阻	s/m^3	s/L
抽速	m^3/s	L/s
黏滞系数	$Pa \cdot s$	见表 7.8

5.2　压强与流量的测量

　　本节简单讨论常见真空规和流量计的测量原理. 低温实验中的压强测量和流量测量通常由位于室温条件的真空规和流量计实现, 主要用于监控低温设备的运行状态.

5.2.1　压强测量注意事项

　　真空规是测量压强的装置, 也被称为压强计或真空计. 根据物理定义直接测量单位面积上受力的装置被称为绝对真空规; 通过测量与压强有关的物理性质, 从而获得压强信息的装置被称为间接真空规. 由于力的测量也有技术上的困难, 绝对真空规不一定更准确, 其价值在于测量结果不依赖于气体的具体组成. 间接真空规更加实用和常见. 绝大多数情况下, 低温实验中的真空腔残余气体是 ^{4}He, 而间接真空规往往利用空气或者 N_2 校准, 因此一个高精度间接真空规的读数只有数量级上的参考价值. 如果我们想严格地获得压强读数, 可以查找具体间接真空规对于氦气测量的换算系数.

　　对于大部分低温系统而言, 真空规提供数量级上准确的压强读数就足够了, 这是因为真空规所在的位置和我们关心的真空区域存在着温度差: 真空空间连接着设备的低温环境和室温环境, 而真空规通常只位于室温环境中. 因此, 虽然我们对低温条件下的分子密度感兴趣, 真正读到的压强数值却只反映了室温条件下的分子密度. 这两个数值的差异不仅仅来自温度变化本身, 还来自真空规附近的管壁和真空脂释放的气体 (表面吸附相关讨论见 5.4.9 小节), 而这些气体在低温下是不存在的. 如果我们想严格知道低温条件下的压强, 一个更有意义的手段是用检漏仪 (相关内容见 5.4.10 小节) 测量从低温释放到室温的 ^{4}He 含量, 以此来推断低温条件下的压强[5.10]. 在实际测量中, 人们往往依靠非常成熟的测量方案和商业化的真空规, 读取室温控制气路中的压强值. 低温条件下的压强测量通常由实验工作者自行搭建和校正, 我们将在 6.5 节中讨论.

商业化真空规的示数有时候会带三种后缀字母: "g" "a" 和 "d", 比如记为 Pag、Paa、barg 等等. "g" 指的是 "gauge", 代表读数是真空规读数, 也就是我们直接得到的压强读数, 这个压强读数是来自测量装置的信息, 具体含义依真空规原理不同而不同, 在很多场合它代表了待测压强跟大气压之间的差值. "a" 代表读数是绝对压强 (absolute pressure). 例如, 空气中的 ata (习惯原因不写成 atma) 指的是参考绝对真空的大气压强, 其正式定义为 101325 Pa, 而水下的 ata 是水的压强与大气压之和. "d" 指的是测量到的压强来自与某个参考压强对比的差异压强 (differential pressure), 比如读数描述真空规内外的压强比较, 或者真空规两个输入端的压强差异. 真空规常常选择大气压作为参考压强. 如果一个真空规位于 101000 Pa 的大气压中, 直接获得的读数为 100, 则 Pag 值为 100; 绝对压强 Paa 值为 101100; Pad 值为 100. 在低温实验的数据呈现中, 我不建议采用这种非国际单位制的压强后缀标记, 这些来自工程和技术文化的缩写标记增加了理解的复杂度. 我们应该把对物理量的描述体现在物理量的名称中, 而不是体现在单位中. 例如, 我们为压强的物理量 p 添加下标, 将之记为 p_g 或 p_d. 尽管我自己持这种观点, 但是也不一定总能做到, 例如本书也采用了 "V_{rms}" 和 "V_{pp}" 的单位书写方式.

低温设备中的压强一定是正值, 它代表了单位空间中的粒子数目. 类似于卡西米尔 (Casimir) 效应中吸引力引起的等效负压强不在我们的讨论范围之内. 低温实验中, 如果我们在测量装置上看到了负压强的读数, 则这个读数代表了真实压强小于某个参考压强, 不代表绝对压强. 当本书使用正气压和负气压这两个名称时, 分别指压强高于和低于一个标准大气压.

5.2.2 真空规

常见真空规的工作压强范围覆盖了一个大气压到 10^{-12} mbar 的范围, 可是没有任何一种压强测量方法可以完整且高精度地覆盖这个参数区间. 在实际低温实验中, 我们需要根据感兴趣的压强范围和灵敏度选择最合适的真空规. 通常我们对压强读数有两种极端不同的需求: 在常规测量中, 我们仅需要知道压强的数量级, 在温度定标时 (相关内容见 3.4 节和 6.10.2 小节), 我们需要准确知道压强数值.

1. 绝对真空规

U 形管真空规采用了最传统的压强测量方法, 它通过测量高度判断液压差, 从而获得待测气体的压强 (见图 5.6(a)). 图中 p_0 和 p 的压强差与重力加速度、液体密度和液体的 Δh 有关. p_0 处空间如果被抽成真空, 则 p 的读数为绝对压强, 此时真空规的读数受液体蒸气压影响. 此处常用的工作液体是水银和油, 它们的蒸气压远小于这种真空规的分辨率 (约 0.05 mbar), 例如水银在 20 °C 时的蒸气压约为 0.002 mbar. 如果人们为 U 形管真空规配置冷阱, p_0 进一步减小. 因为水银带来的健康风险, 使用水银的 U 形管已经是罕见的了; 因为读数便利的电子真空规的普及, 不用水银的 U 形管也越来越少出现了. 如果采用光学辅助测量手段判断液面, 则 U 形管真空规的精度可以到 10^{-4} mbar. 实践中曾被使用的光学辅助测量方法很多, 包括透镜放大、白光干涉和激光干涉[5.11]. 当工作液体是水银时, 人们还曾通过电阻测量、电容测量和超声测量判断液面[5.11].

压缩式真空规也叫麦克劳德 (McLeod) 真空规, 它是另外一种使用液体的压强测量装置. 它通过先灌入液体压缩体积已知、压强未知的气体, 然后测量新气体的压强以推算原有气体的压强. 这种真空规的精度比 U 形管更高, 可达 10^{-5} mbar, 不过也由于汞的存在和电子真空规的普及而很少再被使用了. 这两种真空规的价值在于为小型的低温实验室提供一个可靠的压强标定手段.

活塞规提供了另一种可以标定压强的测量手段. 这是一种原理非常直观、历史非常悠久的真空规, 人们从十七世纪就开始用它校正压强. 它利用了压强的基本定义, 用已知质量、已知横截面积的物体的重力去抵消压强差引起的压力差, 从而获得压强的数值. 其工作原理的示意见图 5.6(b), 从原理上, 我们很容易理解为什么这种真空规也被称为绝对重量活塞规. 活塞规常见的测量范围不低于 100 mbar, 主要出现于需要定标的实验室.

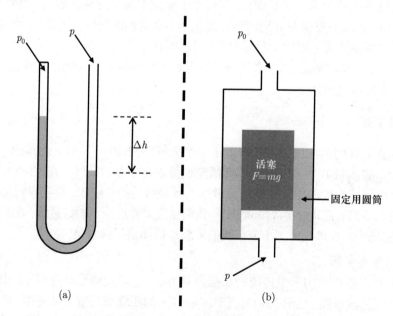

图 5.6 压强差真空规示意图. (a) 液体 U 形管真空规. (b) 活塞规

鲍登 (Bourdon) 真空规 (鲍登规) 的真空测量腔体是一段封闭、有弹性的中空金属弯管 (见图 5.7(a)), 金属管截面为椭圆形或者矩形, 当管内的压强增加时, 体积趋向于增大, 椭圆形或矩形截面将更趋近于圆截面, 从而使 C 形弯管趋向于变为直管. 弯管的角度变化通过指针被放大. 这个真空规测量未知气体与大气压之间的压强差, 因而读数受大气压稳定性的影响. 鲍登真空规非常实用但精度不高, 常见极限约为 1 mbar 到 10 mbar. 鲍登规的参考压强还可以选择真空, 这种设计不受大气压波动影响. 鲍登规在高于一个大气压的压强测量中更加常见.

由于鲍登规最为常见且使用最为便利, 我们需要了解它的缺点和使用技巧. 首先, 鲍登规对压强变化的响应比较慢, 当我们通过它观测压强的变化时, 不能期待瞬时响应. 其次, 指针的位置可能受周围环境的振动影响, 读数中的压强波动不一定是真实的. 最后, 角度放大的机械结构有静摩擦力, 尽管名义上的分辨率是足够的, 但小压强的改变量不一定会被体现在指针读数上. 我们可以用手指轻轻地敲击鲍登规的外壳, 以帮助指针指向正确的读数.

电容型真空规是另外一种利用形变测量压强的装置 (见图 5.7(b)), 它属于薄膜真空规. 如图 5.7(b) 所示, 形变引起装置中某处金属薄片与参考电极之间的电容值变化. 这个形变来自装置内待测压强和参考压强之间的差值. 取决于薄片的材料和厚度, 这种真空规可以测量几百大气压的高压气体, 也可以测量 0.001 mbar 的真空, 但是测量高真空的真空规一定不能超量程使用, 否则薄片会损坏. 当测量低压强气体时, 参考压强可选择一个尽可能好的真空; 当测量高压气体时, 参考压强可以是真空也可以是大气压. 这种真空规可在低温环境中使用, 属于实验工作者可以自行设计和制作的小装

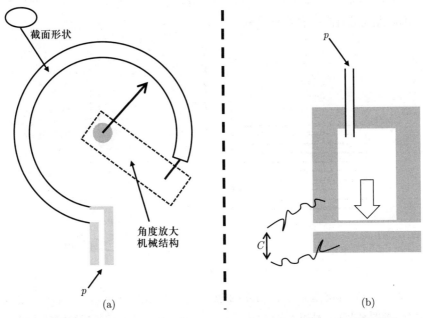

图 5.7 机械形变型真空规示意图. (a) 形变被放大后, 指针的位置体现了压强的数值. (b) 利用形变引起的电容变化测量压强

置. 关于形变量与材料几何尺寸的关系可以参考文献 [5.12].

　　压强差异引起的形变差异还可以通过应变规测量 (见图 5.8), 这样的压强测量装置有时候也被称为压致电阻效应真空规, 或者压阻效应真空规. 应变规的用途很多, 压强测量只是其中一种. 因为它常被粘连于形变面, 口语中有时也将之称为黏合规. 这种真空规的主体是一条由金属或者半导体做成的导线, 这条导线长度大于宽度、宽度大于高度. 对于金属薄膜的应变规而言, 如果高度足够小, 形变改变了导线的有效 A/L, A 指导线横截面积, L 指导线长度, 从而改变电阻值. 如果使用细线替代薄膜, 线直径在 0.1 mm 数量级. 这种应变规满量程下的形变通常也不会引起电阻值 10% 的改变, 因此其电阻值的测量常使用较高分辨率的测量方法, 如电桥 (相关内容见 6.1.2 小节). 应变规的主体还可以是掺杂的半导体, 其电阻值也受应力影响. 半导体应变规对应力的响应比金属敏感. 如果将表征灵敏程度的应变系数 G 定义为下式 (部分材料的 G 值见表 5.8):

$$G = \frac{\Delta R/R}{\Delta L/L}, \tag{5.42}$$

其中的 R 指电阻, L 指长度, 该系数代表了单位电阻值的改变量与形变的关系. 对比鲍登规, 应变规对振动的干扰不敏感, 也没有对压强的迟滞现象, 但是其读数比鲍登规麻烦. 这两种真空规的共同优点是结构简单、稳定性好.

　　当我们将应变规放置在类似电容测量腔体的薄片位置时 (见图 5.8(b)), 应力下的形变引起电阻值的改变, 从而让我们得到压强的信息. 在低温实验中, 这是定性测量液氦和固氦样品压强值的一种简便方法.

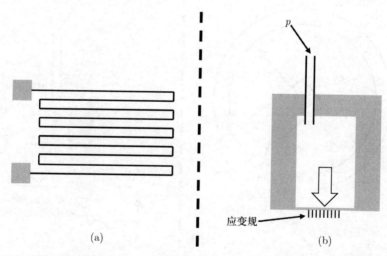

图 5.8　基于应变规的压强测量. (a) 一种应变规薄膜图案的示意图, 线的长度在尽量小的区域中通过转折增加. 该图案也可以被用于自制的加热丝. (b) 应变规通过薄膜或者薄片测量压强

表 5.8 部分材料的室温应变系数

材料	G	备注
manganin	0.47	锰铜
Monel	1.9	一种镍合金
phosphorus bronze	1.9	磷青铜
constantan	2.0	康铜
Pt	6.0	无
C	20	无
Ge 和 Si	可高达 175	无

注: G 的定义见式 (5.42), 该系数也是温度的函数. 数据来自文献 [5.13].

如果采用石英和精密电路结合的测量方法, 应变规的精度还可以进一步提高. 石英在形变下改变振动频率, 我们可通过探测某个含石英的振荡电路的特征频率判断压强的大小, 该方法稳定且测量精度高. 石英的性质与压强有依赖关系, 取决于具体气体, 因此, 压强可以先转为压力再施加于石英. 这种真空规既可以被用于高压强测量, 也可以被用于 ppm 级别的高精度测量. 基于石英和应力的真空规有商业化的产品, 适合于低温实验室的定量压强测量.

2. 间接真空规

热导真空规是常用的间接真空规. 当自由程长于腔体特征长度时, 热传导与压强相关 (见式 (5.20)), 因而在足够低的压强下, 两个位置之间的温度差体现了压强大小. 这个温度差可以用温差电动势的方法测量, 采用这种测量方法的真空规也被称为温差电偶真空规. 我们从式 (5.20) 中可以看出, 热导率的数值还与具体气体有关, 因而热导真空规无法提供压强的绝对数值.

在加热丝发热量恒定的前提下, 气体热导率越好, 加热丝温度越低, 而加热丝的温度决定了它的电阻值. 因此, 我们可以直接测量作为热源的加热丝电阻值, 从而判断温度差和压强. 采用这种测量方式的热导真空规叫皮拉尼 (Pirani) 真空规或者电阻真空规, 常见工作范围在 10 mbar 到 10^{-3} mbar 之间, 加热温度高于 100 °C. 虽然温差电偶真空规和皮拉尼真空规都利用了热导率与压强的关系, 但是它们在实际设计中和性能上有比较明显的差异. 皮拉尼真空规制作简单, 温差电偶真空规不容易受外界温度波动影响.

单纯依赖热传导的真空规因为只在分子态区间工作, 能测量的压强值上限远小于一个大气压. 结合对流机制的压强测量装置被称为对流规, 其可以被一直使用到一个大气压.

电离真空规是另一种非常常见的间接真空规. 因为习惯, 人们更经常把它称为电离规或者电离真空计. 当带电粒子通过稀薄气体时, 气体分子可能电离, 单位时间内发生电离的次数与气体浓度有关, 电离后的电流值反映了压强的信息. 根据设计方案的不同, 电离真空规有多种类型, 包括 B–A (Bayard–Alpert, 巴亚德 – 阿尔珀特) 规和彭宁 (Penning) 规. 电离真空规通常的工作范围是 10^{-4} mbar 到 10^{-9} mbar, 一些特殊设计的电离真空规的探测极限可达 10^{-11} mbar, 它们在超高真空区间被广泛使用. 由于灯丝的寿命有限, 我们不应该在真空度不满足要求时启动这种真空规. 如果压强高于 10^{-3} mbar, 灯丝会很快烧毁. 表 5.9 提供了几种气体的电离真空规校正系数以供参考. 该表格的核心结论是, 对于低温实验最常见的残余气体 ^{4}He, 电离真空规测量到的压强总是偏小.

表 5.9 几种气体的电离真空规校正系数

气体	N$_2$	O$_2$	He	H$_2$	CO$_2$
校准系数 f	1	1.2	6.9	2.4	0.69

注: $p_{\mathrm{gas}} = p_{\mathrm{N_2}} \times f$. 部分数据来自文献 [5.8]. 数值仅供参考, 不同电离真空规的实际系数有差异.

部分常用真空规的测量范围总结于图 5.9. 图中的压强范围只是一个经验性的区分, 不代表某个具体种类的真空规的最大测量范围. 因为利用黏滞系数测量压强的真

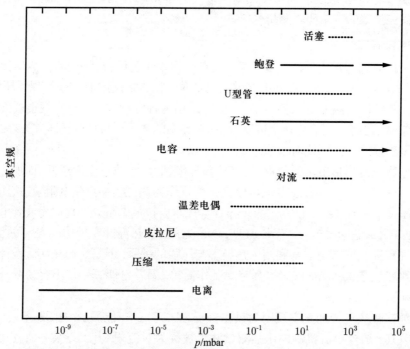

图 5.9 部分真空规的主要测量范围. 具体真空规测量原理的可用参数空间大于图中给出的范围. 黑色实线为优先推荐的真空规. 对于常规压强测量, 我推荐根据压强范围优先选择鲍登规、皮拉尼规和电离规. 如果需要准确定标, 我们可以采用利用石英在形变下改变振动频率的商业化真空规. 鲍登式、石英振动式和电容式的真空规都适合被用于高压环境 (带指向高压端的箭头)

空规, 例如朗缪尔 (Langmuir) 规, 或者利用辐射测量压强的真空规在低温实验中不怎么出现, 所以本书未予介绍.

除了压强范围本身, 真空规的选取值得考虑以下的注意事项. 一、气体的性质, 如是否可凝、是否单一成分、化学性质如何. 二、气体为稳定状态还是流动状态, 温度是否稳定. 三、气体是否改变真空规的性能, 如替换吸附材料原有的被吸附分子. 四、真空规是否改变待测气体的状态. 严格来说, 准确的压强测量需要满足压强数值在空间中是均匀的, 且气体状态符合静力学平衡, 这些条件往往在低温实验中并不被满足. 文献 [5.14] 提供了一个真实的压强定标装置设计细节. 压强标准中还存在大量的压强固定点 (见表 5.10), 我们可以利用这些压强定标点校正和检查自行搭建的压强测量系统.

表 5.10　部分可被用于定标的压强固定点

压强固定点/mbar	物质	特征点	温度/K
1.4625	O_2	三相点	54.3584
6.11657	H_2O	三相点	273.16
50.418	^4He	λ 点	2.1768
70.3	平衡氢	三相点	13.8033
72.1	正氢	三相点	13.952
116.96	CH_4	三相点	90.6935
125.38	N_2	三相点	63.15
433.79	Ne	三相点	24.5561
688.9	Ar	三相点	83.8058
731.5	Kr	三相点	115.776
817.1	Xe	三相点	161.406
5179.8	CO_2	三相点	216.591
34860.8	CO_2	蒸气压	273.16
73825	CO_2	临界点	304.2

注: 数据来自文献 [5.11]. 平衡氢和正氢的介绍见 1.5.1 小节. 另外一套压强定标点来自 ^3He 的相图, 见图 1.48 和表 3.12.

5.2.3　流量计

制冷机运转的监控和氦气的回收都可能涉及流量的测量, 可用的测量方式多种多样.

最简便实用的流量测量方式利用了气流产生的托力与重力的平衡获得流量的信息. 如图 5.10(a) 所示, 当管道的内径由下到上逐渐增大时, 气流恒定时圆珠的高度与流量有关. 管道底部需要有弹簧或者挡板, 以免圆珠从高处掉下后卡在流量计的底部.

市场上有很多这种流量计的商业化产品, 结构简单、价格便宜.

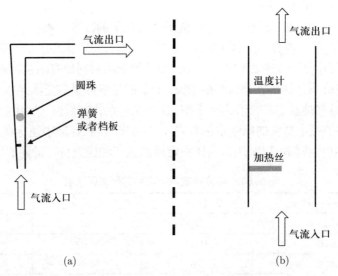

图 5.10 简易流量计的原理示意图. (a) 利用圆珠的高度判断流量. (b) 利用温差判断流量

图 5.10(b) 示意了基于热学性质的简易低精度流量测量方法. 加热丝通电流后, 图中温度计处的读数与气体流量有关, 从而让我们获得流量的信息. 加热丝和温度计之间的温差也可以通过温差电动势测量. 这两种流量计只提供了流量的定性信息, 在定量测量之前都需要被校正. 基于热学测量的流量读数与气体种类有关, 如果流量计以空气作为标定气体, 则其他种类气体的流量读数校正系数见表 5.11.

表 5.11 几种低温气体的热学流量计校正系数

气体种类	系数 f
空气	1
Ar	1.45
^{4}He	1.45
H_2	1.01
Ne	1.46

注: 数据来自文献 [5.3], 其中, $Q_{gas} = Q_{air} \times f$.

流量的定量测量可以考虑采用图 5.11 描述的方法. 如图 5.11(a) 所示, 水银颗粒在管道中的移动与流量大小有关. 如果时间 t 内水银颗粒在毛细管内移动了距离 L, 则流量可以通过 t、L、气体压强和毛细管直径计算. 另一种定量方法 (图 5.11(b)) 利用压强和流导测量流量. 其基本结构为泵与腔体, 腔体和泵之间由一根几何结构已知的毛细管连接. 毛细管的长度和直径之比非常大, 所以毛细管的流导可以通过长管流导公式计算, 因而腔体的压强就体现了通向这个腔体的流量, 其大小满足 $Q = C(p - p_0)$. 当流导足够小、泵的性能足够好时, 我们可以默认 p_0 远远小于 p, 因而流量近似等于 Cp. 这两种流量测量的方法都对待测气流的流动有干扰, 因此很少在低温实验中被使用, 但是可以被用于测量泵的抽速.

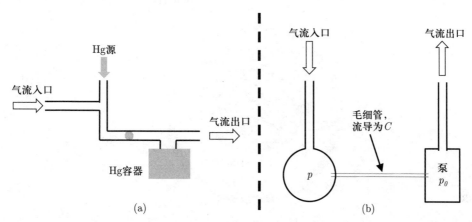

图 5.11　高精度流量计的原理示意图. (a) 利用水银颗粒的移动速度判断流量. (b) 利用压强测量和流导判断流量

　　流量计也被用于探测流体的运动. 在液体流量的测量中, 人们常利用体积的变化判断流量, 如流体推动螺旋形结构旋转或者推动扇叶旋转, 从而计数. 人们也利用电容和声学的方式测量液体流动. 由于液体的流量测量很难在低温实验中遇到, 本书不展开讨论. 低温实验者可能关心的超流体流量测量和质量流测量可以参考文献 [5.15 ~ 5.19].

5.3　泵和压缩机

　　泵是抽走气体的工具, 制冷机中的真空隔热、蒸发制冷和气体循环都涉及泵的使用. 泵在一些书籍和资料中被称为 "邦浦", 来自 "泵" 的英文 "pump" 的音译.

　　本节的前八个小节分别介绍了一批低温实验中常遇到的泵的工作原理. 对泵知识结构的整理和通用注意事项的介绍集中出现在 5.3.9 小节. 压缩机是干式制冷中的重要部件, 本节也简单介绍了压缩机的部分信息. 低温实验中的泵和压缩机由商业途径购买, 因此本节仅介绍工作原理而不涉及具体型号和搭建细节. 泵和压缩机是低温设备的主要振动源, 本节最后讨论低温实验中的减振措施.

5.3.1　容积压缩泵

　　容积压缩泵也被称为旋片泵. 容积压缩泵的工作原理见图 5.12. 在一个偏心的双圆筒结构中, 内部的圆筒旋转, 被称为转子, 外壁固定, 被称为静子或者定子. 可活动

的挡板 (也称叶片) 在离心力或者弹簧的作用下, 一直贴着静子的内壁. 气体从进气口进入腔体空间 1 后, 经旋转进入腔体空间 2, 再在腔体空间 3 处被压缩, 从单向出气口离开静子.

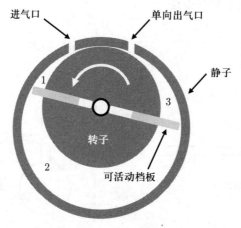

图 5.12　容积压缩泵的原理示意图

　　活动挡板和静子之间的缝隙通常为几微米. 转子和静子之间、挡板和静子之间的缝隙由泵油实现密封, 泵油还起了润滑和散热的作用. 泵油的蒸气压和气体在泵油中的溶解程度影响抽气效果. 此外, 因为出气口附近一定存在一个无法被挡板压缩的气体空间, 腔体 3 区域的最终体积压缩比例也影响容积压缩泵可以获得的最高真空. 单次体积压缩可以获得的极限压强约在 0.01 mbar 数量级, 多腔体组合后的多次体积压缩可以进一步使压强降低 2 个数量级. 根据尺寸和设计不同, 容积压缩泵的抽速参数范围很大, 覆盖了低温实验的大部分参数区间, 最大抽速可以高达 100 m^3/h.

　　容积压缩泵属于油封式的旋转机械泵, 它有时候在低温实验工作者的口语中被简称为机械泵, 尽管机械泵实际上指代了一个更广的概念. 这种需要油封的泵也常被人们称为油泵. 油泵通常都有一个可以观察油面的窗口, 我们需要定期检查泵的油面以补充泵油. 在实际使用中, 一个新手易犯的错误是长期未观察油面, 导致油面低于窗口最低点, 从而使操作者未能意识需要立刻补充泵油.

　　对于商业化的油泵, 我们最好只添加厂商指定型号的泵油. 如果允许使用的泵油有多种型号, 我们不要混合使用, 而应先清空旧泵油、再补充新泵油. 更换泵油时, 需要等待泵停止运转并等待泵的温度回复到室温. 对于长期使用的泵, 应该在合适的时间点停止其运转, 并清洗其部件, 做法与更换泵油类似: 流干旧泵油后, 多次补充少量新泵油并排空被污染的新泵油, 再添加新泵油至合适的油面高度.

　　运转中的容积压缩泵的泵油温度显著高于体温. 温度高的好处在于可凝性气体不易液化和沉积在泵内部, 不易影响泵可提供的最高真空. 当泵停止运转后, 我们需要留意油泵的返油现象, 不要让泵一端间接连通大气而另一端直接连通真空系统, 以免抽气管道和被抽容器被泵油污染. 当油泵停止运转之后, 我们应该断开泵与管道的连接或者关闭离泵进气口最近的阀门, 同时将大气引入泵的回气口, 将泵油区域的压强恢复为大气压.

有些容积压缩泵提供抽气模式和气镇选项的选择. 有抽气模式的泵可以在高真空模式和高气流量模式之间切换. 顾名思义, 前者可以获得更好的真空, 后者适合被用于液体大量蒸发情况下的持续抽气. 根据泵的抽气对象的凝结难易程度的不同, 我们采取不同的气镇选项, 以避免易凝结气体在压缩的过程中液化. 如果液体在泵腔体中沉积, 则不仅极限压强变差, 泵油的润滑效果也受影响, 高速旋转的叶片甚至可能被卡住并发生变形. 当我们使用气镇时, 泵的极限压强可能变差 10 倍. 以上这些需要关注的信息通常出现于一个商业化产品的说明书中. 表 5.12 提供了一个泵的参数作为例子, 以说明气镇和抽气模式对极限压强的影响. 如果待抽对象有大量的可凝结水汽, 我们除了采用气镇, 还可以使用运转温度高于 100 °C 的泵.

表 5.12　抽气模式和气镇选项对极限压强的影响

压强/mbar	高真空模式	高气流量模式
启用气镇	$\sim 10^{-1}$	$\sim 10^{-1}$
不启用气镇	$\sim 10^{-3}$	$\sim 10^{-2}$

注: 本表格的压强数据来自一台商业化的容积压缩泵.

容积压缩泵体积小、重量轻、成本低, 是二十世纪低温实验中的重要辅助工具, 它唯一的缺点是使用了泵油. 获得超高真空的泵通常需要与另一个获得低真空的泵配合, 在早期的低温实验中, 这个组合往往采用价格便宜、没有动力源的扩散泵 (相关内容见 5.3.6 小节) 和高性价比的容积压缩泵. 二十一世纪以来, 随着涡旋泵技术的成熟, 低温实验中的一部分容积压缩泵被无泵油的涡旋泵取代了.

5.3.2　涡旋泵

涡旋泵的原理见图 5.13. 泵腔体中有两套嵌套的螺纹结构, 一套固定 (被称为静涡旋盘), 一套旋转 (被称为动涡旋盘), 气体在旋转的过程中逐渐从腔体边缘被挤压到腔体中心, 由位于腔体中心的通道排出. 两套螺纹结构之间的密封由橡胶圈实现. 涡旋泵有时候在低温实验工作者的口语中被简称为干泵. 干泵与油泵相对应, 泛指所有正常运转时不需要补充泵油的泵.

二十一世纪以来, 涡旋泵越来越常见, 经常被用于替代低温实验室中的容积压缩泵. 它的优点是不需要补充泵油, 不会返油污染真空腔体. 它的缺点是密封的橡胶圈在摩擦过程中产生的粉末可能污染腔体和堵塞管道. 我建议使用者为涡旋泵的进气口装上过滤装置或者粉尘分离装置. 如果涡旋泵被用于气体的循环, 则出气口也应该有过

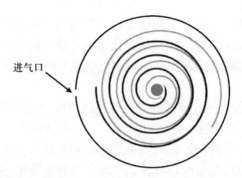

图 5.13 涡旋泵的原理示意图. 图中的螺纹结构仅为示意, 与实际形状不一致

滤装置或者粉尘分离装置.

5.3.3 隔膜泵

隔膜泵的工作原理见图 5.14, 它利用隔膜的位移改变腔体内的压强, 从而周期性地吸入和排出气体. 腔体的进气口和出气口配有单向阀, 让腔体内压强减小时仅从进气口进气、压强增加时仅从出气口出气. 隔膜通常为柔性材料, 老化后易漏气, 需要定期更换. 隔膜泵在低温实验室中不如容积压缩泵和涡旋泵常见, 它抽气效果不如前两者, 但结构简单、价格便宜.

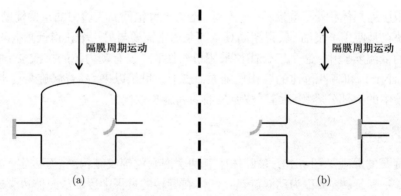

图 5.14 隔膜泵的原理示意图. (a) 隔膜吸气. (b) 隔膜放气

隔膜改变位置引起的气体压缩比例有限, 因此隔膜泵能获得的真空度不高, 单腔体的隔膜泵仅能获得约 100 mbar 的压强, 两个腔体可以获得约 10 mbar 的压强. 如果更多腔体组合, 隔膜泵可以获得低至 1 mbar 的压强. 因为弹性形变材料的特点, 隔膜泵无法高频率运行, 这影响了它的抽速. 与之相对应的优点是, 隔膜泵的振动小、噪声低.

隔膜泵的特点是动力结构和气体空间完全分离, 气体通过泵时不受污染, 可被用于珍稀气体的回收. 动力结构和气体空间分离这一特点除了不污染气体, 还让泵能适应更复杂的运行条件. 例如, 隔膜泵可以抽混合着粉尘和潮气的气体, 特殊设计的隔膜泵甚至可以抽腐蚀性的液体.

5.3.4 涡轮分子泵

涡轮分子泵有时被简称为分子泵. 由于它可能是一个低温实验室中最昂贵和最重要的泵, 我在介绍此泵的任何信息之前先强调一个操作细节: 请不要在分子泵的扇叶旋转频率降到零之前挪动分子泵或者撞击分子泵.

涡轮分子泵的工作原理见图 5.15, 它利用高速旋转的扇叶撞击气体分子从而让气体分子形成定向的宏观移动, 因此其运转受气体平均自由程影响, 正常运转时需要前级泵 (对应英文为 backing pump, 也叫 roughing pump 或者 forepump) 的辅助. 前级泵不仅为分子泵提供允许启动的真空度, 还在分子泵正常运转时带走分子泵出气口的气体. 分子泵的启动压强根据具体型号不同而有差异. 在图 5.15(b) 的组合中, 获得更高真空的分子泵也被称为主泵.

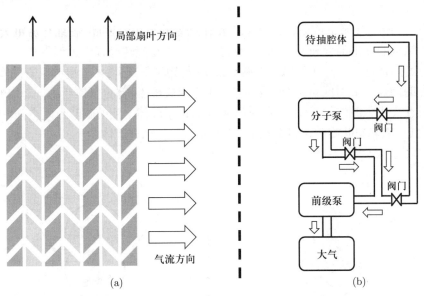

图 5.15　涡轮分子泵的原理示意图和前级泵功能示意图. (a) 实际扇叶可能有几十片. (b) 泵的组合模式很多, 合理即可. 以本图为例, 待抽腔体和分子泵都可以再加上一套通过大气回气的可控通道

图 5.15 中的扇叶高速旋转, 旋转结构与固定结构之间有多种连接方式. 当采用机械固定时, 扇叶需要用轴承油或者真空脂润滑. 磁悬浮的固定方式不需要润滑, 其结构在旋转时能量损耗小、噪声低. 还有一些分子泵的部分扇叶机械固定、部分扇叶磁悬

浮. 不论采用哪种固定方式, 我们都应该避免在扇叶旋转时移动或撞击分子泵, 并且避免突然打开阀门让高速运转的分子泵抽取一个更高压强的腔体. 我们应该先将待抽腔体和不运转的分子泵连通, 让前级泵把腔体和分子泵抽到足够低的压强之后, 再让分子泵的扇叶提速. 一些商业化产品允许设置分子泵的运转频率, 当进气口压强偏大 (例如当回收稀释制冷机中的制冷剂时), 如处于 10^{-1} mbar 数量级时, 我们可以让分子泵运转在低频模式, 以保护分子泵. 当压强降低到 10^{-3} mbar 数量级时, 再让扇叶恢复到全频运转. 由于扇叶高速运转, 分子泵有明显的发热, 我们通常需要为泵提供水冷或者风冷. 也因为扇叶的高速旋转, 我们需要在进气口处为分子泵提供保护, 以避免颗粒意外撞击旋转中的扇叶.

涡轮分子泵可以获得 10^{-10} mbar 数量级甚至更低的压强. 虽然泵腔体内可能有轴承油, 但是油的气体分子被分子泵迅速抽走, 所以分子泵可以被用于无油超高真空系统. 在极限压强附近, 气体种类对分子泵抽速的影响不大; 在低真空时, 抽速与气体种类有关, 分子量小的氢气的抽速相对较小.

5.3.5 罗茨泵

罗茨 (Roots) 泵也被称为双转子泵或机械增压泵, 其工作原理见图 5.16. 其 8 字形扇叶结构的突出部分和凹入部分形状契合, 可以在旋转过程中近似形成气密面, 将泵内的气体分为三个气团. 例如, 在图 5.16(a) 的构型下, 随着两个扇叶反方向旋转, 气团 1 在时间点 a 和时间点 b (见图 5.16(b)) 之间被挤压, 部分气体经出气口离开腔体. 而时间点 a 进入腔体的气团 2, 在时间点 b 时位于腔体上侧的临时封闭空间. 在时间点 b 之后, 随着扇叶旋转, 大部分的气团 2 将被挤压离开腔体.

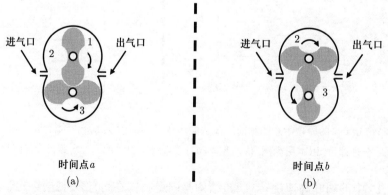

图 5.16 罗茨泵的原理示意图. (a) 时间点 a 的气团及扇叶状态. (b) 时间点 b 的气团及扇叶状态. 本图仅用于示意, 实际的罗茨泵压缩比率低, 常有三个甚至四个扇叶, 不是图中所示意的双扇叶结构

罗茨泵扇叶的结合缝隙约 $0.1 \sim 1$ mm, 摩擦小, 所以扇叶启动时间短, 在高速运转时没有磨损, 且运转时不怕突然漏气引起的扇叶损伤. 罗茨泵不需要油封, 不容易污染待抽腔体, 特别适合在 10^{-3} mbar 到 0.1 mbar 区间大流量抽气, 其常见的极限压强为 10^{-4} mbar. 需要注意的是, 罗茨泵运转时产生的振动干扰比较大. 有些罗茨泵不需要前级泵, 可以直接从大气开始抽气; 也有些罗茨泵必须有前级泵的抽气辅助. 最后, 罗茨泵的安置可能对水平程度有很高的要求, 使用者需要留意说明书中允许的最大倾斜角度的信息.

5.3.6 扩散泵

扩散泵也被称为油扩散泵, 扩散泵的工作原理见图 5.17. 泵油被加热后产生高速运动的油分子, 油分子撞击特殊设计的伞状结构后向下方移动, 轰击气体分子, 引起气体分子的定向移动. 需要说明的是, 只有在足够低的压强下, 油分子才可以形成宏观上的定向喷射, 因此, 扩散泵不可以单独使用, 它需要前级泵的抽气辅助. 在加热油分子启动扩散泵之前, 待抽腔体和扩散泵都必须低于某一个阈值压强. 由扩散泵的工作原理可知, 它适合抽如氦气的小质量分子.

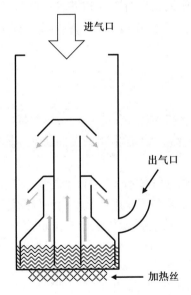

图 5.17 扩散泵的原理示意图. 本图仅用于示意, 没有画出常有的冷阱结构, 也没有画出阻油的挡板, 实际油扩散泵的喷口可能不止两级

油分子的分子量影响扩散泵的抽气效率. 油分子与气体分子的撞击过程是动量转移的过程, 所以泵油的分子量越高越好. 水银是早期扩散泵的工作物质, 这个选择现在看来又不安全又不方便. 如今扩散泵的工作物质为常温下低蒸气压的高分子油, 分子

量常高达数百. 由于泵油常被加热到 200 °C 以上, 而高分子量的泵油在高温条件下易氧化, 油扩散泵绝对不能从大气环境开始抽气, 其启动压强约为 10^{-3} mbar. 加热油分子时, 尽管泵的压强足够低, 油的加热温度也有上限, 因为油可能在高温条件下分解, 分解产生的氢在低温条件下可能堵塞待抽腔体中的毛细管. 此外高温下的泵油接触空气后有燃烧或者爆炸的风险. 油扩散泵的常见问题是泵油的氧化, 要解决此问题, 我们只需要排空脏泵油后, 用干净泵油清洗掉残余物, 然后再补充干净的新泵油即可.

扩散泵的极限压强由泵油的蒸气压决定. 常见泵油的饱和蒸气压都很低, 通常在 10^{-6} mbar 到 10^{-8} mbar 数量级. 如果配合液氮冷阱, 扩散泵的极限压强可以低至 10^{-10} mbar 数量级. 油扩散泵中的液氮冷阱不仅提高了真空度, 还带走了加热产生的热量, 并且让油分子在规划好的区域更容易重新凝结成液体, 减少了泵油进入待抽空间的可能性. 对于早期的扩散泵, 虽然室温下的水银蒸气压高达 10^{-3} mbar, 但配合液氮冷阱的水银扩散泵的极限压强可达 10^{-10} mbar 数量级.

油扩散泵在正常工作时, 其抽速由喷口的面积决定, 经验公式为 $S = 3d^2$, 其中, d 为泵口的直径, 单位为 cm, 抽速 S 的单位为 L/s. 泵的进气口和出气口之间有压强分布, 因为气流量守恒, 进气口处的压强最低, 抽速最大. 油扩散泵结构简单、加工容易, 是可以由低温实验室的工作人员自行设计和搭建的超高真空泵.

综上, 油扩散泵性能可靠、制作成本低、无噪声、无振动, 是一种高性价比的超高真空泵.

5.3.7 低温泵

低温环境对气体的液化和固化显然是一种可用的抽气手段, 利用这种抽气原理的泵被称为低温泵. 低温泵清洁、无油, 由于低温面的面积原则上没有上限, 它可以提供极高的抽速.

低温泵的缺点是对不同的气体有不一样的抽速, 而且不适合抽取氦气 (见表 5.13 和图 5.18), 因此很少出现在低温实验中. 如果用常规的低温泵直接抽空气, 极限压强也只有 10^{-2} mbar 数量级, 因为空气中有约 5 ppm 的氦气和其他低温气体. 我们可以为低温泵配置一个前级泵, 让它从 10^{-2} mbar 附近的真空开始工作, 而不是让低温泵直接从大气压强开始工作. 空气中氧气和氮气之外的部分气体成分的分压见表 5.14. 需要强调的是, 低温泵的极限压强 p_u 并不是待抽物质在给定温度下的蒸气压, 而是由下式决定[5.5]:

$$p_u = p_v \left[1 + \left(\frac{T_H}{T_L} \right)^{\frac{1}{2}} \right] / 2, \tag{5.43}$$

其中, p_v 指低温下的蒸气压, T_H 指低温泵中最高温度, 通常是 300 K, T_L 指低温泵中的最低温度, 也就是冷源的温度.

　　低温泵的腔体和降温单元的面积决定了它对特定气体所能吸附的最大质量. 满负荷吸附之后, 低温泵需要升温将所俘获的气体释放后才能再次抽气. 达最大容积之后升温清空气体的等待时间被称为再生时间. 前级泵的使用不是为了帮助低温泵获得更低的压强, 而是为了延长低温泵的单次工作时间, 相当于增加了低温泵的容积.

表 5.13　三种特征气体在给定温度下的低温泵抽气效果

温度/K	气体	压强/mbar
20	N_2	$\sim 10^{-11}$
20	H_2	$\sim 10^3$
4.2	H_2	$\sim 10^{-9}$
4.2	^4He	$\sim 10^3$
2.5	H_2	$\sim 10^{-14}$
2.5	^4He	$\sim 10^2$
1.7	^4He	$\sim 10^1$
1.2	^4He	$\sim 10^0$

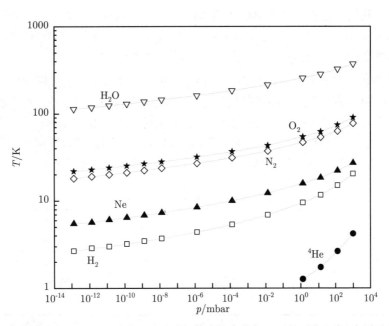

图 5.18　低温实验中实验工作者最关心的几种气体在给定蒸气压下的平衡温度. 本图可以作为选择低温泵时的温度参考. 数据来自文献 [5.7]

表 5.14　空气中一些次要成分的熔点和在室温条件下分压数量级

气体	熔点/K	室温压强/mbar
Ar	84	$\sim 10^1$
Ne	25	$\sim 10^{-2}$
^{4}He	/	$\sim 10^{-3}$
Kr	116	$\sim 10^{-3}$
H$_2$	14	$\sim 10^{-4}$
Xe	162	$\sim 10^{-4}$

注: 氮气、氧气、氩气、氖气、氢气和氦气等低温气体的特征温度点可参考表 1.12.

为低温泵提供冷源的方式有低温液体浸泡、低温液体恒定传输和干式制冷. 随着干式制冷技术的成熟和普及 (相关内容见 4.2 节), 长期使用的低温泵采用低温液体作为冷源不再划算, 除非实验装置中已经存在使用便利的液氮或者液氦. 如今低温泵常用的干式制冷方式为 GM 制冷. 受限于低温环境的产生方式, 低温泵瞬间能接受的压强体积乘积有上限, 不应该超过某个特定阈值.

5.3.8　吸附泵、钛升华泵和离子泵

吸附泵利用表面积大或者易吸附气体的材料降低压强. 中文中的 "吸附泵" 可能对应了 "sorption pump" "adsorption pump" 和 "getter pump" 这三个常见的英文称呼, 我们忽略背后的差异, 在本小节中统一用 "吸附泵" 这一称呼.

活性炭和沸石中有大量的孔洞, 同样质量下的表面积远大于常规固体, 容易在低温条件下吸附气体、高温条件下释放气体. 以型号为 Zeolite 13X 的一种沸石为例, 其中的孔洞平均直径约 1.3 nm (见表 5.15), 1 g 材料的表面积高达 1000 m^2. 与低温泵类似, 这些多孔材料对分子尺寸小的氦气吸附效果不好. 吸附泵结合低温环境使用, 可获得更好的抽气效果. 多孔材料吸附气体时产生热量: 吸附氦气的热量约为 2 kJ/mol, 通

表 5.15　常用吸附材料的表面积和孔洞平均直径参考值

材料	表面积/(m^2/g)	孔洞平均直径/nm
Zeolite 13X	1000	约 1.3
活性炭	约 900	约 $100 \sim 300$
硅胶	约 $300 \sim 800$	约 $200 \sim 1400$
活性氧化铝	约 300	约 500

注: 表中的数值只能作为定性参考, 受具体颗粒的尺寸、型号和来源影响. 数据来自文献 [5.6, 5.8].

常这不是需要担心的热量来源. 此外, 在吸附气体之前, 先烘烤多孔材料可以获得更好的抽气效果. 有些材料可以先在有机溶剂中浸泡清洗, 再在烘烤的同时抽走材料释放的气体.

一些气体因为化学作用与钛和银这些纯金属的表面结合. 利用该原理的最常见的抽气例子是钛升华泵. 当钛丝通电流被加热时, 钛升华后在其他位置形成薄膜, 钛薄膜吸附气体并且持续被新的钛薄膜覆盖, 从而产生宏观抽气效果. 钛升华泵的极限压强可以达到 10^{-12} mbar 数量级, 是一种非常方便的超高真空泵. 除了钛升华, 当通过金属蒸镀产生钛薄膜时, 我们也可以发现蒸镀腔体中的压强降低了. 如果抽气过程中使用了电离手段, 这一类泵也被称为离子泵. 薄膜的抽气效果既来自在化学吸附下形成稳定的化合物, 也来自不反应的气体电离后被轰击到薄膜表面, 而后被新的薄膜覆盖掩埋. 在使用离子泵时需要留意环境的电磁场, 测量磁体的边缘场和外部强电场可能影响其性能.

吸附泵还可能在高温环境中使用. 一些固体材料的表面吸附气体, 并且气体在固体中扩散, 从而提供了持续的抽气效果. 适合在高温环境下使用的吸附泵材料的代表性例子是锆铝合金, 如成分为 84% 的锆和 16% 的铝. 其优点是对氢有很强的抽气能力, 但是不适合抽惰性气体.

吸附泵对不同气体的抽速有显著差异. 此外, 吸附泵的抽气效果还取决于已吸附的气体量和种类. 与低温泵一样, 吸附泵有最大吸附量的限制, 因而先用前级泵降低待抽腔体的压强是值得的. 吸附泵无污染、无振动, 不过无法持续运转, 适合被用于在低温系统中完成对少量残余气体的抽气 (相关内容见 5.5.1 小节).

5.3.9 泵分类方式与真空系统注意事项

以上小节简单介绍了一批低温实验中可能遇到的泵的基本工作原理. 绝大部分泵使用者不需要记住所有泵的参数和特性, 只需要在选择和购买泵之前定性地了解各种泵的特点, 以及在抽气前留意具体泵最关键的运转条件. 这些关键运转条件包括是否需要前级泵以及是否需要水冷等. 低温实验中的泵是商业化产品, 在我们开始正常使用泵之后, 根据说明书对其定期维护和保养是良好的习惯.

1. 泵工作原理的分类

泵的种类非常多, 本书仅讨论较小部分常见类型的泵, 这些泵的工作原理可以简单分为排气式和俘获式 (见图 5.19). 排气式指气体分子从待抽空间中被直接转移到某个更高压强的环境, 或者被分步转移到某个更高压强的环境. 排气式的泵也被称为气体输送泵. 分子转移的方式包括周期性改变腔体体积以改变分子的位置, 也包括通过媒介分子的运动迫使气体分子定向移动. 俘获式指分子被吸附或沉积到某个表面上, 可能的方式包括了低温沉积和表面吸附.

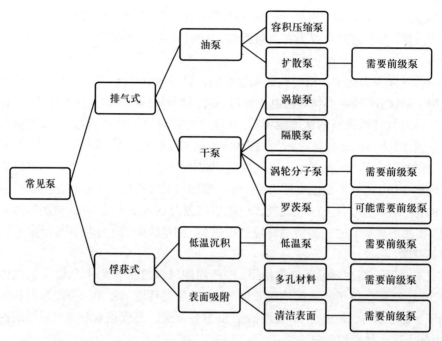

图 5.19　部分泵的工作模式分类. 容积压缩泵、涡旋泵、隔膜泵、涡轮分子泵和罗茨泵都属于机械泵. 严格来说, 涡旋泵和罗茨泵等机械泵的轴承也有油脂, 因此有人认为它们不算完全的无油泵

2. 泵的选择

我们在采购和使用泵时需要考虑腔体的压强预期、腔体对泵油和粉末的容忍程度、待抽气体的种类、气体是否含易凝结成分、抽气时的最大恒定气体流量和初始气体流量, 以及对抽气的时间预期. 使用者需要的真空度和真空腔体的特点决定了泵的选择. 图 5.20 提供了部分泵的主要工作压强区间.

使用者需要的真空度是最先需要被考虑的参数. 当我们想要获得高真空时, 默认需要使用至少两种不同工作原理的泵. 对于超高真空, 我们考虑分子泵、低温泵、钛升华泵和离子泵. 对于高真空, 我们考虑分子泵和扩散泵. 以上这些泵都需要配备前级泵, 不应被单独使用. 根据腔体对油和粉末的容忍程度, 我们主要在容积压缩泵和涡旋泵之间选择合适的前级泵. 前者持续产生油气, 我们最好使用液氮冷阱保护待抽腔体, 并且在出气口处安装油过滤装置. 后者的塑料或者橡胶粉末可能堵塞真空系统中的毛细管, 我们最好通过过滤网或者多孔材料保护待抽腔体, 并且定期检查、清洗或替换过滤结构.

泵的类型被确定之后, 气流量的需求决定具体泵的参数. 对大气压下的密闭腔体抽气时, 刚开始抽气时的进气压强最大、流量最大, 最容易对泵造成损坏, 因此泵的型号选择需要与腔体尺寸匹配, 以获得合适的最大抽速和最大允许进气压强. 被用于气

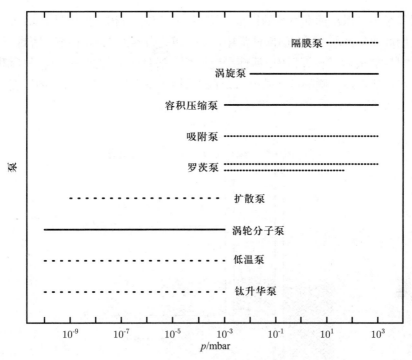

图 5.20 部分泵的主要工作压强区间. 该范围仅供参考, 不代表所有商业化产品可获得的真空范围. 例如, 多级组合的容积压缩泵提供了更低的压强; 涡轮分子泵和低温泵可短暂地从略高的压强启动; 吸附泵和低温泵的抽气效果依赖于具体气体. 部分罗茨泵不允许从大气开始抽气. 低温实验通常可以依靠涡旋泵和容积压缩泵从一个大气压开始抽气, 依靠涡轮分子泵提供超高真空

体循环的泵需要在特定压强值下长期运转. 气体循环的例子见 4.1.2 小节、4.3.1 小节和 4.5.4 小节. 泵的抽速和管道的流导共同决定了抽气时间 (见式 (5.33) 和式 (5.34)), 因此泵的型号也取决于具体真空系统的管道设计. 如果待抽气体中有大量易凝结的水汽, 气镇是一种解决方案, 否则当泵中出现水的积累之后, 泵的极限压强迅速变差. 此外, 泵对待抽分子有选择性, 对极限真空和抽气时间等参数的估算需要考虑具体抽气对象. 例如, 扩散泵对于低分子气体的抽速更高, 低温泵不适合被用于残余气体以氦气为主的腔体.

3. 冷阱

在泵的使用中, 我们常为气路系统添加一个液氮冷阱, 它不仅可以阻止泵油污染管道和腔体, 还降低室温气路中微量空气和水汽进入低温气路的可能性. 冷阱被用于一个实际测量气路的例子见 6.10.2 小节. 液氮冷阱有商业化的产品, 不过也可以由实验者在实验室中自行制作. 图 5.21 提供了一个液氮冷阱的设计思路. 图中的不锈钢圆管采用方便购买的商业化产品, 再由实验者用切管器切出合适的长度. 图中的顶部堵头和底部堵头可以从标准直径的铜棍上切割. 真空法兰 (相关内容见 5.4.1 小节) 的转接口使用商业化产品. 所有的部件都用银焊 (相关内容见 5.4.6 小节) 密封, 但是在装上活性炭后的最后一步焊接中, 活性炭应该位于腔体不被加热的一侧, 然后我们用湿纸巾覆盖在活性炭一侧的腔体外壁, 以保护活性炭不会被加热到过高的温度.

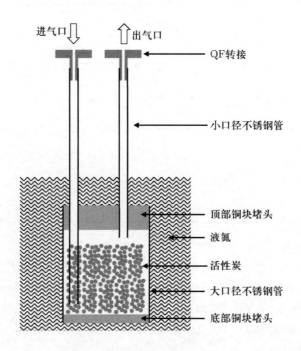

图 5.21　一个低温实验的简易冷阱设计方案. 进气口和出气口其中之一埋在活性炭中, 以确保脏气有足够多的机会被吸附. 使用者根据冷阱的具体用途和脏气种类选择合适的进气口和出气口

4. 真空腔体的清洗

低温实验中, 真空腔体的清洗可被用于减少真空隔热夹层中的氦气含量、减少腔体中的水蒸气含量、增加腔体中目标气体的纯度, 以及用一种气体替代被表面吸附的另一种气体. 泵对腔体的长时间抽气可减少目标气体的含量, 然而我们更习惯用反复充放气的清洗办法减少特定气体的含量. 以去除真空隔热夹层中的氦气为例, 我们可以将杜瓦夹层抽至足够低的压强, 然后放入约 1 mbar 至 10 mbar 的氮气, 反复操作以降低氦气比例. 这个做法的好处在于, 低真空条件下的抽气比超高真空条件下的抽气容易. 在做气体清洗时, 我们没必要放入一个大气压的氮气, 因为放气时间和抽气时间随着氮气压强增大而增加, 而且快速地大量放气可能破坏薄膜隔层 (相关内容见 5.7.1 小节).

5. 其他注意事项

泵有漏气现象, 由于 ^{3}He 的稀缺和价格昂贵 (相关内容见 4.3.5 小节), 绝大多数的泵不适合被用于 ^{3}He 的抽气和循环. 当我们想用一个新泵抽取 ^{3}He, 或者想再次使用一个修复后或维护后的旧 ^{3}He 泵, 都必须先检查其漏气率, 以判断是否可以接受该漏气率所对应的 ^{3}He 损失. 泵的气镇是一个常见漏气点, 它可由环氧树脂封闭 (相关内容见 5.4.7 小节). 如果使用油泵抽 ^{3}He, 油泵的透明油面观测面板是一个需要重点关注的漏气位置.

如果主泵与其他泵组合使用 (见图 5.15), 我们需要考虑主泵的最大允许出气压强. 购买进口设备时, 我们需要留意泵的电压和频率设置. 在室外使用泵时, 我们需要留意泵环境温度的允许范围, 避免在冬天过低和夏天过高的室外温度下使用泵. 我们还需要留意泵本身的温度和其周边是否有易燃物. 以容积压缩泵为例, 泵表面温度可能高达 70 °C. 当泵的周边有工作人员时, 我们还需要留意泵的噪声大小是否对人体有影响并干扰正常实验中的对话交流. 在非平原区域或者飞行设备中使用新泵时, 我们需要关注泵允许的运转海拔高度. 当在移动载具或者非水平面上安装泵时, 我们需要关注泵允许的倾斜角度.

直排大气的泵的出气口是另一个重点关注点. 当泵正常运转时, 我们需要留意出气口是否有不合理的油排放量或者粉末排放量. 当泵不运转或者不正常运转时, 我们需要留意泵是否依然维持低压强, 是否会造成返油, 或者泵是否回到一个大气压并影响实验腔体的压强. 对于重要设备的泵, 我们总是需要针对具体使用需求提前想好停电时的场景: 当泵意外停止工作时, 出气口应该保持畅通还是保持关闭?

购买新泵时, 我们需要留意实验室或者单个供电箱的功率和电流限制. 对于低温实验中用到的泵, 虽然稳定运行的电流值可能只是几个安培, 但是启动时的瞬间电流值可能是常规运转电流值的 5 倍以上. 我们应当在规划实验室时就提前留意这个电流差异, 并且在实际操作中避免同时启动多个泵. 我们通常可以在商业化设备的说明书中找到泵的正常运转电流和启动电流信息. 表 5.16 简单总结本节已讨论的内容.

低温实验中的泵服务于制冷和测量, 在设计和搭建实验装置时, 我们关心泵的不正常运转对制冷机和实验的影响. 引起泵不正常工作的原因包括停电、管道堵塞和水冷设备的不正常运转. 泵属于非常稳定成熟的商业化产品, 但是它们数量多、工作时间长, 因而出故障也是非常常见的现象. 当一个低温系统的真空度异常时, 我们除了考虑泵的不正常工作, 还应当考虑腔体漏气和真空规工作不正常的可能性. 如果真空腔体最终的极限压强正常, 但是抽气的等待时间偏长, 我们除了怀疑泵的工作状态, 还应考虑腔体中是否有液体残余、是否有虚漏 (相关内容见 5.4.9 小节) 以及管道的流导是否合理.

表 5.16　挑选泵时的关注参数

基本参数	备注
极限压强	本书标记为 p_u, 默认单位为 mbar
流量	刚开始抽气或者突发意外时的重要参数
抽速	实际抽速是压强的函数
启动压强	开始有抽气效果的压强, 泵不一定都能从大气压开始抽气
最大工作压强	泵在此压强条件下连续工作不会损坏
前级压强	泵出气口的压强, 可能需要前级泵的配合
供电	三相或者单相, 注意交流电的频率数值
运转电流	与电箱的限流匹配
启动电流	启动电流常大于正常运转电流
冷却	是否需要水冷或者风冷
是否有油	返油现象
是否掉粉	待抽腔体是否有不适合接触粉末的管道或者表面
漏气率	如果抽 ^{3}He, 漏气率的要求更高
气镇	如果待抽气体有可凝结成分, 考虑使用气镇
倾斜角度	是否安置在移动载具上或者斜面上
环境温度	最高和最低的允许环境温度
表面温度	泵正常运行时设备表面的温度, 可能高于室温
振动	机械泵是明显的振动来源
噪声	正常情况下都是可以忍受的, 不建议工作时戴耳机

5.3.10　压缩机

针对斯特林和 GM 两种压强变化方式 (相关内容见 4.2.1 小节), 低温实验中常用到的压缩机分为两种, 一种提供两个数值不等的固定压强, 另一种提供一个交流变化的振荡压强. 低温实验中主要采用前者, 以用于 GM 制冷机和 GM 型的脉冲管制冷机.

产生固定压强的压缩机的工作机制很多, 如采用等熵压缩过程或者等温压缩过程. 基于发热和压缩比等技术原因, 通常的压缩机采用多级压缩, 而不是只依赖于单次压缩. 如今的压缩机跟泵一样, 都具备系统且成熟的技术, 低温制冷只是压缩机使用中的一个小需求. 低温制冷用的压强也远远小于高端商业化压缩机所能产生的几千大气压的压强. 本小节主要讨论使用者需要关注的个别典型问题.

首先, 压缩机中通常使用润滑油, 我们需要考虑油污染制冷机的可能性. 商业化的压缩机有不需要维护的油分离装置, 也有需要定期清洗或更换的过滤装置. 无油的气体压缩设备也存在, 但它们需要更频繁的维护. 其次, 压缩机是制冷过程中的动力来源, 它消耗大量能量并产生大量热量, 我们需要为其提供水冷或者风冷. 需要强调的是, 如果压缩机设计时以空气为工作物质, 它被用于氦气压缩时很可能在满负荷工作条件下过热. 再次, 压缩机是显著的振动和噪声来源, 我们可以为其做简单的减振结构, 例如将之放在硬橡胶的上方, 或者为其做一个水泥板与机械弹簧组合的简单底座. 部分商业化的压缩机可能有减振和减噪的 "外套" 配件. 最后, 不漏气的理想装置是不存在的, 压缩机与干式制冷机中的工作气体会随时间慢慢减少, 我们需要定期检查压缩机中的压强.

对于斯特林型制冷机, 它需要的压强振荡可以来自活塞运动, 人们了解和使用这个方案已经很多年了. 二十一世纪以来, 提供振荡压强的压缩机还可以采用双金属隔膜的设计思路[5.20], 其基本原理类似于隔膜泵, 其优点是有油的机械动力系统与干净的制冷剂气体分离. 比起塑料隔膜, 金属隔膜可以承受更大的压强. 与隔膜泵最大的差别在于, 这种压缩机有第二套隔膜, 以平衡压缩机平均压强与外界压强的差异. 压缩机的平均工作压强远大于大气压, 第二套隔膜的存在使机械运动的部件在忽略平均压强差异的情况下产生压强振荡.

除了被用于干式制冷, 压缩机也被用于室温的气体存储, 它是氦气回收装置中必备的组件. 6.13 节提供了一个氦气回收的实际例子.

5.3.11 泵的减振、干式制冷机减振、其他减振

本小节所讨论的振动指影响低温环境和低温测量的周期性机械干扰. 这些干扰来自泵、压缩机和水冷机等存在机械运动的部件, 也来自实验室外部. 低温实验和室温的高精度实验都受振动的干扰. 例如, 在获得最低温度环境的核绝热去磁制冷机和热学实验中, 磁场中振动引起的涡流发热是一个不可被忽略的热源; 光学实验中, 器件的位移影响测量; 力学实验中, 振动影响特征频率的测量和应力测量. 引力波的探测就是一个对振动极度敏感的例子, 因为存在引力波信号时的光学器件位移仅 10^{-19} m 数量级. 常规的小型低温实验室既做不到这种精度的测量, 也不需要实现这种测量所需要的减振. 以下, 我们只讨论小型实验室在可控的经济成本和人力资源条件内允许实现的减振方案.

振动对于低温实验的影响没法用一个通用的参数表征. 人们最常用的特征参数是振动在设备特定位置引起的最大位移量或者最大加速度. 位移可以用电容位移器或者光学干涉手段测量. 电容测量的位移分辨率受极板平面平整度限制, 光学干涉测量受光源波长的限制. 加速度可以用加速度计测量. 常规加速度计可以测量某一个方向的振动引起的加速度, 一些加速度计可以测量 x、y 和 z 三个方向受到的影响. 对于特殊的测量, 实验工作者除了关心振动引起的位移峰值和加速度峰值, 还需要关心这两个参数的频率分布. 最常见的低温设备振动出现在小于几赫兹的区间、交流电频率的整数倍、泵的特征频率、低温液体在腔体内沸腾的特征频率、干式制冷机旋转阀的工作

频率等区域.

低温设备有整体的特征频率, 也有局部部件自身的特征频率, 一个设备受多个特定频率的外界振动影响. 当设备的整体或者局部与振动来源的特征频率一致时, 则共振发生, 这是我们在对设备做减振时最希望避免的现象. 如果我们希望振动引起的位移尽可能小, 则设备的特征频率需要远高于振动的特征频率; 如果我们希望振动引起的加速度尽可能小, 则设备的特征频率需要远低于振动的特征频率[5.21]. 低温设备更关注后一种减振, 通常是为了尽量减少 1 Hz 以上的振动干扰.

当我们在口语环境中提到减振时, 其实可能同时涉及两件事情: 一是减振结构衰减了来自振动源的能量, 并将其转化为热量, 二是减振结构分离了振动源和怕受干扰的装置之间的空间关联, 使振动源难以驱使设备或者样品移动. 前者适合被称为振动衰减, 后者适合被称为振动隔离, 它们往往一起出现在同一个减振结构中, 而不是被分开实现. 当振动的能量被损耗时, 热能或者声能是最常见的转化方式. 在实际低温实验中, 我们通常只关心实验装置和极低温环境是否会被振动影响, 而并不是很关心减少振动干扰的具体机制, 因此本小节不区分振动衰减和振动隔离, 将它们统一称为减振.

振动来自低温设备自身, 也来自低温设备所处的外部环境. 以大部分湿式制冷机为例, 泵的运转是制冷工作机制自带的振动干扰. 以干式制冷机为例, 压缩机的运转是必然存在的振动干扰. 然而, 就算制冷机不处于运行状态, 它依然受到外界环境的振动干扰. 以下, 我们分六部分内容讨论低温实验中的减振措施: 针对一切振动的设备整体减振、针对泵运转的减振、针对脉冲管制冷机的减振、声波减振、建筑减振和其他减振方案.

1. 设备整体减振

为实验室或设备做整体减振是一种常见做法, 它的主要目的是减少来自设备外部因素的干扰. 这类减振措施的基本思路有两种, 简易做法是利用有弹性的结构衰减和隔离振动, 复杂的做法是快速且频繁地探测干扰的幅度和方向, 并通过瞬间施加反向力的做法抵消干扰. 前者是被动减振, 后者的原理类似于耳机的主动噪声消除, 被称为主动减振. 由于主动减振需要反馈回路、技术难度高, 而且在常规的小型低温实验室中较为少见, 本小节仅讨论被动减振. 主动减振的设计原理可以参考文献 [5.22].

如果设备与环境刚性连接, 则环境的振动干扰会被传递到设备上. 因此, 被动减振利用一个弹性结构将设备与环境隔离. 如图 5.22(a) 所示, 设备和地面之间可以简单地用橡胶垫分隔, 除了口语中常指的橡胶垫, 可被用于分离环境和设备的专业材料还有很多, 例如基于聚亚安酯 (polyurethane) 设计的各种减振垫. 对于低温制冷机, 木头也是一种合适的减振材料. 如图 5.22(b) 所示, 设备和地面之间也可以用弹簧分隔. 弹簧结构最明显的优势是可以轻松地更改设计以调整系统的特征频率, 缺点是对于横向干扰的减振能力非常弱. 定性而言, 轻的设备用橡胶隔离, 重的设备用木头或者弹簧隔离. 如果特征频率不合适, 弹性结构可能起放大振动效果, 而不是起减振效果. 图 5.22(c) 提供了一个低温设备减振方案. 在这个方案中, 我们将设备安置在光学平台之上、由空气腿提供减振. 这些被动减振的方案既衰减了振动, 也削弱了设备和地面之间的位移关联, 因此, 我们不仅仅可以将设备放于这类减振装置之上, 还可以为振动源也提供同类型的减振措施.

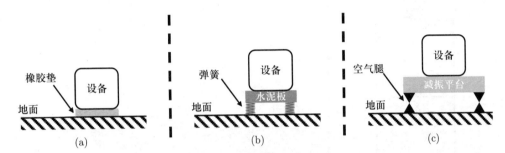

图 5.22　被动减振的常见做法. (a) 中的橡胶垫起隔振和衰减作用, 起同类效果的材料很多. 对于低温制冷机, 我们可以用木块做减振材料. (b) 中的水泥板也可以由金属板替代, 这取决于计算后的具体质量需求. (c) 中的空气腿起 (b) 中弹簧的作用. 如果设备和地面之间有其他硬连接, 例如刚性水管, 则减振效果变差

空气腿的原理如图 5.23(a) 所示. 腔体中的气体压强大于一个大气压, 气体和活塞构成了一个特征频率特别低 (特别软) 的弹簧. 气体空间的流阻结构提供衰减, 将振动的能量转为热能. 我们可以采用空气压缩机提供正气压, 不过质量差的空气压缩机可能往空气中释放大量油雾. 如果我们不需要频繁地改变空气腿压强, 高压气瓶是更好的选择, 但是需要定期关注气瓶中的残余气体量. 对于小型的自行搭建减振结构, 这种空气腿还可以通过波纹管结构实现. 减振平台的台面可以用两层铝板夹住蜂窝状框架或方形网格框架的空心结构实现, 内部用胶水黏合和铆钉紧固. 如果设计者不想采用铝作为主材料, 主体结构也可以采用无磁不锈钢. 安置常规低温设备的减振平台可以直接采用简易的光学平台.

在定制减振平台时, 我们优先关注特征频率和几何尺寸. 基于空气腿的减振平台的纵向特征频率可以设计在 1 Hz 附近. 低温设备的常见横向振动特征频率差异较大, 可能在 1 Hz 到 10 Hz 区间. 减振结构的横向频率选择比较复杂, 还需要考虑避开楼层的横向振动特征频率. 如果平台附近有磁场, 定制者需要留意材料的磁性.

图 5.23(c) 提供了一个实际减振平台的外观设计图, 所对应的实物特征频率 1.5 Hz, 自重约 150 kg. 桌面的理论承重 500 kg, 空气腿在桌面承重 200 kg 至 350 kg 之间可以调节桌面平衡. 顶层铝板加工后的厚度大于 30 mm, 底层铝板及四周的边框采用厚度 30 mm 的铝板. 组配后桌面上表面的离地高度为 630 mm, 每平方米桌面起伏不超过 0.05 mm, 桌面开孔的直径为 720 mm. 对于减振平台设计者, 另一件值得去做的事

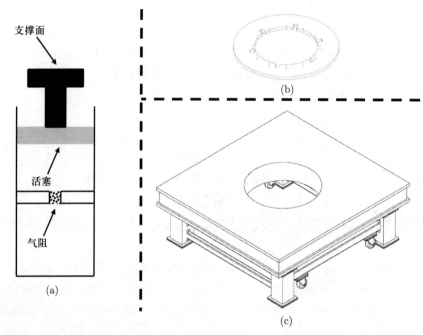

图 5.23　空气腿原理示意图和减振平台整体示意. (a) 空气腿原理示意图. (b) 提供变径功能的连接顶盘. (c) 减振平台示意图. 实际的低温设备常悬挂于减振平台的下方, 所以平台需要开口并且有悬挂设备的机械连接方式

情是: 关注桌面上被用于固定设备和其他物件的螺丝孔的数量和位置, 以及是否应顺便定制平台和设备之间用于固定和连接的金属件. 如果减振平台有安置后再移动的可能性, 定制者可以在空气腿之间的连接杆处增加可调节高度的脚轮, 正常情况下脚轮离地, 需要移动时空气腿离地.

　　实际的低温设备往往不是被直接放置在减振平台的台面上的, 而是其重心位于台面下方的. 我们可以通过合适的尺寸设计将设备挂在平台的上表面, 也可以在平台的下表面设计一个转接或者悬挂结构. 图 6.47 降温结构和室温孔径磁体独立, 恰好各自提供了一种悬挂方式的例子. 图 5.23(b) 提供了另外一种平台上表面支撑设备的做法: 我们可以在减振平台的顶部再额外放置一块过渡用的连接顶板, 让设备的侧面突出部位可以穿过连接顶板, 连接顶板最窄的内径又恰好可以将设备顶板托住, 为设备提供承重的支撑.

　　由于人们需要打开低温设备的真空腔体以更换样品或更换测量装置, 实际的实验室高度需求大约是 2 倍的设备高度. 这个需求可能大于常规的房间高度, 于是有些低温设备被放置在有地坑的房间中. 我们可以把减振平台跨地坑放置, 然后固定制冷机的位置, 依靠杜瓦下降打开制冷机以更换样品 (见图 5.24(a)). 这种设计中, 制冷机的气路不需要拆卸, 可以一直保持气密性. 我们也可以固定杜瓦的位置, 制冷机由上方拔出 (见图 5.24(b), 此外图 4.67 还给出了一个商业化湿式稀释制冷机留出周边安置余量的例子). 在这种设计中, 减振平台的横向稳定性更好. 对于一些有地坑的房间, 使用人员还可能利用重物和弹性材料重新填坑 (见图 5.24(c)), 从而隔离设备所在的地面和周边环境. 对于获得极低温环境的制冷机而言, 利用空气腿和光学平台减振的性价比高.

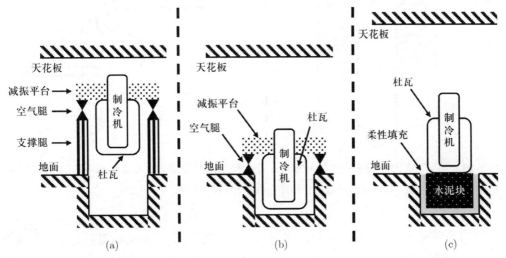

图 5.24 实验室高度的利用. (a) 更换样品时先移动杜瓦. (b) 更换样品时先移动制冷机. (c) 设备不受房间高度限制, 原则上不需要地坑

2. 泵的减振

机械泵的周期运动是低温制冷机最典型的振动来源. 对于泵的减振, 我们可以先将泵放在远离设备的场所, 例如将其放在另一个房间. 我们也可以采用被动减振的常见做法 (见图 5.22), 减少泵通过地面传递振动的能力. 对于大部分的低温实验, 为泵提供空气腿减振是不值得的.

在低温实验中, 泵通常不必紧挨着制冷机安置, 而可以通过一条实验工作者可选择长度的抽气管道与低温设备连接. 该抽气管道是传递泵振动的主要途径, 我们减少来自泵的机械扰动的方式主要围绕如何衰减该抽气管道引入的振动. 例如, 我们可以将管道固定到某一个质量大的物体上. 一个常见的做法是让抽气管道埋在大量的小颗粒中, 通过这些颗粒固定管道和衰减管道的振动. 这些小颗粒可以是质量大的不锈钢珠 (见图 5.25(a)), 也可以是质量小的沙粒 (见图 5.25(b)). 管道可以是直管, 也可以是波纹管或者橡胶管. 不同的组合对应着不同频率分布的振动衰减. 值得一提的是, 当使用沙粒时, 我们尽量使用尺寸均匀的沙粒, 或者先对沙粒进行筛选和水洗, 以去除质量不好的沙粒来源中的粉尘.

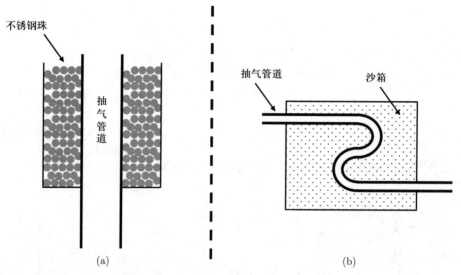

图 5.25　抽气管道的常见减振做法一. (a) 为侧视图, 抽气管道穿过一个密堆积不锈钢珠子的桶状空间. (b) 为俯视图, 抽气管道经过一个沙箱, 由沙子将管道覆盖

　　第二类对抽气管道减振的做法利用一个三通结构, 将来自振动源和去往设备的两个气路设计在管道局部的两个垂直方向上, 从而抑制振动的传递. 在这种设计中, 气路的管道至少有两个弹性结构, 图 5.26(a) 提供了一个例子. 这种结构中的波纹管也可以采用侧面 V 形橡胶直通, 如图 5.26(b) 所示, 但它比金属波纹管更易漏气. 因为低温设备几乎不可能被固定在天花板上, 因此所有的振动固定点都可以优先考虑实验室的天花板 (见图 5.26(c)). 在 6.10.1 小节所举的例子中, 我们尽可能地将管道固定到天花板上.

　　最后一类对抽气管道减振的做法与第二类方法原理一样, 只是做得更加精致, 减振效果更好, 如图 5.27 所示. 这种结构也被称为平衡环或者万向节, 多套不同方向的减振单元可组合成万向隔振器. 图 5.27 中展示的减振结构为两个单元的组合, 使用该减振结构的低温设备整体框架见图 6.47, 这个减振结构也出现于文献 [5.23] 中的设备整体照片. 需要指出的是, 上述气路中的形变位置, 如波纹管或者侧面 V 形橡胶, 都需要有合理的保护, 以确保这些弹性结构不会在应力下往预设外的方向形变. 以平衡环为例, 每一个波纹管的一侧都配备一个长方形的硬性框架 (硬支架, 见图 5.27 中的细实线), 然后框架与波纹管的另一侧由不锈钢软索 (见图 5.27 中的虚线) 连接.

3. 脉冲管制冷机减振

　　脉冲管制冷机的额外振动来源包括压缩机的振动和旋转阀的振动 (相关讨论见 4.2.5 小节).

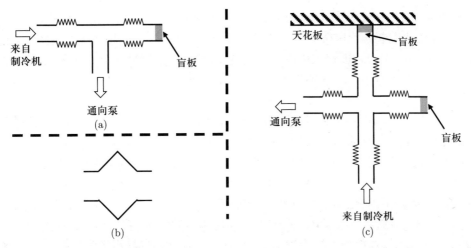

图 5.26 抽气管道的常见减振做法二. (a) 一种 T 形减振结构. (b) 可以替代波纹管的侧面 V 形橡胶直通. (c) 固定于天花板的十字形减振结构例子

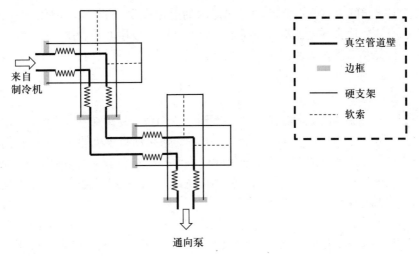

图 5.27 抽气管道的常见减振做法三. 图中展示了两个平衡环的组合, 实际使用场合见图 6.47, 实物照片见文献 [5.23]

我们可以考虑如下的做法以减少压缩机所带来的振动. 首先, 压缩机可以被安置在一个小平台上, 由弹簧或者橡胶减振, 具体做法类似于对泵的减振 (见图 5.22). 其次, 压缩机和制冷机可以被安置在两个不同房间之中, 利用空间上的分离减少压缩机的振动干扰. 最后, 我们可以增加连接压缩机和冷头的管道的长度, 进一步在空间上分离低温设备和压缩机, 不过增加管道长度可能带来制冷功率的下降. 振动可能沿着管道传递, 除了增加管道长度, 我们还可以弯曲管道, 让振动难以沿着一个方向传递,如参考对待泵抽气管的减振思路, 局部固定压缩机管道, 并将管道埋在颗粒物中 (见图 5.25). 压缩机引起的管道振动[5.21] 在 50 Hz 到 80 Hz. 旋转阀高低压强切换产生的特征频率在 1 Hz 附近, 远程工作模式可以减少该低频振动的影响. 由于旋转阀的切换, 冷头的温度也可能有 100 mK 数量级的低频率波动[5.21], 可能对实验测量有一定的影响.

　　除了以上不涉及制冷机的减振方案, 我们还可以改动设备, 进一步减少干式制冷的振动对低温环境和实验测量的干扰. 首先, 我们可以在机械上分离冷头和设备的主体机械结构. 冷头的振动来源比较复杂, 它受旋转阀马达运转的影响, 也受气体压强变化引起的金属管应力下形变的影响. 金属管自身的特征频率在 100 Hz 数量级[5.21]. 冷头的低温端和设备低温端之间可以由铜辫子软连接, 或者由波纹管连接并通过气体或者液体导热 (做法可参考 5.6.1 小节). 当使用铜辫子时, 我们可以通过剩余电阻率 (RRR) 预判其导热性能, 通常我们需要尽量悲观地去估计铜辫子的导热能力. 例如, 铜的表面持续氧化, 这削弱铜辫子中细铜丝的热导率. 就柔软程度而言, 高质量的商业化高热导细铜丝和有效退火的细铜丝的手感像 "泡水面条", 而不是 "干燥面条". 我们可以通过细铜丝的柔软程度判断铜导热能力的退化程度: 随着铜丝硬化, 铜的热导率逐渐变差. 其次, 冷头的高温端和设备的高温端之间可以用波纹管固定, 波纹管在这个连接点同时实现气密和弹性减振两个功能. 最后, 我们还可以通过增加制冷机的质量 (此处指 mass) 和增加制冷机的整体刚性来减少干式制冷的振动干扰.

　　4. 声波减振

　　在机械泵、水冷机和压缩机运行的房间中, 我们很容易感知到声学噪声, 这些噪声主要集中在 100 Hz 数量级. 在一个安置 GM 型脉冲管制冷机的房间中, 我们还会清晰地听到 1 Hz 数量级的噪声信号. 如果我们将手轻触在屏蔽室的薄壁金属墙面上, 有时能够通过触觉感知到在声波作用下的墙面振动. 值得一提的是, 声波除了整体干扰设备, 还可能跟设备内部的样品腔共振.

　　我们可以为实验室的墙壁安装吸音海绵, 但是需要留意所采用的海绵是否符合实验室所在建筑的防火安全规范, 因为很多海绵不能阻燃. 我们可以为连接压缩机和冷头的管道做隔音措施, 如用吸音海绵仔细地缠绕管道. 最后, 我们还可以在不影响缓冲空间 (见图 4.18 和图 4.19) 散热的前提下, 为作为缓冲空间的气罐搭建一个小的隔音腔体. 这个腔体可以简单地由纸箱子裁剪, 然后在纸箱内部贴上吸音海绵而制成.

　　声学噪声除了会对设备直接产生可被观测的振动干扰, 也可能通过松散的管道和测量引线将振动传递到设备. 此外, 松动的测量引线还可能产生额外的电学测量噪声. 因此, 管道和引线需要尽量被固定在合适的位置.

　　5. 建筑减振

　　来自实验室外部的振动有时候也被统称为建筑振动, 它们可能来自电梯和中央空调, 也可能来自建筑物外部的干扰. 通常来说, 干扰源越远, 振动频率越低.

建筑减振需要在设计和建造实验楼时提前考虑. 大部分实验室内部的被动减振通常很难衰减低频率的干扰, 我们得依靠建筑物本身来实现减振. 对于横向振动, 有的实验楼共振频率在 1 Hz 数量级, 当遇到巨大横风时, 楼层内的低温设备可能容易受到横向振动的影响. 如上文所述, 我们可以依靠设备的被动减振避开建筑的特征横向频率. 以下我们简单讨论几种低频率建筑减振措施.

首先, 不同楼层受干扰的程度不一样, 地下室的振动通常小于高层的振动. 地下室为建筑最底层的实验室优于地下室底下有停车场的实验室. 对于一栋新设计和建造的实验楼, 地下室的空间因为振动小往往会被优先挑选, 图 5.28 提供了一种增加低振动实验室空间的思路. 在这种设计中, 一楼实验室的部分地面直接连接到地基, 而不是悬空建造在地下室之上. 对振动敏感的设备可以安置在一楼这种直接连接地基的位置, 其代价仅仅是地下室损失小部分的空间. 在一楼的实验室中, 这种与地基直连的地面需要和周围的地面弱耦合, 而不应该直接刚性连接.

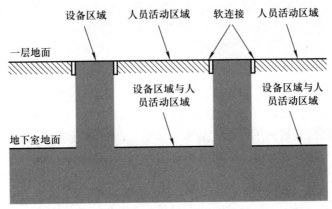

图 5.28 一种增加低振动实验室空间的建筑设计思路

其次, 设计者可以将实验楼的地下室固定在地基上, 一层以上的建筑通过机械弹簧支撑, 弹簧有横向移动和纵向移动的余地, 从而将一层以上的实验楼做成一个大型减振平台. 这样的建筑中, 对振动要求高的设备也可以被安置在一层以上的空间. 如果采用这种建筑结构, 地上建筑可以根据功能分为几个区域, 与每个区域直接连接的水泥地基按功能彼此分开, 水泥块与水泥块之间软隔离, 以减少不同区域之间的干扰. 例如, 楼层的水电等附属装置会引起振动, 所以建筑需要的电梯、动力和泵房等振动源被集中在同一个区域, 然后采用本小节第 2 项讨论中的做法, 用减振过的管道与各个房间连接.

最后, 减振也需要考虑建筑物所在的地质条件. 地基如果能被固定在足够深和坚固的岩石层, 则可以减少建筑的低频振动. 有些实验楼无法直接被固定在岩石上, 人们可以建造一个 "浮" 在泥土中间的大型水泥块作为基座, 以减少来自附近地铁和公路的干扰.

6. 其他减振

如果条件允许, 我们可以尝试为实验楼中的所有房间提供粗真空抽气管道, 减少建筑物中的机械泵数量并且增加机械泵与设备之间的平均距离. 如果建筑物没有条件提供集中抽气, 实验室内部可以将泵和压缩机集中放置, 并为它们单独隔离出一个空间, 以减少噪声. 此空间的散热问题需要被重视. 实验楼中频繁的开关门是一个容易被人忽略的振动来源, 我们可以采用合适的阻尼结构, 让门能够自动关闭且关闭时没有声音, 这种阻尼结构有成熟的商业化产品. 泵和压缩机的水冷设备也是一个常见的振动来源, 减少其振动干扰的做法与对泵和压缩机的减振类似. 部分对振动要求很高的测量方式还需要实验工作者针对具体实验继续减少干扰, 例如在制冷机的低温端单独搭建一套减振装置.

除了设备搭建后的外部减振尝试, 我们可以考虑在设备搭建之前就把设备设计得更刚性. 当能实现的减振方式对现有设备的减振效果不够理想时, 我们还可以尝试在设备内部额外做结构上的加固, 或者大幅度改变设备的质量 (此处指 mass), 以改变设备自身的特征频率.

7. 总结

以上的减振措施并不是都需要在制冷机的设计和搭建过程中被实现. 在很多情况下, 减振是制冷机能运转和实验能测量之后的一个优化. 首先, 不同来源的振动对于不同的设备、不同的测量的干扰程度是不一样的. 其次, 实验工作者在减振上所做的努力需要付出可观的经济代价、精力代价和时间代价. 因此, 上文讨论的各种减振做法往往只会被部分采用. 一个有经验的低温实验工作者, 通常在判断哪些振动来源对于自己的实验干扰更大之后, 针对性地采用少数减振措施, 以高性价比地改善实验条件. 在追求极低温极限的尝试和个别对振动极度敏感的测量中, 个别实验工作者有足够的动力去尝试多种不同的减振措施, 并获得了较好的效果[5.23~5.29].

5.4　密封与检漏

密封一个气体空间和检查此空间是否漏气是低温实验工作者必须掌握的基本技能. 这样的气体空间包括了实验室中连接泵的管道, 包括了制冷机中容纳热交换气的内真空腔 (相关内容见 4.1.1 小节和 5.5.1 小节), 包括了杜瓦或者干式制冷机中隔热的外真空腔 (相关内容见 4.1.1 小节和 4.2.5 小节), 还包括了实验工作者自己搭建的密闭空间. 这些密闭空间的腔体可以容纳样品 (相关内容见 5.10.1 小节)、作为温度计 (相关内容见 6.10.2 小节), 也可以作为气体热开关 (相关内容见 5.6.1 小节). 因此, 除了掌握常规真空技术中的标准室温密封, 低温实验工作者可能还需要了解和熟悉低温环境下的密封手段.

室温密封存在大量成熟且标准化的连接方式. 从功能上划分, 一个常见的室温真空系统至少包含了管道、阀门和法兰: 管道被用于构建气路, 阀门被用于控制气路, 而法兰被用于实现气路与其他部件的连接. 前文讨论过的泵和真空规通过法兰与室温真空系统连接. 法兰作为连接点, 是所有标准室温密封的核心, 我们在使用管道、阀门、泵和真空规之前, 必须先考虑好它们是否依靠法兰, 以及依靠哪个具体型号的法兰与其余真空系统连接.

商业化检漏仪可以帮助我们寻找常规的室温漏气点. 当漏气的位置出现在设备运行时的低温端时, 实际的漏气率比室温检漏仪提供的读数更大. 我们最担心只在足够低的温度下才出现的漏气点, 这种漏气点严重地干扰了低温实验的正常开展, 却难以在室温条件下被定位. 对于低温实验的气路, 更多的可拆卸连接点提供了更多的灵活性, 又带来了更多的漏气可能, 灵活性与可靠性的平衡依赖于经验. 这种经验的积累没有太便利的途径, 因为一些已有的商业化设备可能给新设计者带来设计方案上的 "成见", 而已有设备的方案可能来自对多年前某一个技术选择的持续迭代. 随着机械加工技术的完善、新材料和新产品的出现, 人们一直在尝试新的真空密封方案.

5.4.1 法兰

在室温真空系统的密封中, 实验工作者常接触到法兰、阀门和管道. 在自行设计和搭建的低温实验中, 实验工作者还可能遇到小型低温管道连接、可拆卸自制密封、焊接密封、非金属表面密封和真空腔体等不同的密封类型. 管道的横截面可以是任意形状的, 由于圆形横截面最便于生产而且最常见, 以下的讨论默认针对圆对称的气路通道. 本书所涉及的常见室温密封和特殊密封一并总结在图 5.29 中, 本小节仅讨论法兰.

法兰是半永久的真空连接口, 它出现在频繁拆卸或者不适合焊接的位置. 法兰的基本设计是两个硬表面夹紧一个较软的密封物形成气密接触, 这使两个气体空间连通为一个气体空间, 又与大气压环境隔离 (见图 5.30). 密封物包括橡胶、含氟塑料、铟和铜这类相对容易变形的材料. 常用的室温法兰有三种: QF (quick flange, 快接法兰)、ISO (International Standard Organization, 国际标准化组织) 和 CF (ConFlat). 实际上, QF 连接也属于 ISO 连接, 全名为 ISO–QF, 但是因为使用的频率太高, 常被人与其他的 ISO 连接区分开.

1. QF 连接

QF 是低温实验室频繁使用的真空法兰连接方式. 它的名称非常混乱, 除了最常见的 QF 和 KF (klein flange, 来自 "小法兰" 的德语 "klein flansche")、DN、DIN、Dell flange、Kwik flange、ISO–NW 和 NW 都可能指这种真空连接方式. 在文字描述中, 可能因为 KF 名称的由来, 也可能因为 QF 对应了较小直径的室温常用标准接口, 它也常被称为 "small flange".

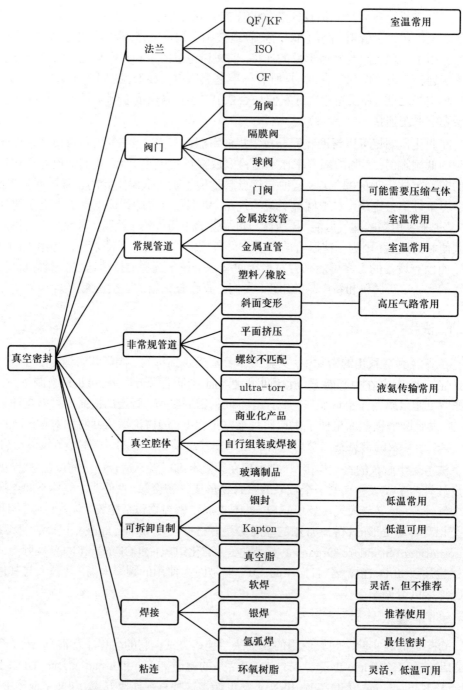

图 5.29　本节讨论的真空密封方式. 最后一列为我的评论

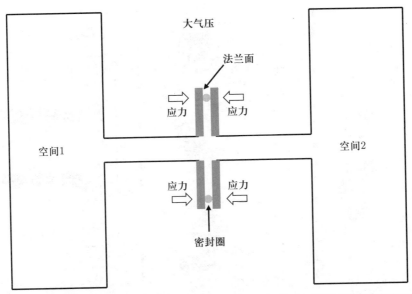

图 5.30 法兰结构横截面示意图. 利用两个法兰面夹住一个比法兰面更柔软的密封圈, 两个腔体实现了空间上的连通, 但又不与大气环境连通

一个 QF 连接由两个金属法兰面、一个中心圈、一个 O 圈和一个夹具组成 (见图 5.31(a)). O 圈套在中心圈上, 放在两个法兰面之间, 然后由夹具将这四个部件固定在一起 (见图 5.31(b)). 中心圈和夹具的常用材料是铝、不锈钢和黄铜, 法兰面的常用材料是不锈钢. 中心圈和夹具也可以是塑料制品, 以实现真空管道的电学隔地.

O 圈可选择的材料很多, 典型的例子是有弹性的橡胶. 此处所需要的 "有弹性" 不是指可压缩, 而是指在一个方向受挤压的同时在另一个方向延展. 天然橡胶因为漏气率大, 不适合被用于高真空的密封, 人们常用的材料包括丁腈橡胶 (nitrile rubber)、氯丁橡胶 (neoprene) 和 Viton (商品名, 含氟橡胶, 也被称为 fluorocarbon, 即氟碳化合物), 其中, Viton 更适合于高温腔体, 但可能在高于 200 °C 的情况下生成氢氟酸[5.30], 其他可能见到的 O 圈材料还包括硅胶橡胶 (silicone rubber)、丁基橡胶 (butyl rubber)、特氟龙和 Kalrez (商品名, 与 Viton 不一样的含氟橡胶). 橡胶圈如果长期处于被压缩的状态, 可能产生永久形变从而影响气密性, 因此一些橡胶圈的凹槽会特意设计出比橡胶圈略大的总体积.

QF 的型号依照最大匹配管子的名义内径命名, 单位为毫米, 常见型号是 10、16、25、40 和 50, 也存在 20 和 32 这些我听过但没有见过的型号. 当型号被确定之后, 法兰及其配件的尺寸细节都被规定好了, 使用者不需要关心具体法兰部件的尺寸, 这使得购买和使用都非常方便. 以单个法兰面为例, 涉及的具体尺寸至少有七个 (见图 5.31(c)), 可是我们仅需要在意尺寸 A, 它以毫米为单位的数值接近 QF 的编号. 低温实验室常

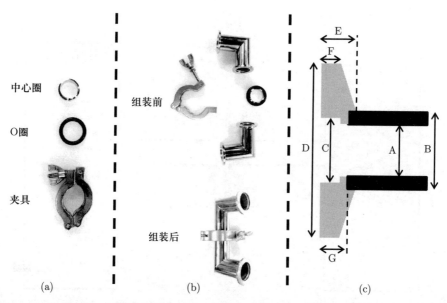

图 5.31 QF 系列的实物照片和法兰面结构示意图. (a) 拆开的中心圈、O 圈和夹具. (b) 两个 90°弯头的 QF 法兰面连接起来的例子. (c) 一个法兰面焊接到一根直管上的关键尺寸

使用型号为 QF25 的真空法兰. 有时候我们看到商业化的法兰被命名为 NW25 或者 DN25, 它们指的实际就是 QF25.

法兰标准的建立让我们更方便地使用真空技术. 当我们搭建不同功能的气路时, 优先寻找商业化的产品, 以组合出需要的结构, 而不用匆忙定制. 商业化产品可以实现的功能至少包括: 直通、三通、四通、五通、六通、45° 弯头、90° 弯头 (见图 5.31, (b))、180° 弯头, 以及各种不同型号之间的变径转接. 另外, 一个可能不被太多人关注的细节是, QF10 和 QF16 可以共用同一套夹具. 获得这些信息的一个途径是阅读商业化产品的目录和说明.

QF 连接被广泛使用的原因在于它的装卸便捷、部件可以重复使用而且组装时没有公母匹配的问题. 它默认的温度范围是 0 °C 到 120 °C. 橡胶在过高的温度下容易发生永久形变和老化, 而在过低的温度下失去弹性. 由于 QF 连接的使用有温度下限, 在低温实验中我们需要密切关注低温气体通过管道时的管道外壁结霜. 首先, 值得强调的是, 这个温度范围与 O 圈所选择的材料有关, 常见的丁腈橡胶可在 -25 °C 以上使用. 其次, 管道在压强大于一个大气压时可能漏气. 当我们使用 QF 连接时, 默认了管道内的压强小于大气压. 我们可以在 O 圈外放一个超压圆环, 以提高法兰漏气的压强阈值. 在实际使用中, QF 连接最高可以允许 1.8 bar 的管道压强. 再次, 由于 QF 连接使用的 O 圈会放气和漏气, 真空系统的最低压强只能到 10^{-8} mbar 数量级. 最后, 法兰连接处是真空管道最容易漏气的位置, 我们需要留意 O 圈是否有橡胶老化现象、是否有裂缝、法兰面是否有表面刮痕、法兰面上是否有毛发等.

一直以来, 人们对是否应在法兰密封面的 O 圈上涂抹真空脂存在着不同的看法. 有人认为它更好地帮助了密封, 有人认为它引入了杂质. 对于低温实验而言, 密封这个因素更重要, 因而我个人建议在 O 圈上涂抹少量的真空脂, 在实践中, 这样的法兰密封在长期不拆卸的情况下更不容易漏气. 人们对于涂抹真空脂的操作方式也存在争议. 有的人认为不要裸手操作, 应该隔着塑料手套涂抹. 而我个人的观点是在手洗干净且干燥的前提下裸手操作, 因为皮肤组织所掉的细屑不影响常见低温实验需要的密封, 而戴着手套无法感知 O 圈上可能有的裂纹并且难以将真空脂涂抹均匀. 不论是否戴着手套, 我们不应该使用容易掉落纤维的常规纸巾涂抹真空脂. 更多关于真空脂的讨论见 5.4.5 小节.

2. ISO 连接

ISO–QF 系列的管道直径不大于 50 mm, 更大直径的管道由 ISO–LF (LF 指 large flange) 系列的法兰连接. 与 ISO–QF 常被简称为 QF 或者 KF 不一样的是, ISO–LF 常被简称为 ISO. ISO 的管道内径大约在 63 mm 到 630 mm 之间, 低温实验中常见的型号是 ISO100, 这个标号代表着该型号对应管道的名义直径为 100 mm. QF 系列与 ISO 系列在密封方式上并没有实质区别, 只是由于管道直径增大之后, 相应固定的应力需求增大, 图 5.31 中的夹具不再适用, 因而 ISO 采用了其他固定和施加应力的方式, 但不改变原有的真空密封原理.

ISO 系列的固定方式有两种, 一种是利用多个 C 形夹具 (也叫卡钳) 固定法兰外侧的两套圆环凹槽 (见图 5.32(a)), 或者用螺丝和螺母将两个法兰面机械固定 (见图 5.32(b)). 前者被称为 ISO–K 或者直接用 ISO–LF 指代, 文字上被称为 "clamp flange (夹具法兰)". 后者被称为 ISO–F 或者 ISO–LFB, 或者被称为 "bolted flange (螺栓法兰)". ISO–K 系列的固定圆环外径小, 节省空间; ISO–F 系列的连接方式更能承力.

中心圈和夹具的常用材料是铝和不锈钢. 当使用 ISO 系列时, 随着管道直径的增大, 管道内压强变化引起的压力差愈发显著, 我们需要注意抽气前和抽气后的管道形变和法兰处应力. 与 QF 系列一样, ISO 系列的适用温度范围也默认为 0 °C 到 120 °C, 压强不低于 10^{-8} mbar. 上文提到的使用 QF 系列连接的注意事项也适用于 ISO 系列的连接.

3. CF 连接

当需要更广温区和更高真空度的商业化密封方案时, 我们可以选择 CF 系列的法兰, 它也被称为斜楔密封. CF 系列适用于超高真空, 压强值可到 10^{-13} mbar, 此外它的适用温度范围更大, 有些产品可在 −196 °C 到 450 °C 之间使用. CF 连接之所以能获得更高的真空度和更广的温区, 是因为该系列用金属垫圈替代了橡胶垫圈, 因而减少了放气量且增大了适用温度范围. 金属垫圈常由无氧铜 (特指 OFHC) 制成, 原则上金属垫圈不应该被重复使用. 当有足够的经验和掌握足够的技巧时, 我们可以通过逐

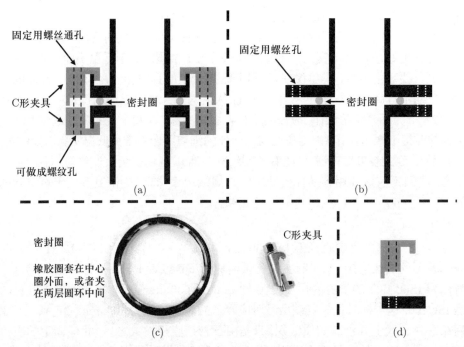

图 5.32 ISO 系列的固定方式和实物照片. (a) ISO–K 系列. (b) ISO–F 系列. (c) 一种密封圈和一种 C 形夹具的实物照片. (d) ISO–K 和 ISO–F 的一种转接方式

渐增加金属的形变量以少量增加金属垫圈的使用次数. 为了让铜容易形变, 法兰面不再是两个平行的平面, 而是带有特殊设计的刀口凸起, 刀口高度约 1 mm, 以增加施加在铜局部上的压强. 对于低温实验工作者, CF 密封也可以被用于自行设计的高温退火腔体, 为金属粉末的烧结提供一个封闭的空间.

5.4.2 阀门

阀门被用于调节真空系统中的局部流导, 以及配合其他部件形成真空封闭. 阀门打开时, 其流导不应比管道的整体流导差; 闭合时, 阀门两侧不连通. 阀门通常利用了与法兰面类似的形变密封手段, 且有两个标准化的管道连接端口. 在低温实验中, 这两个管道连接端头通常为 QF 系列或者 ISO 系列的法兰.

如果根据结构特点划分, 低温实验中常见的商业化阀门包括角阀、隔膜阀、球阀和门阀. 如果根据传动原理, 阀门还可以被分为手动阀、电动阀和气动阀等, 如果根据工作压强, 阀门也可以被分为低真空阀门、高真空阀门和超高真空阀门. 此处我们仅简单介绍一些常见的阀门结构.

角阀示意图见图 5.33. 进气口和出气口成直角, 从而使其中一端的气路容易被堵住. 密闭机制使用了应力和橡胶圈, 与法兰面的密封原理一样. 对于角阀, 正对着操纵

杆的气路通道 (通向腔体 2) 应该选择阀门关闭时压强可能更低的一侧, 以避免压强差影响气密性.

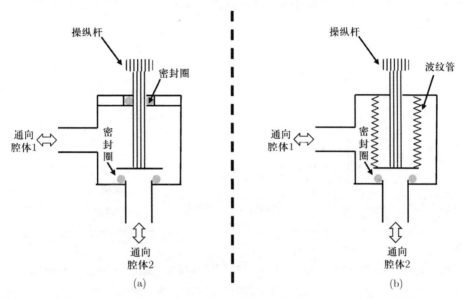

图 5.33　角阀结构示意图. 纵向操纵杆的真空密闭既可以采用 (a) O 形侧面密封圈, 也可以采用 (b) 波纹管. 这类可移动的密封也被称为动密封. 操作杆通过螺纹固定并通过旋转改变高度

　　隔膜阀示意图见图 5.34. 隔膜与对应平面是否贴紧决定了阀门是否连通两个腔体. 隔膜阀是极为优秀的低温实验气路阀门, 它的连通状态和闭合状态之间不是突变的, 方便我们对流量的细微控制. 氦气容易穿透塑料隔膜, 因此有些隔膜采用了金属材料.

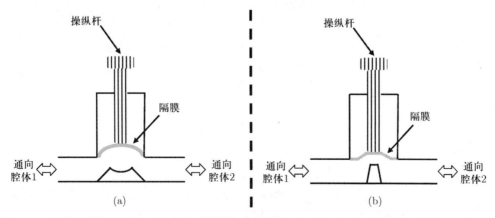

图 5.34　隔膜阀结构示意图. (a) 密封面结构的示意例子. (b) 另一密封面结构的示意例子. 隔膜和配合隔膜的凸起可以有不同的设计. 操作杆通过螺纹固定并通过旋转改变高度

　　球阀示意图见图 5.35. 球阀中有一个被横向钻了通孔的球体. 通孔与阀门气路平行时, 阀门连通; 通孔与阀门气路垂直时, 阀门闭合. 每次把手的朝向改变 90° 时, 阀门切换其连通和闭合状态. 球阀通常不会允许把手连续旋转, 只允许把手在 90° 的范围内来回转动.

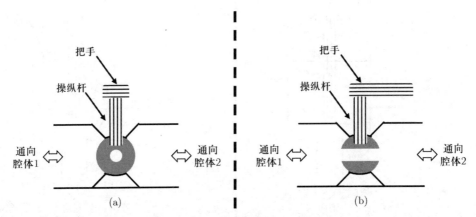

图 5.35　球阀结构示意图. (a) 阀门闭合. (b) 阀门连通. 操作杆通过把手的转动改变球的朝向. 操作杆和阀门之间、球和上下接触面之间的橡胶圈密封没有在此图中画出

　　门阀示意图见图 5.36. 门阀常被装在孔径较大的气路通道上. 驱动挡板移动所需要的力较大, 几个大气压的压缩气体可作为挡板移动时的力学辅助. 图 5.36 中的门阀结构需要考虑压强差是否会影响阀门密封, 不过挡板也可以结合另外一套密封圈, 设计成双向都可以贴合的密闭方式.

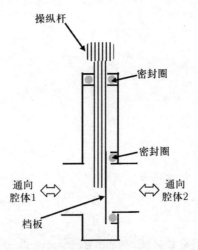

图 5.36　门阀结构示意图. 挡板的辅助抬升装置没有在此图中画出

当选择阀门时, 我们先考虑阀门通过哪一种型号的法兰连接管道. 阀门的漏气率需要和真空系统所需要的真空度匹配, 因而也是非常重要的参数. 对于接口为 ISO 系列的阀门, 因为口径较大, 所以我们应当留意阀门是否需要压缩气体的辅助驱动. 对于重要的气路, 阀门的切换可以选择电驱动, 并通过程序控制, 而不局限于手动控制. 选择电驱动的阀门时, 我们需要确保阀门的停电默认状态比通电启用状态对真空系统更安全. 如果气路有低温气体流过的可能性, 则我们还需要了解阀门可以安全使用的温度范围. 对于频繁开关的阀门, 我们需要留意其使用次数. 最后, 可能也是最容易被忽略的地方是, 当我们为气路规划阀门时, 需要预估阀门占用的空间, 这个空间不仅仅包含了阀门的体积, 还包括了安装阀门和使用阀门的操作空间.

涉及橡胶密封圈的阀门不适合在低温下直接使用, 个别型号在用金属密封替代橡胶密封后, 可在低温下使用. 除了金属, 特氟龙也可作为低温密封垫圈的材料. 低温阀门设计可参考文献 [5.6], 低温实验可自制的阀门设计可参考文献 [5.13, 5.31 ~ 5.33].

本小节所讨论的阀门属于隔离阀, 它们被用于切断和连通管路. 本小节没有讨论用于调节气流量的节流阀和放气阀, 5.7 节中简单讨论了用于释放超压气体的安全阀.

5.4.3 常规管道

常规管道的两端与标准化的法兰焊接, 其核心功能是构建气体的通道, 例如连接一个真空腔体和一台泵. 因为泵的价格远高于管道, 管道的整体流导需要远好于泵的抽速, 不该成为限制抽气效率的因素 (参考式 (5.33) 和式 (5.34)). 低温实验室中最常用的管道是金属直管和金属波纹管, 人们为了便利和成本控制, 偶尔也会采用塑料管或者橡胶管.

低温实验中的室温金属直管常由不锈钢或者铜制成. 金属直管价格便宜、质量可靠, 被抽气后没有形变的风险, 但是也失去了使用灵活的便利, 其主要缺点是其安装相对困难. 金属直管通常被用于远距离连接两个腔体. 例如, 泵房与设备之间的大部分气路适合采用直管, 氦气液化车间的收集气路也适合采用直管. 当直管有暴露在室外, 或传输低温气体, 或传输低温液体的可能性时, 我们需要特别留意管道热胀冷缩引起的形变. 例如, 我们需要重视室外长距离直管在不同季节之间的长度改变. 这种形变产生的应力相当可观, 可能引起法兰密封处的漏气或者破坏管道的机械固定.

波纹管的原材料是不锈钢和铜合金, 其特点是可在一定范围内弯曲和改变长度, 弯曲的幅度取决于侧面凹凸结构的设计. 型号 QF25 的波纹管使用灵活, 被广泛地应用于低温实验室中. 被抽气后, 管内压强的降低引起了管道长度的改变, 这是波纹管的特点, 因此, 我们在规划管道位置时, 一定不能用波纹管的极限长度连接两个法兰, 而是需要将波纹管弯曲为 C 形或者 S 形. 对于 ISO100 这种中型尺寸的波纹管口径, 如果我们忽略波纹管被抽气后的形变, 波纹管的应力足以挪动固定泵的桌子或者仪器的控制柜.

波纹管的侧面呈波纹形状或者尖峰形状的凹凸. 前者是常规波纹管, 是压制而成的, 被称为液压成型波纹管 (hydraulically formed bellows, HFB); 后者由轴对称的薄片相互焊接而成, 能提供更大的形变量, 因此会被特意称为焊接波纹管 (edge–welded bellows, EWB). 焊接波纹管在真空和一个大气压下的形变比例可以超过 50%. 对于抽气管道, 我们只需要少量的灵活度而不是需要大量的形变, 因而只采用常规波纹管. 对于传动装置的密封, 我们通常需要大比例的管道压缩比, 因而主要采用焊接波纹管.

当对真空度要求不高时, 我们可以用塑料管道和橡胶管道构建气路. 它们的缺点包括: 氦气容易穿越塑料和橡胶的管壁、不适合传输温度低的气体和液体、寿命短、过于软的橡胶管道在压强差下的形变引起管道闭合. 我们可以选择的材料包括尼龙、特氟龙、PVC 和乳胶 (latex). 当使用塑料管或者橡胶管时, 我建议还是为它们配备上合适的 QF 转接, 如利用图 5.31(c) 的直管转接结构, 然后用 5.8.1 小节中固定乳胶管的方式 (见图 5.57) 做成便于日常拆卸的法兰接口.

出于保护真空腔体和泵的显然原因, 管道的内部必须干净、干燥且无粉尘. 如果没有合适的真空用管道, 我们可以从食品级的金属管材中选择不漏气的原材料, 再加装法兰. 当由商业途径购买和定制真空管道时, 我们必须提前选择好法兰接口的型号, 由法兰决定管道的直径. 管道中还可能包含冷阱, 相关的讨论见 5.3.9 小节和其中的图 5.21.

5.4.4　小型管道、低温管道和自制真空腔体

除了 5.4.1 小节中已讨论过的 QF、ISO 和 CF 这三种真空连接, 管道的室温密封还有许多其他的商业化方案, 它们主要被用于小型 (本书特指直径小) 管道的连接. 这些连接方案可能来自某一个公司, 也可能来自某一个标准. 它们共同的特点是利用两个部件或多个部件力学性质上的差异, 让某个局部形变, 以隔离管道内部和大气环境. 在低温实验中, 小型管道可被用于室温控制气路的搭建, 以及实验腔体与室温环境的连通.

1. 小型管道的标准化连接

Swagelok (一家公司的名称) 的接口利用一个有斜面的圆环抵住管道的外壁 (见图 5.37(a)), 从而将管道连接到特定的配件上. 在小型管道中, 利用橡胶圈和金属垫圈的密封方式也有直接的产品, 使用者可以寻找 "O–ring face seal fitting (O 形圈面密封接头)" 和 "metal gasket face seal fitting (金属垫片面密封接头)". 以上的装配方式中, 我们都需要为管道准备特定的配件. NPT (national pipe thread, 美制国家标准管螺纹) 是另外一种比较特殊的管道连接方式, 它依靠螺纹的不匹配实现挤压和气密 (见图 5.37(b)), 例如螺纹的最外侧有一个倾斜角度. 螺纹间用特氟龙胶带缠绕或者聚特氟龙膏状物涂抹, 以帮助获得气密.

低温实验的管道内部除了处于真空状态, 还可能有远高于 1 bar 的压强. 高压气

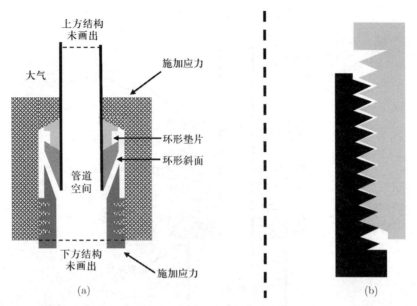

图 5.37　小型管道装配例子的原理示意图. (a) 利用斜面变形密封. (b) 利用螺纹不匹配密封

体的管道通常直径很小, 例如, 我以前主要使用的是 $\frac{1}{16}$ inch (英制单位, 换算关系见表 7.5) 的退火不锈钢管道. 对于这类高压管道, HiP 连接 (HiP 来自 High Pressure Equipment, 一家公司的名称) 是一类便利的商业化产品, 它可以承受 1000 bar 的高压, 也可以被用于高真空系统. 由于气路管道直径较小, 我们除了需要留意管道的堵塞问题, 还需要考虑对位于管道另一侧的腔体抽气时的抽气效率问题. 这个系列的高压密封也利用了图 5.37(a) 的形变结构.

最后, 在低温实验中, 我们还会遇到管道插入另一个管道的滑动型连接, 最典型的代表就是输液管插入移动杜瓦之中时的密封 (相关内容见 5.7 节和 5.8.1 小节). 这种连接被称为 "ultra–torr" "ultra–torr vacuum fitting (ultra–torr 真空接头)" 或者 "quick connect coupling (快插式接头)", 其结构如图 5.38 所示, 利用了两根直径接近的金属管道和橡胶圈实现气密. 这种连接方式的温度范围通常是 −30°C 到 200 °C, 具体数值取决于橡胶圈的材料. 由于这种管道连接常出现于液氦杜瓦的顶部, 我们需要留意其温度过低的可能性.

2. 低温管道

低温环境的管道主要采用不锈钢和铜镍合金材料, 它们机械性能好、导热差. 它们的直径通常比较小, 只要管道壁厚大于管道直径的百分之一, 管道就可以承受一个大气压的压强差[5.4]. 在实际操作中, 我们常会基于此边界参数选择更厚的壁厚, 以免管道在反复折叠、变形、应力和升降温下产生裂口. 我个人偏好使用铜镍合金细管而

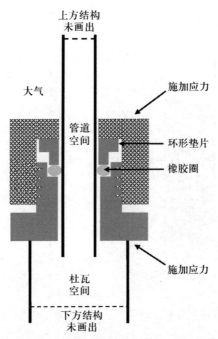

图 5.38   滑动型连接示意图. 施加应力的螺纹结构被用于改变橡胶圈的形变, 手指就可以将之拧紧. 因为应力或者温度冻结无法裸手拧开时, 我们可以采用前端带弧度的钳子 (鱼口钳) 旋转旋钮, 以释放橡胶圈处的应力

非不锈钢细管, 铜镍合金的柔韧性更好, 更容易焊接, 而且长期使用不容易产生裂口.

在制冷机中采用直径小的管道时, 受冷收缩的因素一定要被提前考虑, 而且直径太小的管道容易因为意外触碰受力而产生漏气点. 合适位置上的管道螺旋弹性结构可部分释放意外情况下的受力. 这类小型管道在低温下的密封主要依靠焊接 (相关内容见 5.4.6 小节).

3. 自制真空腔体

在自制的气路中, 我们可能需要实现一批小体积的腔体以用于掺杂气体的稀释, 也可能需要一个大体积的气体腔体存放低温液体升温后转化的气体.

对于短期使用的室温小腔体, 我们可以通过 QF 系列的直通和三通等现成部件组合. 对于长期使用的小体积气体腔体, 我们使用切管器将现成的商业化铜管或者不锈钢管切出合适的长度, 然后用直径合适的铜块作为堵头, 通过银焊封闭出一个密闭空间. 图 5.74 提供了这种气体空间设计的一个例子. 对于大腔体, 定制是一个选项, 不过我们也可以采用一些容易购买的商业化产品. 在低温实验的偶尔使用中, 我们没必要严格针对空间和压强的需求采购, 可忽略成本差异购买更常见的高压气瓶. 如果专门用于实验、体积合适的高压气瓶不方便获得, 我们可在网络上寻找医疗或者潜水用的便携氧气瓶. 最后, 特殊尺寸和特殊形状的真空腔体还可以用吹玻璃的工艺形成, 不过我们现在已经较难在科研机构找到玻璃工坊了. 对于以上这些方案, 我们都需要在腔体和管道连接完成之后对它们检漏.

5.4.5 可拆卸自制密封

橡胶在低温下硬化, 使用橡胶圈的可拆卸密封方式不适用于低温环境. 如果我们用低温下有合适弹性的材料替代橡胶圈, 则这种依靠应力下形变的密封方式适用于从室温到极低温的温区. 自制的真空密封需要严格的漏气检查.

1. 金属密封

铟比较软, 可以在较小的压力下流动、填补缝隙, 是最常被用于替代室温橡胶的低温密封介质. 由于铟线不便于提前做成 O 形圈, 实验工作者可以为铟封的密封面设计一个拐角或者一个坑位 (见图 5.39(a) 和 (b)), 以帮助铟线固定位置. 更多的方案和细节可参考文献 [5.32, 5.34].

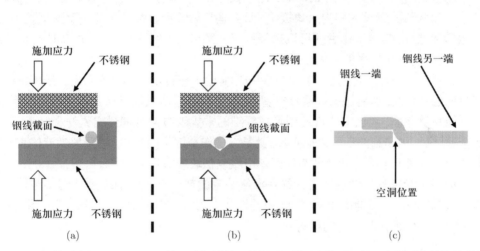

图 5.39 铟封示意图. (a) 和 (b) 是两种铟封界面的例子, 所画出的平面是一个圆对称结构的单侧剖面图. (c) 是铟线连成铟环的一种做法 (侧视图), 也有人选择俯视视角铟线交叉的做法

每次密封之前, 实验工作者先清洁不锈钢与铟接触处的表面, 再放置铟线. 就这个操作而言, 图 5.39(a) 的垂直结构更加实用, 更便于人们在密封结束后去除残余的铟. 实验工作者去除残余铟后, 可以使用酒精或者丙酮擦拭和清洁不锈钢表面. 干净的表面有助于铟和不锈钢之间更好的黏合或扩散. 在使用图 5.39(a) 的结构时, 实验工作者需要让铟线绷直且贴紧垂直的壁面. 在操作上, 我习惯先用指甲平滑面使铟线与壁在一个位置贴紧, 再依靠两个手指的指甲沿着不同的半圆弧, 轻轻地将铟线往垂直壁面的方向挤压. 在线的末端, 铟线可叠成图 5.39(b) 的侧向交叠形状, 从而让铟线成为一

个闭合的圆环. 图中空洞位置的体积越小越好.

螺丝与螺纹是对铟线施加应力的通常方式. 紧螺丝时, 实验工作者可以先对称地初步上紧螺丝, 再沿着一个方向慢慢多轮拧紧, 以确保铟线的受力均匀. 先将一个位置的螺丝上紧到极限位置再去拧其他螺丝是一种错误的做法. 选择紧螺丝的顺序时, 实验工作者可以结合铟线相叠的方向, 使铟线不容易在紧螺丝的过程中松开. 螺丝第一次被拧紧之后, 实验工作者等待约 20 min, 先让铟在应力下充分形变后, 再一次拧紧螺丝. 通常实验工作者会发现 20 min 的等待之后, 已拧紧的螺丝会再次变松. 所谓的拧紧非常依赖于经验, 难以依靠文字描述, 不过在使用常规工具的前提下, 实验工作者肯定不需要依靠手臂的全部力量. 同一个铟密封面经历升降温之后, 实验工作者需要检查螺丝的松紧程度和腔体是否漏气. 最后, 铟封时的螺纹位置可能位于制冷机上, 当螺丝杆断在螺纹孔中时非常难以取出, 因此实验工作者需要定期检查螺纹、检查螺丝和更换螺丝. 在紧螺丝的过程中, 如果实验工作者凭经验发现螺丝的受力情况异常, 应及时取出螺丝头可能即将断裂的螺丝. 在选择螺丝和垫片时, 降温后不同材料的收缩差异不能被忽略 (相关内容见 2.4 节). 出于操作便利和耐用程度的原因, 实验工作者应该选择内六角的螺丝头和内六角扳手, 而不是常见的十字螺丝头和一字形螺丝头. 除了螺丝和螺纹, 实验工作者还可以选择螺丝和螺母, 以及图 5.32(c) 中的 C 形固定结构, 不过这会占用更多的空间.

密封铟线的常用直径是 1 mm. 使用前, 实验工作者可以用丙酮和无尘纸擦拭掉铟线表面的氧化层, 然后轻涂一层真空脂. 如果不打算将所做的铟密封再次打开, 铟线可以不涂抹真空脂. 我们不应该使用易掉纤维的常规纸巾擦拭铟封相关的金属表面. 密封破开之后, 被压扁的铟可以被回收, 其基本操作是熔化回收料、倾倒掉铟液体表面的杂质层、将剩下干净的铟液体倒到模具中做成铟块或者铟柱, 然后再用带 1 mm 直径小孔的另一套模具将铟块或者铟柱在液压装置的帮助下压成铟线. 原则上, 柔软程度有差异的两种金属都能取代图 5.39 中的铟和不锈钢, 例如, 金、铜、银、铝、锡、铅和镓都可以取代铟作为形变的材料.

2. 非金属密封

非金属材料也可以在低温密封中替代铟, 如特氟龙和 Mylar. 近年来, 人们更多地尝试用 Kapton 薄膜作为密封的形变垫圈, 其好处是垫圈可以被重复使用. Kapton 薄膜厚度在 0.1 mm 数量级. 当采用 Kapton 薄膜时, 实验工作者需要更加注意金属表面的清洁程度. 薄膜表面可以涂抹一薄层的真空脂, 但是不用真空脂也能获得 4 K 下理想的密封效果. 这种 Kapton 垫圈同样需要螺丝和螺纹提供应力. 对于铟线和 Kapton 垫圈, 在低温下能满足密封要求的真空连接可能在升降温之后漏气, 因此升温之后实验工作者需要检查螺丝的松紧程度并检查是否漏气, 重新紧螺丝或者再次完成真空密封.

除了通过应力引起铟线和 Kapton 薄膜的形变, 在机械加工匹配的两个圆锥面间涂上真空脂也可以获得密封效果, 这种密封方式的气密效果不如前两者. 当使用真空脂密封时, 实验工作者要注意接触面的清洁, 并且在平时的使用中保护接口不变形.

对于室温条件下的真空密封, 我常使用白色、无味的硅胶真空脂, 它不溶解于水、酒精和丙酮, 在广温区下稳定性好, 适用于润滑和密封. 低温下的铟封和 Kapton 密封也可以使用这种真空脂. 另一种被广泛使用的低温真空脂是 "Apiezon N grease", 室温下的蒸气压仅 10^{-9} mbar, 也很适用于润滑和密封, 而且可在非极低温的温区中改善固体边界间的导热能力.

3. 密封的拆卸

实验结束后, 在真空面被拆开之前, 真空腔的压强需要先回到大气压, 以使腔体内外不再有压强差. 此时的铟线和 Kapton 都可能依然黏紧金属面, 于是实验工作者需要用合理的力学方式将两个金属面分离. 一个便捷的做法是在其中一个金属面中留好螺纹孔, 螺纹孔正对着的另一侧的金属平面 (见图 5.40(a)), 螺丝旋转进入螺纹孔产生的力量被用于分离两个金属面. 如果密封面的直径很小, 实验工作者也可以小心地用刀片等薄片撬开铟封面. 如果所有的固定螺丝都被取走, 而真空腔比较重, 腔体回复大气压之后, 实验工作者需要留意铟线和 Kapton 不再粘连, 并提防真空腔突然堕地. 这种撞击使接触面形变, 从而使真空腔漏气. 对于真空脂密封, 实验工作者可以在腔体底部临时装上一个杆子和一个重物 (见图 5.40(b)), 靠重物的撞击使两个紧密连接的金属面脱离, 这样做的目的是让密封面尽量均匀受力, 降低形变的可能性.

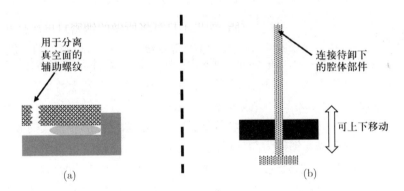

图 5.40　拆开铟封和真空脂密封辅助结构的示意图. (a) 螺纹辅助. (b) 重物撞击

5.4.6　焊接

低温实验主要涉及的焊接密封包括软焊、银焊和氩弧焊.

氩弧焊适合同种材料之间的连接. 软焊和银焊的共同特点是高温的液体焊料填满待密封的缝隙, 被统称为钎焊. 钎焊方便不同材料之间的连接, 但是对于常见低温金属, 实验工作者要尽量避免对铝的银焊和软焊. 对于需要高温烘烤的真空系统, 我们需要非常谨慎地使用软焊. 在所有的焊接中, 实验工作者需要提前清理掉焊接处可能有的油脂, 而且不能用带纤维的棉签或者家用纸巾擦拭, 以免高温下的纤维残渣在焊接点处产生孔洞.

对于低温实验需要的焊接密封, 实验工作者都需要额外注意温度变化引起的形变, 并关注这个形变产生的应力是否有助于真空密封, 因为实验工作者通常在室温条件下检查漏气点是否存在, 却在低温条件下使用真空腔体和真空管道. 我们还必须关注所使用材料的膨胀系数和不同材料之间的包裹方式, 让形变量较大的材料包裹着形变量较小的材料. 如果条件允许, 这些焊接点需要在液氮温区和室温温区之间反复快速升降温, 以测试焊接点形变之后的稳定性. 此外, 如果实验工作者焊接性质差异过大的两种金属, 可能需要第三种金属作为过渡.

1. 软焊

软焊是最常见的焊接方式, 它使用便利, 常见于室温和低温电测量线路的焊接. 在涉及低温环境的真空密封中, 我并不推荐使用软焊. 然而, 由于软焊焊接时的温度低、不易干扰其他焊接点, 且拆卸时焊料容易去除, 它又常常出现在低温真空系统之中.

常见的软焊焊料是锡铅合金, 里面可能还有少量的镉. 熔点与具体金属的成分有关, 约为 200 °C. 锡在低温下并不容易变成灰锡, 因为低于 225 K 时, 其转化效率很低[5.4,5.31,5.32,5.34], 这些合金的共同点在于具有共熔的特性, 即合金中的组分不会单独液化. 通常来说, 软焊的焊料在低温下变脆, 难以焊接不锈钢, 且因为铝表面氧化层的存在而无法焊接铝. 作为真空密封时, 软焊的焊接点在长期使用、多次升降温之后容易成为漏气点.

低温实验中的特殊需求可能包括: 非超导焊接、高延展性焊接和熔化温度更低的焊接. 常见的锡铅合金在 7 K 以下进入超导态, 临界磁场不高于 0.2 T. 出于导热能力的考虑 (相关内容见 2.2 节), 实验工作者可以选择锑合金、锌镉和铋合金作为焊料, 例如, 95% 锡和 5% 锑合金的超导温度降低到 3.75 K. 如果在形变量大的界面做密封, 实验工作者可以考虑选择铟作为高延展性焊接材料. 当我们近距离依次焊接数个焊接点, 需要避免新的加热过程熔化原有的焊接点时, 或者我们在不耐高温的部件和样品旁边做焊接时, 可能需要采用熔化温度相对低一些的焊接材料. 这些特殊焊料可以选择含铋的合金[5.34], 其熔点通常小于 100 °C, 有些甚至小于 50 °C, 例如 Cerrolow 117. 这类熔点更低的焊料不如常规焊料牢靠[5.32].

助焊剂是软焊的重要辅助材料, 被用于去除焊接对象的氧化层, 让液化后的焊料更容易浸润焊接对象表面. 常见的助焊剂种类和形式非常多[5.32], 材料可选择松香、溶解在酒精里面的松香、溶解在盐酸中的锌、NH$_4$Cl、盐酸和磷酸等, 外观上可能是固体和液体, 也可能是膏状物或者浆糊状物. 有些实验工作者没有特意使用过助焊剂的印象, 但是依然获得了很稳定的焊接效果, 可能是所使用的焊料中已经提前配好了助焊剂. 例如, 助焊剂藏在了焊线的轴线空心孔洞中.

2. 银焊

小型低温实验室中, 银焊是最好的自制永久密封的选择, 然而现实中我们往往缺乏可以使用明火的场所. 如果条件允许, 自制的真空密封焊接应只依靠银焊, 避免软焊.

银焊的焊料并不是银, 通常是铜锌合金, 有时候里面可能含银以降低熔点, 工作温区约为 $600\,°C$ 到 $1000\,°C$. 有人曾指出银焊的焊接点在比稀释制冷更低的温区下可能发生超导相变, 影响导热效果. 银焊非常适合铜与不锈钢的连接, 时间稳定性比软焊好, 但是它对铝的焊接依然困难. 当采用银焊焊接时, 实验工作者需要使用与之匹配的助焊剂, 并且在焊接结束后迅速用热水清洗掉助焊剂. 焊接过程中, 实验工作者根据金属熔化后的液面浸润程度判断焊接质量, 以液面摊开为佳, 但是要小心焊料熔化后进入待密封缝隙引起管道堵塞.

3. 软焊和银焊的注意事项

使用助焊剂后, 清洁焊接位置和去除残余的助焊剂非常重要. 如果测量已有焊接点附近的酸碱值, 我们常可以发现它偏离了中性值. 对于以年计的使用时间, 焊接点在与残余助焊剂的接触中被局部腐蚀, 最终一个稳定运行的气路可能开始漏气. 因此, 实验工作者需要养成每一次焊接之后清洁焊接点的习惯. 此外, 实验工作者应该尽量避免在设备附近焊接, 以免助焊剂的蒸气接触设备中的气路表面. 如果我们必须在设备上做原位焊接, 则需要利用纸张等便利的辅助工具隔离设备和焊接点, 以降低助焊剂被加热后其蒸气接触设备的可能性.

当焊接小孔径气路时, 一个常见的问题是焊料熔化后进入管道, 并堵塞管道. 首先, 如果实验工作者减少焊料的用量并减少加热时间, 则会减少这个现象发生的机会. 其次, 实验工作者可以增加小口径管道的插入深度, 或者在管道中插入一根不锈钢线, 然后在焊接结束后迅速将之拔出. 再次, 实验工作者还可以控制焊接位置附近的温度梯度, 例如用一个湿纸巾覆盖焊料不该进入区域的外壁, 制造一个更为显著的温度差. 由于空间有限, 使用加热后用真空抽取焊料的常用除焊工具不一定方便. 因此, 如果实验工作者对焊接点的质量不满意, 可加热大面积的铜辫子, 通过表面张力让铜辫子吸附重新熔化的焊料. 另一个常用的做法是去除一小截管道后重新焊接, 实验工作者可以切开小缝隙后折断管道, 或者机械切割断管道.

以下是焊接的其他一些注意事项和技巧. 焊接之前, 实验工作者需要清洁待焊接对象的表面. 对于软焊, 大部分情况下实验工作者利用电烙铁加热要软焊的对象, 一个用起来顺手且稳定的电烙铁和大小合适的烙铁头能让焊接的难度大幅度下降. 如果待焊接对象质量大、难以通过电烙铁加热, 实验工作者可将它们放在加热盘上升温. 在特殊情形下, 带明火的喷枪也可被用于加热待焊接对象, 但是这种做法应该尽量被避免. 对于软焊, 实验工作者可以先分别加热两个待焊接对象, 先让焊料提前覆盖在表面上, 以降低焊接难度. 银焊因为焊接温度高, 提前覆盖焊料带来了焊接对象表面易氧化的麻烦.

4. 氩弧焊

氩弧焊是质量最好的气密方式, 它利用电极和材料间放电产生的热量局部熔化待焊接材料, 通常采用氩气或者氦气作为保护气. 更多与氩弧焊类似的工艺可以参考文献 [5.32].

氩弧焊最大的优点是局部焊接、局部加热, 它不需要加热整个待焊接对象, 于是焊接对象不用整体升温、不易被氧化, 也没有助焊剂带来的污染. 这是一种非常干净的焊接方式, 是大质量金属密封的最佳选择, 特别适合被用于大型设备的部件连接. 它最常被用于大体积不锈钢与大体积不锈钢之间的焊接, 或者大体积铝和大体积铝之间的焊接. 同种材料焊接时, 焊接点是均匀的, 我们不用担心温度改变所产生的力学性质差异.

氩弧焊后的焊接点呈现局部高温引起的小圆环凸起. 沿着一条长缝隙焊接时, 这些圆环凸起像顺着一个方向半叠着的鱼鳞, 如果对尺寸要求很高, 加工者可能需要在氩弧焊之后对焊接点做车床加工或者打磨. 当氩弧焊被用于焊接铜时, 使用者可能需要注意铜块里面形成气泡的可能性, 过多的气泡会影响金属的机械强度.

5.4.7　非金属表面密封

非金属材料的表面无法焊接, 我们选择粘连作为密封方式, 常用的 "胶水" 是环氧树脂. 环氧树脂是一种聚合物, 其原材料以基本成分和催化剂两种成分独立存储. 不使用时, 两者分开存放; 使用前, 两者混合、充分搅拌; 使用时, 人们将其涂抹在需要连接的位置. 经过一段时间的等待之后, 聚合物开始硬化, 从而堵住缝隙, 实现密封和机械连接. 这个等待时间取决于基本成分、催化剂和温度, 需要使用者查询说明书.

常用的低温环氧树脂包括 Stycast 2850 (以下简称 2850) 和 Stycast 1266 (以下简称 1266). 前者适用于低温下的大部分场合, 因为颜色漆黑被称为黑环氧树脂. 后者可以在低温下使用, 还可以在室温条件用车床加工成想要的形状, 因为颜色透明被称为透明环氧树脂. 透明环氧树脂的流动性更好, 更容易填补缝隙. 环氧树脂比大部分低温材料的膨胀系数大 (相关内容见 2.4 节), 如果粘连时实验工作者没有考虑到膨胀系数的差异, 环氧树脂可能从局部表面脱落, 这种缝隙太小, 肉眼很难发现. 以 1266 为例, 降到液氦温度后的线性收缩约为 1.5% . 值得一提的是, 2850FT (Stycast 2850 的一种) 与铜的膨胀系数接近; 2850GT 与黄铜的膨胀系数接近. 文献 [5.4, 5.32] 还提供了另外一批我没有使用经验的黏合材料.

2850 和 1266 都有多种催化剂, 不同的催化剂所对应的配比不一样、硬化时间不一样, 而且硬化的温度需求也不一样, 实验工作者应根据说明书配制和使用. 通常来说, 合适的加热可以缩短硬化时间. 环氧树脂在硬化过程中释放热量, 如果大量配制, 实验工作者需要留意块状物中心在硬化过程中的温度是否过高. 另外, 环氧树脂中的气泡影响密封的效果, 特别是高压腔体的密封效果. 实验工作者可以在两种成分充分混合、充分搅拌后将其放置在一个真空环境中, 以减少气泡和增加密封的可靠性. 如果这个环境的容器壁是透明的, 我们可以看到大量气泡在未硬化的混合物中形成和破裂.

需要强调的是, 环氧树脂连接的两种材料可以都是金属, 它可以替代焊接密封, 只是机械强度不如焊接. 文献 [5.34] 提出环氧树脂与铝或不锈钢的结合好于与铜或黄铜的结合, 但根据我自己的经验, 这种差异不明显, 并不如表面粗糙度重要. 例如, 在抛光过的不锈钢表面上, 以合适的技巧从侧面施加应力可以从不锈钢或者铝上完整地剥离环氧树脂, 但是铜表面的环氧树脂非常难被剥离. 实验工作者在金属表面上涂抹环氧树脂时, 可以特意用锉刀使表面粗糙不平, 同理, 在环氧树脂与尼龙等非金属材料粘合时, 非金属表面得有足够的粗糙度. 如果实验工作者需要一个环氧树脂不易粘连的界面, 可以使用特氟龙. 实验工作者也可以使用薄的铝箔作为定型的界面, 等环氧树脂硬化后将铝箔揭开或者打磨掉. 环氧树脂的粘连对象还包括由同种环氧树脂做成的小部件, 因而实验工作者可以将环氧树脂小部件和金属小部件组合, 设计和搭建各种功能复杂的实验装置.

低温实验中的环氧树脂是真空密封的优质黏合剂, 除了被用于机械固定和密闭不适合焊接的缝隙, 它也可以作为填充物, 堵住让引线穿过的通孔, 形成电路的真空界面贯通. 环氧树脂还可以涂抹出一个电绝缘的薄层, 或者增加两个固体界面之间依赖声子导热的热接触.

当去除环氧树脂时, 实验工作者可以将其用丙酮浸泡, 待其软化后刮掉, 不过被用于气密的环氧树脂由于位于缝隙之中, 很难与丙酮充分接触. 对于硬度不高的 1266, 实验工作者可以用电烙铁对其轻微加热, 使其软化后, 再尝试剥离.

5.4.8 漏气现象

当我们没有对一个封闭的真空腔体做任何操作而腔体压强增加时, 如果额外气体来自腔体外部, 则称之为漏气, 如果额外气体来自腔体内部, 则称之为放气.

1. 漏气率

没有绝对不漏的真空系统. 当人们提到一个真空系统是否漏气时, 只是在讨论一个真空系统的漏气量是否符合预期. 根据预期, 人们有时候根据水、油和气体能否通过, 为不同漏气程度命名 (见表 5.17). 所谓的水密、油密、气密和不漏, 对应着低于某个经验数值的漏气率 (单位是气压 × 体积/时间, $\Delta pV/\Delta t$), 而且这个数值并没有严格的界限, 由使用者根据实际需求判断. 低温实验中, 我们偶尔会容忍 10^{-6} mbar·L/s 左右的漏气量, 但通常无法容忍 10^{-4} mbar·L/s 以上的漏气量.

假如一个被用于隔热的低压强空间存在显著的漏气现象, 则所保护的低温液体会

表 5.17　密封程度的分类

密封程度	漏气率/(mbar·L/s)
水密	$< 10^{-2}$
油密	$< 10^{-5}$
气密	$< 10^{-7}$
高真空不漏	$< 10^{-8}$
超高真空不漏 (连续抽气)	$< 10^{-10}$

注: 漏气率的数值选取依赖经验, 仅供定性参考.

在吸收大量热量之后气化, 这将会使低温容器 (相关内容见 5.7 节) 因超压而形变甚至损坏. 假如一个接触低温环境的真空空间有连通大气环境的小漏气, 在低温实验长期运行之后, 真空空间中积累的固体空气在升温过程中也会引起腔体超压. 被用于容纳热交换气的内真空腔 (相关内容见 4.1.1 小节和 5.5.1 小节) 如果存在漏气点, 则制冷机难以维持温度差. 而在涉及气路的制冷机中 (相关内容见第四章), 预料之外的漏气引起制冷剂的损失. 因此, 所谓 "不漏" 是一个真实的低温系统能否正常工作的基本条件, 但漏气与否的数值边界依赖于实验工作者的经验.

我们关心真空腔体中的 "新" 气体, 它有多种可能的来源. 如果气体从外界通过漏气点进入腔体, 则我们称之为真漏. 当本书讨论漏气现象时, 默认特指真漏. 新气体还可能来自持续对真空腔体抽气的泵的泵油回流, 对此我们已在 5.3.9 小节中讨论. 其余的气体来源我们将在 5.4.9 小节中讨论.

不同气体进入同一个真空系统的能力是不一样的. 对于低温实验来说, 我们通常只关心氦气的漏气率. 与大部分气体不同, 氦气有非常强的穿透性, 在室温下可以穿透大部分岩石, 甚至金属, 因而也容易穿透漏气点. 值得一提的是, 低温下的玻璃纤维材料能较好地防止氦气穿透.

2. 漏气点的处理

漏气点常见于可拆卸位置和一次性的真空连接点, 偶尔来自老化和被折叠的管道. 所有位置都可能出现室温不漏, 但是低温下漏气的现象. 表 5.18 总结了我根据经验常考虑的漏气可能性.

如果漏气位置在法兰接连的附近, 则实验工作者需要检查法兰表面是否有划痕和污垢, 以及橡胶圈是否有裂纹和橡胶老化现象, 然后替换必要的橡胶圈和金属垫片. 大量的法兰漏气原因是毛发被夹在了 O 圈和金属之间, 这个问题引起的漏气率大约在 10^{-3} mbar·L/s 到 10^{-6} mbar·L/s 的范围. 如果漏气位置在钢封附近, 实验工作者有时可以通过再次上紧螺丝降低漏气率, 但是更保险的做法是清除钢线、清洁密封金属面、重新密封. 如果漏气点来自真空脂密封, 实验工作者可以清洁表面后再次尝试密封.

表 5.18　可能的漏气分类

密封类型	相对频率	备注
法兰	高	优先检查
铟封	高	成功率依赖于操作者的经验
真空脂密封	高	不适合用于对真空要求高的低温腔体
小直径管道连接	高	成功率依赖于操作者的经验
多年前的软焊	高	容易被忽略, 可关注焊接点附近的酸碱度
软焊	中	焊接后清洁残余助焊剂
Kapton 密封	中	第一次使用需要非常小心
粘连	中	默认使用环氧树脂
低温管道	中	直径越小、管壁越薄, 则漏气可能性越大
低温漏	中	所有频繁经历升降温的位置
超流漏	中	所有可能接触到超流液体和超流薄膜的位置
阀门两侧	中	/
阀门到大气	低	/
室温金属管道	低	/
银焊	低	肉眼可以分辨低质量焊接点
氩弧焊	低	肉眼可以分辨低质量焊接点
腔体壁	低	部分材料 (如黄铜) 会出现沿特定方向的缝隙

注: 本表格和评论仅基于个人使用经历和个人观察. 所谓的频率高低, 指的是不同类型之间的相对比较, 绝大部分正常构建的气密位置是不漏气的.

如果漏气点来自焊接连接, 对于简单的结构, 实验工作者可以尝试加热焊接点以重新熔化焊料. 如果焊接点无法靠加热修复, 则实验工作者可能需要用机械手段割断焊点附近的管道, 完成一次新的焊接流程. 如果部件不需要考虑长期使用且不重要, 实验工作者可以考虑在小漏气点的缝隙处和外围填充环氧树脂或者涂抹真空脂. 如果漏气点很小、位于室温条件且其位置不方便使用环氧树脂或真空脂处理, 液体速干胶水 (如 502 胶水) 也是一种密封选择. 需要指出的是, 使用了这类黏合材料和真空脂之后, 焊点不应再被加热密封, 因为再次加热后的焊料中将有大量杂质. 因此, 除非没有其他选择, 我不建议随意采用看似最便利的真空脂密封或者胶水密封. 如果连接处原本就由环氧树脂实现密封, 而且环氧树脂呈块状并且暴露在容易接触的空间, 实验工作者可以将它浸泡在丙酮中, 待其软化后再去除.

刚性管道的反复折叠可能引起漏气. 例如, 管道弯曲处可能出现一道与气路方向垂直的小裂纹, 实验工作者可用一片有弹性的塑料的平整切面 (如从透明文件袋剪下一片塑料, 使用机器切出的平整切面) 轻轻地扫过管道, 当遇到裂纹时, 握塑料片的手可能感知到眼睛看不出的缝隙. 管道有漏气裂纹时, 实验工作者可以采用环氧树脂和真空脂临时堵住, 但是更合适的做法是更换管道. 当实验工作者在设计实验室和大型仪器时, 一定要避免为让房间看起来更整洁而将真空管道藏于地下的做法.

实验工作者在室温条件下寻找漏气点 (相关内容见 5.4.10 小节), 却会遇到漏气现象只在低温条件下出现、无法在室温被定位的情况[5.35]. 这是低温实验工作者最不希望遇到的漏气现象, 它往往是因为热胀冷缩后, 原本不漏气的位置在低温下开始漏气. 如果条件允许, 实验工作者先将可疑的漏气点浸泡在液氮中降温后再快速检漏, 因为室温到 77 K 的降温足以模拟的大部分机械形变. 对于这种漏气现象, 修复手段与上文介绍的方法一致, 除了对所有的可能漏气位置做修复和替换之外, 实验工作者还可凭借经验判断最容易漏气或者最容易修复的位置, 分批多次处理漏气点. 由于每次对这种漏气现象的诊断都涉及降温, 因此实验工作者应在修复成本和降温成本之间权衡, 以合理选择每次升温所做的改动数量和改动位置. 我们甚至可能遇到只有超流液氦可以通过的超流漏. 文献 [5.36] 提供了一次寻找超流漏的经历.

3. 漏气与抽气时间

真实的真空系统都存在漏气现象, 如果我们在式 (5.26) 中再考虑各种来源的漏气 Q_L, 则可以将它改写为

$$\frac{\mathrm{d}p}{\mathrm{d}t} = \frac{Q_L}{V} - \frac{pS_p(p)}{V}.\tag{5.44}$$

在稳定状态下, $\frac{\mathrm{d}p}{\mathrm{d}t} = 0$, 所以真实系统的末态压强 p_u 为

$$p_u = \frac{Q_L}{S_p}.\tag{5.45}$$

对于一个常见的低温系统, 抽速对末态压强的影响远远没有漏气率重要.

5.4.9　放气、渗气、蒸发和虚漏

封闭腔体中的新气体除了来自外界漏气, 还可能来自腔体内部. 不是漏气引起的气体来源至少有四种: 来自固体表面和内部的持续释放、来自外界气体经过不漏的真空腔体壁的释放、腔体内有不该存在的液体, 以及存在虚漏现象.

真空中的固体表面吸收气体, 也释放气体. 当原本放置于常压下的材料接触真空环境时, 从固体表面和内部释放的气体破坏真空环境原有的真空度, 特别是在实验工作者不再对封闭腔体抽气的情况下. 这个现象被称为放气, 人们用放气率衡量其气体释放程度, 其物理单位与漏气率的单位一致. 放气率的大小与材料的表面积有关, 因此人们也常使用单位面积放气率表示其严重程度, 常见单位为 $(\mathrm{mbar \cdot L})/(\mathrm{s \cdot cm^2})$. 高真空和超高真空系统的构建需要先从选择放气率合适的材料开始. 表面吸附包括了物理吸附和化学吸附, 对于不涉及超高真空的低温实验而言, 表面吸附引起的放气现象不重要. 实

验工作者可以通过在室温条件下对腔体进行清洁、加热和抽气, 以减少表面吸附引起的放气. 固体内部持续挥发引起的放气没法完全被去除, 只能通过合理的材料选择和表面清洁减少放气量. 常见的做法包括有机溶剂除油脂、超声、化学方法去除氧化层、抛光和微量氢气氛围下的加热等手段. 密封用的橡胶圈也会产生不可忽视的放气现象.

除了固体表面在室温下收集气体后放气, 气体还可以穿过固体或者溶于固体后扩散, 这种现象被称为渗气. 例如, 空气中有 5 ppm 的氦气, 而氦气容易穿透固体. 当遇到氦气和玻璃容器的组合, 或氢气和金属容器的组合时, 实验工作者需要额外留意渗气现象. 氦气穿透玻璃或者其他非晶材料的速度可用式 (5.46) 描述, 氢气穿透金属的速度可用式 (5.47) 描述[5.32]:

$$Q = KA(p_1 - p_2)/d, \tag{5.46}$$
$$Q = KA(\sqrt{p_1} - \sqrt{p_2})/d, \tag{5.47}$$

其中, K 为与材料和温度有关的系数, A 为表面积, d 为厚度, p_1 和 p_2 为腔体壁两侧的压强. 室温下, 氦气穿透部分常用材料的能力总结于表 5.19. 当真空需求和材料被确定之后, 真空壁的厚度是相对方便改动的参数. 阀门和密封用的橡胶圈是另两个容易发生渗气的位置, 这一点很容易被人忽略.

表 5.19　室温下部分材料的氦气参数 K

材料	$K/(\mathrm{m^2/s})$
特氟龙	$\sim 5 \times 10^{-10}$
Viton	$\sim 8 \times 10^{-12}$
Kapton	$\sim 2 \times 10^{-12}$
Mylar	$\sim 8 \times 10^{-13}$
尼龙	$\sim 3 \times 10^{-13}$
玻璃	$\sim 10^{-13}$

注: 数据来自文献 [5.32]. 玻璃的种类众多, 数值差异非常大.

如果腔体中有液体, 对应的清洁操作是擦拭. 真空腔体中不太可能存在积液, 液体更可能是以一些实验工作者没有意识到的小液滴形式存在. 对于低温腔体, 这个因素的影响很小, 除了氦, 其他少量残余物质都会在低温下固化.

实验上观测到的压强增大现象还可能来自虚漏. 如果真空腔体内有一些半独立的小气体空间, 并且这些小空间和主空间之间有很大的流阻, 则在很长的时间内小空间会为主真空腔提供气体. 这种虚漏可以通过合理的设计消除. 例如, 如果我们在制冷机中用空心不锈钢管作为支架, 而且不锈钢管的两个开口顶住了上下两个铜盘, 则不锈钢管的侧面需要割缝或者打孔, 以便于抽气时不锈钢管内的气体能被快速抽走. 另一个常见的虚漏位置是盲孔螺纹, 当螺纹被装上螺丝后, 螺纹内残余空间的气体很难被抽走. 其解决办法是在螺纹侧面切出小凹槽作为气体进出的通道, 或者在条件允许时先打出通孔后再攻螺纹. 不正确的焊接点选择也会产生虚漏, 实验工作者在考虑焊接面和焊接点时, 需要注意焊接点和真空腔体之间是否存在缝隙. 气密用的焊接点要在贴近真空腔体的一侧, 而不是在贴近大气压的一侧. 如果出于对机械强度的需要, 气密位置的内外两侧都需要被焊接时, 设计者需要留意两部分焊接之间的空间容纳虚漏气体的可能性.

除了持续渗气, 其他腔内气体的来源都是有限的, 于是放气率随着真空持续时间的增加而衰减, 有时候人们用下式描述放气现象:

$$Q_n = Q_1/t^{-\alpha}, \tag{5.48}$$

其中, Q_1 指抽气一个小时后的放气率, Q_n 指抽气 n 小时后的放气率, t 为抽气时间, α 为具体材料的参数, 常在 0.7 到 2 之间[5.1], 在估算中我们可以直接默认该参数为 1. 实际材料的 Q_1 与材料的货源、表面是否处理及材料温度有关, 也跟材料在真空腔体中的放置时间有关 (见表 5.20). 放气率高的材料被烘烤后, 其放气率可能下降 3 个数量级, 更多信息可以参考文献 [5.32]. 文献 [5.37] 提供了铜、铝、不锈钢、特氟龙、橡胶和环氧树脂在未处理、去油脂、抛光和烘烤之后的放气率对比.

表 5.20　部分材料的放气率和参数

材料	单位面积 $Q_1/[(\mu Pa \cdot m)/s]$	α
不锈钢	~ 270	1.1
450 °C 的不锈钢	~ 850	/
铝 (来源 1)	240	1
450 °C 的铝 (来源 2)	~ 1700	/
铜 (来源 1)	~ 3100	/
450 °C 的铜 (来源 1)	~ 2100	/
无氧铜 (来源 2)	~ 25	/
抛光无氧铜 (来源 2)	~ 3	/
银	~ 800	/
金	~ 210	/
钛	~ 15	/
钨	~ 270	/
Mylar	~ 4000	/
特氟龙	~ 6700	0.7
尼龙	~ 16000	/

注: 本表格特意为铜和铝提供了两套数值, 以说明放气率严重依赖于具体材料[5.38]. 数据来自文献 [5.1, 5.5, 5.6].

5.4.10　检漏方法

判断一个系统是否存在漏气现象容易, 但是定位漏气点却困难, 我们通常采用检漏仪通过负压法判断漏气点的位置. 以稀释制冷机为例, 依照设计方案的不同, 可能漏气的位置少则几百个, 多则数千个, 没有检漏仪的帮助就贸然使用一台新搭建的稀释制冷机是令人无法想象的. 对于这种设备, 尽管每一个独立真空密封都有 99% 的成功率, 但整体未经测试过的真空系统还是完全不值得被信赖的. 我强烈反对完整地搭建一个复杂真空系统后再检漏, 而是主张利用可拆卸部件将真空系统临时模块化, 逐个模块检漏, 再整体组装检漏.

如果一个真空系统的漏气程度严重影响低真空的获得, 则泵的声音可能会有异常, 呈现大气体流量经过泵的声音, 而且真空腔体附近有时可听到轻微的气流声. 以下我们只讨论泵没有明显声音异常的小漏, 并且这种漏气现象难以直接体现在抽气过程中的腔体压强值变化上.

1. 检漏仪的工作原理

低温实验中检漏仪的基本功能是探测某一种特征气体, 从而利用该特征气体寻找漏气点. 能分析所有气体种类和分压的残余气体分析仪 (RGA, residual gas analyzer) 通常不出现于低温实验中.

检漏仪的基本部件包括产生真空环境的泵组、电离装置、用于接收和分析特定离子的探测器, 以及辅助控制和分析的电子部件. 新进入检漏仪的气体在特定区域被电离装置产生的高速电子碰撞, 形成正离子且被加速. 基于正离子的电荷数和质量, 探测器能分辨不同的气体, 常见的区分方法有磁偏转法和四极法 (见图 5.41), 能实现这种功能的探测器也被称为质谱计. 商业化检漏仪的探测极限约为 10^{-12} mbar·L/s, 这个数值依赖于特征气体的选择. 对于低温设备, 大部分位置仅需要 10^{-8} mbar·L/s 的气密性, 对于一些不重要的位置, 我们甚至可以容忍 10^{-6} mbar·L/s 的漏气率, 但是在可能接触超流液氦的地方, 我们期望至少有 10^{-10} mbar·L/s 的气密性. 文献 [5.7] 中提供了质谱计多种质量分离原理的介绍.

在磁偏转法中, 带电离子在磁场中受洛伦兹力偏转, 偏转直径与离子质量、速度、电荷数和磁场有关, 如果在合适的位置放接收器, 则接收器有信号时代表了特定质量电荷比的离子进入了检漏仪. 在更常见、成本更低、体积更小的四极法中, 离子源发射的离子穿过 4 根平行电极, 如果 4 个电极上同时有直流和交流电压, 并且不同电极的交流信号相位不一样, 则能稳定通过电极区的离子跟离子质量、电荷数、交直流比例和电极之间的距离有关, 因而接收器有信号也代表了仪器探测到了特征气体.

2. 特征气体

首先, 检漏仪的特征气体不能是大气的主要成分, 这是对特征气体最不言而喻的要求. 其次, 根据检漏仪的工作原理, 特征气体的分子质量和离子电荷比不应该接近空

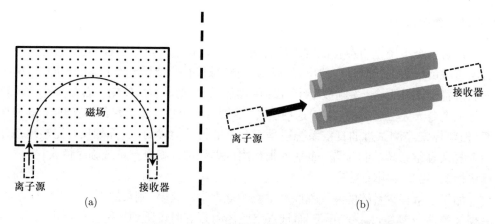

图 5.41 检漏仪工作原理示意图. (a) 磁偏转法. (b) 四极法

气主要成分的分子质量和离子电荷比. 再次, 考虑到化学活跃程度, 特征气体最好是惰性气体. 最后, 因为低温实验涉及低温腔体的检漏, 所以特征气体需要具备沸点低的特性. 综合这些因素, 最符合条件的气体就是氦气. 尽管低分子量的氦气可能渗透固体后逸出, 但是氦穿透真空壁的速度远小于人们通常定义的漏气 (见表 5.17), 因此它依然可以作为真空检漏时的标记. 此外, 氦气容易穿过小缝隙, 也有利于寻找漏气点.

氦有两种同位素, 因为价格差异 (相关内容见 4.3.5 小节), 仅 ^{4}He 适合作为常用的检漏气体. 如果待测量对象内壁或者内部持续释放 ^{4}He 从而降低了检漏仪的灵敏度, 实验工作者可以用气体置换清洗的方法降低腔体的 ^{4}He 含量后, 再使用负压法.

3. 负压法

最常用的检漏手段是利用商业化检漏仪的负压法 (见图 5.42(a)). 检漏仪对有漏气点的待测腔体抽气, 如果待测腔体外侧存在特征气体, 特征气体通过待测腔体进入检漏仪. 如前文所述, 这个特征气体默认是 ^{4}He. 在操作上, 我们用一个有流阻的小喷头把少量的 ^{4}He 喷在检测腔体的外侧局部位置, 该位置的漏气将引起检漏仪的读数变化.

考虑到 ^{4}He 的密度远小于空气, 实验工作者在喷气时, 需要从上往下寻找漏气点. 一个简便的自制喷气装置可以由乳胶管和一个剪去尖锐端的医疗用针头组成, 乳胶管连接 ^{4}He 气瓶的减压阀, 减压阀的出口压强设为约一个大气压, 我们可以依靠手指捏紧和松开乳胶管控制是否喷出气体. 依赖于漏气率大小、腔体的几何尺寸和管道的总流阻, 检漏仪的读数并不随着漏气点附近出现 ^{4}He 与否即时变化, 滞后时间为几秒到几分钟, 因此实验工作者在检漏时需要耐心且对可疑位置反复检查. 我们应在检漏过程中额外关注较可能漏气的位置 (见表 5.18). 必须强调的是, 在正式检漏之前, 检漏仪和待测腔体之间的法兰连接是优先排查的可能漏气位置.

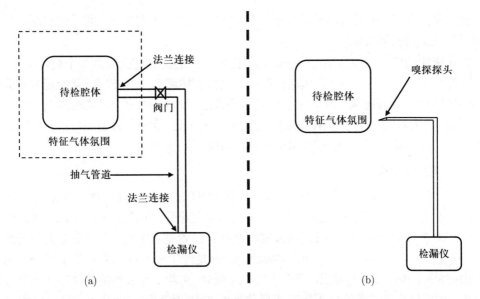

图 5.42 (a) 负压法检漏和 (b) 正压法检漏的原理对比图. 两者的核心差异在于特征气体位于腔体外部还是腔体内部. 检漏仪除了能识别特征气体, 还起了泵的作用

如果定位寻找时难以判断是否存在漏气现象, 实验工作者可以先在待检腔体外侧罩上塑料袋, 以降低检漏仪的探测难度, 如图 5.42(a) 所示. 这种做法可以先帮助实验工作者判断是否存在漏气, 以及漏气点是否位于待测腔体附近. 实验工作者还可以利用图中阀门的连通和闭合, 确认漏气点在阀门的哪一侧. 当空间中 ^{4}He 气体的含量高时, 检漏仪内部的小漏可能提供误导性的漏气信号, 而且这种虚假信号会延时出现.

如果待测腔体中不存在特征气体, 负压法比下文介绍的正压法更加灵敏. 如果腔体一直被用于容纳特征气体, 则检漏仪有较高的背景信号, 在这种情形下, 实验工作者可以先采用正压法寻找漏气点.

4. 正压法

实验工作者还可以在真空腔体中填充 ^{4}He 气体, 然后用检漏仪抽取真空腔体外部的空气寻找漏气点 (见图 5.42(b)). 采用正压法时, 真空腔体内部不一定必须填充大于一个大气压的 ^{4}He. 取决于漏气点的大小, 腔体内接近一个大气压的 ^{4}He 气体也可以为检漏仪提供信号. 当用正压法寻找漏气点时, 出于 ^{4}He 气体密度更小的原因, 实验工作者可优先从腔体的底部寻找漏气位置. 此外, 与负压法检漏一样, 实验工作者需要缓慢变更待检查的可疑位置, 以给检漏仪留出反应的时间.

部分商业化的检漏仪提供了正压检测的嗅探模式, 并且配备了相应的探头. 由于正压法检漏时检漏仪对空气抽气, 因此检漏仪的探头和管道的流阻较大, 以保护泵. 由于被用于寻找漏气点, 探头的气体入口处需要足够细, 它被做成类似于探针的形状. 由于进气量的差异, 正压法检漏和负压法检漏的气路方案差异很大, 商业化检漏仪通过阀门的变更切换抽气模式.

正压法的探测极限约 10^{-7} mbar·L/s, 而负压法的灵敏度至少高 2 个数量级. 由于表面吸附效应的存在, 一个正压法检漏过的真空腔体将有 ^{4}He 残余, 从而影响我们再用负压法检漏. 因此, 人们更习惯于用负压法检漏, 仅对一些复杂的嵌套真空结构采用正压法, 或者对原本用于容纳 ^{4}He 的腔体采用正压法. 例如, 对于一个运转中且漏气的氦气回收系统, 实验工作者采用正压法检漏则更加合理.

5. 高压气泡法

对于可以容纳高压气体的气路, 实验工作者可以对其充高压气体后观测压强变化, 如果压强持续减小, 则存在漏气点. 为了判断漏气位置, 实验工作者可以在可疑位置处涂抹非常稀薄的肥皂水, 通过起泡现象判断该位置是否漏气. 对于常见大小的漏气率, 漏气位置并不会产生数量可数的大气泡, 而是产生一大堆肉眼几乎不可分辨的小气泡, 外观上像一堆白色液体. 肥皂水过于黏稠时, 实验工作者可能无法观察到气泡的产生. 如果待检查对象恰好可以充正压放到液体中, 实验工作者还可以在液体中寻找气泡, 以判断漏气点的位置.

6. 其他诊断办法

在实际工作中, 我们还可能采用其他办法判断是否漏气. 例如, 我们可以简单地监控真空腔体的压强变化 (见图 5.43), 根据经验判断是否有漏气, 再决定是否花时间用负压法和检漏仪寻找漏气点. 漏气和放气都会使压强随时间的增加, 两者的差异在于

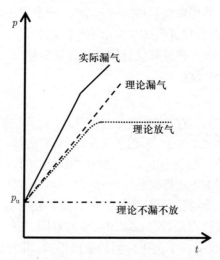

图 5.43　通过压强监控判断是否存在漏气现象. 当停止抽气后, 压强的增加可能是漏气和放气共同起作用的结果

放气引起的压强增加会达到某个特征值后饱和.

对于玻璃真空腔体, 人们可通过放电法寻找其漏气点. 由于玻璃是绝缘体, 高压高频探头如果离漏气的玻璃壁大约有 1 cm 的距离, 放电产生的尖端火花指向漏孔的位置. 这种检漏方法对压强范围有要求, 约在 0.1 mbar 到 10^{-4} mbar 区间工作. 有经验的工作人员可以凭借火花的颜色估算压强的大小和气体的种类[5.1,5.7,5.34].

最后, 当我们判断漏气现象存在但是一直无法定位漏气点时, 可以用易去除的东西涂抹或者包裹住一些存疑位置. 当漏气点存在且恰好被真空脂等填充物临时堵住时, 漏气率减小, 真空度改善, 从而让我们缩小漏气位置的寻找范围.

5.5 热交换气和干式制冷辅助降温手段

正常运转的低温制冷机中存在温差, 不同温区之间的导热能力越差越好, 这个特点影响了制冷机从室温开始的初始降温. 在制冷机从室温降温到运行温度的过程中, 人们使用热交换气加快降温速度. 所谓热交换气, 指的是被用于在两个物体间传导热量的气体. 除了有助于从室温降温, 热交换气还可被用于样品的温度调控. 热交换气主要出现于湿式制冷机, 随着干式制冷机的普及, 其他辅助降温手段也越来越常见.

5.5.1 热交换气

在制冷机的初始降温之前, 图 5.44 中的 T_1 位置、T_2 位置和 T_3 位置的初始温度都是室温. 除了持续流制冷机 (相关内容见 4.1.4 小节) 等个别情况, T_3 位置总是比 T_1 位置更容易从室温降温, 于是降温过程中, T_3 位置的温度最低、T_1 位置最高. 为了让 T_1 位置降低到制冷机可以运行的温度, 在内真空腔中放置热交换气是一种习惯性做法. 热交换气参与图 5.44 中制冷机主体与内真空腔壁之间的热量交换. 在降温过程中, 气体导热的能力越强越好; 在制冷机开始正常运转之后, 气体导热的能力越弱越好. 虽然图 5.44 以湿式制冷机作为例子, 但是干式制冷机也存在类似的温度梯度和降温困难.

1. 导热能力的切换

气体导热能力与压强有关, 但是随着压强上升, 导热能力趋于饱和 (相关内容见 5.1.3 小节). 例如, 对于最常用的热交换气 ^{4}He, 我们通过 5.1.2 小节的经验公式, 即式 (5.9) 判断导热能力饱和的边界压强值, 公式中的平均自由程可直接取内真空腔的直径. 这个压强值非常小, 以至于严格定量地为内真空腔提供这部分气体比较麻烦. 在实际操作中, 为了便利, 我们可放入 0.1 mbar 到 1 mbar 的热交换气. 更大压强的热交换气将增加抽走气体的难度, 而抽走热交换气的操作如果不合理, 过多热交换气容易在制冷机运转时引入额外漏热. 需要特别指出的是, 本书在讨论气体导热时, 针对的是静态气体, 所以其导热能力随压强上升存在饱和, 如果存在强制性的对流, 气体的导

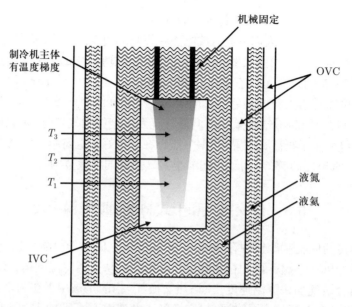

机械固定

制冷机主体
有温度梯度

OVC

T_3

T_2

T_1

液氮

液氦

IVC

图 5.44 热交换气所在的内真空腔示意图. 此图可与图 4.1 对照

热能力大于该饱和值[5.32]. 强制性的对流条件不会出现在热交换气辅助降温的应用中, 但是可以出现在热交换气调控样品温度的应用中.

在降温过程中, 制冷机主体的温度持续降低, 最终接近内真空腔壁的温度, 之后, 热交换气不该再存在于内真空腔. 对于氦气, 我们可以先用外部的泵抽气, 再用内真空腔中的吸附泵降低最终低温环境中的气体压强和导热能力. 这个吸附泵通常带有加热丝, 以便我们通过温度控制其吸附能力. 吸附泵和加热丝可以由低温实验工作者自行制作, 其核心结构仅仅是活性炭和可通电流的电阻, 需要注意的细节只是吸附泵与冷源之间的热连接不宜过强, 以免加热吸附泵时对制冷机提供了过多的漏热. 当压强足够低之后, 例如低于 10^{-7} mbar 数量级时, 活性炭的吸附效果显著变差, 铜的吸附作用更加明显[5.39]. 对于氦之外的气体, 内真空腔外部的液氦为内真空腔壁提供的低温条件足以将它们固化, 然而, 即使采用非氦的热交换气, 我仍建议在合适的温区将气体抽走.

2. 操作注意事项

我们在室温条件下将热交换气放入内真空腔. 在降温过程中, 吸附泵的加热丝通合适的电流, 以让吸附泵维持在一个不易吸附热交换气的温度. 有经验的制冷机使用者并不需要严格地去探测吸附泵的温度, 仅通过加热过程中的内真空腔气体压强值判断电流是否合适. 对于最常用的热交换气 ^{4}He, 当制冷机的核心部件被降温至 15 K 至 20 K 之间时, 我们可以开始用分子泵对内真空腔抽气. 除了依靠温度计的读数, 压强读数也可以作为监控制冷机主体温度的手段, 因为随着温度下降, 热交换气的压强也跟着下降. 内真空腔压强不再显著下降后, 我们停止抽气, 关闭内真空腔的阀门, 整个过程通常不多于半个小时. 之后, 我们停止对吸附泵的加热, 期待残余的 ^{4}He 气体最终沉积在吸附泵的表面. 等待制冷机的核心部件都被完整地降温到接近 4 K 后, 再抽热交换气是不合适的做法.

在利用热交换气降温的过程中, 最重要的技巧是内真空腔的外部降温不应过快, 否则大量热交换气将很快地聚集于内真空腔的壁, 影响制冷机主体的降温速度. 对于湿式制冷机, 这个外部降温来自液氦的传输, 如果初始降温过程 (相关内容见 5.8.1 小节) 的液氦传输速度过快, 则我们将发现热交换气的压强迅速降低, 但是制冷机主体的温度下降显著减缓. 这是低温实验中似乎违反直觉的许多操作中的一个例子: 加大冷源的供应反而阻碍降温.

我建议在 77 K 时对内真空腔这些密封腔体检漏, 常用的做法是通过负压法对内真空腔抽气检漏. 抽气时, 内真空腔的 ^{4}He 被抽走, 由于温度原因, 检漏仪的背景读数下降快于室温条件, 作为热交换气的 ^{4}He 并不会显著影响检漏仪的背景信号. 检漏完成后, 实验工作者可以重新放入类似气体量的 ^{4}He 作为热交换气, 以完成余下的降温过程. 检漏过程中额外消耗 ^{4}He 所产生的额外成本很小, 实验工作者完全不用在意这点 ^{4}He 热交换气的使用.

3. 其他气体选择

^{3}He 是更好的热交换气, 它在稀释制冷机中不会形成超流薄膜. 在 ^{3}He 价格未显著上升的时候人们确实将它当作热交换气使用, 但现在我已经不再建议采用这种做法. 如果考虑单次热交换气所需压强对应的小气体量, 单次热交换气的使用成本确实对于一个低温实验室微不足道, 可是小量 ^{3}He 的购买不方便和误操作可能引起的大量 ^{3}He 损失风险都应让我们更加慎重. 另外, 在当前 ^{3}He 供应紧缺的大背景下 (相关内容见 4.3.5 小节), 将其作为一次性消耗品也引起 "心理上的不适".

Ne 和 H_2 是另外两种可被使用的热交换气, 其共同的缺点是工作温区有限 (见表 1.12), 其优点是在低温下有足够低的蒸气压. 关于 H_2, 人们长期以来担心正氢和仲氢的转化发热 (相关内容见 1.5.1 小节) 会在极低温环境下提供持续的热源, 然而大部分实验中这个转化放热可被忽略, 因为在制冷机的降温过程中, 温度先下降到 H_2 液化和固化温度的位置不太可能是制冷机正常运转时的最低温位置, 而液氦盘、二级冷头和蒸发腔等先降温的位置可以轻松吸收正氢和仲氢的转化发热. 在低温实验室中使用 H_2 作为热交换气的顾虑主要有两点: 首先, 它与核绝热去磁制冷机的制冷剂材料 $PrNi_5$ (相关内容见 4.7.4 小节) 反应, 这个影响是不可逆的[5.4]. 其次, 氢气易燃易爆, 它的使用和氢气瓶的存在提高了实验室的安全级别.

5.5.2　干式制冷辅助降温手段

干式制冷机不需要液氦提供预冷环境, 因而也不需要一个减少液氦消耗的真空夹层. 对于干式制冷机, 图 5.45 中的内真空腔和外真空腔可以合二为一, 习惯上, 人们将之统称为外真空腔. 直接对这个外真空腔提供热交换气是一个非常依赖技巧的做法, 采用这种方法需要慎重考虑. 首先, 干式制冷机的降温依赖冷头的运转, 低温实验一般采用的两级冷头提供了两个温度差异很大的特征温区, 热交换气影响这两个特征温区之间的温度梯度. 其次, 该做法使外真空腔的外壁容易凝水, 这可能影响位于外真空腔室温端的密封位置、真空规和流量计. 如果干式制冷机中利用热交换气辅助降温, 一个更合适的做法是为二级冷头区域和二级冷头以下温度的区域构建一个独立的真空腔 (见图 5.45), 以在降温过程中临时容纳热交换气. 这个真空腔也同样被称为内真空腔.

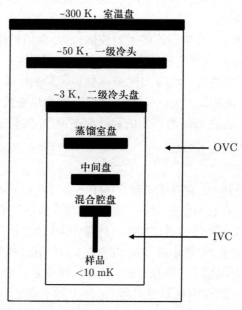

图 5.45 干式稀释制冷机构建内真空腔位置的一个例子. 此图可与图 4.66 对照, 真空罩也可以作为防辐射屏. 此方案依赖于二级冷头盘也存在降温的辅助, 如下文介绍的液氮预冷

干式制冷机的辅助降温还可以采用液氮预冷与制冷剂循环结合的做法. 由于制冷机主体材料的比热随着温度上升而上升, 最消耗制冷量的温区反而是高温区 (见表 1.13). 因此, 干式制冷机中可以额外搭建一套液氮可以进出的独立通道. 例如, 这套通道可以连接室温端和二级冷头盘, 以帮助制冷机的二级冷头盘和二级冷头盘以下区间快速降温到 77 K 附近, 然后再由二级冷头和制冷剂循环完成剩下的降温. 需要指出的是, 这套回路的流阻需要考虑液体气化后的体积膨胀, 因为在降温过程中, 液氮接触高温的待降温对象后迅速气化, 所以液体非常难进入制冷机深处. 针对此问题, 我们可考虑设计多个出气通道以在合适的位置分流气体, 用压强梯度控制部分液氮热接触二级冷头盘; 或者让液氮通道与二级冷头盘保持弱热连接, 便于让液氮进出, 而不让大量液

氮同时气化. 这两个做法的核心思路都是先确保管道的畅通, 以维持一个稳定的冷源. 另外一个做法是增加室温液氮的供应压强, 但这容易引起管道的漏气. 液氮回路的管道也是制冷机的漏热渠道, 因此其材料的选择要求与制冷机主体结构类似 (相关内容见 4.1.3 小节). 预冷步骤之后, 液氮回路的进出口必须在留有安全出口的前提下关闭, 以免空气持续冷凝在管道之中.

由于干式制冷机的空间宽敞, 热开关可以作为取代液氮或者热交换气的辅助降温手段. 机械热开关可以由位于制冷机室温端的步进电机驱动, 也可以由气体驱动或者手动驱动, 以调控两个温区之间的导热能力. 气体热开关的设计方案多种多样, 靠通气和抽气改变导热能力. 当然, 原则上内真空腔和热交换气的组合就是一个大型的气体热开关. 超导热开关也可以作为降温的辅助, 其基本思路利用了常规金属与超导体的导热能力差异: 铅、铟等金属 (见表 2.17) 在降温过程中是常规金属, 在足够低的温度下成为导热差的超导体 (相关内容见 2.2 节). 关于热开关的介绍见 5.6 节. 一级冷头盘和二级冷头盘之间合适的热开关可显著地缩短制冷机核心结构从室温降温到二级冷头温度的等待时间.

5.6 热 开 关

在制冷机和低温实验中, 对温度的调控可通过改变加热量或者制冷量实现, 而对导热能力的调控则通过热开关实现. 所谓热开关, 指的是实验者可以切换导热能力的装置, 衡量其性能的指标是开关比, 也就是最大和最小热导率之间的比值. 气体热开关、液体热开关、机械热开关和超导热开关是调控热导率的便捷手段.

热开关结构给制冷机引入额外的热量. 气体热开关和液体热开关引入的额外热量主要来自管道、气体和液体引入的热量, 或者来自吸附泵加热产生的热量. 机械热开关驱动力传递的渠道会引入热量, 界面接触和脱离时发热, 原位施加应力时驱动装置也产生热量. 超导热开关的螺线管电流引线和磁体悬挂结构会引入热量, 磁场变化时的涡流在热开关的金属处产生热量.

5.6.1 气体热开关和液体热开关

5.5.1 小节中容纳热交换气的内真空腔, 本质上是一个大型热开关, 热交换气的压强决定了腔壁和制冷机核心结构之间的导热能力 (见图 5.44), 然而这不是常见的气体热开关设计方案.

1. 气体热开关

如图 5.46 (a) 和 (b) 所示, 常规气体热开关导热用的气体不与降温对象接触, 气体压强独立于制冷机真空腔的压强, 以让制冷机获得独立、更加灵活的温控能力. 当腔体中填充气体之后, 两个热接触对象之间增加了气体导热这个新途径, 开关比为 $(k_{wall} +$

$k_{gas})/k_{wall}$, 为了获得更大的开关比, 腔体的侧壁需要采用导热能力差的密封材料, 比如不锈钢或者环氧树脂. 气体热开关适合在 1 K 数量级的温区使用, 除了温区较高, 其主要的缺点是响应慢、开关切换的时间长.

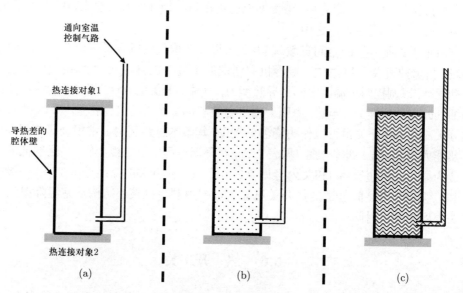

图 5.46 气体热开关设计思路一. (a) 腔内真空. (b) 腔内有气体. (c) 腔内有液体, 腔体作为液体热开关使用. 本图仅提供原理说明, 不代表实用热开关的结构

参考 5.5.1 小节中的讨论, 热开关中最合适的导热气体还是 ^{4}He. 气体热导率存在依赖于平均自由程和温度的上限, 并不是压强越高越好 (见式 (5.9)), 因此 k_{gas} 有最大值. 平均自由程越短, 则有效导热的压强阈值越高, 在大部分设计中, 人们通过减少平均自由程的做法提高 k_{gas}, 即减少气体空间中的缝隙宽度.

分子态的气体导热量记为

$$\dot{Q} = 2.1 \times 0.33 pA\Delta T, \tag{5.49}$$

其中, 系数的数值 2.1 只适用于 ^{4}He[5.32], 系数 0.33 的计算过程假设了通过气体导热的两个表面的面积相等, 该面积记为 A, ΔT 为两个表面的温度差. 人们用各种复杂的设计减少两个界面之间的缝隙、增加界面的面积 (见图 5.47(a)). 这种设计有许多精巧且实用的例子, 也被称为气隙热开关. 设计气体缝隙的时候, 机械加工条件是最重要的限制因素, 不理想的加工精度使过度精巧的设计失去意义. 例如, 两个界面的意外接触增加了热绝缘时的导热能力, 两个界面间过大的缝隙减小了热连通时的导热能力. 如果我们判断复杂的设计存在加工和组装上的风险, 可以采用制作难度更低的内外径接近的铜直筒方案[5.40,5.41]. 直筒方案的热开关以牺牲开关比性能为代价, 减少了加工和组装的难度. 两个直筒之间可放上导热差的薄膜以防止铜和铜之间的误接触 (见图 5.47(b)), 不过这个薄膜不是必需的, 因为我们可使用局部电绝缘的隔热腔体外壁, 然后通过测量上下两个铜块是否短路来判断是否存在不应有的接触. 防热短路的薄膜还可由局部涂抹薄层的环氧树脂替代.

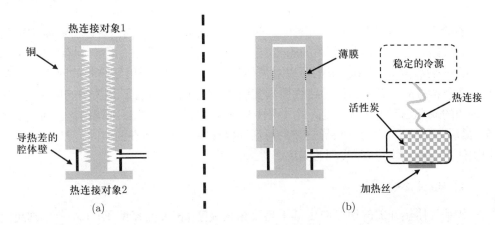

图 5.47 气体热开关设计思路二. (a) 利用交错结构增加表面积. (b) 更简单的直筒方案. 对于气体热开关, 气体的放入和抽取可依靠一个低温环境下的吸附泵

在真实的制冷机中, 增加一套连接低温和高温的气路并不难, 但是通常人们不愿意为了气体热开关多占用一套气路所需要的制冷机低温空间, 而且室温气路的检漏、维护和操纵都增加了使用上的不便, 也占用了室温空间. 低温下构建一个吸附泵[5.40,5.42~5.44] 是更加方便的做法, 实验工作者通过是否对吸附泵加热来调控热开关内的气体压强. 在降温和使用之前, 热交换气提前被放入该热开关中, 例如, 实验工作者额外设计一个充气入口和阀门, 用该通道抽走空气后再放入合适量的 ^{4}He. 或者, 实验工作者合理设计好热开关和吸附泵的体积及低温吸附量, 然后直接在室温约 1 bar 的 ^{4}He 氛围中封闭腔体. 第二种做法的缺点在于实验工作者无法用负压法检漏, 无法知道最后一步密封的漏气率. 实验工作者还可以不主动对吸附泵加热, 只是通过吸附泵降温后的吸附实现一个被动的热开关.

即使采用构建低温吸附泵的方案, 热开关的响应时间也在分钟数量级[5.44]. 如果采用室温抽气和放气的方案, 气体热开关的响应时间更长, 因此它仅适用于对热导调控速度没有太高要求的场合.

2. 液体热开关

在 500 mK 温度以内, 永久液体 ^{4}He 和 ^{3}He 的蒸气压迅速下降, 不再适合作为导热用的气体 (见图 1.34). 如果充入足够多的 ^{4}He 使腔内存在液体 (见图 5.46(c)) 或者超流薄膜, 则导热能力还可以进一步提升, 但在图中形状的腔体内填充液体并不是常见的做法. 对于工作温区在超流相变温度附近的液体热开关, 用一根毛细管替代一个完整腔体的设计更加合理[5.45,5.46]. 利用液体容易接触样品且 ^{4}He 是绝缘体的特点, 实验工作者还可以将样品浸泡在液体之中. 需要强调的是, 我们很容易存在一个错觉, 认为超流体就是理想热导体, 然而, 超流 ^{4}He 的热导率大约以 T^3 的速度下降 (见图 1.23).

实验工作者可以考虑如下几种断开热开关的做法. 首先, 我们可以将液体 ^{4}He 通过室温气路抽走, 以实现热开关的隔热. 这是最显而易见的做法, 也是跟气体热开关一模一样的隔热做法. 其次, 我们可以对液体加压使其固化, 利用导热差的固体 ^{4}He 隔热. 这个容易被人忽略的技术路线极具实用性, 在操作上节省了开关的响应时间. 这个做法的缺点是低温气路有更高的气密性要求以及使用者需要仔细调控管道的温度分布. 最后, 我们还可以将一块导热差的可活动固体塞入液体所在的空间 (见图 5.46(c)), 用固体挤压掉液体, 从而实现热隔离[5.47].

3. ^{3}He 浸泡腔

如果气体热开关的使用温度低于超流相变温度 (相关内容见 1.1.4 小节), 则超流薄膜会沿着表面扩展, 引起额外漏热和温度不稳定 (相关内容见 1.1.7 小节). 为了减少超流薄膜带来的麻烦[5.42,5.43,5.48], 实验工作者可以用 ^{3}He 替代 ^{4}He, 降低 3 个数量级的超流相变温度 (相关内容见 1.2.3 小节). 不论是使用 ^{4}He 还是 ^{3}He 作为工作气体, 为了获得尽量好的开关比, 抽气后的残余压强越低越好. 使用 ^{3}He 作为热开关气体的性价比需要仔细斟酌. 首先, ^{3}He 价格昂贵. 其次, 气体热开关的开关比小于超导热开关的开关比, 而设计和搭建通断比高且响应快速的气体开关的难度又高于机械热开关. 当必须在稀释制冷温区控制导热能力时, 实验工作者更倾向于使用成本更高、性能更好的 ^{3}He 液体热开关.

^{3}He 浸泡腔[5.49,5.50] 的结构属于液体热开关, 但是它的主要功能并不是调控导热能力. 它被用于在极低温条件下对绝缘体降温[5.51], 或者辅助获得更低的电子温度 (相关内容见 6.2.2 小节). 如图 5.48 所示, 样品被浸泡在作为导热液体的 ^{3}He 中, 因此每次更换样品都需要打开热开关的真空连接并重新密封. 这样频繁破坏真空又再次密封的做法看似繁琐, 实则在早期的稀释制冷机中很常见, 当时人们习惯于将待测样品浸泡在混合腔 (相关内容见 4.5 节) 中以获得更低的样品温度. 随着制冷机用途的扩大, 使用制冷机的低温工作者不一定习惯于处理低温液体, 因此混合腔浸泡的设计迅速减少了. 由于液体 ^{3}He 的成本太高, 实验工作者仅在必要时采用这种辅助导热设计, 它很少在 10 mK 以上的制冷机中出现. 当在这样的温区利用液体 ^{3}He 导热时, 液体和金属之间的边界阻碍导热, 人们采用金属烧结物增加液体和固体交界面的面积以改善液体和冷源之间的导热能力. 关于边界热阻的介绍和金属烧结物的制作方式见 2.3 节.

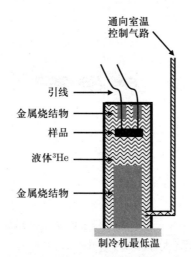

图 5.48 ^{3}He 浸泡腔示意图. 引线也经过金属烧结物, 以辅助降温. 样品的固定方式没有在图中画出

5.6.2 机械热开关

机械手段可控制两个界面间是否接触, 以及改变界面间的应力, 从而改变界面间的导热能力. 机械热开关通常的代价是需要 10 N 甚至 100 N 以上的压力, 而且界面分离的瞬间会不可避免地产生额外热量, 其最大的优点是断开时近乎理想的极限热阻. 基于这些特点, 机械热开关更适合在 300 mK 以上的温区使用.

按控制界面和改变应力的方法, 机械热开关可分两种. 机械形变的驱动在低温端, 或者机械形变的驱动在室温端, 再由机械手段将形变传递到低温端. 可以在制冷机外部控制的原位形变手段并不多, 我们主要从压电驱动和磁致伸缩中选择. 例如, 电信号控制的纳米精度位移器可在低温高真空环境中使用, 最大行程可高达 20 cm. 或者实验工作者可以直接依靠一大块压电材料控制两个界面间是否接触及接触面之间的应力. 低温原位形变的设计简单, 但室温远程形变的优点是便于为接触面提供更大的应力, 这对改善低温下的边界热导非常重要.

如图 5.49 所示, 从制冷机外部为热开关提供力学驱动需要考虑真空界面的存在. 首先, 实验工作者可以把电控或者气控的驱动源放在制冷机顶板接触真空的那一侧. 其次, 实验工作者可以通过密封圈和波纹管在不破坏气密性的前提下改变操控杆的位置或者角度. 这种操控杆可以垂直平移, 也可以靠螺纹转动平移. 驱动操作杆的力学来源可以是步进电机的旋转, 可以是高压气体的通与泄, 还可以是手动调控. 通过金属杆的刚性传递或者通过钢丝绳的拉扯, 室温下的驱动被传递到位于低温环境下的机械热开关.

由于边界热阻的影响, 在越低温度下使用的机械热开关需要越大的界面应力. 在实际使用中可选择的力学放大结构非常多. 例如, 因为机械热开关对应力的要求高, 对

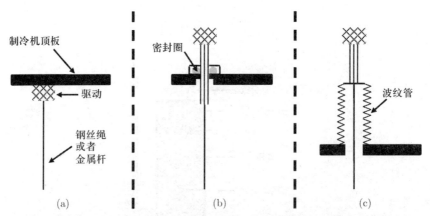

图 5.49   机械热开关的室温驱动例子. (a) 驱动位于真空腔内, 例如由步进电机提供动力. (b) 驱动杆穿越真空界面, 通过密封圈滑动或者转动. (c) 驱动杆在制冷机外, 通过波纹管上下移动

位移的要求低, 所以杠杆原理和滑轮组都可以被用来放大力. 金属块如果做成合适的镂空结构, 也可以将一个方向的受力在另一个方向放大. 此外, 接触面和接触面之间, 除了选择平面贴着平面, 还可选择圆锥面贴着圆锥面.

机械热开关调控的两个界面通常都是铜质的部件. 不论是平面与平面的贴合, 还是圆锥面与圆锥面的贴合, 都对机械加工有精度上的要求. 考虑到铜易氧化, 铜的表面可以镀金以获得更好的导热效果, 或者用银块替代铜块. 然而, 机械热开关常被用于对低温导热能力和低温极限要求不高的场合, 用银块替代铜块的必要性很低. 在铜块和铜块之间, 我们可以涂抹薄层的真空脂, 以辅助导热. 真空脂的黏附效果, 或者铜块和铜块之间的互扩散, 都可能让热开关在断开时需要更大的驱动力. 在真空脂对界面导热没有显著帮助的毫开尔文温区, 超导热开关是更好的选择.

金属杆的优点在于除了可以提供上下位移, 还可以提供转动. 需要指出的是, 不锈钢金属杆的下压容易引起金属杆的弯曲. 钢丝绳可以在漏热更小的前提下提供更大的应力, 然而钢丝绳的缺点是单向供力. 两套钢丝绳可独立操纵热开关的通与断, 或者, 钢丝绳与弹簧或者重力的组合可以改变默认状态下的应力方向. 除了金属杆和钢丝绳, 低温下的机械热开关还可以通过气压或者液压驱动. 例如, 波纹管一端连接一块被用于导热的铜块, 实验工作者对波纹管充压和抽气, 以改变其长度或压力. 波纹管和铜块的组合也可以变更为腔体与金属隔膜的组合, 金属薄膜与另外一块铜块接触与否决定了导热能力.

热开关根据是否由外界随时操控分为主动热开关和只随温度变化的被动热开关. 对于主动热开关, 如果条件允许, 其默认状态应该是不需要施加应力, 以减少低温下产生的热量和沿着力学传动装置的漏热. 被动机械热开关有两种设计方式. 一种方案基于材料的热收缩差异, 让热开关仅在某个温区连通或者闭合. 另一种方案让腔体在室温下充高压气体以提供压力, 而低温下气体液化且降压, 室温时顶紧的机械热开关被动地松开了.

机械热开关的设计方案多种多样, 任何合理的设计均具备可行性, 上文的介绍和文献 [5.52 ~ 5.60] 并没有覆盖所有的可行方案.

5.6.3 超导热开关

在超导相变之前和相变之后, 超导材料的热导率与温度的依赖关系不一样. 正常金属态的热导率随温度线性下降, 超导态的热导率随温度指数下降 (相关内容见 2.2 节). 超导热开关在 10 mK 温区可获得百万开关比, 这是它最大的优点. 其缺点是适合使用的温区较小, 在 1 K 以上, 它断开后的隔热效果不好.

温度、磁场和流过超导体的电流在原理上都可以调控超导态, 然而实践上我们只应该依赖磁场. 首先, 低温环境的漏热越小越好, 而电流引起发热, 所以用临界电流改变超导材料的物相不是一种划算的调控方式. 其次, 热开关连接两个特定的温度区间, 温度不适合成为主动调控导热能力的参数. 因此, 磁场是超导热开关最好的外部参数. 例如, 实验工作者可将超导体置于螺线管内部, 通过改变螺线管电流以改变磁场大小, 从而切换热开关的导热和绝热状态.

利用螺线管的电流大小控制的超导热开关是极低温环境下性能最好的热导调控手段, 其基本工作原理如图 5.50 所示. 超导热开关有两个技术细节. 首先, 狭长的超导材料不应该是笔直单方向的, 以确保磁场下降到零之后, 超导体内部不会因为残余磁通而存在一条连通两个热连接区域的常规导体通道[5.33,5.61]. 其次, 超导热开关主要被用于极低温环境, 实验工作者没必要将超导磁体的热量引入任何一个热连接对象, 因

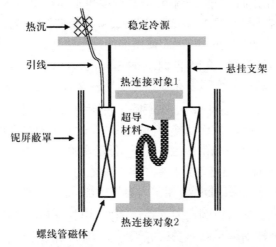

图 5.50 螺线管超导热开关的示意图. 此图可与图 6.53 对照

此磁体最好悬挂在一个稳定的冷源上, 引线也在这个冷源上做好合适的热分流. 合理的冷源包括液氦、二级冷头、蒸发腔、稀释制冷机的蒸馏室、^{3}He 制冷机的最低温度盘和稀释制冷机的混合腔, 最佳冷源是液氦和二级冷头. 在 4.7 节的制冷机文献中, 超导热开关是最标准的辅助装置, 读者可以从这些文献中获得超导热开关更多的信息. 在 1 K 温区, 文献 [5.62] 提供了一个气体热开关和一个超导热开关的性能对比.

超导热开关需要的磁场很小, 所需要的螺线管磁体可以由低温实验工作者在常规实验室中自行绕制. 如果制冷机中有其他磁体, 热开关外部可额外安排一个磁屏蔽层, 防止其他磁体对热开关工作状态的干扰. 这个屏蔽层常由铌制成, 其超导温度 9.2 K. 绕制方式和磁屏蔽层的相关内容见 5.9 节.

铝是合适的热开关超导材料, 其常见的形状为一组薄片[5.23,5.24,5.63,5.64], 以减少涡流发热. 此外, 特征尺寸小的材料晶格热导也小, 这让热连接断开时的导热能力更差. 图 6.53 提供了一个铝热开关的具体设计、材料、尺寸和实物照片. 边界热阻是热开关导通时热导的重要限制因素. 铝的表面清洁、铝与银或者铜等材料在压力下的边界互扩散, 都可以改善边界热导, 铝的表面也可以镀其他金属, 以减少铝氧化层对边界热导的影响. 这类表面处理方案和清洁方案可参考文献 [5.4, 5.33, 5.63, 5.65 ~ 5.68]. 导通时, 导热量与温度的关系由金属热导决定 ($\dot{Q} \sim \int \kappa(T)\mathrm{d}T$), 满足 $\dot{Q} \sim T^2$ 关系. 断开时, 导热量由声子热导决定, 理论上满足 $\dot{Q} \sim T^4$, 实测中满足 $\dot{Q} \sim T^3$ 关系[5.61], 声子散射的机制可能不是来自多晶界面和样品边界, 而是来自一维缺陷 (相关内容见 2.2 节). 需要强调的是, 热开关的使用温区需要远小于超导材料的相变温度, 例如, 至少小于相变温度的十分之一.

锡、锌、铅和铟也可以作为热开关的超导材料. 作为热开关材料而言, 它们共同的特点是临界磁场比铝高, 不便于调控, 导热效果也不如常规金属态的铝, 但是它们焊接的难度比铝低. 尽管机会很小, 但锡仍有变成灰锡粉末的可能性, 这个转化在 200 K 以内随着温度下降而变慢[5.4,5.31], 因而使用锡的超导热开关不能过于缓慢地从室温降温, 也不能过于缓慢地升温. 文献 [5.54, 5.69 ~ 5.71] 提供了锡热开关和铅热开关的实际例子. 常见超导材料的相变温度和临界磁场见表 2.17 和表 2.18.

改变超导体磁场的做法有两种, 我们除了将超导体置于螺旋管内部, 还可以改变热开关与磁体的相对位置, 从而切换导热状态. 在改变相对位置的设计中, 超导热开关所需要的磁场原则上也可以由永磁体提供, 低温实验工作者通过机械结构控制位移, 则超导热开关与永磁体的距离差异调控了导热的能力. 这种热开关的设计和使用并不方便, 但可以配合电绝热去磁制冷 (相关内容见 4.6.1 小节) 的降温过程使用.

最后, 超导热开关还可以利用温度被动调控, 由超导材料在高温区导热但是在低温区隔热, 构成一个被动热开关. 这样的热开关可辅助制冷机从室温开始的初始降温, 但是使用者得留意制冷机磁体的边缘磁场对它的影响. 在实际制冷机中, 这种被动超导热开关的辅助降温尝试非常少. 与此效果类似但是机制完全不同的热开关还有热导率开关[5.34], 它利用了石墨等材料的热导率随温度急剧变化的特性, 在足够高的温度时有良好的导热能力, 而在足够低的温度之下时隔热.

本节所涉及的热开关设计主要按图 5.51 的分类讨论. 文献 [5.72] 也提供了电绝热去磁制冷 (相关内容见 4.6 节) 中的热开关工作温区的总结和相应的原始文献.

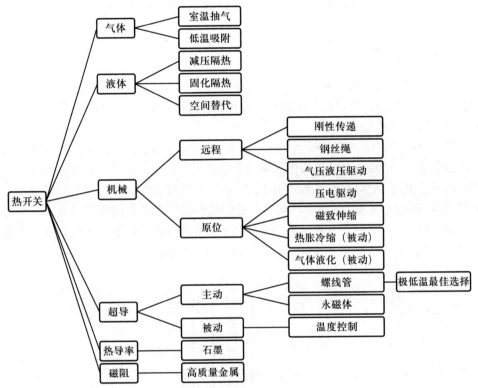

图 5.51 本书涉及的热开关分类. 螺线管的超导热开关是核绝热去磁制冷机 (相关内容见 4.7 节) 中最常见的选择, 其中一个例子[5.23] 见 6.10 节

近年来, 研究者又重新关注起磁阻式的热开关[5.73~5.76], 这种热开关在无磁场时依靠电子导热、有磁场时依靠声子导热, 从而实现合适的开关比, 被建议使用的材料包括镓、铍和钨. 在 1 T 数量级的磁场下, 这种热开关在 1 K 附近的开关比可高达 10^5. 磁阻热开关对材料的要求很高 (如需要 10^4 数量级剩余电阻率的钨[5.76]), 因此磁阻热开关所需的高质量单晶金属材料不容易获得.

5.7 杜 瓦

容纳低温液体的专业容器杜瓦瓶由科学家杜瓦于 1892 年发明. 杜瓦瓶的核心功

能是减少室温环境对低温液体的漏热, 它的出现克服了氢气和氦气液化过程中重要的技术壁垒, 并一直服务于低温液体的收集、存储、运输和使用. 在干式制冷技术普及之前, 存储和传输低温液体是低温实验中新参与者应学习和掌握的基本而重要的技能.

　　本节讨论低温容器的结构和使用低温容器的注意事项. 为了符合称呼上的习惯, 低温容器杜瓦瓶在本书中被称为 "杜瓦". 根据使用目的, 杜瓦分为实验杜瓦、存储杜瓦和在两者间搬运液体的移动杜瓦. 本节仅讨论小型低温实验室需要面对的实验杜瓦和移动杜瓦.

5.7.1　常规低温隔热

　　在讨论杜瓦的结构之前, 本小节先讨论如何保护一个低温环境使其尽量少受漏热的影响. 4.1.3 小节讨论了热量的来源, 本小节根据热量来源的分析, 侧重于讨论如何减少室温环境对杜瓦的漏热.

　　杜瓦存在的目的是安置低温液体, 所以它需要有容纳液体的空间, 并且需要有导入液体的通道, 以及针对低温液体气化安全问题设计的出气口 (相关内容见 5.11.3 小节). 杜瓦利用了真空隔热, 所以存在真空夹层, 液体与大气环境之间由容器壁和真空夹层分隔. 地球上有重力, 因此杜瓦内外壁的机械强度都需要能够承受框架的自身重量和液体重量. 杜瓦一定存在温差和热胀冷缩, 于是悬挂结构更方便提供力学支撑和固定. 基于以上的基本要求, 我们利用图 5.52 中的简化模型讨论隔热措施.

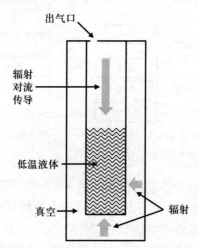

图 5.52　低温液体容器的框架和漏热来源示意图. 杜瓦中默认维持合适的正压, 以阻止空气进入容纳低温液体的主腔体

　　图 5.52 中的漏热定性分为两类: 来自气液通道的纵向导热和来自真空夹层的横向导热. 纵向导热比较复杂, 包括了悬挂结构的固体导热、穿越气液空间的辐射、气体引起的对流和传导. 横向导热相对简单, 包括了穿越真空夹层的辐射和真空区域残余

气体的导热. 以下我们按照 4.1.3 小节的分类方式, 依次讨论针对固体热传导、黑体辐射和气液相关的隔热手段. 因为这些隔热手段的存在, 低温容器的液体体积一定小于容器体积, 对于大型杜瓦, 这个无效体积 (习惯上被称为 ullage space) 约 10%. 常规实验室中, 小型杜瓦的无效体积比例更高. 此外, 杜瓦的结构并不一定得选择图 5.52 中的圆柱形, 还可以选择球形、圆锥形、椭球形, 或者其他更复杂的形状. 球形的容器有最小面积体积比, 理论上更适合大型存储杜瓦, 圆柱形的杜瓦更容易制作和运输. 低温实验中常用的杜瓦容量小, 外观多呈圆柱形, 所以我们仅以圆柱形杜瓦作为例子讨论隔热手段的应用.

1. 固体热传导

由于机械悬挂结构的存在, 从 300 K 室温环境到 4.2 K 液氦环境的温差产生了纵向的固体热传导. 我们无法改变温差, 仅能通过材料选择和优化设计方案减少漏热. 侧壁固体的导热能力由材料热导率、壁的厚度和低温液体到杜瓦顶部的距离决定. 容器内壁的 "脖子" 区域在封闭气体的同时, 也提供了悬挂功能.

因为实验室的空间限制, 一个真实的杜瓦无法大幅度增加杜瓦顶部和液氦上表面之间的距离. 杜瓦内壁需要选择机械强度大且热导率差的材料, 以减少悬挂结构的横截面积. 显然, 低温实验的常用金属 (铜和银) 的热导过好且容易形变, 不利于减少低温液体消耗. 玻璃纤维或者玻璃纤维加强过的塑料 (FRP, fiberglass–reinforced plastic) 适合作为杜瓦内壁脖颈处区域的材料, 它们热导差、机械性能好. 玻璃纤维材料的缺点在于不如不锈钢稳定, 不适合侧面承力. 此外, ^{4}He 很容易穿透室温下的玻璃纤维, 从而影响夹层的真空和隔热效果, 因此玻璃纤维材料仅适合被用于图 5.52 内壁 300 K 和 4.2 K 之间的脖颈处区域, 而不能被用于整个杜瓦的内壁. 在玻璃纤维材料上镀金属, 例如金, 可以增加 ^{4}He 穿透的难度[5.4].

2. 黑体辐射

关于黑体辐射, 我们需要区分来自真空区域的漏热、来自气体区域的漏热和来自管道的漏热.

真空区域黑体辐射热源的隔热基于三个常规措施: 增加中间温度层、减少材料发射率、在真空夹层中添加使热辐射衰减的材料. 首先, 对于液氦杜瓦, 液氮可为真空区域提供一个现成的中间温度层, 使来自室温的大部分热辐射衰减 (见式 (4.8)). 基于此需求, 图 5.52 中的结构需要添加一个容纳液氮的独立空间和一套额外的液氮温度防辐射罩. 其次, 杜瓦的材料需要选择发射率小的材料 (见表 4.1). 我们不能过分依赖表面抛光技术, 因为杜瓦长时间使用后的表面污染抵消了抛光对反射率的改善效果. 最后, 真空夹层中可以放置几十层的薄膜隔层, 薄膜为蒸镀一层薄铝的聚酯材料. 这些薄膜的单层厚度通常为几微米: 太薄不利于沿着薄膜的导热和薄膜自身的降温, 太厚则重量太大, 不方便悬挂和定型.

对于气体区域的辐射漏热, 我们不需要提供额外的固定温度层, 因为气体区域天然存在从低温到高温的温度梯度. 我们仅需要在液体与室温之间放置一批金属薄板作为挡板, 这些金属薄板依据所处高度的不同而有不同的温度, 从而减少了来自室温环境的纵向热辐射.

杜瓦中存在被用于抽气或者布线的中空直管, 这些直管内部的热辐射容易被忽略. 为了减少这部分辐射漏热, 直管的内部可以安置一批半圆形的薄挡板, 对于柔性管道, 可以针对性地增加拐弯.

3. 气体与液体相关的隔热

液氦杜瓦中不存在超流薄膜 (相关内容见 4.1.2 小节及其中的图 4.4 和图 4.5), 我们不用讨论与超流相关的隔热措施, 仅讨论来自气体的漏热.

装载低温液体的容器中一定存在着气体, 这部分静止的气体引起的漏热是低温容器无法去除的热源. 如果想减少这份漏热, 我们必须更改杜瓦的整体结构, 让液体与室温之间的气体空间更加狭长. 这段气体空间的常见高度约 50 cm.

杜瓦必须有气体离开的通道, 这是最基本的安全要求, 装着低温液体的完全封闭容器是一颗随时可能爆炸的炸弹 (相关内容见 5.11.3 小节). 因此, 杜瓦中的气体并不是静止的: 随着液体不停蒸发, 新产生的气体逐渐向上移动, 最终从杜瓦的某一个开口处离开. 移动气体的合理处置能显著减少低温液体的消耗[5.77]. 例如, 如果冷氦气在上升的过程中与周围环境有充分的热交换, 冷氦气带走了部分来自室温的热量, 则减少了液氦的损耗 (见表 5.21). 因为当氦气持续离开杜瓦时, 气体的理论最高温度是 300 K, 所以在一个好的杜瓦里面, 如果气体在杜瓦内温度梯度合理, 则这可以防止离开杜瓦的气体温度过低. 因此, 防纵向热辐射的多层金属薄板需要与杜瓦的内壁尽量贴合, 以迫使气体以湍流经过开口区域, 从而达到充分利用冷氦气热容的目的.

真空夹层中残余气体的导热能力见 5.1.3 小节中的讨论. 我们默认正常工作时的杜瓦夹层中的压强足够低, 该漏热不重要. 如果残余气体的压强太高, 对其抽气的操作讨论见 5.7.2 小节第 3 项讨论.

表 5.21 几种常见材料与冷氦气充分热交换之后的等效导热能力衰减

材料	衰减倍数
Cu	~ 14
Al	~ 18
Ni	~ 25
SS	~ 33

注: 数据来自文献 [5.78]. SS 指不锈钢.

4. 其他隔热关注点

液氦实验杜瓦的内壁孔径不应该过于狭窄, 以避免引起热声振荡和增加漏热量 (相关内容见 4.1.3 小节和 5.8.2 小节). 通常情况下, 小型实验室使用的杜瓦受限于液体体积的合理性和外形长宽比的合理性, 不容易产生热声振荡. 基于使用可靠性的考虑, 杜瓦必须维持足够的刚性, 因此我们也不需要额外注意振动发热引起的低温液体损耗.

杜瓦中可能安置有超导螺线管磁体和液面计. 即使处于不通电流的不使用状态, 磁体的电流导线和液面计的存在本身已经持续增加了液氦的消耗. 因此, 跨越室温和低温温区的引线需要考虑长度、直径和选材. 如果选用铜作为引线, 线径的选择[5.79] 参考式 (4.14) 和式 (4.15). 磁体和液面计在使用时将额外增加液氦的损耗, 例如, 磁体导线在通电流时产生焦耳热, 启动磁体恒流模式热开关的电流也会产生热量 (相关内容见 5.9 节).

最后, 每个杜瓦都需要经历从室温到低温的降温过程. 尽管降温过程严格来说不属于漏热的一种形式, 但高温杜瓦实际上等效于一个临时的漏热源. 我们不能忽略这个原因引起的液氦消耗, 因此需要减少内壁材料的使用量, 以降低相应的热容.

5. 干式制冷设备中的隔热

已经得到推广的干式制冷机中不再有液氮和液氦, 其一级冷头可以提供一个预冷的温度锚点, 其二级冷头可以提供另一个温度锚点 (相关内容见 4.2 节). 干式制冷机没有了补充低温液体的麻烦, 没有了低温液体引起振动, 但它引入了机械振动, 也失去了低温液体的温度屏蔽. 因此, 在干式制冷机中, 我们需要更加仔细地分析固体热传导和黑体辐射漏热. 对于湿式制冷机, 引入的热量过多只是引起液氦消耗的增大; 对于干式制冷机, 引入的热量过多则可能让制冷机完全无法运转. 泛泛而言, 干式制冷机对黑体辐射隔热的要求更高, 但因为设备空间大且真空结构可拆卸, 所以安置薄膜隔层的手段更多. 文献 [5.4] 中有一个重要的提醒: 从 300 K 往 4 K 的直接辐射漏热为 50 mW/cm². 如果制冷机的室温端和极低温环境之间有一个 1 cm² 的直接光学通道, 则所对应的辐射漏热量对于极低温设备是灾难性的.

6. 小结

本小节针对杜瓦的基本功能和 4.1.3 小节中的讨论, 分析了杜瓦中应该采用的隔热措施. 以上的分析也是一个关于如何在低温实验中减少常规漏热的分析例子. 极低温条件下的漏热来源和相应的隔热例子在 4.7.5 小节和 6.10.1 小节中讨论.

5.7.2 实验杜瓦基本结构

一个低温实验用的小型杜瓦由外壁腔体、内壁腔体、中间的真空隔热和各种起隔热作用的辅助部件组成. 考虑到低温实验的工作人员有设计和定制杜瓦的需求, 本节除了讨论隔热手段的实现, 还简单涉及杜瓦的使用方便程度、可靠程度、制备容易程度和相应的体积容积. 考虑到低温实验的常规工作人员不太可能自己制作杜瓦, 本节不讨论杜瓦的焊接和机械结构加固等内容.

1. 液氦杜瓦常见结构

图 5.53 展示了一个实验杜瓦的基本隔热结构, 该结构是一个定制真实杜瓦的简化版本. 本书没有在图 5.53 中提供机械结构和焊接的细节, 例如, 实际杜瓦的腔体并不是规整的圆柱体, 而是上下面带有弧度的圆对称结构. 本小节将用这个设计来展示与固体热传导、黑体辐射和气液导热相关的隔热措施. 需要强调的是, 液氮和液氦都可能因为杜瓦故障而意外进入真空夹层, 这种情况下, 低温液体的气化引起真空夹层的迅速超压, 因此杜瓦的真空夹层需要有紧急释放气体的减压装置. 当杜瓦装着低温液体时, 空气往真空夹层的持续漏气也可能在杜瓦升温后引起真空夹层的超压.

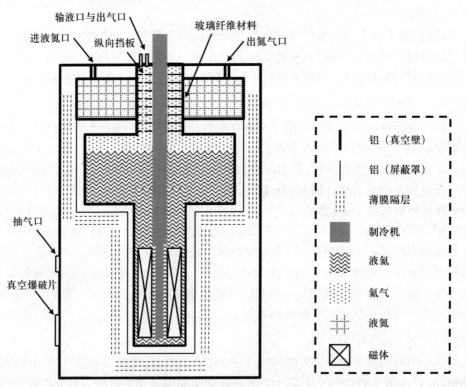

图 5.53　一个实际实验杜瓦的简化原理图. 所有真空区域都是连通的, 共用一个抽气口. 杜瓦有一个通孔, 从室温顶盘一直延伸到磁体底部, 它可插入一根在液氮预冷后排出液氮和氮气的金属管. 为了视图简洁, 此处没有画出该通道

图 5.53 中杜瓦的主体材料为铝, 但是杜瓦的材料有更多的选择, 例如我们还可以使用无磁不锈钢作为外壁材料. 外壁的基本力学要求除了承受一个大气压的压强差, 还需要满足对内壁重量和液体重量的整体支撑. 此外, 杜瓦的外壁要考虑热胀冷缩的整体影响. 材料的用量影响杜瓦在降温过程中的液氦消耗量, 当我们在选择内壁材料时, 希望用尽量薄的材料满足力学上的要求. 这些合适的材料包括铝、不锈钢和 Monel

(商品名, 一种镍合金). 然而, 我们还得考虑杜瓦正常工作时的液氦消耗量, 例如, 图 5.53 内壁材料不能全部都是铝, 因为铝的热导太好. 这个矛盾可以通过用 300 K 附近的一段低热导材料替代铝解决. 图中的杜瓦采用了玻璃纤维加强过的塑料作为低热导率材料, 它制成的圆环替代了薄壁铝圆柱体的其中一截, 有效地减少了固体漏热. 图 5.53 中这种悬挂结构的杜瓦需要避免振动引起的侧向应力过大, 而且运输时不能超过杜瓦的最大允许倾角. 除了将内壁悬挂, 内壁的支撑方案还有很多其他选择, 但它们在低温实验用的小型杜瓦中不常见. 例如, 内壁由固体底部或侧面支撑, 为了减少支撑材料的总热导, 这些支撑材料只在局部使用.

为了让运行中的磁体维持合理的温度且便于散热, 磁体位于液氦液面之下, 因此我们必须在液氦全部消耗完之前就提前结束实验. 图 5.53 中实验杜瓦底部的直径变小了, 这种设计可以减少实验结束时的残余液氦量. 杜瓦中间高度的 "肚子" 区域直径增大, 以容纳更多的液体, 于是实验工作者不需要过于频繁地补充液氦. 直径开始增大的区域并不一定是磁体的最高点, 因为设计者可能还得为 λ 点制冷机留出足够的空间 (见图 4.5) 和考虑制冷机进液口的位置 (如蒸发腔进液口, 见 4.1.2 小节). 而杜瓦的 "脖颈" 位置直径再次减小, 以减少纵向的漏热和液氦的消耗. 杜瓦开口的最小直径至少得允许磁体的放入. 可是制冷机的最大直径常常小于磁体的最大直径, 所以该实验杜瓦顶部有两个组合使用的金属顶板, 一个顶板的开口大小正好匹配杜瓦内壁, 另一个顶板的开口大小配合制冷机的最大直径, 恰好允许制冷机的放入. 这类带磁体的实验杜瓦的每日液氦消耗量通常在 10 L 到 20 L 之间, 真实的每日消耗量依赖于具体设计和使用条件. 我见过一天消耗 50 L 液氦的稀释制冷机杜瓦, 也见过一天消耗不到 3 L 液氦的稀释制冷机杜瓦.

图 5.53 的结构采用了液氮作为中间温度的锚点. 杜瓦的液氮存储位置除了图 5.53 中的 "肩膀" 位置, 还有其他很多种选择. 例如, 液氮的存储空间还可以采用整体环绕着液氦空间外侧的圆环形 (见图 4.1). 圆环形方案的一个缺点是不方便设计穿透杜瓦的光路. 中间温度屏蔽罩也可以由低温液体的冷蒸气降温[5.80]. 冷蒸气降温的做法去除了液氮引起的振动、免掉了补充液氮的麻烦、减少了杜瓦的重量, 还增加了杜瓦的稳定性. 该技术出现于二十世纪六十年代[5.81], 不过这种设计的杜瓦在小型实验室中是罕见的. 在对液氦消耗要求不高的制冷机中, 我们也可以依靠薄膜隔层保护液氦, 而不采用提供中间温度的屏蔽罩.

2. 杜瓦技术的发展

二十世纪五十年代, 杜瓦中液氦的存储时间以小时为单位. 二十世纪六十年代中期, 以天为存储时间单位的液氦杜瓦开始出现[5.82]. 如今的大型杜瓦以年为单位在保护液氦, 实验工作者甚至能依赖干式制冷技术将蒸发的氦气原位液化. 过去百年间, 杜瓦的结构和工艺有了显著的改变.

早期的杜瓦为玻璃制品, 在压力和温差下存在巨大的安全隐患, 如今的杜瓦主要由铝和无磁不锈钢等金属制成. 在早期, 玻璃杜瓦的优点是价格便宜, 缺点包括安全性差, 也包括玻璃在室温条件下对氦气的防漏效果很差[5.34]. 金属杜瓦刚出现时价格比玻璃杜瓦更贵, 但金属杜瓦的设计可以更加复杂. 现在也出现了用塑料做成的杜瓦[5.33], 其优点是不需要液氮的预冷.

杜瓦技术的发展还受益于隔热工艺的发展. 对于两个腔体中间的夹层, 由于低温环境的存在, 可选择的隔热手段包括多孔材料隔热、粉末隔热、仅依赖真空的隔热、真空粉末隔热和真空薄膜隔层隔热.

被用于隔热的多孔材料包括聚苯乙烯海绵、橡胶、硅石、多孔玻璃等大量材料. 多孔材料的平均孔径越小, 隔热能力越好[5.83]. 它们的膨胀系数大, 多次升降温之后容易开裂变形. 比起空气, 二氧化碳在液氮温度下的蒸气压更低, 如果在使用多孔材料前, 材料中的空气先被二氧化碳置换, 则低温条件下的隔热效果更好.

低热导、低密度的粉末除了起减振作用, 还有效吸附了气体、削弱了残余气体的热传导能力并减少了热辐射, 不过该方法的隔热能力在腔体中的分布可能非常不均匀[5.84], 局部的粉末导热能力可能接近固体导热能力. 被采用的粉末除了珍珠岩、硅胶和硅凝胶[5.85,5.86], 还包括直径约 $100\ \mu m$ 的中空玻璃球[5.87].

真空隔热消除了来自气体对流的漏热, 削弱了残余气体的热传导能力. 真空区域也可以填入直径约 $10\ \mu m$ 的低热导颗粒以减少热辐射. 由于颗粒间的接触面积很小, 固体导热的有效路径被增加了, 热辐射也因为大量的散射存在而被衰减. 如果粉末的表面有金属薄层, 则隔热能力会进一步变好, 可是带来了金属粉末局部聚集后使不同温度区域之间热短路的风险.

二十世纪五十年代出现的薄膜隔层方案是当前最好的真空隔热手段. 在该方案中, 人们除了制造一个高真空的隔热空间, 还在垂直于温度变化的方向上平铺了大量的薄膜. 常用的薄膜材料是沉积了厚度约 $10\ nm$ 低吸收率金属的 Mylar. 薄膜隔层材料还有其他许多选择, 如沉积了金属薄层的 Kapton 薄膜, 或者薄铝箔与绝缘材料交错一层层叠起来的组合. 这种隔热手段针对两个壁之间所有的常规漏热方式, 所以被称为 "superinsulation (超隔热)". 对于液氦杜瓦, 当真空腔体中因为少量漏气而存在气体时, 这些薄膜可以减少气体传导能力; 而当真空腔体存在大量漏气现象时, 薄膜隔层使气体不易直接凝结在内壁上, 因而低温液体不容易吸收大量热量而气化, 杜瓦内壁腔体也相对更不容易快速超压.

当人们填充薄膜隔层时, 77 K 以上每厘米填充 30 层, 77 K 以下每厘米填充 5 层[5.83,5.88]. 安装和固定薄膜隔层时, 实验工作者应注意不要意外短接不同层的薄膜边缘, 因为薄膜层间的隔热比层内的隔热好 3 到 6 个数量级. 薄膜隔层的效果还跟真空好坏及低温液体的温度有关[5.83]. 关于使用薄膜隔层更多的注意事项可以参考文献 [5.89].

正常情况下, 实验室液氦杜瓦的隔热手段选择真空薄膜隔层, 不用再考虑多孔材料和粉末隔热. 如果杜瓦允许较大的漏热, 隔热方案也可以只简单地采用真空. 只依赖真空隔热的效果非常依赖于杜瓦的具体尺寸结构, 表 5.22 中的数值仅供定性参考.

表 5.22   几种隔热手段的对比

隔热手段	热导率/[mW/(m·K)]	优点
多孔材料	~ 10	便宜, 无真空要求
粉末	~ 10	便宜, 低真空要求
真空, 10^{-6} mbar	~ 1	降温过程消耗低温液体少、轻便
真空粉末	~ 1	适合复杂空间的填充
真空薄膜隔层	~ 0.01	稳定性好、轻便

注: 数据来自文献 [5.5, 5.83] 的整理. 缺点此处没有详细列举, 因为综合考虑后只有真空薄膜隔层是最佳选择.

3. 液氦杜瓦的维护和注意事项

实验液氦杜瓦的真空夹层也被称为外真空腔, 以与制冷机内部用于隔热和放置热交换气的内真空腔对应 (相关内容见 4.1.1 小节和 5.5.1 小节). 如果杜瓦的液氦消耗量异常增加, 实验工作者在新降温之前需要检查外真空腔的压强. 通常来说, 杜瓦夹层有效果的真空极限在 10^{-3} mbar 数量级, 实验工作者最好在降温前将外真空腔抽至 10^{-5} mbar 数量级. 对于液氦消耗正常的杜瓦, 如果刚刚完成升温又再迅速降温, 则实验工作者不一定需要对外真空腔抽气, 而如果杜瓦在室温条件下长时间静置, 则我强烈建议对其抽气后再使用, 因为室温下的氦气很容易穿过玻璃纤维等杜瓦常用材料[5.90].

对于夹层需要抽气的杜瓦, 我建议先等待它整体升温到室温, 再使用分子泵组 (相关内容见 5.3.4 小节) 对外真空腔抽气, 抽气时间不少于 48 h. 对于常见抽速的分子泵和外真空腔的体积, 实验工作者似乎不需要 48 h 的抽气时间, 然而, 薄膜隔层很可能吸附了大量气体, 这些气体的释放缓慢. 抽气之前, 我们不能让外真空腔直接连通一个大气压的环境. 合适的步骤为: 先连接好抽气的气路, 由分子泵组清空管道后, 维持前级泵运转, 停止分子泵抽气, 待分子泵的运转停止后, 再打开连通外真空腔的最后一个阀门, 之后再根据压强情况判断是否允许启动分子泵的运转. 也就是说, 即使我们坚信外真空腔中的压强很高或者很低, 也需要考虑到误判的可能性, 因为我们需要尽量避免外真空腔内的压强急剧变化. 这么做的原因既包括对泵的保护, 也包括对杜瓦的保护, 因为气流扰动可能引起薄膜隔层的形变, 从而影响杜瓦的隔热效果. 外真空腔中的残余气体通常是氦气, 因此在抽气时间不足的情况下, 我们可以考虑往外真空腔重复充约 10 mbar 的氮气后抽气, 以稀释残余氦气, 而氮气在真空夹层降温后的蒸气压非常低, 不会增加液氦的消耗. 在充放气清洗夹层的过程中, 实验工作者不能用氦气作为清洗气体.

有的实验杜瓦配备了方便使用的 QF 连接口 (相关内容见 5.4.1 小节), 但是也有很多杜瓦的抽气需要使用转接口. 这类转接口有商业化的产品, 图 5.54 提供了其中一种设计方案. 我们在拔出密闭外真空腔的橡胶球型封口前, 应先对转接装置抽真空, 以消除橡胶球两端的压强差. 我们在使用这种转接手段时, 开启和闭合外真空腔的封口都是 "盲" 操作, 因而需要特别注意插杆与橡胶球的机械对接. 除了凭手感判断, 我们可以关注与转接装置连通的真空规读数, 以判断封口是否真正被打开.

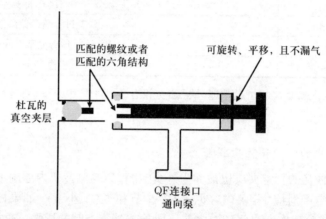

图 5.54   转接装置的结构示意图. 灰色圆球代表某类能快捷插入使用的室温橡胶 O 圈密封或者橡胶球. 密封的机制依赖于堵口小球的内外压强差, 一旦杜瓦真空夹层超压, 真空密封条件也被破坏, 从而实现泄压

在液氦杜瓦降温之前, 实验工作者需要关注杜瓦的底部和液氮夹层中是否有积水. 除了担心增加低温液体的损耗外, 我们也担心水结冰后的体积膨胀对设备的破坏. 如果是在开放的空间, 清理积水相对容易, 不过我们得尤其警惕在清洗过程中小部件掉入杜瓦底部. 对于不开放的空间, 我们可以用低纯度氮气提供缓慢的气流, 以帮助水汽蒸发.

液氦杜瓦中如果配备有超导螺线管磁体, 则实验工作者需要关注杜瓦周边的磁场分布. 在使用过程中, 我们需要考虑到磁体周边的磁性小部件在磁场作用下移动的可能性; 在实验室设计和搭建过程中, 我们需要考虑到磁体受到侧向力从而影响自身悬挂的稳定性和安全性的可能. 例如, 无磁不锈钢的机械形变处有微弱磁性, 悬挂在杜瓦中的大型磁体可能会因此而侧面受力.

最后, 图 5.53 中杜瓦内壁使用了一环侧向不宜受力的、玻璃纤维加强过的塑料材料, 而在运送到实验室的途中, 杜瓦难免会轻微倾斜. 因此, 在杜瓦运输过程中, 杜瓦底部可以临时加装一个机械固定结构, 以增加内壁的稳定性. 该固定结构一端固定在内壁底部, 另一端固定在外壁底部, 为此, 外壁和液氮防辐射屏各开了一个孔洞. 在杜瓦使用前, 用户需要拆下该机械固定部件、为防辐射罩装上补洞的盖片, 并实现外壁的真空密封. 因为外壁位于室温环境, 这个密封非常简单, 只需要使用型号合适的橡胶圈、金属盲板和固定螺丝. 由于这个固定结构的存在, 用户在使用杜瓦前需要从大气压对外真空腔抽气. 由于外真空腔的压强剧烈变化可能使薄膜隔层局部形变, 我建议新杜瓦真空夹层的压强从一个大气压下降到十分之一个大气压的时间不要小于半个小时.

如果杜瓦漏气, 实验工作者应优先检查杜瓦顶部的橡胶圈, 它可能因为温度偏低而硬化, 从而导致漏气. 除了顶部橡胶圈和卸掉运输过程的机械固定后补位的底部橡胶圈密封, 杜瓦其他位置的密封方式基本为焊接. 对杜瓦内部焊接位置漏气的修复超出了常规低温实验室的技术能力, 不过外部焊接位置的漏气可能可以通过黏合手段临时修复 (相关内容见 5.4.7 小节).

4. 液氮杜瓦

有些厂家出于成本控制的原因, 为用户提供的液氮容器不是杜瓦, 只是一个带夹层的不锈钢开口桶. 尽管带非真空夹层的不锈钢桶也能安置液氮, 并维持液体半天到一天的时间, 但是专业液氮杜瓦的每日消耗量更小, 使用起来更省心. 实验室常见小型液氮杜瓦的容量从 4 L 到 50 L 不等, 我们可以定性地认为专业杜瓦每天静置的消耗量约 0.5 L, 如果液氮日消耗量显著多于这个数值, 那么我们就需要考虑更替容器或者对容器夹层抽真空. 出于成本考虑和节省空间的目的, 实验室用的液氮杜瓦很少专门留着一个 QF 型法兰接口, 而是通过专门的配件转接抽气管道, 转接装置的结构见图 5.54.

液氮可能沉积液氧 (相关内容见 5.11.3 小节), 所以长期使用的液氮容器不应该敞口放置, 而应该维持合适的正压条件.

5.7.3 移动杜瓦基本结构与阀门

液氮移动杜瓦常见的容量是 100 L, 每天蒸发量约 1% 至 2%, 杜瓦必须直立放置. 图 5.55 展示了一个移动杜瓦的基本结构. 杜瓦存放低温液体且不传输液体时, 阀门 1 和阀门 2 必须关闭, 阀门 3 必须打开. 传输液体时 (相关内容见 5.8.1 小节), 阀门 2 先缓慢打开以让杜瓦恢复常压, 再打开阀门 1 以允许输液管插入. 如果调换阀门的打开顺序, 液氮的消耗将增加. 输液过程中, 阀门 3 关闭, 移动杜瓦的增压依靠液体的蒸发或者来自阀门 2 引入的室温氮气. 当实验工作者即将结束输液时, 先断开室温氮气供应, 将阀门 2 连通大气, 再拔出输液管, 之后恢复阀门 1 关闭、阀门 2 关闭、阀门 3 打开的状态. 最后, 因为低温液体气化后的体积膨胀, 液氮杜瓦必须有冗余的气体安全出口, 实际液氮杜瓦中, 连通液体空间的安全阀门很可能多于两个, 并且在不同的压强条件下泄压.

图 5.55 中的多孔材料起吸附泵的作用. 液氮移动杜瓦夹层在室温下合适的真空度约为 10^{-4} mbar 或者更低压强. 杜瓦装满低温液体后, 真空因为低温吸附的原因而变好, 因此室温压强约 50 mbar 的杜瓦在低温下也有一定机会正常存储液体, 然而, 室温下先将真空腔的真空降低到合适的压强才是正确的做法. 如果移动杜瓦的液氮消耗

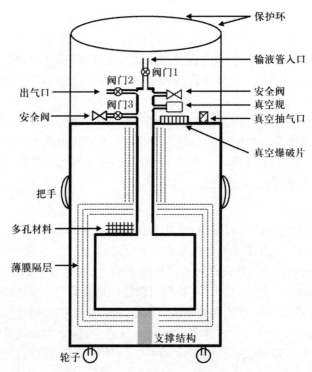

图 5.55　液氮移动杜瓦基本结构示意图. 因为具体工艺, 实际的容器不是圆柱形, 容纳液氦腔体的上下两面呈弧面而不是平面, 支撑结构也跟图中的简易画法不一致. 移动杜瓦因为纵向开口直径小, 纵向的防辐射不像对于实验杜瓦那么重要

量变多, 或者外壁有结霜现象, 杜瓦夹层中的真空度不够是最可能的原因. 移动杜瓦有抽气口, 它通常不会是 QF 型便捷接口, 而是需要额外的转接口. 因为真空夹层有焊接位置破裂后低温液体进入真空腔的可能性, 真空夹层可能因为液体气化而超压, 需要配备合适的泄压安全途径, 例如真空爆破片. 真空爆破片可以和抽气口一起设计, 用一个结构同时实现两种功能, 如图 5.54 所示.

移动液氮杜瓦上通常有三个阀门, 一个提供液体, 一个提供气体, 一个释放杜瓦内部压强. 一些杜瓦可能将提供气体和释放压强的两个阀门合二为一. 有一些液氮杜瓦还有自增压功能, 打开该阀门时, 杜瓦内部的压强将增大, 以便于输液. 液氮杜瓦至少有两个安全阀, 不同位置安全阀的气体压强阈值不一样, 其真空夹层同样有抽气和防止超压的出口. 如果液氮杜瓦的消耗量比原有数值增加 30%, 则对于实验工作者来说, 在杜瓦恢复室温条件后, 对真空夹层抽气是值得考虑的选择. 图 5.56 提供了一个液氮杜瓦的顶部阀门功能示意图.

关于液氮和液氦杜瓦, 操作中最常见的误区是将杜瓦顶部的保护圆环作为着力点.

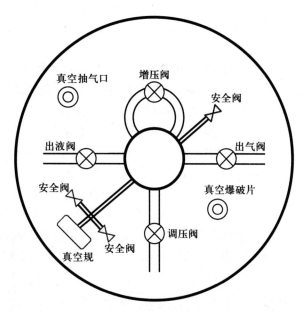

图 5.56 一个液氦杜瓦的顶部阀门功能示意图

通过保护圆环牵引杜瓦是错误的做法, 正确的做法是在杜瓦腰部的把手位置推拉杜瓦, 以防止杜瓦倾倒. 首先, 常见的 100 L 液氦杜瓦重量约 100 kg, 常见的 200 L 液氦杜瓦空载约 100 kg、满载约 300 kg, 倾倒时可能压伤实验工作者. 其次, 这类杜瓦不应该横置. 当杜瓦装有低温液体时, 倾倒后的横置引起安全阀温度过低, 而过低的温度下, 安全阀内部的弹性部件可能冻结, 于是杜瓦存在无法泄压的风险.

低温容器的相关知识非常多, 本节仅简单讨论了低温实验中常遇到的小型杜瓦. 如果读者对低温容器的设计和制作工艺感兴趣, 可以参考以下一系列文献: [5.5, 5.31, 5.83, 5.91, 5.92], 这些资料提供了许多大型低温容器的设计例子.

5.8 液氦与液氮传输

在使用液氦和液氮的低温实验中, 液氦与液氮的传输是基本的实验技能. 本节简单讨论液氦与液氮的传输方法和相关注意事项. 随着干式制冷技术的普及, 低温液体传输技术的重要性已经显著下降了.

5.8.1 液体传输

小型实验室的低温液体通常来自外界供应, 由移动杜瓦运送到实验室. 实验工作者将低温液体传输到低温容器中, 如容纳液氮的简易冷阱杜瓦或者存储液氦的制冷机杜瓦. 对于从实验室外获得低温液体的容器, 本书称之为移动杜瓦; 而对于在实验室内接收液体的容器, 本书称之为实验杜瓦.

1. 液氮传输

液氮的传输相对简单直接, 我们可以用具有专业接口的传输管道, 也可以用有弹性的自制管道. 不论使用哪一种输液管, 为小型实验室内短距离的液氮传输提供隔热保护都可能是不值得的, 液氮的高潜热和低价格允许我们忽略传输过程中的消耗. 专业的输液管通常由金属制成, 性能可靠, 主要的缺点是价格昂贵并且接口方式固定. 实验室中的临时液氮传输可以采用橡胶管道和塑料管道, 实践中比较方便的选择是乳胶材料的橡胶管. 乳胶管的弹性好, 与移动杜瓦对接方便, 我们直接在室温条件下用它套住移动杜瓦的出液口即可 (见图 5.57(a)). 如果选择较硬的塑料管, 对接处需要具有合适的固定 (见图 5.57(b)), 以免对接处漏液. 当采用橡胶和塑料管道时, 我们需要注意柔软的管道在低温条件下会硬化和形变, 并且要小心管道沿着轴向裂开后大量液体喷出的可能性. 基于这个原因, 这类橡胶和塑料输液管不应该在输液过程中受到碰撞.

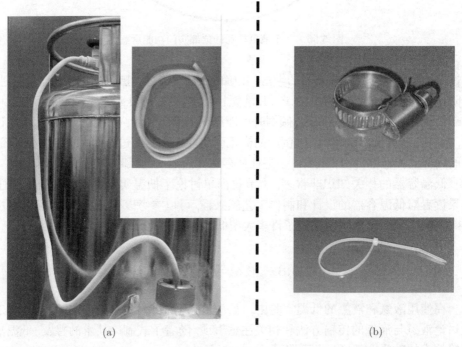

(a)   (b)

图 5.57　液氮输液相关的实物照片. (a) 液氮输液过程中的乳胶管和室温条件下的乳胶管. 照片中的乳胶管外径 13 mm, 内径 10 mm. 如果橡胶管和塑料管弹性不足, 管道与杜瓦出液口之间需要存在合适的固定方式, (b) 展示了两类可调节直径的简便固定工具

理想状况下, 液体在细管中的流动速度为流体中的声速. 液氮中的声速在千米每秒的数量级, 这样的传输速度在实际输液过程中是不可能出现的. 输液管不停地将外

界的热量传递给液氮, 这引起液氮在管道内气化, 由于气体和液体 3 个数量级的密度差异, 气体严重地阻塞了液体的顺畅流动, 并且沸腾的液体引起管道肉眼可见的颤动. 气液两相的同时存在使液氮的传输速度非常缓慢, 这种现象被称为两相流. 以图 5.57 为例, 几十升液氮通过这样的管道可能需要超过一个小时的传输时间. 当传输特别大量的液氮时, 使用热绝缘效果更好的专业输液管是值得的.

2. 液氦传输

液氦的传输比液氮的传输更困难. 其原因不仅仅在于液氦的价格远高于液氮, 以及传输过程中损耗所产生的巨大开销, 更重要的是, 液氦的潜热太小, 传输过程中不合理的漏热将让所有流经管道的液体成为气体, 无法在目标杜瓦中实现液体积累. 因此, 液氦的传输必须使用专业的输液管.

如图 5.58 所示, 液氦的输液管拥有三个基本的结构: 一端插入移动杜瓦而不引起移动杜瓦从入口处漏气, 另一端插入实验杜瓦而不引起实验杜瓦从入口处漏气, 两端之间的输液管道由真空保护以减少传输过程中的液体损耗. 当我们给移动杜瓦提供室温氦气时, 移动杜瓦的腔体压强因为加热和加压而增大, 于是液氦经过输液管流向实验杜瓦. 在移动杜瓦、输液管和实验杜瓦组成的连通体系中, 液氦不断气化, 多余的气体由实验杜瓦的出氦气口排出.

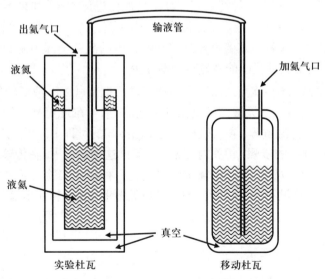

图 5.58 液氦输液管功能示意图. 为了便于示意, 两个杜瓦都只展示了高度抽象的框架, 并且必须存在的安全阀和真空抽气孔都没有画出. 实际操作中, 加氦气口常常连接一个稳定的气源. 或者, 加氦气口也可以连接一个橡胶气球, 我们通过间歇性地手动挤压气球以加热移动杜瓦内的液氦, 从而实现增压的目的

刚开始输液时, 来自输液管的氦气使实验杜瓦中的液氦气化, 考虑到液氦的低潜

热, 热氦气带来的漏热将引起灾难性的液氦损耗. 因此, 输液管不该一开始就被同时插入实验杜瓦和移动杜瓦的液面之内. 输液的具体操作流程如下. 首先, 输液管的一端先被插入移动杜瓦的冷氦气中, 由冷氦气预冷管道, 此时输液管的另一端不被插入实验杜瓦中, 氦气被排放到空气或者回收系统. 其次, 输液管的一端被插入移动杜瓦的液氦中, 由液氦预冷管道, 随着管道温度的逐渐降低, 最终液氦从输液管的另一端排出. 最后, 在输液口出现液氦或者即将出现液氦前, 实验工作者迅速将输液管的出液端插入实验杜瓦中, 根据液面读数判断何时停止输液. 出液管不应该被插入实验杜瓦的液面深处, 以免引起额外的液氦消耗. 在以上的过程中, 如果移动杜瓦中的压强不够, 则实验工作者通过图 5.58 的加氦气口添加室温氦气以维持合适的正压. 对于图 5.55 的移动杜瓦, 加氦气口即打开了的阀门 2, 输液管被插入的地方即阀门 1. 阀门操作的顺序和注意事项见 5.7.3 小节.

输液之前, 实验杜瓦的压强需要恢复到大气压. 输液过程中, 实验杜瓦的出氦气口必须保持畅通, 以释放气体. 而当停止输液前, 移动杜瓦中的正压必须先由加氦气口释放, 回复到一个大气压的压强条件. 在我们拔出输液管之后, 需要将移动杜瓦和实验杜瓦的阀门和气路堵头都恢复原状, 以免空气持续进入杜瓦. 在超导螺线磁体 (相关内容见 5.9 节) 正在运行的实验杜瓦中, 我们需要极其小心地传输液氦, 扰动液面或者在输液管出液之前引起的实验杜瓦液氦消耗都可能使磁体失超. 如果条件允许, 实验工作者不要在磁体运行时补充液氦, 也不要在液面快覆盖不住磁体时再补充液氦. 另外, 输液过程中, 实验工作者一定要考虑到移动杜瓦中的液氦全部用完的可能性, 如果不及时停止输液, 则实验杜瓦中的液氦将逐渐减少.

以上的讨论默认在传输液氦时, 实验杜瓦已经拥有 4.2 K 液氦的低温环境. 实际的液氦传输还包括对一个无液体的高温杜瓦输液. 后者难度更高, 并且是任何一个低温设备必须经历的降温过程. 在实验杜瓦从室温冷却的过程中, 为了节省液氦, 我们常常添加一个液氮预冷的步骤 (相关内容见 1.4 节). 这种情况下, 在传输液氦之前, 实验工作者必须确保液氮被排空. 这个需求可以通过一根插入实验杜瓦底部的金属管 (不是输液管, 而是一根没有热绝缘结构的最简单的薄壁直管) 和在出氦气口对实验杜瓦施加正压实现, 但是实验工作者需要确保金属管不能真正贴紧杜瓦底部, 以免妨碍液氮的挤出. 我们可以在这根金属管底部的侧面开一个小口, 以便液氮进入.

液氮预冷之后的排空步骤非常重要, 在这个过程中, 我们宁可让等待 "过长", 使杜瓦内的温度上升, 也不能允许液氦传输之前还存在液氮积液. 伊金在他写的书中就讲过他第一次传输液氦时浪费了半杜瓦液氦的例子[5.32], 那些额外的液氦被用在了将没吹干净的液氮固化上. 当实验工作者确保液氮都被排空后, 可以再稍微等待一会, 以通过这根插入实验杜瓦底部的中空金属管再尽量将氮气排空, 因为氮气的密度比氦气大, 聚集在底部. 这个操作相当于用氦气清洗了杜瓦, 去除了其中的氮气. 如果希望尽量减少杜瓦液体空间中的水汽和氮气, 我们还可以采用反复充放气的清洗过程, 即通过反复抽气和放入少量氦气置换杜瓦中的原有气体, 最后再用一个大气压的氦气填充杜瓦的液体空间.

当出氦气口恢复正常通气条件后, 我们拔出金属管, 再将输液管插入杜瓦的底部, 以先用冷氦气尽量排空热氦气, 再让液氦先出现在杜瓦底部. 当实验杜瓦底部安置有大质量的磁体时, 冷气体先出现于杜瓦底部极为重要. 这个降温过程应该非常缓慢, 100 L 级别的实验杜瓦需要用至少数个小时的时间缓慢地从 77 K 降温到开始积累液体, 过快的降温将引起液氦的不必要消耗. 对于有超导磁体的实验杜瓦, 在这个温区实时测量磁体的电阻值是一个监控降温速度的便捷做法. 当液氦开始积累之后, 实验杜瓦出气口的气流量会显著减少, 实验工作者可以开始增大输液速度, 之后的操作与常规的输液流程一致.

3. 液氦输液管的设计

输液管的设计要点在于减少室温环境对低温液体的漏热, 所以输液管的结构与杜瓦有类似之处, 但又比杜瓦简单, 因为它仅需要考虑径向的漏热. 从切面上, 液氦输液管由传输液体的管道和隔热层组成; 从外观上, 输液管由输液竖直长管、进液竖直长管和连接管组成. 输液管的主体结构可以主要由两根薄壁金属管组成, 但弯曲这对同轴金属管需要技巧和特殊的辅助工具. 真空是实现内外壁之间隔热的最佳做法. 对于非液氦用途的输液管, 填充多孔材料也是一种合适的管壁间隔热手段. 真空夹层中还可以塞入多层的绝缘材料 (相关内容见 5.7 节) 或者细粉末以减少辐射漏热. 在输液管容易变形的位置和拐弯处, 低热导率的隔离物可以避免内外壁的直接接触. 图 5.59 提供了一个输液管的外观示意图和隔离物的简易设计思路. 进液端与输液端的差异在于进液端常额外加装多孔材料作为过滤器, 以免移动杜瓦中的固体杂质进入实验杜瓦或者堵塞输液管. 真空隔热的输液管有一个抽真空用的抽气口, 部分输液管还额外装有可以调节流速的阀门.

金属管的内外壁材料可以选择不锈钢或者一种叫 Monel 的商业化镍合金, 这两种材料有足够的机械强度, 且具备不同直径的商业化薄壁细管. 连接管的内管可以选择发射率小的材料 (见表 4.1) 以减少辐射漏热, 例如铜. 虽然材料表面可以通过打磨或者镀层减少发射率, 可是在实际制作中, 液氦输液管最后几个步骤中的真空密封常由手工焊接完成, 高温引起的氧化和助焊剂的挥发都会污染表面, 使得减少发射率的努力变得没有那么重要. 此外, 柔性管道的弹性形变位置有许多释放应力的凹槽, 这些空间在辐射和吸收时类似于黑体, 从而增加了辐射导热 (见式 (4.10)). 因瓦也是一种可使用的内壁材料, 其优点是热膨胀系数非常小.

刚性的连接管成本低, 传输中的损耗相对较小. 柔性的连接管便于使用, 操作者不需要严格去对齐两端直管的高度. 连接管也可以是两截式的[5.34]: 两根直管独立放置到合适的位置后再连通在一起. 在狭隘的实验室中, 这样的组合式输液管能让操作简单许多. 内外径匹配的两截式输液管的拼接口密封由橡胶和特氟龙配合完成. 由于输

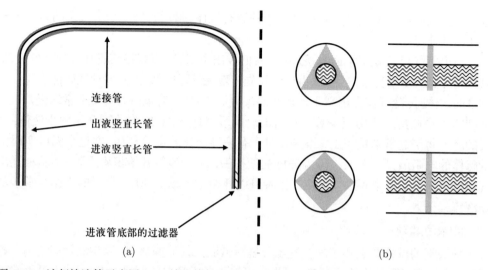

图 5.59 液氦输液管示意图. (a) 输液管外观, 根据功能分为出液竖直长管、进液竖直长管和连接管. 出液管连接实验杜瓦, 进液管连接移动杜瓦. 管壁外侧的灰色示意隔热层, 其所用的常见隔热方式为真空. 出液管底部还可以加装一个相分离器, 它让气体从侧面离开, 液体从底部流出 (此图未画出). (b) 一些简易的隔离物设计方案, 隔离物需要采用低热导材料

液时需要警惕离开出液管竖直长管的氦气引起实验杜瓦中液氦的额外消耗, 当使用两截式的输液管时, 除非空间条件不允许, 我还是建议先拼接之后再按单体式的输液管使用, 以减少液氦消耗. 换言之, 预冷两截管的氦气都不建议被排到实验杜瓦之中.

有时候人们把实验杜瓦已经有液氦的输液称为常规传输, 而把从 300 K 或者 77 K 开始的输液称为初始传输. 从上文的描述中, 我们可以看到这两种传输对插入实验杜瓦中的输液管的长度需求不一样. 在实际操作中, 控制液氦出现在不同高度位置有两种比较简单的做法, 它们本质上都是将输液管的出液竖直长管分成两截: 或者在实验杜瓦外部组装管子 (见图 5.60(a)), 或者将半截管子固定在实验杜瓦内部 (见图 5.60(b)), 通过上半截管子的插入深度选择是否使用下半截管子.

小型低温实验室的工作人员一般不需要自己设计和制作输液管, 因此本书不详细介绍输液管的具体制作细节, 仅讨论一些容易被忽略的注意事项. 输液管需要被插入到低温容器中, 因此两侧的竖直长管要用热导差的材料, 如不锈钢. 输液管在输液前和输液过程中有巨大的温度变化, 降温引起的收缩需要被提前考虑, 这个热收缩不仅指可能对真空密封口施加破坏性外力的轴向收缩, 也指可能热短路输液管内外壁的径向收缩. 另一个容易被忽略的地方是, 每次输液都是对输液管自身的一次降温, 因此输液管的材料用量要尽量少, 特别是内管的热容要尽量小. 文献 [5.82, 5.93 ~ 5.98] 提供了输液管的设计和制作例子, 实际的输液管根据货源不同和用途不同而有大量不一样的

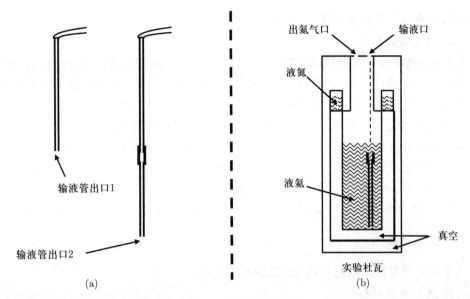

图 5.60 常规传输与初始传输的输液管对比. (a) 中, 输液管出口 1 被用于常规传输, 组装后的输液管出口 2 被用于初始传输. 为示意简单, (a) 仅画出输液管的出液长管. (b) 中, 输液口下方的虚线示意了出液管沿着此方向可插入杜瓦下半部的延长管. 初始传输时的出液管利用圆锥接口顶住延长管的上端, 使冷氦气或者液氦先出现于杜瓦底部. 常规传输时的出液管不顶紧杜瓦下半部的延长管设计方案.

当输液管不正常工作时, 例如真空度太差或者内外壁直接接触, 外壁上将出现明显的结霜. 输液管留有的真空抽气口与杜瓦类似, 常常不是方便使用的 QF 法兰口 (相关内容见 5.4.1 小节), 而是一个需要特殊转接的接口, 以节省体积. 当输液管真空度变差后, 使用者用分子泵组 (相关内容见 5.3.4 小节) 抽气可以减少输液过程中的损耗. 如果输液速度慢得不合理, 可能是因为输液管被实验杜瓦中的杂质堵住, 实验工作者需要停止输液, 升温输液管, 用气体确认管道畅通, 之后再重新输液. 习惯上, 由于移动杜瓦的最底部可能沉积有大量来自空气冷凝的固体杂质, 实验工作者可以不将进液竖直长管插入移动杜瓦最底部. 在传输过程中, 实验杜瓦出氦气口通常连接在某个管道上, 而不是直接敞口. 出氦气口的延长管或者通向大气, 或者通向回收设施 (相关内容见 6.13 节). 我们可以根据延长管的凝霜情况判断流速, 或者根据回收设施的流量计判断流速. 最后, 如果移动杜瓦或者实验杜瓦的接口气密性不好, 空气进入杜瓦后将使水汽在输液管上凝结, 这些水汽的结冰使输液管被冻住, 此时实验工作者可以尝试小范围升温以帮助冰熔化. 对于此结冰现象, 保持杜瓦正压是最好的预防办法.

本小节仅讨论小型低温实验室所使用的短距离输液管. 大型低温设施的液氦传输管长达数百米, 其输液装置可能加装有合适的泵以增加输液速度[5.99,5.100]. 长距离输液管的专业设计可参考文献 [5.91] 中的讨论.

4. 液氦传输总结

传输液氦时, 对冷氦气的利用非常重要. 不论是输液管本身的预冷还是初始传输时对杜瓦和磁体的冷却, 在液体流动和液体积累之前, 冷氦气的制冷能力比相变潜热更加重要 (相关讨论见 1.4 节和表 1.13). 一个真实且速度合理的液氦传输, 可以做到实验杜瓦的出氦气口不结霜, 即冷氦气的制冷能力都被充分利用了, 其技巧仅仅是实验者足够耐心且利用移动杜瓦中与大气压之间合适的微弱压强差. 然而, 过慢的传输也同样会增加液氦的消耗, 传输速度的把握依赖于操作人员对具体输液系统的经验积累. 对于新手, 用完整个移动杜瓦的液氦而实验杜瓦中的液氦却完全没有增加的例子并不罕见, 因此输液操作的学习需要由有经验的实验工作者多次现场指导完成.

5.8.2 液面探测

本小节简单讨论液氮和液氦的液面探测手段.

1. 液氮液面探测

对于敞口杜瓦中的液氮, 我们可能可以通过肉眼判断液面位置. 对于不方便用肉眼判断液面位置的容器, 我们也有简单办法来探测液体深度 (见图 5.61(a)) 或者判断液面距离容器顶部的距离 (见图 5.61(b)). 图 5.61(a) 中插入液氮容器底部的长棍是导热差的塑料. 因为短暂浸泡区域的塑料的温度远低于液面上方塑料的温度, 我们拿出塑料棍后, 在空气中晃动几下, 曾浸泡过液氮的区域将覆盖上一层明显的白霜, 白霜区

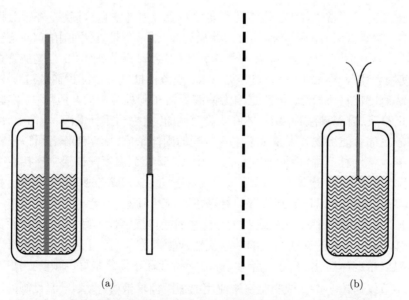

(a)   (b)

图 5.61 液氮容量的简易探测方法. (a) 探测液体深度. (b) 探测液面位置

域的长度就是液氮的深度. 图 5.61(b) 中插入到液氮液面附近位置的细管是比热相对较大的不锈钢管或者铜管. 室温金属管接触液面后, 液体的气化使液滴沿着金属管的通道喷出, 从而帮助我们判断液面所在的位置. 液氮的溅出带来安全隐患, 实验工作者要特别注意对自己眼睛的防护, 相关内容见 5.11.3 小节.

2. 液氦液面探测

肉眼无法判断液氦的液面位置, 而液面计是帮助实验工作者判断液面位置的装置. 原则上人们可以结合液面计搭建控制系统以自动补充液氦[5.101], 但是随着原位液化设备和干式制冷设备的增多, 在小型实验室额外构建这种自动化控制已经变成一种不值得被采用的做法了. 在小型低温实验室中, 液面计主要被用于确认移动杜瓦中的液氦存量, 以及被用于测量实验杜瓦中的液氦余量, 如输液过程的液面监控.

电阻法是常见和实用的实验杜瓦液面判断手段[5.102~5.108]. 电阻液面计被插入实验杜瓦后, 如果液面计由一段从顶部连接到底部、再由底部连接回顶部的对折金属线组成 (见图 5.62(a)), 那么金属线的总电阻受液面计的温度分布影响, 即受浸泡在液体中的金属线长度影响. 液面越高, 浸泡在液氦中的金属比例越高, 则液面计的电阻读数越小. 当液面计在已知深度的液氦中被校正之后, 我们可以通过液面计的电阻数值得知液面所在的位置. 这种电阻液面计的优点在于可以固定在实验杜瓦内部. 为了避免连续测量增加液氦的消耗, 我们可以间歇地读取电阻值以判断液面高度, 例如等待半个小时才进行一次测量. 这里所谓的金属线包括了超导线.

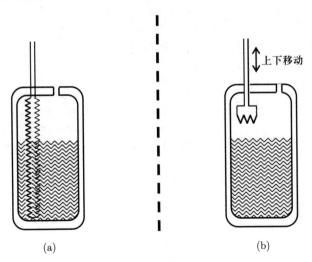

(a)   (b)

图 5.62 电阻法的液面位置测量原理图. (a) 固定式电阻液面计. (b) 移动式电阻液面计. 常规低温实验室更适合采用固定式电阻液面计

如果我们竖直移动电阻液面计, 同样可以依靠材料的电阻特性来获得液面的信息 (见图 5.62(b)). 例如, 我们可以在液面计的底部装上相变温度略高于 4.2 K 的超导材料, 测量其电阻值, 当该材料接触液氦时, 电阻急剧减少, 从而帮助我们判断液面的位置. 或者我们可以在液面计底部装上半导体材料, 它们的电阻值随着温度下降而急剧上升, 而液氦的导热能力好于氦气, 半导体温度计通上大电流显著发热后, 电阻接触液面的温度迅速下降将体现为电阻的剧烈变化, 这能帮助我们判断液面位置.

根据液面计的位置是否移动, 人们将其分为定点型液面计和区间型液面计. 可以想象的是, 允许在一个高度区间提供液面信息 (见图 5.62(a)) 的固定式电阻液面计使用起来更加方便, 而需要靠遍历空间位置寻找液面 (见图 5.62(b)) 的移动式电阻液面计对液氦的消耗更少. 显然, 多个定点型液面计的组合也可以完成区间型液面计的功能. 图 5.63 根据液面计是否需要在空间中移动将之分类, 并提供了我的个人经验性评价. 小型低温实验室中, 性价比最高的定点型液面探测方法是热声振荡[5.109~5.114]. 最好的区间型液面探测方法, 对于实验杜瓦来说是电阻法, 对于移动杜瓦来说是称重法. 通常而言, 热声振荡液面计与固定式电阻液面计的组合足以满足常规低温实验室中绝大部分的液面测量需求.

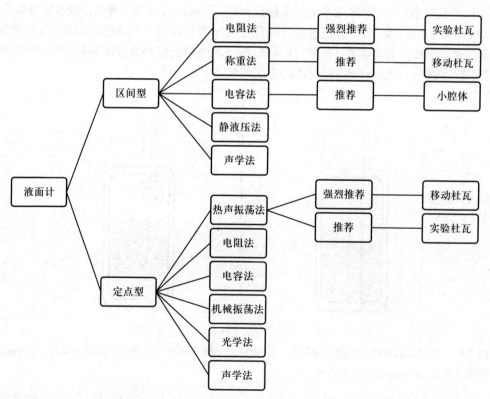

图 5.63　液面计的分类和对液氦液面的探测建议. 本分类方法带有个人倾向性, 仅针对小规模的低温实验室

所谓热声振荡法, 就是利用温度差引起直管中压强振荡以探测液面的方法, 其测量装置如图 5.64 所示, 液面计的核心结构为一根室温端连接鼓面、低温端开口的金属管, 习惯上它被称为 "dipstick". 当一端封闭、另一端开放的管子存在温度差时, 冷气体在热端膨胀, 部分气体抵达冷端后再次收缩. 在条件合适的情况下, 温差使气体在管子中有规律地反复移动. 当液面计的开口进入或者离开液面时, 室温鼓面的振荡频率和强度都有剧烈变化, 从而帮助我们判断液面所在的位置. 鼓面的振荡不靠肉眼判断, 而靠手指按压于鼓面感知. 需要强调的是, 低温端开口位于不同温度的气体区域时, 鼓面的振荡强度也可能变化, 因此实验工作者应该更关注频率的改变, 并且在探测到液面后, 再继续上下移动液面计确认液面位置. 此外, 当热金属管初次接触液面后, 液面可能剧烈沸腾, 从而影响对液面的判断. 对于结构简单的杜瓦, 如移动杜瓦, 我们可以先将液面计插入杜瓦底部, 用一个小夹子夹住移动杜瓦入口处的管壁, 以作为液面计接触容器底部的标记, 再在拔起金属管的过程中寻找液面. 这样做不仅可以较为准确地判断液面位置, 还可以顺便探测液体的深度: 寻找到液面后, 小夹子与移动杜瓦入口之间的距离就是液面深度. 移动杜瓦外壁常印有深度与容量的对应关系, 我们知道了液体深度就知道了液体的存量. 热声振荡法的测量会引起液氦的额外消耗, 因而测量不宜频繁, 单次测量时间也不宜过长. 例如, 我们可以只在输液前才对移动杜瓦进行测量. 不锈钢管可以选择的内径范围为 1 mm 到 3 mm, 对应不同温差的热声振荡参数区间可参考图 5.65.

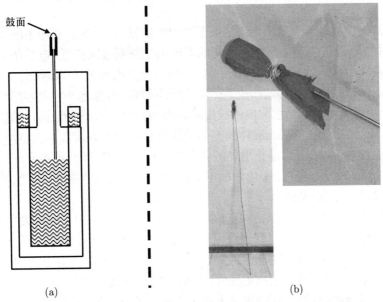

(a) (b)

图 5.64 热声振荡液面计. (a) 液面计放置位置示意图. 液面计的实际制作非常简单, 仅需要选择一根细长薄壁不锈钢管和型号匹配的大口径转接头, 在转接头的开口处覆盖两层扯紧了的薄壁橡胶, 然后用细金属丝紧绕固定 (如 (b) 所示). 薄壁橡胶的材料可以剪自一次性橡胶手套

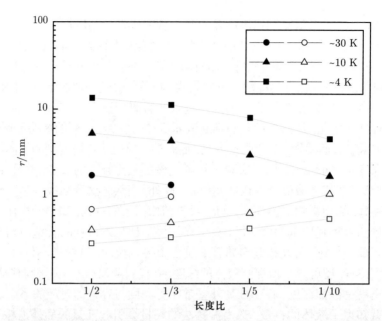

图 5.65   热声振荡法的参数区间. 数据来自文献 [5.114]. 管子太细时, 黏滞阻力干扰振荡的形成; 管子太粗时, 惯性干扰振荡的形成. 本图假设高温端为室温, 低温端为图中三个温度, 实心图标代表可以振荡的管道半径上限, 空心图标代表管道半径下限. 横坐标代表高于温度平均值的管道长度与低于温度平均值的管道长度之比. 在测量液面位置时, 由于杜瓦的结构特点, 这个比值通常小于 1

　　液氦液面位置还可以利用电容法[5.115～5.118] 测量, 这个方法利用了液体与气体的介电常量差异, 通过两个金属极板之间的电容读数判断液面位置. 电容法更适合于小腔体的液氦液面判断, 如稀释制冷机中的蒸馏室 (相关内容见 4.5.4 小节). 两个极板可以由同心不同直径的金属圆筒构成. 虽然两个圆筒间的缝隙越小则电容信号越容易被测量, 但是缝隙太小也容易引起内外极板的短路. 在实践中, 这种液面计的读数和标定非常简单: 记录一个容器从无液体到充满液体过程中的电容读数, 以电容开始增加的位置为液面计底部, 以电容停止增加的位置为液面计顶部, 凭此校正出液面计电容读数与液面高度的关系. 当然, 小体积的电容液面计也可以设置在大型液氦容器中的某个固定位置, 作为定点型液面计使用.

　　其他的液面探测方法还包括称重法、静液压法、机械振荡法、光学法和声学法, 它们的使用都有很大的局限性. 我们可用地秤或者起重葫芦测量杜瓦重量, 通过与空杜瓦重量的对比获得液氦量的信息. 这个办法仅适用于移动杜瓦, 并不适用于更重要的实验杜瓦. 如果在杜瓦底部引出毛细管, 我们可以通过毛细管中压强读数判断杜瓦中的液面高度. 这种测量给杜瓦的设计增加了不必要的复杂度, 使用起来也有如担心杂质进入和指针读数不敏感等诸多不便. 所谓机械振荡法, 指的是利用液体和气体对振动中的线或者摆动中的平面的衰减能力差异判断液面位置的办法. 光学探测的原理如

图 5.66 所示, 利用棱镜在不同密度介质中的选择性反射判断液面位置. 声学法利用声波在气液面的反射或者气体液体之间的声速差异判断液面位置. 除了称重法, 这些液面探测方法在小型实验室中并不实用.

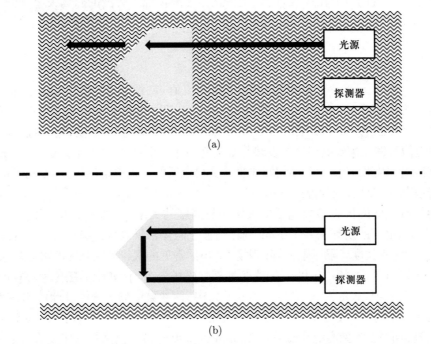

图 5.66　光学液面计的原理示意图. (a) 液面浸泡液面计, 探测器无信号; (b) 液面低于液面计, 探测器接收到信号. 肉眼不方便观测腔体内部的低温液体, 光学法也不方便提供一个区间内的液面连续测量, 它主要被用于定点测量

综上, 对于使用液氦的常规低温实验室, 我建议在实验杜瓦中配备一个固定式电阻液面计, 然后用热声振荡法或者称重法测量移动杜瓦中的液氦. 其他的液面测量手段对于容积约 100 L 的液氦杜瓦而言性价比不高.

5.9　磁　体　简　介

磁体是提供磁场的部件, 它在粒子对撞机、核聚变、能量存储、磁悬浮、化工中的材料分离和马达驱动等多个科研方向和应用中均有重要用途. 本书主要讨论在低温实验中提供磁场的磁体. 如果我们从能量的角度考虑, 因为 $k_B T = \mu_B B$, 所以越高的磁场允许越高的磁有序温度, 1 T 的磁场对应 0.67 K. 人们除了用磁场大小衡量磁体的性能, 也用 B/T 衡量实验环境, 这个比值越高则实验工作者越可能看到与强磁场和低温度有关的物理现象.

5.9.1 恒流超导螺线管磁体

1. 螺线管

流过螺线管的电流在螺线管内产生磁场, 无限长螺线管内的磁场大小均匀 (见式 (5.50)), 无限长螺线管外的磁场与无限长引线中的电流产生的磁场相同:

$$B = \mu_0 n I, \tag{5.50}$$

其中的 μ_0 是真空磁导率, n 是线密度, I 是电流值. 文献 [5.34] 提供了一个非常方便的估计: 对于直径 1 mm 的线, n 的值为 1000, 则一层线通 1 A 的电流对应了螺线管内部 1 mT 的磁场. 对于电阻值为 R 的常规导线, 电流以 I^2R 的功率产生焦耳热. 以 1 Ω 电阻值为例, 10 A 电流值的发热将显著超过干式制冷机在 4 K 附近 1 W 大小的典型制冷量. 因此, 产生大磁场的螺线管要么被合适的方式带走热量, 要么由零电阻的超导线绕制并在足够低的温度下运行.

螺线管磁体的核心参数包括最大磁场与温度的关系 (例如 4.2 K 下的最大磁场值)、磁场与电流的换算关系 ("T/A" 值, 商业化磁体常见的数量级是 0.1 T/A)、磁场均匀度 (螺线管长度有限, 因此实际磁场不均匀, 常见的螺线管绕制密度可以轻松提供约 1 cm³ 以内 0.1% 的均匀度)、螺线管外部的磁场分布 (例如距离磁体中心径向距离 10 cm 数量级的位置的磁场衰减到 10 mT 以内, 该参数依赖于磁体设计)、电感值 (小型低温实验室的 1 T 数量级磁体常见数值在 10 H 数量级)、磁体孔径 (不同实验需求的孔径差异很大, 常见商业化磁体在 10 mm 数量级)、最大允许扫场速度 (一般不多于 0.1 A/s 数量级). 以上这些信息常可以在商业化磁体的使用说明书中获得. 使用者可以进一步关心的参数还包括磁体通电流后在空间中的具体磁场分布.

除了螺线管, 电流还可以通过其他构型提供磁场[5.119,5.120], 本小节不展开介绍.

2. 超导体

本小节仅非常简略地涉及磁体所需的少量超导物理知识, 对超导物理感兴趣的读者可以参考文献 [5.121 ~ 5.123]. 超导体最重要的两个特点是零电阻现象和迈斯纳效应. 在低温实验中, 我们还经常利用超导体热导率随温度迅速下降的性质. 例如, 在热开关的应用中, 我们主要利用了超导体的导热特性而不是其导电特性.

螺线管磁体利用了超导体的零电阻现象. 基于超导材料制成且在低温下呈现零电阻现象的导线被称为超导线, 但超导线不一定仅由超导材料组成. 需要强调的是, 零电阻现象并不是只出现在超导体中, 但是其他物理机制的零电阻现象无法应用于此处讨论的螺线管线圈. 零电阻的螺线管线圈在理论上零发热, 通过螺线管的电流常高达 100 A, 从而使螺线管内部产生一个稳定且比较均匀的磁场. 目前而言, 位于低温环境中的超导螺线管是提供 1 T 数量级磁场的最佳选择.

3. 超导体的分类与临界磁场

此处我们将超导体分为三类: 一类超导体、二类超导体和高温超导体. 一类超导体以金属单质为代表, 相变温度普遍小于 10 K. 二类超导体包括合金和少数金属单质, 其特点是可以在更高的磁场下维持超导态. 高温超导体结构复杂, 在其理论解释上依然存在多种不同观点.

在超导现象被发现之后, 人们很快意识到超导体可以绕成线圈提供磁场, 可是当时的人们也很快发现, 金属单质超导体的低临界磁场限制了这种线圈的实用性. 在低温实验中, 一类超导体的超导特性主要被应用于超导热开关. 二十世纪五六十年代, 高临界磁场的新型合金超导材料逐渐出现了, 超导线螺旋管开始具备实用性[5.124]. 从此之后, 二类超导体一直是常规超导螺线管的线材. 大约在二十一世纪, 基于高温超导体的导电带、线材和磁体逐渐具备实用价值.

除了金、银、铜等例子, 大量的常见金属在足够低的温度下呈现磁性质或者进入超导态. 超导态可以被足够大的磁场或者足够大的电流破坏, 所对应的边界参数被称为临界磁场和临界电流. 这两个数值和温度有关, 温度越低则磁场和电流越难破坏超导态. 一类超导体的临界磁场与温度的关系近似满足

$$B_c(T) = B_c(0) \left[1 - \left(\frac{T}{T_c} \right)^2 \right], \tag{5.51}$$

其中, T_c 是相变温度. 对于直径为 d 的细线, 其理论临界电流由西尔斯比 (Silsbee) 定则确定:

$$I_c = \pi d B_c / \mu_0. \tag{5.52}$$

二类超导体和高温超导体也有类似的温度越高则临界磁场和临界电流越小的现象.

超导螺线管磁体的运行条件包括磁体温度小于超导相变温度、磁场不高于临界磁场、电流不大于临界电流. 真实磁体的最大磁场不只受限于所选择的超导体材料的参数, 还受螺线管的具体绕制方式和线材设计的影响.

4. 磁体失超

局部的发热可能将螺线管磁体中的一小段超导线从超导态相变为正常金属态. 当磁体运行在临界磁场和临界电流附近时, 微小的外界扰动可使超导线失去零电阻的特性. 有限电阻在大电流下产生了热量, 热量的扩散使更长的超导线产生有限电阻, 这个正反馈过程迅速使正常态沿着线圈扩展, 也使螺线管整体不再维持在超导态. 我们将这样一个磁体局部发热引起的整体能量释放过程称为失超. 失超释放的能量与磁体的电感 L 和螺线管电流 I 相关, 记为

$$E = \frac{1}{2} L I^2. \tag{5.53}$$

失超引起的风险包括剧烈的温度变化、剧烈温度变化引起的应力变化以及导线局部熔化.

假设磁体运行在合适的温度下且通过螺线管的电流不超过临界电流, 以下是磁体中一些可能引起失超的扰动. 第一, 磁体的电流改变或者磁体的温度变化会改变磁通的分布. 磁通分布的改变产生感生电场, 引起磁通跳跃和磁通芯处正常电子移动时的发热. 第二, 螺旋管中的超导线在磁场中受力, 超导线随着磁场变化的局部移动会引起发热. 第三, 固定超导线的环氧树脂受力后裂开, 引起超导线移动和局部发热. 第四, 磁体中的金属在磁场变化过程中发热, 这种发热被称为涡流发热, 相关内容见 4.7.5 小节. 第五, 粒子轰击可能引起失超, 这种现象不出现于小型低温实验室的小型磁体中. 第六, 超导体在交变电流下有耗散, 这种现象引起的失超不出现于小型低温实验室的直流磁体. 第七, 由于量子效应的存在和超导体失超引起的正反馈, 越靠近临界电流的超导螺线管越不稳定. 因此, 如果没有专门的科研需求, 将磁体维持在极限磁场附近是不值得的.

5. 常规磁体的超导材料

在高温超导磁体出现之前, 低温实验的螺线管常采用 NbTi 和 Nb_3Sn 这两种低温超导材料. 它们在磁体材料中的统治地位并不单纯来源于超导参数的优越性 (见图 5.67), 还来自它们相对方便的线材制备流程. 由于多年以来主流的超导螺线管磁体仅

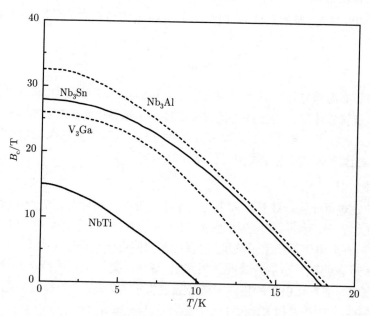

图 5.67　部分超导线材的临界磁场与温度关系示意图. 本图数据来自文献 [5.120], 仅能作为大致的趋势参考, 实际临界温度和临界磁场与制备工艺和绕制方式密切相关

基于这两种线材, 人们有时也把使用它们的磁体称为 "钛磁体" 和 "锡磁体"[5.34]. 9 T 以下的磁体主要使用 NbTi, 9 T 以上的磁体可能部分或者全部使用了 Nb_3Sn. 磁体的性能除了受限于临界磁场, 还受限于该磁场下的临界电流. 这个临界电流并不是式 (5.52) 中的最大临界电流: 越靠近临界磁场, 超导线允许流过的电流值越小.

纯铌和纯钛的超导温度分别是 9.3 K 和 0.4 K, 它们可以大比例互溶, NbTi 合金[5.120] 的最大超导温度是 10.1 K. 出现最高超导温度的合金比例和出现最大临界磁场的合金比例并不相同[5.120]. 9 T 以内的螺线管磁体主要由 NbTi 超导线绕制, 如果被降温到对液氦抽气不难获得的 1.8 K 温度, NbTi 磁体可以获得接近 12 T 的磁场. NbTi 最大的特殊价值在于它是罕见的、有延展性的高临界磁场超导材料.

1954 年 Nb_3Sn 的出现是超导磁体技术的一个重要时间节点[5.125], 迄今为止 Nb_3Sn 依然是最重要的超导磁体线材之一. Nb_3Sn 是一个系列材料的统称, 它零温下的临界磁场可以高达 28 T. 这个体系的超导性能与掺杂元素和掺杂比例有关, 可能掺杂的元素包括钛和钽. 例如, 适量的掺杂可以提高临界磁场[5.126], 也可以改变材料的柔韧性[5.127]. 绕制磁体过程中的应力和通电流后新产生的磁力也改变材料的超导特性[5.128]. 其他可能使用但是不常见的材料还包括 V_3Ga 和 Nb_3Al. 超导体的发现不等于超导线的制备, 更不等于线材工业化生产能力的获得. 尽管最早的 Nb_3Sn 线出现于 1961 年[5.129,5.130], 但到大约二十世纪六十年代末七十年代初, 这类材料的线材生产工艺才成型[5.127], 然后持续得到大量探索和改进[5.130]. 例如, 人们可以先用铌和锡混合后绕出螺线管结构, 再对其加热[5.34], 这个过程有多种技术路线, 工艺复杂[5.127].

6. 常规超导线

Nb_3Sn 线过脆, 难以绕制, 基于 Nb_3Sn 的超导线制备和使用复杂, 它主要在商业化的磁体中出现. 我们在低温实验室中更常遇到的是基于 NbTi 的超导线, 但它并不是只由 NbTi 构成. 除了外表的绝缘层, 铜也是这种超导线的重要组分.

在 NbTi 超导中, NbTi 被埋在铜的 "背景" 之中. 如果 NbTi 呈很多股的连续细丝, 这种超导线被称为 "multifilament wire (多股细丝导线)", 如图 5.68 所示. 只有单股 NbTi 细丝的超导线被称为 "monofilament wire (单股细丝导线)". 越细的线发生磁通跳跃时产生的能量越小. 对于超导磁体的绕制, 多股 NbTi 线更加实用、临界电流更高; 而单股线的优点是在腐蚀掉铜之后容易制备接触电阻更小的电连接[5.30]. 不论是单股线还是多股线, 铜都是骨架. 铜的横截面积通常大于超导体的横截面积, 只有少数超导线中铜和超导细丝的面积接近 1:1, 原因如下: 首先, 超导体是热绝缘体, 铜作为 "背景" 可以帮助超导细丝降温. 这不仅有助于磁体从室温开始的初始降温, 也有助于导走大电流下磁通运动产生的局部额外热量, 降低失超的可能性. 其次, 在相变温度之上, 铜也起了电流通道的作用. 最后, 铜的存在让超导线作为常规导线时的焊接更简单.

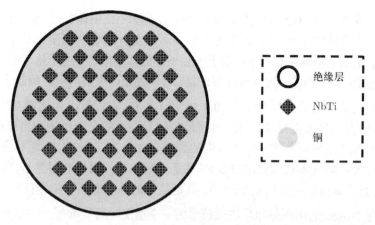

图 5.68   超导线横截面示意图

沿着轴向 (见图 5.68 的进出纸面方向), NbTi 的多股细丝并不是笔直平行摆放的, 而是有规律地沿着顺时针或者逆时针方向缠绕, 以减少细丝间的相互作用和磁通跳跃. 小于临界尺寸且磁场方向合适的条件下, 磁通跳跃是无法发生的. NbTi 的临界尺寸为 23 μm; Nb$_3$Sn 的临界尺寸为 10 μm[5.37]. 实际超导线中的 NbTi 细丝直径从几十 μm 到几百 μm, 并不小于临界尺寸.

超导线中的铜被腐蚀掉之后, 其焊接效果更好、接触电阻更小. 我们在做导电不导热的连接时, 有时候也希望使用纯的 NbTi, 因此需要去除图 5.68 中的绝缘层和铜. 我习惯使用稀硝酸腐蚀铜和绝缘层: 尽管浓硝酸腐蚀速度更快, 但是稀硝酸更便于操作者控制腐蚀的位置. 多股超导线的铜被腐蚀之后, 残余材料在外观上呈肉眼难以仔细分辨的一捆杂乱无章的细丝, 它们难以被定型和操控, 这种多股细丝的焊接操作比较需要技巧, 但我们可以不特意腐蚀掉焊接处附近的铜. 单股超导线在腐蚀掉铜之后更容易实现接近理想电接触的焊接. 对于单股线, 如果使用者能容忍焊接处的极小非零电阻, 那么不腐蚀铜只去掉绝缘层, 然后让连接处有更长的焊接交叠也是一个可行方案.

7. 高温超导材料

螺线管磁体需要的线材更难由陶瓷性质的高温超导体制备. 曾被尝试用于磁体的高温超导材料包括 YBCO (yttrium barium copper oxide, 即钇钡铜氧化物, 包括被称为 Y123 的 YBa$_2$Cu$_3$O$_7$、被称为 Y124 的 YBa$_2$Cu$_4$O$_8$)、REBCO (rare–earth barium copper oxide, 即稀土钡铜氧化物, REBa$_2$Cu$_3$O$_7$, 也被称为 RBCO 或 RE123, 其中 RE 指稀土元素)、MgB$_2$、Bi2223 (Bi$_2$Sr$_2$Ca$_2$Cu$_3$O$_{10}$) 和 Bi2212 (Bi$_2$Sr$_2$CaCu$_2$O$_{10}$). Bi2223 和 Bi2212 也被统称为 BSCCO. 高温超导材料最吸引人的地方不仅在于更高的超导转变温度, 也在于它们有更大的临界磁场.

当前的高温超导材料导电带和导电线已经具备实用价值, 正逐渐应用于超导螺线管磁体. 比起常规的细线结构, 块状材料和扁平带状的高温超导导体更容易生产, 不过如今部分高温超导材料也有了相应的线材生产工艺. 不迟于 1989 年, 基于高温超导体的线材已经开始出现了[5.131]. 高温超导材料已经展示出比 Nb_3Sn 和 NbTi 更高的临界磁场: 2014 年, 可在高于 30 T 条件下使用的高温超导线材已经出现了[5.132], 2019 年, 可在 45.5 T 条件下使用的高温超导磁体螺线圈也出现了[5.133]. 2021 年, 美国麻省理工学院的研究者实现了 20 T 的高温超导磁体, 重达十吨, 所使用的材料是 REBCO.

8. 商业化超导磁体与超导线圈组合

受限于超导体的临界电流和散热效果, 超导磁体能提供的磁场有上限. 浸泡在液氦中的商业化磁体可以提供约 20 T 的磁场, 常规商业化干式磁体目前的上限约为 16 T. 在常规超导磁体中, 我们可以大致按照 1 T 的磁场需要通 10 A 的电流估计. 对液氦抽气可以使磁体获得更高磁场, 相关内容见 4.1.2 小节中的 λ 点制冷机. 需要强调的是, 磁体在高磁场中受力, 并不是所有的磁体设计都满足更低温度、更高磁场的运行要求. 近年来, 高温超导磁体的技术发展非常迅速, 它们除了在足够低的温度下能部分取代常规超导磁体, 甚至能够在液氮冷却条件下提供 T 数量级的磁场.

对于简单的磁体结构, 均匀分布的超导线螺线管是最直接的方案. 额外的线圈可以调整螺线管内外的磁场分布, 例如在偏离磁体中心的位置形成一个小磁场区域, 或者改善螺线管内部的磁场均匀度.

考虑到螺线管由很多层线垒成而电流大小恒定的特点, 磁体可以在内圈采用大直径的超导线, 在外圈采用小直径的超导线, 以让内圈的电流密度更小. 磁体也可以由位于外侧的 NbTi 超导线螺线管和位于内侧有更高临界磁场的 Nb_3Sn 超导线螺线管组合而成. 线圈和线圈之间的受力可参考常规电磁学课程的教科书, 这个受力等同于吨数量级物体的重力, 属于磁体设计中绝对不应被忽略的参数. 最后, 如果用内侧使用高温超导材料, 内侧使用常规超导材料, 人们可以获得高于 20 T 的磁场. 中国科学院电工研究所结合常规超导体和高温超导体, 于 2017 年制造了可提供 27.2 T 磁场的超导磁体, 其中中心磁场达 12.2 T, 由 REBCO 提供, 背景超导磁场达 15 T.

超导磁体除了可提供大致均匀的磁场, 还可提供复杂的磁场分布. 例如, 通过使用不同线密度、不同空间分布的多个线圈, 人们可以独立控制不同区域中的大磁场和实现特定区域的小磁场. 6.10.1 小节中使用的磁体可以独立控制间隔约 70 cm 的 12 T 磁场和 9 T 磁场, 并且在指定区域有两个高度约 10 cm 的 < 10 mT 区间. 近年来, 提供可变方向磁场的矢量磁体越来越常见[5.134], 它本质上也是超导磁体的组合.

9. 磁体降温

早期的超导磁体由液氦提供 4.2 K 的低温环境. 如果采用 λ 点制冷机 (见图 4.5, 相关内容见 4.1.2 小节), 磁体可以被降温到约 2.2 K, 其临界磁场大约可以提高 10%. 磁体正常运行时, 每天的液氦消耗量常在 5 L 到 50 L 这个区间, 主要集中在 10 L 到 20 L

之间. 当磁体失超时, 短时间内的液氦消耗可高于 100 L. 容纳磁体的杜瓦必须存在正常工作的出气口和气体安全阀. 如果杜瓦连接液氦液化设备的回收气路, 实验者不能期待瞬间挥发的气体能全部由回收气路排走. 当考虑磁体失超的可能性时, 我们需要意识到比起氦气的浪费, 杜瓦损坏的代价更高. 因此, 针对磁体失超, 安置磁体的杜瓦需要设计流量合适的超压泄气口. 如果条件允许, 磁体运转时不要传输液氦, 也不要等到液氦液面接近磁体顶部时再考虑补充液氦.

10 L 到 20 L 液氦消耗对应着干式制冷机可以容忍的漏热量范围, 所以干式制冷机也可以为超导磁体提供低温环境, 这类超导磁体被称为干式磁体. 干式制冷机的二级冷头制冷量显著小于一级冷头 (相关内容见 4.2 节), 磁体的初始降温和电流引线的热分流要尽量利用温度更高的一级冷头. 磁体失超时, 干式制冷机的二级冷头将有显著升温, 这可能会影响制冷机其他结构的安全性. 总体来说, 干式磁体的降温更加复杂, 对导热能力的要求更高. 干式磁体的好处在于其结构更加 "灵活", 便于实现室温孔径这类非常实用的设计.

5.9.2 超导螺线管磁体的使用和保护

1. 磁体的大电流引线

螺线管磁体由室温环境提供 10 A 数量级到 100 A 数量级的电流, 需要至少 2 根大电流引线. 这 2 根引线一定存在有限电阻值, 在磁体通电流时发热. 在温度足够低的区域, 引线显然可以依赖常规超导线, 而在温度略高的区域, 铜、黄铜或者高温超导体是可使用的材料. 引线与超导磁体的合理接触电阻预期在 10^{-8} Ω 或者更小的数值[5.30].

设计者需要考虑引线通电流后产生的热量和来自固体热传导的漏热量的分流, 因而磁体的大电流引线需要有合适的热沉. 对于由液氦降温的磁体, 冷氦气对引线的降温是一个带走热量的重要途径[5.120,5.135]. 不论引线是否通电流, 引线的存在本身就增加了制冷机的漏热[5.136]. 这部分引线的漏热估算见式 (4.12) 至式 (4.17). 对于湿式磁体, 我们估算电流引线的直径时, 应该使用电阻比理论值更大的方案, 因为磁体不一定总运行最大的电流, 但是固体导热一直都存在, 我们考虑的重点在于液氦的总消耗量. 对于干式磁体, 我们不妨使用电阻值接近理论值的方案, 因为在维持住合适的前级温度之后, 干式制冷机的冷量属于 "被浪费" 的制冷量. 此外, 引线穿过真空罩子的连接口需要考虑温度变化这些细节, 因为急剧的温度变化更容易引起漏气[5.137].

2. 电流源

直流电流源是为磁体提供稳定电流的电子设备, 我们可能会关注电流源的最大可提供电流、电流的精度、升降场时的限制电压和电流在正负值切换时的稳定度.

当磁体正常工作时, 虽然电流源提供的电流很大, 但是功率并不大. 螺线管改变电流时产生了电压 $L\dfrac{dI}{dt}$, 电流源对于此电压值有限制, 所以磁场的改变有速度上限. 限压可通过并联一个二极管实现, 该并联限制了磁体不正常运行时的室温端最高电压, 保护了实验工作者. 当引线两端的电压过高时, 一些电流源可能判断磁体失超然后启动电流源的内部分流保护措施. 当螺线管的磁场方向改变时, 电流源改变电流的方向, 此时的电流稳定性是一个容易被忽略的电流源性能参数. 只提供单方向电流的电流源有时被称为单极电流源, 而在不需要继电器等机械切换模式下就可以提供双向电流的电流源有时被称为双极电流源. 这种双向供电的电流源更常见的名称是四象限电流源, 它在由电流和电压组成的参数空间的四个象限中都可以工作. 四象限电流源的优点在于它允许磁体的磁场线性地在零场附近改变. 最后, 磁体可以由多个电流源共同供电, 同时实现大电流的供应和小电流的微调. 有的电流源本身自带低场选项, 允许在低电流模式下提供精度更高的电流控制.

最后, 我想强调一个看似显然但是可能会被忽略的操作细节: 当电流源连接一个运转中的磁体时, 我们不要随意关闭电流源, 并且时刻警惕电流源断电的可能性.

3. 恒流模式

10 A 数量级甚至更大的电流流经磁体的引线时产生热量, 这部分热量增加了制冷机中液氦的消耗, 或者给干式制冷机的冷头增加了额外热负载. 基于超导体零电阻的特性, 恒流模式提供了一个电流不经过正常导体的无发热供磁方案 (见图 5.69).

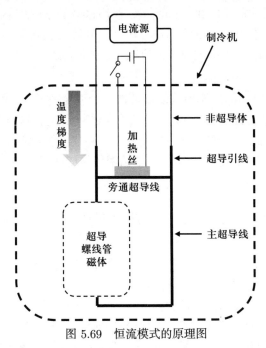

图 5.69 恒流模式的原理图

在增加磁场之前, 我们先对加热丝通电流, 使加热丝所接触的旁通超导线失超, 于是当电流源提供电流时, 电流通过主超导线从零电阻的超导螺线管磁体经过, 螺线管储能. 接着, 加热丝不再通电流, 加热丝降温, 于是旁通超导线回到超导态. 然后, 电流源缓慢减小电流, 由于螺线管的能量没有耗散, 通过螺线管的电流为超导引线和旁通超导线的电流之和. 最后, 电流源的电流降到零, 超导螺线管磁体、主超导线和旁通超导线构成了一个恒流封闭回路, 该回路理论上的电阻值为零, 不产生能量耗散. 此时连接室温电流源和低温磁体的引线不再有电流经过, 尽管人们通常不这么做, 但是这套引线可以断开[5.138,5.139]. 需要指出的是, 通过加热丝切换旁通超导线的超导态和正常金属态需要时间, 因此实验工作者改变加热丝上的电压后, 不能马上改变电流源的供电电流. 等待时间取决于具体装置, 在电压合适的前提下, 通常不多于几分钟. 电热丝上的电压值需要经验摸索, 实验工作者可以加电压等待数分钟后改变电流源的电流值, 然后通过样品的对磁信号的响应判断旁通超导线处于超导态还是正常金属态.

当退出恒流模式再次改变磁体的磁场时, 电流源需要恢复到设置恒流模式前的电流值, 然后实验工作者再对旁通超导线加热. 如果电流源的电流大小与磁体中的运行电流不一致, 加热丝升温的过程可能引起磁体失超. 一些电流源可以控制加热丝是否被加热, 然后记忆恒流模式运转之前的电流源电流值.

在恒流模式中, 实际上流经磁体的电流随时间衰减, 衰减速度通常取决于焊接点的电阻大小. 这个衰减速度通常非常小, 每小时的变化可低达 ppm 数量级[5.140], 常规磁体的衰减常常小于每小时 100 ppm[5.30]. 经历这样的小幅度衰减过程之后, 电流源的记忆值和磁体的实际电流值差异不大, 热开关的撤去和恢复不引起磁体的失超. 在低温实验中, 我们可以利用恒流模式的衰减, 实现非常缓慢和稳定的变磁场测量或者退磁控温.

在湿式系统中, 磁体的恒流模式能显著地减少液氦消耗. 可是在干式系统中, 如果制冷机的整体漏热量设计合理, 引线通电流产生的热量仅引起不影响制冷机性能的二级冷头温度上升, 因此干式磁体没必要配置恒流模式, 除非我们担心电流源的电流供应不稳定. 例如, 电流不稳定的扰动干扰了精密信号的测量.

4. 磁体的失超保护与磁体锻炼

磁体运行时存储的能量为 $\frac{1}{2}LI^2$, 当磁体失超时, 与螺线管并联的保护电阻将部分能量释放在有利于散热的位置[5.141]. 首先, 有良好散热且与磁体并联的电阻可以来自线路的切换, 失超情况下的电流才通过电阻. 例如, 控制线路探测到失超后切换线路, 或者控制线路对一截磁体外部的超导线加热使其成为耗散位置. 有时候人们也可能把被用于失超保护的超导线放在贴近磁体的位置, 以便于磁体升温时迅速让该段导线失超. 其次, 电阻可以一直与磁体并联, 其代价是升降磁场的电压使电阻发热, 为此我们可以再旁接两个反向的并联二极管. 正常升降磁场时的超导磁体电压非常小, 二极管不导通, 而失超时的磁体高电压使二极管导通. 两个二极管反向且并联的目的是确保磁体可以随意使用任意方向的电流. 再次, 磁体还可以在电感上与另一个线圈耦合, 第二线圈的电阻位于易散热的位置. 当失超时, 磁体的部分能量将在第二线圈的回路中耗散. 最后, 我们还可以将螺线管线圈均匀分成多截, 每截之间并联一个电阻, 当失超在某个局部先发生时, 仅部分螺旋管线圈的能量先被耗散. 最后这种做法需要多次断开原本连续的超导线, 对于小型实验室的磁体而言性价比不高.

失超常发生在新磁体、刚经历运输的磁体或者长期未降温的旧磁体中. 磁体经过多次的升场失超之后, 临界磁场会逐渐增大并趋于稳定, 这个过程被称为磁体的锻炼[5.4,5.120]. 在失超的瞬间, 磁体巨大的径向应力可以使超导线局部移动, 从而让螺线管线圈处于一个更稳定的状态. 因此, 合适的磁体锻炼增加了超导螺线管的最高可使用磁场. 人们根据经验总结, 直径越大的磁体需要越多次数的失超以获得较好的锻炼效果. 需要强调的是, 多次失超有增加最大磁场的趋势, 然而这个做法存在不确定的起伏, 单次失超不一定总是改善磁体性能. 因此, 在磁体经历失超之后, 我们依然需要非常谨慎地在原有的临界磁场附近使用磁体.

5. 磁场测量

对于室温孔径磁体 (见图 6.44 和图 6.47), 其磁场测量可以依赖于商业化的室温测量装置, 例如霍尔高斯计或者法拉第线圈高斯计. 对于常规的磁体, 测量对象需要被安置在低温条件下, 我们对磁场的测量可以利用霍尔效应, 但是需要注意商业化的霍尔片的可用温度范围, 因为载流子浓度受温度影响. 如果已知浓度的二维电子气样品不出现 SdH (Shubnikov–de Haas, 舒布尼科夫 – 德哈斯) 振荡和量子霍尔效应, 我们也可以用它校正磁场. 例如, 我们不运转制冷机, 只将二维电子气样品安置在 4.2 K 或者磁体能容忍的更高制冷机温度. 这么做的原因是更高温度的二维电子气更不容易出现 SdH 振荡和量子霍尔效应. 核磁共振测量可提供严格的低温磁场校正.

6. 磁场中的发热

磁场中的发热主要指涡流发热和磁通跳跃, 它们可能引起样品和制冷机在磁场中的升温, 也可能引起磁体自身的升温.

涡流发热已经在 4.6.3 小节中简单提及 (见式 (4.65)). 针对该发热机制, 我们除了对磁场中的金属割缝隙、使用导电性能差的合金, 还可以在对极限温度和响应速度要求不高的情况下使用塑料冷指. 文献 [5.142] 对剩余电阻率 (RRR) 为 100、半径 1 cm 铜柱做了涡流发热估算: 在 1 h 改变 1 T 的速度下, 每摩尔铜的发热量 $P = 2 \times 10^{-6}$ W.

磁通跳跃只在部分磁体中出现. 图 5.70 提供了一个可能来自磁通跳跃的例子, 对于这个磁体, 低磁场下的发热比高磁场下的发热更加显著, 这是无法通过式 (4.65) 的涡流发热和有限电阻的焦耳热直接理解的现象. 不论是升场过程还是降场过程, 磁体在同一个磁场区域都出现了显著的升温现象. 对于浸泡在液氦中的磁体, 因为热量迅速被液氦带走, 磁体发热量的增加只体现在杜瓦出气口的流量增加上, 图 5.70 中的发热现象并不明显. 湿式磁体的磁通跳跃更容易体现于突发性的磁场变化所引起样品和制冷机升温上. 如图 5.71 所示, 在升磁场过程中, 混合腔的温度从小于 10 mK 突然快速上升, 之后再正常降温. 结合制冷机的其他参数综合判断, 图中展示的温度读数并不是来自电路异常, 而是来自真实的温度变化. 对于这个磁体, 降场过程中也存在混合腔温度剧烈变化的现象.

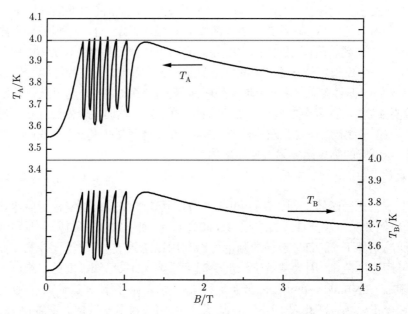

图 5.70 干式磁体的升场发热实测数据. T_A 和 T_B 代表了磁体不同位置的两个温度计读数. 升场过程中, 当任意温度计读数大于 4 K 时, 程序停止升场, 等待磁体温度下降到某个阈值后再继续升场

我通过实际观测得到的经验如下: 温度跃变在一次具体降温中常发生于一些特定的磁场值, 与扫场速度无关, 与扫场方向有关; 磁场发热和混合腔发热更容易出现在 2 T 以内, 而不出现在更高的磁场; 发热现象与磁体升降场的历史有关, 如果磁体升到室温后再降温, 该现象依然存在, 但是温度跃变处的磁场值被改变了; 更换磁体电源对该发热现象没有改善. 文献 [5.130] 中也提供了一些 3 T 以内因磁通跳跃引起不稳定的例子.

7. 磁场的屏蔽

磁场的屏蔽被简称为磁屏蔽, 它被用于减少磁体对零磁场精密测量的干扰, 也被用于减少外界对精密磁测量的干扰. 例如, 极低温条件下的超导材料研究需要尽可能低的外界磁场[5.143]. 超导体和软铁材料都可提供磁屏蔽.

零电阻现象和迈斯纳效应是超导体的两个独立特征, 在超导体环绕的封闭空间中, 外部磁场的影响被超导体上电流产生的磁场抵消, 从而实现磁屏蔽. 单质铌的价格便

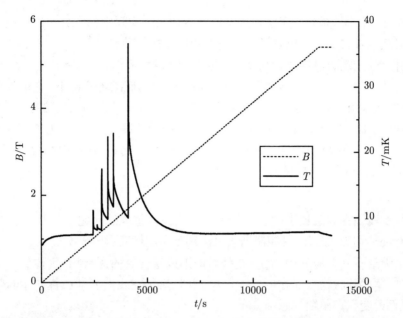

图 5.71 混合腔的升场发热. 本图曲线来自一台湿式磁体的实测数据, 在没有异常的磁场匀速增加过程中, 混合腔的温度计读数多次迅速上升

宜且机械加工方便, 其超导温度高于大部分一类超导体, 因此常被作为屏蔽材料. 铅薄片则便于实现不规则表面的覆盖, 而且铅薄片之间可以用软焊的方式连接, 以实现封闭的超导面. 铜或者铜合金上镀上超导材料也是一种构建屏蔽层的手段, 实际操作中我们只需要将常规焊料软焊到金属表面 (相关内容见 5.4.6 小节). 磁场可以穿透一定厚度的超导体, 对应的特征厚度被称为穿透深度, 记为

$$\lambda(T) = \lambda(0) \left[1 - \left(\frac{T}{T_c} \right)^4 \right]^{-1/2}, \tag{5.54}$$

其中的 $\lambda(0)$ 在 10 nm 数量级, T_c 是相变温度. 对于在机械结构上独立稳定存在的超导体, 以及软焊形成的超导金属薄膜, 其厚度大于低温极限下的穿透深度.

被超导屏蔽层 (半径 r) 环绕的无限长螺线管 (半径 a) 的内部磁场[5.144] 记为

$$B = \mu_0 n I / \left(1 + \frac{A}{\Delta A} \right), \tag{5.55}$$

其中, $A = \pi a^2$, $\Delta A = \pi r^2 - \pi a^2$. 对照式 (5.50), 我们可以得到结论: 屏蔽层越靠近螺线管时, 螺线管通过同样大小电流时能提供的磁场越小. 真实的实验中无法采用完全封闭的超导壳体, 但是我们仍然可以利用超导体改变空间中磁场分布的特点获得部分磁场的屏蔽或者改变空间中磁场的均匀性和稳定性[5.145~5.149].

部分软铁的高磁导率使它们成为好的屏蔽材料, 人们将之称为 "mu–metal" 或者 "µ–metal"[5.33,5.150] (metal 指金属). 在 8 mT 以内的低磁场条件下, 它可以将磁场衰减到 1 µT 数量级[5.150]. 对于一个圆筒形的罩子, 其屏蔽效果与材料磁导率成正比、与罩子厚度成正比、与罩子直径成反比[5.33]. 在高磁场条件下, 这种屏蔽材料因磁饱和而不起屏蔽作用. 室温下的 mu-metal 有成熟的商业化产品. 在低温环境下, Cryoperm 10 是一种被尝试过的屏蔽材料[5.151,5.152].

8. 其他

螺线管线圈在高磁场下的受力是一个不应该被忽视的问题[5.4]. 6 T 下的应力等效于 140 bar 对应的压力, 可能使退火过的铜产生塑性变形[5.120].

如果大量空气在液氦中固化, 空气可能形成富含氧的片状物. 固体氧有明显的顺磁性[5.32], 这些片状物可能在磁场下聚集, 并且聚集在我们通常放置样品的磁场中心附近, 从而改变我们预期的磁场分布.

在超导磁体从室温往超导温区初始降温过程中, 超导体电阻值的大小可被用于监控磁体的降温速度, 这是一个非常方便的温度计. 电阻值和温度的关系不一定会体现在产品说明书中, 我们可在第一次降温过程中记录下室温电阻和最低温区的电阻, 并认为两者近似线性变化, 以此获得温度与电阻值的换算关系. 如果磁体被浸泡在液氦中, 液氦温区的电阻值也是一个合适的定标点. 我们甚至可以只测量电阻值而不换算为温度, 依靠电阻值判断降温过程是否连续.

由于降温引起固体收缩, 室温条件下的磁体中心通常不再是磁体运转时的中心位置.

5.9.3　小磁场线圈的绕制

特殊测量需要的小磁场线圈可以在常规实验室中自行绕制[5.144,5.149,5.153~5.156]. 本小节介绍简单绕制低要求磁体的经验.

本小节所提到的小磁场, 特指最大磁场不大于 1 T 的磁场, 而不指磁场的体积大小. 我曾绕制过直径约 20 cm 的 1 T 磁体, 除了需要消耗一根特别长的超导线之外, 其绕制过程并不比绕制直径 1 cm 的小体积线圈更困难. 对于自制小磁体, 我们需要保守地考虑磁体参数, 在临界电流和线圈密度的选择上为手动操作的 "不完美" 留出足够大的余地. 在设计自制磁体时, 我建议磁场和电流的比例不要参照商业化磁体, 因为过高的比例意味着高线密度, 这增加了绕制难度. 需要强调的是, 超导线占据了磁体成本的重要比例, 可是绕制失败后的超导线难以再被利用, 因此, 我不建议自行绕制用线量巨大的高成本磁体.

　　线圈被绕制在骨架上, 这个骨架可以由黄铜或者环氧树脂加工而成, 两侧留出挡板, 竖直摆放时呈轴心中空的工字形. 无磁不锈钢的内真空腔外壁也是一个绕制线圈的方便位置. 骨架的表面必须光滑, 以免蹭掉导线的绝缘层, 因此可在骨架外部可先贴合一层 Kapton 或者 Mylar 后再开始绕线. 绕制过程中, 骨架匀速旋转, 为主动轮; 线轴受力转动供线, 为从动轮. 取决于骨架的大小, 我们可以将其固定在可调转速的车床, 或者由马达和控制电路自行搭出来的可控转动结构上. 如果我们不想花时间去写马达的控制程序, 可使用一些儿童玩具中现成的马达和能快速上手的远程操控功能. 磁体的绕制骨架和机械支撑需要考虑磁体受力, 不能一味地为了减轻重量和减小热容而选择过于单薄的骨架.

　　超导线来自商业化产品, 供货时它们通常被固定在工字形中空线轴上. 在绕制过程中, 线得保持合适的张力, 这可以通过在超导线轴的侧面顶上弹簧以提供合适的摩擦力实现. 张力太小, 则绕制后的线不规整且难以被固定; 张力太大, 则线会在绕制中断开或者降温后断开. 绕制磁体的线需要顺滑没有扭结, 因此搭建支架结构时, 我们需要考虑线的走向和角度. 线上可能有细屑, 因此在线轴和骨架之间可安置一段无尘纸, 让线移动时被顺便擦拭. 最后, 骨架上的线跟与之最近邻的线需要紧密相贴, 所以绕线过程中我们需要为绷紧的线和骨架之间设计好合适的角度, 以便于利用张力的分量使线在骨架表面最密排布. 如果磁体有多层的线圈, 当不同线圈切换时, 我们需要改变张力分量的方向. 在实际操作中, 我们需要合理地固定好磁体骨架和超导线圈, 并且在绕制的过程中高度集中注意力. 我也发现, 自行绕制十层的理想密堆积极为困难.

　　由于超导线在磁场中受力, 绕制后必须被固定. 环氧树脂是常用的固定材料. 如果所绕制的线圈不止一层, 我建议逐层固定线圈, 并且在环氧树脂未完全干之前绕制下一层线圈, 以让外侧线圈恰好与内侧线圈凹凸匹配, 实现纵向结构上的密堆积. 磁体完成绕制后, 螺线管的外侧需要用环氧树脂这类固化后不再形变的材料固定, 并保护其不被剐蹭. 如果采用 GE 清漆这些速干的固定材料, 我们需要留意超导线的绝缘层是否会局部融解和脱落. 如果不引起短路, 局部融解有时候也是一个优点, 它有助于线与线之间的黏结.

　　磁体从 300 K 到 4 K 的引线材料导热和电流发热都是不可被忽略的热源, 更多的讨论见 4.1.3 小节. 因为超导磁体的大电流值, 引线连接处的接触电阻是重要发热原因. 虽然通过焊接或者机械固定能尽量减少接触电阻, 我们还是必须默认微量接触电阻的存在, 尽量在引线连接的位置做好热沉, 并且将引线连接的位置设计在某个稳定制冷源附近.

　　对于自绕小磁体, 我们基于式 (5.50) 做最基本的参数计算. 如果需要考虑螺线管开口处的磁场减小、磁体外的磁场衰减以及屏蔽材料对小磁体的影响, 我们可以基于电磁学的知识计算[5.120,5.144,5.147,5.154,5.155]. 早期的科研人员自行编程解决该类计算 (又如文献 [5.154] 的作者感谢了其妻子在编程上的帮助). 过去几十年间计算机硬件进步, 软件发展日新月异, 如今更好的做法是利用现成的专业软件, 根据线圈的参数模拟磁场的大小和分布. 在实际模拟中, 磁屏蔽是一个重要的边界条件, 它会显著地改变边缘磁场的分布和线圈内的磁场均匀度. 对于模拟结果, 除了关心总磁场的大小, 磁场的轴向分量和径向分量的空间分布也是值得关注的.

最后, 自绕制小线圈可能只使用不到 10 A 的小电流, 并且可能需要尽量精准的电流控制. 针对这类需求, 我们不一定采用提供大电流的磁体电流源, 而是采用更高精度的输运测量电流源.

5.9.4 其他磁体

除了超导线, 铜线也可以作为电控磁体的导体. 这种磁体通常对均匀性要求不高, 不一定非得绕制为螺线管的构型, 而可采用亥姆霍兹线圈的结构. 受限于铜线通电流时发热, 铜线磁体的极限大约为 2 T, 于是人们使用打了许多小孔的螺旋层状铜板作为承载大电流的导电通道, 热量由冷却水带走[5.157~5.160]. 采用这种结构的磁体被称为比特磁体, 命名自该方案提出者比特 (Bitter). 冷却水会带来大量噪声和电消耗, 常规的低温实验室难以支撑这种磁体的运行.

常规超导磁体目前的极限在 20 T 左右, 大部分磁体不会超过 16 T. 人们将常规超导磁体安置在外侧, 然后把水冷的层状铜板磁体安置在内侧, 可以获得 40 T 以上的磁场. 2022 年, 位于合肥的中国科学院合肥物质科学研究院强磁场科学中心历史性地实现了 45.22 T 的磁场, 其中, 超导磁体提供了 11 T, 水冷磁体提供了 34.22 T. 人们也可以将常规超导磁体放在外围, 然后将高温超导磁体放在内层, 以利用高温超导材料更高的临界磁场. 这样的磁体组合已经在 5.9.1 小节的第 8 项中讨论.

除了利用稳定的电流获得稳定的磁场, 人们还利用减少通电流时间以减少总发热量的方法, 来获得短时间的大磁场峰值. 这种磁场也被称为脉冲磁场, 峰值的维持时间可能只有 1 ms 的数量级. 这种迅速变化的磁场由于制冷机的涡流发热问题, 更难被用于极低温下的实验测量. 位于武汉的国家脉冲强磁场科学中心可提供高达 94.8 T 的脉冲磁场, 已接近美国国家强磁场实验室可以提供的 100.75 T 脉冲磁场[5.161]. 脉冲磁场的大小受限于结构的强度和储能, 如果破坏性地产生一次性磁场, 瞬间产生的磁场高达几百 T[5.162], 甚至 1200 T (特殊设计)[5.163] 或 2800 T (特殊设计)[5.164], 但这些方案的实用性不如 100 T 附近的常规脉冲磁场.

永磁体是不依赖电流也能获得磁场的手段. 随着材料工艺的发展, 我们可以获得的永磁体已经能提供大于 1.45 T 的磁场. 一个已经商业化了的常见体系是钕磁体, 最有代表性的例子可能是 NdFeB. 永磁体使用方便, 缺点是强度不可控制且持续在制冷机内部产生磁干扰.

大自然中有更强但我们还无法利用的磁场条件. 根据 X 射线数据和理论计算, 中子星上的磁场可能高达 10^9 T.

5.10 氦样品制备

绝大部分的低温测量对象是室温固体, 实验工作者在室温条件下先将其固定在制冷机合适的位置, 再将样品与制冷机一同降温. 低温物理重要的研究元素氦在室温下为气态, 低温下研究其液态和固态性质涉及氦样品的制备. 本节简单讨论如何制备低温下的液氦和固体氦样品, 以及讨论固体氦样品质量及其诊断手段. 为简化讨论, 本节利用 ^{4}He 和稀释制冷机举例.

5.10.1 液体与固体样品生长

对于需要在低温环境下才成为液体或固体的样品, 制冷机内需要存在容纳样品的样品腔, 并且存在气路连接低温样品腔和室温的气源, 以免气体进入制冷机内部的隔热真空腔中, 成为不应该出现的漏热源. 以稀释制冷机为例 (相关内容见 4.5 节), 图 5.72 提供了一个进气毛细管的热沉方案, 该毛细管连通了样品腔和室温气路控制面板. 样品生长时的进气管, 同时也是带走样品时的抽气管.

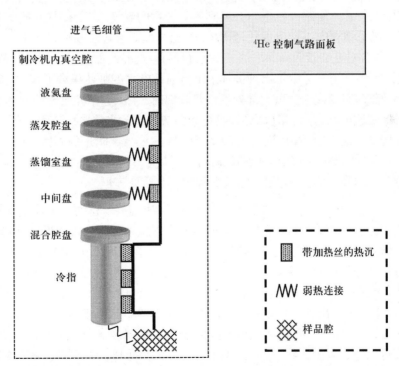

图 5.72　一个制备固体氦样品的制冷机内部管路设计示意图. 本图以稀释制冷机中的液氦或固氦样品生长举例. 当实际控制进气管的温度梯度时, 我们不仅可以依靠管道的加热丝, 还可使用制冷机各个特征温度盘上的加热丝

4 K 环境以上的进气毛细管可以采用 $\frac{1}{16}$ 英寸 (见表 7.5, $\frac{1}{16}$ 英寸等于 1.5875 mm) 的退火不锈钢空心管, 4 K 环境以下的毛细管可以根据实验需要采用直径更小的铜镍空心管. 不锈钢和管道内的 ^{4}He 引入了额外的热量, 来自 4 K 温度以上的热量可以在液氦盘处先进行热分流. 如果稀释制冷机的预冷环境来自干式制冷 (相关内容见 4.2 节) 而不是液氦, 则一级冷头和二级冷头处都应该考虑采用不锈钢毛细管的热分流方案. 当生长液体样品时, 毛细管与外部控制气路的配合可以为样品腔提供合适摩尔数的 ^{4}He. 制冷机内部需要关注的细节较少, 通常实验工作者只需要沿着温度梯度为铜镍毛细管做好合适的热沉, 以免额外引入的热量干扰稀释制冷机的运行.

对于固体样品的生长, 毛细管与制冷机的热沉不能采用金属对金属直接固定的强热连接的方案. 液氦盘以下、混合腔盘以上, 毛细管需要与各个特征温度盘有合适的热连接: 该连接既足以让毛细管和其中的 ^{4}He 冷却, 又可以通过加热丝加热局部区域的毛细管, 从而调控毛细管内的 ^{4}He 固化压强.

在实际操作中, 最常见的生长方式是堵管法. 在该方法中, 固体最先出现于毛细管中的某一段位置而不是先出现于样品腔. 以下流程是实验工作者所需要完成的堵管法操作. 实验工作者先使制冷机整体升温到一个合适的温度, 以确保样品腔中只有高压液体, 即确保毛细管中不会出现任何固体. 升温过程既包含对制冷机各个特征温度盘的加热, 也包含对毛细管的局部加热. 升温过程可以选择的加热组合方案很多, 实验工作者根据经验, 采用管道中不出现固体、维持通畅条件的加热组合即可. 当对制冷机蒸发腔盘、蒸馏室盘或中间盘的某处毛细管降温时, 毛细管中先出现的固体是室温气源到样品腔之间的堵塞点, 堵塞点形成后, 该位置以下的平均密度守恒. 显然, 在一开始对样品腔填充液体时, 高压液体的密度至少高于 25 bar 附近的固体. 堵塞点形成之后, 密度足够大的液体沿着熔化压曲线降温, 成为完整的固体 (见图 5.73(a)(b)). 堵管法这个称呼是习惯性叫法, 它更合适的名称应该是密度守恒法.

除了堵管法, 固体氦生长的手段还有恒压法和恒温法. 这两个方案先维持管道的畅通, 再通过等温条件下缓慢增加液体压强或者等压条件下缓慢降低液体温度, 以在样品腔底部先形成固体, 再让固体填充整个样品腔. 在实际增压过程或者降温过程中, 维持所有毛细管的畅通需要较高的实验技巧, 例如需要维持样品腔是整套气路中的温度最低点. 实验工作者可以在所有热沉处加装温度计以充分了解毛细管上的温度分布, 以免毛细管中先出现固体堵塞. 此时图 5.72 中的弱热连接不是为了降温, 而是为了方便对毛细管局部加热而不过分加热制冷机的特征温度盘. 样品腔和制冷机之间的弱热连接可以考虑采用铝线, 它在高温下是良好的热导体, 便于制冷机对高温液体和气体降温, 但是降温引起超导转变之后, 铝线的热导下降, 便于实验者控制样品腔和制冷机之间的温度差. 恒定压强或者缓慢增加压强都是由制冷机外部气路面板的室温气体 ^{4}He 控制.

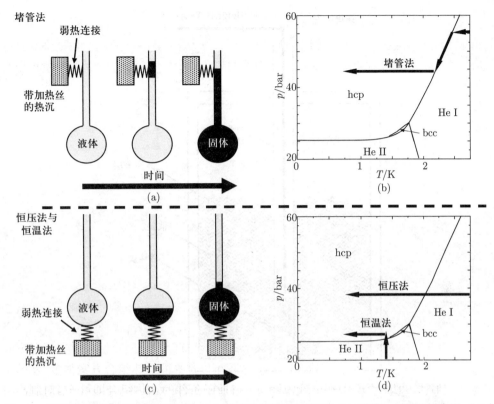

图 5.73 固体氦样品生长原理示意图. (a) 堵管法的生长示意图, (b) 堵管法的相图示意图; (c) 恒压法和恒温法的生长示意图, (d) 恒压法和恒温法的相图示意图. 图中的 "bcc" 指体心立方, "hcp" 指六角密堆积

  室温气体 ^{4}He 的压强可以由插管增压法调节, 而不是直接由高压气瓶的减压阀控制. 所谓的插管起增压管的作用, 它将气体转为特定体积下的液体, 然后由液体在局部空间内气化获得实验工作者需要的高压强值. 其原理如图 5.74 所示, 其核心思路如下: 气体 ^{4}He 在插管底部一截不锈钢管内液化, 关闭室温气源, 再让底部不锈钢管的位置略微高于液面, 从而使管内部分凝结的液体气化, 为制冷机中的毛细管和样品腔提供 ^{4}He 和提供一个稳定的压强. 室温气体的稳定供应来自高压气瓶. 比起直接使用高压气瓶, 插管增压法不容易因操作失误引起样品腔超压, 长时间制备样品时, 压强也不易受空气温度起伏影响, 并且压强易微调. 此外, 插管本身也起一个冷阱的作用, 它将气源或者气路中可能有的杂质先集中在插管里的活性炭内, 所以杂质不易出现在样品腔或低温毛细管中.

  样品腔和气源之间的连通由 ^{4}He 控制气路面板 (见图 5.75) 提供, 这种气路面板的核心结构包括增压管、^{4}He 的气体源 (例如高压气瓶)、真空规、泵和通向制冷机的

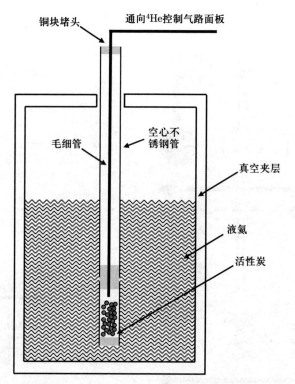

图 5.74　插管增压法的原理示意图. 图中展示了一种插管的便捷做法: 两段空心不锈钢管之间由一个铜块堵头隔离, 两根不锈钢管的另一侧由另外两块铜块堵头堵住. 最高处和中间处的铜块堵头开有孔洞, 允许毛细管穿过. 铜块堵头与不锈钢管之间、铜块堵头与毛细管之间由银焊密封. 实际使用中, 这个液氮源就是一个移动液氮杜瓦, 不锈钢管的直径只需要和杜瓦开口处匹配, 其直接插入杜瓦即可 (相关接口见图 5.38)

管道. ^{4}He 控制气路面板具有实现以上结构的模块, 并且为了灵活性, 模块之间尽量多地相互连接并设计阀门. 为了去除杂质, 设计者还可以增添一个液氮冷阱 (见图 5.21). 一个真实气路面板的设计例子见图 6.62. 如果 ^{4}He 中需要掺杂 ^{3}He, 实验工作者可为气路面板增加一个通向 ^{3}He 气源的通道. 例如, 如果研究对象是添加少量 ^{3}He 的 ^{4}He 样品, 实验工作者可以额外设计多个体积不等的腔体, 通过多次体积释放来获得低气体压强, 再通过隔离空间获得小体积的低压强 ^{3}He 气体, 以此获得较为准确的微量气体掺杂.

　　从样品腔到室温控制气路, 所有的腔体和管道都需要被提前检漏和清洗. 当经过负压法检漏但未发现异常之后, 针对这种高压系统, 我们可以采用如下简便但是严格的判断流程: 将气路系统整体充满允许的最大正压, 然后通过观测压强读数是否随时间下降来判断是否存在漏气点. 如果系统没有漏气现象, 我们还需要在正式使用前清

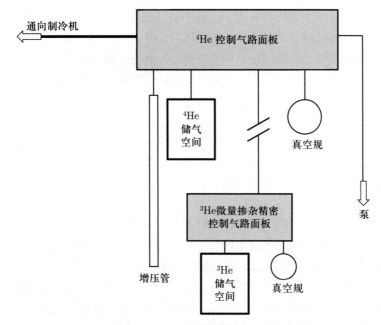

图 5.75 氦样品生长的室温控制气路示意图

洗系统, 即用待使用的气体, 如 ^{4}He, 反复充气抽气, 以尽量减少样品空间中的杂质气体.

5.10.2 样品质量

大部分 ^{4}He 样品使用 UHP 级别的氦气源. 当使用插管增压法制备 ^{4}He 液体和固体样品时, 常规的杂质被插管增压的过程捕获, 因而样品中的杂质只有同位素 ^{3}He. 关于商业化供应的 ^{4}He 和 ^{3}He 纯度, 读者可以参考表 1.7 和表 1.10. 关于不同用途对 ^{4}He 纯度的要求, 读者可以参考表 1.8.

虽然样品具体的 ^{3}He 含量依照气体来源不同而不同, 通过追溯已有的文献, 我们可以预设 ^{3}He 杂质含量不超过 1 ppm. 例如, 使用 UHP 气源的 ^{4}He 液体或固体样品含有约 0.3 ppm 的 ^{3}He 杂质[5.165]. 而当人们讨论同位素纯的 ^{4}He 时, 预期的 ^{3}He 杂质[5.166]为 1 ppb 或者不多于 1 ppb. 这种 ppb 纯度的气体并没有常规的商业化供应, 仅少数机构拥有. 更多关于 ^{4}He 中 ^{3}He 杂质的讨论可以见 1.3.4 小节.

液体样品中 ^{3}He 杂质产生的影响相对简单. 固体样品中 ^{3}He 杂质的分布以及其他影响晶体品质的因素跟生长过程的大量细节有关[5.167~5.172]. 首先, ^{3}He 在样品腔、管道和室温控制气路之间分布不均匀, 生长过程中的液体[5.173]更容易密集 ^{3}He, 因此固体样品中的 ^{3}He 浓度与气体中的 ^{3}He 比例相差程度可能高达 50%. 其次, ^{3}He 在固液界面间的选择性吸附将改变特定晶相的生长难易程度[5.174], 这影响了晶体的生长和熔化过程[5.175], 从而影响最后的氦样品构型和质量. 混合液的固化过程相当复杂, 具有很强的生长历程依赖关系[5.176]. 最后, 对于极低温实验, 样品腔中可能有多孔材料以增强氦样品与制冷机的导热能力, 于是固体开始生长的位置有多个不确定的来源, 生长时的晶面方向依赖关系相当复杂[5.177]. 综上, 当 ^{4}He 样品存在 ^{3}He 杂质时, 刚结束生长时样品中的 ^{3}He 分布非常不均匀. 样品生长结束后, 因为热激发, ^{3}He 可在 ^{4}He 晶格中移动, 甚至在足够低的浓度下 ^{3}He 可能集体关联移动, 但我不确定集体关联移动存在足够直接的实验证据.

除了 ^{3}He 杂质, 线缺陷位错也是固体 ^{4}He 样品中的常见无序. 考虑到氦样品生长的特殊过程, 不同课题组、不同实验工作者有不同的操作习惯和样品腔设计, 因而样品质量有差异. 我们可以认为堵管法生长的 ^{4}He 样品位错密度高达 10^9 cm^{-2} 数量级, 例如, 我们可以采用文献 [5.178] 的数据 (特殊说明: 文献作者认为他们采用了恒压法生长样品, 但是实验细节中提到了毛细管堵塞后, 样品在等密度条件下固化) 和文献 [5.179] 的解释. 恒压法和恒温法能获得比堵管法质量更好的固体 ^{4}He, 这也许是源于生长方法不同引起的内部形变量不同. 声学实验发现恒压法生长的固体 ^{4}He 中的线缺陷在 10^5 cm^{-2} 至 10^6 cm^{-2} 数量级[5.180,5.181]. 仔细生长的恒温法样品曾获得小于 20 cm^{-2} 的位错密度[5.182]. 这类高质量样品可能需要在非常低的温度下生长[5.182,5.183], 例如 20 mK, 而不是通常更易获得的 1 K 附近温度.

固体氦可能是单晶也可能是多晶, 这取决于生长方式和样品腔设计. 堵管法生长的 ^{4}He 多晶样品中的晶体颗粒线度在 1 mm 附近[5.184]. 常压法可以生长单晶样品, 这个结论曾被用多种实验手段确认[5.185]. 常温法也可以稳定地生长尺度达 cm^3 级别的 ^{4}He 单晶[5.186]. 人们通常讨论的固体样品是六角密堆积相的固体氦. 虽然体心立方相出现的参数空间很狭小, 但其单晶生长也被实现和验证过[5.187].

实际上能使用的低温固体样品质量探测技术令人多到令人惊讶 (见表 5.23)[5.165, 5.166,5.173~5.176,5.178,5.180~5.184,5.186~5.192], 当然, 比起常规的测量对象, 这些技术被应用于固体 ^{4}He 的难度更高.

表 5.23 一些可以提供 ^{4}He 固体质量判断的手段

比热	声学测量	光学观察	X 射线	核磁共振
压强测量	热导测量	中子散射	熔化压曲线	转动惯量

5.11 低温实验与安全

本节讨论低温实验中的人身安全和设备安全. 人的安全比设备的安全更重要.

人们对实验安全的关注远远滞后于对实验本身的关注. 曾经多次遇到爆炸而眼睛受伤的法拉第的科研生涯 "受益于" 其他人的安全事故. 法拉第出身于寻常家庭, 他在当书商学徒期间努力求学, 因而认识了戴维. 戴维因实验事故眼睛受伤后, 法拉第成为了他的助手, 并获得了更多的学习机会和科研机会. 在没有实验安全概念的年代, 法拉第和戴维这种知名的一线实验工作者都因安全事故而受伤. 在实验安全已经深入人心的现在, 也许有关科研人员的轶事中不用再出现这类不必要的故事.

对于科学探索, 实验中安全的重要性不是一个需要讨论的问题, 所以本节仅讨论低温实验需要关注的安全细节. 实验安全不仅涉及严格的科学原理和固化的知识记忆, 它还是一个应用新科学知识和新技术工艺的动态完善过程.

5.11.1 通用实验安全

开展低温实验的实验室属于常规实验室, 实验工作者需要遵守通用实验安全的规则, 并且每个人都得对自己和实验室中的其他人负责. 当实验工作者看到其他人失去意识时, 不要在未判断周围环境是否安全之前匆忙接近和接触.

常规实验室的安全需要关注的对象可以参考安全提示的图示. 图 5.76 的菱形图案提醒我们注意与化学品相关的风险, 图 5.77 的三角形图案提醒我们关注常规风险, 但它们并不是一份完整的风险列表. 在常规小型实验室对低温液体的使用中, 直接涉及的安全问题有冻伤、气体超压和缺氧, 不直接涉及但需要关注的安全问题有高压气瓶和强磁场. 所谓缺氧, 指的是涉及大量低温液体的实验室要密切关注氧气不足带来的危险. 低温伤害、超压和缺氧这类直接风险通常更容易被实验工作者关注, 而高压气瓶和强磁场的风险却容易被忽略. 在强磁场附近区域, 实验工作者需要谨慎使用含铁和钢的工具和部件; 佩戴心脏起搏器或其他专业医疗设备的人员不该进入高于 0.5 mT 磁场的区域.

有毒　　腐蚀性　　有害　　健康影响　　环境影响

爆炸风险　　易燃　　易氧化　　高压

图 5.76　实验室中可能遇到的化学品风险标志. 该系列图案的特征为形状是菱形, 边框是红色. 我建议读者遇到这类图案时认真查阅详细的标记含义

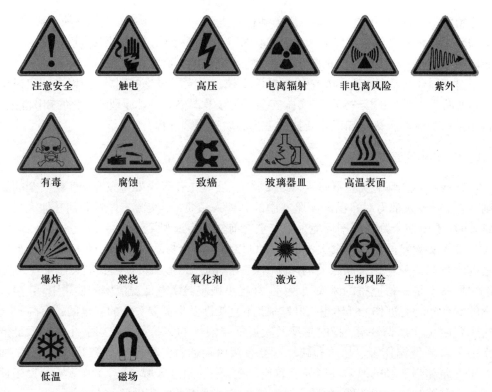

图 5.77　实验室中可能遇到的三角形风险标志的简单总结. 三角形底色为黄色, 该类标志数量众多, 并且有多种不同表示图案. 最后一行两个三角形风险标志是低温实验室的标配

本小节先讨论高压气瓶和低温液体之外的常见实验安全问题. 化学品安全是小型实验室最常见和最重要的安全问题之一, 基于本书的侧重点, 这里没有展开介绍, 但是与化学品相关的安全问题必须被高度重视.

在常规实验室中, 还存在大量容易被忽略的慢性疾病安全隐患, 难以被一一列举, 仅能靠工作人员在实验现场依靠周全的思虑去避免. 例如, 油泵 (相关内容见 5.3.1 小节和 5.3.9 小节) 的出气口不应直接对实验室的室内排放, 废气含不利于健康的油雾颗粒. 如果泵的废气不适合被排放到室外, 则应该由过滤器将废气中的油雾沉淀为液体. 有些泵的气流量过大或者工作状态不正常, 可能一两周就会往空气中喷出几百毫升的泵油. 此外, 焊锡和助溶剂高温状态下会释放含有重金属和刺激性物质的气体, 焊接时吸入这些气体对操作者的健康不利, 而设备中的金属也易受酸性气体腐蚀.

实验室内部还有一些涉及个人生活习惯的安全要求, 一些实验室管理者出于人文习惯也许不容易明确提出, 这里我也将能想到的内容简单列举一下, 供新参与实验的工作人员参考. 实验工作者必须穿鞋工作, 在有化学药品和低温液体的实验室中, 凉鞋、拖鞋、有洞的鞋和高跟鞋都是不合适的. 在使用化学药品的场合中, 除了正规的必要着装防护之外, 日常着装不裸露胳膊和大腿; 在使用低温液体的实验室中, 长裤覆盖住鞋面. 在有机械移动部件的实验室中, 过于宽松或者悬空的服饰、珠宝首饰、披发和长须髯不应该被允许. 食物和饮料不该出现在实验室内, 我们既担心它们被化学药品污染, 也担心实验室中出现不该引来的小动物.

更多的细节关注不仅能减少人员安全事故, 还能减少实际上更频繁发生的仪器安全事故. 以下是一些可被关注的细节, 但我必须强调这只是发散性思维的起点, 我们需要关注的安全问题远远不止这里所列举的少数例子. 第一, 从实验室建设开始, 实验工作者需要整体分析实验室可能发生的安全隐患. 第二, 实验室管理者应尽早开始对新成员进行仪器安全操作规范和安全意识的培训. 第三, 任何对设备的小改动都可能引起安全隐患, 有经验的实验工作者必须关注新成员对设备所做的变动. 另外, 在没有足够经验和充分把握的前提下, 搭建新低温设备或者实现新低温技术时仅采用别人尝试过的材料. 第四, 不要关闭或挪走安全阀门和报警装置. 第五, 运行中的超导磁体储藏了能量, 因此在超导磁体通大电流时, 实验室应该保留人员. 本书可以在这里提供一个长长的列表, 但是更多的穷举不见得对具体的实验室有用.

仪器事故还可能来自操作者的注意力不集中. 实验工作者的理想状态当然是不犯任何错误, 可惜这不现实, 因此, 在非紧急条件下, 我们尽可能地谨慎操作设备. 表 5.24 提供了一份非常有趣的操作者犯错频率清单, 虽然我不确定如何能科学客观地获得这些数据, 但这依然有参考价值. 表格里面的数字只是针对实验人员群体的估计值, 我们依靠个人的努力有机会让某一个意外不会出现.

表 5.24　人为失误概率估计

类型	出错率
持续紧急状态和高精神压力下的犯错	3×10^{-1}/天
轮班工作的合作者未检查工具状态	1×10^{-1}/天
漏掉流程中的步骤	1×10^{-2}/天
操作失误, 如误读标签然后选错按钮	3×10^{-3}/天
操作失误, 如未误读标签然后选错按钮	1×10^{-3}/天

注: 本表格的数据来自文献 [5.193].

仪器本身也会随着使用时间的增加而出故障, 这个使用时间增加并不是指设备老化. 即使设备一直维持在出厂时的工作状态, 也会偶尔出现预料外的状况. 当然, 实物出故障的真实概率受货源和保养条件的影响, 但是不妨让我们以此为参考, 警惕低温实验中所有可能出错的地方. 尽管表 5.25 中列出了看似很低的故障率, 但在真实实验中还得考虑对象的数量. 以引线为例, 每个实验工作者接触的引线远远不止一根, 因此实际遇到引线问题的机会并不少.

表 5.25　仪器故障概率估计

类型	故障率
气动阀不工作	1×10^{-5}/小时
电动马达不运转	1×10^{-5}/小时
常规仪表读数不可靠	3×10^{-5}/小时
泵不正常工作	3×10^{-5}/小时
电磁阀不工作	4×10^{-5}/小时
机械阀不工作	4×10^{-5}/小时
常规仪表不工作	1×10^{-6}/小时
杜瓦失去真空	1×10^{-6}/小时
引线断开	3×10^{-6}/小时
输液管漏气	5×10^{-7}/小时
法兰明显漏气	4×10^{-7}/小时
引线接地	3×10^{-7}/小时

注: 本表格的数据来自文献 [5.193], 指的是正规设备在没有误操作且处于正常维护状态下的故障概率.

一个实验室的安全不仅受实验室内的设备和人员影响, 还受实验室外部因素的影响 (如图 5.78 中的例子). 停电和恶劣天气都可能干扰设备的正常运行, 以下我列举一些可能受到的影响和应对方案. 关于停电, 我们可以为实验室重要的设备提供稳压电源和应急电池组, 并通过固定电话设置停电报警器, 报警器在停电的第一时间通知实验室成员. 针对漏水和淹水, 我们可以在需要的区域设置淹水报警器, 同样通过固定电话通知实验室成员. 对于置于屋外的设备需要考虑天气的影响. 例如, 水冷机的室外管道可能在暴雨和大风天被墙体脱落的砖石砸变形, 引起管道堵塞或者漏气, 实验工作者需要在天气恶劣时通过室内仪表关注室外设备的运行状态. 春夏期间, 部分城市可能有飘絮, 它们可能堵塞水冷设备的室外通风位置, 使水冷设备的换热效率下降, 从而导致室内循环水的温度过高并影响需要冷却的设备的运转. 在飘絮严重的地方, 这些影响换热效率的堵塞物需要被定期清理. 如今网络发达, 我建议实验室建立远程监控的技术手段, 这种远程监控既包括覆盖重要区域的摄像头, 也包括重要设备的运行电脑屏幕, 以便于实验工作者实时掌握实验室动态. 需要提醒的是, 对于重要设备运行电脑的远程控制设置需要极为慎重, 远程可以控制的功能越少越好, 并且不该有多个人同时拥有控制权限, 甚至所有人都可以仅保留访问功能. 最后, 非实验室成员引起的安全问题需要被重视. 当实验室有新成员、访问人员和参观人员时, 他们需要由老成员陪同并了解安全事项. 基于安全检查、资产检查、应急、保洁等多种原因, 外来人员可能在没有陪同的情况下进入实验室, 所以实验室需要明确标记出外部人员不该进入的危险空间.

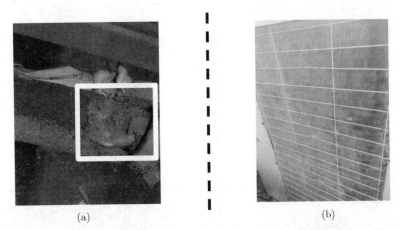

图 5.78 室温设备照片. (a) 一根连接水冷机和室外机的管道因为被堕物砸到而发生机械变形 (白色方框区域), 引起了堵塞. (b) 过滤网上布满了飘絮

上述所讨论的安全隐患和即将介绍的高压气瓶安全和低温液体安全, 并不能覆盖实验的所有安全问题, 而仅仅是一份基于个人经历和有限见识的不全面建议. 我希望本节的内容能引起读者对安全问题的重视, 由读者根据自己的实验室环境完善属于自己的安全列表. 最后, 也许也是最难实现的一个建议: 实验室中需要形成一个重视安全的 "文化氛围". 实验工作者难免有需要赶时间和节省经费的时候, 在这些特殊场合, 人身安全和设备安全永远不该被忽视.

5.11.2 高压气瓶安全

因为高压气瓶在低温实验中使用频繁而且误操作时的风险极大, 本小节单独强调其使用的注意事项. 当气瓶顶部封口意外漏气后, 气瓶被加速起来后的动能非常可怕, 它被称为气瓶火箭, 可以轻松地穿破墙体.

气瓶倾倒之后, 顶部封口可能损坏, 从而引起高速气流对气瓶的持续加速. 基于高压气瓶这个特点, 气瓶的固定和移动有特定的要求. 首先, 气瓶必须竖直放置, 并且被安稳地固定于贴墙位置. 例如, 气瓶不应该毫无固定地放在房间中央. 其次, 气瓶移动时必须使用有专门固定的小车, 不能用手推着气瓶、依靠反复转动气瓶挪动位置. 最后, 气瓶不使用时要拧上瓶盖. 高压气瓶的瓶盖有特殊设计的出气口, 一旦气瓶顶部漏气, 气流将喷往多对相反的方向, 而不是提供特定方向的加速. 气瓶的贴墙固定方式、短距离运送气瓶的小车和瓶盖的例子见图 5.79.

如图 5.79(d) 所示, 气瓶在使用时必须安装减压阀. 以下为一个常见的错误做法: 不经过减压阀, 使用者快速打开和关闭总阀门, 以确认气瓶是否为空瓶. 如果减压阀

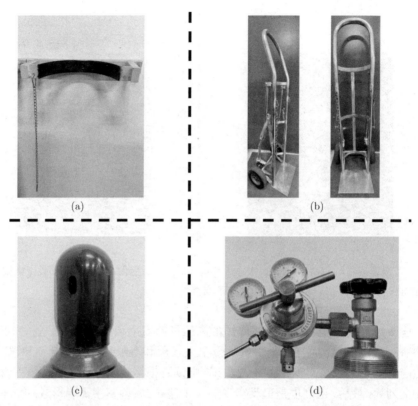

图 5.79 气瓶相关实物例子. (a) 用膨胀螺栓固定于可靠墙体上的气瓶固定架. (b) 短距离运送气瓶的小车. (c) 不使用的气瓶拧上瓶盖, 瓶盖侧面有多个出气口. (d) 使用中的气瓶必须装配减压阀

跟气瓶的型号看起来都正确, 但是两者之间不匹配, 使用者不要改装减压阀以强行匹配气瓶, 而是需要更换气瓶, 同时确认厂家提供的气瓶种类是否正确. 国际上有三种主流的气瓶接口标准: BS341 (BS 指 British Standard, 即英国标准)、DIN477 (DIN 指 German Standard, 即德国际准) 和 CGA (Compressed Gas Association, 即压缩气体协会), 三种标准之间不兼容 (见表 5.26). 它们的共同点是对于不同种类的气体采用不同接口, 以免使用者误连接; 不同点是对气体种类的区分方式不同, 并且接口的设计不同, 不同标准之间不兼容. 在这类气瓶标准的保护下, 使用者正规安装减压阀之后, 一定不会将氧气高压气瓶连接到充满可燃气体的空间. 正常情况下, 氧气和氢气的连接口是不匹配的, 例如公母不一致, 或者螺纹接口处的直径大小不一致, 以免接错. 为避免安装减压阀时扳手打滑, 拧紧或者松开减压阀的扳手应该采用匹配的固定开口扳手, 而不是可调节的活动扳手.

　　使用高压气瓶的其他注意事项还包括: 气瓶周围不要有高温源, 特别是明火源; 可燃性气体要单独存放并且拥有高于常规气瓶的安全规则; 氧气必须单独存放; 与气瓶相关的连接不能使用油脂, 要警惕燃烧的风险; 使用者在日常使用中养成标注气瓶气体种类和标注是否空瓶的习惯; 气瓶的提供者应该定期检查和测试气瓶的安全性, 因此气瓶的使用者需要从正规渠道获得气源. 此外, 我们要考虑到气瓶清空之后混入空气的可能性, 不该为了节约而把高压气瓶中的气体用完, 而要在补气之前让气瓶维持微弱的正压条件.

表 5.26　一些常见高压气体的气瓶在不同标准下的序号

气体	CGA	BS341	DIN477
空气	590	3	6
N_2	580	3	10
^{4}He	580	3	10
Ar	580	3	10
Ne	580	3	10
O_2	540	3	/
H_2	350	4	1
天然气	350	4	1
丙烷	510	4	1

注: 中国采用 CGA 标准. 一种气体可能有多种合适的序号, 表格中仅提供最常见的数字. 以 CGA 的惰性气体为例, 580、680 和 677 均适用.

5.11.3　低温液体安全

低温液体相关的主要共性安全问题是冻伤、低温液体气化后引起的气体压强增加、液体气化引起的氧气不足. 需要特别注意的安全问题包括液氢和液体天然气 (LNG) 的易燃性和液氧引起的危险. 对没有液氧、液氢和液体天然气的常规低温实验室来说, 低温液体带来的安全隐患远远小于其他实验风险.

1. 冻伤

皮肤与液氮的瞬间接触因为莱顿弗罗斯特效应而安全, 但人体与低温源更长时间接触则肯定受到伤害. 所谓莱顿弗罗斯特效应, 指的是液体在接触远高于液体沸点的表面时, 液体与热表面之间因为一层气体的存在而短暂地热隔离. 所谓的热表面是相对于液体的沸点而言, 例如, 液体可以是液氮或者水, 表面可以是室温的地面也可以是滚烫的油锅. 手捧起液氮或者用衣物收集液氮是严格被禁止的, 实验工作者也需要极度警惕液氮流入鞋中, 因此操作低温液体时必须穿着盖过鞋面的长裤. 就算不是液氮的操作人员, 在使用液氮的实验室中, 也不该穿着敞口的鞋或者拖鞋、凉鞋. 同理, 用皮肤接触浸泡在液氮中的金属是极度危险的, 因为不再有莱顿弗罗斯特效应提供的气体隔热保护.

皮肤与低温液体几秒的直接接触就可能引起冻伤, 特别是当皮肤表面潮湿时. 人体组织大约在 $-3\,^\circ\mathrm{C}$ 结冰. 皮肤中的水在固化时的膨胀可能破坏细胞膜, 从而让体液聚集在细胞之间, 这引起人体组织充血. 结冰还引起细胞缺水, 产生的伤害效果类似于烫伤. 除了冻伤, 过低的体温还影响人体器官的正常工作, 这也是一个极为危险的低温伤害. 被冻坏的人体组织可能呈白色或有蓝色斑点的白色, 外观上有时像涂了额外一层薄薄的膏状物. 人体组织解冻之后, 冻伤还将持续影响人体. 解冻后, 人体组织开始肿胀和疼痛, 同时血块凝结可能削弱血液流动和人体组织恢复的能力, 并且解冻伴随着感染的风险. 患处不该接触热水, 不该用急水流冲刷, 也不该用冰和雪去揉搓. 这些只是我所了解的应急知识, 正规的医疗处置方案应该由医生根据伤情判断给出.

当液氮接触人体时, 一个需要特别关注的防护位置是眼睛. 该风险可能引起失明这个严重的后果. 在倾倒液氮时, 操作人员需要提防眼睛接触液氮的可能性, 例如佩戴护目镜和专业面罩. 柔软的塑料输液管道在低温下硬化后可能会炸裂开, 溅出的液氮也可能对没有保护的眼睛造成伤害. 很多学生因为习惯戴眼镜, 可能对液氮溅入眼睛的风险防范意识较低. 另一个需要关注的位置是呼吸道, 因为低温气雾可能会被误吸入. 实验工作者不应该随意走入气雾空间.

为降低冻伤的可能性, 除了穿戴护目镜或专业面罩, 实验工作者还需要留意其他保护着装的选择. 例如, 实验者所使用的隔热手套不能是化学间用的薄皮塑料手套或者薄皮橡胶手套, 而是采用厚实的隔热手套. 手套必须方便佩戴者迅速摘下, 并且材质不能亲水.

2. 窒息

低温液体的气液体积比巨大, 液体气化后可能占据大体积的实验室空间, 从而引起氧气不足的风险. 氧气不足是一个可能致命的危险, 使用大量低温液体的实验室都需要考虑与其相关的风险性. 使用液氮的实验室需要警惕高空氧气不足引起工作人员坠落的风险, 而使用液氩的实验室需要警惕地坑氧气不足引起工作人员昏迷无法自行爬出的风险. 基于对缺氧的顾虑, 实验工作者同样不应该随意走入气雾空间. 缺氧的症状涉及人行动和感知能力的降低, 所以窒息的风险难以靠人体感觉提前防备. 海平面空气中氧气的比例约 21%, 泛泛而言, 实验室中氧气含量在 19% 以上时是安全的, 而约 9% 及以下时是致命的. 具体的风险程度还跟除了氧气之外的其他气体成分的组成有关[5.194].

频繁、大量使用低温液体的实验空间需要安装氧气浓度监控计和报警器. 在密集不通风的小空间中使用低温液体时, 实验工作者需要判断在最糟糕的情况下, 液体全部瞬间气化是否会引起实验空间的氧气不足. 具体估算可以对比房间体积、液体使用量和液体的气液体积比 (见表 5.27). 对于使用液氮的实验室, 如果实验工作者高空作业, 需要考虑房间高处是否需要安装排气扇. 另外, 低温液体通过电梯和汽车运输时, 人和低温容器不要同时处于同一个密闭空间内. 例如, 人和杜瓦不应搭乘同一趟电梯

(人走楼梯, 或者两人配合运送杜瓦), 尽管大部分实验工作者因为怕麻烦而难以做到这点.

表 5.27　常见低温液体的气体液体体积比

低温液体	氦	氮	氢	氧	氩	甲烷	乙烷	丙烷
气液体积比	∼ 780	∼ 720	∼ 880	∼ 880	∼ 860	∼ 660	∼ 450	∼ 320

注: 液体天然气以甲烷为主, 含有少量乙烷和丙烷.

3. 超压

液体意外迅速气化引起的超压是最容易损坏设备的意外, 并且可能危及实验工作者的安全. 储备低温液体的容器必须有泄压用的安全通道或安全阀门, 以让高压气体在累积到破坏性的压强之前先逐步被释放. 正常的减压阀必须位于室温条件下, 不能被冻结或者产生凝水、凝冰现象. 此外, 但凡条件允许, 这些减压方式一定要存在冗余, 以提防某个减压方式意外不工作的可能性. 完全密封的低温液体容器实质上就是一个不定时炸弹. 我曾读过一句话, 大意是: 一个炸了的杜瓦令人印象深刻, 不过你最好在它炸了之后才见到它, 而且它最好属于别人的实验室.

封闭的低温液体必须考虑泄压的渠道, 最简单的做法是在合适的室温区域安装减压阀. 减压阀有许多正规的商业化产品可供选择. 当自行搭建的设备需要一个临时的减压阀时, 实验工作者可以考虑图 5.80 的设计. 取决于所悬挂重物的重量 (照片中的燕尾夹) 和细管上的切缝角度 (不超过 180°), 细管在特定的管内正压条件下释放气体. 细管的材料可使用柔软有弹性的乳胶管. 在管内负压条件下, 细缝开口 (图中的刀口)

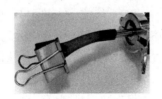

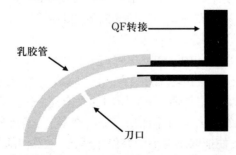

图 5.80　一个简易的临时安全阀实物照片和示意图

在压强差下闭合,简易地防止空气进入管道内侧. 使用者可以靠调整管壁厚度来大幅度改变泄气压强,靠调整悬挂物重量小幅度改变泄气压强,但不要靠切缝角度调整阈值压强. 考虑到负压条件时刀口需要闭合,切缝角度不宜太大,否则如果乳胶管复位后的角度偏离初始位置,刀口处可能在负压条件下存在明显的漏气. 该简易安全阀比较适合临时使用,而且所保护的系统最好持续处于微弱的正压条件. 如果该减压阀被用于低温容器,使用者需要关注所释放气体的温度,警惕乳胶管遇到低温气流后降温,然后失去弹性使缝隙难以张开. 不论是对于商业化或者是自制的减压阀,使用者都得小心因温度过低引起的液体堆积和结冰,它们可能堵塞管道或者冻结住调节压强用的弹性结构.

2006 年,得克萨斯农工大学曾发生过一次超压爆炸事故. 事故的起因很简单,仅仅是液氮杜瓦的安全阀被更换为一个堵死气路的堵头,当容器超压爆炸时,容器内部压强估计超过 60 bar. 幸运的是,事故发生在夜里三点,没有引起人员伤亡. 如今的杜瓦都是金属杜瓦,爆炸的风险集中出现在大质量物体的移动和轰击时. 早期杜瓦的主体结构是玻璃,爆炸时可能产生朝各个方向高速飞溅的尖锐玻璃块. 我辗转听说过玻璃杜瓦爆炸后人员伤亡的不幸事故.

类似的安全隐患很多,因为没有真正产生人身伤害和可观的经济损失而没有被大范围公开. 十几年前,美国某知名学院的一个低温杜瓦的真空夹层焊接处曾在使用过程中意外裂开,液氮直接涌入真空夹层并与室温的杜瓦金属壁接触,从而引起大量液氮气化和真空夹层空间内的超压. 该杜瓦有真空超压保护,所以没有爆炸,但是泄压阀几斤重的金属保护板被弹出以释放压强. 在设计时,杜瓦厂家未考虑人员安全,将弹射出口的高度定在成年人的胸腹高度,幸亏安装杜瓦的实验工作者用杜瓦的不锈钢支撑柱挡住了此块金属的弹射方向,不锈钢代替实验工作者承受了撞击. 事故发生时,杜瓦一米之内有一名博士后和一名博士生. 约四十年前,在美国另一所大学,一个本科生想节省时间,把一个窄口实验杜瓦中的液氮直接倒出,但该学生忘了杜瓦上端其实接近室温. 杜瓦倾斜之后,液氮迅速气化后引起了杜瓦爆炸,幸亏杜瓦经过精心设计,内壁先被破开,未伤害到此本科生.

这些超压引起的安全隐患不一定非得来自 “戏剧性” 的意外,日常工作中也有引起超压的原因. 例如,浸泡在液氦中的超导磁体如果运行在临界磁场附近,超导态不稳定引起的失超将让超导螺线管 (相关内容见 5.9 节) 释放大量能量,从而引起大量液氦气化. 例如,在十几年前的美国某知名学院,当时放置在楼道中的液氮杜瓦的安全阀间歇性地释放压强,时不时产生尖锐的噪声,让当时路过或者在附近工作的不明身份人员感到不适,于是此人尝试手动关闭泄压用的安全阀,不过幸运地被在场的学生发现并制止. 例如,中国某知名大学每年计划内停电许多次、意外停电若干次. 停电使干式制冷机失去制冷功能,使抽取制冷剂的泵停止运转,以及使部分电控阀门关闭,因此停电可能使制冷机的低温部件因为制冷剂气化而超压,从而产生永久性的漏气,这破坏了设备的基本性能. 该大学的一台稀释制冷机在一次意外停电后超压, 之后再也没能恢复到设备应该正常达到的最低温度. 增压泵的使用、阀门组合的误操作以及对低温环境引入过量的热源也都可能引起设备内部的超压.

4. 液氧、液氢与液体天然气

当使用液氧、液氢和液体天然气时, 其爆炸的风险我不再详细讨论, 因为这个风险不仅是显而易见的, 而且与大部分的低温实验室无关. 我仅举一个例子: 因为铍在液氮温区和液氢温区的延展性差异, 一个气泡室的窗口曾出了故障, 从而引起剑桥电子加速器的液氢爆炸[5.195]. 以下, 我简单列举一些可能相对较少被提及的安全隐患.

高比例的氧气氛围中容易起火, 一些被认为不可燃烧的物体可能在纯氧气中燃烧, 而一些可燃烧的物体可能在纯氧气氛围中爆炸. 例如, 不锈钢曾被发现在液氧附近时可燃. 除了缺氧的风险, 当氧气浓度超过 50% 时, 人也可能会因为氧气中毒而肺部受损.

氢氛围下, 金属和合金的结构强度和展延性都会变差, 它增加了机械强度相关的风险. 人们知道此现象可能已经超过了一个半世纪. 如果液氢容器有小泄漏, 空气会在液氢中液化和沉积, 当容器升温时, 容器内可能存在比例可造成危险的氧和氢.

液体天然气中可能有 "翻转" 引起的安全隐患. 液体天然气由多种成分组成, 因为密度差异而产生分层. 顶层液体因为蒸发而容易散热, 底层液体因不易散热引起升温而密度减小. 当上下两层液体密度趋同时, 剧烈的气化将发生.

5. 其他低温液体风险

温度变化引起热胀冷缩. 支架材料在不等幅度的收缩下, 可能产生足以破坏支撑结构或者真空结构的应力, 从而产生风险.

使用液氮的低温实验室可能意外地拥有液氧. 当液氮长期敞口存放时, 空气中的氧气在液氮中液化, 并且可能形成蓝色的臭氧 (O_3). 例如, 长年累月不间断地为冷阱提供冷源的液氮敞口杜瓦中, 可能液体底部呈现来自液氧的淡蓝色. 液氧具有与燃烧相关的安全隐患, 臭氧有剧毒, 而且 O_3 重新变为 O_2 的过程可能会释放能量而引起爆炸. 在有离子辐射的实验室, 臭氧更容易出现.

管道或者阀门附近因为低温气体或液体的流过, 可能冷凝水汽后结冰, 而冰块可能堵塞通道. 实验工作者需要提防管道通畅后的突然压强释放, 例如, 用裸眼正对着一根连接低温容器的细长管道, 并观察其开口, 显然是不合适的做法.

6. 总结

以上是我会优先考虑的低温实验中的安全问题, 但这肯定不是我自己工作过的实验室需要关注的所有安全问题. 而且, 每个实验室都有不一样的实验需求, 低温实验中的风险无法简单地靠一本书去罗列. 很多安全事故, 与其说是意外, 不如说是工作人员某时某处的疏忽造成的必然结果.

作为一名实验工作人员, 保护自己的同伴、保护自己、保护仪器设备的意识需要从参加科研训练时就开始培养. 为什么此处将 "保护同伴" 的重要性放在 "保护自己" 之前? 因为我曾见过一个被随意放置的装过剧毒物氢氟酸的空烧杯, 也曾知道有人用空矿泉水瓶装化学药品被其他人误饮的例子. 一些对自己无害的轻率之举, 在协同工作的实验环境中可能被放大为其他人的安全事故. 安全无小事, 可是换个角度, 实验室的安全却又是由工作和学习中一件件小事保护着的. 在实验操作中, 持之以恒地谨小慎微、在无科研探索需求的前提不冒任何不必要的风险, 并不是那么容易做到的.

最后, 我想为本章额外添加一个结尾: 第五章的知识主要来自中国科学技术大学的本科教育、我的博士导师和实验室曾经的同伴们, 也有一部分知识受益于曾交流和访问过的其他实验室的经验分享.

第五章参考文献

[5.1] 任多敏. 实用真空物理与技术 [M]. 合肥: 中国科学技术大学教材, 2002.

[5.2] 高本辉, 崔素言. 真空物理 [M]. 北京: 科学出版社, 1983.

[5.3] 王欲知, 陈旭. 真空技术 [M]. 2 版. 北京: 北京航空航天大学出版社, 2007.

[5.4] RICHARDSON R C, SMITH E N. Experimental techniques in condensed matter physics at low temperatures[M]. Boca Raton: CRC Press, 1988.

[5.5] BARRON R F. Cryogenic systems[M]. 2nd ed. New York: Oxford University Press, 1985.

[5.6] 刘玉魁. 真空工程设计 [M]. 北京: 化学工业出版社, 2016.

[5.7] 达道安. 真空设计手册 [M]. 2 版. 北京: 国防工业出版社, 1991.

[5.8] UMRATH W. Fundamentals of vacuum technology[M]. Cologne: Oerlikon Leybold Vacuum, 2007.

[5.9] KENT A. Experimental low-temperature physics[M]. London: The Macmillan Press, 1993.

[5.10] GARFUNKEL M P, WEXLER A. Measurement of high vacuums at low temperatures[J]. Review of Scientific Instruments, 1954, 25: 170-172.

[5.11] PAVESE F, MOLINAR MIN BECIET G. Modern gas-based temperature and pressure measurements[M]. New York: Plenum Press, 1992.

[5.12] YOUNG W C, BUDYNAS R G. Roark's formulas for stress and strain[M]. 7th ed. New York: McGraw-Hill, 2002.

[5.13] FLYNN T M. Cryogenic engineering[M]. 2nd ed. New York: Marcel Dekker, 2005.

[5.14] GUILDNER L A, STIMSON H F, EDSINGER R E, et al. An accurate mercury manometer for the NBS gas thermometer[J]. Metrologia, 1970, 6: 1-18.

[5.15] VAN SCIVER S W, HOLMES D S, HUANG X, et al. He II flowmetering[J]. Cryogenics, 1991, 31: 75-86.

[5.16] DE JONGE T, PATTEN T, RIVETTI A, et al. The 19th International Cryogenic Engineering Conference[C]. Grenoble: Narosa, 2002.

[5.17] RAY M W, HALLOCK R B. Observation of unusual mass transport in solid hcp ^{4}He[J]. Physical Review Letters, 2008, 100: 235301.

[5.18] VEKHOV Y, HALLOCK R B. Mass flux characteristics in solid ^{4}He for $T > 100$ mK: Evidence for bosonic Luttinger-liquid behavior[J]. Physical Review Letters, 2012, 109: 045303.

[5.19] VEKHOV Y, MULLIN W J, HALLOCK R B. Universal temperature dependence, flux extinction, and the role of ^{3}He impurities in superfluid mass transport through solid ^{4}He[J]. Physical Review Letters, 2014, 113: 035302.

[5.20] ATREY M D. Cryocoolers theory and applications[M]. Cham: Springer, 2020.

[5.21] ZHAO Z, WANG C. Cryogenic engineering and technologies[M]. Boca Raton: CRC Press, 2020.

[5.22] SAULSON P R. Vibration isolation for broadband gravitational wave antennas[J]. Review of Scientific Instruments, 1984, 55: 1315-1320.

[5.23] YAN J, YAO J, SHVARTS V, et al. Cryogen-free one hundred microkelvin refrigerator[J]. Review of Scientific Instruments, 2021, 92: 025120.

[5.24] MUELLER R M, BUCHAL C, FOLLE H R, et al. A double-stage nuclear demagnetization refrigerator[J]. Cryogenics, 1980, 20: 395-407.

[5.25] POBELL F. The quest for ultralow temperatures: What are the limitations?[J]. Physica, 1982, 109&110B: 1485-1498.

[5.26] HAKONEN P J, IKKALA O T, ISLANDER S T, et al. Rotating nuclear demagnetization refrigerator for experiments on superfluid He^3[J]. Cryogenics, 1983, 23: 243-250.

[5.27] ISHIMOTO H, NISHIDA N, FURUBAYASHI T, et al. Two-stage nuclear demagnetization refrigerator reaching 27 μk[J]. Journal of Low Temperature Physics, 1984, 55: 17-31.

[5.28] SONG Y J, OTTE A F, SHVARTS V, et al. A 10 mK scanning probe microscopy facility[J]. Review of Scientific Instruments, 2010, 81: 121101.

[5.29] BATEY G, CASEY A, CUTHBERT M N, et al. A microkelvin cryogen-free experimental platform with integrated noise thermometry[J]. New Journal of Physics, 2013, 15: 113034.

[5.30] BALSHAW N H. Practical cryogenics[M]. Oxon: Oxford Instruments, 1996.

[5.31] CROFT A J. Cryogenic laboratory equipment[M]. New York: Springer, 1970.

[5.32] EKIN J W. Experimental techniques for low-temperature measurements: Cryostat design, material properties and superconductor critical-current testing [M]. Oxford: Oxford University Press, 2006.

[5.33] POBELL F. Matter and methods at low temperatures[M]. 3rd ed. Berlin: Springer, 2007.

[5.34] WHITE G K, MEESON P J. Experimental techniques in low-temperature physics [M]. 4th ed. Oxford: Oxford University Press, 2002.

[5.35] CROFT A J. Cryogenic difficulties[J]. Cryogenics, 1963, 3: 65-69.

[5.36] SUAUDEAU E, ADAMS E D. Detecting superleaks in a dilution refrigerator[J]. Cryogenics, 1990, 30: 77-77.

[5.37] 阎守胜, 陆果. 低温物理实验的原理与方法 [M]. 北京: 科学出版社, 1985.

[5.38] ELSEY R J. Outgassing of vacuum materials-II[J]. Vacuum, 1975, 25: 347-361.

[5.39] DANILOVA N P, SHAL'NIKOV A I. The adsorption of helium on a copper surface at $4.2°K$[J]. Cryogenics, 1968, 8: 322-323.

[5.40] TORRE J P, CHANIN G. Heat switch for liquid-helium temperatures[J]. Review of Scientific Instruments, 1984, 55: 213-215.

[5.41] DUBAND L, ALSOP D, LANGE A, et al. A rocket-borne ^{3}He refrigerator[J]. Advances in Cryogenic Engineering, 1990, 35: 1447-1456.

[5.42] SMITH E, PARPIA J M, BEAMISH J R. A ^{3}He gas heat switch for use in a cyclic magnetic refrigerator[J]. Journal of Low Temperature Physics, 2000, 119: 507-514.

[5.43] SMITH E N, PARPIA J M, BEAMISH J R. A ^{3}He gas heat switch for the 0.5-2 K temperature range[J]. Physica B, 2000, 284-288: 2026-2027.

[5.44] KIMBALL M O, SHIRRON P. Heat switches providing low-activation power and quick-switching time for use in cryogenic multi-stage refrigerators[J]. AIP Conference Proceedings, 2012, 1434: 853-858.

[5.45] BEWILOGUA L, KNÖNER R, KAPPLER G. Application of the thermosiphon for precooling apparatus[J]. Cryogenics, 1966, 6: 34-35.

[5.46] DIPIRRO M J, SHIRRON P J, MCHUGH D C. A liquid helium film heat pipe/heat switch[J]. Advances in Cryogenic Engineering, 1998, 43: 1497-1504.

[5.47] SHORE F J. Displacement-type He II heat switch[J]. Review of Scientific Instruments, 1960, 31: 966-969.

[5.48] ESAT T, BORGENS P, YANG X, et al. A millikelvin scanning tunneling microscope in ultra-high vacuum with adiabatic demagnetization refrigeration[J]. Review of Scientific Instruments, 2021, 92: 063701.

[5.49] PAN W, XIA J-S, SHVARTS V, et al. Exact quantization of the even-denominator fractional quantum Hall state at $\nu = 5/2$ Landau level filling factor[J]. Physical Review Letters, 1999, 83: 3530-3533.

[5.50] SAMKHARADZE N, KUMAR A, MANFRA M J, et al. Integrated electronic transport and thermometry at millikelvin temperatures and in strong magnetic fields[J]. Review of Scientific Instruments, 2011, 82: 053902.

[5.51] ROGGE S, NATELSON D, OSHEROFF D D. He^3 immersion cell for ultralow temperature study of amorphous solids[J]. Review of Scientific Instruments, 1997, 68: 1831-1834.

[5.52] WEBB F J, WIKS J. The measurement of lattice specific heats at low temperatures using a heat switch[J]. Proceedings of the Royal Society of London, 1955, 230: 549-559.

[5.53] RAYNE J A. The heat capacity of copper below 4.2 °K[J]. Australian Journal of Physics, 1956, 9: 189-197.

[5.54] PHILLIPS N E. Heat capacity of aluminum between 0.1°K and 4.0°K[J]. Physical Review, 1959, 114: 676-685.

[5.55] COLWELL J H. The performance of a mechanical heat switch at low temperatures[J]. Review of Scientific Instruments, 1969, 40: 1182-1186.

[5.56] BIRCH J A. Heat capacities of ZnS, ZnSe and CdTe below 25K[J]. Journal of Physics C: Solid State Physics, 1975, 8: 2043-2047.

[5.57] ROACH P R, KETTERSON J B, ABRAHAM B M, et al. Mechanically operated thermal switches for use at ultralow temperatures[J]. Review of Scientific Instruments, 1975, 46: 207-209.

[5.58] SIEGWARTH J D. A high conductance helium temperature heat switch[J]. Cryogenics, 1976, 16: 73-76.

[5.59] WIEGERS S A J, WOLF P E, PUECH L. A heat switch at very low temperature and high magnetic field[J]. Physica B, 1990, 165&166: 139-140.

[5.60] HAGMANN C, RICHARDS P L. Two-stage magnetic refrigerator for astronomical applications with reservoir temperatures above 4 K[J]. Cryogenics, 1994, 34: 221-226.

[5.61] ENSS C, HUNKLINGER S. Low-temperature physics[M]. Berlin: Springer, 2005.

[5.62] BARTLETT J, HARDY G, HEPBURN I D, et al. Improved performance of an engineering model cryogen free double adiabatic demagnetization refrigerator[J].

Cryogenics, 2010, 50: 582-590.

[5.63] MUELLER R M, BUCHAL C, OVERSLUIZEN T, et al. Superconducting aluminum heat switch and plated press-contacts for use at ultralow temperatures[J]. Review of Scientific Instruments, 1978, 49: 515-518.

[5.64] GLOOS K, SMEIBIDL P, KENNEDY C, et al. The Bayreuth nuclear demagnetization refrigerator[J]. Journal of Low Temperature Physics, 1988, 73: 101-136.

[5.65] LAWSON N S. A simple heat switch for use at millikelvin temperatures[J]. Cryogenics, 1982, 22: 667-668.

[5.66] WILLEKERS R W, BOSCH W A, MATHU F, et al. Impact welding: A superior method of producing joints with high thermal conductivity between metals at very low temperatures[J]. Cryogenics, 1989, 29: 904-906.

[5.67] BUNKOV Y M. Superconducting aluminium heat switch prepared by diffusion welding[J]. Cryogenics, 1989, 29: 938-939.

[5.68] YAO W, KNUUTTILA T A, NUMMILA K K, et al. A versatile nuclear demagnetization cryostat for ultralow temperature research[J]. Journal of Low Temperature Physics, 2000, 120: 121-150.

[5.69] WHEATLEY J C, GRIFFING D F, ESTLE T L. Thermal contact and insulation below 1°K[J]. Review of Scientific Instruments, 1956, 27: 1070-1077.

[5.70] MARTIN D L. The electronic specific heat of lithium isotopes[J]. Proceedings of the Royal Society of London, 1961, 263: 378-386.

[5.71] KONTER J A, HUNIK R, HUISKAMP W J. Nuclear demagnetization experiments on copper[J]. Cryogenics, 1977, 17: 145-154.

[5.72] SHIRRON P J, CANAVAN E R, DIPIRRO M J, et al. A multi-stage continuous-duty adiabatic demagnetization refrigerator[J]. Advances in Cryogenic Engineering, 2000, 45: 1629-1638.

[5.73] ENGELS J M L, GORTER F W, MIEDEMA A R. Magnetoresistance of gallium-a practical heat switch at liquid helium temperatures[J]. Cryogenics, 1972, 12: 141-145.

[5.74] RADEBAUGH R. Electrical and thermal magnetoconductivities of single-crystal beryllium at low temperatures and its use as a heat switch[J]. Journal of Low Temperature Physics, 1977, 27: 91-105.

[5.75] BARTLETT J, HARDY G, HEPBURN I, et al. Thermal characterisation of a tungsten magnetoresistive heat switch[J]. Cryogenics, 2010, 50: 647-652.

[5.76] BARTLETT J, HARDY G, HEPBURN I D. Performance of a fast response miniature adiabatic demagnetisation refrigerator using a single crystal tungsten magnetoresistive heat switch[J]. Cryogenics, 2015, 72: 111-121.

[5.77] BUYANOV Y L. Current leads for use in cryogenic devices. Principle of design and formulae for design calculations[J]. Cryogenics, 1985, 25: 94-110.

[5.78] ZOHURI B. Hybrid energy systems[M]. Cham: Springer, 2018.

[5.79] MCFEE R. Optimum input leads for cryogenic apparatus[J]. Review of Scientific Instruments, 1959, 30: 98-102.

[5.80] OKAMOTO H, CHEN D. A low-loss, ultrahigh vacuum compatible helium cryostat without liquid nitrogen shield[J]. Review of Scientific Instruments, 2001, 72: 1510-1513.

[5.81] FRADKOV A B. Helium and hydrogen cryostats without additional liquid nitrogen cooling[J]. Cryogenics, 1962, 2: 177-179.

[5.82] WHITEHOUSE J E, CALLCOTT T A, NABER J A, et al. Economical liquid helium cryostat and other cryogenic apparatus[J]. Review of Scientific Instruments, 1965, 36: 768-771.

[5.83] TIMMERHAUS K D, FLYNN T M. Cryogenic process engineering[M]. New York: Springer, 1989.

[5.84] LEONHARDT E H. Pressure characteristics of perlite insulation in double-wall tanks under repeated thermal cycling[J]. Advances in Cryogenic Engineering, 1969, 15: 343-345.

[5.85] WHITE S, DEMKO J, TOMICH A. Flexible aerogel as a superior thermal insulation for high temperature superconductor cable applications[J]. AIP Conference Proceedings, 2010, 1218: 788-795.

[5.86] COFFMAN B E, FESMIRE J E, WHITE S, et al. Aerogel blanket insulation materials for cryogenic applications[J]. AIP Conference Proceedings, 2010, 1218: 913-920.

[5.87] BAUMGARTNER R G, MYERS E A, FESMIRE J E, et al. Demonstration of microsphere insulation in cryogenic vessels[J]. AIP Conference Proceedings, 2006, 823: 1351-1358.

[5.88] VAN SCIVER S W. Helium cryogenics[M]. 2nd ed. New York: Springer, 2012.

[5.89] STOCHL R J, DEMPSEY P J, LEONARD K R, et al. Variable density mli test results[J]. Advances In Cryogenic Engineering, 1996, 41: 101-107.

[5.90] SCHMIDTCHEN U, GRADT T, BÖRNER H, et al. Temperature behaviour of permeation of helium through Vespel and Torlon[J]. Cryogenics, 1994, 34: 105-109.

[5.91] WEISEND J G II. Cryostat design: Case studies, principles and engineering[M].

Cham: Springer, 2016.

[5.92] BOSTOCK T D, SCURLOCK R G. Low-loss storage and handling of cryogenic liquids: The application of cryogenic fluid dynamics[M]. 2nd ed. Cham: Springer, 2006.

[5.93] DAUNT J G, JOHNSTON H L. A large helium liquefier[J]. Review of Scientific Instruments, 1949, 20: 122-125.

[5.94] CROFT A J, JONES G O. Methods of storing and handling liquefied gases[J]. British Journal of Applied Physics, 1950, 1: 137-143.

[5.95] DOWLEY M W, KNIGHT R D. Liquid helium transfer tube[J]. Review of Scientific Instruments, 1963, 34: 1449-1450.

[5.96] PARENTE C, ALIEN W, MUNDAY A, et al. The local helium compound transfer lines for the large hadron collider cryogenic system[J]. AIP Conference Proceedings, 2006, 823: 1607-1613.

[5.97] PYATA E, BELOVA L, BOECKMANN T, et al. XFEL injector-1 cryogenic equipment[J]. Physics Procedia, 2015, 67: 868-873.

[5.98] SHISHODIA B S, RAWAT A. Proceedings of International Conference On Quality, Productivity, Reliability, Optimization and Modeling, IEEE[C]. Faridabad: Manav Rachna International University, 2017.

[5.99] STEWARD W G. Centrifugal pump for superfluid helium[J]. Cryogenics, 1986, 26: 97-102.

[5.100] BERNDT H, DOLL R, JAHN U, et al. Low loss liquid helium transfer system, using a high performance centrifugal pump and cold gas exchange[J]. Advances in Cryogenic Engineering, 1988, 33: 1147-1152.

[5.101] CUSHMAN G M, GUMMER R M, BUCHANAN E, et al. Automated liquid helium transfer system[J]. Review of Scientific Instruments, 1999, 70: 1575-1576.

[5.102] WEXLER A, CORAK W S. Measurement and control of the level of low boiling liquids[J]. Review of Scientific Instruments, 1951, 22: 941-945.

[5.103] MAIMONI A. Hot wire liquid-level indicator[J]. Review of Scientific Instruments, 1956, 27: 1024-1027.

[5.104] ZINOV'EV M V, CHERNITSKII V K. A liquid level indicator[J]. Cryogenics, 1968, 8: 321-322.

[5.105] JÜNGST K P, SÜSS E. Superconducting helium level sensor[J]. Cryogenics, 1984, 24: 429-432.

[5.106] KIM Y S, PARK J S, EDWARDS C M, et al. Simple reliable low power liquid helium level monitor for continuous operation[J]. Cryogenics, 1987, 27: 458-459.

[5.107] DIPIRRO M J, SERLEMITSOS A T. Discrete liquid/vapor detectors for use in liquid helium[J]. Advances in Cryogenic Engineering, 1990, 35: 1617-1623.

[5.108] KAJIKAWA K, TOMACHI K, MAEMA N, et al. Fundamental investigation of a superconducting level sensor for liquid hydrogen with MgB_2 wire[J]. Journal of Physics: Conference Series, 2008, 97: 012140.

[5.109] GAFFNEY J, CLEMENT J R. Liquid helium level-finder[J]. Review of Scientific Instruments, 1955, 26: 620-621.

[5.110] YAZAKI T, TOMINAGA A, NARAHARA Y. Stability limit for thermally driven acoustic oscillation[J]. Cryogenics, 1979, 19: 393-396.

[5.111] LUCK H, TREPP C. Thermoacoustic oscillations in cryogenics. Part 1: Basic theory and experimental verification[J]. Cryogenics, 1992, 32: 690-697.

[5.112] LUCK H, TREPP C. Thermoacoustic oscillations in cryogenics. Part 2: Applications[J]. Cryogenics, 1992, 32: 698-702.

[5.113] LUCK H, TREPP C. Thermoacoustic oscillations in cryogenics. Part 3: Avoiding and damping of oscillations[J]. Cryogenics, 1992, 32: 703-706.

[5.114] GU Y, TIMMERHAUS K D. Experimental verification of stability characteristics for thermal acoustic oscillations in a liquid helium system[J]. Advances in Cryogenic Engineering, 1994, 39: 1733-1740.

[5.115] SMITH H J. Integral probe capacitance gaging of liquefied gas container contents[J]. Advances in Cryogenic Engineering, 1960, 3: 179-190.

[5.116] VELICHKOV L V, DROBIN V M. Capacitive level meters for cryogenic liquids with continuous read-out[J]. Cryogenics, 1990, 30: 538-544.

[5.117] HILTON D K, PANEK J S, SMITH M R, et al. A capacitive liquid helium level sensor instrument[J]. Cryogenics, 1999, 39: 485-487.

[5.118] SAWADA R, KIKUCHI J, SHIBAMURA E, et al. Capacitive level meter for liquid rare gases[J]. Cryogenics, 2003, 43: 449-450.

[5.119] DOI T, KIMURA H, SATŌ S, et al. Superconducting saddle shaped magnets[J]. Cryogenics, 1968, 8: 290-294.

[5.120] WILSON M N. Superconducting magnets[M]. Oxford: Oxford University Press, 1983.

[5.121] 张裕恒. 超导物理 [M]. 合肥: 中国科学技术大学出版社, 1997.

[5.122] TILLEY D R, TILLEY J. Superfluidity and superconductivity[M]. 3rd ed. Bristol: Institute of Physics Publishing, 2003.

[5.123] TSUNETO T. Superconductivity and superfluidity[M]. 2nd ed. Cambridge: Cambridge University Press, 2005.

[5.124] BERLINCOURT T G. Emergence of Nb-Ti as supermagnet material[J]. Cryo-genics, 1987, 27: 283-289.

[5.125] MATTHIAS B T, GEBALLE T H, GELLER S, et al. Superconductivity of Nb_3Sn[J]. Physical Review, 1954, 95: 1435-1435.

[5.126] SUENAGA M, WELCH D O, SABATINI R L, et al. Superconducting critical temperatures, critical magnetic fields, lattice parameters, and chemical compo-sitions of "bulk" pure and alloyed Nb_3Sn produced by the bronze process[J]. Journal of Applied Physics, 1986, 59: 840-853.

[5.127] TIMMERHAUS K D, REED R P. Cryogenic engineering: Fifty years of progress [M]. New York: Springer, 2007.

[5.128] EKIN J W, BRAY S L. High compressive axial strain effect on the critical current and field of Nb_3Sn superconductor wire[J]. Advances in Cryogenic Engineering, 1996, 42: 1407-1414.

[5.129] KUNZLER J E, BUEHLER E, HSU F S L, et al. Superconductivity in Nb_3Sn at high current density in a magnetic field of 88 kgauss[J]. Physical Review Letters, 1961, 6: 89-91.

[5.130] SCHOERLING D, ZLOBIN A V. Nb_3Sn accelerator magnets: Designs, tech-nologies and performance[M]. Cham: Springer, 2019.

[5.131] HEINE K, TENBRINK J, THONER M. High-field critical current densities in $Bi_2Sr_2Ca_1Cu_2O_{8+x}$/Ag wires[J]. Applied Physics Letters, 1989, 55: 2441-2443.

[5.132] LARBALESTIER D C, JIANG J, TROCIEWITZ U P, et al. Isotropic round-wire multifilament cuprate superconductor for generation of magnetic fields above 30 T[J]. Nature Materials, 2014, 13: 375-381.

[5.133] HAHN S, KIM K, KIM K, et al. 45.5-tesla direct-current magnetic field generated with a high-temperature superconducting magnet[J]. Nature, 2019, 570: 496-499.

[5.134] GALVIS J A, HERRERA E, GUILLAMÖN I, et al. Three axis vector magnet set-up for cryogenic scanning probe microscopy[J]. Review of Scientific Instru-ments, 2015, 86: 013706.

[5.135] EFFERSON K R. Helium vapor cooled current leads[J]. Review of Scientific Instruments, 1967, 38: 1776-1779.

[5.136] GRASSMANN P, VON HOFFMANN T. Optimization of current leads for su-perconducting systems[J]. Cryogenics, 1974, 14: 349-351.

[5.137] MUELLER R M, ADAMS E D. A vacuum-tight, all-metal feedthrough for su-perconducting current leads[J]. Review of Scientific Instruments, 1974, 45: 1461-

1462.

[5.138] CHOPRA V, DHARMADURAI G, SATYA MURTHY N S. Detachable leads for superconducting magnets[J]. Cryogenics, 1979, 19: 235-235.

[5.139] CHAUSSY J, GIANESE P. Disconnectable current leads for superconducting magnets[J]. Cryogenics, 1989, 29: 1169-1171.

[5.140] UCHIYAMA T, MAMIYA T. Low-power persistent switch for superconducting magnet[J]. Review of Scientific Instruments, 1987, 58: 2192-2193.

[5.141] KABAT D, LUEDEMANN R, MENCKE H, et al. Protection device for superconducting magnets with a superconducting switch[J]. Cryogenics, 1979, 19: 382-384.

[5.142] VENTURA G, RISEGARI L. The art of cryogenics: Low temperature experimental techniques[M]. Amsterdam: Elsevier, 2008.

[5.143] HOYT R F, SCHOLZ H N, EDWARDS D O. Search for superconductivity in pure Au below 1 mK [J]. Physics Letters, 1981, 84A: 145-147.

[5.144] MUETHING K A, EDWARDS D O, FEDER J D, et al. Small solenoid with a superconducting shield for nuclear-magnetic-resonance near 1 mK[J]. Review of Scientific Instruments, 1982, 53: 485-490.

[5.145] VOTRUBA J, SOTT M. Suppression of magnetic field fluctuations in cryogenic experiments[J]. Cryogenics, 1966, 6: 299-301.

[5.146] BYCHKOV Y F, TARUTIN O B, UZLOV V Y. On the use of superconducting shields to increase the uniformity of the magnetic field in solenoids[J]. Cryogenics, 1975, 15: 223-224.

[5.147] THOMASSON J W, GINSBERG D M. Magnetic field shielding by a superconducting cylindrical tube of finite length[J]. Review of Scientific Instruments, 1976, 47: 387-388.

[5.148] SMRČKA L, STŘEDA P, SVOBODA P. The squid picovoltmeter operating in magnetic fields up to 3.2 T[J]. Cryogenics, 1978, 18: 670-674.

[5.149] HECHTFISCHER D. Generation of homogeneous magnetic fields within closed superconductive shields[J]. Cryogenics, 1987, 27: 503-504.

[5.150] OJA A S, LOUNASMAA O V. Nuclear magnetic ordering in simple metals at positive and negative nanokelvin temperatures[J]. Reviews of Modern Physics, 1997, 69: 1-136.

[5.151] BUCHAL C, MUELLER R M, POBELL F, et al. Superconductivity investigations of Au-In alloys and of Au at ultralow temperatures[J]. Solid State Communications, 1982, 42: 43-47.

[5.152] XU B-X, HAMILTON W O. Combined mu-metal and niobium superconductor shielding for dc SQUID operation[J]. Review of Scientific Instruments, 1987, 58: 311-312.

[5.153] BLAGOSKLONSKAYA L E, GERSHENZON E M, SEREBYRAKOVA N A, et al. A superconducting resonator-solenoid[J]. Cryogenics, 1968, 8: 323-324.

[5.154] SMITH T I. Magnetic fields produced by a hollow superconducting cylinder and a coaxial solenoid[J]. Journal of Applied Physics, 1973, 44: 852-857.

[5.155] ISRAELSSON U E, GOULD C M. High-field magnet for low-temperature low-field cryostats[J]. Review of Scientific Instruments, 1984, 55: 1143-1146.

[5.156] STAPLETON C R, ECHTERNACH P M, TANG Y-H, et al. Radially shielded superconducting magnets for use in cryostats[J]. Journal of Low Temperature Physics, 1992, 89: 755-758.

[5.157] BITTER F. The design of powerful electromagnets part IV. The new magnet laboratory at M. I. T.[J]. Review of Scientific Instruments, 1939, 10: 373-381.

[5.158] DANIELS J M. A 100-kilowatt water-cooled solenoid[J]. Proceedings of the Physical Society, 1950, B63: 1028-1034.

[5.159] DANIELS J M. The design and construction of a 1000 kw water cooled solenoid intended for experiments on nuclear alignment and adiabatic nuclear demagnetization[J]. Proceedings of the Physical Society, 1953, B66: 921-928.

[5.160] BITTER F. Water cooled magnets[J]. Review of Scientific Instruments, 1962, 33: 342-349.

[5.161] JAIME M, DAOU R, CROOKER S A, et al. Magnetostriction and magnetic texture to 100.75 Tesla in frustrated $SrCu_2(BO_3)_2$[J]. Proceedings of the National Academy of Sciences of the United States of America, 2012, 109: 12404-12407.

[5.162] MIURA N, OSADA T, TAKEYAMA S. Research in super-high pulsed magnetic fields at the megagauss laboratory of the University of Tokyo[J]. Journal of Low Temperature Physics, 2003, 133: 139-158.

[5.163] NAKAMURA D, IKEDA A, SAWABE H, et al. Record indoor magnetic field of 1200 T generated by electromagnetic flux-compression[J]. Review of Scientific Instruments, 2018, 89: 095106.

[5.164] BYKOV A I, DOLOTENKO M I, KOLOKOLCHIKOV N P, et al. VNIIEF achievements on ultra-high magnetic fields generation[J]. Physica B, 2001, 294-295: 574-578.

[5.165] PAALANEN M A, BISHOP D J, DAIL H W. Dislocation motion in hcp ^{4}He[J]. Physical Review Letters, 1981, 46: 664-667.

[5.166] LIN X, CLARK A C, CHENG Z G, et al. Heat capacity peak in solid ^{4}He: Effects of disorder and ^{3}He impurities[J]. Physical Review Letters, 2009, 102: 125302.

[5.167] VANSELOW R, HOWE R F. Chemistry and physics of solid surfaces VII[M]. Berlin: Springer, 1988.

[5.168] BALIBAR S, CASTAING B. Helium: Solid-liquid interfaces[J]. Surface Science Reports, 1985, 5: 87-144.

[5.169] BALIBAR S, GALLET F, GRANER F, et al. The growth dynamics of helium crystals[J]. Physica B, 1991, 169: 209-216.

[5.170] BALIBAR S, ALLES H, PARSHIN A Y. The surface of helium crystals[J]. Reviews of Modern Physics, 2005, 77: 317-370.

[5.171] PANTALEI C, ROJAS X, EDWARDS D O, et al. How to prepare an ideal helium 4 crystal[J]. Journal of Low Temperature Physics, 2010, 159: 452-461.

[5.172] BEAMISH J, BALIBAR S. Mechanical behavior of solid helium: Elasticity, plasticity, and defects[J]. Reviews of Modern Physics, 2020, 92: 045002.

[5.173] GREENBERG A S, THOMLINSON W C, RICHARDSON R C. Isotopic impurity tunneling in solid ^{4}He[J]. Physical Review Letters, 1971, 27: 179-182.

[5.174] CARMI Y, POLTURAK E, LIPSON S G. Roughening transition in dilute ^{3}He-^{4}He mixture crystals[J]. Physical Review Letters, 1989, 62: 1364-1367.

[5.175] CARMI Y, BERENT I, POLTURAK E, et al. Optical observation of growth and melting dynamics of ^{3}He-^{4}He mixture crystals[J]. Journal of Low Temperature Physics, 1995, 101: 665-670.

[5.176] SCHRENK R, KÖNIG R, POBELL F. Nuclear magnetic ordering of ^{3}He clusters in solid ^{4}He[J]. Physical Review Letters, 1996, 76: 2945-2948.

[5.177] TODOSHCHENKO I A, MANNINEN M S, PARSHIN A Y. Anisotropy of c facets of ^{4}He crystal[J]. Physical Review B, 2011, 84: 075132.

[5.178] TSURUOKA F, HIKI Y. Ultrasonic attenuation and dislocation damping in helium crystals[J]. Physical Review B, 1979, 20: 2702-2720.

[5.179] KOSEVICH Y A, SVATKO S V. Possible surface mechanism of dislocation formation during growth of a helium single crystal[J]. Soviet Journal of Low Temperature Physics, 1983, 9: 99-100.

[5.180] IWASA I, ARAKI K, SUZUKI H. Temperature and frequency dependence of the sound velocity in hcp ^{4}He crystals[J]. Journal of the Physical Society of Japan, 1979, 46: 1119-1126.

[5.181] LWASA I, SUZUKI H. Sound velocity and attenuation in hcp ^{4}He crystals containing ^{3}He impurities[J]. Journal of the Physical Society of Japan, 1980, 49: 1722-1730.

[5.182] RUUTU J P, HAKONEN P J, BABKIN A V, et al. Facet growth of ^{4}He crystals at mK temperatures[J]. Physical Review Letters, 1996, 76: 4187-4190.

[5.183] RUUTU J P, HAKONEN P J, BABKIN A V, et al. Growth of ^{4}He-crystals at mK-temperatures[J]. Journal of Low Temperature Physics, 1998, 112: 117-164.

[5.184] ARMSTRONG G A, HELMY A A, GREENBERG A S. Boundary-limited thermal conductivity of hcp ^{4}He[J]. Physical Review B, 1979, 20: 1061-1064.

[5.185] GREYWALL D S. Sound propagation in X-ray-oriented single crystals of hcp helium-4 and bcc helium-3[J]. Physical Review A, 1971, 3: 2106-2121.

[5.186] HEYBEY O W, LEE D M. Optical birefringence and crystal growth of hexagonal-close-packed He^4 from superfluid helium[J]. Physical Review Letters, 1967, 19: 106-108.

[5.187] OSGOOD E B, MINKIEWICZ V J, KITCHENS T A, et al. Inelastic-neutron scattering from bcc ^{4}He[J]. Physical Review A, 1972, 5: 1537-1547.

[5.188] KIM E, XIA J S, WEST J T, et al. Effect of ^{3}He impurities on the nonclassical response to oscillation of solid ^{4}He[J]. Physical Review Letters, 2008, 100: 065301.

[5.189] FAIN S C JR., LAZARUS D. Combined thermal-conductivity and X-ray study of hexagonal-close-packed helium-4[J]. Physical Review A, 1970, 1: 1460-1467.

[5.190] GOLUB A A, SVATKO S V. Density dependence of the thermal conductivity of hcp single crystals of He^3 solutions in He^4. Analysis of phonon scattering mechanisms[J]. Soviet Journal of Low Temperature Physics, 1981, 7: 469-472.

[5.191] ZUEV N V, BOIKO V V, DYUMIN N E, et al. Investigation of vacancy diffusion in solid helium[J]. Journal of Low Temperature Physics, 1998, 111: 597-602.

[5.192] SCHUCH A F, MILLS R L. Structure of the γ form of solid He^4[J]. Physical Review Letters, 1962, 8: 469-470.

[5.193] WIN R B. ESS guideline for oxygen deficiency hazard (ODH)[R]. Lund: European Spallation Source, 2016.

[5.194] ZABETAKIS M G. Hazards in the handling of cryogenic fluids[J]. Advances in Cryogenic Engineering, 1963, 8: 236-241.

[5.195] REED R P, CLARK A F. Advances in cryogenic engineering materials[M]. New York: Plenum Press, 1982.

第六章 测量和设计实例

本书的前五章主要讨论如何获得一个低温环境, 以及获得该环境所需要了解的物理背景和相应的注意事项. 本章讨论低温环境下的测量, 并提供一些实际设计的例子. 受限于书的篇幅和我自身的经验, 完整地覆盖所有低温实验方向显然是不现实的, 因此, 本章仅简单讨论部分我参与过的低温测量和设计实例.

为了便于理解, 本章将用尽量简化的模型描述对应的物理体系和测量装置. 本章所讨论的测量不仅依赖实验工作者对图像的理解和合理的设计, 还依赖于双手的具体操作. 每一个小操作的细致程度都影响实验的最终成功率和数据质量.

6.1 简单电测量

电路是由各种元件相互连接而构成的电子通道, 基于电路的电学测量是低温实验中最常见的测量种类. 本节仅讨论最简单的电测量, 主要针对频繁遇到的电阻测量需求. 对于电阻温度计和金属样品, 前者的电阻值往往远大于 $1\ \Omega$, 后者的电阻值往往远小于 $1\ \Omega$. 电阻测量看似简单, 可其结果跨越了多个数量级.

6.1.1 电阻测量简介

为了方便讨论最简单的电测量, 我们用理想化模型描述低温实验中的实际电路. 理想化的电路由理想化的元件组合而成, 我们将涉及的主要元件包括: 导电线、电阻、电容、电感、电源、电流表和电压表.

1. 基本信息

电流和电压是描述电路的两个基本物理量. 电荷的定向运动形成电流, 电压描述电场对电荷做功的能力. 基于电流和电压的测量, 人们获得电阻的信息.

本小节将制冷机中待测量的对象称为样品, 其电阻记为 R_{S}, 将引线和样品之间导电的阻碍称为接触电阻 R_{C}, 将连接测量仪表和样品之间的导电通道统称为引线. 引线是理想导电线 (零电阻) 和引线电阻 R_{L} 的效果叠加. 电流表提供电流的数值 I, 内阻为接近于零的 R_{I}. 电压表提供电压的数值 U, 内阻为远大于样品电阻的 R_{V}.

电路中的每一个分支都被称为支路, 多条支路相连接的点被称为节点. 对于任意一个节点, 瞬间流入该节点的电流总和等于流出该节点的电流总和 (基尔霍夫电流定律). 即使电路不连接地线, 所有的电路元件也都存在预期之外的接地现象, 由一个接地电容 C_{Leak} 和一个接地电阻 R_{Leak} 统一描述. 除了样品电阻 R_{S}, 其他所有电阻被默认为两端元件, 两端上的伏安特性曲线是一条过原点且斜率为正值的直线, 满足欧姆定律.

2. 两端法、四引线法、伪四引线法和三引线法

两端法和四引线法是常见的电阻测量方法 (见图 6.1). 在电压表内阻无穷大 ($I_V = 0$) 和无漏电流 ($I_{Leak} = 0$) 的理想情况下, 经过样品的电流 I_S 等于电源表的电流读数 I, 两端法测量得到的电阻值包括了样品电阻、接触电阻和引线电阻:

$$U = I(R_S + 2R_C + 2R_L). \tag{6.1}$$

四引线法也叫开尔文法, 据说由开尔文发明, 理想情况下的四引线法仅测量样品电阻:

$$U = IR_S. \tag{6.2}$$

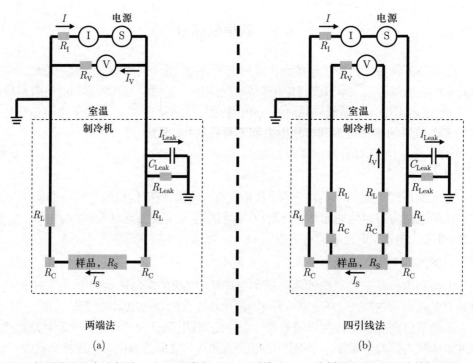

两端法 四引线法

(a) (b)

图 6.1 电阻测量电路示意图一. (a) 两端法. (b) 四引线法. R_S 为样品电阻, R_C 为接触电阻, R_L 为引线电阻. R_V 为电压表内阻, 理想值为无穷大; R_I 为电流表内阻, 理想值为零. 电流表 (图中用 "I" 表示) 的读数为 I, 电压表 (图中用 "V" 表示) 的读数为 U. I_S 为通过样品的电流, 即实际电流; I_V 为通过电压表的电流; I_{Leak} 为通过接地电容 C_{Leak} 和接地电阻 R_{Leak} 漏走的电流. 图中接地电容和接地电阻仅被用于示意, 实际的漏电点不均匀地分布在电路的所有位置, 电路中每个位置都可能存在漏电流 I_{Leak}. 人为的接地位置通常设在制冷机外部, 且尽量靠近样品

通常的低温电阻测量采用四引线法.

如果样品无法提供四个电接触点而制冷机有充足的引线, 我们可以采用伪四线法: 样品经一个电接触点后, 在制冷机中就近连接到两根独立的引线上, 一根被用于电流通过, 另一根被用于电压探测. 理想情况下, 伪四线法同时测量了样品电阻 (R_S) 和两个接触电阻 ($2R_C$), 但是避免了引线电阻 ($2R_L$) 对测量结果的影响.

三引线法本质上是简化版的伪四线法: 第一根引线和第二根引线连接样品的一侧, 第三根引线连接样品的另一侧. 第一根引线进电流 I, 第三根引线出电流 I. 假设接触电阻值为零, 第一根引线和第二根引线之间的压降由第一根引线的电阻 R_{L1} 决定, 第二根引线和第三根引线之间的压降由样品电阻和第三根引线的电阻之和 $R_{L3} + R_S$ 决定. 如果所有的引线电阻大小一致, 则这两个电压之差为 IR_S. 三引线法的测量无法避免接触电阻 R_C 的影响, 因此并不值得特意使用.

对于小电阻的测量, 样品上的电压降非常小, 预料外的环路电流和噪声容易干扰电压表的读数. 精密电测量需要根据实际电路分析各种可能性. 而随着样品电阻的增大, 接地电阻 R_{Leak} 和电压表内阻 R_V 逐渐变得不可忽略, 通过样品的电流不再是电流表的读数电流. 我仅以样品电阻与电压表内阻大小接近的情形为例, 此时通过电压表的电流 I_V 不可被忽略, 电压表读数满足

$$U = IR_S - I_V \left(R_S + 2R_C + 2R_L \right). \tag{6.3}$$

如果多个位置的接地电容和接地电阻都不可被忽略, 电路分析将变得极为困难. 在实际操作中, 我们可选择合理的实验参数, 先尽量简化电路, 然后通过与标准电阻的对照检查电路分析的合理性.

3. 交流测量与直流测量

由于测量仪表位于室温环境而样品位于低温环境, 低温环境中的直流测量受温差电动势的影响. 多次恒定正电压和恒定负电压测量之后的平均有助于消除温差电动势. 以下一些细节也有助于减少温差电动势: 进出制冷机的引线采用相同的材料、引线尽量均匀、用连续的引线而不采用多根引线的焊接拼接. 当必须采用铜之外的引线材料时, 银是较好的选择, 其温差电动势约 2×10^{-7} V/K[6.1].

周期性改变方向的交流测量排除了直流测量中温差电动势的影响, 消除了与电流方向相关的噪声, 减少了低频噪声的干扰 (相关内容见 6.1.4 小节). 然而, 交流测量中也存在我们需要关注其他实验细节. 前文两端法和四引线法的讨论回避了接地电容 C_{Leak} 的影响: 当我们进行大电阻的交流测量时, 或者开展高频测量时, 部分电流从接地电容分流, 从而影响了电阻值的准确性. 我们可以按下式简略估算电容的影响:

$$R_{measure} = \frac{R_S}{1 + (2\pi f C_{Leak} R_S)^2}, \tag{6.4}$$

其中, f 为交流信号的频率. 式 (6.4) 指出, 因为漏电流的存在, 测量到的电流大于真实

电流, 所以计算得到的电阻值偏小. 电阻测量的交流频率常在 $1 \sim 1000$ Hz 之间, 常规室温测量引线的接地电容可按 100 pF/m 数量级估计. 对于样品电阻值随实验条件改变而迅速上升的测量电路, 我们需要小心原本可靠的电阻读数逐渐偏离真实值. 由于电容漏电和温差电动势的存在, 极低温下 1 MΩ 以内的电阻测量常采用低频交流四引线法. 交流信号不仅仅指正弦信号, 还包括交替变化的直流信号, 后者有时也被称为准直流法.

4. 欧姆接触与非欧姆接触

在本节的讨论中, 我们默认样品和引线之间的电接触满足欧姆定律, 将之称为欧姆接触. 实际样品中存在电接触的电压降与电流不成正比的情况, 这类接触被称为非欧姆接触, 它的存在使电流分析更加困难. 例如, 非欧姆接触可能使电测量的结果依赖于电流的方向, 更容易干扰低电压信号的测量. 金属间的氧化物薄膜是非欧姆接触的一个可能来源.

6.1.2　常见低温交流测量电路

低温电测量以小信号的交流测量为主. 人们常在两端法和四引线法中用锁相放大器测量电压信号, 有时也采用自制的双臂电桥替代两端法和四引线法. 比起两端法和四引线法, 双臂电桥通常精度更高但测量范围更小.

1. 锁相

锁相技术可以从待探测信号中分辨与参考信号频率相同的分量. 利用锁相技术放大信号的仪表被称为锁相放大器, 也被简称为锁相.

在锁相技术中, 探测信号与参考信号进入乘法器, 乘法操作的直流分量跟参考信号对应频率的交流振幅有关, 因而有效减少了来自其他频率的噪声. 假设探测信号由多个不同频率的余弦信号组成, 任一频率 ω_1 的信号与频率 ω_2 的参考信号的乘积记为

$$U_1(t) \times U_2(t) = U_1 \cos(\omega_1 t + \varphi) \times U_2 \cos(\omega_2 t) = \frac{1}{2}U_1 U_2 \{\cos[(\omega_1 + \omega_2)t + \varphi] + \cos[(\omega_1 - \omega_2)t + \varphi]\}, \tag{6.5}$$

其中, φ 为两信号之间的相位差. 对足够长的时间积分之后, 考虑到频率只能取正数, 式 (6.5) 的结果为

$$\lim_{T \to \infty} \frac{1}{T} \int_0^T U_1(t) \times U_2(t) \, \mathrm{d}t = \begin{cases} \frac{1}{2}U_1 U_2 \cos(\varphi), & \omega_1 = \omega_2, \\ 0, & \omega_1 \neq \omega_2. \end{cases} \tag{6.6}$$

换言之, 锁相技术实现了理论上的单频率窗口. 实际的积分时间受现实因素影响, 不会是无限长. 从频宽的角度 (相关内容见 6.1.4 小节), 锁相的有效频宽反比于乘法结果的平均时间, 即 $T \sim \dfrac{2\pi}{\omega_1 - \omega_2}$, 或者说一个有限时间内的平均等价于一个低通滤波. 乘

法操作的直流分量还跟参考信号和待测信号之间的相位有关, 因此锁相是一个对相位敏感的探测技术, 于是与参考信号同频率但是没有固定相位的噪声也会被过滤. 当使用锁相放大器探测含有电阻、电容和电感的电路时, 我们需要选择合适的探测相位, 使锁相的输出结果针对测量对象的数值改变有最灵敏的响应.

综上, 锁相在噪声背底中探测特定交流频率的信号振幅. 商业化的锁相放大器是低温电学测量最主要的信号采集设备. 为了测量微弱信号, 信号可以经过前置放大器 (简称前放) 后再进入锁相.

2. 电桥

除了四引线法, 电桥因为能有效提高测量精度, 也是常见的测量电路. 除了期待高精度的测量, 我们还希望电桥的平衡时间足够短且测量时的发热量足够小.

我们可自行搭建图 6.2 中的简易电桥. 锁相读数为零时, 样品电阻可以计算自其他三个电阻:

$$R_S = R_1 R_0 / R_2. \tag{6.7}$$

图中这个结构的电桥被称为惠式 (惠斯通, Wheatstone) 电桥. 当样品电阻改变时, 只要持续变更 R_1 和 R_2, 我们总可以寻找到电桥的新平衡点以计算样品电阻.

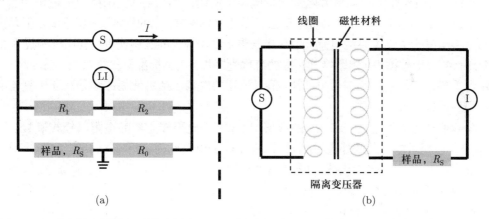

(a)   (b)

图 6.2 双臂电桥和隔离变压器示意图. (a) 双臂电桥示意图, LI 代表锁相, S 代表电源. (b) 隔离变压器示意图, 测量方式可以采用两端法、四引线法或平衡电桥. 为了便于示意, 电压表内阻 R_V、电流表内阻 R_I、引线电阻 R_L、接触电阻 R_C、接地电容 C_{Leak} 和接地电阻 R_{Leak} 不再画出. 包含具体连接细节的示意图见图 6.21. 图 6.60 提供了双臂电桥和隔离变压器结合的实际应用例子

我们还可以利用不平衡的电桥探测电阻的变化. 电桥不平衡时的读数为下式的计算结果:

$$U = U_0 \frac{R_1 R_0 - R_2 R_S}{(R_1 + R_2)(R_S + R_0)}, \tag{6.8}$$

其中, U_0 为电桥上的总压降. 在实际操作中, 电阻随着温度等物理量的变化而变化, 假设我们在某一个时间点平衡了电桥, 此时样品电阻记为 R_{S0}, 在不考虑漏电流等实际情况下, 非平衡电桥的锁相读数为下式的计算结果:

$$U = U_0 \frac{R_0(R_{S0} - R_S)}{(R_0 + R_S)(R_0 + R_{S0})}. \tag{6.9}$$

也就是说, 当我们选择了一个足够大的参考电阻 R_0 之后, 因为 $R_0 \gg R_S$ 且 $R_0 \gg R_{S0}$, 式 (6.9) 近似简化为下式, 非平衡电桥的读数正比于待测电阻的改变量 ΔR_S:

$$U \approx -U_0 \frac{\Delta R_S}{R_0}. \tag{6.10}$$

这样设计的非平衡电桥简化了测量但是牺牲了精度.

　　电桥中参考臂的分压由电阻 R_1 和 R_2 决定, 手动切换不同型号的固定值电阻显然是极为不方便且不合理的操作方式. 在常规电路的搭建中, 滑动变阻器可提供连续可调的分压, 然而它的读数精度有限. 电阻箱提供离散的读数, 它由一批锰铜线绕制的十进制电阻组成, 电阻箱表面不同挡位的旋钮组合提供了不同电阻值的组合. 使用电阻箱时, 我们需要留意其最大允许运行电流与电阻的挡位有关: 选择的电阻越大则允许通过的电流越小. 最好的电桥平衡工具是比例标准器, 它的外形类似电阻箱, 但是内部是多组呈十进制关系的电感. 比例标准器需要在特定的频率或者特定的频率范围内使用, 并且直流电流可能影响其读数的准确性. 由于比例标准器价格昂贵、精度高, 使用者需要仔细阅读说明书后再使用, 值得关注的内容包括可使用的频率和误用直流电流之后的处理方法.

　　我们还可以固定 R_1 和 R_2 的数值, 通过标准电阻校正样品电阻与锁相读数的关系. 例如, 当对电阻温度计进行测量时, 在不改变电路的前提下, 我们不一定非得用电阻值表征温度, 也可以用锁相的电压信号读数 (见式 (6.8) 或式 (6.9)) 表征温度. 如果在室温环境下调试低温条件下使用的电桥, 我们需要留意电桥中引线电阻值随温度下降的改变, 以及低温下材料收缩引起接地电容 C_{Leak} 的改变.

　　自行搭建电桥的测量范围常在 $10\,\Omega$ 到 $10\,\text{k}\Omega$ 之间, 经过合适的优化之后, 0.1% 精度的测量也可以被扩展到 $1\,\Omega$ 到 $100\,\text{M}\Omega$ 这个区间. 用于测量电阻的电桥有成熟的商业化产品, 测量电阻温度计是它们在低温实验中常见的应用场景. 比起简单的自搭电桥, 商业化电桥除了改变电流方向消除温差电动势和采用更稳定的电路元件以外, 还为电路所在的空间提供了更稳定的温度环境. 商业化电桥可自动或者手动改变量程, 一个量程仅跨越 1 个数量级, 以获得较稳定的测量精度. 二十世纪八十年代之前, 自制电桥测量是常规实验室最重要的电阻测量手段, 随着电子仪表的商业化和普及, 人们逐渐减少了各种电桥的自行搭建.

3. 隔离变压器

隔离变压器是一对相靠近的线圈, 线圈间传递交流信号但不传递直流信号 (见图 6.2(b)). 它实现了直流信号与交流信号的分离, 也可实现直流信号与交流信号的组合. 从电流源出来的电信号经过隔离变压器后再进入测量电路有助于减少噪声, 以及便于实验者自主选择接地位置. 在讨论了引线种类、接头和信号滤波等内容之后, 6.1.6 小节将提供一个利用隔离变压器分离交流信号源和测量线路的例子 (见图 6.21).

4. 电容与电感测量

电容与电感的信息有独特的科学价值, 但它们的测量远比电阻测量复杂. 在低温实验中, 最著名的电容测量可能来自亚当斯的压强测量装置[6.2,6.3]. 沿着该设计思路, 基于 ^{3}He 熔化压曲线的温度计依靠电容测量得到温度的信息, 6.10.2 小节提供了一个通过电容测量温度的应用例子. 由于原理差异和结构差异, 电感原件中的电阻分量更需要被注意, 也就是说, 电感测量的电路中很难忽略电阻的影响. 感兴趣的读者可以通过文献了解更多电容测量[6.4~6.11] 和电感测量[6.12~6.15] 的实际例子.

6.1.3 极大电阻和极小电阻的测量

电阻测量本质上是电压与电流的测量. 常规的电阻测量中, 大电阻采用内接法 (见图 6.3(a)), 即电阻与电流表串联之后测电压: 我们测量了真实电流, 默认绝大部分压降来自样品. 小电阻采用外接法, 即电阻与电压表并联之后再测电流, 我们测量了真实电压, 默认绝大部分电流流经样品 (见图 6.3(b)). 图 6.1 的两端法电路属于测量小电阻的外接法. 理想的电流表内阻 R_I 为零, 理想的电压表内阻 R_V 无穷大, 理想的漏电流 I_{Leak} 为零, 可是在极端测量中这些理想条件都不能再默认成立. 我们基于内接法和外接法讨论真实低温环境下极大电阻和极小电阻的测量困难和替代方案.

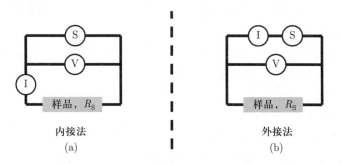

图 6.3 电阻测量电路示意图二. (a) 内接法. (b) 外接法. 为了便于示意, 电压表内阻 R_V、电流表内阻 R_I、引线电阻 R_L、接触电阻 R_C、接地电容 C_{Leak} 和接地电阻 R_{Leak} 不再画出

1. 极大电阻

在内接法中, 电压表测量了电流表和样品电阻上的压降, 并且电压表的内阻不干扰样品电阻的测量. 因为电流表的内阻通常足够小, 如果样品电阻远大于接触电阻和引线, 理论上电压表的读数和电流表的读数给出了样品电阻的数值. 由于接地电容 C_{Leak} 的存在, 大电阻测量不适合采用交流法. 例如, 常规引线的电容在常规测量频率下所对应的阻抗足以干扰 1 MΩ 电阻的精细测量. 因此, 直流法更适合被用于大电阻的测量.

直流的大电阻测量至少受如下几个因素的干扰. 首先, 测量系统存在接地电阻 R_{Leak}, 由此漏走的电流比例随着测量对象电阻值的增大而增大. 其次, 低温环境下的测量一定存在温度差, 温差电动势干扰电压的读数. 以最常见的铜和软焊的交界面为例, 其温差电动势在 1 μV/K 数量级, 而铜和氧化铜的温差电动势高达 1000 μV/K. 为了减少温差电动势的影响, 引线应该只由一种材料组成或者由尽量少的材料拼接而成. 因为来自电流的电压改变正负号, 而温差电动势不因电流方向的改变而改变正负号, 所以温差电动势的影响通过相反电流方向的信号取平均而消除. 在实际的大电阻测量中, 我们可以采用频率特别低的方波信号作为交替变向的直流信号, 这种方法被称为准直流法. 再次, 仪器的零点漂移将影响测量结果. 所谓零点漂移, 指的是在没有实际输入的情况下, 电流计和电压计依然存在非零的读数. 尽管这个读数可以被修正, 但是这个漂移是温度和时间的函数, 修正之后的读数依然可能影响实际测量. 对于大电阻的测量, 电流读数通常是小量, 易受零点漂移的影响. 文献 [6.16] 中同时采用了交流四引线法、交流两端法和准直流法测量一个极低温下的绝缘量子态. 该测量中的准直流法可以测量 1.3 GΩ 的电阻信号, 温差电动势和仪器零点漂移达到了真实信号的 50%. 最后, 如果金属位于室温湿润环境中, 电解效应将带来不规律的噪声.

利用常规的电桥和较为精密的仪表, 人们可以实现 1 TΩ (10^{12} Ω) 电阻的高精度测量[6.17]. 电荷探测技术用电荷数量计数的方式分辨微小的电流, 因而也可以被用于极大电阻的测量. 在约 1 V 的电压下, 该技术曾实现 100 PΩ (10^{17} Ω) 的电阻探测[6.18,6.19], 即能探测 10^{-17} A 数量级的电流. 利用电荷技术探测电信号的仪表也被称为静电计.

2. 极小电阻

阻值特别小的电阻并不方便通过图 6.2 中的平衡电桥测量, 因为接触电阻的影响不应该再被忽略. 惠式电桥有许多改良方案, 它们可消除引线电阻的影响, 但是难以消除接触电阻的影响.

在四引线法中, 小电阻意味着流经样品的电压降很小, 对应的测量困难在于电压表读数 U 偏小. 理论上我们可以通过增大流经样品的电流以提高电压表的读数. 在实际低温测量中, 由于引线电阻和接触电阻的存在, 提高电流将增加制冷机内部的发热量, 并且一些量子态可能在大电流下不再存在. 此外, 如果我们显著增大通过样品的电流, 需要警惕洛伦兹力影响样品的固定和破坏电接触.

除了增大电流带来的负面影响, 在极小电阻的测量中, 以下两个细节也值得我们留意. 首先, 我们需要检查设备的零点, 因为实际设备还将给小电阻的测量带来电压信号零点漂移的干扰. 除了依靠在零输入条件下校正偏移值, 我们还值得测量多个电流下的电压, 通过线性拟合修正零点. 其次, 我们需要留意接地回路的干扰. 因为小电阻测量对应的电压信号非常小, 接地回路引起的样品两侧电压不平衡足以影响测量结果, 严重时甚至可能产生负电阻这种虚假信号. 以量子霍尔效应的边界电流为例, 样品两侧高电位和低电位的纵向电阻在温度足够低时都是零电阻, 但在一些实际测量中, 低电位一侧边界的纵向电阻总是更接近于零.

文献 [6.20] 介绍了一种针对极小电阻的测量思路. 如果电阻远小于常规测量方式的分辨能力, 小电阻可以与超导线构成一个回路, 当变化的磁场引起电流后, 实验工作者通过磁信号探测电流的衰减. 这种测量手段可以探测 $10 \text{ f}\Omega$ ($10^{-14} \ \Omega$) 的小电阻, 但该电阻值包含了接触电阻的贡献.

小电阻还可能通过无接触的方法测量. 块状样品外部如果绕制线圈, 则人们通过探测磁通信号的衰减可以推算出电阻值的大小, 从测量信号到电阻值的计算过程都基于涡流发热与电阻值相关这一现象[6.21,6.22]. 该测量手段无须制作电极, 不会破坏样品, 可以被用于直径 $50 \ \mu\text{m}$ 以上的线状或者块状材料.

3. 商业化设备

由于半导体工业的需求, 二十世纪八十年代之后, 大量的电子仪表迅速通过商业化方式得到普及. 如今低温实验的电测量仪表主要来自购买而非自制. 当我们使用商业化仪表时, 需要留意参数设置对结果的影响. 例如, 锁相的读数受到滤波条件的影响. 又例如, 当仪表有多个输入通道允许同时测量多个电阻时, 由于切换后需要等待电桥的平衡, 多通道切换得到的测量结果与单通道持续测量的结果也存在读数差异.

电桥默认测量电阻, 专门提供电容测量功能的电桥被称为电容电桥, 通用的电桥被称为 LCR 电桥. 交流电路中除了锁相、前放、商业化电桥、比例标准器和隔离变压器, 常用组件还包括电流源和被用于检查电路的示波器. 电流源可采用波形发生器或者商业化锁相的信号输出. 直流电路和门电极 (gate) 的供电常采用专门的直流电压源和电流源, 偶尔也因为稳定性或者隔离噪声的原因采用电池. 直流电路中常见的测量设备是数字多功能表 (digital multimeter, 所以常被简称为 DMM). 在真实测量之前, 我们需要非常谨慎地避免用常规的万用表检查电路, 因为万用表通常采用的测量电压足以破坏精细的样品或者引起低温条件下的发热.

数字多功能表可被用于电压、电流和电阻信号的测量. 数字多功能表的性能常用有效位数表示, 如五位半、六位半等. 例如, 五位半这个说法代表了最小的电子 "刻度" 是最大量程的二十万分之一 (0.0005% 或者 $\frac{1}{2 \times 10^5}$). 这个位数代表了设备对电阻变化的分辨能力, 但是不代表测量的精度, 后者是我们对真实信号变化的分辨能力, 它除了受仪表影响, 还受电路和测量环境的影响. 有的数字多功能表可以设置不同的位数,对应了不同的测量速度和数据存储能力.

经验上, 数字多功能表的探测极限约为电压不小于 1 μV 数量级、电流不小于 1 μA 数量级, 电阻的测量范围在 100 μΩ 和 1 GΩ 之间. 尽管部分尖端型号具备更好的性能, 例如低至 10 nV 或者 10 pA 的精度, 但是其价格往往远高于常规的数字多功能表. 需要强调的是, 微弱信号的测量不仅仅依赖于精密高端的设备, 更依赖于合适的电路和测量者的经验.

与数字多功能表作用类似的仪表包括静电计、纳伏表和微欧姆表. 常见数字多功能表的内阻在 10 MΩ 和 10 GΩ 这个区间, 因而通过它测量大电阻时, 我们需要留意数值可信程度随着测量对象电阻增大而减弱的现象. 静电计是大电阻测量能力更强的仪表, 它针对大电阻测量而设计, 其内阻可高达 100 TΩ. 顾名思义, 纳伏表是电压测量能力更强的仪表, 它在电阻值足够小时, 可以测量 10 nV 以内的电信号. 微欧姆表是专门被用来测量小电阻的仪表, 测量范围可低至 10 μΩ. 静电计、纳伏表和微欧姆表本质上是实现特殊功能的数字多功能表, 对于常规的低温电阻测量, 它们的性价比和通用性不如数字多功能表. 例如, 测量 1 kΩ 以下电阻时, 静电计的性能不如常规的数字多功能表; 测量 1 MΩ 以上电阻时, 纳伏表的表现和数字多功能表没有显著差异.

6.1.4 噪声

噪声是电流的无序扰动. 低温实验中常遇到的噪声是热噪声和 $1/f$ 噪声. 比起常规电测量, 在极低温条件下进行电测量时, 人们更需要关注噪声. 一方面, 大部分的低温电测量只输入尽可能少的能量, 易受噪声干扰; 另一方面, 噪声在足够低的温度下是无法被忽略的热源.

1. 噪声与频率分布

热噪声是载流子热激发所产生的噪声, 它与频率无关. 对于一个给定电阻, 热噪声的大小和电阻值 R 有关. 式 (3.5) 描述了电阻两端热噪声的平均平方电压. 其中, Δf 是探测电压的仪表的频宽, T 是电子温度. 需要指出的是, 该公式未考虑费米分布的修正, 计算得到的数值仅能作为数量级上的参考. 换一个角度说, 该公式是考虑费米分布后的低频高温近似, 该假设需要默认 $\frac{hf}{k_BT} \ll 1$, 其中, h 是普朗克常量, 所以此公式成立的条件为 $\frac{f}{T} \ll 10^{10}$ Hz/K. 仪表的频率范围差异很大. 广频率范围的设备例子包括示波器和数字多功能表, 常见仪表在 100 kHz 到 1 GHz 之间; 窄频率范围的设备例子包括锁相. 热噪声对于大部分低温实验的影响非常小, 对于一个室温下 1000 Ω 的电阻, 假如频率宽度 1000 Hz, 其平均电压波动小于 1 μV, 而且这个电压还将随着温度的下降而下降.

$1/f$ 噪声也被称为闪变噪声, 其噪声谱密度随着频率减小而增强, 它来自现实世界的各种干扰, 没有特别合适的理论能描述它, 我们也难以严格预估其影响. 频率合理的交流测量可有效减少来自 $1/f$ 噪声的干扰. 6.1.5 小节即将讨论的滤波也是减少 $1/f$ 噪声干扰的手段.

除了人们熟知的热噪声和 $1/f$ 噪声, 仪器设备中各种具备特征频率的噪声也会干扰测量电路. 例如, 测量频率需要避开交流电的供电频率及其倍数频率. 中国的交流电采用 50 Hz, 美国的交流电采用 60 Hz. 仪器设备中一些有特征频率的机械振动也会干扰测量电路, 这些振动包括干式制冷中的气体压缩和旋转阀切换 (相关内容见 4.2 节和 5.3.11 小节), 也包括低温液体在杜瓦中沸腾引起的振动. 图 6.4 是噪声频率分布的示意图.

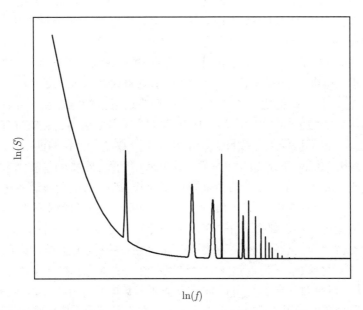

图 6.4　噪声频率分布示意图. 低频率下, $1/f$ 噪声主导; 高频率下, 热噪声主导. 除了这两种主要噪声, 电流中还有来自市政供电、机械振动和液体沸腾等等的各种特征频率. 频率分布和噪声大小与具体仪器设备、实验室周边环境、具体测量电路有关. 本图仅展示趋势, 实际的噪声谱比本图复杂, 值得关注的周期和频率还包括: 年、日、时 (人类活动, 如上下班)、分 (如电梯运转)、广播频率、手机信号工作频率和无线路由器工作频率

低温环境下的电测量减少了热噪声, 锁相测量技术利用检测相关性减少了无规律噪声和非测量频率的噪声, 它们是低温实验中最主要的减噪做法. 锁相测量常用 $1 \sim 1000$ Hz 之间的低频交流信号, 并且避开设备和电路的所有特征噪声频率. 来自机械振动的噪声可以通过减振减小, 具体做法见 5.3.11 小节. 此外, 可以采用的减噪做法还包括: 抑制噪声源的噪声、切断或者削弱测量电路与噪声的耦合、减少测量电路对噪声的接收. 更多的减噪相关介绍见文献 [6.23 $\sim$ 6.27], 此处仅各举一个例子作为参考: 我们可以采用更低噪声的仪表; 精密测量的引线与大电流的引线独立布线、保持

距离; 减少测量线路的环绕面积或者使测量环路与磁场平行, 以减少被耦合的磁通量. 最后, 在低温环境下先将信号放大也是一种提高信噪比的方法.

2. 噪声的价值

散粒噪声指电流流过障碍时因为电流不是持续流引起的涨落, 其大小与电流平均流量有关, 也与电荷分立性有关, 但与频率无关. 热噪声和散粒噪声这类与频率无关的噪声也被称为白噪声.

散粒噪声反映了载流子的基本电荷单位, 因而可被用于探测分数电荷[6.28,6.29]. 夸克携带分数电荷, 它们是组成强子的更基本的粒子, 可是夸克的分数电荷没有在高能物理实验中被直接观测到过, 物理实验中人们一直将 e 作为带电量的基本单位. 在凝聚态物理领域, 人们曾预言一维聚合物的畴边界上存在分数电荷, 但迄今没有实验证据. 1982 年, 分数量子霍尔效应在低温环境下被意外观测到了[6.30]. 分数量子霍尔效应的物理基于二维电子的多体相互作用, 其霍尔电阻为常量 h/e^2 除以一个分数, 如果这个分数为 1/3, 我们则称之为 1/3 态. 人们最终通过散粒噪声在 1/3 态中得到 $e/3$ 分数电荷的可靠实验证据[6.31]. 随后, 干涉实验[6.32,6.33]、边界电流隧穿实验[6.34~6.36]和扫描测量[6.37] 也都提供了分数量子霍尔效应中分数电荷存在的证据.

噪声可被用于探测分数统计[6.28,6.29]. 此处所谓的统计, 指的是波函数在全同粒子交换下的性质. 如果三维条件下两个全同粒子交换, 因为两次交换后系统回到初始状态, 所以三维条件只存在费米统计和玻色统计, 交换玻色子和费米子相当于改变波函数 0 或者 π 的相位. 在二维条件下, 交换全同准粒子可以产生一个非 0 非 π 的相位, 这样的准粒子被称为任意子, 相关的统计被称为分数统计. 分数统计来源于二维空间的固有性质, 因此分数量子霍尔效应中允许其存在. 尽管人们提出了用干涉仪探测分数统计的提议, 可是对比起大量可以被用于证明分数电荷存在的实验证据, 分数统计存在的直接实验证据近乎不存在. 近年来, 人们终于通过噪声实验得到了分数统计的实验证据[6.38]: 费米子碰撞后倾向于分离、玻色子碰撞后倾向于聚合, 而准粒子碰撞后介于两者之间. 该实验巧妙地通过调控边界电流实现了准粒子在空间上的群聚, 从而判断所研究的准粒子对应的相位介于 0 和 π 之间.

噪声还可被用于动力学行为研究. 集体移动中, 大量个体的集体定向移动会呈现出不同的动力学特征: 可能是局部有规律的, 也可能是局部无规律的. 如果以水因为高度差而定向流动为例, 前者类似于河流沿着水系从高原抵达大海, 后者类似于洪水漫过平原. 当研究这些群体行为时, 人们通常可以依靠成像来分辨运动的规律, 也可以依靠测量边界上的力学参数来了解其运动趋势. 然而, 对个体数目众多的群体, 研究其内部运动规律的手段非常少见. 如果粒子个体带电荷, 它们集体移动时不仅形成电流, 还将产生电噪声信号. 在二维电子固体中, 理论预言在小电场的驱动下, 电子将在动力学上发生无序的集体定向移动, 形成没有周期规律的噪声谱; 而在大电场的驱动下, 电子的集体定向移动转变为有序的, 形成有特定频率分布的噪声谱. 从噪声测量结果上推测, 移动方式在电子 "排队" 通过几个特定通道和电子 "推推搡搡" 地随着其他电子定向移动这两种方式之间变化. 极低温下二维电子固体的噪声测量不仅验证了动力学上这样从无序到有序的变化, 而且使人们发现了从有序再进入无序的变化, 以及无序和有序状态间的多次切换[6.39], 这些都是理论未曾预测过的现象 (见图 6.5).

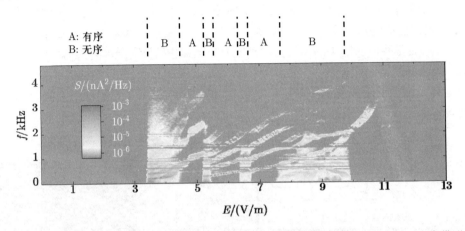

图 6.5　噪声测量例子. 随着驱动电场的变化, 根据电子的移动是否有规律, 噪声呈现为窄带形式 (图中 A 区域) 或者宽带形式 (图中 B 区域). 本图数据来自文献 [6.39]

通常而言, 人们喜欢将信号和噪声对立, 将噪声当作无效信息. 然而, 噪声测量在技术上和在科研上都具有独特的存在意义, 它除了包含隐藏着的物理信息, 还能帮助我们优化低温下的测量电路. 例如, 热噪声是检查线路是否合理的重要辅助: 如果一个低温电路在室温条件下的噪声远大于热噪声, 则存在需要排查的额外干扰. 这是噪声在低温实验测量中最常规也是最重要的一个应用.

6.1.5　滤波与接地

为了减少特定频率范围的噪声并降低电子温度 (相关内容见 6.2 小节), 低温条件下的电测量需要合理的滤波和接地. 无线路由器和手机信号放大器如今已经非常常见, 虽然它们的信号依然可以通过滤波手段和屏蔽手段衰减, 但是避免它们的近距离使用是更简单的减少高频噪声干扰的办法.

1. 滤波器

低温测量线路的滤波器提供一个只允许测量信号通过的有限频率范围的窗口. 常见的滤波方案既包括低通滤波器和高通滤波器, 也包括多个滤波器的混用, 本小节仅讨论低通滤波器和多个低通滤波器的混用.

滤波器可以安装在室温环境也可以安装在低温环境. 室温端的滤波线路可以简单地由电阻、电容和合适的电路板焊接而成, 然后装在装配了商业化标准接头的铝制盒

子中 (见图 6.6(a)). 图 6.6 中展示的室温滤波电路截止频率为 22 kHz. 由于热噪声的存在, RC (电阻 – 电容) 滤波器更适合被放到低温端, 图 6.6(b) 中展示的线路基于蓝宝石衬底搭建, 衬底厚度为 200 μm, 较薄的衬底有利于纵向导热. 我们在衬底上镀了一层钛金的图案, 然后用导电的银环氧树脂将电容、电阻和离散的金属薄膜连接成电路. 常用的电阻有较为明显的温度依赖关系, 我们在低温环境中使用金属薄膜沉积而成的薄膜电阻, 它们有商业化的产品, 也可以自行制备. 低温电容采用非铁电型的薄膜电容, 对于我们所购买的型号, 实际测量的低温电容与室温电容没有明显差异. 这类 RC 低通滤波器制作方便, 不过由于电路杂散电容的存在, RC 低通滤波器对 10 MHz 以上高频信号的滤波效果不好 (见图 6.7). 利用微纳加工工艺实现滤波的思路和方案还可以参考文献 [6.40 ~ 6.44].

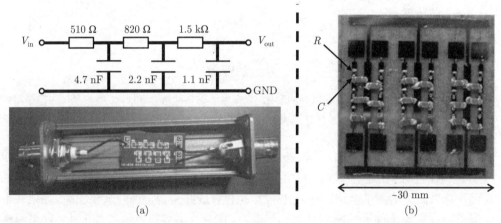

(a)   (b)

图 6.6 自制滤波电路的实物照片. (a) 室温滤波电路[6.45]. (b) 可被用于稀释制冷温区的低温 RC 滤波电路. 图中 GND 表示接地

其他的低通滤波器本质上也是某种形式的 RC 电路, 其基本结构为便于低频信号传播的引线和便于高频信号离开的绝缘通道. 例如, 假如引线由颗粒物实现绝缘, 低频信号沿着内芯引线正常传播, 高频信号容易在颗粒物间传播而离开引线 (受接地电容 C_{Leak} 的影响), 从而实现低通滤波. 我自己优先采用图 6.8 中的银环氧树脂滤波[6.46], 习惯上它也被简称为银胶滤波. 图 6.9 中的数据对应的银环氧树脂滤波器采用了如下绕制方案: 长 3.7 m、直径 0.1 mm 带绝缘层的铜线在一根长 10 mm、直径 1 mm 的粗银线上密绕了 7 层, 在绕制过程中, 低黏滞系数的银环氧树脂 (采用 EPO–TEK E4110) 被持续涂抹在铜线上 (每层一次), 引线焊接到 MMCX 接头上, 接头屏蔽层与引线的电绝缘由 2850 环氧树脂实现, 最终滤波器外侧涂抹银环氧树脂以获得更好的热平衡能力. 这类滤波器的效果依赖于具体绕制过程, 图 6.9 展示了两个设计相同的自制银环氧树脂滤波器的效果差异.

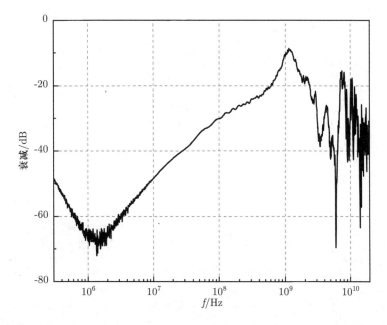

图 6.7 一个自制室温 RC 滤波器的实测数据. 数据来自文献 [6.45]

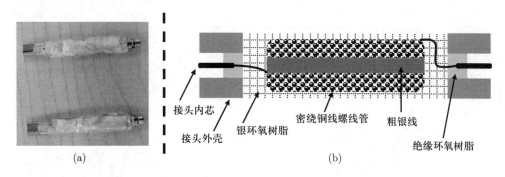

(a) (b)

图 6.8 (a) 银环氧树脂滤波器照片. (b) 结构示意图. 图中银环氧树脂滤波器的长度约 15 mm

近年来, 人们发现弹性材料滤波器也具有良好的滤波效果, 常被使用的材料是 Ec-cosorb 品牌下的泡沫[6.47,6.48]. 与银环氧树脂滤波器一样, 这类滤波器也可以非常方便地在小型实验室中自制, 其滤波效果的例子见图 6.10. 金属粉末滤波是另外一种广为人知的滤波方式[6.49~6.54]. 这两类滤波器可以与银环氧树脂滤波器互相替代.

长度足够的热同轴线具有卓越的滤波效果, 因而也被作为一种滤波器使用[6.55,6.56]. 热同轴线的长度越长、直径越小, 则滤波效果越好, 长度 2 m 的热同轴线可以提供与银环氧树脂滤波器类似的滤波效果 (见图 6.11). 由于热同轴线可以充当连接室温端和低温端的引线, 因而是最值得优先考虑的滤波方式.

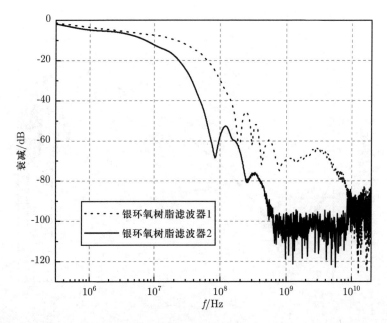

图 6.9　两个自制银环氧树脂滤波器的实测数据. 部分数据来自文献 [6.45]. 银环氧树脂滤波器的性能受绕制过程影响, 图中两个滤波器具有相同的设计

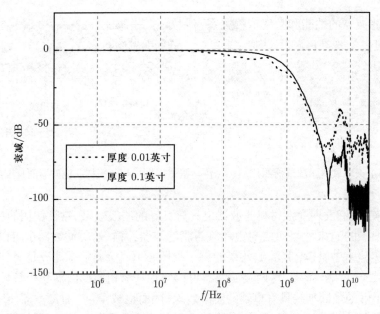

图 6.10　两个自制泡沫滤波器的实测数据. 图中厚度单位为英寸 (见表 7.5, 0.01 英寸等于 0.254 mm, 0.1 英寸等于 2.54 mm)

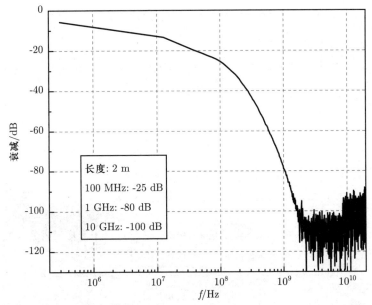

图 6.11 一根 2 m 长的热同轴线实测数据. 该热同轴线直径 0.5 mm, 内芯为 NiCr 合金, 填充物为 MgO 粉末, 外芯为 304 不锈钢, 每米的电阻值约 50 Ω

2. 滤波器效果的叠加

各种滤波器的性能和频率依赖关系有差异, 如果我们将尽可能多的不同滤波器串联使用, 可以实现在广频率范围效果更好的滤波 (见图 6.12). 图 6.13 给出了一个二维电子气体的测量例子, 制冷机被降温到 20 mK 以内, 测量条件苛刻的 5/2 分数量子霍尔态[6.28,6.29] 仅在我们使用了热同轴线和银环氧树脂滤波器后才出现, 而 5/2 附近更脆弱的量子态还需要更好的滤波条件. 这个例子中滤波的效果仅仅是降低电子温度 (相关内容见 6.2 节), 但滤波还拥有提高测量精度、减弱噪声对量子态的破坏和干扰等功能[6.57~6.62].

原则上滤波器叠加的数量和种类越多越好, 可是它们对低温空间有要求. 图 6.14 展示了热同轴线和 RC 低通滤波器在两台不同制冷机中的实物照片. 制冷机, 特别是湿式制冷机中很难有足够的空间容纳大量的滤波器. 我自己倾向于为每一根测量引线都提供热同轴线、银环氧树脂滤波器和 RC 低通滤波器的组合. 文献 [6.63, 6.64] 提供了一部分滤波器的效果对比, 也可以作为设计滤波器组合的参考.

3. 屏蔽层的滤波

屏蔽层实现了对测量环境的整体滤波. 除了请专业公司设计、定制和安装屏蔽室, 以下几种做法可搭建简易的屏蔽层: 在墙壁、地板和天花板密布多层铜网、用铜板替代铜网围绕测量环境、用镀锡的无磁不锈钢围绕测量环境、由钢板焊接出一个无缝隙的屏蔽室. 此外, 制冷机的金属杜瓦也提供了一个防高频辐射的屏蔽层.

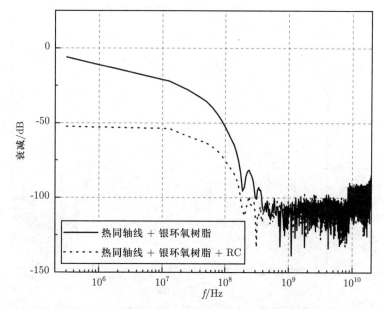

图 6.12   滤波器组合使用获得更好滤波效果的例子

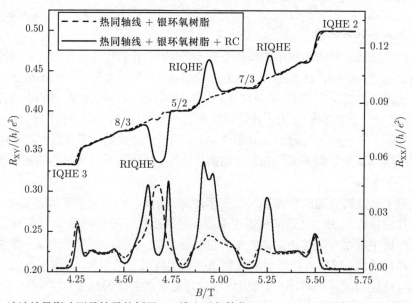

图 6.13   滤波效果影响测量结果的例子. 二维电子气体位于 20 mK 以下的低温环境中, 再进入整数态 (图中的 "RIQHE") 仅在足够好的滤波条件下才能出现. "IQHE" 指整数量子霍尔效应. 本图可与图 6.31 比对

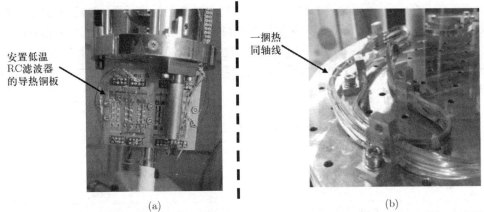

图 6.14　RC 低通滤波器和热同轴线的实物照片. (a) 来自一台湿式稀释制冷机, RC 低通滤波器的导热铜板宽度接近制冷机最大可用直径, 约 90 mm. (b) 来自一台干式稀释制冷机, 图中热同轴线为 24 根独立引线, 单根长度约 2 m

　　以下简单介绍一个钢板焊接而成的简易屏蔽室搭建注意事项. 一、合理防辐射的焊接至少需要达到不漏水的级别. 二、屏蔽室的门需要和钢板壳层有足够好的电连接, 这个需求可通过电刷实现 (见图 6.15(a)). 三、屏蔽室靠近磁体 (相关内容见 5.9 节) 的位置不适合采用有磁性的钢板, 而无磁不锈钢的滤波效果不好, 所以当遇到这种需求时, 我们可以在无磁不锈钢的一侧软焊一层铜网, 熔化后的焊锡需要完整地盖住铜网, 让铜网肉眼不可见. 四、由于制冷机位于屏蔽室内部, 而仪表、泵和控制气路位于屏蔽室外部, 屏蔽室的墙壁必须拥有气体通道和电路通道 (见图 6.15(b)). 气路通道根

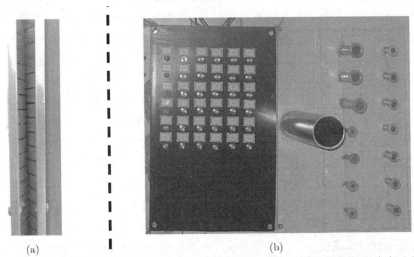

图 6.15　一个钢板焊接屏蔽室的局部照片. (a) 用于增加门闭合后导电能力的电刷, 门和屏蔽室各有一套匹配的电刷. (b) 气体和引线穿过屏蔽室墙壁的通道. 直径最大的通道被用于引线的临时穿墙

据滤波效果的要求采用合适长度的直管, 两端焊接真空标准接头. 电路通道的构建相对简单, 我们只需要在墙壁处为每根引线额外提供一套滤波线路即可. 从照片中一批 QF 法兰口 (见 5.4.1 小节) 的排布不整齐, 我们可以判断这个屏蔽室是较为粗糙地依靠手工焊接而成的. 尽管如此, 这样一个外观上不规整的钢板焊接屏蔽室依然可以提供合理的屏蔽效果 (见表 6.1).

表 6.1　一个钢板焊接屏蔽室的实际屏蔽效果

频率范围/Hz	衰减/dB
14×10^3	$\geqslant 75$
$450 \times 10^3 \sim 50 \times 10^6$	$\geqslant 100$
$50 \times 10^6 \sim 1 \times 10^9$	$\geqslant 110$
$1 \times 10^9 \sim 10 \times 10^9$	$\geqslant 100$

注: 文献 [6.65] 中商业化屏蔽室的效果为 100 kHz 至 1 GHz 之间 120 dB、15 kHz 下 100 dB 和 1 kHz 下 40 dB.

因为磁单极子不存在, 磁信号的屏蔽比电信号屏蔽困难. 5.9.2 小节讨论了超导磁屏蔽和 mu-metal 磁屏蔽.

4. 接地

接地是另外一种减少噪声干扰的重要做法. 教科书级别的建议是让我们把所有的低频测量线路都只在一个端口接地, 以避免形成接地回路, 并且接地端口要尽量地接近最重要测量回路的地端.

所谓接地回路, 指设备中存在多个接地位置, 并且某两个接地位置之间由于电势差而存在电流. 对于极低温下的精密测量, 电流可能在 1 nA 级别甚至更低, 因而微弱电势差引起的电流也可能影响测量结果. 大电流电路的接地位置更需要被非常慎重地选择, 因为大电流的通过可能显著抬高接地点的电势. 值得强调的是, 建筑物在遭受雷击时, 地线可能瞬间产生大电流, 从而破坏精细的样品. 接地回路在交变的磁场中还会产生额外的噪声. 对于极低温条件下的精密测量, 这些接地效果的差异无法通过室温下的热噪声检查发现, 仅体现在对环境特别敏感的精密测量中. 例如, 图 6.13 中的再进入整数态也受接地条件的影响, 单点接地时比双点接地时更容易观测到实验现象.

在地线的优化过程中, 我们可以考虑采用隔离变压器断开特定位置的地线连接, 并且采用地线不会被短接的数据传输方案, 例如用网线连接测量仪表和测量电脑. 另外一种减少地线干扰的装置如图 6.16(a) 所示, 它允许直流电流经过, 但是抑制回路中有相同变化趋势的交流噪声. 该设计的实现非常简单, 我们仅需要将包含测量电路来回电流的一捆引线绕在一个磁性圆环上 (见图 6.16(b)), 圈数越多越好.

因为在常规实验室中难以获得优质的接地端口, 且因为各种现实因素, 存在难以

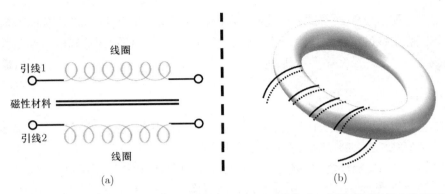

图 6.16 减少交流信号干扰的手段. (a) 原理图. (b) 一对引线或者一捆线缆可以绕在磁性圆环上

完全去除的接地回路, 所以如何获得最好的接地效果并没有一个显而易见的答案, 很多时候实验工作者必须去尝试和对比多个接地方案. 表 6.2 提供了一个真实实验室不同接地方案引起的测量回路噪声差异. 低温仪器设备的搭建者值得在一开始设计时就将制冷机浮地, 从而可以选择和比较不同的接地方案. 更多关于接地对测量影响的介绍见文献 [6.25 ∼ 6.27].

表 6.2　一个真实实验室不同接地方案引起的测量回路噪声差异

方案	接地位置	接地情况	噪声/(nV/$\sqrt{\text{Hz}}$)
1	设备	接地	∼ 3.8
	隔离变压器	浮地	
	锁相	通过设备接地	
2	设备	接地	∼ 5.3
	隔离变压器	另一位置独立接地	
	锁相	通过设备接地	
3	设备	接地	∼ 36
	隔离变压器	浮地	
	锁相	浮地	
4	设备	浮地	∼ 27
	隔离变压器	接地	
	锁相	通过设备浮地	

注: 测量时的制冷机温度为 7 mK, 测量电路针对 100 Ω 数量级的电阻, 由于实际设备和接地环境的差异, 表格中噪声的具体数值不具备普适性. SR830 (锁相型号) 的极限约为 6 nV/$\sqrt{\text{Hz}}$, 所使用的 LI–75A (前放型号) 的极限约为 1.2 nV/$\sqrt{\text{Hz}}$. 本表格被用于说明接地对测量噪声的影响, 单点接地的效果最好.

最后, 我想强调一个细节: 当我们从制冷机中引出测量电路的接地线时, 不要将设备主体或者引线的屏蔽层作为地线, 而是专门准备一根与信号同等规格的独立引线作为地线.

6.1.6 引线类型、接口和热沉

常见的引线分为没有绝缘层的裸线、有绝缘层的常规引线、金属层位于绝缘体外侧的镀金属线和同轴线, 前三者的对比见图 6.17. 低温实验中的引线漏热, 因而待测量样品和制冷机低温环境之间存在温差, 所以我们需要为引线提供合理的热分流方案. 因为在制冷机投入使用之后, 引线不再方便更换, 可是引线在长期使用之后可能短路或者断路, 所以我建议搭建和定制制冷机时提前设计数量多于实际需求的引线.

图 6.17 裸线、常规引线和镀金属线的对比示意图 (截面)

1. 裸线

裸线常见的材料包括铜、银、金和铝. 前两者除了在特殊的电学实验中出现, 还被用于搭建可控的导热通道. 后两者常出现于点线机, 相关内容见 6.1.7 小节. 电测量中如果采用了裸线, 则我们需要高度重视电路短路的可能性. 如果我们必须使用裸线又想降低短路可能性, 可以为裸线构建一套保护套, 例如用特氟龙胶带缠绕引线, 例如在引线外侧套上内外径合适的中空塑料管, 又例如在裸线外侧涂抹环氧树脂、真空脂或 GE 清漆.

2. 常规引线和注意事项

对比裸线, 常规引线有一层被用于电绝缘的涂层. 绝缘层的材料多种多样, 包括尼龙、聚酰亚胺 (包括 Kapton) 和聚酯材料 (polyester). 特氟龙绝缘层和 Kapton 绝缘层可以耐约 200 °C 的高温. 在常用的优质绝缘材料中, 特氟龙和蓝宝石绝缘性能最好, 尼龙、陶瓷和 PVC 塑料绝缘性能相对略差, 纸张的绝缘能力比尼龙更弱. 特氟龙的绝缘性能预期约为 $1 \text{ T}\Omega/\text{m}$. 配合 GE 清漆等黏合材料使用的有机溶剂可能溶解或者破坏部分绝缘层材料.

除了铜线和银线, 低温电学实验的常规引线还包括康铜线和锰铜线 (相关内容见表 2.25) 和嵌在铜之中的 NbTi 超导线 (相关内容见 5.9.1 小节). 锰铜与铜之间的温差电动势比康铜和铜之间的温差电动势更小.

商业化引线的直径并不是连续可选的, 而是根据一些已有的标准呈离散的数值.

当我们在考虑低温电路时, 不能任意规定引线的粗细, 而需要根据已有的规格和引线是否可购买来考虑电路的设计. 以比较常见的标准 AWG (American wire gauge, 美制线规) 为例, 最小的直径小于 8 μm, 但是这种引线并不像标号小于 40 (直径大于 0.08 mm) 的引线那么容易购买.

对于低温测量系统, 由于仪表在室温端、测量对象在低温端, 常常存在总电流为零的两根引线, 从而允许我们采用双绞线的方案. 所谓双绞线, 指的是同一个测量电路中的一对常规引线以图 6.18(a) 的形式连接室温端和低温端. 首先, 电流经过引线时产生磁场和辐射, 如果电路中两根有反向电流的线紧挨在一起, 远处看相当于总电流为零, 这减少了测量电路产生的电噪声. 其次, 反向运行的电线构成了电路回路, 这个回路的面积越小则受到外界磁场的干扰越小. 再次, 电路和电流源可能存在与电流方向线性相关的噪声, 一来一回两根引线受到的干扰可部分抵消. 最后, 一个低温设备中有多组测量电路存在, 配对的引线近距离接触、不配对的引线相对远离有助于减少电路之间的相互干扰. 双绞线可从低频使用到 1 MHz[6.66].

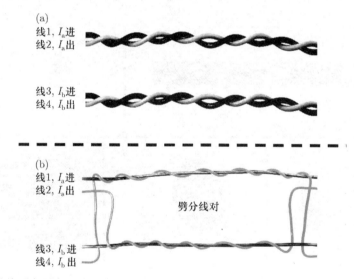

图 6.18　双绞线示意图. (a) 用于两个独立测量线路的两对双绞线. 为了示意清晰, 图中双绞线未紧密绕制, 正常情况下的两线间隔远小于图中的缝隙. (b) 错误的双绞线绕法, 往返电流没有配对

两根通电流的导线有力学相互作用, 电流同向时引线相吸引, 电流反向时引线相排斥, 双绞电流方向相反的引线有助于引线的固定和噪声的减小. 如果电流达到 1 A 数量级, 则引线间的排斥力可达 1 N 数量级. 对于极低温测量, 其电流值常小于 1 nA, 引线之间的作用力非常小, 不过引线双绞依然有助于避免多次升降温之后的位置松动. 制冷机中的空间有限, 如果引线松动后意外接触防辐射罩之类的其他温区, 可能引入不必要的漏热. 此外, 引线松动后的振动除了引入额外漏热, 还引入了额外的电噪声.

如果需要自行制备一套长度为 L 的双绞线, 我们可以先将一根长度约为 $2L$ 的常规引线对折, 将两个自由端固定, 通过一个自制的挂钩 (比如用较粗的软焊焊料线或者铜线弯成鱼钩形状) 挂住对折处, 然后用手或者用慢速的电钻转动挂钩, 转动过程中注意保持线绷直并间歇地帮助线定型. 停止转动后, 我们可以用手或者硬物施加径向应力 (取决于线的韧性) 以固定线的扭转形态, 然后再将对折处剪开, 形成一对双绞线. 如果转动圈数过多, 摩擦力可能破坏引线的绝缘层, 或者这对线会趋向于拧成一团. 对于通常的制冷机布线, 多套双绞线通过同一个通道和同一套热沉, 所以这批双绞线还会继续再被绞一次, 形成一捆线, 以便于机械固定和热连接. 在安装这一捆线之前和之后, 我们都必须检查所有线之间是否存在短路现象.

3. 常规引线的接口

制冷机中的常规引线常焊接到插针 (见图 6.19(a)(b)) 上, 以便于插拔. 这类插针连接器有不同直径、不同设计的商业化产品. 对于图 6.19(a)(b) 中的插针, 引线在孔洞端的焊接相对容易; 在针尖端焊接时, 我们先让引线缠绕出足够稳定的机械连接后再进行焊接.

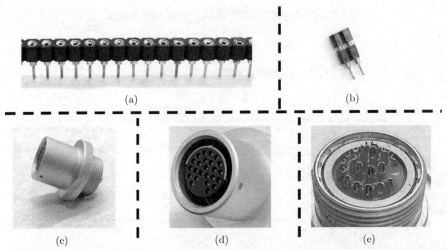

(a)

(b)

(c)　　　　(d)　　　　(e)

图 6.19　插针和多针接口的实物照片. (a) 为一排插针, 引线可以焊接在插针孔洞中, 也可以焊接在细针上. (b) 为一对插针与另外一对插针对接. (c)(d)(e) 为同一个多针接口的不同角度照片, 一根引线焊接到 (e) 中的一个孔洞中

常规引线的高温端通常通过商业化的多针接口 (见图 6.19(c)(d)(e)) 离开低温设备. 这类多针电连接可能自带真空密封功能, 也可能不具备真空密封功能, 需要使用者对每根线做独立的真空密封. 通过细孔洞与环氧树脂的组合, 我们可以自制穿透真空界面的电连接, 这个工艺的难度很低. 当采购与商业化设备对接的多针接口时, 我们需要确保型号一致、公母配置相反; 对于自己焊接的真空密封接口, 我们需要避免误购买

没有真空密封效果的型号. 商业化的多针接口默认只能在室温条件下使用.

在之前介绍的穿透真空的方式中, 引线一直位于真空环境中, 原则上我们也可以将引线置于毛细管中, 然后在毛细管的低温端利用环氧树脂实现真空密封. 采取这种连接方式的引线可以采用任意接口. 低温下的真空密封不如室温条件下的密封稳定, 除非有必须将引线置于大气环境的理由, 否则我建议还是采用大部分引线位于真空环境的常规连接方式.

4. 镀金属线

镀金属线依赖线表面的薄膜导电, 线中心的绝缘材料提供力学支撑. 导体的选择非常多, 包括铜、银、铝、镍、钛、铂等单质金属, 也包括铍铜和不锈钢等合金. 这种引线利用了趋肤效应, 减少了金属使用量, 也可以作为波导使用.

镀金属线有成熟的商业化产品, 不过有手工制作超导线的简易做法. 我们只要在铜线的外侧覆盖一层软焊的焊锡, 就可以获得低温下电阻更小、可传输更大电流的复合引线.

5. 同轴线及其接口

将双绞线装入铜镍毛细管是制作屏蔽层的常用方法, 不过商业化的同轴线是更好的选择. 同轴线由轴心处的引线和同心结构的导电屏蔽组成, 屏蔽层的内侧和外侧各有一层绝缘层, 外层的绝缘层也起保护层的作用. 同轴线的屏蔽层减少了内芯信号对外界环境的干扰, 也减少了内芯信号受到的干扰. 同轴线示意图见图 6.20.

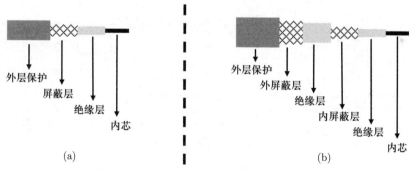

图 6.20 同轴线示意图. (a) 常规同轴线. (b) 多层屏蔽的同轴线

虽然同轴线的主要功能是传输高频信号, 但因为同轴线的噪声小和可承受的电压高, 低温实验中的低频电测量也常使用同轴线. 对于低温实验, 我们常关注同轴线的如下参数: 引线电阻、旁路电容、串联电感、最大可承受电压、频率范围、阻抗匹配、屏蔽效果和接口. 同轴线的优势主要在于保护高频测量, 对于 10 kHz 以内频率的测量, 双绞的常规导线足以提供不弱于同轴线的屏蔽效果[6.1].

引线的屏蔽效果受同轴线的结构影响. 屏蔽层可单层也可多层, 绝缘层可由不同的材料组成, 材料可为实心也可为局部空心, 这些细节都影响引线的屏蔽效果. 屏蔽层的接地位置对于极低温下的精密测量有影响, 原则上接地电阻越小效果越好、接地点越少效果越好.

二十世纪四十年代发明的 BNC (bayonet Neill–Concelman, 卡口式尼尔 – 康塞尔曼) 接头是同轴线常使用的标准接口, 它常出现于低温测量的室温电路. B 指卡口连接 (bayonet connection), N 和 C 是两个发明人名字的首字母. 我们有时出于插拔方便的考虑, 将整体插拔的多针接口转接为可以逐一插拔的 BNC 连接. 出于设计更复杂电路的需求, 我们也可能使用 twin BNC (双 BNC, 也叫 twinax, 即双轴线缆) 接口或者 triaxial (三轴线缆, 也简称为 triax) 接口, 它们的引线和设计更复杂. 图 6.21 提供了一个使用复杂引线的例子, 引线有一个屏蔽层和两根独立引线.

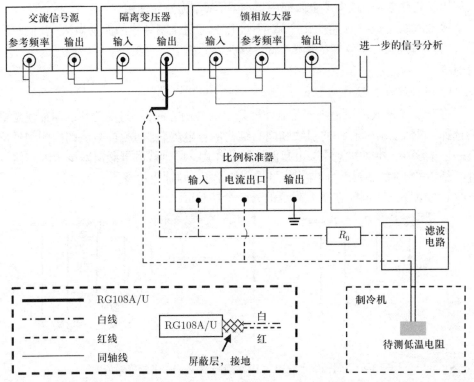

图 6.21 一个包含锁相、电桥和隔离变压器的实际电路连接例子. 部分引线与常规的 BNC 接头不匹配. 此图是图 6.2(a) 的详细版本

在低温环境下, 因为接头体积和对应的引线体积相对于制冷机空间过于庞大, BNC 接口是罕见的. 除了直接焊接引线之外, 人们还采用 SMA、MCX (微型同轴) 和 MMCX 等体积相对较小的标准接口. 由于低温电路不一定使用高频信号, 常见设备中的这些接口和引线的选择并不固定, 常根据设备使用者的需求而定制. 与常规引线的真空接口类似, 同轴线在穿过真空面时需要考虑针对单根引线的独立密封或者采用有气密性

的接口.

人们还可能使用热同轴线连接室温端和低温端, 因为它们可以提供极好的高频滤波效果[6.55]. 这种引线原本被当作加热丝使用, 因此这种滤波方式产生的代价是增加了线路的引线电阻. 热同轴线中的 MgO 容易吸水, 平时我们需要用环氧树脂等材料密封闲置热同轴线的两端, 以免水汽进入而影响滤波效果以及引起内外芯短路.

6. 引线的热沉

常见低温电测量中的电流值很小, 焦耳热不重要, 测量装置引起的额外热量主要来自引线从高温端导入的固体漏热. 因此, 引线需要逐级热沉, 让尽量多的热量在尽量高的温区分流. 对于稀释制冷机, 热沉位置的选择可以参考图 5.72 的毛细管热沉.

常规金属引线的电阻与热阻成正比, 绝热性能越好, 则电流发热越大. 原则上任何材料都可以通过变更引线直径改变漏热量, 但是在给定温度差和电流的前提下, 非超导体的电流引线存在一个只依赖于材料的极小值[6.67]. 式 (4.14) 提供了以铜为例子的最佳直径计算公式. 如果引线被用于螺线管供电 (相关内容见 5.9.1 小节), 此时的电流以安培为单位, 我们可以采用铜作为引线. 极低温下的测量电流常以微安或者纳安为单位, 其电流值对应的理想铜线直径过小, 不便于人手操作. 制冷机中常用锰铜线或者康铜线连接室温端和低温端, 它们对应的理想线径相对更大、便于操作. 此外, 锰铜线的电阻近乎不随温度变化 $\left(\dfrac{\rho_{300\,\text{K}}}{\rho_{4\,\text{K}}} \sim 1.1\right)$, 便于人们在室温条件下模拟和检查低温条件下的电路. 锰铜线在室温附近的另一个经验公式是 $R(t) = R_{25}[1 + \alpha\,(t - t_{25}) + \beta\,(t - t_{25})^2]$, t 指摄氏温度, R_{25} 指 25 °C 时的电阻值, $\alpha \approx 10^{-5}$, $\beta \approx -5 \times 10^{-7}$.

常规金属引线的漏热量与导线的横截面积成正比, 而超导引线可以同时实现近乎理想的电传导和近乎理想的热绝缘. 4 K 以下的引线可采用剥离铜基底的 NiTi 超导线 (相关内容见 5.9.1 小节), 但是需要为它添加一层电绝缘层. 高温超导体可以在远高于 4 K 的温度下使用, 如今高温超导体的细引线和扁平导电带的制备工艺已经成熟, 但是这些引线或者导电带含有常规金属组分.

热沉的实现方法非常多, 将细引线或者细毛细管绕在一个圆柱体的表面是一种常见的方案. 对于引线, 我们可以采用消除电感的绕制方法, 例如将双绞线对折后再绕于一个圆柱侧面 (见图 6.22(a)). 图 6.22(b) 提供了一个简易热沉的设计思路: 用切管器切出一截机械强度足够的中空铜管, 在铜管外侧粘上一层尽量薄的绝缘层 (我使用高度稀释过的 GE 清漆和卷烟纸), 将引线绕在薄绝缘层上以防接地, 再用 GE 清漆固定引线 (需要留意 GE 清漆的稀释液破坏引线绝缘层的可能性), 最后利用穿过铜管中心的螺丝将其机械固定到制冷机上. 对于粗引线或者同轴线, 其简易热沉方案如下: 把铜块钻出一个通孔或者侧面切出一个小通道, 让一根线或者一捆线穿过该铜块, 再用黏滞系数小的银环氧树脂将线与铜块固定, 最后用机械手段将铜块固定到制冷机上.

以上这些热沉方案针对由绝缘层密包裹的引线. 如果引线和绝缘层不紧密结合,

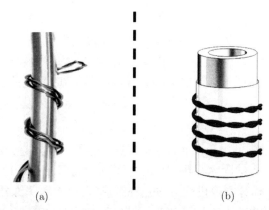

(a)   (b)

图 6.22   细引线的消电感绕制方法和简易热沉设计示意图. (a) 双绞线对折之后再绕制. (b) 双绞线隔着绝缘层绕在中空圆柱上. 该热沉方案增加了引线与地线之间的电容, 对接地电容 C_{Leak} 敏感的测量需要考虑更复杂的热沉方案

如松散塑料管道套着金属裸线, 则这些热沉方案的效果不理想, 我们需要考虑更复杂的设计. 此外, 我们需要关注以下两个细节: 首先, 热沉的粗糙表面或锋利边缘可能刮伤引线的绝缘层, 我们必须对热沉做基本的挫平和打磨. 其次, 如果热沉的制作过程中使用了有机溶剂 (例如 GE 清漆的稀释液) 或者引线受到了加热, 我们需要警惕常规引线绝缘层被破坏引起短路的可能性. 绝缘层为 Kapton 的常规引线可耐 220 °C, 特氟龙绝缘层可耐 200 °C, 其他常规引线的绝缘层默认不高于 100 °C.

如果空间允许, 我建议每一个有稳定制冷量的特征温度盘都提供一次引线的热分流. 理想情况下, 沿着导线的温度分布与制冷机的温度分布一致. 不论我们选择多少个热沉的位置, 最接近样品的热沉都得热连接到制冷机的最低温度冷源. 表 6.3 提供了

表 6.3   引线漏热的数量级估算

高温	低温	铜线 长 10 cm 直径 1 mm	锰铜线 康铜线 不锈钢线	超导线 未腐蚀	超导线 远低于超导温度, 且超导线中 的常规金属已被腐蚀
300 K	77 K	~ 0.7 W	$\div 100$	$\div 1$	0
	20 K	~ 1.2 W	$\div 100$	$\div 1$	0
	4 K	~ 1.3 W	$\div 100$	$\div 1$	0
77 K	20 K	~ 0.4 W	$\div 100$	$\div 1$	0
	4 K	~ 0.6 W	$\div 100$	$\div 1$	0

注: 表中铜线长度 10 cm, 直径 1 mm, 真实铜线的漏热可根据尺寸对应换算. 锰铜线、康铜线和不锈钢线可按比铜线小 2 个数量级估算漏热. 超导线中有常规金属, 通常为铜 (相关内容见 5.9.1 小节), 按铜线估算. 干式制冷机的一级冷头温度低于 77 K, 但是从数量级估算的角度可以采用 77 K 对应的数值. 原始数据来自文献 [6.68].

一个引线漏热量的快速估算方案. 如果只允许我们做一次热分流, 引线直接从室温往低温环境漏热, 图 6.23 给出了在 80 K 和 4 K 下被用于热沉的铜线长度建议. 当这个长度的引线能和 80 K 环境或者 4 K 环境完美地热连接时, 则引线和低温端的温差小于 1 mK. 图 6.23 中还给出锰铜线被用于 4 K 热沉的引线长度, 其数值显著小于铜线的对应数值. 不锈钢线所需热沉条件类似于锰铜线.

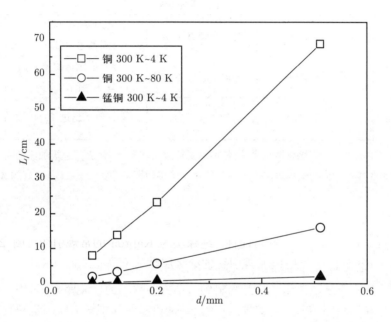

图 6.23 引线热沉长度需求与直径的关系. 数据来自文献 [6.1], 计算模型来自文献 [6.69]

7. 其他注意事项

室温下正常工作的电测量线路在低温下可能断路和短路. 断路可能来自焊接点在变温后的形变 (相关内容见 5.4.6 小节). 对于没有绝缘层保护且未被恰当固定的引线, 降温后的形变可能使引线改变位置, 从而引起短路. 对于有绝缘层的引线, 绝缘层被机械破坏或者化学破坏后, 可能在降温形变后脱离内芯, 从而引起短路. 我建议实验工作者在制作热沉之前和之后, 以及在制冷机降温过程中的每一个等待节点, 都检查重要的引线是否依然正常工作. 表 6.4 总结了常见引线功能和特征.

表 6.4　低温环境中的常用引线类型

功能	特征			引线类型
	电流	电压	电阻	
测量	非常小, 可低于 1 nA	/	阻值尽量不随温度改变	铜线 锰铜线 同轴线
门电极加压	/	通常不高于 400 V	/	*
加热	通常不超过 0.1 A	通常不超过 10 V	不增加漏热的前提下, 阻值尽可能小	铜线 超导线
磁体供电	通常不超过 200 A	通常不超过 10 V	需要考虑固体漏热与焦 耳热之间的平衡	超导线 金属
压电驱动	/	通常 200 V 以内	一般不超过 10 Ω	铜线 超导线

注: 表格中的 "/" 代表该参数容易获得, 不需要特意关注. "*" 代表门电极加压的引线类型不重要, 引线和引线接头构成的整体电路不会在工作电压下接地即可, 通常同轴线是较好的选择.

6.1.7　样品座

制冷机的极低温区域通常在设备的底部, 不方便进行特别精细的原位引线焊接或者引线粘连. 样品座简化了样品与低温设备的机械固定和电连接. 我们先在方便操作的桌面上将计划开展电测量的样品固定到一个方便移动的样品座上, 再用合适的方法电连接样品和样品座, 最后通过插拔这种简单的机械操作把样品座固定到制冷机的对应母座上, 从而实现样品和制冷机引线之间的电连接. 母座与制冷机上的引线通常采用软焊的方式连接, 如果没有特殊情况则不再拆卸母座. 样品和样品座之间的连接方式多种多样, 实验结束之后, 样品座和重要的样品可以一起保留, 以便于下次测量时维持同样的电连接条件.

下文主要根据样品座降温、机械固定和电连接这三个核心功能讨论一些实际设计的例子.

1. 半商业化样品座

样品座有大量不同的设计并且有许多便利的商业化产品. 例如, 商业化的制冷机公司可以提供样品座. 又例如, 我们可以购买类似图 6.24(a) 的商业化产品和对应的母座, 并用焊线的方式实现母座与制冷机的电连接. 图中这类样品座和对应的母座属于 LCC socket (LCC 插座), LCC 也叫 LLCC, 来自 "leadless chip carrier (无引线芯片载体)" 的缩写. 这类样品座在半导体工业中有实际应用, 因而有大量不同尺寸的标准化产品.

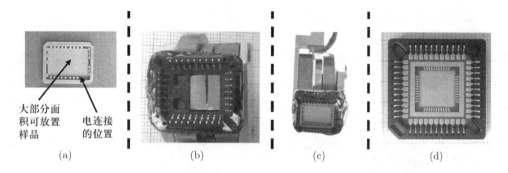

图 6.24 基于商业化产品的样品座例子. (a) 未安置样品的样品座. (b) 没有安装样品座的母座, 母座的背板挖槽, 凸起的铜块增强了母座和样品座之间的热导. (c) 安装在制冷机上的母座, 上面装上了样品座, 两者的固定靠母座侧面的弹簧. (d) 另外一种型号的样品座, 图中的样品座已装在对应的母座上

2. 自设计样品座举例

本小节简单介绍一个自制样品座的设计, 该样品座 (见图 6.25(a)) 在 10 mK 以内依然可以使用, 并且制作过程不算复杂. 样品座的主体结构为无氧高热导铜, 可放置样品的面积约 11×11 mm^2, 铜板割 0.2 mm 的缝隙以减少磁场下的发热. 铜板的边缘打了 24 个孔, 镀金的黄铜插针插入孔中并由环氧树脂实现机械固定和电绝缘. 插针有强弱不一的微弱磁性, 而且镀金过程中可能引入有磁性的杂质, 因此我们需要逐一检查插针的磁性后再选用. 样品座和母座 (见图 6.25(b)) 之间采用插拔方式实现机械固定和电连接. 母座中央的铜块做成凸起结构, 以确保和样品座有更好的热连接, 母座的铜块也需要割缝减少涡流发热.

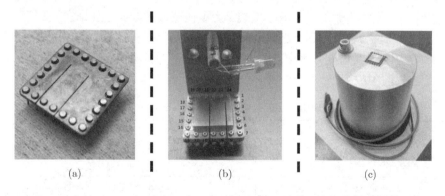

图 6.25 自制样品座照片. (a) 未安置样品的样品座. (b) 制冷机上的母座, 它与样品座通过插拔连接, 图中的 LED (发光二极管) 是二维电子气测量的特殊需要, 不是母座的必要组成. (c) 点线时固定样品座的另一个母座和固定母座的铝块. 图 6.40 提供了一个样品座相关的实例

3. 样品与样品座的机械连接举例

样品与样品座连接的方式有许多类型, 它由测量方式和实验方式决定. 小型块材和薄片样品与样品座可以靠黏合剂实现机械固定. 稀释过的 GE 清漆和 PMMA 都是极低温下可以使用的黏合剂, 虽然它们的热导并不好 (相关内容见 2.2.4 小节), 但是因为涂层很薄, 所以依然可以固定在 10 mK 温区测量的样品. GE 清漆可以溶解于有机溶剂, 所以用其粘连的样品便于拆卸. PMMA 的固定更加稳定, 其代价是它较难溶解于有机溶剂. 对于极低温下的测量, 我不建议用真空脂或未稀释的 GE 清漆固定样品, 因为涂层太厚影响热传导.

尽管大部分低温下的电测量已经采用了尽可能小的电流, 但是部分涉及超导态研究或者螺线管产生磁场的实验可能使用 1 A 数量级甚至 100 A 数量级的电流. 当大电流流过样品时, 我们需要考虑洛伦兹力是否会让脆弱的样品裂开、是否会影响样品的固定, 以及是否会使引线位置移动, 从而影响电接触的质量.

4. 样品与样品座的电连接举例

样品座的第三个功能是通过细引线实现与样品的电连接. 常用的连接方法包括点线、软焊 (相关内容见 5.4.6 小节)、压铟、银胶粘连、银环氧树脂粘连和弹性接触. 对于非常微小的样品, 我们可以先将样品电连接到某一个衬底上, 再通过衬底电连接样品座. 以下我们仅简单讨论样品与样品座的一级电连接, 二级连接原则上仅是两次重复的操作.

点线机利用超声压力将直径约 0.1 mm 的纯金属线粘连到干净的室温金属表面, 这个工艺被广泛地应用于半导体工业. 通过铝线一端与样品的电极连接、铝线的另一端与样品座连接, 实验工作者实现了样品与外界测量环境的电连接. 另一种点线材料是金线, 但是通常样品需要被加热到约 150 °C. 我倾向于优先尝试铝线. 文献 [6.70] 提供了铝线和金线曾成功连接过的金属例子 (见表 6.5). 失败的点线, 或者实验结束后扯走的引线都可能将蒸镀的金属薄层撕裂. 为了使蒸镀的金属更加结实, 我们可以先蒸镀一层合金, 对金属进行退火以引起轻微的表面不平整, 再蒸镀点线用的金属薄层. 在点线的过程中, 样品需要被固定, 因此我们先将样品粘连到样品座上, 再将样品座固定到一个更稳定的结构上 (见图 6.25(c)).

表 6.5　部分铝线和金线的可连接表面

点线材料	材料表面
铝线和金线均可以使用	铝、金、银、铜、钛 锗、铁、镍、铂、硅
仅铝线	锡、铍、镁、钼、钯
仅金线	钨

注: 本表格信息来自文献 [6.70].

部分允许加热的样品可以由软焊的方式实现电连接 (相关内容见 5.4.6 小节). 需要指出的是, 电连接是极低温下为样品降温的重要途径, 点线用的铝线和常用软焊的焊料都是超导体, 它们在超导相变之后的导热能力迅速下降. 如果样品被用于强磁场中的测量, 铝或者软焊的焊料在超导相变温度之下依然是热的良好导体, 但是引线失超后的样品降温需要合适的等待时间. 不论是温度引起还是磁场引起的引线超导相变都可能干扰失超瞬间的精密电学测量.

我们还可以用小铟球把引线压到样品表面. 该连接方式的机械强度不如软焊结实, 我们需要留意样品和铟的膨胀系数差异, 留意降温后铟球脱离样品表面的可能性. 比起焊接, 它的优点在于不需要加热样品. 铟也是超导体, 但铟球并不位于样品和引线之间, 对导热效果的影响相对较小.

银胶和银环氧树脂可以将引线和样品粘连在一起. 与焊接相同之处在于, 这种连接方式的接触面积取决于手的灵巧程度, 操作者常常不小心、不必要地占用了过大的样品表面积. 银胶和银环氧树脂常被用于精细且脆弱的样品, 其缺点是样品和引线间的电阻较大.

在以上讨论的电连接中, 我们不希望引线给样品施加应力, 并且需要尽量确保引线在降温过程中的形变不会影响电接触的效果. 如果样品能够承力, 利用弹性结构将电极直接压到样品表面是另外一种常见且便于操作的电连接方式. 弹性结构包括铍铜薄片和铍铜弹簧, 接触点附近的铍铜表面可以镀铟, 以使接触点变得更软并使接触电阻变得更小. 除了弹性结构, 机械接触还可以由压电陶瓷调控. 更多的力学接触方式可参考 5.6.2 小节.

如果样品的表面不导电, 那么上述的电连接方法需要结合其他工艺后再使用. 对于一些因为界面因素而难以直接电连接的样品, 我们可以清洗和打磨其表面, 改善界面的导电能力. 我们还可以在打磨后的表面镀一层金属, 以保护表面不被氧化并降低界面电阻. 镀金属的方法多种多样, 包括电子束蒸发、热蒸发和化学方法. 有些样品的导电层不位于表面, 那么我们需要先实现表面和导电层之间的导通, 以连接导电层和引线. 以观测整数量子霍尔效应和分数量子霍尔效应的二维电子气半导体样品为例, 通过金属沉积和高温退火后的金属掺杂, 实验工作者局部连通了样品表面和几百甚至几千纳米以下的导电层.

不同的样品有不一样的电连接工艺而并不存在通用的办法. 对于低温下的简单电测量而言, 实现良好的电连接通常是第一个困难, 也是最大的困难. 当我们在提及一个良好的电连接时, 默认这个连接没有容性和感性, 并且其压降与流经的电流成正比, 因而电连接有时也被称为欧姆接触, 由接触电阻的数值大小衡量电连接的质量.

6.1.8 接触电阻、门电极和接地保护

电连接的品质主要由接触电阻表征, 理想电连接的电阻值为零. 接触面积越大, 则

同样品质电连接的接触电阻越小, 因而接触电阻 R_C 和接触面积 A_C 的乘积可被用于描述电接触的品质. 实践中的极限约 $4 \times 10^{-9}\ \Omega \cdot cm^2$, 该数值来自铜与铜在应力下的软焊[6.1], 常规电连接的导电能力远逊于应力下的金属焊接. 对于大部分金属与金属之间的直接电连接, 我们可以默认其接触电阻小于 $1\ m\Omega$, 然而, 如果金属表面被油垢和粉尘等物质污染了, 或者表面存在氧化层, 金属间的接触电阻也可能高达 $1\ \Omega$.

实验工作者通常在室温条件下完成样品与测量电路之间的电连接工艺. 低温实验中的接触电阻并不是一个常量, 我们期待良好的接触电阻随着温度降低而减小. 对于接触工艺不够成熟的样品, 接触电阻常随着温度下降或者磁场上升而急剧增大. 如果对样品电连接的性能不够了解, 实验工作者可能把来自接触电阻的电信号变化误认为是样品的性质改变. 我建议测量人员除了在室温检查接触电阻, 也在低温环境和高磁场环境中检查电连接的品质.

假如我们准确知道样品和引线的电阻, 那么两端法 (见图 6.1) 可以直接测量接触电阻的大小 (见式 (6.1)). 即使我们只知道引线电阻而不知道样品电阻, 两端法依然有测量价值, 因为它告诉我们接触电阻与样品电阻之和的上限.

图 6.26(a) 提供用六根引线测量电流引线的接触电阻的方法, 如果两个接触的空间距离足够接近, 则图中的 U_1 和 U_2 之差就由电流和接触电阻决定. 在大部分的电测量中, 样品有大量的电接触点, 我们仅需要知道接触电阻是否合理, 而不一定需要严格知道接触电阻的大小, 此时每一个接触电阻的测量方式可以简化为图 6.26(b). 该方法虽然无法提供接触电阻的准确数值, 但最少仅需要三根引线就可以判断电连接的质量是否符合预期. 多个接触电阻的并联接地有助于减少样品电阻和接触点位置分布对测量结果的影响.

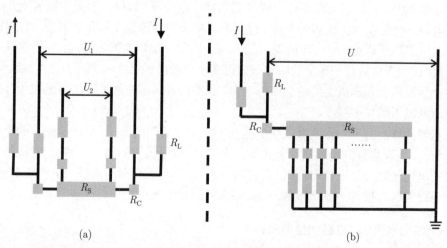

图 6.26 两种接触电阻的近似测量方法. (a) 使用六根引线的测量方法. (b) 变更后的测量方法

根据具体实验设计和样品几何尺寸, 电流引线和电压引线可以有质量不同的接触电阻. 电流引线通常携带更大的电流, 对接触电阻有更高的品质要求. 与之对比, 电压表有极大的内阻, 对不理想的接触电阻有更高的容忍度. 又例如, 小尺寸样品上电压引线的面积不宜过大, 否则电势测量所对应的位置难以定义. 更小的引线接触面积也有助于降低降温后形变产生的应力破坏电连接的可能性.

与作为理想导体的电连接对应, 门电极是样品上理想的绝缘体. 样品和门电极之间需要由绝缘层分隔. 如果我们对于门电极与样品的距离没有要求, 绝缘层可以是一层卷烟纸或者一层环氧树脂. 如果我们需要制备尽量薄的绝缘层, 原子层沉积是常用的工艺. 对于半导体样品, 门电极有可能通过肖特基势垒实现而不用专门制作绝缘层. 不论采用哪一种方案实现门电极, 我们都需要检查门电极和样品之间是否漏电. 需要强调的是, 所谓的不漏电状态, 仍然具有在一定电压范围内合理的漏电流, 不同的绝缘手段对应着不一样的漏电流和击穿电压. 室温条件下的 1 GΩ 通常意味着低温条件下足够好的绝缘, 因为大部分材料的绝缘性能在低温条件下变得更好

部分精密的样品在测量和操作过程中需要维持与地线的连接. 例如, 对于有微小门电极结构的小器件样品, 电荷积累之后的作用力足以破坏门电极的机械稳定性. 因此, 电测量的电路中需要存在一个或多个接地开关, 以便于我们在连接和变更电路时保护样品. 我不建议采用图 6.27(b) 的三通切换设计方案, 因为在我们切换开关的过程中, 样品可能处于浮地的无保护状态.

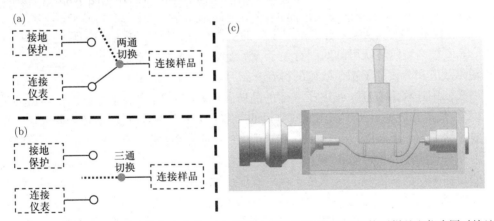

图 6.27 接地开关的不同连接方式示意. (a) 样品一直连接仪表, 两通切换后样品和仪表同时接地. (b) 样品在接地保护和连接仪表中二选一. (c) 是对应 (a) 的一个实物设计图. 我不建议轻易采用 (b) 这种操作上更容易实现的三通切换模式

图 6.25(c) 的基座上方有一个螺丝固定点, 其作用是在点线时将样品固定到某一个接地点. 我建议当连接这种保护样品的接地点时, 一定要确认连接对象的表面导电性. 一个常见的失误是实验工作者将应该接地保护的样品连接到表面有绝缘涂层的金

属结构上. 出于保护样品的原因, 我们应该尽量避免在操作样品时穿着容易产生静电的衣物.

6.1.9   电阻值定标

绝大多数物理量的准确标定都是非常困难的, 而电阻值恰好是一个例外. 1990 年 1 月 1 日之后, 基于整数量子霍尔效应的量子电阻成为了电阻标准[6.71]:

$$R_{\mathrm{K}} = h/e^2 = 25812.807\ \Omega. \tag{6.11}$$

如今该常量所对应的 h 和 e 已经成为了国际单位制中与光速同等重要的常量基石[6.72,6.73] (相关内容见表 3.19). 1990 年之前, 根据美国国家标准与技术研究院, 标准读数的 1 Ω 等于如今的 0.99999831 Ω.

整数量子霍尔效应由冯·克利青 (von Klitzing) 于 1980 年发现[6.74]. 整数量子霍尔效应的条件包括二维条件下的电子、垂直磁场、单个电子的量子化, 以及杂质所引起的无序. 当整数量子霍尔效应发生时, 纵向电阻为零, 霍尔电阻曲线上出现不随磁场变化的量子化平台, 其大小为量子电阻 R_{K} 的 n 分之一, n 为整数, 这也是该物理现象名称的由来. 1975 年出现了可能关联到整数量子霍尔效应的间接理论讨论, 1976 年出现了相关的实验前兆, 尽管如此, 冯·克利青所观测到的量子化现象依然是人们未曾预料到的. 分数量子霍尔效应[6.30] 中出现的平台电阻值为 R_{K} 的 ν 分之一, ν 为分数. 这两个效应现象相似, 并且都是在低温环境中被偶然发现的, 但它们背后的物理原理不同. 分数量子霍尔效应来自二维电子间的多体相互作用 (这是最强关联的实验体系之一), 它被诺贝尔奖认可的原因有关于 "带分数电荷激发的新量子液体". 关于整数量子霍尔效应和分数量子霍尔效应的科普介绍可参考文献 [6.28, 6.29].

人们用迁移率表征二维电子气体的品质, 迁移率越高, 样品越容易出现丰富的量子现象. 最早开展整数量子霍尔效应测量的二维电子来自场效应管, 最适合研究量子霍尔效应的二维电子来自 GaAs/AlGaAs 异质结, 其迁移率超过了 4×10^7 cm^2/(V·s)[6.75]. 因为存在其他量子态的竞争, 被用于给电阻定标的二维电子并不是迁移率越高越好, 过高的迁移率反而可能缩小整数量子霍尔效应出现的磁场区间. 然而, 除了 GaAs 体系等个别例子, 我们通常遇到的情况都是不够高的迁移率妨碍了整数量子霍尔效应的出现. 在 GaAs/AlGaAs 异质结样品中的整数量子霍尔效应可以实现 10^{-10} 数量级平整度的整数量子霍尔电阻平台[6.76~6.78].

石墨烯中也可以出现整数量子霍尔效应和分数量子霍尔效应[6.29]. 石墨烯中整数量子霍尔效应可在室温条件下出现[6.79], 因而人们也对基于石墨烯的电阻定标感兴趣. 需要指出的是, 室温观测石墨烯整数量子霍尔效应需要 45 T 的高磁场[6.79], 这个磁场的实现难度其实远远高于将石墨烯降温到 4 K, 并且这个磁场下室温整数量子霍尔效应的平台平整度还不足以被用于定标. 因此人们还是更倾向于利用低温下的石墨烯定标电阻. 关于石墨烯中高精度量子霍尔电阻的准确测量可参考文献 [6.80] 中的相关引文. 在 $\frac{B}{T} \sim 1 \left(\frac{T}{K} \right)$ 这样比较方便实现的低温实验条件下, 人们已经在石墨烯中获得了 10^{-9} 数量级的电阻定标[6.81].

量子霍尔效应所需要的二维电子可以来自任意的实验体系, 这类二维电子体系的样品并不难获得, GaAs/AlGaAs 异质结和石墨烯只是人们比较熟悉的两个例子. MgZnO/ZnO 异质结、Si/SiGe 异质结、黑磷等大量二维体系都可以呈现整数量子霍尔效应. 迁移率最高的二维电子体系可能来自超流液氦表面的自由电子, 其迁移率[6.82]高达 $1 \times 10^8 \ \mathrm{cm}^2/(\mathrm{V} \cdot \mathrm{s})$, 但这个体系目前不方便被用于整数量子霍尔效应的研究. 此外, 分数量子霍尔效应的能隙远小于整数量子霍尔效应, 也不方便将其量子化作为电阻的标准.

基于整数量子霍尔效应, 我们可以得到 R_K 和 R_K/n 的数值. 随着整数 n 的增大, 电阻值越来越小, 也越来越 "不可信". 整数量子霍尔效应与同时出现的零纵向电阻的结合可以为简单电测量提供方便和可靠的电阻数值定标. 当我们对量子化平台进行标定[6.83,6.84], 或者将实验结果与理论严格对照时[6.16,6.85], 可信的电阻测量是分析的起点.

当无法或者不方便为电阻测量提供严格定标时, 以下方法有助于确认电阻测量的可信度. 首先, 我们可以串联多个电阻检查它们的总电阻, 以检查总电阻读数与电阻数量的线性度. 其次, 我们可以购买尽量准确且与测量电阻大小接近的电阻元件, 以检查电路. 最后, 对于提供两个电阻比例的平衡电桥, 我们可以更替两个电阻的位置, 两次测量获得的比例的乘积理论值为 1.

6.2　电测量中的温度

尽管第三章介绍了多种测量温度的方式, 但我们在实际操作中主要通过电阻值判定温度. 对于电阻温度计, 我们必须重视测量这个操作对电阻读数的干扰, 最典型的例子就是测量电流的焦耳热引起电阻温度计的升温.

电测量中, 因为电子决定电输运的结果, 实际影响物理测量结果的温度是电子的温度而不是制冷机提供的环境温度. 在大部分常规测量中, 我们不需要严格地区分这两个温度. 然而, 在极低温条件下, 这两个温度存在明显且不可被忽略的温差.

6.2.1　电阻温度计的测量

理想的温度计与测量对象的温度一致, 并且所探测的信号随着温度变化出现明确的响应. 3.1 节已经讨论了相关的内容, 本小节仅侧重电阻的测量, 默认电阻温度计与测量对象之间已有理想的热连接.

电阻温度计被分为两类: 电阻值随温度下降而减小, 或者电阻值随温度下降而增加. 前者以金属温度计为代表, 特点是无法在特别低的温区使用, 其测量侧重小电阻测量技术. 后者以碳电阻温度计和二氧化钌电阻温度计 (以下简称 RuO_2 温度计) 为代表, 其测量侧重大电阻测量技术. 这两类温度计都需要实验工作者在测量前检查电压信号与激励电流的关系是否为线性. 当电流过大引起样品、欧姆接触和引线的发热时, 电压和电流曲线将脱离线性关系. 我不建议在线性区间内选择尽量大的电流, 而是建议在线性区间内选择测量精度能接受的、尽量小的电流. 对于极低温条件下 $1\ \mathrm{k\Omega}$ 数量级的电阻, 我常采用 $0.1 \sim 1\ \mathrm{nA}$ 的激励电流, 该电流所对应的电压信号依然方便测量. 需要强调的是, 电压信号和电流信号的线性仅是正确测量的必要条件, 并不是充分条件, 线性关系背后依然隐藏着大量的错误测量可能性.

对于可变更激励电流的商业化电阻测量仪表, 我们也需要像自行搭建的测量电路一样检查激励电流是否引起发热. 此外, 商业化仪表还常提供量程上的选择, 供使用者优化一段区间内的电阻测量精度. 当仪表切换量程时, 读数可能出现不真实的波动. 如果我们预判测量对象可能跨越多个量程并且数据的稳定性比精度更重要, 可以提前选择满足最大电阻值的固定量程.

我们为了减少发热而采用尽量小的激励电流, 这意味着电压测量将接近仪表的极限, 这样的小电压测量容易受到接地回路的干扰. 图 6.28 提供了一个真实电阻温度计测量因周围接地方式改变而受到影响的例子. 对于校正过的重要温度计, 我不建议调

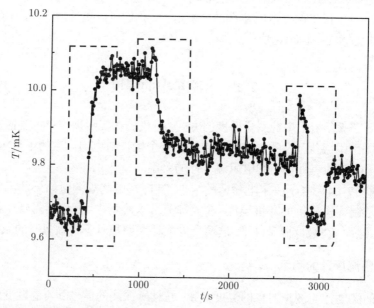

图 6.28 极低温下的电阻温度计测量受接地影响的例子. 图中方框内的温度跃变来自制冷机周边其他线路的接地方式切换, 切换过程中温度计的测量线路和制冷机的状态都没有改变

整其电连接, 比如插拔可机械分离的低温接头 (相关内容见 6.1.6 小节), 更不建议改变其测量电路. 6.2.2 小节我们将讨论电子温度与环境温度的差异, 然而, 对于电阻温度计而言, 这个差异不重要. 只要我们能够一直维持同样的测量条件, 环境温度与测量到的电阻值就建立了一一对应关系, 从而允许我们忽略温差的影响. 也就是说, 如果测量条件不变, 一批不理想因素同时出现于电阻温度计的校正过程和使用过程, 则测量结果受到的环境干扰是恒定的, 电子温度与测量对象温度间有恒定的温差. 一言以概之, 温度计被校正之后, 我们不更改温度计的测量方式, 非必要不变动温度计的固定方式. 注意, 如果温度计通过螺丝被拧到测量对象上, 螺丝松动了重新拧紧属于必要的变动.

如图 3.22 所示, 电阻温度计的读数受磁场影响. 即使是对于零磁场下一致性较好的同一批次产品, 磁场下的电阻偏离也不一致. 实际使用中, 大部分测量人员不具备不受磁场影响的温度测量手段. 如果我们判断制冷机的制冷能力不受磁场影响 (例如冷源远离磁体), 并且判断温度计和冷源之间导热能力不受磁场影响, 则我们可以近似地将零磁场下温度读数作为稳态高磁场下的温度读数. 或者, 我们可以利用低磁场处的可信温度计校正磁场中的温度计. 变场过程中, 除了因为涡流发热 (相关内容见 4.6.3 小节) 和核绝热去磁效应 (相关内容见 4.7 节) 引起的温度不稳定, 温度计测量到的读数还会有迟滞效应. 该迟滞效应不仅可能来自样品, 还可能来自超导螺线管磁体本身的 LR 电路特性 (相关内容见 5.9.2 小节). 总之, 我们不应该随意将零磁场下的温度读数作为变场过程中的温度读数.

我将自己常考虑的电阻温度计测量出错的原因总结在表 6.6 中. 这些可能性中, 有些出错造成系统性的读数偏差. 当测量电路完全不工作或者读数不合理时, 我们应该先排除接错引线、引线的断路和短路、在程序或文件中的错误位置读取数据和误用标定曲线等可能性. 如果电阻温度计的校正采用了四引线法, 而测量时错误计入了接触电阻和引线电阻, 则电阻读数偏大. 如果输入电流过大引起电阻发热, 则测量到的温度偏大. 对于重要的温度测量, 我们更担心温度计不准而不是担心温度计完全不工作, 因为后一种现象极易分辨而前一种现象容易误导实验工作者.

表 6.6　电阻温度计读数出错的可能原因

	接错引线
	电路元件数值出错, 如误将 10 kΩ 作为 10 Ω
	未采用正确的仪表量程, 如误将满量程 2 MΩ 作为 2 kΩ
简单失误	数据读取自错误的来源, 如采集多个电阻而误用非目标电阻的数据
	采用错误的单位, 如误将 mA 作为 A
	采用错误的标定曲线

续表

测量线路	引线意外短路或者断路
	测量产生的自发热现象
	交流或直流的错误选择
	不合适的频率选择
	不足够长的电桥平衡时间
	量程或者平衡电阻选择不合理
温度计	温度计对温度之外的其他实验参数有响应, 如磁场
	与引线的连接为非欧姆接触或者接触不稳定
	未考虑接触电阻和引线电阻的影响
	温度计上有不合适的应力, 如衬底与温度计的热膨胀系数差异过大
	曾经意外受热, 如焊接位置距离温度计过近
环境干扰	外界噪声环境改变, 如滤波条件改变
	外界温度环境波动, 如温度和湿度引起电路元件数值波动
	机械振动产生的电测量干扰
	绝缘层不稳定, 有间歇的噪声
	超流薄膜, 注意温度计与测量对象的温度振荡大小不相等

注: 本表格不包括温度计与测量对象温度不一致的可能性, 该情况更加复杂, 表 3.21 提供了一些例子.

6.2.2 电子温度

电测量本质上探测了电子在电场中移动的结果, 当声子的温度与电子的温度不一致时, 电子温度比人们熟悉的环境温度或声子温度 (晶格温度) 更加重要. 极低温电测量中电子温度的重要性主要来自两方面的物理规律. 首先, 电子通过声子导热的能力随着温度下降而迅速变弱. 其次, 外界对电子持续漏热而电子比热随着温度下降而减小. 电子的比热已经在 2.1.2 小节中讨论, 本小节关注电子与外界之间的导热能力.

图 4.90 区分了样品温度、晶格温度、电子温度和核自旋温度, 4.7.2 小节通过自旋 – 晶格弛豫时间 τ_1 介绍了核自旋温度与晶格温度的差异. 在那部分讨论中, 我们默认了晶格与电子之间的温差远远小于电子与核自旋之间的温差. 在核绝热去磁过程中, 电子对于晶格是冷源; 然而, 当我们对样品进行电阻测量时, 晶格对于电子是冷源. 这种情况下, 电子和晶格之间的温度差不能再被忽略, 这至少有两个原因: 首先, 电子的比热随温度一次方关系下降, 而声子的比热随温度三次方关系下降, 温度越低电子的比热越重要. 其次, 随着温度降低, 来自电子的热源比例越来越大.

图 6.29 是本小节讨论所采用的基本模型. 通常而言, 我们将晶格温度和电子温度统称为样品温度, 关注样品与冷源之间的温差以及边界热阻 R_K, 这部分内容已经在 2.3 节中讨论. 样品并不适合直接与制冷机短路 (相关内容见 6.1 节), 于是电测量中的

样品与冷源之间存在一个人为构建的绝缘层, 电子通过声子与冷源热连接. 此处的冷源特指制冷机, 冷源温度就是制冷机提供的环境温度. 在本小节的讨论中, 我们默认样品和制冷机之间的热连接合理, 于是边界热阻的影响不再重要, 我们刻意忽略了晶格温度与冷源温度的温差. 我们之所以采用以上假设, 是因为对于极低温条件下的电阻测量而言, 最重要的温差是来自声子和电子之间的温差.

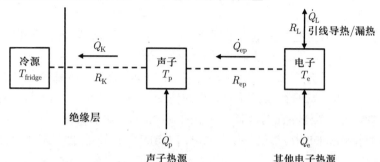

图 6.29　冷源温度、声子温度和电子温度示意图. 此图可与图 4.90 对照, 图 4.90 中的样品温度 T_S 对应本图中的 T_p 和 T_e, 图 4.90 中的晶格温度 T、电子温度 T_e 和核自旋温度 T_N 一并对应本图中的 T_{fridge}. 这两张图中的 T_e 都代表电子温度, 但功能不一样, 一个是冷源中的导热中介, 另一个是被降温的待测量对象. 电测量用的引线既可能引入热量也可能导走热量

1. 声子和电子的热量来源

声子或者晶格的热量 $\dot{Q}_p$ 来源主要是黑体辐射和常规气液导热. 在低温环境有合理的热屏蔽和真空隔热之后, 这部分热量不重要, 并且容易由冷源带走. 在接下来的讨论中, 我们基于 $R_{ep} \gg R_K$ 讨论电子温度和晶格温度的差异.

首先, 高频的噪声直接加热电子. 我们以 $h\nu = k_B T$ 做一个最简单的估算, 假如电子吸收了一个 1 GHz 的光子, 则温度上升 100 mK 数量级. 尽管这个估算过于粗糙, 但能帮助我们理解为什么高频辐射会引入热量. 其次, 电子还会因为磁场的变化以及样品在磁场中振动产生热量. 再次, 电测量本质上是外场驱动电子的移动, 这直接加热了电子. 即使测量对象是零电阻的超导体, 接触电阻处也会发热. 最后, 与样品电连接的引线如果温度高于冷源温度, 也会直接加热电子.

2. 声子和电子的热量去向

声子的热量包括 $\dot{Q}_p$ 和 $\dot{Q}_{ep}$, 它们由冷源带走. 我们此处的讨论默认样品的安置方式合理, 即 R_K 足够小, 所以 $(T_p - T_{fridge}) \ll (T_e - T_p)$, 仅需要关注电子的热量如何被引走.

待测样品中的电子可以通过引线降温, 该降温能力反比于样品与外界的电阻 R, 正比于电子与外界环境的平均温度. 例如, 热阻 R_L 可用下式表示[6.64]:

$$R_L = \frac{3}{\pi^2}\left(\frac{e}{k_B}\right)^2 \frac{2R}{T_e + T_{fridge}}. \tag{6.12}$$

此处默认引线有足够好的热沉, 温度等同于冷源温度 T_{fridge}. 温度越低, 该导热途径越重要. 如果条件允许, 待测样品上的一个电接触与金属冷源 (比如稀释制冷机的混合腔外壁) 的直接短路有助于样品电子温度的降低. 然而在真实的测量中, 我们往往因为测量技术上的原因而不愿意将设备作为电路的一部分 (相关内容见 6.1.5 小节). 需要指出的是, 未经滤波的引线为电子提供了足以影响其降温的热量, 因为高频信号通过引线加热电子.

　　电子的另一个降温途径是电声子耦合. 电子和声子的耦合随着温度降低而减弱 (相关内容见 4.7.2 小节), 温度越低则电子温度越难被降低. 所以, 对于 100 mK 以下的制冷机, 样品的电子温度通常远高于环境温度. 例如, 商业化的稀释制冷机能实现约 10 mK 的环境温度, 然而在未经任何处理的情况下, 样品的电子温度可高达 150 mK. 图 6.30 提供了同一个样品在两台制冷机中的测量情况, 如果没有任何降低电子温度的手段, 一台直接购买的制冷机提供了 10 mK 以内的环境温度, 但是对于电测量而言其有效温度仅约为 150 mK.

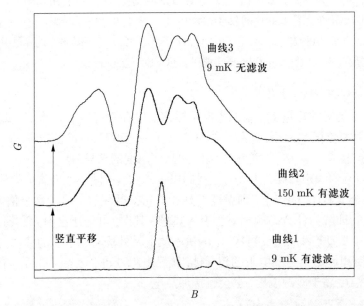

图 6.30　电子温度高于晶格温度的例子. 图中三条曲线来自同一块样品和两台制冷机, 一台设备做了降低电子温度的尝试 (曲线 1 和曲线 2), 另一台设备完全没有任何额外改动 (曲线 3). 曲线间做了平移以免线条重叠. 制冷机 9 mK 的曲线 3 形状与制冷机 150 mK 的曲线 2 形状几乎一致

　　针对现在所讨论问题[6.86~6.88] 中的 T_{e} 大于 T_{p}, 我们改写式 (4.72), 得到

$$T_{\text{e}} = \left(T_{\text{p}}^5 + \frac{\dot{Q}_{\text{ep}}}{\Sigma V} \right)^{1/5}. \tag{6.13}$$

由于公式中的五次方关系, 电声子之间的温差不太依赖于材料, 降温的效率主要取决于温度. 也就是说, 即使测量对象是电声子耦合能力较强的金 (相关内容见表 4.15), 电子和声子之间的温差也依然显著存在. 半导体中的电声子相互作用比金属更弱, 更不利于电子的降温[6.89]. 例如, 高掺杂硅里面的 Σ 仅是铜的二十分之一[6.90]. 需要指出的是, 五次方在理论和实验上均不一定严格成立, 四次方或者六次方等关系也可能存在[6.91~6.93]. 从估算的角度, 我们可以默认采用五次方关系, 取金属的 Σ 值为 1×10^9 W/(m$^3 \cdot$ K^5), 取半导体的 Σ 值为 1×10^7 W/(m$^3 \cdot$ K^5). 对于常规超导体, 导热效果在超导相变后迅速下降[6.94]:

$$\dot{Q}_{\mathrm{sc}} \approx \dot{Q} \exp\left(\frac{-\Delta}{k_{\mathrm{B}} T}\right), \tag{6.14}$$

其中, $\dot{Q}$ 指超导相变前的金属导热能力, 2Δ 为超导能隙, T 指库珀对的温度.

3. 降低电子温度的方法: 减少热源

降低电子温度最有效办法就是减少电子获得的热量. 以下内容针对加热电子的四类热量来源讨论减少热源的具体做法.

滤波是减少高频信号热源最简单直接的手段. 关于滤波的具体做法参考 6.1.5 小节. 我建议为每一根连接样品的测量引线都提供滤波器的组合, 如热同轴线、银环氧树脂滤波器和 RC 低通滤波器的串联.

减少电子在磁场中发热有两个注意事项, 一是减少样品在磁场中的振动, 二是减小磁场变化的速度. 前者已在 5.3.11 小节中讨论. 除了减振, 为样品所在的支撑结构提供足够刚性的支撑也是值得的. 关于后者, 我建议对于重要的曲线采用尽量慢的扫场速度, 或者采用固定磁场后的逐点测量. 当对比升场和降场的曲线时, 如果升降场的曲线不一致, 测量者需要分析不一致的来源, 如磁场响应不及时、样品的磁滞现象, 以及升降温引起的温度不一致等等. 又例如, 铜是极低温下最常见的金属, 而铜在退磁过程中降温 (相关内容见 4.7 节).

如果测量对象满足欧姆定律, 我们可以检查其电压与电流的关系, 在测量分辨率允许的前提下用尽可能低的激励完成测量, 以减少测量电流对电子的加热. 另外, 避免接地回路有助于减少电场对电子的加热 (相关内容见 6.1.5 小节).

引线除了为样品引入高频噪声, 还可能因为自身温度高于冷源温度 T_{fridge} 而加热样品中的电子. 因此, 引线需要具备足够好的热沉以尽量接近冷源温度. 热沉和引线相关的信息见 6.1.6 小节. 接触电阻越小的样品越容易通过引线降低电子温度 (见式 (6.12)).

图 6.31 提供了我们实验室一个降低电子温度后的测量结果, 如果对照图 6.13, 读者可以发现电子温度再次被降低之后的再进入整数态的迹象更加清晰, 呈现了明确的量子化现象. 依靠以上减少电子热源的简单手段, 我们可以将固定在铜上的半导体样

品的电子温度降到 12 mK[6.39], 或者将固定在绝缘体基座上的半导体样品[6.45] 的电子温度降到 25 mK.

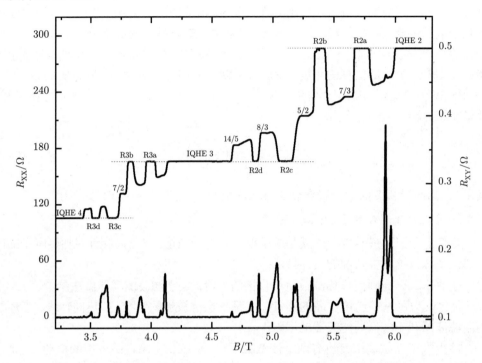

图 6.31 滤波优化后的分数量子霍尔曲线. 此图可与图 6.13 对照. 在同一台制冷机中, 经过多种减少电子热源的手段之后, 再进入整数态 (图中的 R2a、R2b、R2c、R2d、R3a、R3b、R3c 和 R3d) 全部呈现了. 本图与图 6.13 的数据不是来自同一块样品, 但两块样品的迁移率等特征参数接近

4. 降低电子温度的方法: 增加导热能力

将样品浸泡在液体 ³He 中是另外一种常见的降温做法, 它进一步减少了 R_K, 降低了引线温度, 且降低了引线和样品中电子的温度. 相关内容见 5.6.1 小节, ³He 浸泡腔的结构示意见其中的图 5.48. 文献 [6.95 ∼ 6.97] 利用 ³He 浸泡腔获得了 4 mK 的电子温度. 在实际操作中, 稀释制冷机的混合腔也可以作为浸泡腔[6.98]. 文献 [6.99] 提供了利用液体 ³He 浸泡腔获得 1 mK 以内电子温度的实例.

由于 ³He 价格昂贵, 用 ⁴He 替代 ³He 是一种可行的做法, 人们曾获得了 7 mK 以下的电子温度[6.100]. 随之而来的代价在于 ⁴He 的相变温度更高和超流特性引起的额外实验困难.

5. 降低电子温度的方法: 针对性制冷

隧穿制冷、量子点制冷和原位退磁制冷等方法可以针对性地为样品中的电子提供降温 (相关内容见 4.8 节). 文献 [6.101] 提供了通过原位退磁获得 3.2 mK 电子温度的一个例子. 如果用铜引线或者铟引线连接样品, 局部对引线退磁可以降低引线的电子温度, 从而通过引线电子降低样品电子的温度[6.64,6.102~6.104]. 结合这些针对特定器件和特定样品的降温方法, 人们可以获得 0.22 mK 的电子温度[6.105].

6. 电子温度的测量

通过测量的电子温度 T_e 与输入电子的能量 $\dot{Q}$ 的微分关系, 我们可以获得电子和声子之间热阻的信息:

$$R_{ep} = \frac{\partial T_e}{\partial \dot{Q}}. \tag{6.15}$$

当实验结果与含温理论对照时, 电子温度是电测量结果真正对应的温度. 因此, 我们通常并不关心具体材料的电声子耦合能力, 仅关心电子温度的大小.

电子温度的测量原则上可以依赖库仑阻塞温度计这类直接探测电子性质的温度计 (相关内容见 3.2 节). 然而这类温度计的获得和使用很不方便, 因而有时候人们也会利用样品本身的物理特性测量电子的温度. 整数量子霍尔效应和分数量子霍尔效应 (相关内容见 6.1.9 小节) 的径向电导 σ_L (或纵向电阻 R_{XX}) 与电子温度有关, 温度足够低时该数值为零. 在某一个具体温度下, 我们有时可以寻找到能隙合适的量子态, 其电阻值大于零且随温度降低, 满足公式 (见图 6.32):

$$\sigma_L \propto \exp\left(-\frac{\Delta}{2k_B T}\right), \tag{6.16}$$

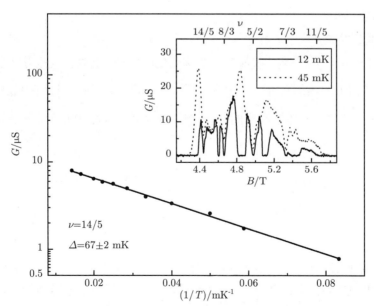

图 6.32 分数量子霍尔效应能隙测量实例. 主图通过 14/5 分数量子霍尔态的电导极小值与温度的关系拟合能隙. 插图为圆环样品径向电导与磁场的依赖关系, 分数态出现的位置存在电导极小值或者电导零值. 数据来自文献 [6.39]

其中, Δ 为量子态的能隙. 量子平台的宽度也体现电子温度的信息, 文献 [6.35] 的补充材料提供了整数量子霍尔态的纵向电阻脱离零电阻的磁场值与温度的关系. 文献 [6.64, 6.89, 6.90, 6.92, 6.93, 6.103, 6.106] 提供了在实际实验体系中探测电子温度的例子. 实验对象不一定总有便于表征电子温度的特性, 可是, 对于一台已测试过电子温度的设备, 由于式 (6.13) 中的五次方关系, 我们大致可以认为不同样品在完全一样测量条件下的电子温度接近.

6.3　交流法比热测量

测量热容的实验手段很多, 常见的热容测量方法包括绝热法、热弛豫法和双斜率法. 绝热法基于严格的定义, 测量绝热条件下样品吸收热量后的温度增加. 热弛豫法将样品短暂升温, 停止加热后, 实验工作者测量温度随时间的弛豫关系以计算比热. 双斜率法利用不同功率下的温度变化对比和功率对比计算热容. 实际操作中还存在其他热容测量方法. 本节仅介绍交流量热法, 它最适合极低温下小热容样品的测量. 测量热容的实验装置被称为热量计.

交流量热法更合适的名称是振荡温度量热法, 在该方法中, 加热样品的热量的周期性变化引起样品温度的振荡, 振荡幅度由热量的振荡幅度和样品热容决定. 这个测量方式由科尔比诺 (Corbino) 于 1910 年发明和尝试, 但这个方法的命名来自 1968 年的一篇文献[6.107].

1. 基本原理

我们以图 6.33 的命名方式简单介绍该测量的原理, 此处公式推导的出处为文献 [6.107]. 加热器上的热量来自交变电流, 记为 $\dot{Q} = \dot{Q}_0 \cos^2\left(\frac{1}{2}\omega t\right)$, 它引起样品的整体升温和温度振荡. 根据图 6.33 中的定义, 针对加热器、样品和温度计的热学公式分别如下:

$$C_h \dot{T}_h = \dot{Q}_h = \dot{Q}_0 \cos^2\left(\frac{1}{2}\omega t\right) - K_h(T_h - T_s), \tag{6.17}$$

$$C_s \dot{T}_s = \dot{Q}_s = K_h(T_h - T_s) - K_b(T_s - T_b) - K_t(T_s - T_t), \tag{6.18}$$

$$C_t \dot{T}_t = \dot{Q}_t = K_t(T_s - T_t). \tag{6.19}$$

我们采用如下假设: 温度的振荡足够小, 样品、温度计和加热器的热容为常量, 三者之和记为 C, 并且三者之间的热导率为常量. 实验工作者读到的温度读数来自温度计, 其读数记为

$$T_t = T_b + \frac{\dot{Q}_0}{2K_b} + \frac{\dot{Q}_0}{2\omega C}(1 - \delta)\cos(\omega t - \alpha). \tag{6.20}$$

也就是说, 交变热量在冷源温度的基础上, 整体抬高了温度计的温度, 记为 T_{dc}, 并且引起温度计的读数振荡:

$$T_{dc} = T_b + \frac{\dot{Q}_0}{2\kappa_b}, \tag{6.21}$$

$$T_t - T_{dc} = \frac{\dot{Q}_0}{2\omega C}(1-\delta)\cos(\omega t - \alpha), \tag{6.22}$$

其中的 α 为相位, 不体现于温度的实验测量结果中, 因此我们在此处忽略其细节表达式. 而 $1-\delta$ 是一个依赖于实验细节的系数.

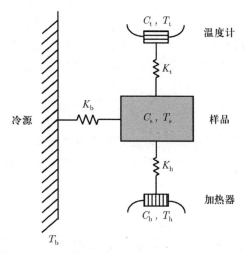

图 6.33　交流量热法测量原理的温度、热容和热导定义图. 图中下标 b 代表冷源, 下标 t 代表温度计, 下标 s 代表样品, 下标 h 代表加热器. 样品本身的有效热导记为 K_s

2. 条件简化与有限样品热导效应

显然, 由于简化模型中 $1-\delta$ 的表达式不清楚, 式 (6.22) 并不适合直接被用于实际测量, 但是我们可以根据实验装置的参数空间对它进行简化. 当满足以下三个条件时, $1-\delta$ 可以被简化为

$$(1-\delta) = \left(1 + \frac{1}{\omega^2\tau_{ext}^2} + \omega^2\tau_{int}^2\right)^{-1/2}, \tag{6.23}$$

其中的 $\tau_{ext} = C/K_b$, 指外部平衡时间; $\tau_{int} \neq C/K_s$, 它指包括样品、温度计和加热器在内的整体内部平衡时间, 我们将把样品、温度计和加热器统称为这个简化模型的热量计. 第一个条件: 交流加热信号的周期足够短, 远远小于热量计与冷源之间热平衡的时间 τ_{ext}. 第二个条件: 交流加热信号的周期足够长, 远远大于热量计的内部平衡时间 τ_{int}. 第三个条件: 样品的热容远远大于温度计和加热器的热容之和.

以上的讨论只针对被抽象化的热量计模型, 它忽略了样品的尺寸和样品内部热导率. 以长方形样品为例, 如果样品热导率记为 κ_s, 样品的热导为 $K_s = A\kappa_s/d$ (面积 A 和厚度 d 依赖于热量传递方向的选择), 则式 (6.23) 还需要被修正为

$$(1 - \delta) = \left(1 + \frac{1}{\omega^2\tau_{\text{ext}}^2} + \omega^2\tau_{\text{int}}^2 + \frac{2K_b}{3K_s}\right)^{-1/2}. \tag{6.24}$$

当样品与冷源热连接的热导 K_b 远远小于样品自身的有效热导 K_s 时, $\frac{2K_b}{3K_s}$ 项可被忽略, 而这一点总是可以通过合理的实验设计实现.

式 (6.23) 成立的三个条件首先依靠实验工作者在设计实验的初期予以初步满足, 其次还需要实验工作者在实际测量中对它们予以确认. 当前两个条件被满足时, 实验中测量到的温度振荡幅度与频率无关, 这个检查方法也被称为频率扫描, 热量计的读数仅在随频率不变的区间内有意义. 于是, 我们可将式 (6.22) 重新写为

$$T_{\text{ac}} \approx \frac{\dot{Q}_0}{2\omega C}. \tag{6.25}$$

如果条件三再被满足, 待测样品的热容远大于温度计和加热器, 则测量到的温度振荡就近似反映了样品的热容, 从而允许实验工作者获得样品比热的信息.

在交流比热测量中, 虽然热量越大, 温度振荡的区间越大、越易测量, 但是该方法测量到的热容是一个温度区间内的平均值, 温度区间增大也意味着比热不确定度的增加.

3. 样品固定、温度计、加热器、测量引线和热连接

为了方便调整参数, 极低温下的热量计先按最理想的隔热条件设计, 再额外增加一条导热通道, 这个导热通道被称为热连接. 以下我们先讨论样品的固定、温度计和加热器, 以及相关的热隔离问题, 再讨论热连接的实现方式.

图 6.34 提供了圆柱样品和扁平样品各自一种可能的固定方式. 在照片中, 四根尼龙螺丝固定了圆柱状样品, 上下各一对, 错位顶住样品腔, 并且螺丝头被削尖, 以减少接触面积和减少漏热. 扁平样品可以粘在一对绷紧的渔线上. 不论采用哪一种固定方式, 极低温下的待测样品要被尽量稳定地固定, 以减少振动对测量的影响.

测量小体积样品的极低温热量计需要有体积小、热容小的温度计, 所以电阻温度计是最适合的选择. 常用的 RuO_2 温度计体积小、性能稳定, 适合极低温热量计. 更好的温度计选择是 Ge 单晶温度计, 它的热容比较容易估计, 极低温下的热平衡时间短, 并且在特定温区更加灵敏. 我建议采用稀释过的 GE 清漆将温度计粘在样品上, 以改善温度计和样品之间的热连接. 不论是 RuO_2 温度计还是 Ge 单晶温度计, 如果被用于严谨的比热测量, 都需要被热量计外部的可靠温度计校正, 并且最好每次降温测量前都被校正一次.

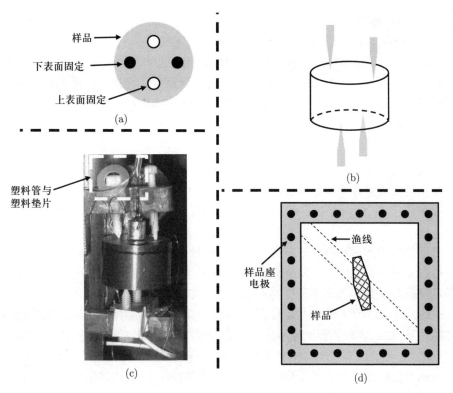

图 6.34 样品固定方式示例. (a) 和 (b), 圆柱形样品用的四顶针固定示意图. (c) 圆柱形样品被固定的实物照片. (d) 扁平样品粘在一对渔线上的示意图, 渔线固定在一个空心样品座的对角

　　非金属电阻的热平衡时间较长, 而金属极低温下的比热相对较大, 因而金属薄膜蒸镀而成的加热器是极低温测量的合理选择. 该方法制作的金属薄膜电阻值大、性能稳定, 且总热容小、热平衡时间短. 通常来说, 金属薄膜不适合直接被蒸镀在测量对象表面, 对此, 我们可以先将其蒸镀到一个绝缘薄衬底表面. 硅、石英或者蓝宝石是绝缘体, 其比热随着温度的三次方迅速下降、导热能力相对不太差, 因此特别扁平的硅片、石英片或者蓝宝石片是合适的加热器衬底. 衬底与样品之间可用稀释过的 GE 清漆粘连.

　　腐蚀掉铜的超导线 (相关内容见 5.9.1 小节) 可以作为温度计和加热器的引线, 以减少沿着引线的漏热. 实验工作者需要考虑到引线降温后形变所引起的预期之外的热接触, 提前将引线以某种隔热的形式固定或者限定其移动范围 (如图 6.34(c) 中引线外侧的塑料管或塑料垫片).

　　细铜丝可作为样品和冷源之间的热连接, 它有多种直径可供选择, 长度可由实验工作者灵活选择. 铜丝的末端可被焊接到一个小铜箔上, 再由 GE 清漆粘到样品上. 为了减少总热容, 铜箔总是厚度比较小, 因而易变形, 这可能影响平整度和粘连效果, 因此实验工作者可以用尼龙螺丝把铜箔固定到圆柱形的样品上. 对于不需要在磁场中开展的比热测量, 超导线也是一种可行的选择, 相变温度接近测量温区的超导线恰好是一个热导不那么好也不那么差的可控热连接, 并且超导相变发生之前的相对高热导有助于样品的降温. 最后, 热连接也可以选择温度计和加热器的其中一根引线或者多根引线, 以减少额外粘连热连接带来的麻烦.

4. 其他讨论

温度计和加热器会被计入总热容, 粘连温度计和加热器的黏合剂也贡献热容, 因此实验设计者需要谨慎地选择极低温热量计的材料. 误差还来自样品固定装置、测量引线和热连接, 它们对总热容的贡献随着频率降低而增加, 因而合理的频率选择非常重要.

由于背景热容的存在, 先构建一个空载的样品座以测量背景热容, 再安置样品测量总热容是另一种思路. 这种情况下, 实验工作者只需要确保新使用的黏合剂的热导效果足够好且总热容远远小于样品. 具体的空载材料和设计必须依赖具体测量对象和温区: 要么背景热容比样品大非常多, 实验工作者可以在测量条件不变的前提下对比两者的差异; 要么背景热容比样品热容小非常多, 实验工作者用两个条件 (如两个不同的加热频率) 独立测量. 第二种情况下, 背景热容的精度不再重要.

当测量低温液体或者低温固体的热容时, 容纳液体或者固体的腔体具有背景热容 (相关内容见 5.10.1 小节). 以 ^{4}He 为例, 其液体或固体比热以 T^3 的速度下降, 因此样品腔的热容过大影响测量精度. 传统测量中, 人们采用容易加工且力学性能好的金属作为腔体材料, 但是金属的比热以温度的一次方下降, 温度越低其背景热容的贡献越大. 人们还将铝作为腔体, 因为超导相变后铝的比热迅速下降, 但是超导铝腔体的热平衡时间过长, 这影响了测量. 为了减少背景热容, 人们使用了纯硅, 因为硅的比热也是随着 T^3 下降. 这类热量计可被用于 20 mK 附近的固体氦比热测量, 文献 [6.108 ~ 6.110] 提供了固体氦比热测量的例子, 图 1.19 和图 1.21 中的数据也是来自这种测量方式. 用硅做腔体的一个困难是如何在硅上钻出合适的小孔径通孔. 一个可行的做法是用合适的应力和含有 μm 级别金刚石粉末的膏状物持续打磨. 我曾经进行过这种研磨, (深度 1 cm、孔直径 0.4 mm 的通孔研磨) 历时十天. 样品腔通过毛细管与室温气路连接, 最靠近样品腔的毛细管采用玻璃制品, 这可以减少沿着毛细管的漏热.

5. 交流量热法的优点

从式 (6.25) 可知, 测量对象的热容越小, 交流量热法的信号越大, 而随着温度降低, 样品的比热终归趋近于零, 因此, 交流量热法的基本原理与极低温环境极为匹配.

交流量热法在技术上也有一批不可替代的优点. 首先, 交流量热法不需要严格地实现样品与冷源之间的热绝缘, 于是温度计可以在热量计上被原位校正, 这对于保证电阻温度计的读数准确性非常关键 (相关内容见 6.2.1 小节). 其次, 不需要严格的热绝缘方便了样品的初始降温和测量中的变温. 再次, 交流量热法提供了热容的连续不间断测量, 测量人员可以较为轻松地测量比热与温度、磁场等其他参数的依赖关系. 最后, 交流法虽然准度有限, 但是精度可以很高. 文献 [6.111] 提供了一次实际交流比热测量的例子, 该测量分辨了一个峰宽和温度之比接近千分之一的比热峰.

6.4 转动惯量测量

固体的转动实验可以提供浸泡固体的液体的黏滞系数信息, 这类测量曾在超流相关的研究中发挥了重要的作用. 测量万有引力的卡文迪什扭秤实验是另一个著名的转动实验. 早期转动实验的扭矩来自悬挂固体的细丝. 得益于氦物理研究的需求, 由固体圆柱提供扭矩的高分辨率转动惯量测量手段也被研发和推广, 这种测量装置被称为扭转振荡器.

图 6.35 提供了一种扭转振荡器的结构框架. 样品的两侧装上两个电极, 与外界通过电容耦合. 测量者在外界用交流信号通过其中一套电容驱动待测量样品, 然后用另一套电容探测信号. 这是一个具有周期性外力的受迫振动, 稳态解的频率与强迫力的频率一致. 当强迫力的频率与系统特征频率一致时, 这个力学体系共振. 待测量样品和制冷机之间由扭杆连接, 以铍铜制成的扭杆可以提供液氦温度下 10^6 数量级的品质因子. 所谓品质因子, 代表了一个周期损失的能量与总能量之比. 对于共振现象, 振幅共振峰的尖锐程度也恰好由品质因子描述. 共振曲线的峰值其实偏离特征频率, 但是因为这种装置的品质因子数值过大, 偏离非常不明显. 因此, 当驱动频率接近特征频率时, 电信号最明显, 其对应的共振周期 τ_0 满足

$$\tau_0 = 2\pi\sqrt{I_s/k}, \tag{6.26}$$

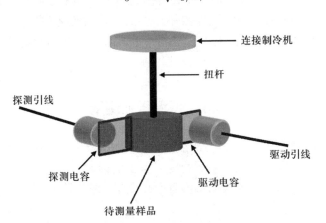

图 6.35 一种测量转动惯量的结构的示意图. 扭杆采用铍铜. 探测电容和驱动电容为金属, 为视图清晰, 本图中它们由半透明长方体表示

其中, k 为扭杆整体的弹性系数, I_s 为待测量样品的转动惯量. 振幅的峰值即交流电容信号的峰值. 假如弹性系数 k 在合理的参数区间内近似为常量, 则转动惯量随该参数的变化体现为共振周期的变化. 弹性系数 k 与扭杆几何尺寸的关系见

$$k \sim d^4/L, \tag{6.27}$$

其中, d 为扭杆的直径, L 为长度. 更多关于转动惯量测量的信息可参考文献 [6.15, 6.66].

通过严格计算获得共振频率的数值是不现实的: 除了因为材料的低温数据难以获得, 这还受限于加工的精度. 由于品质因子的数值极大, 振幅共振峰的峰宽极窄, 在这个实验中寻找共振频率很需要经验和技巧. 这类装置的特征频率在几百到几千 Hz, 以 1 kHz 和品质因子 2×10^6 为例, 操作者其实是在寻找一个宽度小于 1 mHz 的振幅异常. 在我知道的一次实验中, 操作者第一次测量前总共花了三天时间寻找共振频率. 另外, 扭转振荡器中除了对应扭转的特征频率, 还存在如横向摆动和纵向鼓面振动等多种其他特征频率, 操作者需要提前进行估算, 以针对性地寻找扭转特征频率. 由于驱动力与驱动信号 V 关系非线性 ($F = \dfrac{CV^2}{2d}$, C 为电容, d 为电容板间距离), 实际使用的驱动电压可以选择直流信号与交流信号的叠加, 并且直流信号远大于交流信号, 从而将交流信号的振幅近似转化为线性信号, 以简化测量过程.

液体样品或者需要经历液态生长的固体样品可以被容纳在样品腔中, 由样品腔连接扭杆. 当样品腔中空时, 测量所得的特征频率反映了样品腔的转动惯量; 当样品腔容纳待测量样品时, 假设样品随样品腔转动, 则总转动惯量的增量就是样品的转动惯量. 实验工作者可以在扭杆中心钻孔作为气液进出的通道, 也可以在样品腔下方的正中心安装气液进出的毛细管. 该毛细管在测量过程中提供的扭矩应该远小于扭杆提供的扭矩, 也就是说, 毛细管的直径应该小于扭杆直径. 文献 [6.112, 6.113] 提供了利用扭转振荡器测量固体氢和固体氦转动惯量的例子. 需要指出的是, 真实的样品并不是刚体, 而这个测量的精度太高, 因此, 样品随温度变化而发生的机械性能变化也会影响特征频率[6.114].

6.5 低温压强测量

温度测量或者静液压实验都可能涉及低温腔体中的压强测量. 常规的真空规只能在室温环境中使用, 因而低温环境下的压强需要更特殊的测量手段. 低温压强测量可以被分为三类: 由通过管道连通的室温真空规测量、原位压力测量和原位压强测量.

1. 室温真空规

如果施加压强的介质为液体或者气体, 测量低温压强最简单的办法就是用管道连接低温端的待测腔体和室温端的真空规. 这种测量方法常见于蒸气压温度计和氦样品

的生长. 例如, 根据 ITS-90 国际温标, 0.65 K 至 5 K 的区间由氦的气液混合物压强定义 (相关内容见 3.4.2 小节).

当气体的平均自由程接近或者大于管道的直径时, 具有温差的管道两端存在压强差, 这就是所谓的热分子压差效应. 文献 [6.66] 给出一个非常实用的经验公式:

$$pr \gg 0.033 \ (\mathrm{mbar \cdot mm}), \tag{6.28}$$

其中, p 为待测气体压强, r 为管道半径. 当此公式被满足时, 我们可以忽略热分子压差. 图 6.36 和图 6.37 提供了 ^{3}He 和 ^{4}He 不同呈现方式的热分子压差效应数据, p_c 指低温气体压强, p_w 指高温气体压强.

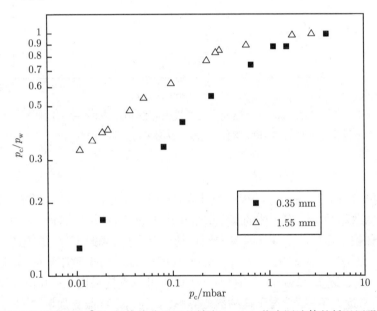

图 6.36 不同半径管道中的 ^{3}He 气体热分子压差效应. p_c/p_w 指实际液体的低温压强和 294 K 下压强读数的比值. 数据来自文献 [6.115]

管道连接的压强测量方式还有其他一些值得注意的细节. 第一, 它的响应时间长, 低温环境下的压强变化不会立即反映为室温真空规的读数变化. 第二, 管道是一个漏热的通道, 使用者需要提供合理的热沉方案 (相关内容见 5.10.1 小节). 第三, 管道的直径选择应该避开热声振荡的参数区间 (相关内容见 5.8.2 小节). 第四, 假设液体仅位于腔体之内, 如果液体有温差, 则压强由上表面液体的温度决定. 第五, 假设液体仅位于腔体之内, 则连接低温腔体和室温真空规之间的管道任意一点的温度都需要高于液体腔体的温度. 第六, 假设液体充满了腔体和一部分管道, 则存在因为重力而产生的液压. 第七, 超流薄膜在管道高温端的蒸发影响低温液体压强的读数. 第八, 也是最显然的一点, 管道和腔体需要有合理的气密性, 不能因为漏气而干扰制冷机的运转.

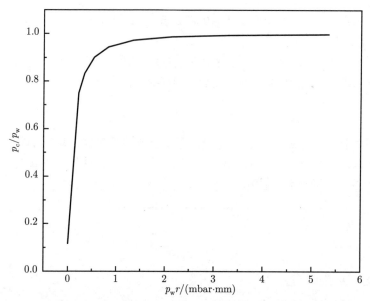

图 6.37　不同半径管道中的 ^{4}He 气体热分子压差效应. 此图横坐标为室温压强与管道半径的乘积. p_c/p_w 指 4 K 下压强和 293 K 下压强读数的比值. 数据来自文献 [6.116]

2. 电容、应变规与光学干涉

压强是单位面积上的受力, 因而腔体在压力差下的形变可提供压强信息. 腔体壁的主体是足够厚的材料, 但腔体的某个局部可以被设计为隔膜. 因此, 不同于球形气球的膨胀, 腔体被加压后的形变不是各向同性的, 仅体现为隔膜形变. 隔膜通常由金属制成, 如铍铜, 以用于正压 (即大于一个标准大气压) 测量. 对于负压测量, 隔膜可以采用镀金 Mylar 或者镀金 Kapton 薄膜[6.66,6.117], 也可以直接采用 Kapton 薄膜[6.118]. 隔膜的直径通常远大于厚度, 对于这种形变隔膜, 直径这个参数更加重要[6.66].

形变量的信息可以通过电容测量, 示意图见图 5.7, 此室温测量方案同样适用于低温环境. 利用电容测量压强的例子和腔体设计见文献 [6.2, 6.3, 6.15, 6.119, 6.120]. 压强引起隔膜的形变除了可以通过电容测量, 还可以通过应变规测量, 示意图见图 5.8. 这类装置的精度不如电容测量, 但是实现和使用都非常简单, 仅需要将应变规贴在隔膜上, 并且为应变规提供常规的电测量引线. 最后, 低温条件下的形变还可以通过光学方法测量. 例如, 光纤引入光学信号, 利用光路的干涉探测形变量[6.121].

隔膜在压力下的形变量测量并不能提供压强的绝对数值, 但测量装置可以通过管道连通的方法由室温下的真空规校正. 校正压强之前, 腔体要在所使用的压强范围内反复多次升降压, 以获得更好的测量重复性[6.15].

3. 超导相变、压致电阻效应与热学测量

如果将引线和超导材料引入高压环境中, 我们可以通过超导转变温度测量压强.

相变温度对压强比较敏感的材料包括锡和铟, 其相变恰好发生在足够低的温度下. 表 6.7 提供了部分金属相变温度随压强变化的敏感度. 图 6.38 提供了另一信息来源的两种材料超导相变温度与压强的关系. 文献 [6.122] 提供了锡超导测量压强的灵敏度例子.

表 6.7 部分材料超导相变温度随压强的变化关系

材料	符号	$\partial T_c/\partial p/(\mu K/bar)$	T_c/K
锡	Sn	−46	3.72
铟	In	−43	3.42
铅	Pb	−38	7.20
汞	Hg	−37	4.15
铝	Al	−29	1.17
铊	Tl	23	2.39
镓	Ga	−18	1.1
锌	Zn	−16	0.84
锆	Zr	15	0.53
铌	Nb	−2.0	9.26
钛	Ti	0.6	0.49

注: 图中数据来自文献 [6.123, 6.124] 的整理. $\partial T_c/\partial p$ 数值的负号代表相变温度随压强上升而下降, 示例见图 6.38.

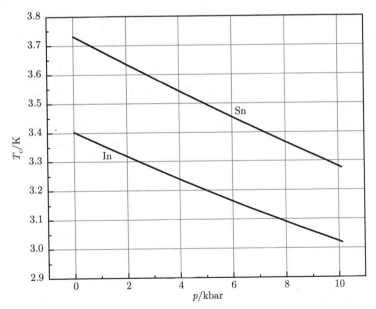

图 6.38 超导相变温度与压强的关系. 数据来自文献 [6.125]

压致电阻效应也可以提供压强的信息. 例如, 每 1 kbar 的压强变化改变 0.2% 到 0.3% 的锰铜电阻值, 我们可通过此特性估算压强. 锰铜的电阻值随着压强上升而上升[6.126].

小压强信号还可以通过低温下的原位热学实验测量. 文献 [6.127] 采用了一个比较另类的做法: 对超导线加热引起失超, 因为压强影响导热效果, 所以恢复超导态的时间由压强决定. 该方法可以测低至 5×10^{-5} mbar 的压强.

6.6　静　液　压

实验工作者在制冷机中对样品施加压力有三种常见方法, 分别依赖金刚石对顶砧、压电驱动装置和提供静液压的高压腔. 本节仅讨论低温环境下的静液压技术. 金刚石对顶砧能提供最极限的压强, 但它很难被用于 10 mK 数量级的极低温环境, 而且不适合 mm 数量级厚度、cm 数量级大小的扁平样品. 静液压腔尽管能获得的压强小, 但是适用于大体积的样品, 也便于开展极低温下的输运测量.

静液压的加压介质包括低温液体和低温下较软的固体. 前者主要是液体 ^{4}He, 优点是低温腔体中的压强连续可调, 缺点是随着温度降低可调节的压强范围减小. 后者可采用一比一的戊烷和异戊烷, 优点是适用于极低温环境, 缺点是需要在室温下先压缩介质再降温, 调节压强高低的操作涉及高压腔的升降温. 高压腔的设计可参考文献 [6.122], 这类高压腔有成熟的商业化产品, 可以提供 10 kbar 数量级的压强.

当我们采用液体 ^{4}He 加压方案时, 需要将腔体与外界的室温气路连接, 并且沿着气路配备合适的热分流方案, 其设计可参考 5.10.1 小节. 如果我们在极低温条件下使用预填充传压介质的高压腔, 需要关注高压腔与制冷机之间的热连接. 例如, 加粗连接制冷机和高压腔体的冷指, 以减小振动的影响; 增大冷指与高压腔体的表面接触面积和接触压力, 以减少边界热阻; 额外用铜辫子连接高压腔体与冷指, 以增加其导热能力并减少热平衡时间; 为引线提供热沉并使用超导引线, 以减少漏热. 另外, 高压腔的主体材料是铜, 在变化的磁场中, 涡流产生热量, 这些热量可能使样品温度升高并增加热平衡的时间.

静液压改变材料的晶格常数, 但是并不改变材料的空间对称性、自旋属性, 或者角动量属性, 因而对物态调控有独特的价值. 文献 [6.128] 利用极低温下的高压腔调控了 5/2 分数量子霍尔态和各向异性液晶态, 该工作在没有破坏空间对称性的条件下发现了拓扑态和传统对称性破缺态之间的相变. 文献 [6.129] 利用极低温下的高压腔观测到了 10 μeV 数量级的能级微小变化, 精度优于其他已有的实验探测手段和计算方法.

6.7 旋转样品座

倾斜场测量是比较常见的低温实验需求, 该测量需要改变样品与磁场的相对角度. 通常来说, 磁场来自超导螺线管磁体 (相关内容见 5.9.1 小节), 人们依靠在磁场中旋转样品的角度以调整磁场的分量. 尽管人们还可以通过旋转磁体或者购买矢量磁体来调整磁场各个方向分量的比例, 然而前者实现起来非常困难, 后者仅能在一个特定方向上获得最大磁场. 综合各种技术细节之后, 搭建可旋转的样品座是具有更高性价比的选择.

常规样品座的介绍见 6.1.7 小节. 改变样品座方向的技术方案包括机械传动、液体或者气体的压强变化, 以及压电材料的反复形变. 样品座的角度测量可以利用具有旋转结构的滑动变阻器、安置在不同位置的多个探测线圈或者磁场中的霍尔电阻.

1. 机械传动

机械传动是改变制冷机内部部件位置的常规方法. 穿过真空腔体的机械移动设计可以参考 5.4.2 小节, 在真空腔体内传递力的方式可参考 5.6.2 小节. 人们利用蜗轮蜗杆结构或者钢丝绳的牵引, 在室温大气环境中操作, 改变真空环境下低温样品座的角度. 文献 [6.130 ~ 6.132] 提供了一些具体设计的例子. 机械传动的旋转样品座的设计相对简单, 但是转动时的摩擦产生了可观的热量, 蓝宝石加工而成的轴承可以有效地减少摩擦发热[6.131]. 与摩擦发热对比, 沿着引线的漏热反而较容易被分流. 此外, 机械传动装置的角度改变量并不平滑, 容易有台阶形小突变.

2. 压强变化

低温环境下液体传递的压强使波纹管或者金属薄膜形变, 从而驱动样品座的旋转. 文献 [6.133] 提供了一个实际设计的例子. 在室温环境控制低温液体压强的做法可参考 5.10.1 小节中的讨论.

3. 步进电机

室温下的步进电机可以轻松地实现电驱动的旋转, 但它因为发热原因无法被直接应用于低温环境. 如果将步进电机中的线圈从常规电线更改为超导线, 那么发热问题能得以解决. 文献 [6.134 ~ 6.136] 提供了一些超导步进电机的例子. 在足够细致的处理之后, 非超导的步进电机也曾被用在 30 mK 的极低温环境[6.137].

4. 压电驱动

利用压电效应, 人们可以通过改变电压以改变压电材料的长度, 然而改变量比起材料总长度而言非常有限. 如果压电材料与另一个物体贴合, 则电压改变的速度决定了压电材料与另一个物体之间是静摩擦还是动摩擦, 从而决定了压电材料与另一个物体是否存在相对移动. 平移器和旋转器采用了压电材料和合理的电压快速升降参数, 两者都有成熟的商业化产品. 如果我们用合适的方式将样品座固定到商业化旋转器上,就可以用室温环境下的电压改变低温环境中样品与磁场的相对角度. 文献 [6.45, 6.138, 6.139] 提供了一些压电驱动的具体设计例子.

由于电路中存在电阻和电容, 压电旋转器上的电压改变不是瞬时的. 电压改变的速度影响着静摩擦与动摩擦之间能否切换, 因而电路的时间常量不能过大. 设计者很难调整旋转器本身的电容. 减少引线电阻几乎是使用者减少电路时间常量唯一的手段, 一些商业化旋转器甚至要求单根引线的电阻小于 10 Ω. 对于使用了压电驱动旋转器的制冷机, 我们需要提前规划好低电阻引线, 例如组合使用高温区的铜线和低温区的超导线. 如果制冷机现有的引线电阻值偏大, 一个取巧的做法是将多根闲置的引线并联后再驱动旋转器. 另外, 室温下可以驱动旋转器的电压不一定能驱动低温下的旋转器.

压电驱动的旋转样品座在使用过程中会明显地发热, 而且旋转样品座会因为自身的低热导而难以降温. 如果我们给旋转样品座提供合适的热分流方案, 并且配合合理的滤波方案, 不仅可以降低样品座的静态晶格温度, 还可以将电子温度降低到 25 mK 以内[6.45]. 该技术方案的实物照片和原理示意图见图 6.39, 其技巧也可以被应用于使用压电驱动的其他实验手段.

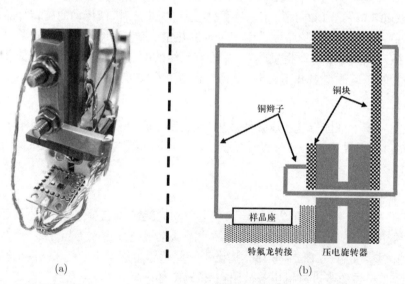

(a)   (b)

图 6.39 压电旋转样品座. (a) 实物照片. (b) 降温思路示意图. 更多信息可参考文献 [6.45]

6.8 液氦蒸发腔插杆

将样品或者样品腔浸泡在移动杜瓦的液氦中是可便捷获得 4 K 以上低温环境的方法. 如果对液氦进行蒸发制冷, 则人们可以获得更低的温度 (通常可以比较轻松地得到 2 K 以下的环境温度). 然而, 对整个移动杜瓦的液氦抽气, 不仅增加了液氦的消耗, 也对泵和抽气管道的设计有较高的要求. 因此, 一个便利的做法是在插杆上增加蒸发腔的设计, 通过对少量液氦的减压获得 2 K 以下的低温环境. 以下内容提供一个液氦插杆的设计参考, 该插杆可以获得最低 1.6 K 的测量温度. 文献 [6.66] 中提供了另外一个插杆的设计实例.

这个插杆的设计核心为蒸发腔, 其原理图参考图 4.4. 实物主体是外径为 25 mm、长度为 35 mm 的铜管, 其底部还有 6 个 M2 螺丝孔, 以固定样品座和温度计. 为蒸发腔输送液氦的 316 不锈钢毛细管长约为 220 mm、内径为 0.3 mm, 毛细管内部填充了直径为 0.25 mm 的不锈钢丝. 蒸发腔抽气管道为 20 mm 粗的不锈钢管. 图 6.40 为此蒸发腔的部分设计细节.

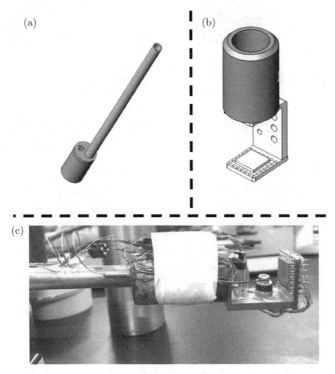

图 6.40 设计图与实物图. (a) 蒸发腔与抽气管道的设计图纸, 毛细管未在此图中展示. (b) 蒸发腔与样品座的连接方式设计图纸. (c) 横向放置的蒸发腔与样品座实物, 此照片中的测量引线和温度计均已连接, 可使用的独立引线共 31 根

为了能够根据实际需求而调整毛细管的流阻, 且因为存在因堵塞和漏气而更换毛线管的可能, 毛细管两端的焊接方式采用软焊, 而蒸发腔附近的其他真空连接方式尽量采用温度更高、更可靠的银焊, 如图 6.41 所示. 其中圆锥面的黄铜堵头与一个直筒

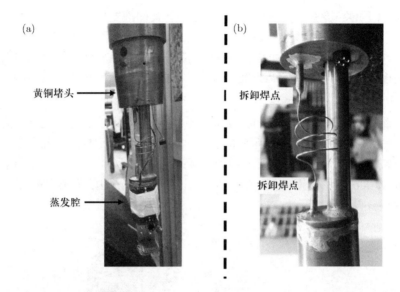

图 6.41   插杆底部实物图. (a) 蒸发腔与堵头的连接方式. (b) 毛细管更替的拆卸点

形黄铜外罩构成可以重复拆装的真空环境, 以隔离蒸发腔的低温环境与液氦的 4 K 环境, 并提供液氦进入毛细管的通道. 选用黄铜的原因在于黄铜耐磨性比铜好, 更适合频繁装卸. 此插杆允许合理的漏热, 在 4×10^{-2} mbar 的真空条件下就可被使用. 因真空要求不高, 堵头与直筒真空罩之间的真空密封采用真空脂, 以便于拆装. 圆筒形外罩内的实际可用样品空间约为 $20 \times 20 \times 30$ mm^3.

　　液氦插杆的主体为直径 40 mm 的不锈钢管, 这根外管焊接在堵头上方, 如图 6.42 所示. 我们使用的移动液氦杜瓦型号为 CH100, 因此采用与之匹配的 QF50 法兰. 外管长 800 mm, 正常使用时杜瓦中至少要有 70 L 的液氦. 因为北京大学有氦气液化回收校级公共平台, 用户可以称重归还未使用的液氦, 因此插杆不需要深入杜瓦底部, 以减轻插杆重量和减少插杆高度. 室温端有两个 QF 法兰, 一个连接外管, 另一个连接蒸发腔.

　　当我们使用泵 XDS10 对液氦抽气时, 该插杆样品座最低温度 1.6 K, 测量自商业化的 Cernox 薄膜电阻温度计 (CX–1010–CU, 以下简称 Cernox 温度计). 3 K 温度下, 插杆的制冷功率为 0.3 mW. 蒸发腔已累积有液体时, 从约 4 K 降温到 1.8 K 需要 10 min. 样品座可通过一个 51 Ω 的加热丝控温, 加 80 mA 的加热电流时, 样品座可稳定在 12 K 附近. 插杆插入液氦杜瓦后的最高稳定温度为 22 K, 但是较难稳定在 4 K 附近. 泵前端压强 30 mbar 时, 插杆的每小时液氦消耗量约为 0.36 L, 实际运行时此压强通常在 10 mbar 至 20 mbar 之间. 当毛细管堵塞或者移动杜瓦中的液面过低时, 蒸发腔中的液面将逐渐消失, 泵的前端压强会下降到 3 mbar 以内.

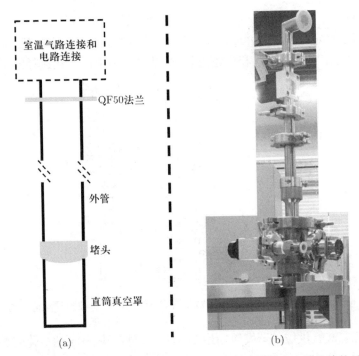

图 6.42   插杆整体结构. (a) 插杆外观示意图. (b) 室温气路连接和电路连接的具体接口照片

6.9   干式闭循环蒸发制冷

对于液氦预冷的制冷机, 蒸发制冷方案利用了持续的液氦补充, 人们基于 ^{4}He 蒸发制冷获得了更低的温度. 随着干式制冷技术的普及, 液氦和蒸发制冷的两个特征温度常被脉冲管制冷装置的二级冷头同时取代. 人们还利用焦汤制冷, 为 ^{3}He 制冷机和稀释制冷机实现 ^{3}He 气体的预冷或液化. 然而, 干式制冷机中也可以用蒸发制冷提供一个稳定的额外冷源. 本节介绍如何基于 ^{4}He 设计干式闭循环的蒸发制冷, 以获得 2 K 以下的简易低温环境.

图 6.43 提供了干式闭循环蒸发制冷的原理图, 其室温气路面板的设计例子可参考图 6.62. 在我们搭建的实际例子中, 室温回流的 ^{4}He 气体压强约为 800 mbar, 抽气端压强约为 20 mbar. 气体热量分别在脉冲管一级冷头和二级冷头处分流, 再经过焦汤膨胀后液化. 正常运转时, 脉冲管的一级冷头约 40 K, 二级冷头小于 4 K. 图中回气管道的螺旋结构为不锈钢管, 采用螺旋结构的原因是为了有更好的绝热条件并释放应力. 我们将回气管道绕在中空铜管外侧, 接着把回气管道和铜管软焊在一起, 再用螺丝把中空铜管固定到特征温度盘上, 以作为热沉. 图 6.43 中的设计还可以进一步优化, 例如, 如果把部分回气管道绕在冷头上, 则气体的预冷效果会更好. 焦汤单元为不锈钢管

与不锈钢丝的组合. 蒸发腔的体积约 110 cm³, 回气管道为直径约 9 mm 的不锈钢波纹管. 该设备可以稳定地提供 1.8 K 的低温环境, 其支撑结构、真空框架、低温盘、管道和热分流方案均来自自行设计和搭建组装, 脉冲管和泵由商业化途径购买.

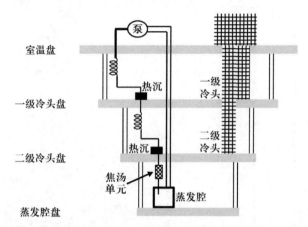

图 6.43　干式制冷机中的闭循环 ⁴He 蒸发制冷原理图. 室温控制气路可参考图 5.75

比起常规有液氦供应的蒸发腔, 闭循环需要额外解决 ⁴He 的液化问题, 但闭循环的蒸发制冷不消耗 ⁴He. 需要指出的是, 图 6.43 的结构也可以在使用液氦的制冷机上实现, 然而对于有液氦的设备, 我们直接利用图 4.4 的结构更合理. 因此, 闭循环蒸发制冷更适合干式制冷机.

6.10　干式核绝热去磁制冷机

本节提供一台干式预冷核绝热去磁制冷机的设计、搭建和性能细节, 部分内容发表于文献 [6.104, 6.140]. 该制冷机可以获得 90 µK 的测量环境, 并同时具有 12 T 的样品测量磁场; 在 100 µK 以下可以维持 10 h 以上的时间, 在 1 mK 以下可以维持大于90 h 的时间. 制冷机历时十年搭建完成, 2011 年开始设计时, 世界上还没有干式核绝热去磁制冷机的先例. 设备搭建过程中的主要资助来源为自然科学基金委员会的国家重大科研仪器研制项目.

4.7 节介绍了该制冷手段的原理. 搭建这类极低温设备的目的非常明确: 温度是最基本的物理量之一, 温度越低越便于发现和观察细致丰富的量子力学现象. 而创造极端条件的制冷机就是实现低温环境和开展前沿基础研究的关键仪器设备. 从二十世纪七十年代以来, 国际上已有不少核绝热去磁制冷机, 主要分布在少数具有较好低温经验的大学和科研机构.

二十一世纪以来, 取代液氦 (液体 ⁴He) 预冷的干式制冷技术逐渐成熟, 制冷无液氦消耗化成为仪器研发的主流趋势. 液氦作为一种特殊资源, 价格逐年上涨, 国际上供应不稳定. 常规制冷机消耗液氦, 就像交通工具消耗燃油; 无液氦消耗的制冷技术让制冷机只靠充电就能运转, 而不再依靠稀缺的 "燃油" —— 液氦. 核绝热去磁是最后一个需要实现无液氦消耗化的主流制冷技术.

极低温设备的研发, 其指标的先进性主要体现于能获得的温度有多低. 低温设备由操作者所处的室温环境环绕, 最低温度不仅仅取决于制冷手段, 还受制于环境漏热. 一个好的极低温环境, 需要综合考虑每一个细节对漏热的影响, 最终, 最不理想的环节决定了设备的极限性能. 因此, 在极低温设备的研制中, 很难分别设计各个部件, 然后进行最终组装. 设计者从一开始就要对所有部件整体考虑, 并且需要搭建者非常苛刻地留意完整的装配流程和操作细节. 在所有无液氦消耗制冷机中, 目前全世界有四套核绝热去磁制冷机和大量的其他原理的制冷机, 此台设备能达到的温度最低.

6.10.1 核绝热去磁制冷机基本框架

该制冷机由一个最大磁场 9 T 的超导磁体提供退磁磁场, 由最低温度约 10 mK 的稀释制冷机提供前级预冷, 此外还有一个可以独立操控的最大磁场 12 T 的超导磁体为样品提供测量磁场, 制冷剂为铜. 超导磁体和稀释制冷机均不采用液氦作为预冷冷源, 设备冷却和运转都不需要传输液氦, 仅靠电力驱动.

脉冲管制冷和 GM 制冷这两个干式制冷技术都可以代替液氦提供约 4 K 的预冷环境, 考虑到脉冲管制冷机振动小和维修需求少的优点, 为这台设备提供前级预冷的稀释制冷机和磁体都由脉冲管提供预冷环境. 干式制冷技术替代液氦后, 设备的设计有了更多的空间和自由度, 但也需要额外面对如新振动来源、4 K 下的制冷量低和温度稳定性差等挑战. 更多关于无液氦消耗制冷的介绍见 4.2 节.

1. 磁体

干式制冷允许磁体和制冷机有独立的真空, 磁体和制冷机可以由两套独立的脉冲管提供制冷. 磁体的真空空间可呈环形柱状, 而非通常的圆柱状, 于是磁体中心可设计出一个室温常压的孔径. 制冷机的下半截插入此室温孔径中, 其基本结构见图 4.68, 制冷机的样品座位于磁场中心位置 (见图 6.44). 9 T 的退磁磁体和 12 T 的样品磁体在同一个真空腔内, 由一个 PT415 脉冲管冷却. 12 T 磁体给待测样品提供了一个可调节的磁场, 在约 1 cm 的空间内具有 0.1% 的磁场均匀度. 该磁体电感约为 63 H, 12 T 时在 4.2 K 温度下需要通 112.31 A 的电流, 所用的线材包括 NbTi、铜和 Nb_3Sn. 而 9 T 磁体被用于制冷过程中的磁化和去磁, 其均匀度不重要, 核心功能只是在足够大的空间中提供磁场. 在此磁体中心 9 T 的条件下, 大于 8 T 的轴向距离超过了 25 cm. 9 T 磁体电感约为 156 H, 9 T 时在 4.2 K 温度下需要通 86.93 A 的电流, 所用的线材包括 NbTi 和铜. 针对干式制冷的特点, 两个磁体均没有额外安装恒流模式的开关 (相关内容见 5.9 节), 但是都有防磁体失超的保护. 正常运行时, 磁体温度不高于 4 K.

这两个磁体与常规磁体在设计需求上最大的区别在于它们拥有两个小磁场区间

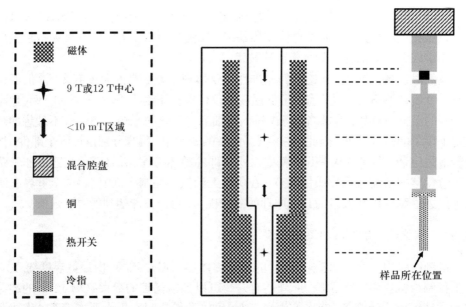

图 6.44 制冷机与磁体的高度对应示意图. 此图示意磁场中心和小磁场区域与制冷机的位置对应, 不代表真实比例. 热开关、导热金属交界面和未画出的温度计均尽量安置在小磁场区域

(见图 6.45 与图 6.46). 这里的小磁场区间, 指的是当两个磁体被同时通上最大允许电流、分别获得 12 T 和 9 T 的磁场时, 磁体附近依然有一片磁场仅在 10 mT 数量级的空间. 磁场影响大部分的温度测量 (相关内容见 3.3.2 小节) 和两个固体间的导热 (相关内容见 2.3 节), 因此小磁场区间可被用于安置温度计和连接不同的块状金属. 这个磁场分布要求可以通过复杂的螺线管绕线方案实现. 此设备的磁体具有两个轴向高度约 10 cm 的、磁场小于 10 mT 的区间. 磁体轴心线上的磁场大小最容易模拟和测量, 但是设备搭建者值得在设计和检查时, 关注以轴为中心的一段圆柱空间内的磁场大小, 而不是仅关注轴心线的磁场大小. 此设备的两个小磁场区间在偏离轴心线 2.5 cm 处, 满电流条件下的磁场依然小于 30 mT. 定制的磁体、磁体的独立真空腔和磁体冷头由 Cryomagnetics 公司提供, 从室温降至约 4 K 需要 8 天时间.

2. 空间布局

干式制冷设备需要额外考虑对机械振动的隔离和衰减 (见图 6.47). 制冷机和磁体一起被放置在由空气腿支撑的光学平台上, 而光学平台被安置在额外搭建好的 0.5 m 厚水泥台上, 水泥台位于一个 4 m×4 m 的坑上方. 用于减振的光学平台和空气腿的设计频率为垂直方向小于 1.5 Hz、水平方向小于 1.5 Hz. 有源的振动部件不安置在水泥台上, 而是尽量放在远离设备的房间角落, 通过管道和电线与设备连接, 然后管道和电线由房间的地面、侧面和天花板固定. 连接制冷机和压缩机的管道、连接制冷机和泵

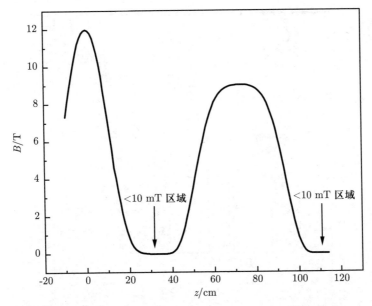

图 6.45　两个磁体均通最大电流时, 磁体轴心线上的磁场与高度的关系. 12 T 磁体的中心被定义为零点. 轴心线有两个区域满足小于 10 mT 的条件, 可供安置温度计和需要良好热连接的机械固定

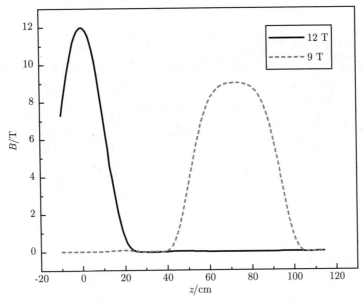

图 6.46　两个磁体单独通最大电流时, 磁体轴心线上的磁场与位置的关系. 此图展示了两个磁体可以独立运转, 没有相互干扰

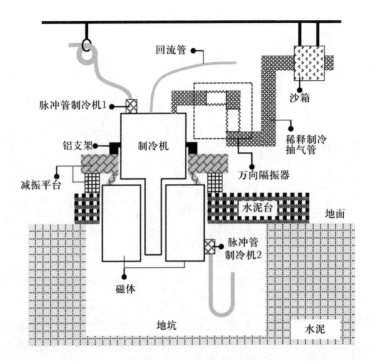

图 6.47　制冷机整体减振结构示意图. 减振相关的讨论见 5.3.11 小节

的管道以及 ^{3}He 的回气管道均悬挂于天花板, 并留有柔性的活动空间以释放应力. 刚性结构的蒸馏室 ISO 150 抽气管额外通过悬挂于天花板的沙箱减振. 设备性能除了受绝对振动幅度影响, 还受制冷机和磁体之间的相对振动影响, 后者对于核绝热去磁制冷非常关键. 为了保留调节的自由度, 铝块支撑可以被替换为弹性连接, 以调整制冷机与磁体之间的刚性程度. 设计者在设计整体框架时, 世界上还没有干式核绝热去磁制冷机的先例, 脉冲管带来的振动对极低温环境的影响无法通过经验评估, 因此支撑铝块和光学平台的结合可以让整套设备的刚性程度存在四种可能性: 是否与水泥台硬连接、磁体和制冷机是否硬连接. 经实测, 本设备可以在空气腿不悬浮、制冷机和磁体刚性连接的最简单情况下运行.

当需要打开制冷机腔体更换样品时, 拥有室温口径的磁体通过定制的升降机下移后平移. 这是磁体和制冷机真空独立带来的操作便利. 磁体周围不适合有铁磁材料, 因此升降机需要尽量采用无磁材料定制, 而不能购买现成的商业化成品. 升降机主体为无磁不锈钢, 实测后发现它在不锈钢受应力位置和焊接位置有微弱磁性; 丝杆同样是由不锈钢制成的, 也有弱磁性; 电动部件内部有少量连接件是铁制品. 基于同样的原因, 自行设计搭建的水泥台中的钢筋也采用无磁不锈钢. 减振台的主体为铝蜂窝体, 空气腿的主体为无磁的不锈钢. 因为这些周边配套设备和零件需要定制, 并且不能采用最常用的带磁性金属, 所以其设计需要谨慎、保守, 设计者需要在承重和形变上留好足够的余量, 而不能简单照搬常规尺寸的设计.

3. 稀释制冷机与防辐射罩

该稀释制冷机有五个特征温度盘, 分别被命名为一级冷头盘 (温度约 47 K)、二级冷头盘 (温度约 3.2 K)、蒸馏室盘 (温度约 0.8 K)、中间盘 (温度约 60 mK) 和混合腔盘 (温度约 10 mK).

本设备的稀释制冷机设计与常规制冷机略有不同. 主要的改动包括真空罩和防辐射罩的壁厚增加、支撑结构由垂直悬挂改为斜拉固定 (见图 4.65), 以增加设备的整体刚性. 稀释制冷机采用了常规的减振措施, 如通过铜辫子连接冷头和二级冷头盘、在防辐射罩底部外侧加装导热能力差的支撑结构以减少晃动、安装焦汤膨胀单元以减少回流 ^{3}He 的气压 (相关内容见 4.2.4 小节). 大方向上的设计思路是增加核绝热去磁制冷部件所刚性连接的质量 (此处指 mass), 又尽量与振动来源柔性连接. 在实践中, 并不是所有搭建都能完全沿着这个思路实现, 例如, 设计者原计划冷头与制冷机室温顶盘仅通过弹簧软连接, 出于风险控制的原因, 它们之间的连接最终采用了弹簧与螺丝并联. 设备搭建完毕后, 在空气腿不悬浮的条件下, 设备最接近振动源的室温顶盘振幅约为 1 μm.

稀释制冷机最低温度曾达到 8 mK, 通常在 10 mK 附近, 制冷功率见图 6.48. 本设备的核绝热去磁制冷的初态温度选择在 20 mK 附近, 这是核绝热去磁铜棒上端的温度, 不是混合腔盘的温度. 因此, 稀释制冷机应该优化 20 mK 附近的制冷功率而不是单纯追求最低温度; 换言之, 蒸馏室需要选择合适的温度. 制冷机有 24 根同轴线和 64 根双绞线, 这些都是常规引线; 此外, 为热开关和特殊温度计的小磁体考虑, 制冷机额外安装了 12 根可以通 1 A 电流的铜线. 这些额外铜引线为制冷机引入额外的漏热, 但是因为热沉合理, 未为二级冷头盘增加能被注意到的热负载. 该定制的稀释制冷机由 Janis 公司提供, 仅用一个 PT410 的冷头, 运转非常稳定. 稀释制冷机的预期参数为 20 mK 时 13 μW, 100 mK 时 500 μW.

因为磁体的孔径限制, 制冷机在磁体的室温孔径内仅能安置三层防辐射罩. 第一层和第二层防辐射罩的冷源显然选择一级冷头盘和二级冷头盘, 以充分利用脉冲管的制冷能力 (相关内容见 4.2.3 小节). 该制冷机第三层防辐射罩的热连接位置可以在蒸馏室盘或者中间盘之间切换选择. 因为屏蔽层由多截不同直径的直筒组装而成, 使用者可以在磁体上方空间宽裕处灵活地热连接其中一个特征温度盘 (见图 6.49). 前者主要为了减少混合腔盘受到的辐射漏热, 后者主要为了减少核绝热去磁温区受到的辐射漏热. 经尝试后, 第三层屏蔽层由中间温度盘提供热分流更加合理. 二级冷头盘处的防辐射罩同时也是真空罩, 以便于初始降温时使用热交换气 (相关内容见 5.5.1 小节). 更换样品时, 仅三层防辐射罩的最底端一截罩子需要被拆卸, 使用者并不需要拆掉所有的真空罩和防辐射罩.

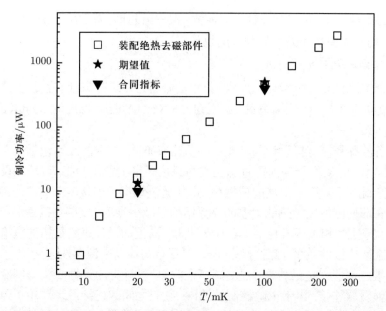

图 6.48 稀释制冷机的制冷能力与温度的关系. 实测制冷功率 (空心方块) 优于指标 (实心三角形), 接近预期最佳参数 (五角星). 安装核绝热去磁制冷所需的组件后, 稀释制冷机的运行未受影响. 制冷功率被测量时, 热开关处于断开状态

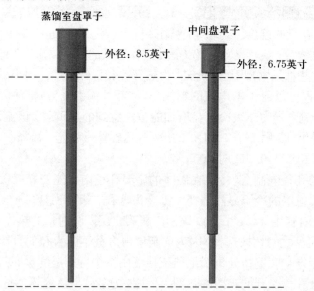

图 6.49 第三层防辐射罩设计图. 图中的数字单位为英寸 (见表 7.5, 8.5 英寸等于 21.59 cm, 6.75 英寸等于 17.145 cm). 它可以热连接到蒸馏室盘, 也可以热连接到中间盘, 但仅能使用其中一个冷源

采用狭长的设备结构时需要警惕轴线处的部件与罩子意外接触, 直接接触引起的额外漏热将破坏核绝热去磁制冷的效果. 以制冷剂铜棒为例, 如果意外接触到防辐射罩, 则意味着它热连接了一个约 60 mK 的高温环境, 于是制冷剂铜棒无法再维持小于 0.1 mK 的温度. 通过在轴心部件的边缘处固定导热差的突出结构 (见图 6.50), 搭建者可以避免不同温度金属之间的直接接触. 另外, 干式核绝热去磁制冷的一个重要问题在于磁场下的振动可能引起影响制冷机性能的涡流发热, 而狭长设计的设备难以保证不发生横向形变或者剧烈摆动. 图 6.50 中的突出结构被安置在轴线狭长结构的侧面和底部, 顶在外容器的内壁上, 它们除了隔热, 还可以帮助固定狭长结构、增加设备整体刚性. 这样的突出结构可以由特氟龙、枫木和 Vespel SP-22 等材料简易加工而成.

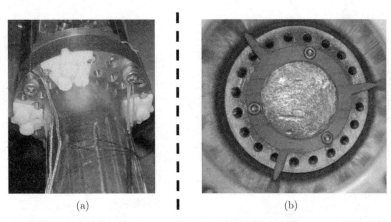

图 6.50 两个防接触结构例子的照片. (a) 中隔热的白色材料为特氟龙. (b) 中隔热材料为枫木. (a) 为测试过程中的一个尝试, 该位置的隔热材料最终使用枫木

4. 制冷剂与热连接铜棒

设备中, 制冷剂是铜的核自旋 (见图 6.51). 制冷剂铜棒和混合腔之间除了热开关, 还有一段热连接铜棒. 这是因为混合腔在磁体外部, 而小于 10 mT 的区域在磁体内部, 热连接铜棒被用于实现混合腔盘到热开关的导热. 热连接铜棒也需要沿着磁体轴向开缝以减少涡流发热 (见图 6.52). 此设备的制冷剂铜棒长度为 743 mm, 最大直径为 68 mm, 总重量为 11.7 kg, 即 184 mol 的铜. 实际上在 9 T 磁体满电流时感受到大于 8 T 磁场的铜只有约 95 mol, 也就是仅有约一半的铜参与了 8 T 以上的磁化过程. 铜名义上为 5N (99.999%) 高纯铜, 从纯度分析表上看, 实际上是铜和银加起来共占 99.999% 的比例. 制冷剂铜棒在 950 °C 和约 10^{-3} mbar 下退火 60 h, 退火后铜表面有晶粒边界的迹象. 制冷剂铜棒的底端连接冷指, 图 6.51 中未画出. 冷指由纯度 99.99% 的银加工而成, 以便将样品安置在 12 T 磁体的中心. 采用银的原因在于银具有极佳的热导率, 并且其温度不易受样品磁场升降的影响. 出于优化热接触的考虑 (相关内容见 2.3 节), 冷指与制冷剂铜棒的接触面必须安置在小于 10 mT 的磁场区域.

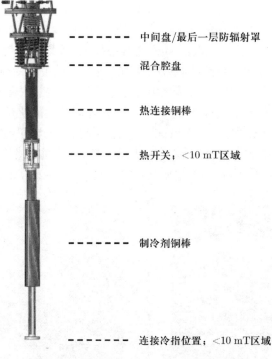

中间盘/最后一层防辐射罩

混合腔盘

热连接铜棒

热开关；<10 mT区域

制冷剂铜棒

连接冷指位置；<10 mT区域

图 6.51　核绝热去磁主要部件设计图

　　决定制冷剂铜棒是否与混合腔盘维持良好热连接的结构是热开关. 当热开关处于热隔离状态时, 热连接铜棒和混合腔盘温度大致一致, 与制冷剂铜棒有明显的温度差. 热开关的开关材料为 9 片 0.2 mm 厚、约 10 mm 宽的高纯铝箔. 铝箔镀锌和金后, 先与银板固定, 再与铜热连接. 零磁场下的铝在稀释制冷温区超导 (见表 4.18), 而极低温下的金属导热主要靠常规电子导热来实现, 所以铝进入超导态后形成库珀对的电子不再具备良好的导热能力 (相关内容见 2.2.2 小节). 当铝处于超导态时, 用于实现核绝热去磁的制冷剂铜棒与外界几乎完全隔热; 当绕制的小型超导线圈为铝施加一个大于 10 mT 的磁场后, 铝将失超并获得较好的导热能力, 构成所谓的热开关. 热开关的小型超导螺线管在 0.4 A 的电流下可以产生大于 10 mT 的磁场, 其由一个超导铌罩子保护, 以减少意外触摸、增加磁场均匀性以及减少其他磁体对铝的干扰. 超导螺线管的热连接由铜支架提供 (见图 6.53), 铜支架与混合腔盘热连接, 而不是与制冷剂铜棒热连接. 制冷剂铜棒和热连接铜棒的机械固定需要尽可能绝热且刚性. 此设备的机械固定方式利用了一组不锈钢空心管与不锈钢螺丝的组合. 虽然不锈钢的导热能力差, 但搭建者还在固定不锈钢时采用 10 mm 厚的、热导更差的 Vespel SP-22 作为垫片, 以进一步减少漏热 (见图 6.54).

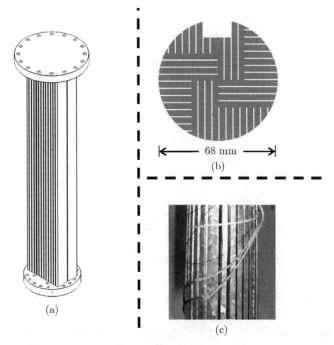

图 6.52 热连接铜棒和制冷剂铜棒. (a) 为热连接铜棒的设计图. (b) 为制冷剂铜棒横截面设计图. (c) 为纵向放置的实物侧面照片. 切缝的目的是减少涡流发热. 热连接铜棒和制冷剂铜棒的割缝宽度都为 1 mm

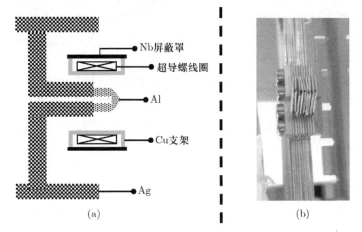

图 6.53 超导热开关. (a) 原理图. (b) 实物照片. 与超导线圈有关的支架和引线都不应该热连接到制冷剂铜棒. 将此图与图 5.50 对照, 可以了解磁体和屏蔽罩的悬挂方案

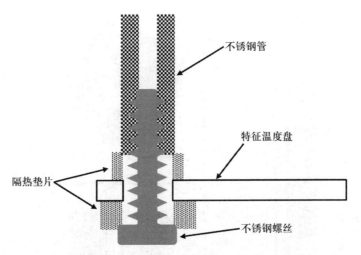

不锈钢管

特征温度盘

隔热垫片

不锈钢螺丝

图 6.54　减少漏热的机械支撑结构示意图. 隔热垫片可以采用 Vespel SP–22

6.10.2　核绝热去磁制冷机温度测量与温标

制冷机的调试和运行离不开对温度的测量. 开始搭建此设备时, 由于没有先例可以参考, 温度计被安置在尽可能多的重要位置上 (见图 6.55), 以方便搭建者和使用者监控设备运行状况. 此设备的测温系统由商业化电阻温度计 (包括 Cernox 温度计和 RuO_2 温度计)、商业化顺磁盐温度计 (CMN 温度计)、商业化超导相变温度计 (简写为 FPD)、^{3}He 熔化压温度计 (简写为 MPT) 和核磁共振温度计 (简写为 NMR 温度计) 联合组成, 覆盖从 300 K 到低于 0.1 mK 的温度范围. mK 和 μK 温区的温度测量非常困难, 标定、热接触和测量发热等大量细节问题需要被关注, 温度的准确测量严重依赖使用者的仔细操作和经验.

三个 Cernox 温度计分别为一级冷头盘、二级冷头盘和 IVC 罩子底部提供温度信息, 主要服务于制冷机降温过程的监控, 以及帮助实验者了解防辐射罩的导热性能. 五个 RuO_2 温度计监控制冷机在稀释制冷温区到 3 K 温区的运行状况, 它们分别位于蒸馏室盘、中间盘、混合腔盘、热连接铜棒底部和制冷剂铜棒底部. RuO_2 温度计的读数受磁场影响 (相关内容见 3.3.2 小节), 热连接铜棒和制冷剂铜棒的 RuO_2 温度计都安置在小于 10 mT 磁场的区域. 正常操作时, 稀释制冷机从室温降至小于 10 mK 需要约 45 h (图 6.56 和图 6.57 各自展示了其中一部分降温过程). 降温过程不需要液氮预冷, 而是通过一个机械热开关临时热短路一级冷头盘和二级冷头盘. IVC 内部在降温过程中由交换气导热, 通常在降温至约 10 K 后由分子泵组 (相关内容见 5.3.2 小节) 抽走交换气. 为了尽量减少极低温下的漏热, 抽气时间有时超过 6 h.

电阻温度计的测量温区有限, 并且难以长期获得可靠的读数 (相关内容见 3.2.1 小节和 6.2 节), 因此一台新制冷机需要更值得信赖的温度标定方式. 在稀释制冷温区,

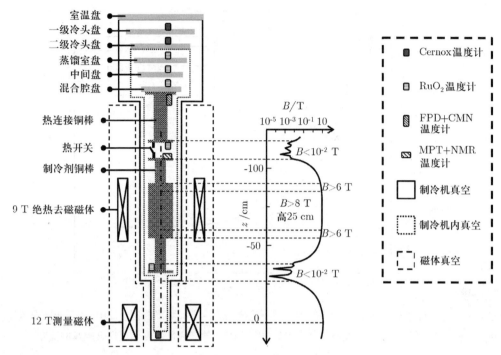

图 6.55 核绝热去磁制冷机的温度计分布图. 此图仅被用于示意, 不代表部件真实尺寸比例. 磁体附近的温度计都尽量安置在小于 10 mT 的小磁场区域内

此设备的温度标定依赖 ^{3}He 熔化压温度计, 也可通过 CMN 温度计 (水合物化学式和相关信息见 4.6.2 小节) 和超导相变点温度计的组合进行操作上更难, 但是更可靠的测量. 在核绝热去磁温区, 此设备的温标依赖 NMR 温度计和 ^{3}He 熔化压温度计的组合.

CMN 温度计的读数与温度倒数成正比, 虽然单纯依靠它无法直接获得温度读数, 但是 CMN 温度计可以被用于检查电阻温度计的可靠性. 超导相变点温度计仅能提供个别相变点的温度信息, 无法提供一个完整的温标. 当 CMN 温度计和超导相变温度计结合使用时, CMN 温度计在特定相变温度点的读数可以标定 CMN 温度计的参数, 从而让超导相变点温度计的读数从数个特征温度点扩展到一段温区. 此设备的 CMN 温度计和超导相变温度计被安置于热连接铜棒, 主要被用于诊断等温磁化之前的设备状态 (见图 6.58). 所采用的超导相变温度计可以清晰地观测到锌、镉、$AuAl_2$ 和铱的相变信息. 因为不同来源温度计的超导相变温度数值有差异, 并且超导相变温度受到具体材料和测量磁场的影响, CMN 温度计和超导相变温度计的组合仅被用于快速校正 RuO_2 温度计, 以及不同降温之间的比对参考. 实际测量中, 它们不如 RuO_2 温度计测量简单, 也不如 ^{3}He 熔化压温度计可信.

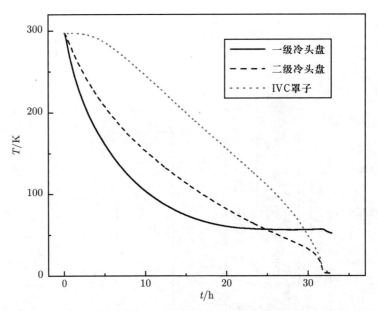

图 6.56 一级冷头盘、二级冷头盘和 IVC 罩子底部的一次实际降温的例子, 图中可看出降温速度. 降温过程中 IVC 罩子内有热交换气, 使用者可以用 IVC 罩子底部温度估计混合腔盘的温度

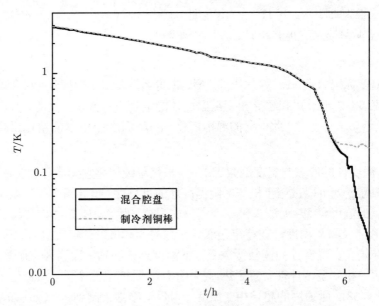

图 6.57 混合腔盘和制冷剂铜棒预冷的一次实际降温的例子, 图中可看出降温速度. 此过程中, 热开关没有通电流, 处于关闭状态. 在 0.2 K 以下, 热开关的热隔离效果显著

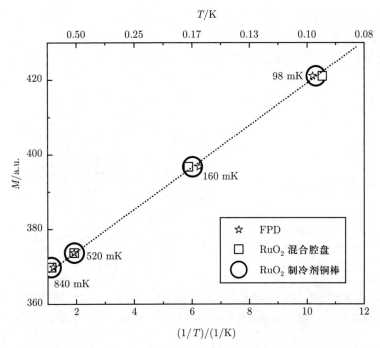

图 6.58 超导相变温度计校正后的 CMN 温度计读数与两个 RuO$_2$ 温度计读数的对比. 对设备的日常监控使用电阻温度计更加方便. 这一组 CMN 温度计数据的测量电压为 20 mV, 测量频率为 120 Hz

此设备最重要的温区在 50 mK 到 50 μK 之间, 核心温标来自 ^{3}He 熔化压温度计, 它可以测量 0.9 mK 至 1 K 的温度. 当前国际温标仅到 0.65 K, ^{3}He 的熔化压是公认的国际临时温标 (PLTS–2000, 相关内容见 3.4.3 小节). 此设备的熔化压温度计为电容型真空规 (相关内容见 6.5 节). 当 ^{3}He 固液共存相的压强变化时, 温度计的电容读数变化, 从而为使用者提供压强信息, 使用者再由压强信息获得温度信息 (相关内容见 3.2.3 小节). 压强信息不仅仅包括压强的绝对数值, 还包括在相变点附近压强随温度变化的曲线特征 (1.2.3 小节).

^{3}He 熔化压温度计的主体大致被分为三个部分: 纯度 99.99% 的银构成的半封闭空间、铜银合金 (此处特指 "coin silver", 字面意思为 "硬币银", 见图 6.59) 制作的隔膜、隔膜上方被用于电容测量的银部件. 银半封闭空间为温度计基座, 容纳约 0.07 mol 的 ^{3}He. 为了减少 ^{3}He 和基座的边界热阻, 基座内利用 8 根直径为 0.8 mm 的银线及银粉烧结物 (颗粒直径约 70 nm) 来增加 ^{3}He 与基座的接触面积. 银基座在真空炉中加热至 800 °C 并静置 12 h, 以提高银的热导以及使之变软, 从而实现与制冷剂铜棒在极低温下更好的热接触. 热接触和边界热阻的性能影响温度计的测量时间. 银基座的上方连接一个铜银合金制作的隔膜, 该隔膜与基座一起形成了 ^{3}He 的封闭空间. 当基座

内密闭腔体的压强发生变化时, 隔膜形变. 隔膜上方固定着一块银板, 作为电容极板, 并和上方另一银板形成电容 C_p. 当隔膜随压力变化而形变时, 电容值 C_p 随之发生变化. 温度计最上方, 一对固定的银电容极板提供了不随 ^{3}He 压强改变的参考电容 C_{ref}.

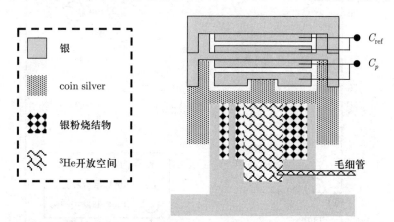

图 6.59　^{3}He 熔化压温度计内部结构的示意图. 图中的 "coin silver" 是一种 90% 银和 10% 铜的合金. 除了正文介绍的毛细管热分流, 电容测量所使用的引线也需要有合理的热分流

低温下的电容测量难度远大于电阻测量, 参考电容 C_{ref} 的存在是为了实现图 6.60 中的简易电桥, 以获得 $C_p/(C_p + C_{\mathrm{ref}})$ 的信息. 图 6.60 中的例子使用了七位的比例标准器 (相关内容见 6.1.2 小节). 比例标准器中间某点接地, 锁相放大器的电压读数表征了电桥的平衡状态. 电桥平衡时, 锁相放大器读数为零. 比例标准器的平衡参数与电容有对应关系, 使用者在不同形变条件下逐次调节电桥平衡, 通过比例标准器的参数获得待测电容的信息. 如果不需要高精度的测量, 使用者不必频繁调整比例平衡 (见图 6.60 中的电桥), 而可以考虑将比例固定在某个中间值, 通过测量电桥不平衡条件下的

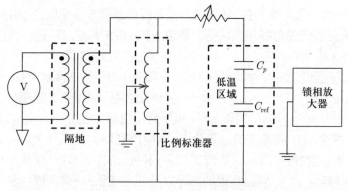

图 6.60　^{3}He 熔化压温度计的电容测量示意图. 隔地指的是 1:1 的隔离变压器, 其可减少噪声干扰. 输出电压通常为 1 V_{rms}, 频率通常选择 844.7 Hz

电压信号来获得电容信息. 电容与压强的关系通过气体 ^{3}He 和液体 ^{3}He 连通外界标定过的真空规提前予以校正, 于是使用者通过平衡条件下的比例参数或者不平衡条件下的锁相放大器电压信号获得压强的信息, 从而获得温度的信息. 图中的参考电容不一定要安置在低温环境中, 但使用低温参考电容的测量线路的稳定性更好.

校正压强和测量温度时的 ^{3}He 并不是从室温时就存在于温度计内的, 而是通过图 6.61 的毛细管在制冷机降温后才被引入. 温度计降温至约 1.2 K 时, 使用者为温度计充满液体 ^{3}He. 液体 ^{3}He 和气体 ^{3}He 沿着管道连通到室温气路控制面板 (见图 6.62), 然后使用者用室温的石英真空规为低温下的电容读数提供压强校正. ^{3}He 在特征温度点的压强可以对压强读数进行校正, 或者帮助我们判断压强的校正准确程度. 我们的实测数据与预期相变数据有约 500 Pa 的误差; 电容获得的压强测量值比温标定义的压强值大. 如果不依赖于特征温度点, 而直接从压强换算为温度, 该压强误差最多引入 0.25 mK 的温差偏差. 该校正误差可能来自毛细管温差下的压强差异 (相关内容见 6.5 节): 毛细管低温端的压强小于高温端的压强, 所以在 1.2 K 温度下被校正后, 从电容读数获得的压强读数偏大. 此温度计主要利用熔化压曲线极小值和三个相变特征来标定温度, 500 Pa 的压强误差对最低温的温度定标没有影响. 此外, 误差还可能来自隔膜

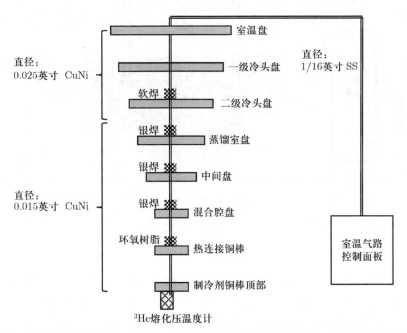

图 6.61 ^{3}He 管道的热分流方案示意图. 室温气路控制面板的设计见图 6.62. 因为货源关系, 本图毛细管的直径单位为英寸 (见表 7.5, 0.025 英寸等于 0.635 mm, 0.015 英寸等于 0.381 mm, 1/16 英寸等于 1.5875 mm)

弛豫的影响, 因此使用者在标定压强和电容的关系之前, 需要先提前对温度计多次充压减压, 以减少隔膜弛豫的影响. 为减少毛细管中 ^{3}He 对制冷剂铜棒的漏热, 毛细管需要逐层做好热分流 (见图 6.61), 将毛细管盘绕和固定在铜管上是一个常规的简易做法. 3 K 盘 (二级冷头盘) 上的毛细管采用软焊固定. 考虑到软焊中的锡超导温度约 3.7 K, 蒸馏室盘到混合腔盘上的毛细管采用银焊固定. 尽管人们常将银焊材料作为非超导材料使用, 但是也存在银焊材料在极低温下进入超导态的可能[6.141], 因此在热连接铜棒上, 最后一级热沉采用 2850 环氧树脂 (相关内容见 2.8 节) 制作.

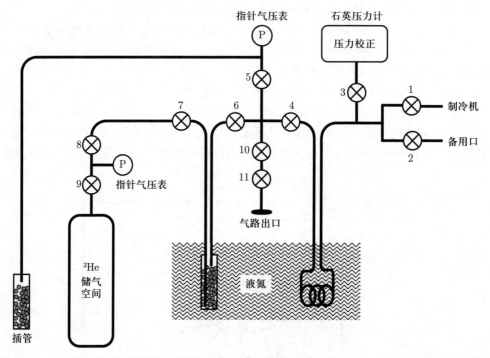

图 6.62　室温气路控制面板设计示意图. 数字标注处代表手动阀门的编号; 气路出口被用于初始状态下的抽气和检漏; 备用口可被用于补充 ^{3}He. 插管的功能、设计和使用方法见 5.10.1 小节. 浸泡在液氮中的结构为两套冷阱, 被用于吸附封闭气路系统中的残余空气和水汽, 以降低杂气固化后堵塞制冷机内毛细管的可能性. 本图的原图来自文献 [6.104]

　　^{3}He 熔化压温度计的测量对象是 ^{3}He 的固液共存相, 这类样品可以利用物质的量守恒来制备, 操作者提前在高温条件下通入合适密度的液体, 然后局部降温堵塞温度计附近的毛细管, 从而获得低温下的固液共存相. 如果温度计与室温真空规连通, 在制冷机降温引起毛细管的堵塞之前, 室温真空规读数和温度计电容读数的变化趋势一致; 毛细管被固体 ^{3}He 堵塞后, 室温真空规和电容读数不再有相同的变化趋势. 当毛细管中的某个位置先形成固体 ^{3}He 堵塞时, 假设温度计和所连通毛细管中的液体 ^{3}He 不

存在密度梯度, 则液体在 0.85 K 和约 36 bar 下进入固液共存相是一个合理的制备样品条件 (见表 6.8 和图 3.17). 具体的压强条件取决于固体 ^{3}He 堵塞的位置和制冷机内具体的温度梯度. 此设备的实际操作中, 当 ^{3}He 熔化压温度计在制冷机的降温过程中维持约 34.5 bar 的压强时, 温度计内存在比例合适的固液共存相, 操作者可观测到熔化压曲线的全部四个特征温度点 (三次相变和一个熔化压曲线极小值, 见图 6.63). 通过对比所使用的 RuO_2 温度计读数, 我们可以发现这个 RuO_2 温度计的读数在 30 mK 以内不再可信.

表 6.8　进入固液混合相时的液体压强与所能获得的熔化压曲线温区的关系参考

压强/bar	熔化压曲线温区/mK
29.7	$220 \sim 380$
31.3	$100 \sim 540$
33.3	$30 \sim 660$
35.2	$0 \sim 800$
37.4	$0 \sim 900$
40.1	$0 \sim 120$ 和 $550 \sim 1000$
42.9	$0 \sim 40$ 和 $700 \sim 1100$
46.0	$820 \sim 1200$

注: 数据来自图 3.17. 仅部分合适的压强能获得四个特征温度点.

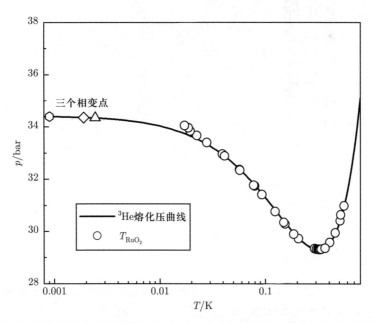

图 6.63　熔化压曲线与位于制冷剂铜棒上的 RuO_2 温度计读数对应关系. 在此次熔化压曲线的测量中可以观测到所有的特征温度点

^{3}He 熔化压温度计最重要的优点是在 2.444 mK、1.896 mK、0.902 mK 分别有可观测的压强变化特征. 通过寻找相变特征, 使用者在绝热去磁温区至少可以确认 3 个温度点. 低于 0.902 mK 时, 此制冷机采用 NMR 温度计进行测量, 该温度计的信号强度与温度倒数成正比, 所以在温度越低时则信号越清晰. 该 NMR 温度计的测量对象为 ^{195}Pt, 在 100 μK 附近, 其磁化率在 1% 的精度内符合 $1/T$ 关系. 此外, Pt 不超导, 在极低温下是极好的导体, 其科林格常量小 (相关内容见表 4.19), 核自旋与电子和晶格的热平衡时间非常短, 是合适的 NMR 温度计测量对象. 此 NMR 温度计的结构见图 6.64, 其读数依赖于商业化仪表 PLM–5. 如 3.2.4 小节所介绍, NMR 温度计的 $1/T$ 规律跟 CMN 温度计一样, 都需要至少一个标定点, 而 ^{3}He 熔化压温度计的特征相变点恰好可以提供定标的温度 (见图 6.63). 利用被 ^{3}He 熔化压温度计标定过的 Pt NMR 温度计, 此设备的温度至少可以被测量到 90 μK. 图 6.65 提供了一个标定 Pt NMR 温度计的例子, 在该标定过程中, 提供静态磁场的电流为 0.5371 A, 测量频率为 235.4 kHz, 激励电压为 2.969 V$_{pp}$. 因为不同温度下的 Pt NMR 温度计读数变化超过 1 个数量级, 商业化仪表 PLM–5 的激励信号需要在测量中变更. 比较常用的激励信号维持时间依照温区从 63.7 μs (15 个激励周期) 到 17.0 μs (4 个激励周期) 不等, 不同温度的量程更换没有影响测量结果 (见图 6.66).

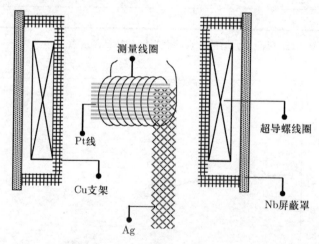

图 6.64 Pt NMR 温度计的原理图. 与超导线圈有关的支架和引线都不应该与核绝热去磁的制冷剂铜棒有热连接

6.10.3 核绝热去磁制冷机性能

一次核绝热去磁制冷需要经历升制冷剂磁场、断开热开关的热连接和降制冷剂磁场三个步骤. 当制冷机的主体框架被设计搭建完毕且温度测量线路被提前调试好之后, 核绝热去磁的制冷过程相对而言显得非常直接和简单.

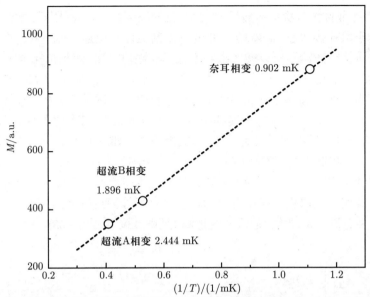

图 6.65　Pt NMR 温度计校正示例. 进行该测量时激励电压为 2.969 V_{pp}, 有 35 个激励周期. 在难以寻找到所有的相变点迹象时, 一个相变点也可以提供定标, 但是使用者需要确认相变特征 (见图 1.51) 以免误判特征温度点

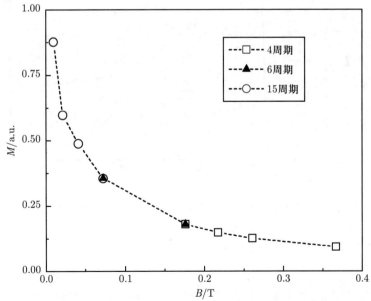

图 6.66　一次退磁过程中的 Pt NMR 温度变化引起激励变更的例子. 合适的激励变更对测量数据没有可观测到的影响

稀释制冷部件正常稳定运转后, 混合腔盘的温度在 10 mK 附近, 此时超导热开关通电流, 处于热连接状态, 满磁场 9 T 的制冷剂磁体开始通电流升场. 因为制冷剂磁体需要长时间维持磁场, 所以初态磁场不选择极限值 9 T, 而是选择 8 T 至 8.9 T 之间的某个数值. 铜在升磁过程中产生大量热量 (见式 (4.70) 和式 (4.71), 它们分别对应等温磁化热量释放和带磁场从高温降温的热量释放), 通过热开关和热连接铜棒由稀释制冷的混合腔带走. 稀释制冷是连续制冷, 能稳定地提供制冷功率, 因而式 (4.70) 和式 (4.71) 的热量差异不需要受到关注. 实际操作中, 如图 6.67 所示, 升磁场产生的热量非常可观, 可将制冷剂铜棒从小于 10 mK 升温至接近 60 mK, 所以严格的等温磁化在操作上也是难以实现的. 制冷剂铜棒在外磁场稳定后开始降温, 这个过程大约需要四至七天, 这实际上取决于操作者愿意花多少时间等待足够低的退磁初始温度. 等待时间越长, 则总制冷量越大、最低温度越低 (见图 4.95 和式 (4.58)).

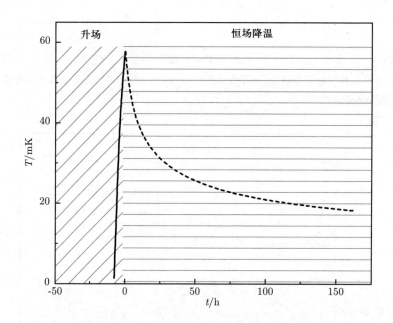

图 6.67   一次升场后制冷剂铜棒温度随时间变化的例子. 横轴的零点被定为磁场到达最大值 8.9 T 的时间, 升场速度 0.33 mT/s. 记录此份数据前, 设备刚刚运行过一次核绝热去磁制冷, 所以升场前的温度小于稀释制冷机通常能获得的温度

制冷剂铜棒的降温速度随着温度下降而减小, 因而使用者需要根据不同的实验目的选择合理的等待时间和初态温度. 通常 20 mK 以下是比较合适的初态温度. 为减少等待时间, 我们可以增加热开关在连通状态时的导热能力, 如减少超导材料的边界热阻和增加超导材料的横截面积. 采用前者时, 我们很难花很多时间去完成优化和性能

测试; 采用后者意味着增加了断开状态时的导热能力, 从而增加制冷机在最低温度下的漏热. 然而, 根据 4.7.5 小节中的讨论, 1 mK 以下机械结构的漏热不再重要, 主要热源来自涡流发热、振动、高能射线和随时间变化的漏热, 因而增加热开关中铝的横截面积预计不会对此设备的极低温性能产生明显影响.

当制冷剂铜棒降温到 20 mK 附近时, 制冷剂的外磁场可以逐步降低. 在刚开始退磁时, 制冷剂铜棒的温度很好地符合 $\dfrac{T_f}{B_f} = \dfrac{T_i}{B_i}$ 关系, 即图 6.68 中的虚线关系. 因为开始退磁时制冷剂铜棒的温度其实高于混合腔盘的温度, 热开关在退磁初期依然维持连通状态. 大约在 5.3 T 附近, 制冷剂铜棒被降温至约 11 mK, 此时热开关被关闭, 铝恢复超导态, 制冷剂铜棒和热连接铜棒开始逐渐建立温度差. 热开关被关闭的时间点, 在图 6.68 中对应制冷效率 100% 的点. 随着温度降低, 制冷效率 (空心五角星) 逐渐偏离 100%, 即电子温度与理论核自旋温度的差异在逐渐增大. 在 0.2 T 之下, 制冷效率逐渐降低到 80% 以下, 这可能是因为涡流发热的影响越来越大. 此外, 因为退磁磁体可能在小磁场区间因磁通跳跃而产生额外热量, 实测的温度曲线不一定平滑地偏离理论预期. 除了以上的非理想原因, 电子温度与核自旋温度的差异也随着外磁场的减弱而增加, 该现象可参考式 (4.81) 和图 4.93. 退磁过程中, 温度读数来自 ^{3}He 熔化压温度计和 Pt NMR 温度计. 前者可以提供 0.9 mK 以上的温度读数, 并且在相变点附近为后者提供定标, 再由后者完成 0.9 mK 以下的温度测量.

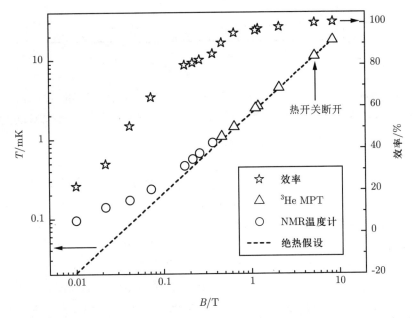

图 6.68 一次退磁降温的例子. 高温端的温度测量依赖 ^{3}He 熔化压温度计 (空心三角形), 低温端的温度测量依赖 Pt NMR 温度计 (空心圆形)

考虑到涡流发热, 退磁的速度显然不应该过快, 实践中此设备的降场速度不超过 0.2 mT/s, 这对应了此设备磁体约 2 mA/s 的电流变化速度. 图 6.69 提供了一个从 17.6 mK 开始降温的退磁速度实例. 对比图 6.67 中的升场速度, 降场速度与之处于同一个数量级, 考虑式 (4.65), 升降场涡流发热量的差异仅 1 至 2 个数量级, 远远小于退磁前后的温度数量级差异, 因此可以判断高温磁化时制冷剂铜棒的急剧升温源自磁化产生的热量, 与涡流发热关系不大.

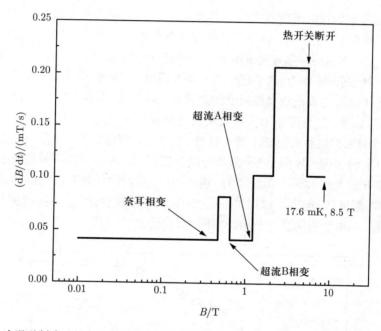

图 6.69 一次退磁制冷过程中的降场速度例子. 退磁开始时, 制冷剂铜棒温度 17.6 mK, 退磁磁体的磁场 8.5 T. 热开关断开的时间点在退磁过程中而不是在退磁开始前. 在该次退磁过程中, 操作者可以看到 ^{3}He 熔化压曲线的三个特征温度点

在预计出现 ^{3}He 三个相变点的磁场位置, 降场速度应该更加缓慢而恒定, 以便于分辨出压强曲线的相变特征, 如采用 0.04 mT/s 的速度. 如果观测到了反铁磁核自旋相变, 则制冷机的温度已经低于 0.9 mK. 在寻找熔化压曲线相变特征的过程中, 使用者可以小幅度多次升降场以升降温度, 但是这些操作将牺牲一个核绝热去磁过程所存储的总制冷量. Pt NMR 的信号随着温度下降而增强, 在退磁到大约 1 T 时, 其信号可以开始被较好地分辨, 然后由 ^{3}He 熔化压曲线的相变点予以标定. 核绝热去磁制冷过程中和制冷结束后的状态, 依赖 ^{3}He 熔化压温度计和 Pt NMR 温度计的共同测量.

在结束退磁时, 外磁场并不是停留在 0 T 或者铜的核自旋内部场 0.36 mT, 而是停留在 10 mT. 首先, 停留在 0 T 只能获得理论最低的核自旋温度, 并不能获得最低的电子温度和晶格温度, 而后者才是核绝热去磁制冷机真正提供的环境温度 (相关内容见 4.7.2 小节). 其次, 核自旋体系的摩尔比热由式 (4.69) 决定, 在温度下降已经跟不上退磁比例的情况下, 例如制冷效率显著小于 50% (见图 6.68) 时, 保留一个更高的末态磁场将获得更高的核自旋比热, 从而获得更好的制冷效果. 因此, 在实际制冷过程中, 制冷剂铜棒的热力学过程并不是采用图 4.77 中的 OPQ 路径, 而是采用图 4.80 中的 $OPQR$ 路径. 此制冷机的末态磁场通常被选为 10 mT. 停留在该磁场条件下, 所储备的制冷量允许维持 90 h 的 1 mK 环境, 使其具备实际使用价值.

图 6.70 中, 当停止退磁 6 h 后, 温度计才获得该次降温的最低温 90 μK. 该长时间等待可以从式 (4.74) 和式 (4.75) 理解. 在该制冷机的实验参数条件下, 铜自旋的熵改变量不足一半 (见图 4.94), 总是处于热能大于磁能级间距的条件 (见图 4.91), 铜的自旋 – 晶格弛豫时间 τ_1 可以用式 (4.74) 近似计算, 在 10 mT 时科林格常量为 1.1 s·K. 在 90 μK 下, 制冷剂铜棒通过式 (4.74) 计算的平衡时间预计超过 3 h. 这个平衡时间仅能作为数量级上的参考, 每次制冷时的平衡时间还会因为历史过程不同而不同. 例如, 退磁降场的速度和降场过程中的温度计标定等待时间都会影响末态磁场下的平衡时间. 影响平衡时间的重要因素还包括设备在低温环境下的总停留时间, 因为包括铜

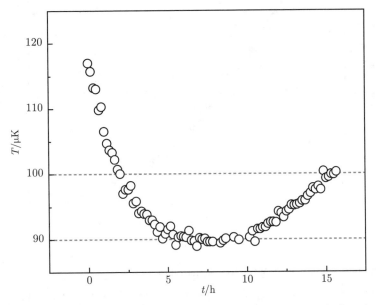

图 6.70　一次退磁到 10 mT 后等待降温的例子. 该次降温初态磁场 8.9 T、初态温度 18.6 mK, 在 100 μK 下可以维持超过 10 h

在内的制冷机原材料都有随时间变化的缓慢放热 (相关内容见 4.7.5 小节). 在另一次降温中, 退场到 10 mT 后, 制冷机等待超过 15 h 后才下降到 95 μK. 由于铜的自旋 – 自旋弛豫时间 τ_2 在 0.1 ms 数量级, 在这样的实验时间尺度中, 使用者不需要考虑自旋内部的热平衡.

在末态磁场 10 mT 停留约 10 h 后, 制冷剂铜棒的温度开始上升, 上升速度与它获得的外界漏热量、磁场、制冷剂的总摩尔数有关. 具体公式推导见式 (4.89), 使用者可以近似依靠式 (4.89) 和式 (4.91) 估计一台铜核绝热去磁制冷机的漏热量. 我们对图 6.71 中 95 μK 和 115 μK 之间的升温数据做线性拟合, 通过斜率可以知道 0.1 mK 下的漏热大小约为 22 pW/mol, 磁场中的制冷剂铜约有 95 mol, 所以 0.1 mK 下的漏热量约为 2 nW. 制冷剂的摩尔数不是一个准确的数值, 参考图 6.55, 9 T 退磁磁体的磁场有沿着 z 轴的缓慢衰减, 相当于非磁体中心区域的铜经历了一个初态磁场偏低的核绝热去磁制冷过程. 在低温极限时, 这部分非磁体中心区域的铜是热的负载; 在非低温极限时, 这部分铜也可能贡献制冷量. 四个不同温度下的漏热估计总结在表 6.9 中, 这符合对热导率与温度依赖关系的预期: 在一个具体的时间点, 温度越高、制冷机的总漏热量越大.

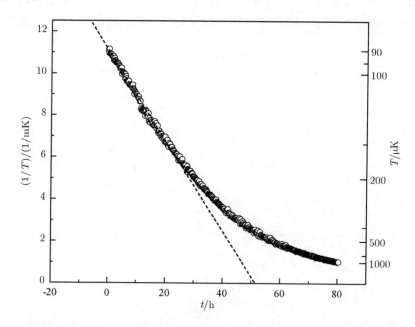

图 6.71 $1/T$ 与时间的关系的例子. 在制冷刚结束的以小时为尺度的时间内, $1/T$ 与时间近似成线性关系. 该图的温度实际上为电子温度, 核自旋温度与时间的关系示意图见图 4.100

表 6.9　不同外磁场条件和温度条件下通过图 6.71 的方法估算的摩尔制冷剂漏热大小

温度/mK	磁场/T	单位制冷剂对应的漏热/(pW/mol)
0.1	0.010	∼ 22
0.65	0.052	∼ 47
0.85	0.104	∼ 65
1.75	0.155	∼ 67

注: 该数值乘以 95 mol 近似为制冷机在该条件下的漏热.

对比图 6.71 和图 4.93, 在此漏热参数下, 该台核绝热去磁制冷机的理论最低电子温度约为 10 μK, 远低于已获得的 90 μK. 根据式 (4.83), 可以获得最低电子温度的磁场约为 3 mT, 此磁场条件的铜比热比 10 mT 条件下的铜比热小 1 个数量级, 这个比热减少将让设备的低温维持时间显著减少, 影响了设备的实用性. 如果按照末态磁场 10 mT 估计, 设备的理论电子温度约为 20 μK, 还具备通过改变退磁路径进一步降低最低温度的可能性. 另外, 寻找熔化压曲线相变特征时的小范围升降温、降场时的涡流发热、退磁前固体的温度不平衡、退磁磁体在低场下偶尔的磁通跳跃 (相关内容见 5.9.1 小节) 都让此设备的实际制冷量小于理论制冷量. 最后, 如果此制冷机热开关的导通状态下的导热能力增加, 则设备有望在合理等待时间下获得更低的初态温度, 从而降低制冷机的极限温度.

6.10.4　核绝热去磁制冷机测量系统

当已获得极低温环境后, 如果想改变测量对象的磁场, 测量对象需要被安置在样品磁体中心位置 (见图 6.44), 机械连接测量对象和制冷剂铜棒之间的部件被称为冷指. 因为样品磁体的最大磁场为 12 T, 大于退磁磁体的 9 T 最大磁场, 所以样品磁体的室温孔径更小, 直径仅约 7 cm. 去掉真空罩和防辐射罩的空间后, 深入样品磁体中心的冷指的实际可用空间的直径不足 4 cm, 外观狭长.

冷指的主体为横截面十字交叉结构的 99.99% 银板 (见图 6.72). 银是在极低温条件下可以代替铜的优秀热导体, 不会发生超导相变, 并且银在绝热去磁过程中的核制冷能力极差 (见表 4.17). 因此, 银冷指不仅能很好地将样品的热量传递到制冷剂铜棒, 而且在改变样品附近磁场时也不会因为核绝热去磁效应而影响样品温度稳定性. 冷指采用十字结构而非同样截面积的圆形是为了减少涡流, 且十字结构刚性较好. 此外, 十字结构的四角空间布局方便引线进出和安排热沉. 最靠近冷指的一层防辐射罩温度约 60 mK, 而冷指狭长并且银退火后容易形变. 如果银板因为过于偏离轴心或者因为振动而接触到热辐射的保护罩, 则核绝热去磁制冷的低温环境会被破坏. 为防止银意外机械接触到防辐射罩, 冷指的侧面装上了由热导极差的材料制成的尖角支撑结构.

银十字冷指的上方通过 99.999% 的高纯铜转接结构与制冷剂铜棒机械连接, 我

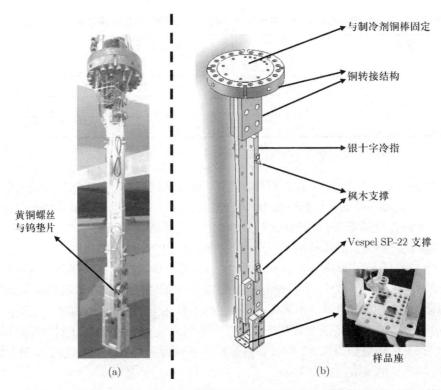

图 6.72   冷指. (a) 实物照片. (b) 设计图和样品座照片. 样品于制冷机外先粘到样品座上并连接好测量引线, 然后经样品座与制冷机上的母座电连接. (b) 的插图照片中, 样品已被固定在样品座上, 样品座已插入母座中

们将两者进行退火处理以期望它们呈现更好的导热能力, 导热能力的改善除了来自更好的热导率, 还来自因为更易形变而减少的边界热阻. 铜转接结构上方的铜盘有约 0.2 mm 高的凸起, 以增加转接盘和制冷剂铜棒之间的应力并减少两者间的边界热阻. 核绝热去磁温区的导热机制主要依赖电子, 因此接触金属面应该尽量平整. 除此以外, 搭建者用尽量大的应力固定两个金属面, 同时不在金属面间涂抹真空脂.

银的下方连接到一个布置好引线的样品母座. 样品可以提前固定到样品座上并做好电连接, 如点线连接或者银胶连接. 当样品座被插入至母座后, 样品上的每根引线将通过焊接在母座插针上的对应引线与制冷机 300 K 盘上的商业化接头中的对应针脚连通, 于是制冷机外的电子设备便可以采集样品的电学信息. 安装样品座时, 实验工作者需要避免所施加的力矩引起银的形变, 为此母座的支撑结构特意从通常的单侧支撑更改为占用更多空间、不便于操作的双侧对称支撑. 因为从一根银棒加工所有的结构的成本较高, 并且一体化加工不利于后期变更样品座设计, 样品座附近的银结构被单独设计和加工, 由螺丝机械固定到十字冷指上. 考虑到膨胀系数上的差异,搭建者采用黄铜螺丝和螺栓, 螺丝垫片采用钨, 以期银与钨在低温下收缩的总和小于黄铜.

　　此绝热去磁制冷机的测量对象包括二维电子系统. 该体系中决定物理性质的电子温度通常远高于制冷机的环境温度, 为此设备的测量引线需要引入滤波 (相关内容见 6.1 节), 以获得尽量低的电子温度并提高测量精度. 引入母座的测量引线共有 24 根, 来自位于混合腔盘上已热分流的 24 根双绞线, 它们再通过同轴线向下方连接到滤波器. 如图 6.73 所示, 此设备对每根引线采用常规的银胶滤波方案和 RC 滤波方案, 滤波效果预计在 1 MHz 有好于 60 dB 的衰减、在 1 GHz 以上有好于 90 dB 的衰减. 更多滤波讨论见 6.1 节和参考文献 [6.45, 6.104]. 除了通过滤波降低电子温度, 此制冷机还在每根引线中串联一段铟线, 铟线位于核绝热去磁制冷剂铜棒的退磁磁场区间. 铟除了具有低温下超导这个特点之外, 还是一个合适的核绝热去磁制冷剂, 其自旋 – 晶格弛豫时间 τ_1 比铜小 1 个数量级, 单位体积下的制冷量约为铜的 2 倍, 4.7.1 小节提供了以铟作为核绝热去磁制冷剂的例子. 铟的临界磁场为 29.3 mT, 在此设备大部分退磁区间内是常规导体, 可以在退磁的过程中作为局部的制冷剂, 专门对引线中的电子降温. 该段引线为直径 1 mm 的 99.99% 的铟线, 每根长度约 35 cm. 铟线外侧以特

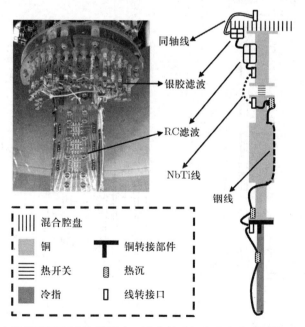

图 6.73　测量引线方案示意图和滤波器照片. 没有特殊标注的实线为铜线. 图中部件体积和布线长度不代表真实比例. 实际布线尽量不悬空并且线需要被固定至无法自由晃动. 本图修改自文献 [6.104] 中的示意图

氟龙管作为绝缘层, 以避免引线与制冷机短路或者引线与引线之间短路. 值得强调的是, 引线本身是一个漏热的来源, 因此跨越热开关的引线需要为超导体, 而且需要是临界磁场较高的超导体, 如 NbTi. 常规的 NbTi 超导线含铜等金属, 其中的铜被腐蚀后, 余下的线材才是导电不导热的引线. 此制冷机采用的超导线为外径 0.15 mm 的 NbTi 单股线, NbTi 外原本有铜合金和绝缘层. 因为腐蚀时绝缘层也被去除, 因此这部分引线也需要使用特氟龙管作为绝缘层, 以避免意外短接.

在合理考虑接地方案和测量方案后, 以上的引线设计已经足以让此制冷机被用于极低温下的电输运测量. 此设备还可以作为一台常规的稀释制冷机使用. 图 6.74 提供了一次二维电子气样品的测量例子, 该数据在制冷机温度低于 10 mK 下采集, 图中曲线展示了一批正常的分数量子霍尔态. 稀释制冷机的冷指常由铜加工而成, 因此升降磁场的发热影响测量数据的质量, 如升场曲线和降场曲线不重合是常见的现象. 由于此制冷机的冷指采用银, 并且制冷剂的比热足够大, 在退磁后的极低温环境温度下依然可以获得升降磁场无迟滞现象的输运曲线 (见图 6.75).

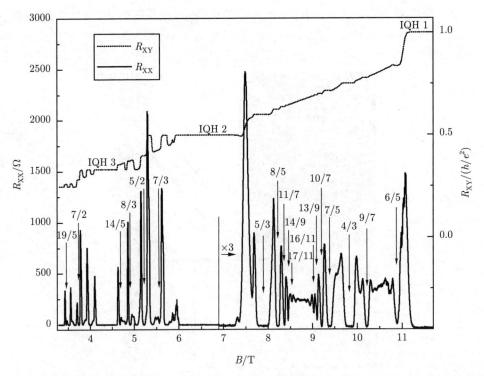

图 6.74 一个超高迁移率二维电子气样品的测量例子. 测量温度低于 10 mK. IQH 2 (填充数为 2) 和 IQH 3 (填充数为 3) 之间更低温度的输运数据见图 6.75 和图 6.31

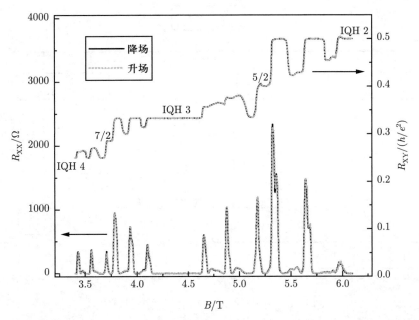

图 6.75 一个超高迁移率二维电子气样品的升降磁场比对例子. 升磁场和降磁场的两套电阻数据几乎没有可被观测的差异. 环境温度约 1.5 mK, 扫场速度为 0.5 mT/s

6.11 量子计算中的低温环境需求

　　自量子计算的概念被提出以来, 人们间歇性地对它报以期待. 最近十年内, 越来越多的人认为量子计算已经处于快速发展的阶段. 多种量子比特已经被提出、尝试并实现, 根据量子比特的构建方式, 较为常见的量子计算方案见图 6.76. 其中, 超导量子计算可能是当前知名度最高的技术路线. 本节内容的完整版本和相应引文见 2021 年的综述文献 [6.142], 该综述涉及四百五十篇文献, 数量过多, 因而不再在本书中直接引用.

　　当前不同的计算方案百舸争流, 可是都距离目的地有些遥远, 因而我们无法判定哪个路线最合理. 在多种量子计算方案都被寄予厚望的当下, 我们也许可以预测: 这些方案都将会有独特的价值, 可以被应用于量子计算的不同发展阶段. 以计算机存储方式类比, 软盘、CD (紧凑型光盘)、DVD (多用途数字光盘) 和如今常用的 "U 盘", 都明确代表了某一阶段人们的技术倾向性. 不可否认的是, 目前来说, 超导量子计算的进展最令人瞩目.

　　利用非阿贝尔统计特性的拓扑量子计算因为可能从原理上解决或者简化退相干和纠错问题, 在二十一世纪得到了研究人员的特殊关注, 其信息存储的机制利用了非阿贝尔准粒子的编织. 拓扑方案与其他量子计算方案最大的差异在于, 可能实现它的

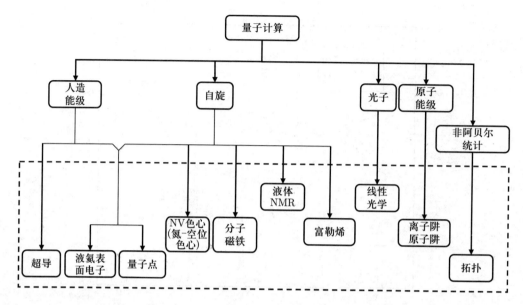

图 6.76 基于自由度分类的部分量子计算方案

材料体系非常多 (见图 6.77), 具体主要跟分数量子霍尔效应、超导和拓扑绝缘体相关.
5/2 分数量子霍尔态是第一个被提出可能具有非阿贝尔统计性质的真实实验体系, 然
而它更适合被用于原理性的探索而不是实际的应用. 迄今为止, 大量的实验测量支持
非阿贝尔统计的存在, 但是人们依然缺乏决定性的实验证据. 对于拓扑量子计算, 当前
人们最期待的突破是实现非阿贝尔统计的实证和编织方案. 换言之, 该技术路线最困
难的技术瓶颈在于如何获得第一个拓扑比特.

不同量子计算方案的一个较大共同点在于, 大部分方案的研发利用了低温环境,
甚至极低温环境. 例如, 目前超导量子计算、量子点量子计算、液氦表面电子和拓扑量
子计算这四种方案仍依赖着极低温环境. 就低温环境需求而言, 尽管人们更期待能在
室温环境下使用的量子计算方案, 然而考虑各种方案的实现效果、实现难度和可扩展
性之后, 极低温实验技术是增加实用性、降低难度和降低成本的一个理性选择.

开展量子计算相关研发的商业公司已经采购了数量可观的稀释制冷机 (相关内容
见 4.5 节), 这个巨大的需求在过去十年间逐渐改变了稀释制冷机的市场供求关系. 对
于从事量子计算研发的人员而言, 低温环境只是个手段, 而不是目的, 因而不需要定期
传输液氦的干式预冷环境 (相关内容见 4.2 节) 是更合适的选择. 如果需要极低温环境
的量子计算方案最终得以应用和推广, ^{3}He 的匮乏 (相关内容见 4.3.5 小节) 必将推动
稀释制冷技术替代品的出现, 如更具实用性的极低温多级绝热去磁技术 (相关内容见
4.6 节).

可能的拓扑量子计算体系			材料体系的例子
FQH相关	SC相关	TI相关	
偶数分母FQH态			GaAs/AlGaAs
12/5 FQH态			GaAs/AlGaAs
局域FQH边界			GaAs/AlGaAs
FQH边界与SC耦合			GaAs/AlGaAs + SC
	本征拓扑SC		Sr_2RuO_4 $Cu_xBi_2Se_3$ $Cu_x(PbSe)_5(Bi_2Se_3)_6$
	与SC有关的自旋轨道耦合		(InAs或InSb) + SC EuS/Au + SC
	SC附近的磁性原子		Pb上的Fe原子链 Pb上的Fe或Co原子岛 Re(0001)−O(2×1)上的Fe
	二维电子气体与SC耦合		理论提案
	TI与 SC耦合		Bi_2Te_3 + SC HgTe相关 + SC InAs/GaSb量子阱+ SC Fe/Bi + Nb
	铁基超导的涡旋束缚态		Fe(Te, Se)
	量子反常霍尔绝缘体与SC耦合		$(Cr_{0.12}Bi_{0.26}Sb_{0.62})_2Te_3$ + SC
		TI中的非阿贝尔贾基夫−拉比型（Jackiw−Rebbi（−like)) 模	理论提案
其他			
量子自旋液体			$\alpha-RuCl_3$
超流^{3}He			^{3}He
有相互作用的纳米线（带或者不带 SC）			理论提案
拓扑超导中的马约拉纳克拉默斯（Majorana Kramers）对			理论提案

图 6.77　拓扑量子计算的可能方案. FQH 指分数量子霍尔效应, SC 指超导体, TI 指拓扑绝缘体. 各个材料体系例子的原始引用文献请查阅综述文献 [6.142]

6.12　三维零件打印

近年来, 随着 3D 打印技术的成熟和成本的下降, 用打印的方式定制三维零件已经成为现实可行的做法. 一个三维零件在软件中建模之后, 3D 打印机把三维零件逐层构建. 以塑料打印为例, 一类 3D 打印机将加热的细塑料丝从可移动的小孔中挤出, 逐层构建一个三维结构, 这类做法也被称为增材制造.

我们既可以在提供 3D 打印服务的商家处提交三维模型文件获得零件, 也可以自行购买 3D 打印机. 可 3D 打印的三维零件原材料包括光敏树脂、尼龙、铝合金、不锈钢和钛合金, 以及大量其他材料. 打印件不难获得约 ±0.1 mm 的精度, 打印部件的最大尺寸在 10 cm 数量级.

金属打印件的质感跟机械加工制品有明显区别. 打印件的表面有颗粒感, 更不光滑. 对于复杂结构, 3D 打印的成本远远低于机械加工, 并且工期更短. 图 6.78 和图 6.79 提供了两个使用三维零件的例子. 当仪器的非标准部件损坏需要替代品时, 3D 打印也提供了一个非常便捷的部件替换方案. 3D 打印的便利和价格低廉还为实验流程提供了另一种可能性: 容纳样品的腔体采用打印的三维零件, 每次实验后更换新腔体, 从而避免换样时样品之间相互污染.

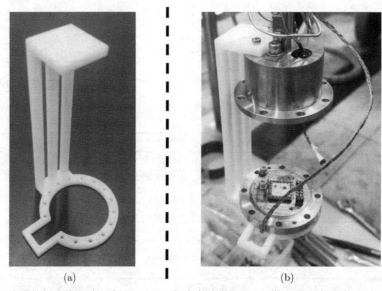

(a)　　　　　　　　　　(b)

图 6.78　三维零件打印实际应用例子一. (a) 打印件实物图. (b) 使用中的打印件照片, 该打印件在腔体拆开后固定腔体底盘, 以便于样品的安置. 腔体闭合后, 打印件将被卸下, 不随腔体降温. 零件的打印精度 ±0.1 mm, 底圆直径 6 cm, 高度 12.5 cm, 材料为光敏树脂, 所耗费用约 30 元

6.13　氦气回收与液化

由于液氦的供应紧张和价格的逐年上涨, 氦气的回收和液化不仅节省了科研经费, 还保障了液氦相关低温设备的稳定使用. 为常规实验室服务的商业化小型液氦系统已经非常成熟, 它们既可以在设备原位将少量蒸发的氦气液化, 也可以将数台设备的氦气收集到气囊后再统一液化. 从每升液氦的实际支付成本考虑, 为学校体量服务的大型液化设备既节省设备购买费用和日常维护费用, 还节省人力资源和实验室空间.

北京大学于 2012 至 2014 年建设了氦气液化回收系统, 这是一个校级公共平台 (以下简称为液化平台). 液化平台的核心任务是回收氦气、液化氦气和提供液氦, 迄

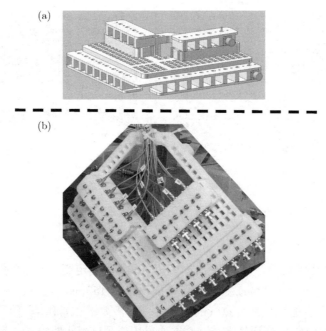

图 6.79 三维零件打印实际应用例子二. (a) 打印件设计图. (b) 实物图, 该打印件固定了 24 根带接地盒的室温 BNC 引线. 零件的打印精度 ±0.1 mm, 边长 31.5 cm, 厚度 8.5 cm, 材料为光敏树脂, 所耗费用约 750 元

今为止运转正常, 一直为校内具有氦气回收能力的实验室提供低价且稳定的液氦供应. 本节简单介绍该液化平台.

1. 气体回收

液氦的供应紧张并不是因为缺乏液化技术, 而是因为氦资源的国际供应不稳定. 从 2006 年开始, 氦的供应经历了四次全球范围的短缺, 最近的一次开始于 2021 年. 氦液化的前提是拥有足够的氦气, 因此, 用户消耗液氦后产生的氦气需要被收集. 液化平台建立在几栋集中使用液氦的实验楼附近, 这些实验楼还统一安装了回收管道. 此外, 平台为个别位置分散但大量使用液氦的实验楼建立了临时存储气体的分站, 并通过高压气瓶运输气体.

我们以其中一栋实验楼为例介绍回收气路. 该楼内主管道长度约 300 m, 每一层楼有一个专业的流量计, 这套主管道通向约 40 个房间的室内收集气路 (见图 6.80(a)), 每个室内收集气路有 2 个回收口, 3 个球阀和 1 个流量计. 出于经济原因, 实验室内部的流量计未采用专业流量计, 而是采用密封效果可靠的膜式燃气表, 其最大流量为每小时 6 m³, 最小可探测流量为 0.016 m³. 经过长期使用, 以及定期与专业流量计对比, 这批燃气表较为可信地记录了每个房间的氦气回收量.

所有实验楼的氦气回收主管道通向一个 60 m³ 的气袋, 当气袋容纳一定比例的气

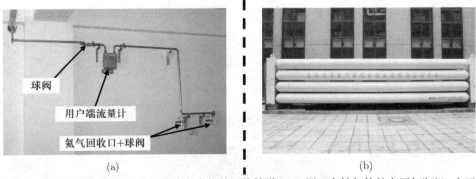

图 6.80　回收系统实物照片. (a) 实验室内部的回收管道. (b) 用于存储气体的高压气瓶组. 由于位于道路旁边, 建成之后这些气瓶组周边装上了防撞的金属围栏和防雨的塑料顶棚, 此图片拍摄于防撞围栏安装之前

体之后, 氦气经压缩机被存储到一套总体积约 26 m³ 的定制气瓶组 (见图 6.80(b)), 这批气瓶组设计压强约 250 bar, 实际工作压强不超过 150 bar.

如果液化平台的用户参与氦气的回收并获得液氦的正常供应, 使用液氦的仪器上的对外单向阀也必须接到回气系统. 此外, 如果用户预计每小时液氦蒸发损耗超过 20 L, 需要提前通知液化平台工作人员, 以免回收管道和气袋的压强过高. 如果用户延伸氦气回收管道, 需要在平台工作人员指导下施工, 并且管道需要在 1.2 bar 的压强下检漏.

2. 液化与存储

液化平台的核心设备为液化氦气的冷箱, 它购买自瑞士林德公司 (Linde Kryotechnik). 低温液化技术的重要贡献者林德于 1879 年在德国建立了商业公司, 并于 1907 年将业务扩展到美国. 第一次世界大战期间, 其美国分公司被征用了, 并成为如今瑞士林德公司的前身.

冷箱的液化步骤采用了有回流预冷的焦汤制冷 (原理示意图见图 4.29) 和膨胀做功, 属于克洛德制冷系统. 气体最终在焦汤制冷过程液化, 但是在焦汤膨胀之前, 高压气体先经过了膨胀吸热过程以降低温度. 涡轮膨胀器是高压气体膨胀做功的部件. 它的放气量、放气控制设计和杂质处理有大量的技术细节, 其设计和制作属于液化设备的核心技术. 关于涡轮膨胀器的介绍可参考文献 [6.143]. 冷箱中从氦气到液氦的流程见图 6.81. 对比利用干式制冷技术的小型实验室液化设备, 这种大型液化设备增加了对压缩机的需求, 使用了更高压强的室温气体, 对于大体量的液化而言更加经济划算.

氦液化流程的第一个难点在于进气与回流气之间充分的热交换, 让气体在最终液化步骤之前先降到足够低的温度. 第二个难点在于气体的纯化, 除了 ³He, 其他任何杂质都是潜在的堵塞物, 可能需要等液化系统升温后才能被清除. 第三个难点在于气体膨胀用量、焦汤膨胀的技术参数和具体材料的选择依赖制造者的经验. 液化过程中, 输入的能量主要来自压缩机对气体做功, 其中, 不理想的耗散机制非常多, 例如液体和气体输运过程中的发热. 单位质量物质从 300 K 开始的液化过程所需要的理论能量见表 6.10. 实际液化的能量消耗大于理论值, 克洛德制冷比林德制冷的能量利用率更高.

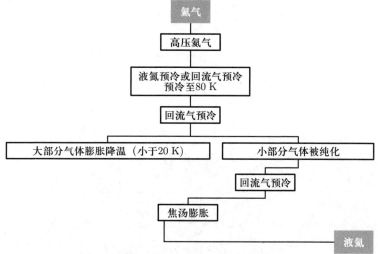

图 6.81 从氦气到液氦的液化流程

表 6.10 理论上气体液化所需要的能量

物质	^{3}He	^{4}He	H_2	N_2	O_2
能耗/(kJ/kg)	8178	6819	12019	768	636

注: 初始条件为 300 K 和一个标准大气压, 数据来自文献 [6.144].

如果不采用液氮预冷, 该冷箱对于无杂质气体的期望液化率约 33 L/h, 而液氮预冷条件下的期望液化率约 58 L/h. 液化平台定制了一个约 10 m³ 的液氮罐, 以存储日常使用的液氮. 需要指出的是, 液化率还与氦气纯度有关, 例如, 2% 的杂质使液氮预冷条件下的液化率下降到 44 L/h. 该液化平台的实际液化率在 55 L/h 至 62 L/h 之间.

冷箱产生的液氦被传输到一个 2000 L 的存储杜瓦中, 再由液化平台工作人员传输到移动杜瓦 (相关内容见 5.7.3 小节) 以供用户取走使用. 液化平台为短期液氦需求准备了一定数量的 100 L 公用移动杜瓦, 常规用户单次使用时间不超过两周. 需要长期保留移动杜瓦的特殊用户则需要自行准备. 归还公用杜瓦时, 用户需要确保杜瓦内部依然维持液氦温度, 也就是说, 用户不能将移动杜瓦内的液氦完全耗尽. 移动杜瓦进出液化平台时需要称重, 因而用户保留下来的残余液氦不会被计费, 并且因为称重流程的存在, 用户平时可以略微多预定一些液氦, 让实验安排更加灵活. 通常情况下, 用户不需要预约就可以随时领取约 100 L 的液氦.

3. 主要部件

液化系统的主要部件为冷箱, 图 6.81 中的核心流程在冷箱中完成. 实际上, 从气体回收到真正的液体分发间还有大量的技术细节, 部分体现于图 6.82. 因此, 液化平台需要专业的技术人员维护.

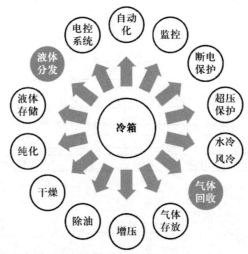

图 6.82 冷箱运转之外的周边技术问题

由于以上技术需求, 除了上文提到的回收管道、60 m³ 气袋、26 m³ 高压气瓶组、10 m³ 的液氮罐和 2000 L 液氦杜瓦, 维持冷箱正常运转的配件还包括两套压缩机、氦气缓冲罐、干燥器、纯度指示仪、风冷设备和水冷设备等等. 为节省开支, 冷箱和压缩机之外的大部分设备和气路系统在国内定制和购买. 由于设备的总占地面积大, 并且部分部件必须位于室外, 又考虑到减少噪声等因素, 液化平台的建设还涉及大量土建改造和水电暖改造.

4. 常见故障类型

液化平台偶尔因为常规维护之外的故障而临时停止运转. 例如, 压缩机的显示面板不正常, 压缩机因环境温度过高停止运转, 纯化系统里的探测器故障引起对杂质含量的误判, 减压阀的工作压强不正常, 户外液氮传输管道隔热效果不好等等. 这些故障通常属于一次性问题, 付出精力和少量经济代价后可以修复. 最麻烦的故障来自氦气中的氢杂质超标, 这些氢杂质不一定影响冷箱本身的运转, 却可能堵塞用户的低温设备抽气结构, 影响其正常使用 (相关内容见 1.5.4 小节). 这些氢杂质通常来自商业化的氦源. 使用氢气或液氢的用户也要避免将氢气或者含氢气的气体混入回收系统. 氢气混入氦气中后, 会干扰用户低温设备的运行并且无法有效去除, 将导致液化平台的一整批氦气的废弃, 这是极大的浪费, 也将影响数天甚至数周的液氦正常供应.

5. 基本运行情况与成本核算

北京大学内部所有参与氦气回收的实验室可以得到液化平台的常规液氦供应. 用户需要根据设备特点制定合理的操作使用规范, 确保回收气体纯度和高回收率. 液化平台要求回收气体纯度大于 95%, 实际收集气体的最好纯度大于 99.9% (超出探测器检测范围), 通常纯度大于 99%; 要求回收率大于 90%, 实际平均回收率约 95%. 需要指出的是, 液化平台自身的运转也会消耗氦气, 从 2000 L 存储杜瓦到移动杜瓦的传液过程、减压阀、垫圈漏气都引起少量的氦气损失, 去除冷箱中的杂质也会定期引起较大的氦气损失.

从氦气到 1 L 液氦大约消耗 4 度电和 1 L 液氮, 这部分费用仅约 5 元. 然而, 学校的管理费、氦气的损耗、液氮杜瓦的罐装、辅助设备的电费水费、设备的常规定期维护和工作人员的工资都需要被计入真实的成本中. 此外, 设备长期使用出现的意外故障和部件替换费用, 也都需要被综合计入回收和液化的成本中. 由于运转过程中的氦气丢失和维护过程中的氦气损失, 液化平台需要定期补充氦. 随着氦价格的迅速上涨, 这部分费用很快成为了最重要的常规经费支出.

正式运行以来, 液化平台每年为用户提供万升数量级的液氦 (见图 6.83), 供应价格从 80 元/L 调整到了 100 元/L, 而北京的液氦市场价已上涨数倍. 该液化平台历年来收支平衡, 并且每年为用户节省几百万元到上千万元的液氦经费, 已节省的总经费远远超过了液化平台的建设成本.

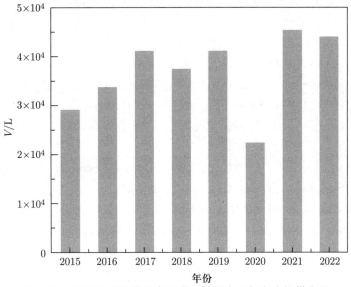

图 6.83　北京大学液化平台正式运转以来的年度液氦供应量

第六章参考文献

[6.1] EKIN J W. Experimental techniques for low-temperature measurements: Cryostat design, material properties, and superconductor critical-current testing[M].

Oxford: Oxford University Press, 2006.

[6.2] STRATY G C, ADAMS E D. Highly sensitive capacitive pressure gauge[J]. Review of Scientific Instruments, 1969, 40: 1393-1397.

[6.3] ADAMS E D. High-resolution capacitive pressure gauges[J]. Review of Scientific Instruments, 1993, 64: 601-611.

[6.4] MUELLER K H, AHLERS G, POBELL F. Thermal expansion coefficient, scaling, and universality near the superfluid transition of ^{4}He under pressure[J]. Physical Review B, 1976, 14: 2096-2118.

[6.5] FOOTE M C, ANDERSON A C. Capacitance bridge for low-temperature, high-resolution dielectric measurements[J]. Review of Scientific Instruments, 1987, 58: 130-132.

[6.6] PILLA S, HAMIDA J A, SULLIVAN N S. Very high sensitivity ac capacitance bridge for the dielectric study of molecular solids at low temperatures[J]. Review of Scientific Instruments, 1999, 70: 4055-4058.

[6.7] XIA J, CHEN F, LI J, et al. Measurement of the quantum capacitance of graphene[J]. Nature Nanotechnology, 2009, 4: 505-509.

[6.8] YOUNG A F, LEVITOV L S. Capacitance of graphene bilayer as a probe of layer-specific properties[J]. Physical Review B, 2011, 84: 085441.

[6.9] LI L, RICHTER C, PAETEL S, et al. Very large capacitance enhancement in a two-dimensional electron system[J]. Science, 2011, 332: 825-828.

[6.10] ZHAO L, LIN W, FAN X, et al. High precision, low excitation capacitance measurement methods from 10 mK to room temperature[J]. Review of Scientific Instruments, 2022, 93: 053910.

[6.11] ZHAO L, LIN W, CHUNG Y J, et al. Dynamic response of Wigner crystals[J]. Physical Review Letters, 2023, 130: 246401.

[6.12] GIFFARD R P, WEBB R A, WHEATLEY J C. Principles and methods of low-frequency electric and magnetic measurements using an rf-biased point-contact superconducting device[J]. Journal of Low Temperature Physics, 1972, 6: 533-610.

[6.13] HERRMANNSDÖRFER T, REHMANN S, POBELL F. Magnetic properties of highly diluted PdFe$_x$ and PtFe$_x$-alloys. Part II. Susceptibility at micro- and milli-Kelvin temperatures[J]. Journal of Low Temperature Physics, 1996, 104: 67-94.

[6.14] YIN L, XIA J S, SULLIVAN N S, et al. Magnetic susceptibility measurements at ultra-low temperatures[J]. Journal of Low Temperature Physics, 2010, 158:

710-715.

[6.15] POBELL F. Matter and methods at low temperatures[M]. 3rd ed. Berlin: Springer, 2007.

[6.16] WU X, XIAO D, CHEN C-Z, et al. Scaling behavior of the quantum phase transition from a quantum-anomalous-Hall insulator to an axion insulator[J]. Nature Communications, 2020, 11: 4532.

[6.17] GALLIANA F, CAPRA P P, GASPAROTTO E. Metrological management of the high dc resistance scale at INRIM[J]. Measurement, 2009, 42: 314-321.

[6.18] MACLEAN K, MENTZEL T S, KASTNER M A. Measuring charge transport in a thin solid film using charge sensing[J]. Nano Letters, 2010, 10: 1037-1040.

[6.19] MACLEAN K, MENTZEL T S, KASTNER M A. The effect of electrostatic screening on a nanometer scale electrometer[J]. Nano Letters, 2010, 11: 30-34.

[6.20] LEUPOLD M J, LWASA Y. Superconducting joint between multifilamentary wires 1. Joint-making and joint results[J]. Cryogenics, 1976, 16: 215-216.

[6.21] BEAN C P, DEBLOIS R W, NESBITT L B. Eddy-current method for measuring the resistivity of metals[J]. Journal of Applied Physics, 1959, 30: 1976-1980.

[6.22] CLARK A F, DEASON V A, POWELL R L. Characterization of high purity metals by the eddy current decay method[J]. Cryogenics, 1972, 12: 35-39.

[6.23] HOROWITZ P, HILL W. The art of electronics[M]. 3rd ed. New York: Cambridge University Press, 2015.

[6.24] KEITHLEY. Low level measurements handbook[R]. Beaverton: Keithley, 2014.

[6.25] MORRISON R. Grounding and shielding: Circuites and interface[M]. 6th ed. Hoboken: John Wiley & Sons, Inc., 2016.

[6.26] OTT H W. Noise reduction techniques in electronic systems[M]. 2nd ed. New York: John Wiley & Sons, Inc., 1988.

[6.27] MOTCHENBACHER C D, CONNELLY J A. Low-noise electronic system design[M]. New York: John Wiley & Sons, Inc., 1993.

[6.28] 林熙. 浅谈 5/2 量子霍尔态: 偶数分母与拓扑量子计算 [J]. 物理, 2015, 44: 796-802.

[6.29] LIN X, DU R, XIE X. Recent experimental progress of fractional quantum Hall effect: 5/2 filling state and graphene[J]. National Science Review, 2014, 1: 564-579.

[6.30] TSUI D C, STORMER H L, GOSSARD A C. Two-dimensional magnetotransport in the extreme quantum limit[J]. Physical Review Letters, 1982, 48: 1559-1562.

[6.31] DE-PICCIOTTO R, REZNIKOV M, HEIBLUM M, et al. Direct observation of a fractional charge[J]. Nature, 1997, 389: 162-164.

[6.32] CAMINO F E, ZHOU W, GOLDMAN V J. $e/3$ Laughlin quasiparticle primary-filling $\nu = 1/3$ interferometer[J]. Physical Review Letters, 2007, 98: 076805.

[6.33] GOLDMAN V J, SU B. Resonant tunneling in the quantum Hall regime: Measurement of fractional charge[J]. Science, 1995, 267: 1010-1012.

[6.34] RADU I P, MILLER J B, MARCUS C M, et al. Quasi-particle properties from tunneling in the $\nu = 5/2$ fractional quantum Hall state[J]. Science, 2008, 320: 899-902.

[6.35] LIN X, DILLARD C, KASTNER M A, et al. Measurements of quasiparticle tunneling in the $\nu = 5/2$ fractional quantum Hall state[J]. Physical Review B, 2012, 85: 165321.

[6.36] FU H, WANG P, SHAN P, et al. Competing $\nu = 5/2$ fractional quantum Hall states in confined geometry[J]. Proceedings of the National Academy of Sciences of the United States of America, 2016, 113: 12386-12390.

[6.37] MARTIN J, ILANI S, VERDENE B, et al. Localization of fractionally charged quasi-particles[J]. Science, 2004, 305: 980-983.

[6.38] BARTOLOMEI H, KUMAR M, BISOGNIN R, et al. Fractional statistics in anyon collisions[J]. Science, 2020, 368: 173-177.

[6.39] SUN J, NIU J, LI Y, et al. Dynamic ordering transitions in charged solid[J]. Fundamental Research, 2022, 2: 178-183.

[6.40] COURTOIS H, BUISSON O, CHAUSSY J, et al. Miniature low-temperature high-frequency filters for single electronics[J]. Review of Scientific Instruments, 1995, 66: 3465-3468.

[6.41] VION D, ORFILA P F, JOYEZ P, et al. Miniature electrical filters for single electron devices[J]. Journal of Applied Physics, 1995, 77: 2519-2524.

[6.42] JIN I, AMAR A, WELLSTOOD F C. Distributed microwave damping filters for superconducting quantum interference devices[J]. Applied Physics Letters, 1997, 70: 2186-2188.

[6.43] LE SUEUR H, JOYEZ P. Microfabricated electromagnetic filters for millikelvin experiments[J]. Review of Scientific Instruments, 2006, 77: 115102.

[6.44] LONGOBARDI L, BENNETT D A, PATEL V, et al. Microstrip filters for measurement and control of superconducting qubits[J]. Review of Scientific Instruments, 2013, 84: 014706.

[6.45] WANG P, HUANG K, SUN J, et al. Piezo-driven sample rotation system with ultra-low electron temperature[J]. Review of Scientific Instruments, 2019, 90: 023905.

[6.46] SCHELLER C P, HEIZMANN S, BEDNER K, et al. Silver-epoxy microwave filters and thermalizers for millikelvin experiments[J]. Applied Physics Letters, 2014, 104: 211106.

[6.47] SANTAVICCA D F, PROBER D E. Impedance-matched low-pass stripline filters[J]. Measurement Science and Technology, 2008, 19: 087001.

[6.48] MANDAL S, BAUTZE T, BLINDER R, et al. Efficient radio frequency filters for space constrained cryogenic setups[J]. Review of Scientific Instruments, 2011, 82: 024704.

[6.49] MARTINIS J M, DEVORET M H, CLARKE J. Experimental tests for the quantum behavior of a macroscopic degree of freedom: The phase difference across a josephson junction[J]. Physical Review B, 1987, 35: 4682-4698.

[6.50] FUKUSHIMA A, SATO A, IWASA A, et al. Attenuation of microwave filters for single-electron tunneling experiments[J]. IEEE Transactions on Instrumentation and Measurement, 1997, 46: 289-293.

[6.51] MILLIKEN F P, ROZEN J R, KEEFE G A, et al. 50 Ω characteristic impedance low-pass metal powder filters[J]. Review of Scientific Instruments, 2007, 78: 024701.

[6.52] LUKASHENKO A, USTINOV A V. Improved powder filters for qubit measurements[J]. Review of Scientific Instruments, 2008, 79: 014701.

[6.53] SLICHTER D H, NAAMAN O, SIDDIQI I. Millikelvin thermal and electrical performance of lossy transmission line filters[J]. Applied Physics Letters, 2009, 94: 192508.

[6.54] MUELLER F, SCHOUTEN R N, BRAUNS M, et al. Printed circuit board metal powder filters for low electron temperatures[J]. Review of Scientific Instruments, 2013, 84: 044706.

[6.55] ZORIN A B. The thermocoax cable as the microwave frequency filter for single electron circuits[J]. Review of Scientific Instruments, 1995, 66: 4296-4300.

[6.56] GLATTLI D C, JACQUES P, KUMAR A, et al. A noise detection scheme with 10 mK noise temperature resolution for semiconductor single electron tunneling devices[J]. Journal of Applied Physics, 1997, 81: 7350-7356.

[6.57] FREUND M M, HIRAO T, HRISTOV V, et al. Compact low-pass electrical filters for cryogenic detectors[J]. Review of Scientific Instruments, 1995, 66: 2638-2640.

[6.58] DICARLO L, ZHANG Y, MCCLURE D T, et al. System for measuring auto- and cross correlation of current noise at low temperatures[J]. Review of Scientific Instruments, 2006, 77: 073906.

[6.59] IVANOV B I, KLIMENKO D N, SULTANOV A N, et al. Narrow bandpass cryogenic filter for microwave measurements[J]. Review of Scientific Instruments, 2013, 84: 054707.

[6.60] SCANDURRA G, GIUSI G, CIOFI C. A very low noise, high accuracy, programmable voltage source for low frequency noise measurements[J]. Review of Scientific Instruments, 2014, 85: 044702.

[6.61] TAMIR I, BENYAMINI A, TELFORD E J, et al. Sensitivity of the superconducting state in thin films[J]. Science Advances, 2019, 5: eaau3826.

[6.62] YANG C, LIU Y, WANG Y, et al. Intermediate bosonic metallic state in the superconductor-insulator transition[J]. Science, 2019, 366: 1505-1509.

[6.63] BLADH K, GUNNARSSON D, HÜRFELD E, et al. Comparison of cryogenic filters for use in single electronics experiments[J]. Review of Scientific Instruments, 2003, 74: 1323-1327.

[6.64] JONES A T, SCHELLER C P, PRANCE J R, et al. Progress in cooling nanoelectronic devices to ultra-low temperatures[J]. Journal of Low Temperature Physics, 2020, 201: 772-802.

[6.65] GLOOS K, SMEIBIDL P, KENNEDY C, et al. The Bayreuth nuclear demagnetization refrigerator[J]. Journal of Low Temperature Physics, 1988, 73: 101-136.

[6.66] RICHARDSON R C, SMITH E N. Experimental techniques in condensed matter physics at low temperatures[M]. Boca Raton: CRC Press, 1988.

[6.67] CARBONELL E, RENARD M, BÉRARD P. Thermodynamic optimum for electrical connections at cryogenic temperatures[J]. Cryogenics, 1968, 8: 314-316.

[6.68] MEADEN G T. Electrical resistance of metals[M]. New York: Springer, 1965.

[6.69] HUST J G. Thermal anchoring of wires in cryogenic apparatus[J]. Review of Scientific Instruments, 1970, 41: 622-624.

[6.70] HARMAN G. Wire bonding in microelectronics[M]. 3rd ed. New York: McGraw-Hill Companies, Inc., 2010.

[6.71] JECKELMANN B, JEANNERET B. The quantum Hall effect as an electrical resistance standard[J]. Reports on Progress in Physics, 2001, 64: 1603-1655.

[6.72] VON KLITZING K, CHAKRABORTY T, KIM P, et al. 40 years of the quantum Hall effect[J]. Nature Reviews Physics, 2020, 2: 397-401.

[6.73] FISCHER J, ULLRICH J. The new system of units[J]. Nature Physics, 2016, 12:

4-7.

[6.74] V KLITZING K, DORDA G, PEPPER M. New method for high-accuracy determination of the fine-structure constant based on quantized Hall resistance[J]. Physical Review Letters, 1980, 45: 494-497.

[6.75] CHUNG Y J, VILLEGAS ROSALES K A, BALDWIN K W, et al. Ultra-high-quality two-dimensional electron systems[J]. Nature Materials, 2021, 20: 632-637.

[6.76] JECKELMANN B, JEANNERET B, INGLIS D. High-precision measurements of the quantized Hall resistance: Experimental conditions for universality[J]. Physical Review B, 1997, 55: 13124-13134.

[6.77] WITT T J. Electrical resistance standards and the quantum Hall effect[J]. Review of Scientific Instruments, 1998, 69: 2823-2843.

[6.78] DELAHAYE F, JECKELMANN B. Revised technical guidelines for reliable dc measurements of the quantized Hall resistance[J]. Metrologia, 2003, 40: 217-223.

[6.79] NOVOSELOV K S, JIANG Z, ZHANG Y, et al. Room-temperature quantum Hall effect in graphene[J]. Science, 2007, 315: 1379-1379.

[6.80] TIAN S, WANG P, LIU X, et al. Nonlinear transport of graphene in the quantum Hall regime[J]. 2D Materials, 2017, 4: 015003.

[6.81] RIBEIRO-PALAU R, LAFONT F, BRUN-PICARD J, et al. Quantum Hall resistance standard in graphene devices under relaxed experimental conditions[J]. Nature Nanotechnology, 2015, 10: 965-971.

[6.82] SHIRAHAMA K, ITO S, SUTO H, et al. Surface study of liquid ^{3}He using surface state electrons[J]. Journal of Low Temperature Physics, 1995, 101: 439-444.

[6.83] FU H, WU Y, ZHANG R, et al. 3/2 fractional quantum Hall plateau in confined two-dimensional electron gas[J]. Nature Communications, 2019, 10: 4351.

[6.84] YAN J, WU Y, YUAN S, et al. Anomalous quantized plateaus in two-dimensional electron gas with gate confinement[J]. Nature Communications, 2023, 14: 1758.

[6.85] XING Y, ZHANG H-M, FU H-L, et al. Quantum Griffiths singularity of superconductor-metal transition in Ga thin films[J]. Science, 2015, 350: 542-545.

[6.86] RIDLEY B K. Hot electrons in low-dimensional structures[J]. Reports on Progress in Physics, 1991, 54: 169-256.

[6.87] WELLSTOOD F C, URBINA C, CLARKE J. Hot-electron limitation to the sensitivity of the dc superconducting quantum interference device[J]. Applied Physics Letters, 1989, 54: 2599-2601.

[6.88] KAUTZ R L, ZIMMERLI G, MARTINIS J M. Self-heating in the Coulomb-blockade electrometer[J]. Journal of Applied Physics, 1993, 73: 2386-2396.

[6.89] PREST M J, MUHONEN J T, PRUNNILA M, et al. Strain enhanced electron cooling in a degenerately doped semiconductor[J]. Applied Physics Letters, 2011, 99: 251908.

[6.90] SAVIN A M, PRUNNILA M, KIVINEN P P, et al. Efficient electronic cooling in heavily doped silicon by quasiparticle tunneling[J]. Applied Physics Letters, 2001, 79: 1471-1473.

[6.91] GIAZOTTO F, HEIKKILA T T, LUUKANEN A, et al. Opportunities for mesoscopics in thermometry and refrigeration: Physics and applications[J]. Reviews of Modern Physics, 2006, 78: 217-274.

[6.92] PRUNNILA M, KIVINEN P, SAVIN A, et al. Intervalley-scattering-induced electron-phonon energy relaxation in many-valley semiconductors at low temperatures[J]. Physical Review Letters, 2005, 95: 206602.

[6.93] MUHONEN J T, PREST M J, PRUNNILA M, et al. Strain dependence of electron-phonon energy loss rate in many-valley semiconductors[J]. Applied Physics Letters, 2011, 98: 182103.

[6.94] MUHONEN J T, MESCHKE M, PEKOLA J P. Micrometre-scale refrigerators[J]. Reports on Progress in Physics, 2012, 75: 046501.

[6.95] PAN W, XIA J-S, SHVARTS V, et al. Exact quantization of the even-denominator fractional quantum Hall state at $\nu = 5/2$ Landau level filling factor[J]. Physical Review Letters, 1999, 83: 3530-3533.

[6.96] XIA J S, ADAMS E D, SHVARTS V, et al. Ultra-low-temperature cooling of two-dimensional electron gas[J]. Physica B, 2000, 280: 491-492.

[6.97] SAMKHARADZE N, KUMAR A, MANFRA M J, et al. Integrated electronic transport and thermometry at millikelvin temperatures and in strong magnetic fields[J]. Review of Scientific Instruments, 2011, 82: 053902.

[6.98] BRADLEY D I, GEORGE R E, GUNNARSSON D, et al. Nanoelectronic primary thermometry below 4 mK[J]. Nature Communications, 2016, 7: 10455.

[6.99] LEVITIN L V, VAN DER VLIET H, THEISEN T, et al. Cooling low-dimensional electron systems into the microkelvin regime[J]. Nature Communications, 2022, 13: 667.

[6.100] NICOLÍ G, MÄRKI P, BRÄM B A, et al. Quantum dot thermometry at ultra-low temperature in a dilution refrigerator with a ^{4}He immersion cell[J]. Review of Scientific Instruments, 2019, 90: 113901.

[6.101] YURTTAGÜL N, SARSBY M, GERESDI A. Indium as a high-cooling-power nuclear refrigerant for quantum nanoelectronics[J]. Physical Review Applied, 2019,

12: 011005.

[6.102] PALMA M, MARADAN D, CASPARIS L, et al. Magnetic cooling for microkelvin nanoelectronics on a cryofree platform[J]. Review of Scientific Instruments, 2017, 88: 043902.

[6.103] SARSBY M, YURTTAGUL N, GERESDI A. 500 microkelvin nanoelectronics[J]. Nature Communications, 2020, 11: 1492.

[6.104] YAN J. Construction of ultra-low temperature environment and transport measurements[D]. Beijing: Peking University, 2022.

[6.105] SAMANI M, SCHELLER C P, SEDEH O S, et al. Microkelvin electronics on a pulse-tube cryostat with a gate Coulomb-blockade thermometer[J]. Physical Review Research, 2022, 4: 033225.

[6.106] NAHUM M, MARTINIS J M. Ultrasensitive-hot-electron microbolometer[J]. Applied Physics Letters, 1993, 63: 3075-3077.

[6.107] SULLIVAN P F, SEIDEL G. Steady-state, ac-temperature calorimetry[J]. Physical Review, 1968, 173: 679-685.

[6.108] LIN X, CLARK A C, CHAN M H W. Probable heat capacity signature of the supersolid transition[J]. Nature, 2007, 449: 1025-1028.

[6.109] LIN X, CLARK A C, CHENG Z G, et al. Heat capacity peak in solid ^{4}He: Effects of disorder and ^{3}He impurities[J]. Physical Review Letters, 2009, 102: 125302.

[6.110] LIN X. Specific heat of solid ^{4}He[D]. University Park: Pennsylvania State University, 2008.

[6.111] CHEN W, LI X, HU Z, et al. Spin-orbit phase behavior of $Na_2Co_2TeO_6$ at low temperatures[J]. Physical Review B, 2021, 103: L180404.

[6.112] CLARK A C, LIN X, CHAN M H W. Search for superfluidity in solid hydrogen[J]. Physical Review Letters, 2006, 97: 245301.

[6.113] KIM E, XIA J S, WEST J T, et al. Effect of ^{3}He impurities on the nonclassical response to oscillation of solid ^{4}He[J]. Physical Review Letters, 2008, 100: 065301.

[6.114] KIM D Y, CHAN M H W. Upper limit of supersolidity in solid helium[J]. Physical Review B, 2014, 90: 064503.

[6.115] FREDDI A, MODENA I. Experimental thermomolecular pressure ratio of helium-3 down to 0.3°K[J]. Cryogenics, 1968, 8: 18-23.

[6.116] ROBERTS T R, SYDORIAK S G. Thermomolecular pressure ratios for He^3 and He^4[J]. Physical Review, 1956, 102: 304-308.

[6.117] MATTHEY A P M, WALRAVEN J T M, SILVERA I F. Measurement of pressure of gaseous $H_\downarrow$: Adsorption energies and surface recombination rates on helium[J]. Physical Review Letters, 1981, 46: 668-671.

[6.118] XIA J S, CHOI H C, LEE Y, et al. Kapton capacitance thermometry at low temperatures and in high magnetic fields[J]. Journal of Low Temperature Physics, 2007, 148: 899-902.

[6.119] GREYWALL D S, BUSCH P A. High precision ^{3}He-vapor-pressure gauge for use to 0.3 K[J]. Review of Scientific Instruments, 1980, 51: 509-510.

[6.120] STEINBERG V, AHLERS G. Nanokelvin thermometry at temperatures near 2 K[J]. Journal of Low Temperature Physics, 1983, 53: 255-283.

[6.121] VAN OORT J M, TEN KATE H H J. A fiber optics sensor for strain and stress measurements in superconducting accelerator magnets[J]. IEEE Transactions on Magnetics, 1994, 30: 2600-2603.

[6.122] BERTON A, CHAUSSY J, CORNUT B, et al. Description of pressure cells suitable for low temperature specific heat and magnetization measurements[J]. Cryogenics, 1979, 19: 543-546.

[6.123] 阎守胜, 陆果. 低温物理实验的原理与方法 [M]. 北京: 科学出版社, 1985.

[6.124] 张裕恒. 超导物理 [M]. 合肥: 中国科学技术大学出版社, 1997.

[6.125] JENNINGS L D, SWENSON C A. Effects of pressure on the superconducting transition temperatures of Sn, In, Ta, Tl, and Hg[J]. Physical Review, 1958, 112: 31-43.

[6.126] SAMARA G A, GIARDINI A A. High pressure manganin gauge with multiple integral calibrants[J]. Review of Scientific Instruments, 1964, 35: 989-992.

[6.127] CESNAK L, SCHMIDT C. Method for measuring a vacuum in an environment at liquid helium temperatures[J]. Cryogenics, 1983, 23: 317-319.

[6.128] SAMKHARADZE N, SCHREIBER K A, GARDNER G C, et al. Observation of a transition from a topologically ordered to a spontaneously broken symmetry phase[J]. Nature Physics, 2015, 12: 191-195.

[6.129] HUANG K, WANG P, PFEIFFER L N, et al. Resymmetrizing broken symmetry with hydraulic pressure[J]. Physical Review Letters, 2019, 123: 206602.

[6.130] BHATTACHARYA A, TUOMINEN M T, GOLDMAN A M. Precision sample rotator with active angular position readout for a superconducting quantum interference device susceptometer[J]. Review of Scientific Instruments, 1998, 69: 3563-3567.

[6.131] PALM E C, MURPHY T P. Very low friction rotator for use at low temperatures and high magnetic fields[J]. Review of Scientific Instruments, 1999, 70: 237-239.

[6.132] SHIROKA T, CASOLA F, MESOT J, et al. A two-axis goniometer for low-temperature nuclear magnetic resonance measurements on single crystals[J]. Review of Scientific Instruments, 2012, 83: 093901.

[6.133] XIA J S, PAN W, ADAMS E D, et al. Angular dependent measurements of the $\nu = \dfrac{5}{2}$ fractional quantum Hall effect state at ultra-low temperatures[J]. Physica E, 2003, 18: 109-110.

[6.134] EDWARDS D O, KINDLER R L, SHEN S Y. Superconducting stepping motors for use at millikelvin temperatures[J]. Review of Scientific Instruments, 1975, 46: 108-109.

[6.135] MOULTHROP A A, MUHA M S. Superconducting stepper motors[J]. Review of Scientific Instruments, 1988, 59: 649-650.

[6.136] PORTER F S, BANDLER S R, ENSS C, et al. A stepper motor for use at temperatures down to 20mK[J]. Physica B, 1994, 194: 151-152.

[6.137] GUTHMANN C, BALIBAR S, CHEVALIER E, et al. Accurate rotation and displacement in the millikelvin range: A new positioner design[J]. Review of Scientific Instruments, 1994, 65: 273-274.

[6.138] OHMICHI E, NAGAI S, MAENO Y, et al. Piezoelectrically driven rotator for use in high magnetic fields at low temperatures[J]. Review of Scientific Instruments, 2001, 72: 1914-1917.

[6.139] YEOH L A, SRINIVASAN A, MARTIN T P, et al. Piezoelectric rotator for studying quantum effects in semiconductor nanostructures at high magnetic fields and low temperatures[J]. Review of Scientific Instruments, 2010, 81: 113905.

[6.140] YAN J, YAO J, SHVARTS V, et al. Cryogen-free one hundred microkelvin refrigerator[J]. Review of Scientific Instruments, 2021, 92: 025120.

[6.141] LANDAU J, ROSENBAUM R. Superconducting transition of a silver solder alloy at very low temperatures[J]. Review of Scientific Instruments, 1972, 43: 1540-1541.

[6.142] FU H, WANG P, HU Z, et al. Low-temperature environments for quantum computation and quantum simulation[J]. Chinese Physics B, 2021, 30: 020702.

[6.143] TIMMERHAUS K D, FLYNN T M. Cryogenic process engineering[M]. New York: Springer, 1989.

[6.144] BARRON R F. Cryogenic systems[M]. 2nd ed. New York: Oxford University Press, 1985.

第七章　附录

7.1　附录一: 扩展阅读

本书所引用的文献跨越了超过百年的时间, 但这本书并不是多篇综述的合集. 写作过程中, 我尽力尝试去想象: 如果自己再学一次低温实验技术, 应该优先去关注哪些知识. 所以,《低温实验导论》仅仅是入门级的读物. 本书讨论的具体物理没有超出大学普通物理和 "四大力学" 的课程范围, 读者只需要大学理科本科的知识基础. 对于阅读过程中与设计方案相关的困惑, 读者可能很容易在具体的实验操作中找到答案. 如果读者对更多纸面上的低温知识感兴趣, 这个附录提供了一些值得考虑且较易获得的扩展读物材料, 并将它们按氦物理、实验测量、制冷技术和技术参数四个方向分类. 有些书籍覆盖了多个领域的知识, 我仅将它们归于其中一个分类. 刚接触低温实验工作的本书读者还可以优先阅读 Frank Pobell (弗兰克·波贝尔) 的 *Matter and Methods at Low Temperatures*, Third Edition. 显然, 受限于我自己的精力和见识, 也因为部分有年份的纸质书籍难以查阅, 有些优秀的参考书不是被故意遗漏的.

1. 氦物理

Helium Cryogenics, Second Edition

　S. W. Van Sciver, Springer (2012)

Helium Three

　E. R. Dobbs, Oxford University Press (2000)

Liquid Helium

　K. R. Atkins, Cambridge University Press (1959)

The Properties of Liquid and Solid Helium

　J. Wilks, Oxford University Press (1967)

2. 实验测量

《低温物理实验的原理与方法》

　阎守胜, 陆果, 科学出版社 (1985)

Experimental Principles and Methods Below 1K

　O. V. Lounasmaa, Academic Press (1974)

Experimental Techniques for Low-Temperature Measurements: Cryostat Design, Material Properties and Superconductor Critical-Current Testing

　J. W. Ekin, Oxford University Press (2006)

Experimental Techniques in Condensed Matter Physics at Low Temperatures

    R. C. Richardson, E. N. Smith, CRC Press (1988)

Experimental Techniques in Low–Temperature Physics, Fourth Edition

    G. K. White, P. J. Meeson, Oxford University Press (2002)

Matter and Methods at Low Temperatures, Third Edition

    F. Pobell, Springer (2007)

Low–Temperature Physics

    C. Enss, S. Hunklinger, Springer (2005)

Temperature Measurement, Second Edition

    L. Michalski, K. Eckersdorf, J. Kucharski, J. McGhee, John Wiley & Sons, Ltd. (2001)

Fundamentals of Temperature, Pressure, and Flow Measurements, Third Edition

    R. P. Benedict, John Wiley & Sons, Inc. (1984)

Temperature, Second Edition

    T. J. Quinn, Academic Press (1990)

The Art of Cryogenics: Low–Temperature Experimental Techniques

    G. Ventura, L. Risegari, Elsevier (2008)

Traceable Temperatures: An Introduction to Temperature Measurement and Calibration, Second Edition

    J. V. Nicholas, D. R. White, John Wiley & Sons, Ltd. (2001)

3. 制冷技术

Cryogenic Engineering and Technologies

    Z. Zhao, C. Wang, CRC Press (2020)

Cryogenic Engineering, Second Edition

    T. M. Flynn, Marcel Dekker (2005)

Cryogenic Engineering: Fifty Years of Progress

    K. D. Timmerhaus, R. P. Reed, Springer (2007)

Cryogenic Laboratory Equipment

    A. J. Croft, Springer (1970)

Cryogenic Process Engineering

    K. D. Timmerhaus, T. M. Flynn, Springer (1989)

Cryogenic Systems, Second Edition

    R. F. Barron, Oxford University Press (1985)

Cryostat Design: Case Studies, Principles and Engineering

    J. G. Weisend II, Springer (2016)

4. 技术参数

American Institute of Physics Handbook, Third Edition

    D. E. Gray, McGraw–Hill, Inc. (1972)

Materials at Low Temperatures

    R. P. Reed, A. F. Clark, American Society for Metals (1983)

Roark's Formulas for Stress and Strain, Seventh Edition

    W. C. Young, R. G. Budynas, McGraw–Hill (2002)

Superconducting Magnets

    M. N. Wilson, Oxford University Press (1983)

The Art of Electronics, Third Edition

    P. Horowitz, W. Hill, Cambridge University Press (2015)

Thermal Conductivity of Pure Metals and Alloys

    O. Madelung, G. K. White, Springer (1991)

Thermal Properties of Solids at Room and Cryogenic Temperatures

    G. Ventura, M. Perfetti, Springer (2014)

7.2 附录二: 物理量与常用物理常量

本附录提供写作过程中涉及的主要物理量 (见表 7.1). 因为使用习惯, 同一符号可能对应不同物理量, 同一物理量也可能由不同的符号表示. 本附录还收录书中涉及的部分常用物理常量 (见表 7.2). 出于实验估算上的实用性考虑, 常量的具体数值一般取三位有效数字.

表 7.1　本书主要物理量与符号

符号	物理量	英文名称
a	半径	radius
A	面积	area
B	体积模量	bulk modulus
	磁感应强度	magnetic induction
	第二位力系数	second virial coefficient
c	声速	sound velocity
	比热	specific heat
C	电容	capacitance
	流导	conductance
	热容	heat capacity

续表

符号	物理量	英文名称
d	直径	diameter
	厚度	thickness
E	能量	energy
	杨氏模量	Young modulus
f	自由度数	degrees of freedom
	频率	frequency
F	力	force
g	朗德因子	Landé factor
G	电导	conductance
	剪切模量	shear modulus
	应变系数	strain coefficient
h	高度	height
H	焓	enthalpy
	磁场强度	magnetic field strength
I	电流	current
	转动惯量	moment of inertia
	核总角动量	nuclear angular momentum
J	液体流密度	flow of liquid density
	磁极化强度	magnetic polarization
	总角动量	total angular momentum
k	弹性系数	elasticity coefficient
	运动黏滞系数	kinematic viscosity
	组元数	number of components
	热导率	thermal conductivity
K	压缩率	compressibility
	超精细增强系数减 1	hyperfine enhanced factor minus one
	热导	thermal conductance
K_n	克努森数	Knudsen number
L	电感	inductance
	潜热	latent heat
	长度	length
	林德曼系数	Lindemann ratio
	轨道角动量	orbital angular momentum
	辐射功率密度	spectral concentrations of radiance

符号	物理量	英文名称
m	质量	mass
M	磁化强度	magnetization
n	摩尔数	mole
	线密度	number of lines per unit length
	粒子密度	particle density
N	粒子数	number of particles
p	动量	momentum
	压强	pressure
P	功率	power
Pr	普朗特数	Prandtl number
Q	电荷量	charge
	热量	heat
	流量	volumetric flow
r	距离	distance
	半径	radius
	流阻	flow resistance
R	电阻	resistance
	热阻	thermal resistance
Re	雷诺数	Reynolds number
R_K	边界热阻	thermal boundary resistance
S	熵	entropy
	相位	phase
	噪声	noise
	抽速	pumping speed
	相对灵敏度	relative sensitivity
	自旋角动量	spin angular momentum
t	时间	time
	T/T_c	T/T_c
T	温度	temperature
u	气流速度	velocity of gas
U	内能	internal energy
	电压	voltage
v	泊松比	Poisson ratio
	速度	velocity

续表

符号	物理量	英文名称
V	体积	volume
W	功	work
x	^3He 比例	proportion of ^3He
	$\dfrac{\mu_\text{B} g B}{k_\text{B} T}$	$\dfrac{\mu_\text{B} g B}{k_\text{B} T}$
Z	碰撞频率	collision rate
	配分函数	partition function
α	焦汤系数	Joule–Thomson coefficient
	线膨胀系数	linear expansion coefficient
β	体膨胀系数	volume expansion coefficient
Δ	能隙	energy gap
ε	发射率	emissivity
	应变	strain
η	(力) 黏滞系数	dynamic viscosity
Θ_D	德拜温度	Debye temperature
K	热导	thermal conductance
κ	科林格常量	Korringa constant
	热导率	thermal conductivity
λ	居里常量	Curie constant
	德布尔参量	de Boer parameter
	平均自由程	mean free path
	穿透深度	penetration depth
	波长	wavelength
μ	化学势	chemical potential
	磁矩	magnetic moment
	气体摩尔质量	mass per mole for gas
	分子量	molecular weight
	磁导率	permeability
ξ	超流密度指数	superfluid–density exponent
π	渗透压	osmotic pressure
ρ	密度	density
	电阻率	resistivity
σ	电导率	conductivity
	应力	stress

符号	物理量	英文名称
σ^2	碰撞截面	collision cross-section
Σ	电声子耦合系数	electron–phonon coupling constant
τ	弛豫时间	relaxation time
φ	物相数	number of phases
Φ	能量	energy
	磁通	magnetic flux
χ	磁化率	magnetic susceptibility
Ψ	波函数	wave function
ω	转动角速度	angular velocity
Ω	体系状态数目	number of microscopic configurations
	固体角	solid angle

表 7.2　本书所涉及的部分物理常量

符号	数值	单位	中英文名称
c	3.00×10^8	m/s	speed of light in vacuum 真空光速
e	1.60×10^{-19}	A·s	elementary charge 元电荷
h	6.63×10^{-34}	J·s	Planck constant 普朗克常量
k_B	1.38×10^{-23}	J/K	Boltzmann constant 玻尔兹曼常量
m_e	9.11×10^{-31}	kg	electron rest mass 电子静止质量
m_u	1.66×10^{-27}	kg	atomic mass 原子质量
N_A	6.02×10^{23}	mol^{-1}	Avogadro constant 阿伏伽德罗常数
R	8.31	J/(mol·K)	ideal gas constant 气体常量
V_0	22.4	L/mol	standard molar volume of ideal gas 理想气体标准摩尔体积
ε_0	8.85×10^{-12}	F/m	permittivity of free space 真空电容率

续表

符号	数值	单位	中英文名称
μ_0	$4\pi \times 10^{-7}$	H/m	permeability of free space 真空磁导率
μ_B	9.27×10^{-24}	J/T	Bohr magneton 玻尔磁子
σ	5.67×10^{-8}	$W/(m^2 \cdot K^4)$	Stefan–Boltzmann constant 斯特藩 – 玻尔兹曼常量

注: 数值只提供三位有效数字.

7.3 附录三: 数值前缀与单位换算

此附录提供了数量级数值前缀缩写符号的名称 (见表 7.3) 和一些常见比例的数值定义 (见表 7.4). 最早的国际单位制前缀出现于十八世纪末期, 当时只有 kilo (千)、deci (分)、centi (厘)、milli (毫) 等八个定义, 这些名称来自希腊语和拉丁语. 前缀的定义经过了多次修订. 目前的前缀定义共有二十四个. 最新的一次修订发生在 2022 年 11 月, 增加的前缀为 ronna (容), ronto (柔), quetta (昆) 和 quecto (亏), 更早的一次修订发生在 1991 年, 当时增加的前缀为 zetta (泽)、yotta (尧)、zepto (仄) 和 yocto (幺).

表 7.3 国际单位制前缀

因子	符号	名称	因子	符号	名称
10^{-1}	d	deci (分)	10^1	da	deka (十)
10^{-2}	c	centi (厘)	10^2	h	hecto (百)
10^{-3}	m	milli (毫)	10^3	k	kilo (千)
10^{-6}	μ	micro (微)	10^6	M	mega (兆)
10^{-9}	n	nano (纳)	10^9	G	giga (吉)
10^{-12}	p	pico (皮)	10^{12}	T	tera (太)
10^{-15}	f	femto (飞)	10^{15}	P	peta (拍)
10^{-18}	a	atto (阿)	10^{18}	E	exa (艾)
10^{-21}	z	zepto (仄)	10^{21}	Z	zetta (泽)
10^{-24}	y	yocto (幺)	10^{24}	Y	yotta (尧)
10^{-27}	r	ronto (柔)	10^{27}	R	ronna (容)
10^{-30}	q	quecto (亏)	10^{30}	Q	quetta (昆)

注: m 的中文对应为 "毫"; μ 的中文对应为 "微"; n 的中文对应为 "纳"; p 的中文对应为 "皮"; f 的中文对应为 "飞"; k 的中文对应为 "千"; M 的中文对应为 "兆". 分 (d) 和厘 (c) 除了被用于长度 (分米 (dm), 厘米 (cm)), 不常出现于其他场合.

表 7.4   常见比例的名称和数值

符号	名称	因子
%	percentage	10^{-2}
ppm	parts per million	10^{-6}
ppb	parts per billion	10^{-9}
ppt	parts per trillion	10^{-12}
ppq	parts per quadrillion	10^{-15}

注: 我建议慎重使用 ppq 这个简写, 甚至完全回避 ppq 的使用, 因为 quadrillion (peta, 10^{15}) 和 quintillion (exa, 10^{18}) 的首字母都是 q. 另外, 除了 % 和 ppm, 我建议使用其他比例缩写时都必须给出数学定义, 因为 billion、trillion、quadrillion 和 quintillion 等词汇在不同国家语言中的定义可能不一样.

习惯上数值小于 1 的前缀用小写, 数值大于 1 的前缀用大写, 但是 kilo (k, 千)、hecto (h, 百) 和 deka (da, 十) 是三个例外. 前缀的符号基本上为英文字符, micro (μ, 微) 是仅有的例外. 书写时, 前缀直接放置在国际单位制的前方, 两者之间没有空格, 如 cm、mm 和 km, 但是这个规则涉及质量的表示时不成立. 虽然质量的国际单位是 kg, 在需要对质量使用前缀作为缩写时, 前缀所对应的单位是 g, 而不是 kg. 如百万分之一的 kg 记为 mg, 而不采用 μkg 的表示方法. 国际单位制不允许两个或多个前缀连用表示乘法.

因为文献使用习惯, 本书涉及的一些物理量单位未采用国际单位制, 其换算关系总结于表 7.5 (英制单位换算关系)、表 7.6 (常见压强单位换算关系)、表 7.7 (流量单位换算关系) 和表 7.8 (黏滞系数相关单位换算关系), 以供读者查找. 考虑实际实验估算所需要的精度, 大部分换算系数取三位或四位有效数字.

表 7.5   英制单位换算关系

长度单位	cm	mm	ft	in	1 yard (yd) = 3 feet (ft)
cm	1	10	0.0328	0.394	1 ft = 12 inch (in)
mm	0.1	1	0.00328	0.0394	1 in = 1000 mil
ft	30.5	305	1	12	1 acre (A) = 4840 yd^2
in	2.54	25.4	0.0833	1	1 imperial gallon (imp gal) = 4.55 L
					1 gallon (gal) = 4 quart (qt)
体积单位	L	US gal	ft^3	in^3	1 qt = 2 pint (pt)
L	1	0.264	0.0353	61.02	1 pound (lb) = 0.454 kg
US gal	3.79	1	0.134	231	1 long ton (lt) = 2240 lb
ft^3	28.3	7.48	1	1728	1 lb = 16 ounce (oz)
in^3	0.0164	4.33×10^{-3}	5.79×10^{-4}	1	1 British thermal unit (btu) = 1055 J

注: 尽管 US gal (美式加仑) 和 imp gal (英式加仑) 两套体系有差异, 体系内部的 gal (加仑)、qt (夸脱) 和 pt (品脱) 三者的换算关系一致. 我们在实验中要尽可能避免以英制单位记录数据. 然而尽管大部分使用者不喜欢英制单位, 但是部分资料以英制单位呈现数据.

表 7.6 常见压强单位换算关系

压强单位	Pa	MPa	atm	bar	mbar	torr	psi
Pa	1	1×10^{-6}	9.87×10^{-6}	1×10^{-5}	0.01	7.50×10^{-3}	1.45×10^{-4}
MPa	1×10^{6}	1	9.87	10	1×10^{4}	7.50×10^{3}	145
atm	101325	0.1013	1	1.013	1013	760	14.7
bar	1×10^{5}	0.1	0.987	1	1000	750	14.5
mbar	100	1×10^{-4}	9.87×10^{-4}	0.001	1	0.75	0.0145
torr	133	1.33×10^{-4}	1.32×10^{-3}	1.33×10^{-3}	1.33	1	0.0193
psi	6895	0.0069	0.068	0.069	69	51.7	1

注: 压强还有其他大量单位, 如千克力每平方厘米 (kilogram–force per square centimetre, 也被称为 technical atmosphere, 即技术大气压, 缩写符号为 at)、Ba (barye, CGS 制压强单位, 1 Ba = 0.1 Pa)、厘米水 (centimetre of water)、毫米水银 (millimetre of mercury) 和英寸水银 (inch of mercury), 因为它们在与低温实验有关的文献中很少出现, 所以本表格没有总结.

表 7.7 流量单位换算关系

流量单位	$(\text{Pa·m}^3)/\text{s}$	$(\text{mbar·l})/\text{s}$	$(\text{torr·l})/\text{s}$	cm^3/s	$\mu\text{mol}/\text{s}$	$\#/\text{s}$
$(\text{Pa·m}^3)/\text{s}$	1	10	7.5	9.87	440	2.65×10^{20}
$(\text{mbar·l})/\text{s}$	0.1	1	0.75	0.99	44	2.65×10^{19}
$(\text{torr·l})/\text{s}$	0.133	1.33	1	1.32	59	3.53×10^{19}
cm^3/s	0.101	1.01	0.76	1	45	2.69×10^{19}
$\mu\text{mol}/\text{s}$	2.3×10^{-3}	0.023	0.017	0.022	1	6.02×10^{17}
$\#/\text{s}$	3.8×10^{-21}	3.8×10^{-20}	2.8×10^{-20}	3.7×10^{-20}	1.7×10^{-18}	1

注: 表格中的 cm^3/s 指的是标准状态 (Standard temperature and pressure, STP) 下的数值, # 指气体分子的数目. 流量的数值受温度影响, 本表格默认的温度为 0 °C. 本表格可以被用于漏气、抽气和循环制冷剂时的气体量估算.

表 7.8 黏滞系数和运动黏滞系数的常用单位换算关系

黏滞系数单位	Pa·s	P	运动黏滞系数单位	m^2/s	St
Pa·s	1	10	m^2/s	1	1×10^{4}
P	0.1	1	St	1×10^{-4}	1

注: 黏滞系数 (η) 和运动黏滞系数 (k) 各有一个惯用单位, 分别为泊 (poise, P) 和斯 (Stoke, St).

英汉对照索引